위상수학

제3판

한상언 지음

KM 경문사

머리말

TOPOLOGY

이 책(개정판)은 위상수학(topology, 位相數學)의 기본개념과 중요한 정리 및 성질 등을 기반으로 구성하였다. 위상수학은 다양한 유래를 갖고 있지만 실질적으로 19세기 말 푸앙카레(Jules Henri Poincaré: 1854-1912)와 브라우어(L.E. Brouwer) 등 많은 수학자들에 의하여 체계화되었다.

위상수학은 수학의 중요한 학문 분야로서 현대수학의 많은 분야에 절대적인 영향을 주었고 응용과학 및 공학 분야에도 큰 도움을 주고 있다. 위상수학을 크게 분류하면 일반위상(general topology) 혹은 점집합 위상(point set topology)이라고 하는 분야가 있고, 대수적 위상수학(algebraic topology), 미분위상수학(differential topology), 조합론적 위상수학(combinatorial topology) 분야 등이 있다. 그러나 이 책은 일반위상과 응용을 다뤘고, 위상 교과목의 교과서 및 참고서로 이용될 수 있도록 구성하였다. 위상수학은 어원에서 알 수 있듯이 위상동형사상에 의한 도형의 변환(위상변환)에 관계없이 변하지 않는 도형의 기하학적 성질을 찾는 학문이라고 대략적으로 정의할 수 있다. 위상수학의 많은 개념들은 유클리드 공간($\mathbb{R}^n$)의 기본성질로부터 동기 유발되었다. 예를 들면 유클리드 공간($\mathbb{R}^n$)의 임의의 점을 중심으로 한 열린구(open ball)를 바탕으로 열린집합을 정의하고, 이를 바탕으로 연속함수(continuous function)를 정의한다. 이를 한층 심화하여 위상동형사상(homeomorphism)을 정의한다. 이를 바탕으로 위상변환에 의하여 변하지 않는 위상적 성질(topological property) 등을 찾게 된다. 위상수학은 이러한 접근 방법으로 해석학에서 다루는 연속함수($\epsilon-\delta$법)를 추상화함으로써 현대수학을 매우 고도화하는 데 결정적인 역할을 하게 된다.

이 책은 학부 학생들이 일반위상수학에 관한 전반적인 내용을 이해할 수 있도록 다음과 같이 집필하였다.

(1) 위상수학은 집합론의 기본개념과 함수의 기본성질을 기반으로 형성되기에 위

상수학에 필요한 집합론의 중요한 개념을 소개하였다.

(2) 위상수학의 기본개념인 열린집합과 닫힌집합을 이해하기 위하여 유클리드 공간 ($\mathbb{R}^n$)의 열린구 개념과 기본성질을 설명하였다.

(3) 위상수학에서 사용되는 연속함수는 해석학의 $\epsilon - \delta$법에서 동기 유발되었음이 잘 이해되도록 노력하였다.

(4) 새로운 개념을 정의할 때나 정리를 소개할 때 이들을 이해하는 데 도움이 되는 예제를 제시하였다.

(5) 위상수학에 필요한 개념들을 잘 이해할 수 있도록 다양한 그림들을 제시하였다.

(6) 마지막 장에 디지털위상공간을 소개함으로써 위상수학을 공학(특히 컴퓨터과학 관련) 분야에 활용할 수 있도록 하였다.

(7) 특히 부록으로 주요 위상공간들의 상호관계, 위상공간의 유전적 성질과 곱성질에 관한 표를 제시하였다. 그리고 실수집합과 관련된 다양한 위상공간들의 거리화가능성을 제시하였다.

이 책은 14장으로 구성되어 있으며 내용을 살펴보면 1장은 집합론의 전반적인 내용을 요약하여 실었으며, 2장은 유클리드 공간에서 열린집합, 닫힌집합 그리고 연속함수를 소개하고 다양한 성질들을 소개했다. 3장은 집합에서 위상을 도입하고 위상수학의 기본이 되는 기초개념들을 소개했다. 4장은 기저와 부분기저를 다뤘는데, 특히 디지털위상수학의 근간이 되는 디지털평면 $\mathbb{Z}^2$에 기저와 부분기저를 적용하여 기저와 부분기저의 유용성을 경험할 수 있도록 하였다. 5장은 함수의 연속성과 위상동형에 관한 다양한 성질을 다뤘다. 6장은 곱공간과 상공간을 소개했다. 곱공간과 상공간은 위상수학에서 매우 활용성이 높은 분야임을 느낄 수 있도록 다양한 응용 분야도 언급했다. 특히 디지털평면을 이해하기 위하여 카림스키 (Khalimsky) 공간의 기저와 부분기저를 활용하여 디지털평면에서 곱공간의 생성과정을 설명하였다. 더 나아가 디지털 선분 (digital segment)을 바탕으로 디지털 원 (digital circle)의 생성과정을 상공간을 이용하여 설명하였다. 7장은 거리공간을 다뤘는데 거리공간은 유클리드 공간 ($\mathbb{R}^n$)을 추상화한 개념임을 강조했다. 8장에서는 가산공리와 가분공리를 소개하고 이 공리들을 만족하는 다양한 공간과 그들의 성질을 조사했다. 9장은 분리공리들을 소개하고 그들 사이의 관계를 조사하고, 분리공리들의 유전적 성질 (hereditary property)과 곱성질 (product property)을 집중적으로 다뤘다. 특히 이들 성질들이 만족하지 않는 경우의 반례 (counter example)를 들어 설명하였다. 10장은 콤팩트 (compact)개념을 소개하고 다양한 형태의 콤팩트공간들을 소개하고 그들의 성질들을 설명하였다. 특히 국소콤팩트공간을 기반으로 한 한점콤팩트화(one point compactification) 과정을 매우 상세하면서도, 체계적으로 기술하였다. 11장은 연결(connectedness)공간과 호상연결(path connectedness)공간을 소개하고 그들의 성질과 응용 분야를 제시하였다. 12장은 완비거리공간을 소개했다. 실제로 완비거리공간은 콤팩트공간보다 약한 위상공간으로서 위상수학과 해석학 분야에서 절대적으로 많이 활용됨을 알 수 있도록 하였다. 특히 완비거리공간(complete metric space)의 위상적 성질과 유전적 성질이 성립하지 않음을 보였다. 13장은 함수공간을 다뤘다. 14장은 기존의 순수 위상수학적 방법과 결과들을 바탕으로 디지털공간 $\mathbb{Z}^n$상에서 활용할 수 있는 디지털위상수학(Khalimsky topology, Marcus-Wyse topology)과 디지털객체 연구에 활용되는 Rosenfeld 모델의 디지털이미지(digital image)(혹은 디지털 그래프)를 소개하고 그들의 응용 분야(컴퓨터과학 등)를 언급했다. 향후 응용수학(applied topology, digital geometry, digital topology, mathematical morphology, lattice theory 등) 및 공학 분야(컴퓨터과학: 이미지프로세싱(image processing), 컴퓨터그래픽스(computer graphics), 이미지해석(image analysis), 이미지합성(image synthesis), 패턴인식(pattern recognition)) 등에 관심을 두고 있는 학생들은 14장에서 소개한 기본 개념들을 잘 이해하기 바란다.

오랫동안 강의를 하면서 많은 학생들이 위상수학의 개념들을 이해하기가 다소 어렵다고 하는 이야기를 자주 접한다. 위상수학은 수학의 다른 어떤 분야보다도 추상성이 강한 편이다. 증명도 높은 수준의 논리성을 요구하다보니 위상수학의 각종 성질에 대하여 이해하는 데 부담을 느낄 수 있다. 잘 알다시피 수학을 잘할 수 있는 왕도는 없다. 그러나 제시된 정의, 정리 및 각종 성질들을 설명해주는 예제를 잘 이해하면서 접근해보면 이해하기가 훨씬 수월해진다.

이 책을 강의하시는 분들께서는 제한된 강의시간 때문에 모든 내용을 다 다루기 어려운 경우에 학부학생들을 위한 강의임을 감안하여 강의내용을 재구성하여 운용할 수 있다고 생각한다. 특히 참고 표시가 된 정리들은 강의할 때 생략해도 책의 내용을 전달하는 데 큰 지장이 없을 것이다.

아무쪼록 이 책을 통하여 위상수학을 잘 이해하고, 위상수학적 사고를 통하여 삶의 통찰력과 문제해결능력이 고양되길 기대한다.

끝으로 이 책을 출판해주신 경문사 여러분들께 깊은 감사를 드린다.

2023년 12월

저자 씀

각 장들의 상호관계

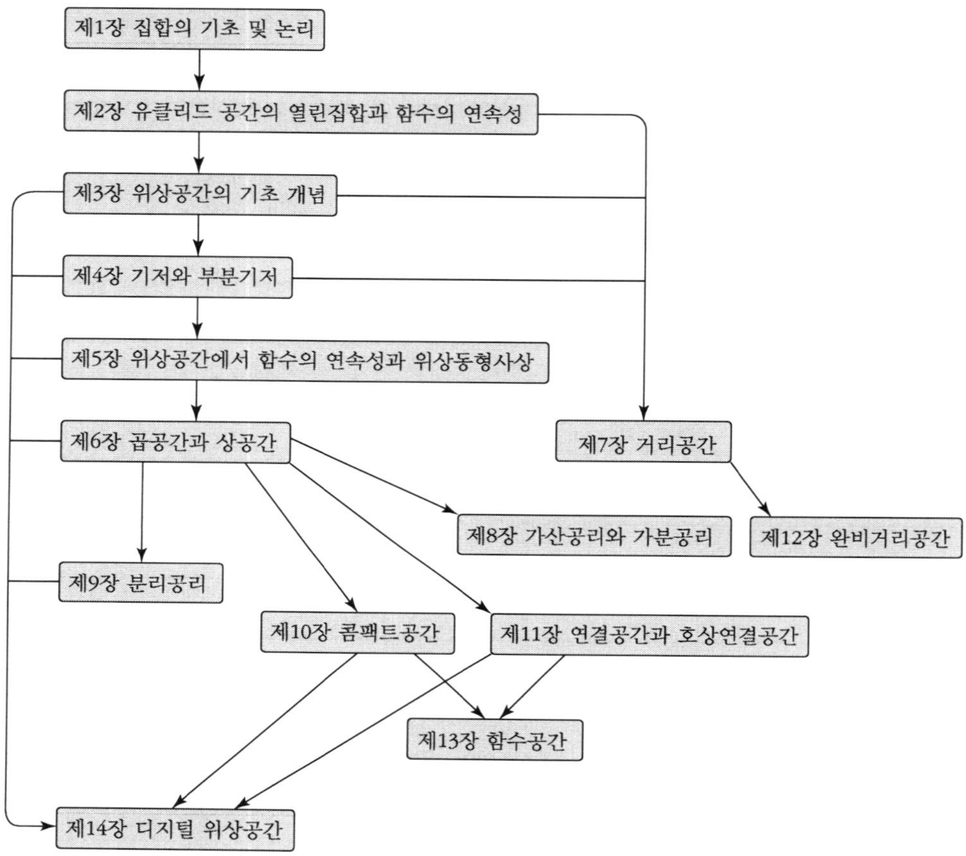
제1장 집합의 기초 및 논리
제2장 유클리드 공간의 열린집합과 함수의 연속성
제3장 위상공간의 기초 개념
제4장 기저와 부분기저
제5장 위상공간에서 함수의 연속성과 위상동형사상
제6장 곱공간과 상공간
제7장 거리공간
제8장 가산공리와 가분공리
제12장 완비거리공간
제9장 분리공리
제10장 콤팩트공간
제11장 연결공간과 호상연결공간
제13장 함수공간
제14장 디지털 위상공간

차 례

TOPOLOGY

TOPOLOGY

제 1 장

집합의 기초 및 논리

집합이란 내용규정이 명확하고 구성요소(원소)가 서로 뚜렷이 구분되는 대상(원소)들의 모임이라고 정의할 수 있다. 위상수학은 집합을 기본으로 하여 구성되기에 집합론의 기본이론을 꼭 알아두어야 한다. 특히 위상수학에서 다루는 다양한 명제를 증명함에 있어서 꼭 필요한 기초논리를 다루도록 한다.

1.1 논리의 기초

명제(proposition)란 참(true)과 거짓(false)의 판단이 가능한 서술문(statement)을 의미한다. 한 명제의 참(T), 거짓(F)을 그 명제의 진리값(truth value)이라 부른다. 어떤 명제는 몇 개의 명제들의 합성으로 이루어지기도 하기에 명제의 합성에 관한 기본 원리를 알아보자. 명제는 일반적으로 알파벳 소문자 p, q, r, $\cdots$ 등으로 나타낸다. 이 절에서는 다음과 같은 다양한 형태의 명제들과 추론을 알아본다.

(1) 부정

(2) 논리곱(합접)

(3) 논리합(이접)

(4) 조건부

(5) 쌍조건부

(6) 추이법칙

(7) 대우법칙

(8) 귀류법

(9) 수학적 귀납법

정의 1.1.1 **(부정)** 한 명제 p의 부정명제를 $\sim p$ (not p)로 나타내고, 'p가 아니다'를 명제 p의 부정이라 한다. 부정명제 $\sim p$의 진리값은 다음 표와 같다.

p	$\sim p$
T	F
F	T

표 1.1

정의 1.1.2 **(논리곱)** 주어진 두 명제 p와 q에 대하여 "p이고 q이다"로 합성할 수 있다. 이것을 두 명제 p, q의 논리곱(conjunction, 합접)이라 하고, $p \wedge q$로 나타낸다. 논리곱 $p \wedge q$의 진리표는 다음과 같다.

p	q	$p \wedge q$
T	T	T
T	F	F
F	T	F
F	F	F

표 1.2

정의 1.1.3 **(논리합)** 두 명제 p, q에 대하여 'p 또는(이거나) q이다'로 합성할 수 있다. 이것을 두 명제 p, q의 **논리합**(disjunction, 이접)이라 하고, $p \vee q$로 나타낸다. 논리합 $p \vee q$의 진리표는 다음과 같다.

p	q	$p \vee q$
T	T	T
T	F	T
F	T	T
F	F	F

표 1.3

명제 p, q에 대한 모든 논리적 가능성에 대하여 각각의 경우 진리값이 같으면 p와 q는 논리적 동치 또는 동치라 하고 $p \equiv q$로 나타낸다.

정의 1.1.4 **(조건부)** 주어진 두 명제 p, q에 대하여 'p이면 q이다'로 합성할 수 있다. 명제 p, q 사이에 **조건부**라고 불리는 결합자 '$\rightarrow$'를 사용하여 **조건문**(conditional statement) $p \rightarrow q$ (p이면 q라고 읽음)를 구성한다. 조건문의 진리표는 다음과 같다. 여기서 p를 **가정**이라 하고 q를 **결론**이라 한다.

p	q	$p \rightarrow q$
T	T	T
T	F	F
F	T	T
F	F	T

표 1.4

조건문의 진리표에서 알 수 있듯이 명제 p의 진리값이 거짓(F)이면 q의 진리값에 관계없이 $p \rightarrow q$의 진리값이 항상 참(T)이 된다는 것에 유의할 필요가 있다. 예를 들어, 명제 p를 '나는 숙제를 한다'라 하고 명제 q를 '나는 부모님으로부터 용돈을 받는다'라고 하자. 그러면 p와 q를 활용한 조건문 $p \rightarrow q$는 '내가 숙제를 하면 나는 부모님으로부터 용돈을 받는다'가 된다. 이 조건문에 대하여 $p \to q$의 진리값이 거짓(F)인 경우는 어느 경우일까? 그것은 내가 숙제를 했는데도 부모님으로부터 용돈을 받지 못했을 때만 거짓(F)이다. 왜냐하면 내가 숙제를 하지 않는 경우에 대해서는 아무런 언급을 하지 않았기 때문이다. 참고로

(★) $$p \to q \equiv \sim (p \wedge \sim q) \equiv \sim p \vee q$$

임을 알 수 있고, 이 성질은 매우 유용하게 활용된다.

정의 1.1.5 **(쌍조건부)** 두 명제 p, q에 대하여 **쌍조건부**라고 부르는 결합자 '$\leftrightarrow$'를 사용하여 합성명제 $p \leftrightarrow q$ ('p이면 그리고 그때에만 q이다')를 구성할 수 있다. 이것을 두 명제 p, q의 **쌍조건문** (biconditional statement)이라 하고, $p \leftrightarrow q$로 나타낸다. 쌍조건문 $p \leftrightarrow q$의 진리표는 다음과 같다.

p	q	$p \leftrightarrow q$
T	T	T
T	F	F
F	T	F
F	F	T

표 1.5

위 진리표에서 알 수 있듯이 쌍조건문 $p \leftrightarrow q$의 진리값은 두 명제 p와 q가 동시에 참(T)이거나 거짓(F)일 때만 참(T)임을 알 수 있다. 구체적으로 살펴보면, $p \leftrightarrow q$는 $(p \to q) \wedge (q \to p)$임을 의미한다. 즉, $(p \to q) \wedge (q \to p)$의 진리값이 아래와 같아서 $p \leftrightarrow q$의 진리표와 같음을 알 수 있다.

p	q	$(p \to q)$	$\wedge$	$(q \to p)$
T	T	T	T	T
T	F	F	F	T
F	T	T	F	F
F	F	T	T	T

표 1.6

정의 1.1.6 명제들 p, q, r, $\cdots$의 **합성명제** $P(p, q, \cdots)$가 주어진 명제 p, q, r, $\cdots$의 진리값에 관계없이 항상 참(T)일 때 합성명제 $P(p, q, \cdots)$를 **토톨로지** (tautology)라 한다. 토톨로지인 명제에는

(i) $p \vee \sim p$

(ii) $(p \wedge q) \rightarrow (p \vee q)$

(iii) $[(p \rightarrow q) \wedge (q \rightarrow r)] \rightarrow (p \rightarrow r)$

등이 있다.

정의 1.1.7 명제 $p,\ q,\ r,\ \cdots$ 등의 합성명제 $P(p,\ q,\ r,\ \cdots)$, $Q(p,\ q,\ r,\ \cdots)$에 대하여

(1) $P(p,\ q,\ r,\ \cdots) \rightarrow Q(p,\ q,\ r,\ \cdots)$이 참(T)이 되는 경우

$$P(p,\ q,\ r,\ \cdots) \Rightarrow Q(p,\ q,\ r,\ \cdots)$$

로 나타낸다.

(2) $P(p,\ q,\ r,\ \cdots) \leftrightarrow Q(p,\ q,\ r,\ \cdots)$이 참(T)이 되는 경우

$$P(p,\ q,\ r,\ \cdots) \Leftrightarrow Q(p,\ q,\ r,\ \cdots)$$

로 나타낸다.

$P(p,\ q,\ r,\ \cdots) \Leftrightarrow Q(p,\ q,\ r,\ \cdots)$인 경우 두 합성명제 $P(p,\ q,\ r,\ \cdots)$와 $Q(p,\ q,\ r,\ \cdots)$은 항상 같은 진리값을 갖는다. 이 경우 두 명제 $P(p,\ q,\ r,\ \cdots)$와 $Q(p,\ q,\ r,\ \cdots)$는 **동치**(equivalent)인 명제라 한다.

정의 1.1.8 $P(p,\ q,\ \cdots) \Rightarrow Q(p,\ q,\ \cdots)$일 때 $P(p,\ q,\ \cdots)$는 $Q(p,\ q,\ \cdots)$이기 위한 **충분조건**이라 하고 $Q(p,\ q,\ \cdots)$는 $P(p,\ q,\ \cdots)$이기 위한 **필요조건**이라 한다.

$P(p,\ q,\ \cdots) \Leftrightarrow Q(p,\ q,\ \cdots)$일 때 $P(p,\ q,\ \cdots)$는 $Q(p,\ q,\ \cdots)$이기 위한 **필요충분조건**(if and only if)이라고 한다. 물론 $Q(p,\ q,\ \cdots)$도 $P(p,\ q,\ \cdots)$이기 위한 필요충분조건이다.

정의 1.1.9 명제 $p,\ q,\ r,\ \cdots$등의 **합성명제** $P(p,\ q,\ r,\ \cdots)$가 $p,\ q,\ r,\ \cdots$ 등의 진리값에 관계없이 항상 거짓(F)일 때 명제 $P(p,\ q,\ r,\ \cdots)$을 **모순**(contradiction)이라 하고 c로 표시한다.

정리 1.1.10 **(추이법칙)** 세 명제 $p,\ q,\ r$에 대하여 다음이 성립한다.

$$(p \to q) \wedge (q \to r) \Rightarrow (p \to r)$$

증명 다음 진리표에 의하여 성립한다.

p	q	r	$p \to q$	$\wedge$	$q \to r$	$\to$	$p \to r$
T	T	T	T	T	T	T	T
T	T	F	T	F	F	T	F
T	F	T	F	F	T	T	T
T	F	F	F	F	T	T	F
F	T	T	T	T	T	T	T
F	T	F	T	F	F	T	T
F	F	T	T	T	T	T	T
F	F	F	T	T	T	T	T
			1단계	2단계	1단계	3단계	1단계

표 1.7

위 진리표에서 알 수 있듯이 3단계의 진리값들이 모두 참(T)이기에 $[(p \to q) \wedge (q \to r)] \to (p \to r)$은 항상 참(T)이 되므로, 정의 1.1.7에서 언급했듯이 $(p \to q) \wedge (q \to r) \Rightarrow (p \to r)$로 나타낼 수 있다. □

정리 1.1.10에서, 만약에 $p \to q$와 $q \to r$이 모두 토톨로지인 경우 다음과 같은 성질이 성립한다.

따름정리 1.1.11 p, q, r을 명제라 하고, 만약 $p \Rightarrow q$이고 $q \Rightarrow r$이면 $p \Rightarrow r$이다.

증명 만약 $p \Rightarrow q$이고 $q \Rightarrow r$이면 $p \to q$와 $q \to r$이 모두 토톨로지(즉, 참)이다. 따라서 합성명제 $(p \to q) \wedge (q \to r)$도 참이다. 한편 정리 1.1.10에 의하여

$$(p \to q) \wedge (q \to r) \Rightarrow (p \to r)$$

이므로, 합성명제 $(p \to q) \wedge (q \to r) \to (p \to r)$이 항상 참(T)이다. 따라서 $p \to r$도 참이 되어야 한다. 그러므로 $p \Rightarrow r$이 성립한다. □

성질 1.1.12 명제 p, q, r에 대하여 다음이 성립한다.

(1) $p \vee p \Leftrightarrow p$

(2) $p \wedge p \Leftrightarrow p$

(3) $p \vee q \Leftrightarrow q \vee p$

(4) $p \wedge q \Leftrightarrow q \wedge p$

(5) $p \vee (q \vee r) \Leftrightarrow (p \vee q) \vee r$

(6) $p \wedge (q \wedge r) \Leftrightarrow (p \wedge q) \wedge r$

(7) $p \wedge (q \vee r) \Leftrightarrow (p \wedge q) \vee (p \wedge r)$

(8) $p \vee (q \wedge r) \Leftrightarrow (p \vee q) \wedge (p \vee r)$

(9) $\sim (p \vee q) \Leftrightarrow (\sim p) \wedge (\sim q)$

(10) $\sim (p \wedge q) \Leftrightarrow (\sim p) \vee (\sim q)$

(11) $(p \rightarrow q) \Rightarrow (p \vee r) \rightarrow (q \vee r)$ (임의의 명제 r에 대하여 성립함)

(12) $(p \rightarrow q) \Rightarrow (p \wedge r) \rightarrow (q \wedge r)$ (임의의 명제 r에 대하여 성립함)

증명 증명은 연습문제로 남긴다. □

주어진 명제 $p \rightarrow q$의 대우(contrapositive)명제란 $(\sim q) \rightarrow (\sim p)$를 뜻한다. 다음 진리표에서 알 수 있듯이 $p \rightarrow q$와 $(\sim q) \rightarrow (\sim p)$는 서로 동치이다.

p	q	$p \rightarrow q$	$\leftrightarrow$	$(\sim q)$	$\rightarrow$	$(\sim p)$
T	T	T	**T**	F	T	F
T	F	F	**T**	T	F	F
F	T	T	**T**	F	T	T
F	F	T	**T**	T	T	T
		1단계	3단계	1단계	2단계	1단계

표 1.8

요약하면 $p \rightarrow q$가 참일 필요충분조건은 $(\sim q) \rightarrow (\sim p)$가 참인 것이다. 따라서 다음 성질이 성립한다.

성질 1.1.13 **(대우법칙)** $(p \rightarrow q) \Leftrightarrow (\sim q) \rightarrow (\sim p)$.

수학의 증명방법에서 귀류법은 매우 자주 이용되고 있기에 귀류법의 논리적 성질을 알아보자.

귀류법이란 명제 $p \rightarrow q$를 증명함에 있어서 가정 p를 참이라 하고, 결론을 부정하여(즉, $\sim q$를 참이라고 가정하여) 모순(c)을 이끌어 내는 증명방법이다. 수학명제를 증명하는 방법 중에 대우증명법, 귀류법 등이 효율적으로 사용된다. 이제 귀류법의 논리적 특성을 알아보자.

성질 1.1.14 **(귀류법)** $(p \to q) \Leftrightarrow ((p \wedge \sim q) \to c)$.

증명 다음 진리표를 통하여 정리를 증명한다.

p	q	$\sim q$	$p \to q$	$\leftrightarrow$	$p \wedge \sim q$	$\to$	c
T	T	F	T	**T**	F	T	F
T	F	T	F	**T**	T	F	F
F	T	F	T	**T**	F	T	F
F	F	T	T	**T**	F	T	F
		1단계	3단계	4단계	2단계	3단계	

표 1.9

□

명제 중에서 자연수와 관련된 명제 $p(n)$의 타당성을 증명하는 데 절대적으로 사용되는 증명방법이 수학적 귀납법이다. 이제 **수학적 귀납법** (mathematical induction)의 원리를 알아보자.

성질 1.1.15 **(수학적 귀납법의 원리)** 자연수 n에 관한 명제 $p(n)$에 대하여

(1) $n=1$일 때, $p(1)$이 참이다.

(2) 임의의 자연수 k에 대하여 $p(k)$가 참이라고 가정한 후 $p(k+1)$이 참임을 보인다 (즉, $p(k)$가 참이다 $\Rightarrow p(k+1)$이 참이다).

명제 $p(n)$이 성질 (1)과 (2)를 만족하면 모든 자연수 n에 대하여 $p(n)$은 참이다.

연습문제 1.1

1. 성질 1.1.12를 예를 들어 설명하시오 (특히, (11)과 (12)의 역이 성립하지 않음을 예를 들어 설명하시오).

2. 모든 자연수 n에 대하여 다음 등식이 성립함을 증명하시오.

$$1^2 + 2^2 + \cdots + n^2 = \frac{n(n+1)(2n+1)}{6}$$

3. 임의의 집합 A에 대하여 $\varnothing \subset A$임을 조건부 논리를 사용하여 증명하시오.

1.2 집합과 연산

집합은 영어 대문자 A, B, $\cdots$ X, Y, Z 등으로 나타내고, 원소는 소문자 a, b, $\cdots$, x, y, z 등으로 나타낸다.

a가 집합 A의 원소인 것을

$$a \in A \text{ 또는 } A \ni a$$

로 표기한다. 한편 a가 A의 원소가 아닌 것을

$$a \not\in A$$

로 표기한다. 즉,

$$a \not\in A \Leftrightarrow \sim (a \in A)$$

이 성립한다.

두 집합 A, B에 대하여 A의 모든 원소와 B의 원소가 같은 경우에 A와 B는 같다고 하고 $A = B$로 나타낸다. 즉,

$$A = B \Leftrightarrow (x \in A \Leftrightarrow x \in B)$$

이다. 한편 A와 B가 같지 않을 때 이것을 $A \neq B$로 나타낸다.

두 집합 A, B에 대하여 A의 모든 원소가 B의 원소일 때, A는 B의 부분집합(subset)이라 하고 $A \subset B$로 나타낸다. 즉,

$$A \subset B \Leftrightarrow (\text{ㅋ}^{\forall} x \in A \Rightarrow x \in B)$$

이다. 이 경우 '집합 A가 집합 B에 포함된다' 또는 '집합 B가 집합 A를 포함한다'라고 읽는다. 경우에 따라 $A \subset B$를 $A \subseteq B$ 또는 $A \subseteqq B$로 나타내기도 한다.

그리고 $A \subset B$이고 $A \neq B$일 때, A를 B의 **진부분집합**(proper subset)이라 하고 $A \subsetneq B$로 나타낸다. A가 B의 부분집합이 아닐 때, $A \not\subset B$로 나타낸다.

원소가 하나도 존재하지 않는 집합을 **공집합**(empty set)이라 하고, $\varnothing$ 또는 $\{\ \}$으로 나타낸다.

기초정리 1.2.1 공집합은 모든 집합의 부분집합이다.

증명 임의의 집합 A에 대하여 $\varnothing \subset A$임을 증명하면 된다. 즉

$$\neg\ {}^{\forall} x \in \varnothing \Rightarrow x \in A \qquad \cdots (*)$$

임을 보이면 된다. 그런데 명제 (*)는 두 명제 $p :=$"임의의 x에 대하여 x는 $\varnothing$에 속한다"와 $q :=$"x는 A에 속한다"로 구성되는 조건문 형태의 명제 $p \rightarrow q$이다 (정의 1.1.4 참조). 그런데 명제 p는 항상 거짓(F)임은 명백하다. 그리고 q는 참이거나 거짓이다. 그런데 정의 1.1.4의 조건문의 진리표에서 알 수 있듯이 조건명제 p가 거짓이므로 복합명제 $p \rightarrow q$는 항상 참(T)이다. 즉, $\varnothing \subset A$이다. □

부분집합 연산은 추이율이 성립함은 정의에 의하여 명백하다. 즉, $A \subset B$이고 $B \subset C$이면 $A \subset C$임은 쉽게 증명된다.

이제 집합론의 기본연산인 합집합과 교집합에 관하여 알아보자.

두 집합 A, B에 대하여 A에 속하거나 B에 속하는 원소로 이루어진 집합을 A와 B의 **합집합**(union)이라 하고 $A \cup B$로 나타낸다. 즉,

$$A \cup B = \{x \mid x \in A \text{ 또는 } x \in B\} = \{x \mid (x \in A) \vee (x \in B)\}$$

이다.

두 집합 A, B에 대하여 A에 속하고 B에도 속하는 원소로 이루어진 집합을 A와 B의 **교집합**(intersection)이라 하고 $A \cap B$로 나타낸다. 즉,

$$A \cap B = \{x \mid x \in A \text{이고 } x \in B\} = \{x \mid (x \in A) \wedge (x \in B)\}$$

이다. 특별히 $A \cap B = \varnothing$인 경우에 A와 B는 **서로소**(disjoint)라 부른다. 혹은 'A와 B는 만나지 않는다'라고 부르기도 한다.

합집합과 교집합 연산에 관하여 다음과 같은 성질이 성립한다.

성질 1.2.2 임의의 집합 A, B에 대하여 다음이 성립한다.

(1) $A \cap B \subset A$

(2) $A \subset A \cup B$

(3) $A \subset B \Leftrightarrow A \cup B = B$

(4) $A \subset B \Leftrightarrow A \cap B = A$

(5) $A \cup \varnothing = A$, $A \cap \varnothing = \varnothing$

증명 증명은 연습문제로 남긴다. □

성질 1.2.3 임의의 집합 A, B, C에 대하여 다음이 성립한다.

(1) (멱등법칙) $A \cup A = A$, $A \cap A = A$

(2) (교환법칙) $A \cup B = B \cup A$, $A \cap B = B \cap A$

(3) (결합법칙) $(A \cup B) \cup C = A \cup (B \cup C)$, $(A \cap B) \cap C = A \cap (B \cap C)$

(4) (분배법칙) $A \cap (B \cup C) = (A \cap B) \cup (A \cap C)$

$A \cup (B \cap C) = (A \cup B) \cap (A \cup C)$

증명 증명은 연습문제로 남긴다. □

이제 두 집합 A, B에 대하여 A에 속하지만 B에 속하지 않는 원소들의 집합을 A에 대한 B의 **차집합**(relative complement of B in A)이라 하고, $A - B$로 나타낸다. 즉,

$$A - B = \{x \mid x \in A,\ x \notin B\} = A \cap B^c$$

이다.

특별히 U가 전체집합이고 A가 U의 부분집합이면 U에 대한 A의 차집합을 A의 **여집합**(complement)이라 하고 A^c로 나타낸다. 즉,

$$A^c = U - A = \{x \mid x \in U,\ x \notin A\}$$

이다.

성질 1.2.4 임의의 집합 A, $B \subset U$에 대하여 다음이 성립한다.

(1) $(A^c)^c = A$

(2) $\varnothing^c = U$, $U^c = \varnothing$

(3) $A \cap A^c = \varnothing$, $A \cup A^c = U$

(4) $A \subset B \Leftrightarrow B^c \subset A^c$

증명 증명은 연습문제로 남긴다. □

이제 드모르간 법칙에 관하여 언급하자.

정리 1.2.5 임의의 두 집합 A, $B \subset U$에 대하여 다음이 성립한다.

(1) $(A \cup B)^c = A^c \cap B^c$

(2) $(A \cap B)^c = A^c \cup B^c$

증명 증명은 연습문제로 남긴다. □

성질 1.2.6 임의의 집합 A, B에 대하여 다음이 성립한다.

(1) $A - B = A - (A \cap B)$

(2) $A \cap B = \varnothing \Leftrightarrow A \subset B^c$

증명 (1)
$$\begin{aligned} A - (A \cap B) &= A \cap (A \cap B)^c = A \cap (A^c \cup B^c) \\ &= (A \cap A^c) \cup (A \cap B^c) \\ &= \varnothing \cup (A \cap B^c) = A - B \end{aligned}$$

이다.

(2) 증명은 연습문제로 남긴다. □

집합족(family of sets)

집합을 원소로 갖는 집합을 생각해야 할 경우가 있다. 이런 경우 집합들의 족(family of sets)이라는 용어를 사용한다.

한 집합 X의 모든 부분집합들의 족을 2^X 혹은 $\mathscr{P}(X)$로 나타내고 집합 X의 멱집합(power set of X)이라 한다. 즉,

$$2^X = \mathscr{P}(X) = \{A \mid A \subset X\} \qquad \cdots (*)$$

이다. 멱집합의 정의(*)에 의하여 $\mathscr{P}(X) \neq \varnothing$이다. 예를 들어 $\varnothing$의 멱집합은

$$\mathscr{P}(\varnothing) = \{A \mid A \subset \varnothing\} = \{\varnothing\}$$

이다. 그리고 한원소집합 $X = \{a\}$의 멱집합은

$$\mathscr{P}(X) = \{A \mid A \subset \{a\}\} = \{\varnothing, \{a\}\}$$

이다. 일반적으로 원소의 개수가 n인 집합 X의 멱집합 $\mathscr{P}(X)$의 원소의 개수는 2^n이다.

이 책에서 자주 쓰이게 되는 집합들을 다음과 같은 기호로 표시하기로 한다.

$\mathbb{N}$: 모든 자연수 집합, $\mathbb{Z}$: 모든 정수들의 집합,

$\mathbb{Q}$: 모든 유리수들의 집합 $\mathbb{Q}^c$: 모든 무리수들의 집합,

$\mathbb{R}$: 모든 실수들의 집합, $\mathbb{C}$: 모든 복소수들의 집합

$\mathbb{Z}_0$: 모든 짝수들의 집합 $\mathbb{Z}_1$: 모든 홀수들의 집합

기호 ‘:=’는 증명 없이 같은 것으로 간주함을 말한다.

주어진 집합 Λ의 각 원소 $\alpha \in \Lambda$에 대하여 집합 A_α를 하나씩 대응할 때, 모든 A_α들의 모임을 Λ에 따라 **첨자된 집합족**(indexed family of sets)이라 하고

$$\{A_\alpha \mid \alpha \in \Lambda\} \text{ 또는 } \{A_\alpha\}_{\alpha \in \Lambda}$$

와 같이 나타낸다. 이 경우 Λ를 **첨자집합**(index set)이라 하고, $\alpha(\in \Lambda)$를 첨자(index)라 한다.

이제 앞에서 정의한 여러 가지 연산(합집합, 교집합, 차집합 등)을 집합족으로 확장할 수 있다.

집합족 $\mathscr{F} = \{A_\alpha \mid \alpha \in \Lambda\}$에 속하는 집합들의 합집합과 교집합을 다음과 같이 정의한다.

정의 1.2.7

(1) $\bigcup_{\alpha \in \Lambda} A_\alpha = \{x \mid x \in A_\alpha$이 성립하는 $\alpha \in \Lambda$가 존재한다.$\}$

(2) $\bigcap_{\alpha \in \Lambda} A_\alpha = \{x \mid$ 임의의 $\alpha \in \Lambda$에 대하여 $x \in A_\alpha$이다.$\}$

정의 1.2.7에 의하여 다음 성질을 얻는다.

성질 1.2.8

(1) $\bigcup_{\alpha \in \Lambda} A_\alpha = \bigcup\{A_\alpha \mid \alpha \in \Lambda\}$

(2) $\bigcap_{\alpha \in \Lambda} A_\alpha = \bigcap\{A_\alpha \mid \alpha \in \Lambda\}$

예를 들면 $\Lambda=\{1, 2, 3\}$인 경우,

$$\begin{aligned}\bigcup_{\alpha\in\Lambda} A_\alpha &= \bigcup_{\alpha\in\{1,\ 2,\ 3\}} A_\alpha = A_1\cup A_2\cup A_3\\ &=\{x \mid x\in A_1 \text{ 혹은 } x\in A_2 \text{ 혹은 } x\in A_3\}\\ \bigcap_{\alpha\in\Lambda} A_\alpha &= \bigcap_{\alpha\in\{1,\ 2,\ 3\}} A_\alpha = A_1\cap A_2\cap A_3\\ &=\{x \mid x\in A_1,\ x\in A_2,\ x\in A_3\}\end{aligned}$$

가 된다.

여기서 $\bigcup_{\alpha\in\Lambda} A_\alpha$를 $\{A_\alpha \mid \alpha\in\Lambda\}$의 **합집합**(union)이라 하고 $\bigcap_{\alpha\in\Lambda} A_\alpha$를 $\{A_\alpha \mid \alpha\in\Lambda\}$의 **교집합**(intersection)이라 한다.

| 예제 1.2.9 | (1) 자연수 $n\in\mathbb{N}$에 대하여 $A_n=(-\frac{1}{n},\ \frac{1}{n})$이라 하자.

첨자집합족 $\mathscr{F}=\{A_n \mid n\in\mathbb{N}\}$에 대하여 $\bigcap_{n\in\mathbb{N}} A_n=\{0\}$임을 알 수 있다.

(2) 자연수 $n\in\mathbb{N}$에 대하여 $B_n=(0,\ \frac{n-1}{n}]$이라 하고 $C_n=(0,\ \frac{1}{n})$이라 하자.

그러면 $\bigcup_{n\in\mathbb{N}} B_n=(0,\ 1)$이고 $\bigcap_{n\in\mathbb{N}} C_n=\varnothing$이다. ■

다음 성질은 첨자집합족의 합집합과 교집합 연산에서 매우 중요한 역할을 하는 성질이다.

성질 1.2.10 첨자집합 Λ가 $\varnothing$이면 다음이 성립한다.

(1) $\bigcup_{\alpha\in\varnothing} A_\alpha=\varnothing$

(2) $\bigcap_{\alpha\in\varnothing} A_\alpha=U$

증명 (1) 임의의 $x\in U$ (전체집합)를 택하더라도 $x\notin \bigcup_{\alpha\in\varnothing} A_\alpha$임을 보이면 된다.

즉, 임의로 주어진 $x\in U$에 대하여

$$\begin{aligned} x\notin \bigcup_{\alpha\in\varnothing} A_\alpha &\Leftrightarrow \sim(x\in \bigcup_{\alpha\in\varnothing} A_\alpha)\\ &\Leftrightarrow \sim(\exists\,\alpha\in\varnothing \text{ s.t. } x\in A_\alpha)\end{aligned}$$

$$\Leftrightarrow \ \forall \alpha \in \varnothing,\ x \notin A_\alpha$$
$$\Leftrightarrow \ (\alpha \in \varnothing \rightarrow x \notin A_\alpha)$$

이다. 따라서 조건명제 $\alpha \in \varnothing \rightarrow x \notin A_\alpha$가 참(T)임을 증명해야 한다. 그런데 이 조건명제의 가정 $\alpha \in \varnothing$이 항상 거짓(F)이므로 조건문의 진리표(정의 1.1.4 참조)에 의하여 조건명제 $\alpha \in \varnothing \rightarrow x \notin A_\alpha$은 항상 참이다. 따라서 $\alpha \in \varnothing \Rightarrow x \notin A_\alpha$이 되어서 $x \notin \bigcup_{\alpha \in \varnothing} A_\alpha$이 성립한다.

(2) 모든 $x \in U$(전체집합)에 대하여 $x \in \bigcap_{\alpha \in \varnothing} A_\alpha$임을 보이면 된다. 즉, 임의로 주어진 $x \in U$에 대하여

$$x \in \bigcap_{\alpha \in \varnothing} A_\alpha \ \Leftrightarrow \ \forall \alpha \in \varnothing,\ x \in A_\alpha$$
$$\Leftrightarrow \ (\alpha \in \varnothing \rightarrow x \in A_\alpha)$$

이다. 따라서 조건명제 $\alpha \in \varnothing \rightarrow x \in A_\alpha$이 참(T)임을 보여야 한다. 그런데 이 조건명제의 가정 $\alpha \in \varnothing$이 항상 거짓(F)이므로 조건문의 진리표(정의 1.1.4 참조)에 의하여 조건명제 $\alpha \in \varnothing \rightarrow x \in A_\alpha$는 항상 참(T)이다. 따라서 $\alpha \in \varnothing \Rightarrow x \in A_\alpha$이 되어서 $x \in \bigcap_{\alpha \in \varnothing} A_\alpha$이 성립한다. □

정리 1.2.11 **(일반 드모르간 법칙)** 임의의 첨자된 집합족 $\{A_\alpha \mid \alpha \in \Lambda\}$에 대하여 다음이 성립한다.

(1) $\left(\bigcup_{\alpha \in \Lambda} A_\alpha\right)^c = \bigcap_{\alpha \in \Lambda} A_\alpha^c$

(2) $\left(\bigcap_{\alpha \in \Lambda} A_\alpha\right)^c = \bigcup_{\alpha \in \Lambda} A_\alpha^c$

증명 증명은 연습문제로 남긴다. □

(데카르트) 곱집합(cartesian product)

임의의 a, b에 대하여 a, b의 순서쌍이라고 부르는 (a, b)를 생각할 수 있다. '두 순서쌍 (a, b)와 (c, d)가 같다'란 $a=c$이고 $b=d$임을 뜻하고 $(a, b)=(c, d)$로 나타낸다. 즉,

$$(a, b)=(c, d) \Leftrightarrow a=c,\ b=d$$

이다.

임의의 두 집합 A와 B의 **곱집합**(cartesian product) (혹은 데카르트 곱)은

$$A\times B=\{(x, y) \mid x\in A,\ y\in B\}$$

을 뜻한다. 이제 곱집합의 다양한 성질을 조사하자.

성질 1.2.12 임의의 집합 A에 대하여 $A\times\varnothing=\varnothing$, $\varnothing\times A=\varnothing$이다.

정리 1.2.13 임의의 집합 A와 집합족 $\{B_\alpha \mid \alpha\in\Lambda\}$에 대하여 다음이 성립한다.

(1) $A\times\left(\bigcup_{\alpha\in\Lambda} B_\alpha\right)=\bigcup_{\alpha\in\Lambda}(A\times B_\alpha)$

(2) $A\times\left(\bigcap_{\alpha\in\Lambda} B_\alpha\right)=\bigcap_{\alpha\in\Lambda}(A\times B_\alpha)$

증명 증명은 연습문제로 남긴다. □

성질 1.2.14 임의의 집합 A, B, C, D에 대하여 다음이 성립한다.

$$(A\times B)\cap(C\times D)=(A\cap C)\times(B\cap D)$$

증명

$$\begin{aligned}
{}^{\forall}(x, y)&\in(A\times B)\cap(C\times D)\\
&\Leftrightarrow (x, y)\in A\times B \wedge (x, y)\in C\times D\\
&\Leftrightarrow x\in A,\ x\in C \wedge y\in B,\ y\in D\\
&\Leftrightarrow x\in A\cap C \wedge y\in B\cap D\\
&\Leftrightarrow (x, y)\in(A\cap C)\times(B\cap D)
\end{aligned}$$

이 성립하므로 등호가 성립한다. □

그러나 일반적으로 $(A\times B)\cup(C\times D)\neq(A\cup C)\times(B\cup D)$이다. 예를 들면 $X=\{1,\ 2\}$, $Y=\{a,\ b\}$에 대해 $A=\{1\}$, $C=\{2\}\subset X$이고 $B=\{a\}$, $D=\{b\}\subset Y$라 하자. 그러면

$$(A\times B)\cup(C\times D)=\{(1,\ a)\}\cup\{(2,\ b)\}=\{(1,\ a),\ (2,\ b)\}\subsetneq X\times Y \text{이고}$$
$$(A\cup C)\times(B\cup D)=X\times Y$$

이 되어서 $(A\times B)\cup(C\times D)\neq(A\cup C)\times(B\cup D)$임을 알 수 있다.

더 나아가 $(X-A)\times(Y-B)\neq(X\times Y)-(A\times B)$임도 알 수 있다.

성질 1.2.15 임의의 집합 A, B, C에 대하여 다음이 성립한다.

$$A\times(B-C)=(A\times B)-(A\times C)$$

증명 ㅋ $^\forall(x,\ y)\in A\times(B-C) \Leftrightarrow x\in A\wedge y\in B-C$

$$\begin{aligned}
&\Leftrightarrow x\in A\wedge(y\in B\wedge y\notin C)\\
&\Leftrightarrow (x\in A\wedge y\in B)\wedge(x\in A\wedge y\notin C)\\
&\Leftrightarrow (x,\ y)\in A\times B\wedge(x,\ y)\notin A\times C\\
&\Leftrightarrow (x,\ y)\in(A\times B)-A\times C
\end{aligned}$$

이므로 등호가 성립한다. □

성질 1.2.16 임의의 집합 A, B, X, Y에 대하여 다음이 성립한다.

$$(X\times Y)-(A\times B)=[(X-A)\times Y]\cup[X\times(Y-B)]$$

증명 증명은 연습문제로 남긴다. □

집합 A_1, A_2, $\cdots$, A_n에 대하여 곱집합

$$\prod_{i=1}^{n}A_i=A_1\times A_2\times\cdots\times A_n=\{(a_1,\ a_2,\ \cdots,\ a_n)\,|\,a_i\in A_i,\ i\in\{1,\ 2,\ \cdots,\ n\}\}$$

으로 정의한다.

연습문제 1.2

1. 성질 1.2.2를 증명하시오.

2. 성질 1.2.3을 증명하시오.

3. 성질 1.2.4를 증명하시오.

4. 성질 1.2.5를 증명하시오.

5. 정리 1.2.11을 증명하시오.

6. 정리 1.2.13을 증명하시오.

7. 다음을 구하시오.

(1) $\bigcup_{n\in\mathbb{N}}[1+\frac{1}{n},\ 3-\frac{1}{n}]$

(2) $\bigcap_{n\in\mathbb{N}}(1-\frac{1}{n},\ 3+\frac{1}{n})$

8. 원소의 개수가 n개인 집합 X의 멱집합 $\mathscr{P}(X)$의 원소의 개수가 2^n임을 보이시오.

9. $X\cap(Y-Z)=X\cap Y-X\cap Z$임을 증명하시오.

1.3 동치관계와 분할

수학은 관계와 순서를 다루는 학문이라고 해도 과언이 아니다. 그중에서 '동치관계'는 매우 중요한 역할을 한다.

정의 1.3.1 두 집합 X, Y에 대하여 X에서 Y로의 **관계**(relation) $\mathscr{R}$ (혹은 $\sim$)은 곱집합 $X\times Y$의 부분집합이다. 즉, $\mathscr{R}\subset X\times Y$이다. $(x,\ y)\in\mathscr{R}$이면 'x는 $\mathscr{R}$에 따라 y와 관계된다'라는 명제이다.

$(x,\ y)\in\mathscr{R}$을 $_x\mathscr{R}_y$ 혹은 $x\sim y$으로 표시하고, $(x,\ y)\notin\mathscr{R}$이면 $x\nsim y$이라고 표시한다.

$\mathscr{R}\subset X\times Y$인 관계 $\mathscr{R}$에 대하여 $\{x\mid(x,\ y)\in\mathscr{R}\}$을 관계 $\mathscr{R}$의 **정의역**(domain of $\mathscr{R}$)이라 하고 $\{b\mid(a,\ b)\in\mathscr{R}\}$을 관계 $\mathscr{R}$의 **치역**(range of $\mathscr{R}$)이라 한다.

관계 $\mathscr{R}$의 역(inverse of $\mathscr{R}$)을 $\mathscr{R}^{-1}$로 나타내고

$$\mathscr{R}^{-1}=\{(b,\ a)\mid(a,\ b)\in\mathscr{R}\}$$

으로 정의한다. 즉 $\mathscr{R}^{-1}$는 B로부터 A로의 한 관계이다.

정의 1.3.2 집합 X상의 **동치관계**(equivalence relation)란 다음 세 가지 성질을 만족하는 X상의 관계 $\mathscr{R}$ $(\subset X\times X)$를 의미한다.

(1) **(반사율)** 임의의 $x\in X$에 대하여 $(x,\ x)\in\mathscr{R}$이다.
(2) **(대칭률)** $(x,\ y)\in\mathscr{R}$이면 $(y,\ x)\in\mathscr{R}$이다.
(3) **(추이율)** $(x,\ y)\in\mathscr{R}$, $(y,\ z)\in\mathscr{R}$이면 $(x,\ z)\in\mathscr{R}$이다.

$\mathscr{R}$ (혹은 $\sim$)을 X상의 동치관계라 하자. $x\in X$에 대하여

$$[x]=\{y\in X\mid {}_y\mathscr{R}_x\}\subset X$$

를 x의 **동치류**(equivalence class)라 한다. 또한 X상의 모든 동치류들의 모임을

$X/\mathscr{R}$ (혹은 $X/\sim$)로 나타낸다. 즉,

$$X/\mathscr{R} = X/\sim\, = \{[x] \mid x \in X\}$$

이다.

성질 1.3.3 집합 X상의 동치관계 '$\sim$'에 대하여 다음이 성립한다.

(1) 모든 $x \in X$에 대하여 $[x] \neq \varnothing$ 이다.

(2) $X = \bigcup\{[x] \mid x \in X\}$

(3) $x \sim y \Leftrightarrow [x] = [y] \Leftrightarrow [x] \cap [y] \neq \varnothing$

(4) $x \nsim y \Leftrightarrow [x] \cap [y] = \varnothing$

(5) 임의의 x, y에 대하여 $[x] = [y]$이거나 $[x] \cap [y] = \varnothing$ 이다.

증명 증명은 연습문제로 남긴다. □

동치관계 집합 $(X, \mathscr{R})$의 동치류들의 집합은 매우 유용한 성질(성질 1.3.3 참조)을 갖고, 집합의 분할과도 밀접한 관계가 있다.

정의 1.3.4 집합 $X(\neq \varnothing)$의 분할(partition)이란 X의 공집합이 아닌 부분집합들의 모임

$$\{X_\alpha \mid X_\alpha \subset X,\ X_\alpha \neq \varnothing,\ \alpha \in \Lambda\}$$

로서 다음 두 조건을 만족하는 것이다.

(i) 만약 $\alpha \neq \beta(\alpha,\ \beta \in \Lambda)$이면 $X_\alpha \cap X_\beta = \varnothing$ 이고,

(ii) $\bigcup_{\alpha \in \Lambda} X_\alpha = X$.

이 경우 임의의 $x \in X$에 대하여 x를 원소로 갖는 유일한 X_α가 존재한다. 분할의 정의와 성질 1.3.3에 의하여 다음이 성립한다.

성질 1.3.5 (1) $(X, \sim)$가 동치관계 집합이면 동치류들의 모임 $X/\sim\, = \{[x] \mid x \in X\}$는 X의 한 분할이다.

(2) X의 분할 $\{X_\alpha \mid \alpha \in \Lambda\}$가 주어지면 집합 X상에 동치관계 '$\sim$'를 다음과 같

이 정의할 수 있다.

$$x \sim y \overset{\text{정의}}{\Leftrightarrow} x,\ y \in X_\alpha \text{를 만족하는 } \alpha \in \Lambda \text{가 존재한다.}$$

증명 증명은 연습문제로 남긴다. □

이 경우 $x \in X_\alpha \subset X$인 x의 동치류 $[x] = X_\alpha$이다.

성질 1.3.5에 의하여 집합 X의 동치관계들의 모임과 집합 X의 분할들의 모임은 서로 대등(일대일 대응)임을 알 수 있다. 즉,

$$\{X\text{상의 동치관계}\} \overset{1:1}{\longleftrightarrow} \{X\text{의 분할}\}$$

| 예제 1.3.6 | 정수의 집합 $\mathbb{Z}$상의 동치관계 '$\sim$'

$$\begin{aligned} m \sim n &\Leftrightarrow \frac{(m-n)}{5} \in \mathbb{Z} \\ &\Leftrightarrow \exists\, k \in \mathbb{Z} \text{ s.t. } m - n = 5k \\ &\Leftrightarrow m \equiv n \pmod 5 \end{aligned}$$

에 의한 동치류는

$$\begin{aligned} [0] &= \{\cdots,\ -10,\ -5,\ 0,\ 5,\ 10,\ \cdots\} \\ [1] &= \{\cdots,\ -9,\ -4,\ 1,\ 6,\ 11,\ \cdots\} \\ [2] &= \{\cdots,\ -8,\ -3,\ 2,\ 7,\ 12,\ \cdots\} \\ [3] &= \{\cdots,\ -7,\ -2,\ 3,\ 8,\ 13,\ \cdots\} \\ [4] &= \{\cdots,\ -6,\ -1,\ 4,\ 9,\ 14,\ \cdots\} \end{aligned}$$

이고 $X/\sim = \{[0],\ [1],\ [2],\ [3],\ [4]\}$이다. ■

연습문제 1.3

1. 실수집합 $\mathbb{R}$상에 관계 '$\sim$'을 다음과 같이 생각하자.

$$x \sim y \Leftrightarrow x - y \in \mathbb{Z}$$

(1) $(\mathbb{R}, \sim)$이 동치관계 집합임을 보이시오.

(2) 동치류들의 집합 $\mathbb{R}/\sim$을 구하시오.

2. 다음과 같이 정의된 $\mathbb{R}^2$상의 두 개의 관계 '$\sim$'((a), (b))를 생각하자. 여기서 $n \in \mathbb{N}$이다.

(a) $(x, y) \sim (x', y') \Leftrightarrow x + ny = x' + ny'$

(b) $(x, y) \sim (x', y') \Leftrightarrow x^2 + y^2 = (x')^2 + (y')^2$

이때 다음을 구하시오.

(1) (a)의 관계집합 $(\mathbb{R}^2, \sim)$이 동치관계임을 보이시오.

(2) (a)의 관계집합에서 $\mathbb{R}^2/\sim$을 구하시오.

(3) (b)의 관계집합 $(\mathbb{R}^2, \sim)$이 동치관계임을 보이시오.

(4) (b)의 관계집합에서 $\mathbb{R}^2/\sim$을 구하시오.

1.4 집합의 연산과 관련된 함수의 성질

두 집합 X와 Y에 대하여 X에서 Y로의 함수(function)란 다음 조건을 만족하는 X에서 Y로의 관계 $f \subset X \times Y = \{(x, y) \mid x \in X, y \in Y\}$를 뜻한다.

(i) 모든 $x \in X$에 대하여 $(x, y) \in f$인 $y \in Y$가 존재한다.

(ii) 만약 $(x, y) \in f$, $(x, z) \in f$이면 $y = z$이다.

이 경우 X를 함수 f의 **정의역**(domain), Y를 함수 f의 **공변역**(codomain)이라 한다. 그리고

$$f(X) = \{f(x) \in Y \mid x \in X\}$$

를 f의 치역(range)이라 한다.

두 함수 $f, g : X \to Y$에 대하여

$$f = g \Leftrightarrow ㅋ\ {}^{\forall} x \in X,\ f(x) = g(x)$$

이다.

함수 $f : X \to Y$가 **단사**(injective) 또는 **일대일**(one to one)이란 임의의 서로 다른 원소 $x_1 \neq x_2 (x_1, x_2 \in X)$에 대하여 $f(x_1) \neq f(x_2)$를 만족함을 뜻한다. 즉 대우논리에 의하여

$$f(x_1) = f(x_2) \Rightarrow x_1 = x_2$$

를 만족함을 뜻한다.

함수 $f : X \to Y$가 **전사**(surjective) 또는 **위로**(onto)란 임의의 $y \in Y$에 대하여 $f(x) = y$인 $x \in X$가 존재함을 뜻한다. 즉 $f(X) = Y$인 경우를 의미한다.

그리고 함수 $f : X \to Y$가 단사이고 전사일 때, 이 함수를 **전단사**(bijective) 또는 **일대일 대응**(one to one correspondence)이라 한다.

정의 1.4.1 함수 $f : X \to Y$와 부분집합 $A \subset X$, $B \subset Y$에 대하여

$$f(A) = \{f(x) \in Y \mid x \in A\}$$

를 f에 의한 A의 상(image)이라 한다. 그리고

$$f^{-1}(B)=\{x\in X \mid f(x)\in B\}$$

를 f에 의한 B의 **역상**(inverse image, preimage)이라 한다.

정의 1.4.1에 의하여 다음 성질을 쉽게 알 수 있다.

$$y\in f(A) \Leftrightarrow \exists\, a\in A \text{ s.t } f(a)=y$$

이고

$$x\in f^{-1}(B) \Leftrightarrow f(x)\in B$$

이다. 특별히 $f^{-1}(Y)=X$임은 명백하다.

기초정리 1.4.2 함수 $f: X\to Y$에 대하여 다음이 성립한다.

(1) $f(\varnothing)=\varnothing$

(2) $f^{-1}(\varnothing)=\varnothing$

(3) 만약 $A\subset B\subset X$이면 $f(A)\subset f(B)$이다.

(4) 만약 $C\subset D\subset Y$이면 $f^{-1}(C)\subset f^{-1}(D)$이다.

증명 증명은 연습문제로 남긴다. □

성질 1.4.3 함수 $f: X\to Y$와 부분집합 $A\subset X$, $B\subset Y$에 대하여 다음이 성립한다.

(1) $A\subset f^{-1}(f(A))$

(2) 만약 f가 단사이면 $A=f^{-1}(f(A))$이다.

(3) $f(f^{-1}(B))\subset B$

(4) 만약 f가 전사이면 $f(f^{-1}(B))=B$이다.

증명 (1) 증명은 연습문제로 남긴다.

(2) 함수 f가 단사라 하자. 그러면

$$\begin{aligned} ㄱ\ {}^{\forall}x\in f^{-1}(f(A)) &\Rightarrow f(x)\in f(A) \\ &\Rightarrow \exists\, a\in A \text{ s.t. } f(a)=f(x) \\ &\Rightarrow x=a \text{ (함수 } f\text{의 '단사' 성질을 이용함)} \end{aligned}$$

$$\Rightarrow x \in A$$

이 성립하므로 $f^{-1}(f(A)) \subset A$이다. 그리고 (1)에 의하여 $f^{-1}(f(A)) = A$이다.

(3) 증명은 연습문제로 남긴다.

(4) 함수 f가 전사라 하자. 그러면

$$\exists \ {}^{\forall} y \in B \Rightarrow \exists x \in X \text{ s.t } f(x) = y \ (\text{함수 } f\text{의 '전사' 성질을 이용함})$$
$$\Rightarrow x \in f^{-1}(B)$$
$$\Rightarrow y = f(x) \in f(f^{-1}(B))$$

이므로 $B \subset f(f^{-1}(B))$이다. 성질 (3)에 의하여 $f(f^{-1}(B)) = B$이다.

□

성질 1.4.4 함수 $f: X \to Y$와 A, $B \subset X$, C, $D \subset Y$에 대하여 다음이 성립한다.

(1) $f(A \cup B) = f(A) \cup f(B)$

(2) $f(A \cap B) \subset f(A) \cap f(B)$

(3) 만약 f가 단사이면 $f(A \cap B) = f(A) \cap f(B)$이다.

(4) $f^{-1}(C \cup D) = f^{-1}(C) \cup f^{-1}(D)$

(5) $f^{-1}(C \cap D) = f^{-1}(C) \cap f^{-1}(D)$

증명 증명은 연습문제로 남긴다. □

성질 1.4.4.(2)에서 등호가 성립하지 않는 경우를 예를 들어 살펴본다.

함수 $f: \begin{matrix} \mathbb{R} & \longrightarrow & \mathbb{R} \\ \Downarrow & & \Downarrow \\ x & \leadsto & f(x) = x^2 \end{matrix}$ 를 생각하자.

$A = [-1, 0]$, $B = [0, 1]$이라 하자. 그때 $A \cap B = \{0\}$이고 $f(A \cap B) = \{0\}$이다. 그러나 $f(A) = [0, 1] = f(B)$이 되어서 $f(A) \cap f(B) = [0, 1] \supsetneq f(A \cap B)$이다.

성질 1.4.5 함수 $f: X \to Y$와 A, $B \subset X$, C, $D \subset Y$에 대하여 다음이 성립한다.

(1) $f(A-B) \supset f(A)-f(B)$

(2) $f^{-1}(C-D)=f^{-1}(C)-f^{-1}(D)$

(3) 특별히 $f^{-1}(C^c)=(f^{-1}(C))^c$이다.

증명 (1) ㅋ$\forall y \in f(A)-f(B) \Rightarrow y \in f(A)$, $y \notin f(B)$이다. $y \in f(A)$이므로 $f(x)=y$를 만족하는 $x \in A$가 존재한다. 그런데 $y \notin f(B)$이드로 $x \notin B$이다. 그러므로 $f(x)=y$인 $x \in A-B$가 존재하므로 $y \in f(A-B)$이다. 따라서 $f(A)-f(B) \subset f(A-B)$이다.

(2)
$$\begin{aligned} x \in f^{-1}(C-D) &\Leftrightarrow f(x) \in C-D \\ &\Leftrightarrow f(x) \in C,\ f(x) \notin D \\ &\Leftrightarrow x \in f^{-1}(C),\ x \notin f^{-1}(D) \\ &\Leftrightarrow x \in f^{-1}(C)-f^{-1}(D) \end{aligned}$$

(3) (2)에 의하여 명백하다. □

성질 1.4.6 함수 $f: X \to Y$와 X의 부분집합족 $\{A_\alpha \subset X \mid \alpha \in \Lambda\}$, Y의 부분집합족 $\{B_\beta \subset Y \mid \beta \in M\}$에 대하여 다음이 성립한다.

(1) $f(\bigcup_{\alpha \in \Lambda} A_\alpha)=\bigcup_{\alpha \in \Lambda} f(A_\alpha)$

(2) $f(\bigcap_{\alpha \in \Lambda} A_\alpha) \subset \bigcap_{\alpha \in \Lambda} f(A_\alpha)$

(3) $f^{-1}(\bigcup_{\beta \in M} B_\beta)=\bigcup_{\beta \in M} f^{-1}(B_\beta)$

(4) $f^{-1}(\bigcap_{\beta \in M} B_\beta)=\bigcap_{\beta \in M} f^{-1}(B_\beta)$

증명 성질 1.4.4의 일반화이다. 상세한 증명은 연습문제로 남긴다. □

주어진 두 함수 $f: X \to Y$와 $g: Y \to Z$에 대하여

$$\begin{array}{rccc} g \circ f: & X & \longrightarrow & \mathbb{R} \\ & \Cup & & \Cup \\ & x & \rightsquigarrow & g \circ f(x)=g(f(x)) \end{array}$$

를 f와 g의 합성함수라 한다. 이 경우 주어진 집합 $A \subset X$, $B \subset Z$에 대하여

$$g \circ f(A)=g(f(A)),\ (g \circ f)^{-1}(B)=f^{-1}(g^{-1}(B))$$

이다.

성질 1.4.7 함수 $f: X \to Y$와 $g: Y \to Z$에 대하여 다음이 성립한다.

(1) 만약 $g \circ f$가 단사이면 f도 단사이다.

(2) 만약 $g \circ f$가 전사이면 g도 전사이다.

증명 (1) 만약 $f(x_1) = f(x_2)$이면

$$g \circ f(x_1) = g(f(x_1)) = g(f(x_2)) = g \circ f(x_2)$$

이다. 그리고 $g \circ f$가 단사이므로 $x_1 = x_2$이다. 따라서 f는 단사이다.

(2) 임의의 $z \in Z$에 대하여 $g \circ f$가 전사이므로 $g \circ f(x) = z$를 만족하는 $x \in X$가 존재한다. 그러면 $y = f(x) \in Y$가 $g(y) = g(f(x)) = z$를 만족하므로 g는 전사이다. □

집합 X에서 **항등함수**(identity function)란

$$1_X: X \to X \quad \text{s.t.} \quad \exists\ \forall x \in X, \quad 1_X(x) = x$$

로 정의된 함수를 뜻한다.

정의 1.4.8 주어진 함수 $f: X \to Y$에 대해 함수 $g: Y \to X$가 존재하여

$$g \circ f = 1_X, \quad f \circ g = 1_Y$$

를 만족하면 g를 f의 **역함수**(inverse function)라 한다. 이 경우 g를 f^{-1}로 나타낸다. g가 f의 역함수이면 f도 g의 역함수이다.

정리 1.4.9 함수 $f: X \to Y$에 대하여 다음은 서로 동치이다.

(1) f의 역함수 $g: Y \to X$가 존재한다.

(2) f는 전단사함수이다.

증명 (1) ⇒ (2) 먼저 f의 역함수 g가 존재한다고 하자. 그러면 $g \circ f = 1_X$이고 1_X가 단사이므로 성질 1.4.7(1)에 의하여 f는 단사이다. 한편 $f \circ g = 1_Y$이고 1_Y가 전사이므로 성질 1.4.7(2)에 의하여 f는 전사이다. 따라서

f는 전단사이다.

(2) $\Rightarrow$ (1) 함수 f가 전단사라 가정하자. 먼저 f가 전사이므로 임의의 $y \in Y$에 대하여 $f(x) = y$를 만족하는 $x \in X$가 존재한다. 그리고 f가 단사이므로 이러한 x는 유일하다. 따라서

$$g(y) = x \Leftrightarrow f(x) = y$$

로 정의하면 $g : Y \to X$는 f의 역함수가 된다. □

성질 1.4.10 두 함수 $f : X \to Y$와 $g : Y \to X$가 모두 전단사이면 다음 성질이 성립한다.

$$(g \circ f)^{-1} = f^{-1} \circ g^{-1}$$

증명 증명은 연습문제로 남긴다. □

데카르트 곱(cartesian product)의 해석

1.2절에서 주어진 두 집합 X와 Y의 데카르트 곱(cartesian product)

$$X \times Y = \{(x, y) \mid x \in X, y \in Y\}$$

을 정의하였다. 이러한 데카르트 곱의 정의를 임의의 집합족으로 확장해본다. 먼저 데카르트 곱 $X \times Y$를 함수를 이용하여 표현할 수 있다. 즉 임의의 점 $(x, y) \in X \times Y$에 대하여

$$f : \{1, 2\} \to X \cup Y \quad \text{s.t. } f(1) = x, f(2) = y$$

를 대응시킬 수 있다. 역으로 $f(1) \in X$, $f(2) \in Y$를 만족하는 주어진 함수 $f : \{1, 2\} \to X \cup Y$에 대하여 $(f(1), f(2)) \in X \times Y$를 대응시킬 수 있다.

이제 유한개의 집합 $X_1, X_2, \cdots, X_n$들의 데카르트 곱은

$$\begin{aligned}\prod_{i=1}^{n} X_i &= X_1 \times X_2 \times \cdots \times X_n \\ &= \{(x_1, x_2, \cdots, x_n) \mid x_i \in X_i, \quad i \in \{1, 2, \cdots, n\}\}\end{aligned}$$

으로 정의한다.

앞에서와 마찬가지로 함수를 이용하여 $\prod_{i=1}^{n} X_i$를 다음과 같이 일대일 대응(전단사)시킬 수 있다.

$$\begin{array}{l} \prod_{i=1}^{n} X_i \leftrightarrow \{\text{함수 } x : \{1, 2, \cdots, n\} \rightarrow \bigcup_{i=1}^{n} X_i \quad \text{s.t.} \quad x(i) \in X_i\} \\ \Downarrow \\ \quad (x_1, x_2, \cdots, x_n) \rightarrow x \text{ s.t. } x(i) := x_i \in X_i \quad ㅋ^{\forall} i \in \{1, 2, \cdots, n\} \\ (x(1), x(2), \cdots, x(n)) \leftarrow x \end{array}$$

따라서 함수 x를 순서쌍 $(x_1, x_2, \cdots, x_n)$과 같은 것으로 볼 수 있다. 즉 $x = (x_1, x_2, \cdots, x_n)$이라 할 수 있다.

특별히 $X_1 = X_2 = \cdots = X_n := X$인 경우 $\prod_{i=1}^{n} X_i$를 X^n으로 나타낸다.

같은 방법으로 자연수 $n \in \mathbb{N}$에 대하여 집합 X_n을 생각하자. 다음 함수

$$x : \mathbb{N} \rightarrow \bigcup_{n \in \mathbb{N}} X_n \quad \text{s.t.} \quad x(n) := x_n \in X_n, \ ㅋ^{\forall} n \in \mathbb{N}$$

들의 모임을 집합 $X_n (n \in \mathbb{N})$들의 데카르트 곱이라 하고 $\prod_{n \in \mathbb{N}} X_n$ 또는 $\prod_{n=1}^{\infty} X_n$으로 표시한다.

앞에서와 마찬가지로

$$\begin{aligned} \prod_{n=1}^{\infty} X_n &= \{\text{함수 } x : \mathbb{N} \rightarrow \bigcup_{n=1}^{\infty} X_n \quad \text{s.t.} \quad x(n) := x_n \in X_n, \ ㅋ^{\forall} n \in \mathbb{N}\} \\ &= \{x := (x_1, x_2, \cdots, x_n, \cdots) \mid x_n \in X_n, \ n \in \mathbb{N}\} \end{aligned}$$

이다.

특히 $X_n = X (n \in \mathbb{N})$인 경우 $\prod_{n=1}^{\infty} X_n$을 X^{ω}로 표시한다.

앞에서 소개한 데카르트 곱을 일반화하여 임의의 집합족에 관한 데카르트 곱을 정의한다. Λ를 임의의 첨자집합이라 하고, 집합 $X_\alpha (\alpha \in \Lambda)$를 생각하자. 다음과 같은 함수

$$x : \Lambda \rightarrow \bigcup_{\alpha \in \Lambda} X_\alpha \quad \text{s.t.} \quad x(\alpha) := x_\alpha \in X_\alpha, \ ㅋ^{\forall} \alpha \in \Lambda$$

들의 모임을 집합 $X_\alpha (\alpha \in \Lambda)$들의 데카르트 곱이라 하고 $\prod_{\alpha \in \Lambda} X_\alpha$로 표시한다. 즉

$$\prod_{\alpha\in\Lambda} X_\alpha = \{ \text{함수 } x : \Lambda \to \bigcup_{\alpha\in\Lambda} X_\alpha \quad \text{s.t.} \quad x(\alpha) := x_\alpha \in X_\alpha, \ ^\exists{}^\forall \alpha\in\Lambda \}$$

$$= \{ x := (x_\alpha)_{\alpha\in\Lambda} \mid x_\alpha \in X_\alpha, \ ^\exists{}^\forall \alpha\in\Lambda \}$$

이다.

연습문제 1.4

1. 기초정리 1.4.2를 증명하시오.

2. 성질 1.4.3의 (1)과 (3)을 증명하시오.

3. 성질 1.4.4를 증명하시오.

4. 성질 1.4.6을 증명하시오.

5. 성질 1.4.10을 증명하시오.

6. $f : X \to Y$를 전사함수라 하자. 집합 X상에서 다음과 같은 관계를 정의하자.

$$x \sim x' \Leftrightarrow f(x) = f(x')$$

이 경우 다음을 증명하시오.

(a) $(X, \sim)$가 동치관계 집합이다.

(b) f가 유도하는 함수 $\tilde{f} : X/\sim \ \to Y$ s.t. $\tilde{f}([x]) = f(x)$가 전단사임을 보이시오.

7. 두 함수 $f : X \to Y$, $g : Y \to Z$에 대하여 다음을 증명하시오.

(a) 만약 f와 g가 모두 단사이면 합성함수 $g \circ f : X \to Z$도 단사이다.

(b) 만약 f와 g가 모두 전사이면 합성함수 $g \circ f : X \to Z$도 전사이다.

1.5 순서집합

관계집합 중에서 매우 활용성이 높은 집합인 반순서집합과 전순서집합을 알아보자. 구체적으로 이들의 정의와 기본 성질을 알아보자.

정의 1.5.1 관계집합 $(X, \mathscr{R})$이

(1) ㅋ $\forall x \in X$, ${}_x\mathscr{R}_x$ (반사관계; reflexive relation)

(2) ㅋ $\forall$ ${}_x\mathscr{R}_y$, ${}_y\mathscr{R}_x \Rightarrow x = y$ (반대칭관계; anti-symmetric relation)

(3) ㅋ $\forall$ ${}_x\mathscr{R}_y$, ${}_y\mathscr{R}_z \Rightarrow {}_x\mathscr{R}_z$ (추이관계; transitive relation)

을 만족하면 관계집합 $(X, \mathscr{R})$을 **반순서관계집합**(partially ordered set)이라 하고 그 관계 "$\mathscr{R}$"을 집합 X상에서 반순서관계(partial order relation)라고 한다.

반순서관계집합 $(X, \mathscr{R})$의 원들 사이의 관계 ${}_x\mathscr{R}_y$를

$$x \prec y,\ x \leq y \text{ 또는 } x \preceq y$$

등으로 표시한다.

반순서관계집합은 컴퓨터과학, 인공지능, 순서이론 등에서 매우 중요하게 활용된다.

| 예제 1.5.2 | (1) 임의의 집합 X에서 멱집합 $\mathscr{P}(X)$에 대한 포함관계(부분집합 관계)를 사용하며 $(\mathscr{P}(X), \subset)$은 반순서관계집합이다.

(2) 실수집합 $\mathbb{R}$과 자연순서(대소관계에 의한) $\leq$을 사용하며 $(\mathbb{R}, \leq)$는 반순서관계집합이다. $(\mathbb{Q}, \leq)$, $(\mathbb{Z}, \leq)$, $(\mathbb{N}, \leq)$ 등도 반순서관계집합이다.

(3) 실평면 $\mathbb{R}^2$에서 두 점 $p_1 = (x_1, y_1)$과 $p_2 = (x_2, y_2)$ 사이의 관계 $p_1 \leq p_2$를 $x_1 \leq x_2$이고 $y_1 \leq y_2$일 때라고 정의하면 $(\mathbb{R}^2, \leq)$는 반순서관계집합이다. ■

정의 1.5.3 반순서관계집합 $(X, \mathscr{R})$에서 X의 원소 x와 y가 ${}_x\mathscr{R}_y$이거나 ${}_y\mathscr{R}_x$이면 x와 y는 **비교가능**(comparable)이라고 하고 그렇지 않은 경우는 **비교불가능**(non-comparable)이라고 한다.

예제 1.5.2에서 언급한 $(\mathscr{P}(X), \subset)$에서 $\{a\}, \{b\} \in \mathscr{P}(X)$는 비교불가능 원소이다.

정의 1.5.4 반순서집합 $(X, \leq)$에서 $a(\in X)$에 대하여 $S_a = \{x \in X \mid x < a\}$를 a의 **앞절편**(initial segment) 혹은 **진절편**이라 한다.

정의 1.5.5 반순서집합 $(X, \leq)$, $(Y, \leq)$에 대하여 함수 $f : X \rightarrow Y$가 $x \leq y(\in X)$를 만족하는 임의의 x, y에 대하여

$$x \leq y \Rightarrow f(x) \leq f(y)$$

일 때 그 함수 f를 **순서보존**(order preserving)**함수**라고 한다.

더 나아가 반순서집합 $(X, \leq)$, $(Y, \leq)$에 대하여 전단사함수 $f : X \rightarrow Y$가 존재하여 임의의 원소 x, y에 대하여

$$x \leq y \Leftrightarrow f(x) \leq f(y)$$

이면 그 함수 f를 **순서동형함수**(order isomorphism)라 하고 반순서집합 X와 Y 사이에 순서동형함수가 존재하면 집합 X와 Y를 **순서동형**(order isomorphic)이라 하고 $X \simeq Y$로 표시한다.

또한 전단사함수 $f : X \rightarrow Y$가 존재하여 임의의 x, y에 대하여

$$x \leq y \Leftrightarrow f(x) \geq f(y)$$

이면 f는 반순서집합 X, Y에서 **쌍대순서동형함수**(dual order isomorphism)라 한다.

정의 1.5.6 $(A, \leq)$를 반순서집합이라 하자.

(1) $a(\in A)$를 제외한 임의의 $x \in A$에 대해서 $a \leq x$이 성립하지 않는 경우 그 a를 A의 **극대원**(maximal element)이라 하고 기호로 표시하면 다음과 같다.

$$\exists\, {}^{\forall} x \in A, \ x \geq a\text{일 때}$$

$x = a$이면, 그리고 그때에만 성립하면 a를 A의 극대원이라 한다.

(2) $b(\in B)$를 제외한 임의의 $x \in A$에 대해서 $x \leq b$이 성립하지 않는 경우 그 b를 A의 **극소원**(minimal element)이라 하고 기호로 표시하면 다음과 같다.

$$\exists^{\forall} x \in A,\ x \leq b \text{일 때}$$

$x = b$이면 그리고 그때에만 성립하면 b를 A의 극소원이라 한다.

(3) $a \in A$에 대하여 임의의 $x \in A$에 대해서 $a \geq x$일 경우 a를 A의 **최대원** (greatest element)이라 한다. 여기서 A의 최대원을 $\max A$라고 표시한다.

(4) $b \in A$에 대하여 임의의 $x \in A$에 대해서 $b \leq x$일 경우 b를 A의 **최소원** (least element)이라 한다. 여기서 A의 최소원을 $\min A$라고 표시한다.

정의 1.5.7 $(A, \leq)$를 반순서집합이라 하자.

(1) $B \subset A$일 때 임의의 $x (\in B)$에 대하여 $x \leq a$인 $a \in A$를 A에서 B의 **상계** (upper bound)라 하고 B의 모든 상계의 집합을 $U(B)$로써 나타낸다.

(2) $B \subset A$일 때 임의의 $x (\in B)$에 대하여 $b \leq x$인 $b \in A$를 A에서 B의 **하계** (lower bound)라 하고 B의 모든 하계의 집합을 $L(B)$로써 나타낸다.

(3) B의 상계의 집합 $U(B)$가 최소원을 가질 때 이 원소를 A에서 B의 **최소상계** (least upper bound) 또는 **상한** (supremum)이라 하고 $\sup B$로 표기한다.

(4) B의 하계의 집합 $L(B)$가 최대원을 가질 때 이 원소를 A에서 B의 **최대하계** (greatest lower bound) 또는 **하한** (infimum)이라 하고 $\inf B$로 표기한다.

유한 반순서집합을 수학적 도표인 Hasse (Helmut Hasse(1898-1978), 독일) diagram을 이용하여 표현하면 매우 편리하다. 즉 유한 반순서집합 $(X ; \leq)$가 주어졌다고 가정하자. 평면상에서 X의 각 원소를 정점 (vertex)으로 하고, $x < y$이고, $x < z < y$인 원소 $z (\in X)$가 존재하지 않을 때 x로부터 y 방향으로 위로 향하는 선분 (혹은 곡선(arc))을 긋는다. 이 선분(혹은 곡선)들은 서로 만날 수는 있지만 그들의 정점을 제외한 다른 정점과 만나지는 않는다 (예제 1.5.8 참조). 이 도표를 Hasse diagram (하세도표)라고 한다.

[주어진 반순서집합으로부터 **하세도표** (Hasse diagram)를 만드는 방법]

(1단계) 반순서집합 $(X ; \leq)$의 각 점 $x \in X$와 관계 $x \leq y$를 바탕으로, 평면에서 각 점 x를 정점 (vertex)으로 하고 $x \leq y$이면 $x \nearrow y$인 방향그래프를 만든다. (즉 임의의 $x \in X$에 대하여 $x \leq x$이므로 $x \rightarrow x$인 순환그래프 (loop)를 만들고, $x \neq y$이고 $x < y$이면 $x \nearrow y$와 같이 y를 x보다 위에 배치하여 x로부터 y 방향으로 방향그래프 $x \nearrow y$를 만든다. 이때 방향그

래프는 선분이나 현(arc)을 이용한다. 즉 루프를 제외한 모든 화살표(방향그래프)는 위로만 향한다고 약속한다.)

(2단계) 모든 순환그래프를 제거한다(즉 모든 루프는 생략한다).

(3단계) 추이관계에 의하여 생성된 방향그래프를 제거한다.

(4단계) 방향그래프 $x \nearrow y$에서 화살표를 제거한다.

| 예제 1.5.8 | (1) 그림 1.1(a)의 하세도표에 따라 집합 $X=\{a, b, c, d\}$에서 순서관계 $\leq$를 생각하자. 즉 $a \leq c$, $a \leq d$, $b \leq d$, $b \leq c$에 의한 반순서관계집합 $(X, \leq)$를 생각한다. 그때 집합 $A=\{a, b\}$의 상계집합 $U(A)=\{c, d\}$이지만 $\sup A$는 존재하지 않는다.

(2) 그림 1.1(b)의 하세도표에 따라 집합 $Y=\{a, b, c, d, e, f\}$에서 순서관계 $\leq$를 생각하자. 그때 반순서관계집합 $(Y, \leq)$에서 부분집합 $B=\{b, c\}$를 택하자. 그러면 $U(B)=\{d, e, f\}$이지만 $\sup B$는 존재하지 않는다. 그러나 $\inf B$는 a이다. ■

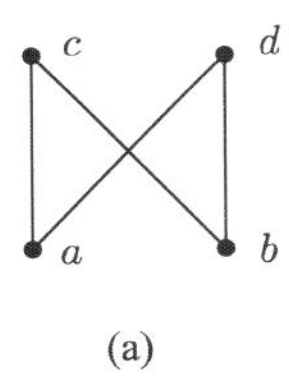

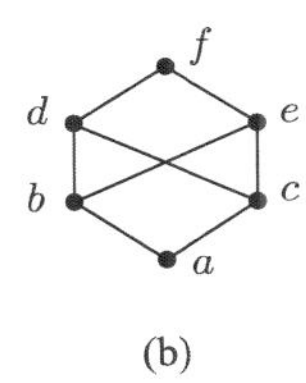

그림 1.1 (a) 반순서집합 $(X, \leq)$의 하세도표 (b) 반순서집합 $(Y, \leq)$의 하세도표

정의 1.5.9 반순서집합 $(X, \mathscr{R})$에서 X의 임의의 두 원소가 비교가능하면 그 $(X, \mathscr{R})$를 **전순서집합**(totally ordered set) 혹은 **선형순서집합**(linear order set)이라 한다.

| 예제 1.5.10 | 실평면 $\mathbb{R}^2$에서 **사전식순서**(lexicographic order)를 생각하자. 즉 임의의 두 원소 (a_1, b_1), $(a_2, b_2) \in \mathbb{R}^2$에 대하여 순서 $\leq$를 다음과 같이 정의한다.

$(a_1, b_1) \leq (a_2, b_2) \Leftrightarrow a_1 < a_2$ 또는 $a_1 = a_2$이면 $b_1 \leq b_2$이다.

그때 $(\mathbb{R}^2, \leq)$은 전순서관계집합이다. ■

성질 1.5.11 (1) 주어진 전순서집합족에서 순서동형관계는 동치관계이다.

(2) 반순서집합 $(X, \leq)$가 주어지면 전순서부분집합 $(X', \leq)$을 $(X, \leq)$에서 택할 수 있다.

▌예제 1.5.12▐ 집합 $X = \{1, 2, 3, 12, 18, 36\}$에서 $x, y \in X$에 대하여 관계 '${}_x\mathscr{R}_y$라 함은 x는 y를 나눈다'라고 정의하자. 이때 $(X, \mathscr{R})$은 반순서집합이고 하세도표로 표시하면 그림 1.2와 같다. ■

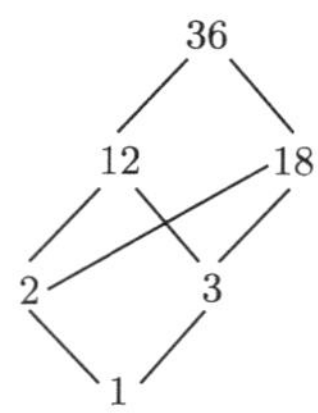

그림 1.2 반순서집합 $(X, \mathscr{R})$의 하세도표

■

여기서 $X' = \{1, 2, 18, 36\}$을 택하면 $X' \subset X$이고 $(X', \mathscr{R})$은 전순서집합이다.

참고로 $A = \{2, 3\}$은 A의 상계집합 $U(A) = \{12, 18, 36\}$을 갖지만 A의 상한 $\sup A$는 존재하지 않음을 알 수 있다. $B = \{12, 18\}$은 B의 하계집합 $L(B) = \{2, 3, 1\}$을 갖지만 B의 하한 $\inf B$는 존재하지 않는다.

▌예제 1.5.13▐ 복소수집합 $\mathbb{C} = \{x + y_i \mid x, y \in \mathbb{R}\}$에서 임의의 두 원소 $a + bi$, $c + di$에 대하여 관계 ${}_{a+bi}\mathscr{R}_{c+di}$이라 함은 $a < c$이거나 $a = c$이면 $b \leq d$이라고 정의하자. 그때 $(\mathbb{C}, \mathscr{R})$은 전순서관계집합이다. ■

▌예제 1.5.14▐ 집합 $X = \{a, b, c\}$에서 포함관계 '$\subset$'를 관계로 하여 반순서집합 $(\mathscr{P}(X), \subset)$이 생성된다. $(\mathscr{P}(X), \subset)$의 하세도표를 만들어 보자. ■

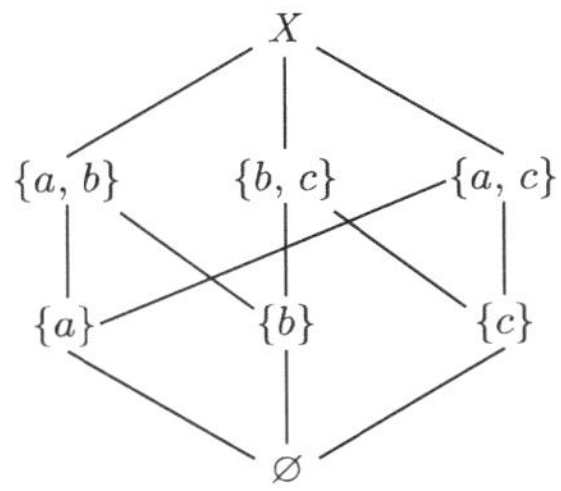

그림 1.3 반순서집합 $(\mathscr{P}(X),\ \subset)$의 하세도표

연습문제 1.5

1. 실평면 $\mathbb{R}^2$ 위에서 관계 $\leq'$를 다음과 같이 정의하자.

$$(a_1,\ a_2) \leq' (b_1,\ b_2) \Leftrightarrow a_1 \leq b_1 \text{이고 } a_2 \leq b_2 \text{이다.}$$

이 경우 $(\mathbb{R}^2,\ \leq')$은 반순서집합임을 증명하시오.

2. 그림 1.4의 하세도표에 의하여 집합 $A=\{a,\ b,\ c,\ d,\ e,\ f\}$에 순서가 주어져 있다고 가정하자. A의 부분집합들 $B=\{b,\ c,\ e,\ f\}$, $C=\{a,\ b,\ c,\ e,\ f\}$, $D=\{b,\ d,\ c,\ e,\ f\}$를 생각하자. 이 경우 $\sup B$, $\sup C$, $\sup D$와 $\inf B$, $\inf C$, $\inf D$를 각각 구하시오.

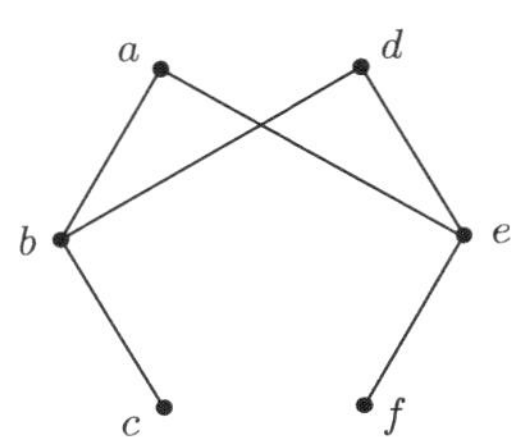

그림 1.4 집합 A의 하세도표

3. $\mathbb{N}_k := \{1,\ 2,\ \cdots,\ k\} \subset \mathbb{N}$라 하자. 자연순서인 부등호에 의하여 $(\mathbb{N}_k,\ \leq)$, $(\mathbb{N},\ \leq)$인 전순서집합을 생각하자.

(1) $\mathbb{N}_{10} \times \mathbb{N}_2$에 사전식순서 $\leq^*$를 주었을 때 $(\mathbb{N}_{10} \times \mathbb{N}_2,\ \leq^*)$의 극대원, 극소원을 구하시오. 더 나아가 $A=\{(2,\ 1),\ (2,\ 2)\}$라 할 때 $(\mathbb{N}_{10} \times \mathbb{N}_2,\ \leq^*)$

에서 A의 상한과 하한을 구하여라.

(2) 사전식순서집합 $(\mathbb{N}\times\mathbb{N}_3,\ \preceq^*)$의 극대원과 극소원의 존재성을 논하여라.

(3) 사전식순서집합 $(\mathbb{N}\times\mathbb{N},\ \preceq^*)$의 순서관계를 그림을 그려서 설명하여라.

4. 자연수 $n\in\mathbb{N}$에 대하여 D_n을 n의 모든 약수들의 집합이라 하자. 이 경우에 D_n에 다음과 같은 관계를 준다.

$$d,\ d'\in D_n\text{에 대하여 } d\preceq d' \Leftrightarrow d\mid d'(d\text{는 } d'\text{의 약수이다})$$

(1) $(D_n,\ \preceq)$은 반순서집합이 된다. 다음을 증명하시오.

(2) $(D_{12},\ \preceq)$를 기술하고 $(D_{12},\ \preceq)$의 하세도표를 그리시오.

(3) $(D_{60},\ \preceq)$를 기술하고 $(D_{60},\ \preceq)$의 하세도표를 그리시오.

5. 아래의 하세도표를 바탕으로 다음을 증명하시오.

(1) $D_8 \simeq T_4$ (순서동형)

(2) $D_6 \simeq B_2$ (순서동형)

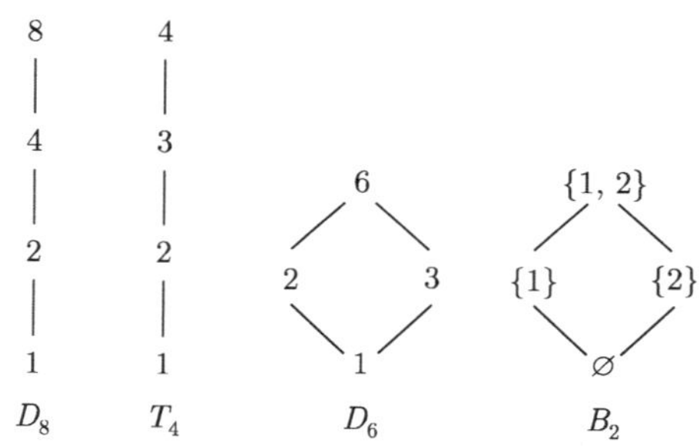

그림 1.5 다양한 집합들의 하세도표

6. 전순서집합 $(\mathbb{R},\ \leq)$에서 $\mathbb{R}$의 아래의 부분집합들에 대하여 최소상계(inf)와 최대하계(sup)를 조사하시오.

(1) 자연수집합 $\mathbb{N}(\subset\mathbb{R})$에 대하여 $\inf\mathbb{N}$와 $\sup\mathbb{N}$은 무엇인가?

(2) $A=[a,\ b)(\subset\mathbb{R})$에 대하여 $\inf A$와 $\sup A$를 찾으시오.

(3) $B=(-\infty,\ 0)(\subset\mathbb{R})$에 대하여 $\inf B$와 $\sup B$는 무엇인가?

(4) $C=\left\{\frac{1}{n}\mid n\in\mathbb{N}\right\}(\subset\mathbb{R})$에 대하여 $\inf C$와 $\sup C$를 찾으시오.

(5) $D=\left\{\frac{n-1}{n}\mid n\in\mathbb{N}\right\}(\subset\mathbb{R})$에 대하여 $\inf D$와 $\sup D$를 찾으시오.

1.6 가산집합과 비가산집합

두 집합 X, Y에 대하여 전단사함수 $f: X \to Y$가 존재하면 X와 Y는 대등(equipotent)이라고 하고 $X \sim Y$로 표시한다. 예를 들면 임의의 열린구간 $(a, b) \sim (c, d)$이고 $(a, b) \sim \mathbb{R}$임은 명백하다. 더 나아가 다음과 같은 성질이 있다.

(i) 집합 X, Y, Z, W에 대하여 $X \cap Y = \varnothing = Y \cap W$이고 $X \sim Y$, $Z \sim W$이면 $X \cup Z \sim Y \cup W$이다.

(ii) 집합 X, Y, Z, W가 $X \sim Y$이고 $Z \sim W$이면 $X \times Z \sim Y \times W$이다.

정리 1.6.1 주어진 집합 X에 대하여 $A \sim X$를 만족하는 X의 진부분집합 A가 존재하면 X를 **무한집합**(infinite set)이라 한다. 그리고 무한집합이 아닌 집합을 **유한집합**(finite set)이라 한다.

정의 1.6.2 집합 X가 $X \sim \mathbb{N}$이면 X를 **가부번집합**(denumerable set)이라 한다. 그리고 X가 **가산집합**(countable set)이란 X가 유한집합이거나 가부번집합임을 뜻한다. 가산집합이 아닌 집합을 **비가산집합**(uncountable set)이라 한다.

참고로 다음은 서로 동치이다.

(i) X가 가산집합이다.

(ii) 단사함수 $g: X \to \mathbb{N}$이 존재한다.

(iii) 전사함수 $h: \mathbb{N} \to X$가 존재한다.

기초정리 1.6.3 (1) 가부번집합의 무한부분집합은 가부번집합이다.

(2) 가산집합의 부분집합은 가산집합이다.

(3) $A \subset X$이고 A가 비가산집합이면 X도 비가산집합이다.

증명 증명은 연습문제로 남긴다. □

정리 1.6.4 (1) X와 Y가 가산집합이면 $X \times Y$도 가산집합이다.

(2) X와 Y가 모두 가산집합이면 $X \cup Y$도 가산집합이다.

(3) 가산개의 가산집합들의 합집합은 가산집합이다.

증명 (1) X와 Y가 모두 가산집합이므로 단사함수

$$f: X \to \mathbb{N}, \quad g: Y \to \mathbb{N}$$

가 존재한다. 그러면 다음 함수

$$h: X \times Y \to \mathbb{N} \times \mathbb{N}, \quad h(x, y) = (f(x), g(x))$$

는 단사이다. 한편 $\mathbb{N} \times \mathbb{N} \sim \mathbb{N}$이므로 전단사함수 $\gamma: \mathbb{N} \times \mathbb{N} \to \mathbb{N}$가 존재한다. 따라서 합성함수 $\gamma \circ h: X \times Y \to \mathbb{N}$은 단사이므로 $X \times Y$는 가산집합이다.

(2) 증명은 (3)의 증명에 의해서 확인된다.

(3) 자연수 $k \in \mathbb{N}$에 대하여 A_k를 가산집합이라 하자.

(i) 먼저 임의의 $k \in \mathbb{N}$에 대하여 $A_k \neq \varnothing$이고, $A_i \cap A_j = \varnothing$ $(i \neq j \in \mathbb{N})$인 경우를 생각하자. 각각의 자연수 $k \in \mathbb{N}$에 대하여 함수

$$g_k: \mathbb{N} \to \mathbb{N} \times \{k\}, \quad g_k(i) = (i, k)$$

는 전단사이다. 한편 A_k가 가산이므로 단사함수 $f_k: A_k \to \mathbb{N}$가 존재한다. 그러므로 단사함수 $h_k := g_k \circ f_k: A_k \to \mathbb{N} \times \{k\}$가 존재한다. 그러면 다음 함수

$$h: \bigcup_{k \in \mathbb{N}} A_k \to \mathbb{N} \times \mathbb{N}, \quad h(x) = h_k(x) \ \ (x \in A_k)$$

는 단사이다.

한편 전단사 함수 $\gamma: \mathbb{N} \times \mathbb{N} \to \mathbb{N}$이 존재하므로 단사함수

$$\gamma \circ h: \bigcup_{k \in \mathbb{N}} A_k \to \mathbb{N}$$

이 존재하므로 $\bigcup_{k \in \mathbb{N}} A_k$는 가산집합이다.

(ii) $A_i \cap A_j \neq \varnothing$ $(i \neq j \in \mathbb{N})$인 경우에도, 각각의 $k \in \mathbb{N}$에 대하여

$B_1 = A_1$

$B_2 = A_2 - A_1$

$\vdots$

$B_k = A_k - (A_1 \cup \cdots \cup A_{k-1})$

라 놓으면 B_k는 서로소인 가산집합들이다. 따라서 (i)에 의하여

$$\bigcup_{k \in \mathbb{N}} A_k = \bigcup_{k \in \mathbb{N}} B_k$$

는 가산집합이다.

(iii) 적당한 $k \in \mathbb{N}$에 대하여 $A_k = \varnothing$인 경우에는 $\bigcup_{k \in \mathbb{N}} A_k = \bigcup_{k_1 \in M} B_{k_1}$ (여기서 $\{B_{k_1} \mid k_1 \in M \subset \mathbb{N}\} \subset \{A_k \mid k \in \mathbb{N}\}$이고 $B_{k_1} \neq \varnothing$이다) 으로 구성되고 (i)과 (ii)에 의하여 $\bigcup_{k \in \mathbb{N}} A_k$는 가산집합이다. □

| 예제 1.6.5 | (1) $\mathbb{Z}$와 $\mathbb{Q}$는 가산집합이다.

(2) $\mathbb{Q}^c$와 $\mathbb{R}$은 비가산집합이다.

(3) 복소수집합 $\mathbb{C}$는 비가산집합이다. ■

연습문제 1.6

1. 예제 1.6.5를 증명하시오.

2. $\{A \mid {}^{\forall} A \subset \mathbb{N}\}$은 비가산집합임을 보이시오.

1.7 연속체 가설과 선택공리

집합의 대등관계는 동치관계임을 알았다. 이 관계에 의하여 "집합들의 모임"을 동치류로 분할할 수 있다. 즉, 같은 동치류에 속하는 모든 집합들은 원소의 개수가 같다. 유한집합 X의 경우에는 그 집합에 상응하는 자연수의 부분집합 $\mathbb{N}_k = \{1, 2, 3, \cdots, k\}$와 대등하므로 그 집합 X의 원소의 개수의 크기를 k라고 쉽게 정의할 수 있다. 그러나 무한집합인 경우에는 유한한 자연수 부분집합 범위 내에서 주어진 집합의 크기를 정의할 수 없어서 수의 확장이 필요하다. 따라서 모든 집합에 사용할 수 있도록 대등관계에 의해 생성된 동치류 또는 그 대표원들이 공통으로 지니고 있는 수로서의 성질을 **기수**(cardinal number) 또는 **농도**(cardinality)라고 부르고 임의의 집합 X에 대한 기수를 card X (혹은 $|X|$)로 표현한다.

한편 기수에 관한 다음의 공리(axiom)를 공준(公準)으로 하여 기수를 이해하면 매우 편리하다.

[기수의 공리(axiom of cardinality)]

C-1. 각 집합 X에 대하여 card X로 표시된 하나의 기수가 정해지고 각 기수 α에 대하여 α의 크기를 갖는 하나의 집합 X가 존재한다.

C-2. $X = \phi$이면, 그리고 그때에만 card $X = 0$이다.

C-3. 유한집합 $X(\neq \phi)$에 대하여 어떤 $k(\in \mathbb{N})$에 대하여 $X \sim \mathbb{N}_k$이면 card $X = k$이다.

C-4. 임의의 두 집합 X, Y에 대하여 $X \sim Y$이면, 그리고 그때에만 card $X =$ card Y이다.

여기서 공리 C-2, C-3는 유한집합에 관한 기수의 정의에 필요한 공리이고 C-1과 C-4는 무한집합에 관한 기수의 정의에 필요한 공리이다. 즉, 집합의 기수란 그 집합과 대등한 모든 집합이 공통으로 갖는 성질이다.

집합 X에 대하여 그 멱집합 $\mathscr{P}(X)$와의 기수의 비교에 관하여 칸토어는 다음과 같이 증명하였고 그 결과 주어진 기수보다 훨씬 많은 새로운 기수의 존재성을 설명할 수 있는 길을 마련해 놓았다.

정리 1.7.1 임의의 집합 X에 대하여 다음이 성립한다.

$$\text{card}\, X < \text{card}\, \mathscr{P}(X)$$

증명 먼저, $X = \phi$이면 $\text{card}\,\phi = 0$이나 $\text{card}\,\mathscr{P}(\phi) = 1$이므로

$$\text{card}\,\phi < \text{card}\,\mathscr{P}(\phi)$$

이다. $X \neq \phi$이면 모든 $x(\in X)$에 대하여 함수

$$\begin{array}{rccc} g: & X & \longrightarrow & \mathscr{P}(X) \\ & \Cup & & \Cup \\ & x & \leadsto & \{x\} \end{array}$$

로 정의하면 함수 g는 단사이다. 그러므로 X는 $\mathscr{P}(X)$의 부분집합 $\{\{x\} \mid x \in X\}$와 대등하다. 즉, $\text{card}\, X \leq \text{card}\, \mathscr{P}(X)$이다. 그러므로 $\text{card} X < \text{card}\, \mathscr{P}(X)$를 증명하기 위하여 $X \nsim \mathscr{P}(X)$임을 증명하면 충분하다. 귀루법을 사용하여 전단사 $f : X \to \mathscr{P}(X)$가 존재한다고 가정함으로써 모순을 유도한다.

지금 집합 $S = \{x \in X \mid x \notin f(x)\}$는 X의 부분집합이므로 $S \in \mathscr{P}(X)$이고 전단사 $f : X \to \mathscr{P}(X)$에 의하여 적당한 원 $e \in X$가 존재하여 $f(e) = S$이다. 여기서 두 경우 $e \in S$와 $e \notin S$로 나뉜다.

경우 (1) $e \in S$ 일 때,

집합 S의 정의에 의하여 $e \notin f(e)$인데 $f(e) = S$이므로 $e \notin S$가 되어서 가정에 모순이다.

경우 (2) $e \notin S$ 일 때,

$f(e) = S$이고 $e \notin f(e)$이다. 한편 S의 정의에 의하여 $e \in S$이므로 가정에 모순이다.

따라서 $X \nsim \mathscr{P}(X)$이고, $\text{card}\, X < \text{card}\, \mathscr{P}(X)$이다. □

기수의 비교의 정의에 의하여 무한집합의 기수는 유한집합의 기수보다 크다는 것을 알 수 있다.

앞에서 자연수집합 $\mathbb{N}$과 대등인 집합을 가부번집합이라 했는데 그 기수를 $\aleph_0$ (alef zero 혹은 alef null), 즉 $\text{card}\,\mathbb{N} = \aleph_0$로 표시하고, 비가부번집합의 기수는 가부번집합의 기수보다 크다는 것을 쉽게 이해할 수 있다.

그래서 비가부번집합 $\mathbb{R}$의 기수를 $\aleph$(alef) 혹은 c로써 표시하고 연속체 기수라 부른다. 참고로 $\aleph$(알레프)는 히브리(Hebrew)어의 첫 번째 알파벳이다. 그러면 바로 다음을 알 수 있다. 즉 기수의 크기를 비교하면

$$0 < 1 < 2 < 3 < \cdots < \aleph_0 < \aleph$$

임을 쉽게 알 수 있다.

그러면 "$\aleph_0$와 $\aleph$ 사이에 존재하는 기수를 갖는 집합이 존재하느냐"하는 의문이 자연스럽게 생긴다. 이러한 의문에 대하여 칸토어는 부정적인 대답을 하는 예상문제(conjecure)를 내놓았다. 그리고 이 예상문제는 그 후 연속체 가설(continuum hypothesis)로 대치되었다.

[연속체 가설] $\aleph_0 < \text{card } X < \aleph$ 인 성질은 갖는 집합 X는 존재하지 않는다.

평행선에 관한 유클리드(Euclid)의 제5공리가 유클리드 기하학의 다른 공리들과는 독립되어 있다는 것과 같은 의미에서 연속체 가설도 집합론의 다른 공리들과 독립되어 있다는 것이 1963년에 증명되었다.

그러면 "$\aleph$보다 큰 기수를 갖는 집합이 존재하는가?" 또 존재한다면 다시 "더 큰 기수를 갖는 집합이 존재하는가?"의 답은 긍정적이다. 왜냐하면 정리 1.7.1 (칸토어 정리)를 이용하면 쉽게 추론할 수 있다. 즉,

$$\text{card } \mathbb{R} < \text{card } \mathscr{P}(\mathbb{R}) < \text{card } \mathscr{P}(\mathscr{P}(\mathbb{R})) < \cdots$$

에서 얼마든지 큰 기수를 갖는 집합이 존재한다.

이제 일반연속체 가설에 관하여 알아보자. 1900년 D. Hilbert는 Paris에서 개최된 세계수학자대회에서 23개의 중요한 미해결문제를 제기하였다. 그중 첫번째 문제가 다음과 같은 일반연속체 가설이다.

[일반연속체 가설] 임의의 초한기수 α에 대하여 $\alpha < x < 2^{\alpha}$를 만족하는 기수 x는 존재하지 않는다.

일반연속체 가설에 관하여 칸토어를 비롯한 많은 수학자들이 연구를 했으나 만족할 만한 결과를 얻지 못했었다. 그러나 1938년에 K. Gödel은 일반연속체 가설은 집합론의 공리들과 상대적으로 모순되지 않음을 보였다. 그리고 1963년에 P. Cohen에 의하여 현행 집합론 공리계의 기초 위에서 일반연속체 가설의 증명이 불

가능함이 밝혀졌다. 즉 일반연속체 가설이 참인지 거짓인지 보일 수 없다는 것이다. 그러므로 일반연속체 가설을 받아들이거나 부정해도 수학의 이론상 아무런 모순이 일어나지 않는다는 것이다.

선택공리를 알아보기 전에 정렬집합을 소개한다.

정의 1.7.2 전순서집합 $(X, \leq)$의 공집합이 아닌 모든 부분집합이 최소원을 가질 때 $(X, \leq)$를 **정렬집합** (well-ordered set)이라 한다.

성질 1.7.3 (1) 자연순서를 갖는 자연수집합 $(\mathbb{N}, \leq)$은 정렬집합이다.

(2) 자연순서를 갖는 정수집합 $(\mathbb{Z}, \leq)$의 공집합이 아닌 부분집합 S가 아래로 유계이면 S는 최소원 $l \in S$을 갖는다.

선택공리 (axiom of choice) 및 그와 동치인 원리로서 흔히 이용되고 있는 하우스도르프의 극대원리 (Hausdorff maximality principle), 조른의 보조정리 (Zorn's lemma), 체르멜로의 정렬원리 (well-ordering principle of Zermelo)를 도입한다. 이 세 원리는 선택공리와 논리적으로 동치임이 증명된다. 이 정리들에 관하여 소개한다 (증명은 《집합론》을 참고하기 바람).

임의의 두 순서수 σ, τ의 크기는 항상 비교가능하다. 즉,

$$\sigma = \tau, \quad \text{혹은 } \sigma > \tau \text{ 또는 } \sigma < \tau$$

이다. 바꾸어 말하면, 두 개의 정렬집합들은 동형이든지 한쪽이 다른 쪽의 진절편에 동형이다.

$(X, \leq)$, $(Y, \leq')$를 두 개의 정렬집합이라 하고 $\text{ord}(X, \leq) = \sigma$, $\text{ord}(Y, \leq') = \tau$라 하고 $\text{card}\, X = \alpha$, $\text{card}\, Y = \beta$라 하면

$$\sigma = \tau \Rightarrow \alpha = \beta$$
$$\sigma < \tau \Rightarrow \alpha \leq \beta \ (\because X\text{가 } Y\text{의 어떤 절편에 동형이다.})$$

따라서 두 정렬집합의 기수는 항상 비교가능하다. 그러나

"임의의 두 집합의 기수가 비교가능한가?" … (*)

에 대해서는 좀더 연구가 필요하다. 그러나 정렬집합의 기수는 비교가능하므로 임의의

의 집합은 정렬집합이 되게 할 수 있다면 문제 (*)는 쉽게 해결될 것이다. 그 가능성은 칸토어 (G. Cantor)에 의하여 예상은 되었지만 증명은 하지 못했다. 즉,

"임의의 집합은 그것에 적당한 순서를 주어서 정렬집합이 되게 할 수 있다 (정렬가능정리)". ⋯ (**)

체르멜로 (E. Zermelo)는 선택공리라는 명제의 가정 아래 (**)를 증명하였는데 실제는 정리 (**)와 선택공리는 동치인 명제로 판명되었고 현대수학에서 중요한 역할을 하게 되었다. 여기서 체르멜로의 선택공리에 대하여 알아보자.

체르멜로의 선택공리 1 서로소이며 공집합이 아닌 집합들의 집합족 $F=\{A_\alpha \mid \alpha \in M\}$ $(F \neq \phi)$가 주어졌을 때 F의 각 원 A_α에서 단 하나의 원소만을 택하여 이루어진 한 집합 S가 존재한다.

체르멜로의 선택공리 1과 동치인 다음 명제도 체르멜로에 의하여 정의되었다.

체르멜로의 선택공리 2 공집합이 아닌 집합족 $F=\{A_\alpha \mid A_\alpha \neq \phi,\ \alpha \in M\}$ (A_α들은 서로소가 아니라도 좋다)에 대하여 함수 f

$$\begin{array}{ccc} f: F & \longrightarrow & \bigcup_{\alpha \in M} A_\alpha \\ \Cup & & \Cup \\ A_\alpha & \rightsquigarrow & f(A_\alpha) \in A_\alpha \end{array}$$

가 존재한다. 여기서 그 f를 **선택함수** (choice function)라고 한다.

현대수학에서 선택공리의 유용성은 매우 크다. 그래서 체르멜로의 선택공리를 대치할 만할 원리 및 그것과 연관된 정리를 소개한다.

추상대수학과 위상수학에서는 선택공리와 동치인 하우스도르프 (Hausdorff)의 극대원리를 이용하는 것이 유용할 때가 많다.

다음 정리는 선택공리와 동치인 다른 정리를 증명하는 데 중요한 역할을 한다.

정리 1.7.2 공집합이 아닌 반순서집합 $(A, \leq)$에 대하여 A의 임의의 전순서 부분집합의 최소상계가 A에 존재할 때 임의의 $a(\in A)$에 대하여 $f(a) \geq a$으로 정의된 함수 $f: A \to A$에 대하여 $p(\in A)$가 존재하여 $f(p)=p$이다.

정리 1.7.3 **(하우스도르프 극대원리)** 임의의 반순서집합 $(A, \le)$에 대하여 A의 모든 전순서부분집합의 집합을 ρ라고 할 때 포함관계에 의한 반순서집합 $(\rho, \subset)$는 극대원을 갖는다.

선택공리와 동치인 명제 중에서 가장 널리 이용되는 것이 바로 1914년 조른(Zorn)에 의하여 소개된 조른의 보조정리(Zorn's Lemma)인데 그것을 구체적으로 알아보자.

정리 1.7.4 **(조른의 보조정리: Zorn's lemma)** 반순서집합 $(A, \le)$에 대하여 A의 각 전순서부분집합이 상계를 가지면 A의 극대원이 존재한다.

여기서 조른의 보조정리를 이용하여 체르멜로의 **정렬원리**(well ordering principle)를 소개한다. 집합 A 위의 정렬이 존재하면 A는 정렬가능하다고 말한다.

정리 1.7.5 공집합이 아닌 임의의 집합은 정렬가능하다. (정렬원리)

$$\begin{aligned} \text{선택공리} &\Rightarrow \text{하우스도르프의 극대원리} \\ &\Rightarrow \text{조른의 보조정리} \\ &\Rightarrow \text{정렬원리} \end{aligned}$$

이들 네 원리가 동치임을 보이기 위하여 정렬원리가 성립하면 선택공리가 성립함을 보이면 된다.

정리 1.7.6 정렬원리는 선택공리를 함의(implication)한다.

임의의 두 정렬집합의 기수는 항상 비교가능하므로 다음 정리를 얻는다.

정리 1.7.7 임의의 두 집합의 기수는 항상 비교가능하다.

지금까지 언급한 선택공리, 하우스도르프(Hausdorff) 극대원리, 조른(Zorn) 보조정리, 정렬원리가 모두 동치이다.

$$\begin{array}{ccc} \text{선택공리} & \Longrightarrow & \text{하우스도르프 극대원리} \\ \Uparrow & & \Downarrow \\ \text{정렬원리} & \Longleftarrow & \text{조른 보조정리} \end{array}$$

TOPOLOGY

제 2 장

유클리드 공간에서 열린집합

$\mathbb{R}^n$상에서 유클리드 거리를 사용하여 열린구(open ball) 개념을 소개한다. 이를 바탕으로 $\mathbb{R}^n$상에서 열린집합과 닫힌집합을 정의하고 이들의 다양한 성질을 다룬다.

더 나아가 $\varepsilon-\delta$ 방법에 의한 연속함수 개념을 열린집합 혹은 닫힌집합을 이용하여 소개한다.

2.1 $\mathbb{R}^n$에서 열린집합

임의의 집합 X상의 위상은 실공간 $\mathbb{R}^n$상의 열린집합의 성질을 추상화 혹은 일반화하여 생성된 개념이다. 그러므로 위상수학을 공부하는 데 있어서 $\mathbb{R}^n$상의 열린집합의 성질을 먼저 알아야 한다.

이제 $\mathbb{R}^n$상에서 열린집합에 관하여 알아보자. 먼저 실수공간 $\mathbb{R}$의 기본성질을 알아본다. 제1장의 정의 1.5.7에서 주어진 집합의 상한과 하한의 개념을 알아보았다. 이를 바탕으로 다음 성질을 소개한다.

성질 2.1.1 전순서집합 $(\mathbb{R}, \leq)$의 부분집합 A에 대하여 다음은 서로 동치이다.

(a) $\alpha = \sup A \in \mathbb{R}$

(b) (i) 모든 $a \in A$에 대하여 $a \leq \alpha$이다.

(ii) 만약 $r < \alpha$이면 $r < a$인 A인 원소 a가 존재한다.

위 성질에서 조건 (b)-(i)는 α가 A의 상계임을 의미하고 (b)-(ii)는 α보다 작은 실수 r은 A의 상계가 아님을 의미한다.

이제 전순서집합 $(\mathbb{R}, \leq)$의 다양한 성질을 알아본다.

성질 2.1.2 **(최소상계성질)** 전순서집합 $(\mathbb{R}, \leq)$에서 만약 $A(\subset \mathbb{R})$가 위로 유계인 집합이면 $\sup A \in \mathbb{R}$이 존재한다.

성질 2.1.3 전순서집합 $(\mathbb{R}, \leq)$에서 만약 $A(\subset \mathbb{R})$의 최소상계가 존재하면 유일하다.

증명 $\alpha, \beta \in \mathbb{R}$를 A의 최소상계라 하자. 그러면 α가 A의 상계이고 β는 최소상계이므로 $\beta \leq \alpha$이다. 같은 방법으로 β는 A의 상계이고 α는 최소상계이므로 $\alpha \leq \beta$이다. 따라서 $\alpha = \beta$이다. □

이제 하계와 관련하여 다음 성질을 소개한다.

성질 2.1.4 전순서집합 $(\mathbb{R}, \leq)$의 부분집합 B에 대하여 다음은 서로 동치이다.

(a) $\beta = \inf B (\in \mathbb{R})$

(b) (i) 모든 $b \in B$에 대하여 $\beta \leq b$이다.

(ii) 만약 $\beta < r$이면 $b < r$인 B인 원소 b가 존재한다.

위 성질에서 조건 (b)-(i)는 β가 집합 B의 하계임을 의미하고, (b)-(ii)는 β보다 큰 실수 r은 B의 하계가 아님을 의미한다.

정리 2.1.5 **(최대하계정리)** 전순서집합 $(\mathbb{R}, \leq)$에서 만약 $B(\subset \mathbb{R})$가 아래로 유계인 집합이면 $\inf B(\in \mathbb{R})$가 유일하게 존재한다.

증명 집합 B가 아래로 유계이므로 B의 하계 $l(\in \mathbb{R})$이 존재하여 모든 $b \in B$에 대하여 $l \leq b$를 만족한다. 따라서 모든 $b \in B$에 대하여 $-l \geq -b$이므로 $u = -l$은 집합 $A := \{-b \in \mathbb{R} \mid b \in B\}$의 상계가 된다. 따라서 A는 위로 유계인 집합이므로, 성질 2.1.2에 의하여 $\alpha = \sup A \in \mathbb{R}$가 존재한다. 그리고 성질 2.1.1과 성질 2.1.4에 의하여 $\beta := -\alpha(\in \mathbb{R})$가 B의 최대하계임을 알 수 있다. 즉 $\inf B = \beta$이다.

$\inf B$의 유일성은 정리 2.1.3의 증명과 같은 방법으로 보일 수 있다. □

따름정리 2.1.6 $(\mathbb{R}, \leq)$상에서 위로 유계인 증가수열은 수렴한다.

증명 수열 $\langle x_n \rangle$이 위로 유계인 증가수열이라 하자. 그러면 $A := \{x_n \mid n \in \mathbb{N}\}$이 위로 유계인 집합이므로 A의 상한 $\alpha = \sup A(\in \mathbb{R})$가 존재한다. 이제 수열 $\langle x_n \rangle$이 α로 수렴함을 보이자. 임의로 주어진 $\varepsilon > 0$에 대하여 $\alpha - \varepsilon < \alpha$이고 α가 집합 A의 최소상계이므로 $\alpha - \varepsilon < x_k \leq \alpha$를 만족하는 $x_k \in A$가 존재한다. 이러한 k에 대하여

$$n \geq k \Rightarrow \alpha - \varepsilon < x_k \leq x_n \leq \alpha \Rightarrow |x_n - \alpha| < \varepsilon$$

이 성립하므로 $\langle x_n \rangle$이 α로 수렴한다(즉 $\langle x_n \rangle \to \alpha$). □

성질 2.1.7 $\mathbb{R}$상의 닫힌구간 $[a_n, b_n](n \in \mathbb{N})$이 임의의 자연수 $n \in \mathbb{N}$에 대하여

$$[a_n,\ b_n] \supset [a_{n+1},\ b_{n+1}]$$

을 만족하면 $\bigcap_{n=1}^{\infty}[a_n,\ b_n] \neq \varnothing$ 이다.

증명 모든 $n \in \mathbb{N}$에 대해 $[a_n,\ b_n] \supset [a_{n+1},\ b_{n+1}]$이므로

$$a_1 \le a_2 \le \cdots \le a_n \le \cdots \le b_n \le \cdots \le b_2 \le b_1$$

이므로 모든 b_n이 집합 $A := \{a_n \mid n \in \mathbb{N}\}$의 상계이다. 따라서 성질 2.1.2에 의하여 $\alpha = \sup A \in \mathbb{R}$가 존재한다. 모든 $n \in \mathbb{N}$에 대해 $a_n \le \alpha \le b_n$이므로 $\alpha \in [a_n,\ b_n]$이다. 따라서 $\alpha \in \bigcap_{n=1}^{\infty}[a_n,\ b_n]$이 되어서 $\bigcap_{n=1}^{\infty}[a_n,\ b_n] \neq \varnothing$ 이다. □

성질 2.1.8 **(아르키메데스 정리)** 실수 $x,\ y \in \mathbb{R}$에 대하여 다음이 성립한다.

(1) 임의의 양의 실수 $x > 0$와 실수 y에 대하여 $nx > y$를 만족하는 자연수 $n(\in \mathbb{N})$이 존재한다.

(2) 임의의 양의 실수 $x > 0$에 대하여 $0 < \frac{1}{n} < x$를 만족하는 자연수 $n(\in \mathbb{N})$이 존재한다.

(3) 모든 자연수 $n(\in \mathbb{N})$에 대하여 $0 \le x < \frac{1}{n}$을 만족하는 실수 x는 0이다.

증명 (1) 귀류법을 사용하여, $nx > y$를 만족하는 자연수 n이 존재하지 않는다고 가정하자. 그러면 모든 자연수 n에 대하여 $nx \le y$가 되어서 y는 집합 $A := \{nx \mid n \in \mathbb{N}\}$의 상계이다. 그리고 성질 2.1.2 (최소상계성질)에 의하여 $\alpha = \sup A(\in \mathbb{R})$가 존재한다. 그런데 $x > 0$이므로 $\alpha - x < \alpha$이다. 따라서 $\alpha - x$는 A의 상계가 아니므로 $\alpha - x < mx(\in A)$인 자연수 $m \in \mathbb{N}$이 존재한다. 그런데 $\alpha < (m+1)x \in A$이므로 α가 A의 상계라는 사실에 모순이다. 따라서 $nx > y$를 만족하는 자연수 n이 존재한다.

(2) (1)에 의하여, $y = 1$인 경우, $nx > 1$인 자연수 $n(\in \mathbb{N})$이 존재하고, 양변을 n으로 나누면 $x > \frac{1}{n} > 0$을 만족한다.

(3) 귀류법을 사용하여, 모든 자연수 $n(\in \mathbb{N})$에 대하여 $0 \le x < \frac{1}{n}$을 만족하는 실수 x는 $x \neq 0$라고 가정하자. $x > 0$이므로 (2)에 의하여,

$\dfrac{1}{n} < x$인 자연수 n이 존재하므로 모순이다. 따라서 $x=0$이다. □

이제 실수상에서 유리수집합과 무리수집합의 조밀성을 알아본다.

정리 2.1.9 (1) 임의의 서로 다른 두 실수 사이에는 유리수가 존재한다.
(2) 임의의 서로 다른 두 실수 사이에는 무리수가 존재한다.

증명 (1) 서로 다른 임의의 두 실수 $x,\ y(\in\mathbb{R})$에 대하여, 일반성을 잃지 않고 $x<y$라 가정하자. 그러면 $y-x>0$이므로 성질 2.1.8(1)에 의하여 $n(y-x)>1$인 자연수 n이 존재한다. 더 나아가 $k_1>nx,\ k_2>-nx$인 자연수 $k_1,\ k_2$가 존재하여 $-k_2<nx<k_1$이 성립한다. 이제 정수집합 $\mathbb{Z}$의 부분집합 $S=\{l\in\mathbb{Z}\mid nx<l\}$을 생각하자. 그러면 $k_1\in S$이므로 S는 공집합이 아니고, $-k_2$가 S의 하계이므로 S는 아래로 유계이다. 따라서 정렬원리(정리 1.7.5)에 의하여 정수 $m=\min(S)\in S$이 존재한다. 그러면 $m-1\le nx<m$이므로 $nx<m\le 1+nx<ny$이다. 그리고 n이 자연수이므로 $x<\dfrac{m}{n}<y$이다.

(2) 서로 다른 임의의 두 실수 $x,\ y(\in\mathbb{R})$에 대하여 일반성을 잃지 않고 $x<y$라 하자. (1)에 의하여 $x<p<y$를 만족하는 유리수 $p(\in\mathbb{Q})$가 존재한다. 그리고 성질 2.1.8에 의하여

$$0<\frac{1}{n}<\frac{y-p}{\sqrt{2}}$$

를 만족하는 자연수 $n(\in\mathbb{N})$이 존재한다. 그러면 무리수 $r:=p+\dfrac{\sqrt{2}}{n}$ $(\in\mathbb{Q}^c)$이

$$x<p<r=p+\frac{\sqrt{2}}{n}<y$$

를 만족한다. □

| 예제 2.1.10 | $\mathbb{R}$상에서 부분집합 $A=\{x\in\mathbb{Q}\mid 0<x<\sqrt{3}\}$에 대하여 $\inf A=0,\ \sup A=\sqrt{3}$ 이다. ■

$\mathbb{R}^n$상에서 열린구(open ball)

이제 $\mathbb{R}^n$상에서 열린집합을 정의하고 다양한 성질을 알아보기 위하여 실공간 $\mathbb{R}^n$ 상에서 보통거리에 대하여 알아보자.

$$\mathbb{R}^n = \{(x_1,\ x_2,\ \cdots,\ x_n) \mid x_i \in \mathbb{R},\ i \in \{1,\ 2,\ \cdots,\ n\}\}$$

이다. $\mathbb{R}^n$상의 임의의 두 점 $x := (x_1,\ x_2,\ \cdots,\ x_n)$, $y := (y_1,\ y_2,\ \cdots,\ y_n)$에 대하여

$$d(x,\ y) := \|x-y\| = \sqrt{\Sigma_{i=1}^{n}(x_i - y_i)^2} \in \mathbb{R}$$

와 같이 정의된 d를 $\mathbb{R}^n$상의 **보통거리**(usual metric) 또는 **유클리드 거리**(Euclidean metric)라 한다. $n=1$인 경우, $d(x,\ y) = \|x-y\| = |x-y|$이다.

이러한 거리 d를 갖는 실공간 $\mathbb{R}^n$을 **유클리드 공간**(Euclidean space)이라 한다. 이제부터 아무런 언급이 없으면 $\mathbb{R}^n$은 유클리드 공간을 의미한다.

성질 2.1.11 임의의 $x,\ y,\ z \in \mathbb{R}^n$에 대하여 다음이 성립한다.

(1) $d(x,\ y) \geq 0$

(2) $d(x,\ y) = 0 \Leftrightarrow x = y$

(3) $d(x,\ y) = d(y,\ x)$

(4) $d(x,\ z) \leq d(x,\ y) + d(y,\ z)$ (삼각부등식 성질)

증명 (1), (2), (3)은 명백하므로 (4)만 보이자.

먼저 임의의 점 $x \in \mathbb{R}^n$을 위치벡터로 인식하여 $\|x\|^2 = x \cdot x$임을 상기하자. 여기서 연산자 "$\cdot$"은 벡터의 내적(inner product)이다. 그리고 $x,\ y \in \mathbb{R}^n$의 내적은 $x \cdot y = \|x\|\|y\| \cos\theta$이므로 $x \cdot y \leq \|x\|\|y\|$이 성립한다. 여기서 θ는 두 벡터 x와 y가 이루는 각이다.

이제 임의의 $x,\ y,\ z(\in \mathbb{R}^n)$에 대하여

$$\begin{aligned}
&(\|x-y\| + \|y-z\|)^2 \\
&= \|x-y\|^2 + 2\|x-y\|\|y-z\| + \|y-z\|^2 \\
&\geq (x-y)\cdot(x-y) + 2(x-y)\cdot(y-z) + (y-z)\cdot(y-z)
\end{aligned}$$

$$
\begin{aligned}
&= (x\cdot x - 2x\cdot y + y\cdot y) + 2(x\cdot y - x\cdot z - y\cdot y + y\cdot z) \\
&\quad + (y\cdot y - 2y\cdot z + z\cdot z) \\
&= (x - z)\cdot(x - z) \\
&= \|x - z\|^2
\end{aligned}
$$

이므로 $d(x, y) + d(y, z) \geq d(x, z)$이 성립한다. □

임의의 점 $p \in \mathbb{R}^n$와 양의 실수 r에 대하여

$$B(p, r) = \{x \in \mathbb{R}^n \mid d(x, p) < r\}$$

을 중심이 p이고 반경이 r인 $\mathbb{R}^n$상의 **열린구**(open ball)라 한다. 즉 점 p로부터 거리가 r 미만인 $\mathbb{R}^n$의 점들의 집합이다.

| 예제 2.1.12 | (1) $\mathbb{R}$상의 열린구는 열린구간이다. 즉 주어진 $p \in \mathbb{R}$에 대하여

$$B(p, r) = \{x \in \mathbb{R} \mid d(x, p) < r\}$$

이다(그림 2.1 참조).

(2) $\mathbb{R}^2$상의 열린구는 **열린원판**이다. 즉 주어진 $p \in \mathbb{R}^2$와 $0 < r \in \mathbb{R}$에 대하여

$$B(p, r) = \{x \in \mathbb{R}^2 \mid d(x, p) < r\}$$

이다(그림 2.1 참조).

(3) $\mathbb{R}^3$상에서 열린구는 (열린)구이다. 즉 주어진 $p \in \mathbb{R}^3$와 $0 < r \in \mathbb{R}$에 대하여

$$B(p, r) = \{x \in \mathbb{R}^3 \mid d(x, p) < r\}$$

이다(그림 2.1 참조). ■

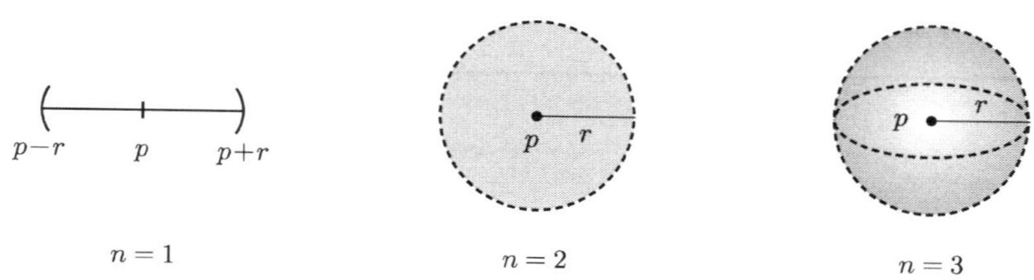

그림 2.1 열린구 $B(p, r)$

$\mathbb{R}^n$상에서 열린구 $B(p, r)$은 다음과 같은 성질이 있다.

성질 2.1.13 $B(x, r_1)$과 $B(y, r_2)$를 $\mathbb{R}^n$상의 열린구라 하자. 임의로 주어진 점 $z \in B(x, r_1) \cap B(y, r_2)$에 대하여 $z \in B(z, r_3) \subset B(x, r_1) \cap B(y, r_2)$를 만족하는 실수 r_3가 존재한다.

증명 임의의 점 $z \in B(x, r_1) \cap B(y, r_2)$에 대하여

$$s_1 = r_1 - d(x, z),\ s_2 = r_2 - d(y, z)$$

라 하면 $s_1, s_2 > 0$이다. 이제 $r_3 = \min\{s_1, s_2\}$로 놓으면

$$z \in B(z, r_3) \subset B(x, r_1) \cap B(y, r_2)$$

이다. 왜냐하면 만약 $w \in B(z, r_3)$이면 $d(z, w) < r_3$이므로

$$d(x, w) \le d(x, z) + d(z, w) < d(x, z) + r_3 \le d(x, z) + s_1 = r_1$$
$$d(y, w) \le d(y, z) + d(z, w) < d(y, z) + r_3 \le d(y, z) + s_2 = r_2$$

이 되어서 $w \in B(x, r_1) \cap B(y, r_2)$이다.

따라서 $B(z, r_3) \subset B(x, r_1) \cap B(y, r_2)$이다. □

$\mathbb{R}^n$상에서 열린집합과 닫힌집합

이제 $\mathbb{R}^n$상에서 열린구를 활용하여 열린집합과 닫힌집합을 정의한다.

정의 2.1.14 (1) $U \subset \mathbb{R}^n$가 $\mathbb{R}^n$의 **열린집합**(open set)이란 임의의 점 $x \in U$에 대하여 $x \in B(x, r) \subset U$를 만족하는 양의 실수 r이 존재함을 뜻한다. 여기서 $B(x, r)$은 $\mathbb{R}^n$상에서 열린구이다.

(2) $C(\subset \mathbb{R}^n)$가 $\mathbb{R}^n$의 **닫힌집합**(closed set)이란 $C^c = \mathbb{R}^n - C$가 $\mathbb{R}^n$의 열린집합이 되는 경우를 의미한다.

| 예제 2.1.15 | 그림 2.2에서 $\mathbb{R}^2$의 부분집합 X는 $\mathbb{R}^2$의 열린집합이다. 그러나 $\mathbb{R}^2$의 부분집합 Y는 $\mathbb{R}^2$의 열린집합이 아니다. 왜냐하면 점 $q(\in Y)$에서 Y에 포함되

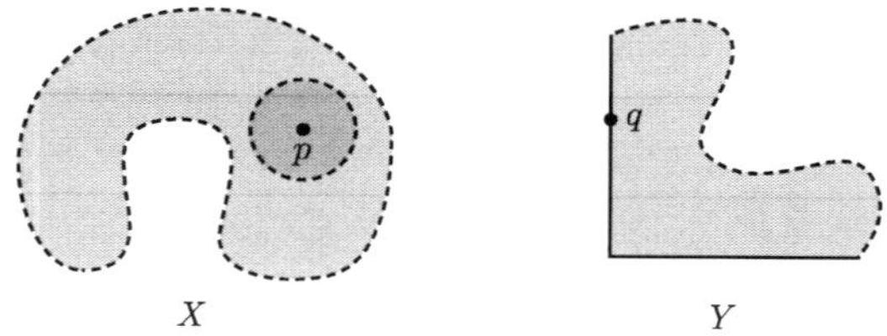

그림 2.2 X는 $\mathbb{R}^2$의 열린집합이지만 Y는 $\mathbb{R}^2$의 열린집합이 아니다.

는 열린구가 존재하지 않기 때문이다. ■

기초정리 2.1.16 유클리드 공간 $\mathbb{R}^n$상의 임의의 열린구 $B(p,\ r)$은 열린집합이다.

증명 임의로 주어진 $x \in B(p,\ r)$에 대하여 $t := d(x,\ p)(\in \mathbb{R})$이라 하자. 이제 $\varepsilon := r - t(\in \mathbb{R})$로 놓으면 $B(x,\ \varepsilon) \subset B(p,\ r)$이다(그림 2.3 참조). 여기서 $\varepsilon > 0$임을 알 수 있다.

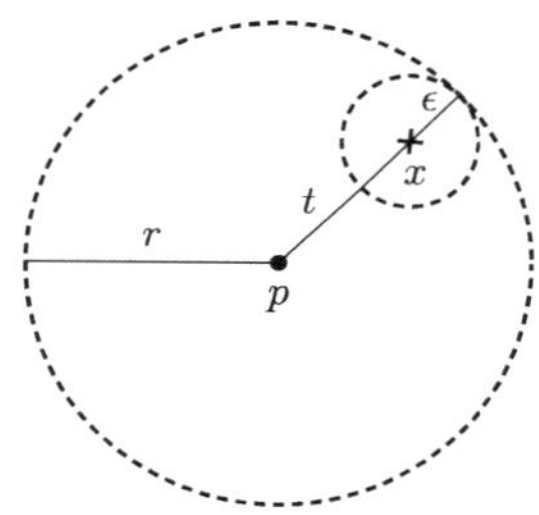

그림 2.3 $B(p,\ r)$은 열린집합이다.

왜냐하면 만약 $w \in B(x,\ \varepsilon)$이면 $d(w,\ x) < \varepsilon$이므로

$$d(w,\ p) \le d(w,\ x) + d(x,\ p) < \varepsilon + t = r$$

이 되어 $w \in B(p,\ r)$이다. 그러므로 $x \in B(x,\ \varepsilon) \subset B(p,\ r)$이다. 따라서 $B(p,\ r)$는 $\mathbb{R}^n$의 열린집합이다. □

열린집합의 정의로부터 다음 성질을 알 수 있다.

정리 2.1.17 $\mathbb{R}^n$의 부분집합들에 대하여 다음이 성립한다.

(1) $\varnothing$과 $\mathbb{R}^n$은 $\mathbb{R}^n$의 열린집합이다.

(2) 만약 $U_\alpha (\alpha \in \Lambda)$가 $\mathbb{R}^n$의 열린집합이면 $\bigcup_{\alpha \in \Lambda} U_\alpha$도 $\mathbb{R}^n$의 열린집합이다(여기서 Λ는 임의의 첨자집합이다).

(3) $\mathbb{R}^n$의 임의의 유한개의 열린집합 $U_1,\ U_2,\ \cdots,\ U_k$에 대하여 $\bigcap_{i=1}^{k} U_i$도 $\mathbb{R}^n$의 열린집합이다.

증명 (1) (i) $\varnothing$은 어떠한 점도 갖지 않으므로 조건부 논리(정의 1.1.4 참조)에 의하여 $\varnothing$은 $\mathbb{R}^n$의 열린집합이다.

(ii) 임의의 점 $x \in \mathbb{R}^n$에 대하여 임의의 $\varepsilon (0 < \varepsilon \in \mathbb{R})$을 택하면 $x \in B(x,\ \varepsilon) \subset \mathbb{R}^n$이므로 $\mathbb{R}^n$은 $\mathbb{R}^n$의 열린집합이다.

(2) 임의의 점 $x \in \bigcup_{\alpha \in \Lambda} U_\alpha$에 대하여 $x \in U_{\alpha_0}$인 $\alpha_0 \in \Lambda$가 존재한다. 그런데 U_{α_0}가 $\mathbb{R}^n$의 열린집합이므로 $B(x,\ r)(\subset U_{\alpha_0})$이 존재한다. 그러므로

$$x \in B(x,\ r) \subset U_{\alpha_0} \subset \bigcup_{\alpha \in \Lambda} U_\alpha$$

이 성립하므로 $\bigcup_{\alpha \in \Lambda} U_\alpha$는 $\mathbb{R}^n$의 열린집합이다.

(3) 임의의 점 $x \in \bigcap_{i=1}^{k} U_i$을 택하자. 그러면 임의의 $i \in \{1,\ 2,\ \cdots,\ k\}$에 대해 $x \in U_i$이고 U_i가 열린집합이므로 $B(x,\ r_i)(\subset \mathbb{R}^n)$가 존재하여 $x \in B(x,\ r_i) \subset U_i$이 성립한다. 이제 $r := \min\{r_1,\ r_2,\ \cdots,\ r_k\}$이라 하면 r은 양의 실수이고, 모든 $i \in \{1,\ 2,\ \cdots,\ k\}$에 대하여

$$B(x,\ r) \subset B(x,\ r_i) \subset U_i$$

이므로 $x \in B(x,\ r) \subset \bigcap_{i=1}^{k} U_i$이다. 그러므로 $\bigcap_{i=1}^{k} U_i$는 열린집합이다. □

| 예제 2.1.18 | $\mathbb{R}$의 두 점 $a,\ b \in \mathbb{R}$에 대하여 다음이 성립한다.

(1) 임의의 열린구간(예, $(a,\ b)$, $(a,\ \infty)$, $(-\infty,\ b)$)은 $\mathbb{R}$의 열린집합이다.

(2) $[a,\ b]$, $[a,\ \infty)$, $(-\infty,\ b]$는 모두 $\mathbb{R}$의 닫힌집합이다.

(3) 구간 $[a,\ b)$ 혹은 $(a,\ b]$는 열린집합도 아니고 닫힌집합도 아니다.

(4) 정수집합 $\mathbb{Z}$는 $\mathbb{R}$의 닫힌집합이다.

(5) $\mathbb{Q}$, $\mathbb{Q}^c$는 모두 $\mathbb{R}$의 열린집합도 아니고 닫힌집합도 아니다.

풀이 (1), (2), (3)은 명백하므로 연습문제로 남긴다.

(4) $\mathbb{Z}^c = \bigcup_{n \in \mathbb{Z}} (n,\ n+1)$인데, 정리 2.1.17(2)에 의하여 $\mathbb{Z}^c$는 열린집합이다. 그러므로 $\mathbb{Z}$는 $\mathbb{R}$의 닫힌집합이다.

(5) 임의의 점 $p \in \mathbb{Q}$에 대하여, 정리 2.1.9(2)에 의하여

$$p \in B(p,\ r) = (p-r,\ p+r) \subset \mathbb{Q}$$

를 만족하는 양의 실수 r이 존재하지 않으므로 $\mathbb{Q}$는 $\mathbb{R}$의 열린집합이 아니다.

이제 $\mathbb{Q}^c$가 $\mathbb{R}$의 열린집합이 아님을 보이자. 임의의 점 $q \in \mathbb{Q}^c$에 대하여, 정리 2.1.9(1)에 의하여

$$q \in B(q,\ s) = (q-s,\ g+s) \subset \mathbb{Q}^c$$

를 만족하는 양의 실수 s가 존재하지 않으므로 $\mathbb{Q}^c$는 $\mathbb{R}$의 열린집합이 아니다.

더 나아가 닫힌집합의 정의하여 의하여 $\mathbb{Q}$, $\mathbb{Q}^c$는 모두 $\mathbb{R}$의 닫힌집합도 아니다. □

(★) 정리 2.1.17(3)과 관련하여, 일반적으로 무한개의 열린집합의 교집합은 열린집합이 아니다.

| 예제 2.1.19 | 모든 자연수 $n \in \mathbb{N}$에 대하여 $U_n = (-\frac{1}{n},\ \frac{1}{n})$은 $\mathbb{R}$의 열린집합이지만 $\bigcap_{n=1}^{\infty} U_n = \{0\}$이 되어서 $\mathbb{R}$의 열린집합이 아니다. ■

주의 2.1.20 열린집합의 정의에서 알 수 있듯이 열린구 $B(x,\ r)$의 선택은 전체집합에 따라서 결정된다. 구체적으로 살펴보면 $\mathbb{R}$에서의 $B(x,\ r)$과 $\mathbb{R}^2$에서의 $B(x,\ r)$은 다르다(그림 2.1 참조). 예를 들면 다음과 같다.

(1) $A = (-a,\ a)(\subset \mathbb{R})$은 $\mathbb{R}$의 열린집합이다. 왜냐하면 임의의 $x \in A$에 대하여 $B(x,\ r) = (x-r,\ x+r)$이 존재하여 $x \in B(x,\ r) \subset A$이기 때문이다.

(2) $B = (-a,\ a) \times \{0\}\ (\subset \mathbb{R}^2)$ (여기서 $a \in \mathbb{R}$이다)은 $\mathbb{R}^2$의 열린집합이 아니다(그림 2.4 참조).

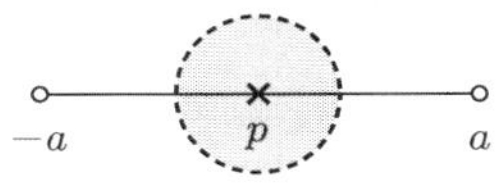

그림 2.4 $B(\subset \mathbb{R}^2)$에 포함되는 2차원 열린구 $B(p,\ r)$이 존재하지 않는다.

왜냐하면 $B \subset \mathbb{R}^2$이므로 임의의 점 $p \in B$에 대하여 $\mathbb{R}^2$에서의 $B(x,\ r)$ $(\subset \mathbb{R}^2)$이 존재하여 $p \in B(p,\ r) \subset B$이 성립해야 하는데 그렇지 못하기 때문이다.

성질 2.1.21 $U \subset \mathbb{R}^n$에 대하여 다음은 동치이다.

(a) U는 $\mathbb{R}^n$의 열린집합이다.

(b) U는 적당한 열린구들의 합집합이다. 즉 $U = \bigcup_{\alpha \in \Lambda} B(x_\alpha,\ r_\alpha)$이다.

증명 (a)⇒(b) U가 $\mathbb{R}^n$의 열린집합이면 임의의 점 $x \in U$에 대하여 $x \in B(x,\ r_x) \subset U$인 열린구 $B(x,\ r_x)$가 존재한다. 따라서 $U = \bigcup_{x \in U} B(x,\ r_x)$이다.

(b)⇒(a) $U = \bigcup_{\alpha \in \Lambda} B(x_\alpha,\ r_\alpha)$라 하자. 기초정리 2.1.16에 의하여 모든 $B(x_\alpha,\ r_\alpha)$가 $\mathbb{R}^n$의 열린집합이기에 정리 2.1.17(2)에 의하여 U는 $\mathbb{R}^n$의 열린집합이다. □

이제 $\mathbb{R}^n$의 닫힌집합의 성질에 대해 알아보자.

성질 2.1.22 $\mathbb{R}^n$의 모든 유한 부분집합은 닫힌집합이다:

증명 $A = \{a_1,\ \cdots,\ a_k\} \subset \mathbb{R}^n$라 하자. 이제 $A^c = \mathbb{R}^n - A$가 열린집합임을 보이자. 임의로 주어진 점 $p \in A^c$에 대해

$$r := \min\{d(p,\ a_i) \mid i \in \{1,\ 2,\ \cdots,\ k\}\}$$

라 하면 $B(p,\ r) \cap A = \varnothing$이므로 $p \in B(p,\ r) \subset A^c$이다. 따라서 A^c은 $\mathbb{R}^n$의 열린집합이므로 A는 $\mathbb{R}^n$의 닫힌집합이다. □

정리 2.1.23 $\mathbb{R}^n$의 부분집합들에 대하여 다음이 성립한다.

(1) $\varnothing$과 $\mathbb{R}^n$은 $\mathbb{R}^n$의 닫힌집합이다.

(2) 만약 $C_\alpha(\alpha \in \Lambda)$가 $\mathbb{R}^n$의 닫힌집합이면 $\bigcap_{\alpha \in \Lambda} C_\alpha$도 $\mathbb{R}^n$의 닫힌집합이다(여기서

Λ는 임의의 첨자집합이다).

(3) $\mathbb{R}^n$의 유한개의 닫힌집합 $C_1, C_2, \cdots, C_k$에 대하여 $\bigcup_{\alpha=1}^{k} C_\alpha$도 $\mathbb{R}^n$의 닫힌집합이다.

증명 정리 2.1.17과 닫힌집합의 정의를 사용하여 증명한다.

(1) 정리 2.1.17에 의하여 $\mathbb{R}^n$이 열린집합이므로 $\varnothing^c = \mathbb{R}^n$이므로 $\varnothing$는 닫힌집합이다. 같은 방법으로 $\varnothing$이 열린집합이고 $(\mathbb{R}^n)^c = \varnothing$이므로 $\mathbb{R}^n$은 닫힌집합이다.

(2) 임의의 $\alpha \in \Lambda$에 대하여 C_α가 $\mathbb{R}^n$의 닫힌집합이므로 $C_\alpha{}^c$은 $\mathbb{R}^n$의 열린집합이다. 그리고 정리 2.1.17에 의하여 $\bigcup_{\alpha\in\Lambda} C_\alpha{}^c$은 $\mathbb{R}^n$의 열린집합이다. 한편

$$\Big(\bigcap_{\alpha\in\Lambda} C_\alpha\Big)^c = \bigcup_{\alpha\in\Lambda} C_\alpha{}^c$$

이므로 $\bigcap_{\alpha\in\Lambda} C_\alpha$는 $\mathbb{R}^n$의 닫힌집합이다.

(3) 임의의 $\alpha \in \{1, 2, \cdots, k\}$에 대하여 C_α가 $\mathbb{R}^n$의 닫힌집합이므로 $C_\alpha{}^c$는 $\mathbb{R}^n$의 열린집합이다. 그리고 정리 2.1.17에 의하여 $\bigcap_{\alpha=1}^{k} C_\alpha{}^c$은 $\mathbb{R}^n$의 열린집합이다. 한편

$$\Big(\bigcup_{\alpha=1}^{k} C_\alpha\Big)^c = \bigcap_{\alpha=1}^{k} C_\alpha{}^c$$

이므로 $\bigcup_{\alpha=1}^{k} C_\alpha$는 $\mathbb{R}^n$의 닫힌집합이다. □

| 예제 2.1.24 | 모든 자연수 $n \in \mathbb{N}$에 대하여 $C_n = [1+\frac{1}{n},\ 4-\frac{1}{n}]$은 $\mathbb{R}$의 닫힌집합이지만, $\bigcup_{n=1}^{\infty} C_n = (1,\ 4)$은 $\mathbb{R}$의 닫힌집합이 아니다. ■

(★) 예제 2.1.24에서 알 수 있듯이 무한개의 닫힌집합들의 합집합은 닫힌집합일 필요는 없다.

성질 2.1.25 $\mathbb{R}$의 열린집합인 동시에 닫힌집합은 $\varnothing$과 $\mathbb{R}$뿐이다.

증명 (귀류법 사용) $\varnothing \subsetneq A \subsetneq \mathbb{R}$을 만족하는 열린집합인 동시에 닫힌집합 A가 존재한다고 가정하자. 그러면 A^c도 $\mathbb{R}$의 열린집합인 동시에 닫힌집합이고 $\varnothing \subsetneq A^c \subsetneq \mathbb{R}$이다.

이제 $a \in A$와 $b \in A^c$를 택하고 $a < b$라 하자. 그러면 A가 열린집합이므로

$$a \in [a,\ a+\delta) \subset (a-\delta,\ a+\delta) \subset A$$

를 만족하는 양수 δ가 존재한다. 따라서 집합

$$C = \{x \in \mathbb{R} \mid [a,\ x) \subset A\}$$

는 공집합이 아니고 b를 상계로 갖는다($\because a+\delta \in C$). 즉 C가 위로 유계인 집합이다($\because$ ㅋ$^\forall x \in A,\ x \le b$). 그러므로 성질 2.1.2에 의해 $\sup C := \beta \in \mathbb{R}$이 존재한다. 그러면 $\beta \in A$이거나 $\beta \in A^c$이어야 한다.

(i) 먼저 $\beta \in A$인 경우를 생각하자. A가 열린집합이므로 $(\beta-\varepsilon,\ \beta+\varepsilon) \subset A$를 만족하는 양수 ε이 존재한다. 그리고 $\beta-\varepsilon < \beta = \sup C$이므로 $\beta-\varepsilon < x$인 $x \in C$가 존재하여 $[a,\ x) \subset A$를 만족한다. 따라서

$$[a,\ \beta+\varepsilon) \subset [a,\ x) \cup (\beta-\varepsilon,\ \beta+\varepsilon) \subset A$$

이므로 $\beta+\varepsilon \in C$이다. 이는 $\beta = \sup C$라는 사실에 모순이다.

(ii) 이제 $\beta \in A^c$인 경우를 생각하자. A^c이 열린집합이므로 $(\beta-\varepsilon,\ \beta+\varepsilon) \subset A^c$이고 $a < \beta-\varepsilon$인 충분히 작은 양수 ε이 존재한다. 그러면 모든 $x \in C$에 대하여 $x \le \beta-\varepsilon$이다. (상세히 살펴보면, 만약 $\beta-\varepsilon < x$인 $x \in C$가 존재한다고 가정하면 $x \le \beta$이므로 $(\beta-\varepsilon,\ x) \subset (\beta-\varepsilon,\ \beta+\varepsilon) \subset A^c$이다. 따라서 $[a,\ x) \not\subset A$이다. 이는 $x \in C$라는 가정에 모순이다.) 그러므로 $\beta-\varepsilon$은 C의 상계이다. 이는 $\beta = \sup C$라는 사실에 모순이다. □

따름정리 2.1.26 $\mathbb{R}^n$의 열린집합인 동시에 닫힌집합은 $\varnothing$과 $\mathbb{R}^n$뿐이다.

함수의 연속성

정의 2.1.27 함수 $f : \mathbb{R}^m \to \mathbb{R}^n$가 점 $p(\in \mathbb{R}^m)$에서 **연속**(continuous at p)이란 임의의 양의 실수 $\varepsilon(>0)$에 대하여

$$d(x,\ p) < \delta \Rightarrow d(f(x),\ f(p)) < \varepsilon$$

를 만족하는 양의 실수 $\delta(>0)$가 존재함을 뜻한다.

그리고 함수 f가 모든 점 $p(\in \mathbb{R}^m)$에서 연속이면 f를 **연속**(continuous)이라 한다.

참고 2.1.28 함수 $f : \mathbb{R}^m \to \mathbb{R}^n$와 양의 실수 ε, δ에 대하여 다음은 서로 동치이다.

(a) $d(x,\ p) < \delta \Rightarrow d(f(x),\ f(p)) < \varepsilon$

(b) $f(B(p,\ \delta)) \subset B(f(p),\ \varepsilon)$

(c) $B(p,\ \delta) \subset f^{-1}(B(f(p)),\ \varepsilon)$

참고 2.1.28의 표현방법을 활용하여 정의 2.1.27을 각각 기술할 수 있다.

성질 2.1.29 함수 $f : \mathbb{R}^m \to \mathbb{R}^n$에 대하여 다음은 서로 동치이다.

(a) f가 점 $p \in \mathbb{R}^m$에서 연속이다.

(b) $f(p)$를 원소로 갖는 임의의 열린집합 $V \subset \mathbb{R}^n$에 대하여 $p \in U \subset f^{-1}(V)$를 만족하는 열린집합 $U \subset \mathbb{R}^m$가 존재한다.

증명 (a)⇒(b) $\mathbb{R}^n$에서 $f(p)$를 원소로 갖는 임의의 열린집합 V를 택하자. V가 열린집합이므로 정의 2.1.14에 의해

$$f(p) \in B(f(p),\ \varepsilon) \subset V$$

를 만족하는 양의 실수 ε이 존재한다.
그리고 f가 점 p에서 연속이므로

$$d(x,\ p) < \delta \Rightarrow d(f(x),\ f(p)) < \varepsilon$$

를 만족하는 양의 실수 δ가 존재한다. 그러므로 참고 2.1.28에 의해

$$p \in B(p,\ \delta) \subset f^{-1}(B(f(p),\ \varepsilon)) \subset f^{-1}(V)$$

이 성립하므로 $B(p,\ \delta)(=U)$가 점 p에서 f의 연속성을 보장하는 $\mathbb{R}^m$의 열린집합이다.

(b)⇒(a) 임의의 양의 실수 ε에 대하여 $B(f(p),\ \varepsilon)(:=V)$이 $f(p)$를 원소로 갖는 $\mathbb{R}^n$의 열린집합이므로 가정 (b)에 의해

$$p \in U \subset f^{-1}(B(f(p),\ \varepsilon))$$

를 만족하는 $\mathbb{R}^m$의 열린집합 U가 존재한다. 그리고 열린집합의 정의에 의

하여 $p \in B(p,\ \delta) \subset U$를 만족하는 양의 실수 δ가 존재하여

$$p \in B(p,\ \delta) \subset U \subset f^{-1}(B(f(p),\ \varepsilon))$$

이다. 그러므로 참고 2.1.28에 의하여, $x \in \mathbb{R}^n$에 대하여

$$d(x,\ p) < \delta \Rightarrow d(f(x),\ f(p)) < \varepsilon$$

이 성립하므로 f는 점 p에서 연속이다. □

성질 2.1.29를 활용하여 다음 성질을 얻는다.

정의 2.1.30 함수 $f : \mathbb{R}^m \to \mathbb{R}^n$가 모든 점 $p \in \mathbb{R}^m$에서 연속이면 f를 연속함수라 한다.

성질 2.1.31 함수 $f : \mathbb{R}^m \to \mathbb{R}^n$에 대하여 다음은 서로 동치이다.

(a) f가 연속이다.

(b) $\mathbb{R}^n$의 임의의 열린집합 V에 대하여 $f^{-1}(V)$가 $\mathbb{R}^m$의 열린집합이다.

증명 (a)⇒(b) f를 연속이라 하자. 그리고 V를 $\mathbb{R}^n$의 임의의 열린집합이라 하자. 임의의 한 점 $x \in f^{-1}(V)$에 대해 $f(x) \in V$이고 f가 x에서 연속이므로 성질 2.1.29에 의하여

$$x \in U_x \subset f^{-1}(V)$$

를 만족하는 $\mathbb{R}^m$의 열린집합 U_x가 존재한다. 그러면

$$f^{-1}(V) = \bigcup_{x \in f^{-1}(V)} U_x$$

이므로 정리 2.1.17(2)에 의하여 $f^{-1}(V)$는 $\mathbb{R}^m$의 열린집합이다.

(b)⇒(a) 임의의 한 점 $x \in \mathbb{R}^m$에 대하여 f가 점 x에서 연속임을 보이면 된다. 이제 V를 $f(x) \in V$인 $\mathbb{R}^n$의 임의의 열린집합이라 하자. 그러면 (b)에 의하여 $f^{-1}(V)$는 $\mathbb{R}^m$의 열린집합이다. 이제 $U = f^{-1}(V)$라 하면

$$x \in U = f^{-1}(V)$$

이 되므로 성질 2.1.29에 의하여 f는 x에서 연속이다. □

연습문제 2.1

1. 성질 2.1.11의 (1), (2), (3)을 증명하시오.

2. 예제 2.1.18의 (1), (2), (3)을 증명하시오.

3. $A = \{ \frac{1}{n} \mid n \in \mathbb{N} \}$는 $\mathbb{R}$의 열린집합도 닫힌집합도 아님을 보이시오.

4. $B = \{ \frac{1}{n} \mid n \in \mathbb{N} \} \cup \{0\}$는 $\mathbb{R}$의 닫힌집합이지만 열린집합은 아님을 보이시오.

5. 집합 $X = \{(x,\ y) \in \mathbb{R}^2 \mid x > 0\}$는 $\mathbb{R}^2$의 열린집합임을 보이시오.

6. 집합 $Y = \{(x,\ y) \in \mathbb{R}^2 \mid x \le 0\}$는 $\mathbb{R}^2$의 닫힌집합이지만 열린집합은 아님을 보이시오.

7. 집합 $Z = \{(x,\ y) \in \mathbb{R}^2 \mid y > x^2\}$은 $\mathbb{R}^2$의 열린집합임을 보이시오.

8. 집합 $W = \{(x,\ y) \in \mathbb{R}^2 \mid y = x^2\}$은 $\mathbb{R}^2$의 닫힌집합임을 보이시오.

9. 집합 $T = \{x \in \mathbb{R} \mid -1 < x < 2\} \cup \{3\}$은 $\mathbb{R}$의 열린집합도 닫힌집합도 아님을 보이시오.

10. 유클리드 공간 $\mathbb{R}^n$의 부분집합 $\mathbb{R}^k \times \{0^{n-k}\}(k < n)$들은 $\mathbb{R}^n$의 닫힌집합임을 보이시오. (여기서 $0^{n-k} = \overbrace{(0,\ 0,\ \cdots,\ 0)}^{n-k}$를 의미한다.)

11. 함수 $f : \mathbb{R}^m \to \mathbb{R}^n$에 대하여 다음은 서로 동치임을 보이시오.
    (a) f가 연속이다.
    (b) $\mathbb{R}^n$의 임의의 닫힌집합 C에 대하여 $f^{-1}(C)$가 $\mathbb{R}^m$의 닫힌집합이다.

TOPOLOGY

제 3 장

위상공간

2장에서 소개한 $\mathbb{R}^n$상의 열린집합의 다양한 성질을 추상화하여 집합상의 위상을 소개한다. 위상공간을 이해하기 위하여 열린집합과 닫힌집합의 다양한 성질을 다룬다. 더 나아가 부분위상공간, 근방과 근방계, 극한점(집적점), 도집합, 집합의 폐포, 내부, 외부, 경계 등을 소개한다. 주어진 집합 X상에 다양한 위상구조를 설정할 수 있는데 그들 사이의 관계를 조사한다. 이 장은 위상수학을 공부하는 데 사용되는 기본개념을 다루기에 세심한 이해가 요구된다.

3.1 위상공간

이 절에서는 집합상의 위상 (topology)을 정의하고 위상공간상의 다양한 성질을 다룬다. 이 책에서 두 집합 A와 B의 포함관계 $A \subset B$라 함은 A가 B의 진부분집합이거나 같음을 의미한다. $A \subset B$이면서 $A \neq B$인 경우는 $A \subsetneq B$로 표시한다.

정의 3.1.1 X를 집합이라 하자. X의 부분집합족 $\mathscr{T}(\subset \mathscr{P}(X))$가 다음 공리를 만족하면 $\mathscr{T}$를 X상의 **위상** (topology)이라 한다.

(a1) $\varnothing,\ X \in \mathscr{T}$

(a2) 임의의 개수의 $U_\alpha \in \mathscr{T}\ (\alpha \in \Lambda)$에 대하여 $\bigcup_{\alpha \in \Lambda} U_\alpha \in \mathscr{T}$이다.

(a3) 임의의 유한개의 $U_\alpha \in \mathscr{T}\ (\alpha \in \{1,\ 2,\ \cdots,\ m\})$에 대하여 $\bigcap_{\alpha=1}^{m} U_\alpha \in \mathscr{T}$이다.

집합 X상에 위상 $\mathscr{T}$가 주어지면 $(X,\ \mathscr{T})$를 X상의 **위상공간** (topological space)이라 한다.

참고 3.1.2 정의 3.1.1의 성질(a3)은 임의의 두 개의 $U_\alpha,\ U_\beta \in \mathscr{T}$에 대하여 $U_\alpha \cap U_\beta \in \mathscr{T}$임을 의미한다.

정의 3.1.3 (1) 위상공간 $(X,\ \mathscr{T})$에서 $U \in \mathscr{T}$이면 U를 **$\mathscr{T}$-열린집합** ($\mathscr{T}$-open set)이라 한다.

(2) 위상공간 $(X,\ \mathscr{T})$에서 $A^c \in \mathscr{T}$이면 $A(\subset X)$를 **$\mathscr{T}$-닫힌집합**이라 한다.

(★) 정의 3.1.3(1)에서 $U(\subset X)$가 $(X,\ \mathscr{T})$의 열린집합 (혹은 개집합)이다.

$\Leftrightarrow$ $U \in \mathscr{T}$.

또 정의 3.1.3(2)에서 $A(\subset X)$가 $(X,\ \mathscr{T})$의 닫힌집합 (혹은 폐집합)이다.

$\Leftrightarrow$ $A^c \in \mathscr{T}$.

| 예제 3.1.4 | 2장(정리 2.1.17 참조)에서 소개한 n차원 실공간 (유클리드 공간)

$\mathbb{R}^n$에서 아래와 같은 열린집합족을 생각하자.

$$\mathscr{U} = \{U \subset \mathbb{R}^n \mid \exists\ ^\forall x \in U,\ \exists\, r(>0) \in \mathbb{R} \quad \text{s.t.} \quad B(x,\ r) \subset U\}$$

여기서 $B(x,\ r)$은 $\mathbb{R}^n$에서 열린구이다.

그때 $\mathscr{U}$는 $\mathbb{R}^n$상에서 위상이 되고, 이 위상 $\mathscr{U}$를 $\mathbb{R}^n$상의 **보통위상**(usual topology)이라 한다. 그리고 $(\mathbb{R}^n,\ \mathscr{U})$를 **보통위상공간** 또는 유클리드 공간이라 한다. 앞으로 다른 말이 없는 경우에 $\mathbb{R}^n$상의 위상은 보통위상을 전제로 한다. ■

| 예제 3.1.5 | (1) 임의의 집합 X상에서 X와 $\varnothing$만으로 이루어진 집합족 $\mathscr{I} = \{\varnothing,\ X\}$를 생각하자. 그때 $(X,\ \mathscr{I})$는 위상공간이 되는데 이러한 위상 $\mathscr{I}$를 X상의 **비이산위상**(indiscrete topology) 또는 **자명한 위상**(trivial topology)이라 한다.

(2) 임의의 집합 X상에서 멱집합 $\mathscr{P}(X) := \mathscr{D}$은 X상의 위상이 된다. 이러한 위상 $\mathscr{D}$를 **이산위상**(discrete topology)이라 하고 $(X,\ \mathscr{D})$를 **이산공간**(discrete space)라 한다. ■

| 예제 3.1.6 | (1) 집합 $X = \{a,\ b,\ c\}$의 부분집합족을 생각하자.

$$\mathscr{T}_1 = \{\varnothing,\ X,\ \{a\},\ \{b\}\}$$

$$\mathscr{T}_2 = \{\varnothing,\ X,\ \{a,\ b\},\ \{b\},\ \{b,\ c\}\}$$

$$\mathscr{T}_3 = \{\varnothing,\ X,\ \{a,\ b\},\ \{b,\ c\}\}$$

이때 $(X,\ \mathscr{T}_2)$는 위상공간이고 $(X,\ \mathscr{T}_1)$과 $(X,\ \mathscr{T}_3)$은 위상공간이 아니다.

(2) 집합 $X = \{a,\ b,\ c,\ d\}$의 부분집합족을 생각하자.

$$\mathscr{T}_1 = \{\varnothing,\ X,\ \{a\},\ \{b,\ c\},\ \{a,\ c,\ d\},\ \{a,\ b,\ c\},\ \{c\},\ \{a,\ c\}\}$$

$$\mathscr{T}_2 = \{\varnothing,\ X,\ \{b,\ c\},\ \{a,\ c,\ d\}\}$$

이때 $(X,\ \mathscr{T}_1)$은 위상공간이고 $(X,\ \mathscr{T}_2)$는 위상공간이 아니다. ■

앞에서 제시된 예제에서 알 수 있듯이 주어진 집합 X의 원소의 개수에 따라 다양한 형태의 위상공간 $(X,\ \mathscr{T})$를 생각할 수 있다. 참고로, 조합론적 방법을 통해 집합 X의 기수 $|X|$에 따라서 다음과 같이 위상공간의 개수를 알 수 있다.

$\lvert X \rvert$	X상의 위상의 개수
0	1
1	1
2	4
3	29
4	355
5	6942
6	209527

표 3.1

이제 주어진 위상공간 $(X, \mathscr{T})$에서 $\mathscr{T}$-닫힌집합을 알아보자.

| 예제 3.1.7 | (1) $X=\{1, 2, 3, 4\}$라 하고, $\mathscr{T}=\{\varnothing, X, \{2\}, \{1, 2\}, \{2, 3\}, \{1, 2, 3\}\}$이라 하면 $(X, \mathscr{T})$는 위상공간이다. 이 경우 $\mathscr{T}$-닫힌집합은 X, $\varnothing$, $\{1, 3, 4\}$, $\{3, 4\}$, $\{1, 4\}$, $\{4\}$이다.

(2) 위상공간 $(\mathbb{R}, \mathscr{U})$에서 닫힌구간 $[a, b]$는

$$[a, b]=((-\infty, a)\cup(b, \infty))^c$$

이므로 위상공리 (a2)를 활용하여 $[a, b]$는 닫힌집합임을 알 수 있다. ■

이제 조금 더 복잡한 형태의 위상공간을 알아보자.

| 예제 3.1.8 | (1) 임의의 집합 X에 대하여

$$\begin{aligned}\mathscr{T}_f &= \{U\subset X \mid U^c\text{이 유한집합이거나 } X\text{이다}\}\\ &= \{U\subset X \mid U^c\text{이 유한집합이다}\}\cup\{\varnothing\}\end{aligned}$$

는 X상의 위상이 된다. 이러한 위상 $\mathscr{T}_f$를 X상의 **여유한위상**(finite complement topology 혹은 cofinite topology)이라 한다. 그리고 $(X, \mathscr{T}_f)$를 **여유한(위상)공간**(finite complement space)이라 한다. $(X, \mathscr{T}_f)$가 위상공간이 됨을 구체적으로 알아보자.

(1) $\mathscr{T}_f$의 정의에 의하여 $\varnothing$와 X가 $\mathscr{T}_f$의 원소임은 자명하다.

(2) 임의의 개수의 $U_\alpha\in\mathscr{T}_f(\alpha\in\Lambda)$에 대하여 $\bigcup_{\alpha\in\Lambda} U_\alpha\in\mathscr{T}_f$임을 보이자.

가정에 의하여 모든 $\alpha \in \Lambda$에 대하여 U_α^c는 유한집합이거나 전체집합 X이다. 여기서 $(\bigcup_{\alpha \in \Lambda} U_\alpha)^c$를 살펴보면,

$$(\bigcup_{\alpha \in \Lambda} U_\alpha)^c = (X - \bigcup_{\alpha \in \Lambda} U_\alpha) = \bigcap_{\alpha \in \Lambda} (X - U_\alpha) = \bigcap_{\alpha \in \Lambda} U_\alpha^c$$

이다. 이때 두 가지 경우를 생각할 수 있다.

(2-1) 모든 $\alpha \in \Lambda$에 대하여 $U_\alpha^c = X$인 경우는 $(\bigcup_{\alpha \in \Lambda} U_\alpha)^c = X$이므로 정의에 의하여 $\bigcup_{\alpha \in \Lambda} U_\alpha \in \mathscr{T}_f$이다.

(2-2) 만약 $U_{\alpha_0}^c \neq X$인 $\alpha_0 \in \Lambda$가 존재하는 경우를 생각할 수 있다. 이때 집합의 기본성질에 의하여 $(\bigcup_{\alpha \in \Lambda} U_\alpha)^c \subset U_{\alpha_0}^c$이고 가정에 의하여 $U_{\alpha_0}^c$가 유한집합이므로 $(\bigcup_{\alpha \in \Lambda} U_\alpha)^c$도 유한집합이 된다. 그러므로 $\bigcup_{\alpha \in \Lambda} U_\alpha \in \mathscr{T}_f$이다.

(3) 임의의 유한개의 $U_\alpha \in \mathscr{T}_f (\alpha \in \{1, 2, \cdots, n\})$에 대하여 $\bigcap_{\alpha=1}^{n} U_\alpha \in \mathscr{T}_f$임을 보이자. 즉, 임의의 두 개의 U_α, $U_\beta \in \mathscr{T}_f$에 대하여 $U_\alpha \cap U_\beta \in \mathscr{T}_f$임을 보이면 충분하다.

가정에 의하여 U_α^c와 U_β^c은 유한집합이거나 전체집합 X이다. 집합의 연산에 관한 기본성질과 가정에 의하여 $X - (U_\alpha \cap U_\beta) = (U_\alpha \cap U_\beta)^c = U_\alpha^c \cup U_\beta^c$은 유한집합이거나 전체집합 X가 되어서 $U_\alpha \cap U_\beta \in \mathscr{T}_f$임을 알 수 있다. ■

| 예제 3.1.9 | 집합 X에 대하여

$$\begin{aligned} \mathscr{T}_c &= \{U \subset X \mid U^c \text{이 가산집합이거나 } X\text{이다}\} \\ &= \{U \subset X \mid U^c \text{이 가산집합이다}\} \cup \{\varnothing\} \end{aligned}$$

는 X상의 위상이 된다. 이 위상 $\mathscr{T}_c$를 X상의 **여가산위상**(countable complement topology 혹은 cocountable topology)이라 한다. 그리고 $(X, \mathscr{T}_c)$를 **여가산(위상)공간**(countable complement space)이라 한다. $(X, \mathscr{T}_c)$가 위상공간이 됨은 예제 3.1.8과 비슷한 방법으로 보일 수 있다. ■

지금까지 주어진 집합상에 열린집합 개념을 사용하여 위상을 정의하고, 다양한 예를 통해서 위상공간의 기본 성질을 알아보았다. 정의 3.1.3에서 알 수 있듯이 열린집합과 닫힌집합은 여집합 연산에 의하여 쌍대적 관계에 있으므로 주어진 위상공

간 $(X, \mathscr{T})$에 대하여 닫힌집합들은 다음과 같은 기본성질이 있다.

정리 3.1.10 위상공간 $(X, \mathscr{T})$에서 닫힌집합족

$$\mathscr{F} = \{F \mid F^c \in \mathscr{T}\}$$

은 다음 성질을 만족한다.

(1) $X \in \mathscr{F}$, $\varnothing \in \mathscr{F}$

(2) 임의의 개수의 $F_\alpha \in \mathscr{F}\ (\alpha \in \Lambda)$에 대하여 $\bigcap_{\alpha \in \Lambda} F_\alpha \in \mathscr{F}$ 이다.

(3) 임의의 두 개의 $F_1 \in \mathscr{F}$, $F_2 \in \mathscr{F}$에 대하여 $F_1 \cup F_2 \in \mathscr{F}$ 이다.

증명 (1) 정의에 의하여 명백하다.

(2) $(\bigcap_{\alpha \in \Lambda} F_\alpha)^c = \bigcup_{\alpha \in \Lambda} F_\alpha^c$인데 $F_\alpha^c \in \mathscr{T}$이고 위상공리 (a2)에 의하여 $\bigcup_{\alpha \in \Lambda} F_\alpha^c \in \mathscr{T}$이다. 그러므로 $\bigcap_{\alpha \in \Lambda} F_\alpha \in \mathscr{F}$ 이다.

(3) $F_1 \cup F_2 = (F_1^c \cap F_2^c)^c$이다. 가정에 의하여 $F_\alpha^c \in \mathscr{T}$, $\alpha \in \{1, 2\}$인데 위상공리 (a3)과 참고 3.1.2에 의하여 $F_1^c \cap F_2^c \in \mathscr{T}$이다. 그러므로 $F_1 \cup F_2 \in \mathscr{F}$ 이다. □

정리 3.1.10의 (3)은 임의의 유한개의 닫힌집합 $F_\alpha \in \mathscr{F}$에 대하여 $\bigcup_{\alpha \in \Lambda} F_\alpha \in \mathscr{F}$ 임을 말한다. 여기서 Λ는 유한집합이다.

| 예제 3.1.11 | 정리 3.1.10의 성질(3)과 관련하여 무한 첨자집합에 대하여 알아본다.

(1) 보통위상공간 $(\mathbb{R}, \mathscr{U})$에서 임의의 자연수 $n \in \mathbb{N}$에 대하여 $C_n = [\frac{1}{n}, \infty)$은 닫힌집합이지만 $\bigcup_{n=1}^{\infty} C_n = (0, \infty)$은 닫힌집합이 아니다.

(2) $(\mathbb{R}, \mathscr{U})$에서 $C_n = [-1 + \frac{1}{n}, 1 - \frac{1}{n}]$은 닫힌집합이지만 $\bigcup_{n=1}^{\infty} C_n = (-1, 1)$은 닫힌집합이 아니다.

(3) $(\mathbb{R}, \mathscr{U})$에서 $D_n = [\frac{-1}{n}, \frac{1}{n}]$은 닫힌집합이고 $\bigcap_{n=1}^{\infty} D_n = \{0\}$도 닫힌집합이다. ■

앞에서 언급했듯이(예제 3.1.6) 주어진 집합 X상에 다양한 형태의 위상을 만들 수 있다. 그러면 그 위상들의 합집합 혹은 교집합은 X상에서 위상이 될 수 있을까?

정리 3.1.12 $\{\mathscr{T}_\beta \mid (X, \mathscr{T}_\beta)$는 위상공간이다. 단, $\beta \in I$이고 I는 임의의 첨자집합이다.$\}$ 그때 $\mathscr{T} = \bigcap_{\beta \in I} \mathscr{T}_\beta$는 X상의 한 위상이다.

증명 (1) 임의의 $\beta \in I$에 대하여 $X, \varnothing \in \mathscr{T}_\beta$이므로 $X, \varnothing \in \mathscr{T}$임을 자명하다.

(2) 만약 임의의 $\alpha \in \Lambda$에 대하여 $U_\alpha \in \mathscr{T}$이면 $\bigcup_{\alpha \in \Lambda} U_\alpha \in \mathscr{T}$임을 보이자. 가정에 의하여 모든 $\alpha \in \Lambda$에 대하여 $U_\alpha \in \mathscr{T}$이면 모든 $\beta \in I$에 대하여 $U_\alpha \in \mathscr{T}_\beta$이므로 $\bigcup_{\alpha \in \Lambda} U_\alpha \in \mathscr{T}_\beta$이다. 따라서 $\bigcup_{\alpha \in \Lambda} U_\alpha \in \mathscr{T}$이다.

(3) 만약 임의의 두 개의 $U, V \in \mathscr{T}$이면 $U \cap V \in \mathscr{T}$임을 보이자. 가정에 의하여 모든 $\beta \in I$에 대하여 $U, V \in \mathscr{T}_\beta$이므로 위상공리(a3)에 의하여 $U \cap V \in \mathscr{T}_\beta$이다. 따라서 $U \cap V \in \mathscr{T}$이다. □

이제 주어진 위상공간들의 합집합 성질을 알아본다.

| 예제 3.1.13 | 집합 X상에서 두 개의 위상 $\mathscr{T}_1$과 $\mathscr{T}_2$를 생각한다. 그때 일반적으로 $\mathscr{T}_1 \cup \mathscr{T}_2$는 X상의 위상이 아니다. 예를 들면, $X = \{a, b, c\}$라 하자. X상의 위상 $\mathscr{T}_1 = \{\varnothing, X, \{a\}\}$, $\mathscr{T}_2 = \{\varnothing, X, \{b\}\}$라 할 때 $\mathscr{T}_1 \cup \mathscr{T}_2$는 X상의 위상이 아니다. ■

앞에서 다룬 위상공간의 다양한 성질(예제 3.1.4와 3.1.5)에서 알 수 있듯이 집합 X상에 주어지는 위상들 사이의 포함관계에 의하여 위상의 '강함(섬세함)'과 '약함(거칠음)'을 비교한다.

정의 3.1.14 $(X, \mathscr{T}_1)$과 $(X, \mathscr{T}_2)$를 위상공간이라 하자. 만약 $\mathscr{T}_1 \subset \mathscr{T}_2$이면 $\mathscr{T}_1$은 $\mathscr{T}_2$보다 **약하다**(weaker) 혹은 **거칠다**(coarser)라고 한다. 또 $\mathscr{T}_2$는 $\mathscr{T}_1$보다 **강하다**(stronger) 혹은 **섬세하다**(finer)라고 한다.

| 예제 3.1.15 | 임의의 집합 X상에서 여유한위상공간 $(X, \mathscr{T}_f)$와 여가산위상공간 $(X, \mathscr{T}_c)$을 비교해보면 $\mathscr{T}_f \subset \mathscr{T}_c$이므로 $\mathscr{T}_f$는 $\mathscr{T}_c$보다 약하고, $\mathscr{T}_c$는 $\mathscr{T}_f$보다 강하다. ■

주어진 위상공간들의 강약(섬세함과 거칠음) 비교에 관한 효율적인 방법은 4.1

절에서 집중적으로 다룬다.

참고 3.1.16 유한집합 X상의 모든 위상들의 모임 $T(X)$를 생각하자.

$$T(X)=\{\mathscr{T}_\alpha \mid (X,\ \mathscr{T}_\alpha)\text{는 위상공간이다. 단 } \alpha\in\Lambda\text{이다.}\}$$

집합족 $T(X)$에 포함관계 "$\subset$"를 사용하여 관계집합 $(T(X),\ \subset)$를 만든다. 그때 다음 성질이 성립한다.

(1) 임의의 $\mathscr{T}_\alpha\in T(X)$에 대하여 $\mathscr{I}\subset\mathscr{T}_\alpha\subset\mathscr{D}$이다.

(2) $(T(X),\ \subset)$는 반순서집합(partially ordered set)이다.

연습문제 3.1

1. 표 3.1에 보듯이 $|X|=3$인 집합 X상에서 29개의 위상을 구하시오.

2. 참고 3.1.16을 기반으로 $T(X)=\{\mathscr{T}_\alpha \mid (X,\ \mathscr{T}_\alpha)$는 위상공간이다. 단 $|X|=3$이다$\}$를 바탕으로 반순서관계집합 $(T(X),\ \subset)$를 설명하고 $\mathscr{T}_\alpha,\ \mathscr{T}_\beta\in T(X)$의 강함과 약함을 비교하시오. 또 하세도표를 사용하여 반순서관계집합 $(T(X),\ \subset)$를 설명하시오.

3. $X=\{0,\ 1\}$이고, $\mathscr{T}=\{\varnothing,\ \{1\},\ X\}$일 때 $(X,\ \mathscr{T})$를 Sierpinski 공간이라 한다. $(X,\ \mathscr{T})$가 위상공간임을 보여라.

4. 예제 3.1.9의 여가산공간 $(X,\ \mathscr{T}_c)$가 위상공간임을 보이시오

5. $X=\{a,\ b,\ c\}$일 때, $\mathscr{T}_1=\{\varnothing,\ X,\ \{a\},\ \{a,\ b\}\}$이고 $\mathscr{T}_2=\{\varnothing,\ X,\ \{a\},\ \{b,\ c\}\}$라 하자. 이때 $\mathscr{T}_1\cup\mathscr{T}_2\subset\mathscr{T}$을 만족하는 X상의 가장 작은 위상 $\mathscr{T}$를 구하시오.

6. $(X,\ \mathscr{T})$가 이산위상공간(discrete topological space)이기 위한 필요충분조건은 X의 각 원소 x로 구성된 한원소집합이 열린집합임을 보여라.

7. $(X,\ \mathscr{T}_1)$, $(Y,\ \mathscr{T}_2)$를 위상공간이라 하자. 그때

$$\mathscr{T}=\{A\times B \mid A\in\mathscr{T}_1,\ B\in\mathscr{T}_2\}$$

는 $X\times Y$상의 위상인가?

8. 보통위상공간 $(\mathbb{R},\ \mathscr{U})$에서 닫힌집합들의 모임 $\left\{[0,\ \frac{1}{n}]\ \middle|\ n\in\mathbb{N}\right\}$을 생각하자. 이때 $\bigcap_{n=1}^{\infty}[0,\ \frac{1}{n}]$이 닫힌집합임을 보이시오(정리 3.1.10 참조).

9. 집합 X가 유한집합이면 여유한위상공간 $(X,\ \mathscr{T}_f)$는 X상의 이산위상공간임을 증명하시오.

10. 집합 X가 가산집합이면 여가산위상공간 $(X,\ \mathscr{T}_c)$는 X상의 이산위상공간임을 보이시오.

11. 집합 $X=\{a,\ b,\ c\}$상에서 주어지는 위상공간 $(X,\ \mathscr{T}_i)$ 중에서 다음을 만족하는 $\mathscr{T}_i$를 구하시오($i\in\{1,\ 2,\ 3,\ 4\}$).

$$\mathscr{I}=\{\varnothing,\ X\}\subsetneq\mathscr{T}_1\subsetneq\mathscr{T}_2\subsetneq\mathscr{T}_3\subsetneq\mathscr{T}_4\subsetneq\mathscr{D}=\mathscr{P}(X)$$

12. 자연수집합 $\mathbb{N}$에서 여유한위상 $\mathscr{T}_f$를 만드시오.

13. 유리수집합 $\mathbb{Q}$에서 여가산위상 $\mathscr{T}_c$를 만드시오.

14. $X=(0,\ 1)$이고 X의 부분집합들의 모임 $\mathscr{T}=\{\varnothing,\ X,\ (\frac{1}{n},\ 1) \mid n\in\mathbb{N}-\{1\}\}$이라 할 때 $(X,\ \mathscr{T})$가 위상공간임을 보이시오.

15. 임의의 집합 X에 대하여

$$\mathscr{T}_\infty := \{U\subset X \mid U^c\text{이 무한집합이다}\}\cup\{\varnothing,\ X\}$$

이라 할 때, $(X,\ \mathscr{T}_\infty)$는 위상공간이 아님을 보이시오.

16. 실수집합 $\mathbb{R}$에서 $\mathscr{T}=\{\mathbb{R},\ \varnothing\}\cup\{(-a,\ a) \mid a(>0)\in\mathbb{R}\}$이라 할 때 $(\mathbb{R},\ \mathscr{T})$는 위상공간이 되는가?

17. $(\mathbb{R},\ \mathscr{U})$를 $\mathbb{R}$상의 보통위상공간이라 하자. $\mathbb{R}^* := \mathbb{R}\cup\{*\}$이라 하고($*\notin\mathbb{R}$)

$\mathscr{T}=\mathscr{U}\cup\{\mathbb{R}^*-F\mid F$는 $(\mathbb{R},\ \mathscr{U})$에서 유계이고 닫힌집합이다$\}$라 하자. 이 경우 $(\mathbb{R}^*,\ \mathscr{T})$는 위상공간이 됨을 증명하시오.

18. 두 집합 X와 Y에 대하여 사상 $f : X \to Y$를 생각하자. 이때 Y는 위상 $\mathscr{T}$를 갖고 있다고 가정하자(즉 $(Y,\ \mathscr{T})$는 위상공간이다). 그때 $\mathscr{T}^*=\{f^{-1}(U)\mid \exists^\forall U\in\mathscr{T}\}$이라 할 때 $(X,\ \mathscr{T}^*)$는 위상공간임을 증명하시오.

19. 자연수집합 $\mathbb{N}$에 대하여

$$\mathscr{T}=\{U\mid U\subset\mathbb{N},\ n\in U\text{일 때 } m\mid n\text{이면 } m\in U\text{이다}\}$$

이라 놓으면 $(\mathbb{N},\ \mathscr{T})$는 위상공간인가? (여기서 "$m\mid n$"은 m은 n의 약수임을 의미한다.) (힌트: 이 위상 $\mathscr{T}$는 이산위상이 아님을 보이자. 예를 들면 $\{1,\ 3,\ 5\}\notin\mathscr{T}$이다.)

20. 정수집합 $\mathbb{Z}$상에서 $[n,\ \infty)_{\mathbb{Z}}:=\{n,\ n+1,\ \cdots\}\subset\mathbb{Z}$이라 하고

$$\mathscr{T}=\{\mathbb{Z},\ \varnothing\}\cup\{[n,\ \infty)_{\mathbb{Z}}\mid n\in\mathbb{Z}\}$$

이라 할 때 $(\mathbb{Z},\ \mathscr{T})$는 위상공간인가?

21. 실수집합 $\mathbb{R}$에서 $\mathscr{T}=\{\mathbb{R},\ \varnothing\}\cup\{[a,\ \infty)\mid a\in\mathbb{R}\}$이라 할 때 $(\mathbb{R},\ \mathscr{T})$는 위상공간이 아님을 보이시오(힌트 : $\bigcup_{n=1}^{\infty}[\frac{1}{n},\ \infty)=(0,\ \infty)$이다).

22. 정수 $a,\ b\in\mathbb{Z},\ b>0$에 대하여

$$N_{a,\ b}=\{a+nb\mid n\in\mathbb{Z}\}$$

이라 하자. 이제 다음과 같은 $\mathbb{Z}$의 부분집합들의 모임 $\mathscr{T}$를 생각하자.

$$\mathscr{T}=\{U\subset\mathbb{Z}\mid \forall a\in U,\ \exists b>0\ \text{s. t.}\ a\in N_{a,\ b}\subset U\}$$

(a) $\mathscr{T}$가 집합 $\mathbb{Z}$상의 위상이 됨을 보이시오.
(b) 공집합이 아닌 열린집합은 무한집합임을 보이시오.
(c) 모든 $N_{a,\ b}$는 열린집합인 동시에 닫힌집합임을 보이시오.

23. 자연수집합 $\mathbb{N}$에 대하여 $X=\{(m,\ n)\in\mathbb{N}\times\mathbb{N}\mid m\geq 6,\ n\geq 3\}$이라 하자. 그때 X상의 여유한위상 $\mathscr{T}_f$의 열린집합의 형태를 설명하시오.

3.2 부분공간

이 절에서는 주어진 위상공간 $(X, \mathscr{T})$상에서 $A \subset X$에 위상 $\mathscr{T}$로부터 유도되는 위상인 부분공간위상(축약해서 부분공간이라 부름)을 소개한다.

위상공간 $(X, \mathscr{T})$상에서 $A \subset X$일 때 부분공간 $(A, \mathscr{T}_A)$를 다음과 같이 정의한다.

정의 3.2.1 위상공간 $(X, \mathscr{T})$상에서 부분집합 $A \subset X$에 대하여

$$\mathscr{T}_A = \{A \cap U \mid U \in \mathscr{T}\}$$

이라 할 때 $(A, \mathscr{T}_A)$를 $(X, \mathscr{T})$의 **부분공간**(subspace)이라 한다. 이러한 $\mathscr{T}_A$를 A에 대한 **부분공간위상**(subspace topology) 또는 $(X, \mathscr{T})$로부터 유도되는 A에 대한 **상대위상**(relative topology)이라 한다.

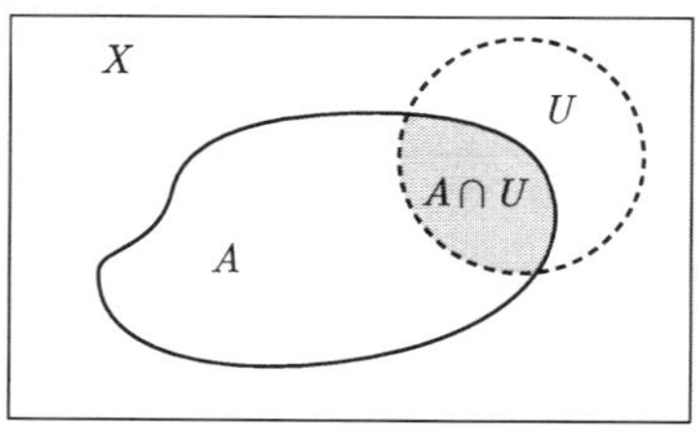

그림 3.1 부분공간$(A, \mathscr{T}_A)$

정리 3.2.2 위상공간 $(X, \mathscr{T})$와 $A \subset X$에 대하여 $(A, \mathscr{T}_A)$는 위상공간이다.

증명 (a1) $X \in \mathscr{T}$이므로 $A \cap X = A \in \mathscr{T}_A$이고, $\varnothing \in \mathscr{T}$이므로 $A \cap \varnothing = \varnothing \in \mathscr{T}_A$이다.

(a2) 임의의 개수의 $U_\alpha \cap A \in \mathscr{T}_A\,(\alpha \in \Lambda)$라 하자. $U_\alpha \in \mathscr{T}$이므로 $\bigcup_{\alpha \in \Lambda} U_\alpha \in \mathscr{T}$이다. 따라서 $\bigcup_{\alpha \in \Lambda} (U_\alpha \cap A) = (\bigcup_{\alpha \in \Lambda} U_\alpha) \cap A \in \mathscr{T}_A$이다.

(a3) 임의의 두 개의 $U_1 \cap A$와 $U_2 \cap A \in \mathscr{T}_A$에 대하여 $U_1, U_2 \in \mathscr{T}$이므로 $U_1 \cap U_2 \in \mathscr{T}$가 되어서 $(U_1 \cap A) \cap (U_2 \cap A) = (U_1 \cap U_2) \cap A \in \mathscr{T}_A$이다.

그러므로 $(A, \mathscr{T}_A)$는 위상공간이다. □

| 예제 3.2.3 | $X = \{a, b, c, d, e\}$이고

$$\mathscr{T} = \{X, \varnothing, \{a\}, \{c, d\}, \{a, c, d\}, \{b, c, d, e\}\}$$

인 위상공간 $(X, \mathscr{T})$를 생각하자. $A = \{b, c, d\}$라 하면 $\mathscr{T}_A = \{\varnothing, A, \{c, d\}\}$이다. ■

| 예제 3.2.4 | (1) 보통위상공간 $(\mathbb{R}^2, \mathscr{U})$와 $\mathbb{R} := \mathbb{R} \times \{0\} \subset \mathbb{R}^2$을 생각하자. 그때 $\mathbb{R}$에 대한 $(\mathbb{R}^2, \mathscr{U})$의 부분공간위상은 $\mathbb{R}$상의 보통위상공간 $(\mathbb{R}, \mathscr{U})$이다 (그림 3.2(a) 참조).

(2) 보통위상공간 $(\mathbb{R}^2, \mathscr{U})$와 정수집합 $\mathbb{Z} := \mathbb{Z} \times \{0\} \subset \mathbb{R}^2$을 생각하자. 그때 $\mathbb{Z}$에 대한 $(\mathbb{R}^2, \mathscr{U})$의 부분공간은 $\mathbb{Z}$상의 이산위상공간 $(\mathbb{Z}, \mathscr{D})$이다 (그림 3.2(b) 참조). ■

(a) (b)

그림 3.2 부분공간(부분집합에 대한 상대위상)

정리 3.2.5 위상공간 $(X, \mathscr{T})$와 $A \subset X$에 대한 $(A, \mathscr{T}_A)$를 생각하자. 그때 $F \subset A$가 부분공간 $(A, \mathscr{T}_A)$상에서 닫힌집합일 필요충분조건은 $F = A \cap C$를 만족하는 $(X, \mathscr{T})$상에서 닫힌집합 C가 존재하는 것이다.

증명 F가 $(A, \mathscr{T}_A)$상에서 닫힌집합이면 $A - F \in \mathscr{T}_A$이다. $(A, \mathscr{T}_A)$의 정의에 의하여 $A - F = A \cap U$를 만족하는 $U \in \mathscr{T}$가 존재한다. 그러면 $X - U$는 $(X, \mathscr{T})$상에서 닫힌집합이기에 $X - U = C$라 놓자. 그때

$$A \cap C = A \cap (X - U) = A - (A \cap U) = F$$

이다 (그림 3.3은 $(\mathbb{R}, \mathscr{U})$에서 $A = [0, 2)$일 때 예를 들어 설명했고, 증명과정에서 $A - U = A - (A \cap U)$임을 사용함. 혹은 집합연산의 성질 $X \cap (Y - Z) = X \cap Y - X \cap Z$을 이용해도 됨).

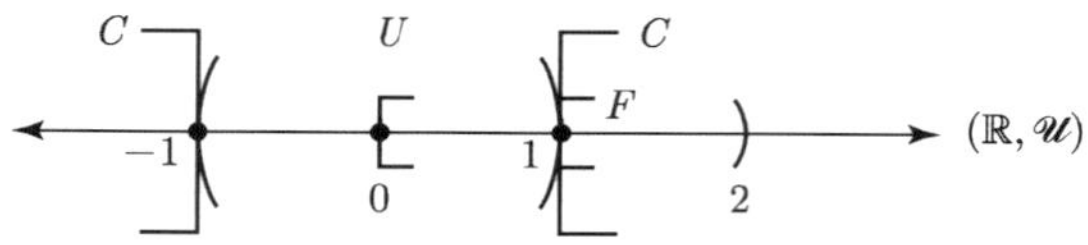

그림 3.3 $A=[0,\ 2),\ F=[1,\ 2),\ U=(-1,\ 1),\ C=(-\infty,\ -1]\cup[1,\ \infty)$

역으로 $(X,\ \mathscr{T})$상에서 닫힌집합 C가 존재하여 $F=A\cap C$라 하자. 그때 $X-C\in\mathscr{T}$이기에 $A\cap(X-C)\in\mathscr{T}_A$이다. 그런데 $A\cap(X-C)=A-(A\cap C)$이므로 $A\cap C:=F$는 $(A,\ \mathscr{T}_A)$상에서 닫힌집합이다(증명과정에서 $A-C=A-(A\cap C)$임을 사용함). □

상대위상의 정의에서 알 수 있듯이 부분공간 $(A,\ \mathscr{T}_A)$의 위상과 $(X,\ \mathscr{T})$의 위상은 매우 다른 성질이 있음을 다음 예에서 알 수 있다.

| 예제 3.2.6 | (1) 보통위상공간 $(\mathbb{R},\ \mathscr{U})$상에서 부분집합 $A=[0,\ \infty)$의 부분공간 $(A,\ \mathscr{U}_A)$를 생각하자. 그때 $[0,\ 2)$는 상대위상 $\mathscr{U}_A$에서 열린집합이지만 $[0,\ 2)\notin\mathscr{U}$이다. 왜냐하면 $(-1,\ 2)\in\mathscr{U}$를 택하여 $A\cap(-1,\ 2)=[0,\ 2)\in\mathscr{U}_A$이기 때문이다.

(2) 보통위상공간 $(\mathbb{R},\ \mathscr{U})$에서 $A=(0,\ 5]$라 할 때 $(0,\ 3]$과 $[3,\ 5]$는 $(A,\ \mathscr{U}_A)$상에서 닫힌집합이다. 왜냐하면 $A-(0,\ 3]=(3,\ 5]$인데 $(3,\ 5]$는 $(3,\ 6)\in\mathscr{U}$에 대하여 $A\cap(3,\ 6)=(3,\ 5]$이기에 $(3,\ 5]\in\mathscr{U}_A$이기 때문이다(정리 3.2.5를 이용가능함). 따라서 $(0,\ 3]$은 $(A,\ \mathscr{U}_A)$상에서 닫힌집합이다. 같은 방법으로 $[3,\ 5]$도 $(A,\ \mathscr{U}_A)$에서 닫힌집합이다. ■

| 예제 3.2.7 | 보통위상공간 $(\mathbb{R},\ \mathscr{U})$상에서 유리수집합 $\mathbb{Q}$의 부분공간 $(\mathbb{Q},\ \mathscr{U}_{\mathbb{Q}})$를 생각하자. $\mathbb{Q}$의 부분집합 $A=\{x\in\mathbb{Q}\mid\sqrt{3}<x<\sqrt{5}\}$은 $A\in\mathscr{U}_{\mathbb{Q}}$이다. 왜냐하면 $A=\mathbb{Q}\cap(\sqrt{3},\ \sqrt{5})$이고 $(\sqrt{3},\ \sqrt{5})\in\mathscr{U}$이므로 $A\in\mathscr{U}_{\mathbb{Q}}$이기 때문이다. 한편 A는 $(\mathbb{Q},\ \mathscr{U}_{\mathbb{Q}})$상에서 닫힌집합이기도 하다. 왜냐하면 $[\sqrt{3},\ \sqrt{5}]$는 $(\mathbb{R},\ \mathscr{U})$에서 닫힌집합이기에 정리 3.2.5에 의하여 $A=\mathbb{Q}\cap[\sqrt{3},\ \sqrt{5}]$이고 $(\mathbb{Q},\ \mathscr{U}_{\mathbb{Q}})$상에서 닫힌집합이다. ■

정리 3.2.8 위상공간 $(X, \mathscr{T})$에서 $B \subset A \subset X$에 대하여 다음이 성립한다.

(1) 만약 $B \in \mathscr{T}_A$이고 $A \in \mathscr{T}$이면 $B \in \mathscr{T}$이다.

(2) 만약 B가 $(A, \mathscr{T}_A)$에서 닫힌집합이고 A가 $(X, \mathscr{T})$에서 닫힌집합이면 B는 $(X, \mathscr{T})$에서 닫힌집합이다.

증명 (1) 만약 $B \in \mathscr{T}_A$이면 $U(\in \mathscr{T})$가 존재하여 $U \cap A = B$이다. 가정에서 $A \in \mathscr{T}$이므로 $U \cap A = B \in \mathscr{T}$이다.

(2) 만약 B가 부분공간 $(A, \mathscr{T}_A)$에서 닫힌집합이면 정리 3.2.5에 의하여 $B = A \cap E$를 만족하는 $(X, \mathscr{T})$에서 닫힌집합 E가 존재한다. 가정에서 A가 $(X, \mathscr{T})$에서 닫힌집합이므로 두 닫힌집합의 교집합 $A \cap E$도 $(X, \mathscr{T})$에서 닫힌집합이다. □

연습문제 3.2

1. X상의 이산위상공간 $(X, \mathscr{D})$상에서 $A \subset X$에 대하여 $(A, \mathscr{D}_A)$도 이산위상공간임을 보여라.

2. X상의 비이산위상공간 $(X, \mathscr{I})$상에서 $A \subset X$에 대하여 $(A, \mathscr{I}_A)$도 비이산위상공간임을 보여라.

3. 위상공간 $(X, \mathscr{T})$상에서 부분집합들 $A \subset B \subset X$를 생각하자. 그때 $(A, \mathscr{T}_A) = (A, (\mathscr{T}_B)_A)$임을 보여라.

4. $(\mathbb{R}, \mathscr{U})$의 부분공간 $(\mathbb{Q}, \mathscr{U}_{\mathbb{Q}})$를 생각하자. 여기서 $\mathbb{Q}$는 유리수들의 집합이다. $A = \{x \in \mathbb{Q} \mid 0 \le x < 2\}$이고 $B = \{x \in \mathbb{Q} \mid 0 \le x < \sqrt{2}\}$이라 하자.
   (1) A는 $(\mathbb{Q}, \mathscr{U}_{\mathbb{Q}})$에서 열린집합인가?
   (2) B는 $(\mathbb{Q}, \mathscr{U}_{\mathbb{Q}})$에서 닫힌집합인가?

5. $X = \{a, b, c, d, e\}$에

$$\mathscr{T}=\{\varnothing,\ X,\ \{a\},\ \{c,\ d\},\ \{a,\ c,\ d\},\ \{b,\ c,\ d,\ e\}\}$$

를 위상으로 하는 위상공간 $(X,\ \mathscr{T})$를 생각한다. $A=\{a,\ b,\ d,\ e\}$라 할 때 $(A,\ \mathscr{T}_A)$를 구하시오.

6. 여유한공간의 부분공간이 여유한공간임을 보이시오.

7. 여가산공간의 부분공간이 여가산공간임을 보이시오.

8. 보통위상공간 $(\mathbb{R},\ \mathscr{U})$에서 다음을 해결하시오.

(1) $A:=\left\{\frac{1}{n}\mid n\in\mathbb{N}\right\}$라 할 때 $(A,\ \mathscr{U}_A)$가 이산위상공간임을 보이시오.

(2) $B:=\{0\}\cup\left\{\frac{1}{n}\mid n\in\mathbb{N}\right\}$라 할 때 $(B,\ \mathscr{U}_B)$는 이산위상공간이 아님을 보이시오.

9. $X=[-a,\ a],\ a(>0)\in\mathbb{R}$이다. 이때

$$\mathscr{T}_1=\{U\subset X\mid 0\notin U\},\quad \mathscr{T}_2=\{U\subset X\mid (-a,\ a)\subset U\}$$

그리고 $\mathscr{T}=\mathscr{T}_1\cup\mathscr{T}_2$ 이라 하자. 이때 $(X,\ \mathscr{T})$이 위상공간임을 보이시오.

3.3 근방과 근방계

이 절에서는 위상수학의 기초적인 개념인 근방 (neighborhood)와 근방계 (neighborhood system)를 도입하고 그들의 다양한 성질을 다룬다.

정의 3.3.1 위상공간 $(X, \mathscr{T})$에서 $N \subset X$이고 $x \in N$이라 하자. $x \in U$인 열린집합 $U \in \mathscr{T}$가 존재하여

$$x \in U \subset N$$

을 만족하면 N을 x의 **근방** (neighborhood of x)이라 한다. N이 x의 근방이고 동시에 열린집합이면 N을 x의 **열린근방** (open neighborhood of x)이라 한다.

점 x의 근방 전체의 집합

$$\mathscr{N}_x = \{N \mid N\text{은 } x\text{의 근방이다}\}$$

을 $(X, \mathscr{T})$에서 x의 **근방계** (neighborhood system of x)라 한다.

| 예제 3.3.2 | 위상공간 $(X, \mathscr{T})$를 생각하자. 여기서 $X = \{a, b, c, d\}$이고

$$\mathscr{T} = \{\varnothing, X, \{a\}, \{c\}, \{a, c\}, \{b, c, d\}\}$$

라 하자.

(1) X의 부분집합 $\{a\}$, $\{a, b\}$, $\{a, c\}$, $\{a, d\}$, $\{a, b, d\}$, $\{a, b, c\}$, $\{a, c, d\}$, X 등은 a의 근방이다 (아래(3) 참조). $\{a\}$와 $\{a, c\}$ 등은 a의 열린근방이지만 $\{a, b\}$는 a의 열린근방은 아니다.

(2) X의 부분집합 $\{b, c, d\}$와 X는 b의 근방임과 동시에 열린근방이다.

(3) c의 근방은 $c \in X_1 \subset X$인 집합 X_1이므로 $|\mathscr{N}_c| = 8$이다. 구체적으로,

$$\mathscr{N}_c = \{\{c\}, \{a, c\}, \{b, c\}, \{a, b, c\}, \{c, d\}, \{b, c, d\}, \{a, c, d\}, X\}$$

이다. ■

예제 3.3.2에서 알 수 있듯이 위상공간 $(X, \mathscr{T})$에서 임의의 $x \in X$는 적어도 한

개 이상의 근방을 갖는다. 즉 전체집합 X는 항상 임의의 $x \in X$의 근방임을 근방의 정의로부터 쉽게 알 수 있다.

| 예제 3.3.3 | (1) n차원 실공간 $(\mathbb{R}^n, \mathscr{U})$에서 임의의 $x \in \mathbb{R}^n$은 항상 근방 $B(x, \varepsilon) = \{y \in \mathbb{R}^n \mid d(x, y) < \varepsilon$, 여기서 $d(x, y)$는 2장에서 소개한 두 점 x와 y의 유클리드 거리이다$\}$을 갖는다. $B(x, \varepsilon)$는 x의 열린근방이기도 하다.

(2) $(\mathbb{R}, \mathscr{U})$에서 임의의 구간 $[a, b)$, $[a, b]$, (a, b)는 모두 $t \in (a, b)$의 근방이다. 여기서 $a \neq b$임을 가정한다.

(3) $(\mathbb{R}^2, \mathscr{U})$에서 그림 3.4에 주어진 모든 X, Y, $Z \subset \mathbb{R}^2$는 주어진 점 p의 근방이다.

그림 3.4 점 p의 근방

(4) $(\mathbb{R}^2, \mathscr{U})$에서 그림 3.4의 $W \subset \mathbb{R}^2$는 주어진 점 q의 근방이 아니다. ■

위상공간 $(X, \mathscr{T})$에서 $x \in X$에 대하여 x의 근방계 $\mathscr{N}_x$는 위상공간 $(X, \mathscr{T})$의 다양한 성질을 찾는 데 절대적인 도구가 되기 때문에 근방계의 성질을 알아본다.

정리 3.3.4 위상공간 $(X, \mathscr{T})$의 한 원소 $x \in X$의 근방계 $\mathscr{N}_x$는 다음과 같은 성질을 갖는다.

(1) $\mathscr{N}_x \neq \varnothing$이고 $\mathscr{N}_x$의 각 원소 N은 $x \in N$이다.

(2) $N_1, N_2 \in \mathscr{N}_x$일 때 $N_1 \cap N_2 \in \mathscr{N}_x$이다.

(3) $N \in \mathscr{N}_x$이고 $N \subset N'$이면 $N' \in \mathscr{N}_x$

(4) $\mathscr{N}_x$의 임의의 원소 N에 대하여 적당한 $W \in \mathscr{N}_x$가 존재하여 $W \subset N$이고 임의의 $y \in W$에 대하여 $W \in \mathscr{N}_y$이다.

증명 (1) $X \in \mathscr{N}_x$이므로 $\mathscr{N}_x \neq \varnothing$이고 $\mathscr{N}_x$의 정의에 의하여 ㅋ $^\forall N \in \mathscr{N}_x$는 $x \in N$이다.

(2) 가정에 의하여 적당한 U_1, $U_2 \in \mathscr{T}$가 존재하여

$$x \in U_1 \subset N_1, \quad x \in U_2 \subset N_2$$

가 성립한다. 따라서

$$x \in U_1 \cap U_2 \subset N_1 \cap N_2$$

이고 $U_1 \cap U_2 \in \mathscr{T}$이므로 $N_1 \cap N_2 \in \mathscr{N}_x$이다.

(3) 가정에 의하여 적당한 열린집합 $U \in \mathscr{T}$가 존재하여

$$x \in U \subset N$$

인데 $N \subset N'$이므로

$$x \in U \subset N \subset N'$$

이 성립하기에 $N' \in \mathscr{N}_x$이다.

(4) 임의의 $N \in \mathscr{N}_x$에 대하여 적당한 열린집합 $W \in \mathscr{T}$가 존재하여 $x \in W \subset N$이 성립한다. W는 열린집합이므로 임의의 $y \in W$에 대하여 $y \in W \subset W$이므로 $W \in \mathscr{N}_y$이다. □

위상공간 $(X, \mathscr{T})$를 이해하고 활용하기 위해서는 $(X, \mathscr{T})$의 열린집합을 정확히 이해하는 것이 매우 중요하다. 그래서 주어진 부분집합 $U \subset X$가 열린집합인지 아닌지를 판별할 수 있어야 된다.

정리 3.3.5 위상공간 $(X, \mathscr{T})$에서 $U \subset X$가 열린집합이기 위한 필요충분조건은 임의의 $x \in U$에 대하여 $V \in \mathscr{T}$가 존재하여 $x \in V \subset U$가 되는 것이다.

증명 U가 열린집합이면 임의의 $x \in U$에 대하여 항상 $x \in U \subset U$이다. 역으로, 가정에 의하여 임의의 $x \in U$에 대하여 $V := U_x \in \mathscr{T}$가 존재하여 $x \in U_x \subset U$이다. 여기서 U_x는 x를 원소로 갖는 하나의 열린집합을 의미한다. 따라서 $\bigcup_{x \in U} U_x \subset U$이고 임의의 $x \in U$에 대하여 $x \in U_x$이므로 $U \subset \bigcup_{x \in U} U_x$이다. 그러므로 $U = \bigcup_{x \in U} U_x$이고 위상공리 (a2)에 의하여 $U \in \mathscr{T}$이다. □

연습문제 3.3

1. 위상공간 $(X, \mathscr{T})$를 생각하자. 이때 다음을 증명하시오.
$U(\subset X)$가 $(X, \mathscr{T})$에서 열린집합이다. $\Leftrightarrow$ $U(\subset X)$는 임의의 $x \in U$에 대하여 x의 한 근방 $N(\ni x)$을 포함한다.

2. 집합 $X = \{a, b, c, d, e\}$상의 위상

$$\mathscr{T} = \{\varnothing, X, \{a\}, \{c, d\}, \{a, c, d\}, \{b, c, d, e\}\}$$

로 하여 위상공간 $(X, \mathscr{T})$를 생각하자. 이 경우에 각각의 $x \in X$에 대하여 근방계 $\mathscr{N}_x$를 구하시오.

3. 보통위상공간 $(\mathbb{R}, \mathscr{U})$에서 $A = (-\frac{1}{2}, \frac{1}{2}] \cup \mathbb{N}$이라 할 때 A는 0의 한 근방이지만 임의의 $n(\in \mathbb{N})$의 근방이 아님을 보이시오.

4. 연습문제 3.2의 문제 9의 위상공간 $(X, \mathscr{T})$에서 다음을 답하시오.
(1) 0의 근방계 $\mathscr{N}_0$을 구하시오.
(2) $x(\neq 0) \in X$에 대하여 x의 근방계 $\mathscr{N}_x$를 구하시오.

5. $A = [0, 3)$이라 하자. $(\mathbb{R}, \mathscr{U})$로부터 유도되는 부분공간 $(A, \mathscr{U}_A)$를 생각하자. 이때 $[0, 1)$은 $(\mathbb{R}, \mathscr{U})$에서 0의 근방은 아니지만 $(A, \mathscr{U}_A)$에서 0의 근방임을 설명하시오.

3.4 극한점과 도집합

이 절에서는 극한점(limit point)과 도집합(derived set)을 소개하고 그들의 다양한 성질을 다룬다.

위상공간 $(X, \mathscr{T})$에서 주어진 부분집합 $A \subset X$의 극한점(limit point)은 근방 개념을 이용하여 다음과 같이 정의한다.

정의 3.4.1 위상공간 $(X, \mathscr{T})$에서 A를 X의 부분집합이라 하자.

(1) $x \in X$가 A의 **극한점**(limit point) (혹은 집적점: cluster point, point of accumulation)이란 x의 임의의 (열린)근방 U에 대하여 $(U-\{x\}) \cap A \neq \varnothing$인 경우를 뜻한다.

(2) A의 **도집합**(derived set)이란 A의 극한점들의 모임을 뜻하고 기호는

$$A' = \{x \in X \mid x\text{는 } A\text{의 극한점이다}\}$$

로 표시한다.

참고로 정의 3.4.1(1)에서 $(U-\{x\}) \cap A = U \cap (A-\{x\})$이고 $A = \varnothing$이면 $A' = \varnothing$이다.

| 예제 3.4.2 | 집합 $X = \{a, b, c, d, e\}$이고

$$\mathscr{T} = \{\varnothing, X, \{a\}, \{c, d\}, \{a, c, d\}, \{b, c, d, e\}\}$$

인 위상공간 $(X, \mathscr{T})$에서 $A = \{a, b, c\}$의 도집합을 구해보자.

풀이 먼저 $a \notin A'$임은 쉽게 알 수 있다. $b \in A'$이다. 왜냐하면 b의 (열린)근방은 $\{b, c, d, e\}$와 X뿐이기에 $(U-\{b\}) \cap A \neq \varnothing$임을 알 수 있다. 여기서 $U \in \{\{b, c, d, e\}, X\}$이다. 즉, $b \in A'$이다. $c \notin A'$이다. 왜냐하면 c의 임의의 열린근방으로서 $\{c, d\}$도 가능한데 $(\{c, d\}-\{c\}) \cap A = \varnothing$이기에 $c \notin A'$이다. $d \in A'$이다. 왜냐하면 d의 열린근방으로서 $\{b, c, d, e\}$와 X가 존재하는데 $(U-\{d\}) \cap A \neq \varnothing$이다. 여기서 $U \in \{\{b, c, d, e\}, X\}$이다. 같은 방법으로 $e \in A'$임을 알 수 있다. 그러므로 $A' = \{b, d, e\}$이다. □

| 예제 3.4.3 | (1) 비이산위상 $(X, \mathscr{I})$상에서 $A(\subset X)$의 도집합은 아래와 같다.

$$A' = \begin{cases} \varnothing, & A = \varnothing \text{일 때} \\ X - \{p\}, & A = \{p\}\text{일 때} \\ X, & |A| \geq 2\text{일 때} \end{cases}$$

(2) 이산위상 $(X, \mathscr{D})$상에서 $A(\subset X)$의 도집합 $A' = \varnothing$이다.

(3) 보통위상공간 $(\mathbb{R}, \mathscr{U})$에서 집합 $A = \{\frac{1}{n} \mid n \in \mathbb{Z} - \{0\}\}$을 생각하자. 그때 A의 극한점은 점 0밖에 없다. 즉 $A' = \{0\}$이다(힌트 : 아르키메데스 정리 이용).

(4) 보통위상공간 $(\mathbb{R}, \mathscr{U})$에서 $B = (0, 1]$이라 할 때 점 $x \in [0, 1]$은 B의 극한점이다. 즉 $B' = [0, 1]$이다. 만약 $C = \{0\} \cup (1, 2)$라 할 때 C의 극한점들의 모임은 $[1, 2]$이다. ■

| 예제 3.4.4 | (1) 보통위상공간 $(\mathbb{R}, \mathscr{U})$상에서 $A = (a, b)$, $B = [a, b)$, $C = [a, b]$라 할 때 $A' = B' = C' = [a, b]$이다.

(2) 보통위상공간 $(\mathbb{R}^2, \mathscr{U})$상에서 그림 3.4의 집합들 X, Y, Z, W의 각각의 도집합들은 주어진 집합 X, Y, Z, W와 각각의 둘레(경계)를 포함한 집합이다. ■

위상공간 $(X, \mathscr{T})$상에서 집합 $A(\subset X)$가 닫힌집합인지를 판별하는 데 A'를 활용하기도 한다.

정리 3.4.5 위상공간 $(X, \mathscr{T})$상에서 집합 $A(\subset X)$가 닫힌집합이기 위한 필요충분조건은 $A' \subset A$이다.

증명 A를 닫힌집합이라 가정하고 $A' \subset A$임을 보이자. 즉 ㅋ $\forall x \in A' \Rightarrow x \in A$임을 보이자. 귀류법을 사용하여 결론을 부정하자. 즉, $x \notin A$이면 $x \in A^c$인데 $A^c \in \mathscr{T}$이기에 A^c는 x의 열린근방이다. 그런데

$$(A^c - \{x\}) \cap A \subset A^c \cap A = \varnothing$$

이므로 $x \notin A'$이 되어서 가정에 모순이 된다. 그러므로 $A' \subset A$이다.

역으로 $A' \subset A$이면 A가 닫힌집합임을 보이자. 즉 A^c이 열린집합임을 보여야 한다. 임의의 $x \in A^c$에 대하여 $x \notin A'$이므로 적당한 x의 열린근방

U_x가 존재하여

$$(U_x - \{x\}) \cap A = \varnothing$$

이다. $x \notin A$이므로 $U_x \cap A = \varnothing$이 되기에

$$x \in U_x \subset A^c$$

이 성립한다. 정리 3.3.5에 의하여 $A^c \in \mathscr{T}$이다. □

정리 3.4.6 위상공간 $(X, \mathscr{T})$상에서 X의 부분집합 $A, B \subset X$를 생각한다. $A \subset B$이면 $A' \subset B'$이다.

증명 임의의 $x \in A'$을 택하면 x의 임의의 (열린)근방 U에 대하여 $\varnothing \neq (U - \{x\}) \cap A \subset (U - \{x\}) \cap B$이다. 따라서 $x \in B'$이다. □

참고로 정리 3.4.6의 역은 성립하지 않는다. 예를 들면, $(\mathbb{R}, \mathscr{U})$에서 $A = [0, 1)$, $B = (0, 1]$이라 하자. $A' = [0, 1] = B'$이지만 $A \subset B$가 성립하지 않는다.

정리 3.4.6의 성질을 기반으로 도집합의 집합연산 성질을 알아본다.

정리 3.4.7 위상공간 $(X, \mathscr{T})$와 부분집합들 $A, B \subset X$에 대하여 다음이 성립한다.

(1) $(A \cup B)' = A' \cup B'$

(2) $(A \cap B)' \subset A' \cap B'$

증명 (1) ($\subset$) 임의의 $x \in (A \cup B)'$에 대하여 $x \in A' \cup B'$임을 보이자. 귀류법을 사용하여 $x \notin A' \cup B'$이라고 가정하자. 즉 $x \notin A'$이므로 적당한 x의 열린근방 $U \in \mathscr{T}$가 존재하여 $A \cap (U - \{x\}) = \varnothing$를 만족한다. 그리고 $x \notin B'$이므로 적당한 x의 열린근방 $V \in \mathscr{T}$가 존재하여 $B \cap (V - \{x\}) = \varnothing$를 만족한다. 그때 $U \cap V$는 x의 열린근방으로서

$$\begin{aligned}
&(A \cup B) \cap (U \cap V - \{x\}) \\
&\quad = [A \cap (U \cap V - \{x\}] \cup [B \cap (U \cap V - \{x\}] \\
&\quad \subset [A \cap (U - \{x\})] \cup [B \cap (V - \{x\})] = \varnothing
\end{aligned}$$

이므로 $x \notin (A \cup B)'$이다 (모순). 따라서 $(A \cup B)' \subset A' \cup B'$이다.

($\supset$) A, $B \subset A \cup B$이므로 정리 3.4.6에 의하여 $A' \cup B' \subset (A \cup B)'$이다.

(2) 정리 3.4.6에 의하여 $(A \cap B)' \subset A' \cap B'$이 성립함은 명백하다. 여기서 등호가 성립하지 않음을 예를 들어 살펴보자. 먼저 $(\mathbb{R}, \mathscr{U})$상에서 유리수집합 $\mathbb{Q}$와 무리수집합 $\mathbb{Q}^c$의 도집합은

$$\mathbb{Q}' = \mathbb{R} = (\mathbb{Q}^c)'$$

임을 이용하자. 구체적으로 임의의 $x \in \mathbb{R}$에 대하여 x의 임의의 열린근방 $U \in \mathscr{U}$에 대하여 $\mathbb{Q} \cap (U - \{x\}) \neq \varnothing$임을 알 수 있다. 여기서 일반성을 잃지 않고 열린근방 U는 임의의 양의 실수 ε에 대하여 $(x - \varepsilon, x + \varepsilon) = U$를 택하자. 실수의 기본성질에 의하여 열린근방 U는 가산무한개의 유리수를 가지고 있고 비가산무한개의 무리수를 갖고 있기에

$$\mathbb{Q} \cap (U - \{x\}) \neq \varnothing \text{ 이고 } \mathbb{Q}^c \cap (U - \{x\}) \neq \varnothing$$

이다. 따라서 $\mathbb{Q}' = \mathbb{R} = (\mathbb{Q}^c)'$이다. 이 사실을 상기하면서 $\mathbb{Q} \cap \mathbb{Q}^c = \varnothing$이고 $\varnothing' = \varnothing$이고 $\mathbb{Q}' \cap (\mathbb{Q}^c)' = \mathbb{R}$이므로 $(\mathbb{Q} \cap \mathbb{Q}^c)' \neq \mathbb{Q}' \cap (\mathbb{Q}^c)'$이다. □

연습문제 3.4

1. 실수집합 $\mathbb{R}$상에 위상 $\mathscr{T} = \{\mathbb{R}, \varnothing\} \cup \{(a, \infty) \mid a \in \mathbb{R}\}$을 주어 $(\mathbb{R}, \mathscr{T})$를 생각하자.

(1) $A = [a, b)$일 때 A'을 구하시오.

(2) 자연수집합 $\mathbb{N}$에 대하여 $\mathbb{N}'$을 구하시오.

(3) 유리수집합 $\mathbb{Q}$에 대하여 $\mathbb{Q}'$을 구하시오.

(4) 무리수집합 $\mathbb{Q}^c$에 대하여 $(\mathbb{Q}^c)'$을 구하시오.

2. 보통위상공간 $(\mathbb{R}, \mathscr{U})$에서 $A = \left\{3 - \frac{1}{n} \mid n \in \mathbb{N}\right\}$에 대하여 A'을 구하시오.

3. 여유한위상공간 $(X,\ \mathscr{T}_f)$에서 임의의 부분집합 $A(\subset X)$에 대하여 A'는 $(X,\ \mathscr{T}_f)$에서 닫힌집합임을 보이시오. 구체적으로 실수집합 $\mathbb{R}$상의 여유한공간 $(\mathbb{R},\ \mathscr{T}_f)$에서 $\mathbb{Z}'=\mathbb{R}$임을 보이고, $\mathbb{N}_k=\{1,\ 2,\ \cdots,\ k\}(\subset \mathbb{N})$이라 할 때 $\mathbb{N}_k{}'=\varnothing$임을 보이시오.

[힌트]: (1) X가 유한집합인 경우: 이때 $(X,\ \mathscr{T}_f)$는 이산위상공간이다.

$\therefore\ A^\circ=A,\ \overline{A}=A$이고 $A'=\varnothing$이다$(\because\ ^\forall x\in X,\ \exists\{x\}\in\mathscr{T}_f$ $(\{x\}\setminus\{x\})\cap A=\varnothing)$.

(2) X가 무한집합인 경우:

(2-1) 만약 A가 유한집합이면 (1) $A^\circ=\varnothing$, (2) $\overline{A}=A$이고, (3) $A'=\varnothing$이다.

① $A^\circ\subset A$이므로 $(A^\circ)^c\supset A^c$: 무한집합 $\Rightarrow (A^\circ)^c$도 무한집합이다.
$\Rightarrow A^\circ=\varnothing$이다.

② $X-A\in\mathscr{T}_f$가 되어서 A는 $(X,\ \mathscr{T}_f)$에서 닫힌집합이다. $\Rightarrow \overline{A}=A$이다.

③ $^\forall x\in X,\ A-\{x\}$: 유한집합 $\Rightarrow (A-\{x\})^c$은 x의 열린근방이다. 그런데 $(A-\{x\})^c=U$라 놓으면 $A\cap(U-\{x\})=(A-\{x\})\cap U=\varnothing\ \Rightarrow$ $x\notin A'\ \Rightarrow\ A'=\varnothing$이다.

(2-2) 만약 A가 무한집합이면 ① $A'=X$, ② $\overline{A}=X$이다.

① $^\forall x\in X,\ U(\ni x)$: 임의의 열린근방이라 하자. 그러면 $U\neq\varnothing$이므로 U^c은 유한집합이다. 그리고, $A\cap U=A-U^c$이므로 $A\cap U\setminus\{x\}\neq\varnothing$이다.
$\therefore\ x\in A'\ \Rightarrow\ A'=X$이다.

② $\overline{A}=A\cup A'$이므로 $\overline{A}=X$이다.

4. 여가산위상공간 $(X,\ \mathscr{T}_c)$에서 다음을 증명하시오. 여기서 X는 비가산집합이다.

(1) $A(\subset X)$가 가산집합이면 $A'=\varnothing$임을 보이시오.

(2) $A(\subset X)$가 비가산집합이면 $A'=X$임을 보이시오.

(3) $(\mathbb{R},\ \mathscr{T}_c)$에서 $\mathbb{Q}'=\varnothing$, $(\mathbb{Q}^c)'=\mathbb{R}$, $[a,\ b]'=\mathbb{R}$임을 보이시오.

5. 보통위상공간 $(\mathbb{R},\ \mathscr{U})$상에서 다음 집합들의 극한점을 구하시오.

(1) $A:=\left\{\dfrac{1}{m}+\dfrac{1}{n}\mid m,\ n\in\mathbb{N}\right\}$ (힌트 : $\left\{a+\dfrac{1}{n}\mid n\in\mathbb{N}\right\}$의 극한점은 a이다)

(2) $B:=\left\{\dfrac{\sin x}{x}\mid x\in\mathbb{N}\right\}$

6. 여유한 위상공간 $(X,\ \mathscr{T}_f)$의 열린집합의 형태를 설명하시오.
여기서 $X\in\{\mathbb{N},\ \mathbb{Z},\ \mathbb{Q},\ \mathbb{Q}^c,\ \mathbb{R}\}$이다.

3.5 집합의 폐포

이 절에서는 위상공간 $(X, \mathscr{T})$상에서 부분집합 $A \subset X$의 폐포 $\overline{A}$를 정의하고 $\overline{A}$와 A의 도집합 A'과의 관계 및 그들의 다양한 성질을 알아본다.

정의 3.5.1 위상공간 $(X, \mathscr{T})$상에서 부분집합 $A \subset X$에 대하여 $\overline{A}$를

$$\overline{A} = \cap \{C \mid C\text{는 } A \subset C\text{인 } (X, \mathscr{T})\text{의 닫힌집합이다}\}$$

로 정의하고 A의 폐포(closure of A)라고 한다.

$\overline{A}$의 정의와 정리 3.1.10에 의하여 $\overline{A}$는 닫힌집합임을 알 수 있다. $\overline{A}$의 정의에 의하여 $\overline{A}$는 A를 포함하는 가장 작은 닫힌집합이고, $\overline{A}$를 $\mathrm{cl}(A)$로 표시하기도 한다. $\overline{A}$는 위상수학에서 매우 큰 역할을 하기에 $\overline{A}$의 다양한 성질을 알아보자.

정리 3.5.2 위상공간 $(X, \mathscr{T})$상에서 부분집합 $A \subset X$에 대하여 다음이 성립한다.

(1) C가 A를 포함하는 닫힌집합이면 $A \subset \overline{A} \subset C$이다.

(2) A가 닫힌집합이기 위한 필요충분조건은 $A = \overline{A}$이다.

증명 (1) 정의로부터 명백하다.

(2) A가 닫힌집합이면 폐포의 정의로부터 $\overline{A} = A$이다. 역으로 $A = \overline{A}$이면 A는 닫힌집합이다. □

| 예제 3.5.3 | (1) 보통위상공간 $(\mathbb{R}, \mathscr{U})$에서 $A = [a, b)$일 때 $\overline{A} = [a, b]$이다.

(2) 집합 $X = \{a, b, c, d, e\}$이고

$$\mathscr{T} = \{X, \varnothing, \{a\}, \{c, d\}, \{a, c, d\}, \{b, c, d, e\}\}$$

인 위상공간 $(X, \mathscr{T})$상에서 $(X, \mathscr{T})$의 닫힌집합들은

$$\varnothing, X, \{b, c, d, e\}, \{a, b, e\}, \{b, e\}, \{a\}$$

이다. 따라서

$$\overline{\{b\}}=\{b,\ e\},\ \overline{\{a,\ c\}}=X,\ \overline{\{b,\ d\}}=\{b,\ c,\ d,\ e\}$$

이다. ■

위상공간 $(X,\ \mathscr{T})$에서 근방과 폐포는 밀접한 관계가 있음을 다음과 같이 알아본다.

정리 3.5.4 위상공간 $(X,\ \mathscr{T})$상에서 부분집합 $A \subset X$를 생각한다. $x \in \overline{A}$ 이기 위한 필요충분조건은 $x \in X$의 임의의 근방 N에 대하여 $N \cap A \neq \varnothing$ 인 것이다.

증명 (⟸) 대우명제를 활용하여 증명한다. 만약 $x \notin \overline{A}$ 라면 $x \in (\overline{A})^c$이고 $(\overline{A})^c := N$은 x의 한 근방이 되고($\because$ $x \in (\overline{A})^c \in \mathscr{T}$)

$$A \cap N \subset \overline{A} \cap N = \overline{A} \cap (\overline{A})^c = \varnothing$$

이다.

(⟹) 역으로 x의 적당한 근방 N이 존재해서 $A \cap N = \varnothing$ 라면 $x \in U \subset N$인 열린집합 $U \in \mathscr{T}$가 존재하여

$$A \subset N^c \subset U^c$$

이다. U^c가 닫힌집합이므로 폐포의 정의에 의하여 $A \subset \overline{A} \subset U^c$이기 대문에 $x \notin \overline{A}$ 이다. □

정리 3.5.4는 다음 명제와 동치이다.

(★) $x \in \overline{A}$ ⇔ x의 임의의 열린근방 U에 대하여 $U \cap A \neq \varnothing$

위 명제의 증명은 정리 3.5.4의 증명에서 x의 근방 N을 x의 열린근방 U로 교체하면 된다.

이제 폐포와 도집합 사이의 관계를 알아본다.

정리 3.5.5 위상공간 $(X,\ \mathscr{T})$와 $A \subset X$에 대하여

$$\overline{A} = A \cup A'$$

이 성립한다.

증명 먼저 $\overline{A} \subset A \cup A'$임을 보이자. 즉, 임의의 $x \in \overline{A}$에 대하여 $x \in A \cup A'$임을 보여야 한다. 귀류법을 사용하여 결론을 부정해 보자. 즉 $x \not\in A \cup A'$이라고 하면 $x \not\in A$이고 $x \not\in A'$이다. 여기서 $x \not\in A'$에 대하여 $(X, \mathscr{T})$상에서 x의 열린근방 U가 존재하여 $A \cap (U - \{x\}) = \varnothing$이다. 한편 $x \not\in A$이므로 $A \cap (U - \{x\}) = A \cap U = \varnothing$이다. 정리 3.5.4에 의하여 $x \not\in \overline{A}$이다(모순). 따라서 $\overline{A} \subset A \cup A'$이다.

이제 $A \cup A' \subset \overline{A}$임을 보이자. 폐포의 정의에 의하여 $A \subset \overline{A}$이므로 $A' \subset \overline{A}$만을 보이면 된다. 임의의 $x \in A'$에 대하여 x의 임의의 열린근방 U가 $(X, \mathscr{T})$에 대하여 $A \cap (U - \{x\}) \neq \varnothing$이다. 그러므로 $A \cap U \neq \varnothing$이 된다. 그러면 x의 임의의 근방 N에 대하여 $A \cap N \neq \varnothing$이 성립한다. 정리 3.5.4에 의하여 $x \in \overline{A}$이다. □

정리 3.3.5와 폐포의 정의에 의하여 위상공간 $(X, \mathscr{T})$와 $A \subset X$에 대하여 다음 성질이 성립한다.

(★) A는 닫힌집합이다. $\Leftrightarrow$ $\overline{A} = A \Leftrightarrow A' \subset A$

| 예제 3.5.6 | 보통위상공간 $(\mathbb{R}, \mathscr{U})$상에서 $X = \{\frac{1}{n} \mid n \in \mathbb{N}\}$이라 하자. 그때 $X' = \{0\}$이기에 $X \cup X' \neq X$임을 알 수 있다. 따라서 X는 $(\mathbb{R}, \mathscr{U})$상에서 닫힌집합이 아니다. ■

폐포의 성질은 위상공간의 성질을 파악하는 데 매우 중요한 역할을 하기에 폐포의 기본적인 성질을 알아보자.

정리 3.5.7 위상공간 $(X, \mathscr{T})$상에서 집합들 $A, B \subset X$에 대하여 다음 성질이 성립한다.

(1) $\overline{\varnothing} = \varnothing$ (2) $A \subset \overline{A}$

(3) $\overline{A \cup B} = \overline{A} \cup \overline{B}$ (4) $\overline{A} = \overline{\overline{A}}$

증명 (1)과 (2)는 폐포의 정의로부터 명백하다.

(3) $A \subset \overline{A}$, $B \subset \overline{B}$이므로 $A \cup B \subset \overline{A} \cup \overline{B}$이다. $\overline{A}$와 $\overline{B}$가 닫힌집합이므로 $\overline{A} \cup \overline{B}$도 닫힌집합이기에

$$A \cup B \subset \overline{A \cup B} \subset \overline{A} \cup \overline{B}$$

이다.

이제 $\overline{A} \cup \overline{B} \subset \overline{A \cup B}$이 성립함을 보이자. 폐포의 기본성질에 의하여 $\overline{A} \subset \overline{A \cup B}$, $\overline{B} \subset \overline{A \cup B}$이므로 $\overline{A} \cup \overline{B} \subset \overline{A \cup B}$이다.

(4) 폐포의 정의에 의하여 명백하다. □

폐포의 기본성질(정리 3.5.7)을 바탕으로 다음 성질이 성립한다.

성질 3.5.8 위상공간 $(X, \mathscr{T})$와 부분집합들 A, B, $A_\alpha \subset X(\alpha \in \Lambda)$에 대하여 다음이 성립한다.

(1) $A \subset B \Rightarrow \overline{A} \subset \overline{B}$

(2) $\bigcup_{\alpha \in \Lambda} \overline{A_\alpha} \subset \overline{\bigcup_{\alpha \in \Lambda} A_\alpha}$

(3) $\overline{A \cap B} \subset \overline{A} \cap \overline{B}$

증명 (1) 임의의 $x \in \overline{A}$에 대하여 x의 임의의 근방 N에 대하여 $A \cap N \neq \varnothing$이다(정리 3.5.4 활용). 그런데 $A \cap N \subset B \cap N$이므로 $B \cap N \neq \varnothing$이다. 따라서 정리 3.5.4에 의해서 $x \in \overline{B}$이다.

(2) 임의의 $\alpha \in \Lambda$, $A_\alpha \subset \bigcup_{\alpha \in \Lambda} A_\alpha$이고 (1)에 의하여 $\bigcup_{\alpha \in \Lambda} \overline{A_\alpha} \subset \overline{\bigcup_{\alpha \in \Lambda} A_\alpha}$이다. 그러나 등호가 성립하지 않음을 예를 들어 보이자. 위상공간 $(\mathbb{R}, \mathscr{U})$ 상에서 한원소집합 $S_p = \{p\}(p \in \mathbb{Q})$를 택하면 $\overline{S_p} = \{p\}$이므로 $\bigcup_{p \in \mathbb{Q}} \overline{S_p} = \mathbb{Q}$이다. 한편 $\bigcup_{p \in \mathbb{Q}} S_p = \mathbb{Q}$이므로 $\overline{\bigcup_{p \in \mathbb{Q}} S_p} = \overline{\mathbb{Q}} = \mathbb{R}$이다.

(3) $A \cap B \subset A$이고, $A \cap B \subset B$이므로 (1)에 의하여 $\overline{A \cap B} \subset \overline{A} \cap \overline{B}$이다. 이제 등호가 성립하지 않음을 예를 들어 보이기로 한다. 위상공간 $(\mathbb{R}, \mathscr{U})$상에서 $\mathbb{Q}$와 $\mathbb{Q}^c$에 대하여 $\mathbb{Q} \cap \mathbb{Q}^c = \varnothing$가 되어서 $\overline{\mathbb{Q} \cap \mathbb{Q}^c} = \varnothing$이지만, $\overline{\mathbb{Q}} = \mathbb{R} = \overline{\mathbb{Q}^c}$이 되어서 $\overline{\mathbb{Q}} \cap \overline{\mathbb{Q}^c} = \mathbb{R}$이다. □

이제 주어진 위상공간 $(X,\ \mathscr{T})$와 $A \subset X$에 대한 부분공간 $(A,\ \mathscr{T}_A)$상에서 폐포의 성질을 알아보자.

정리 3.5.9 위상공간 $(X,\ \mathscr{T})$와 부분공간 $(A,\ \mathscr{T}_A)$ 그리고 $B \subset A$라 하자. B의 $(X,\ \mathscr{T})$에서의 폐포를 $\overline{B}^X$, B의 $(A,\ \mathscr{T}_A)$에서의 폐포를 $\overline{B}^A$이라 하면 $\overline{B}^X \cap A = \overline{B}^A$이다.

증명 상대위상 $\mathscr{T}_A = \{A \cap U \mid U \in \mathscr{T}\}$ 임을 상기하면 $(A,\ \mathscr{T}_A)$에서 닫힌집합의 모임은 $\{U^c \cap A \mid U \in \mathscr{T}\} = \{C \cap A \mid C^c \in \mathscr{T}\}$ 이다(정리 3.2.5 참조). 왜냐하면

$$A - (U \cap A) = A \cap (U \cap A)^c = U^c \cap A$$

이기 때문이다. 따라서

$$\begin{aligned}\overline{B}^X \cap A &= \left(\bigcap\{C \mid B \subset C,\ C^c \in \mathscr{T}\}\right) \cap A \\ &= \left(\bigcap\{C \cap A \mid B \subset C,\ C^c \in \mathscr{T}\}\right. \\ &= \bigcap\{C \cap A \mid B \subset C \cap A,\ C^c \in \mathscr{T}\} \\ &= \overline{B}^A\end{aligned}$$

이다. □

| 예제 3.5.10 | 보통위상공간 $(\mathbb{R},\ \mathscr{U})$에서 $A = [0,\ 3)$, $B = (1,\ 3)$이라 하자. 이때 $\overline{B}^X = [1,\ 3]$이고 $\overline{B}^A = [1,\ 3)$이다. 그러므로 $\overline{B}^A = \overline{B}^X \cap A$이 성립한다. ■

연습문제 3.5

1. 여유한위상공간 $(X,\ \mathscr{T}_f)$에 대하여 다음을 보이시오.

(1) X가 유한집합인 경우 모든 부분집합 $A(\subset X)$에 대하여 $\overline{A} = A$임을 증명

하시오 (힌트: $A' = \varnothing$ 임을 확인하고 정리 3.5.5를 활용함).

(2) X가 무한집합인 경우, $A(\subset X)$에 대하여 다음이 성립함을 보이시오.

(a) 만약 A가 유한집합이면 $\overline{A} = A$이다 (힌트: ㅋ$^{\forall} x \in X$, $A - \{x\}$이 유한집합이므로 $U := (A - \{x\})^c$는 x의 열린근방임. $(U \cap A) - \{x\} = U \cap (A - \{x\}) = \varnothing$이므로 $x \notin A'$이기에 $A' = \varnothing$ 이다).

(b) 만약 A가 무한집합이면 $\overline{A} = X$이다 (힌트: ㅋ$^{\forall} x \in X$, 만약 U가 x의 열린근방이면 $U \neq \varnothing$ 이므로 U^c은 유한집합이다. 그리고 $U \cap A = A - U^c$ 이므로 $U \cap A$는 무한집합이고 $(U \cap A) - \{x\} \neq \varnothing$ 이다. 그러므로 $x \in A'$이 되어서 $A' = X$이다).

(3) $(\mathbb{R},\ \mathscr{T}_f)$에서 $\overline{\mathbb{Z}} = \mathbb{R}$, $\overline{\mathbb{Q}^c} = \mathbb{R}$, $\overline{[a,\ b]} = \mathbb{R}$ 임을 보이시오.

2. 여가산위상공간 $(X,\ \mathscr{T}_c)$에 대하여 다음을 보이시오.

(1) X가 가산집합인 경우, 모든 $A(\subset X)$에 대하여 $\overline{A} = A$이다 (힌트: $A' = \varnothing$ 임을 확인하고 정리 3.5.5 활용).

(2) X가 비가산집합인 경우, $A(\subset X)$에 대하여 다음이 성립함을 보이시오.

(a) 만약 A가 가산집합이면 $\overline{A} = A$이다.

(b) 만약 A가 비가산집합이면 $\overline{A} = X$이다.

(3) $(\mathbb{R},\ \mathscr{T}_c)$에서 $\overline{\mathbb{Q}} = \mathbb{Q}$, $\overline{[a,\ b]} = \mathbb{R}$이다.

3. 집합 X상의 두 위상 $\mathscr{T}$와 $\mathscr{T}'$에 대하여 다음이 서로 동치임을 보이시오.

(a) $\mathscr{T} \subset \mathscr{T}'$이다.

(b) 모든 부분집합 $A \subset X$에 대하여 $\overline{A}_{\mathscr{T}'} \subset \overline{A}_{\mathscr{T}}$이다 (여기서 $\overline{A}_{\mathscr{T}'}$ 은 위상공간 $(X,\ \mathscr{T}')$에서 A의 폐포이고, $\overline{A}_{\mathscr{T}}$ 는 위상공간 $(X,\ \mathscr{T})$에서 A의 폐포를 의미한다).

4. 위상공간 $(X,\ \mathscr{T})$에서 $A(\subset X)$를 생각하자. $U \in \mathscr{T}$에 대하여 $A \cap U = \varnothing$ 이면 $\overline{A} \cap U = \varnothing$ 임을 보이시오.

5. $\mathbb{R}^2$의 부분집합

$$C = \{(x,\ 0) \in \mathbb{R}^2 \mid 0 \leq x \leq 1\}$$
$$\cup \{(\frac{1}{2^n},\ y) \in \mathbb{R}^2 \mid n \in \mathbb{N} \cup \{0\},\ 0 \leq y \leq 1\}$$

를 생각하자. 이 집합 C를 **무한빗** (infinite comb)이라 부른다 (자세한 내용은 예제 11.4.10 참조). 다음을 보이시오.

(1) $(\mathbb{R}^2, \mathscr{U})$에서 C는 닫힌집합이 아니다.

(2) $C' = C \cup Y$이다. (여기서 $Y = \{(0, y) | 0 \le y \le 1\}$이다.)

(3) $A = C \cup \{p\}$ (여기서 $p \in (0, 1) \in \mathbb{R}^2$이다)이라 할 때 A는 $(\mathbb{R}^2, \mathscr{U})$에서 닫힌집합이 아니다.

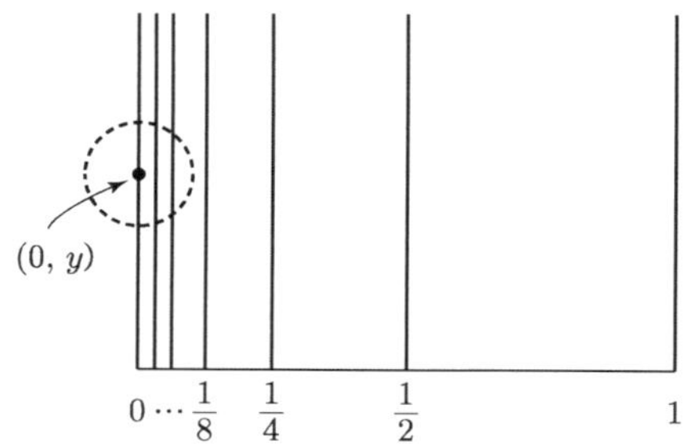

그림 3.5 $C' = C \cup Y$

6. 위상공간 $(X, \mathscr{T})$의 부분집합 A에 대하여 다음이 동치임을 증명하시오.

(a) $x \in \overline{A}$

(b) x의 임의의 열린근방 $U(\in \mathscr{T})$에 대하여 $A \cap U \neq \varnothing$이다.

7. 위상공간 $(X, \mathscr{T})$에서 $A(\subset X)$가 $A' = \varnothing$이면 A는 닫힌집합임을 보이시오. 그러나 이 역이 성립하지 않음을 예를 들어 설명하시오.

8. 연습문제 3.1의 문제 14에서 $A = (\frac{1}{n}, 1)$, $n \neq 1$이라 할 때 $\overline{A} = X$임을 보이시오.

9. 연습문제 3.1의 문제 20에서 임의의 자연수 $n \in \mathbb{N}$에 대하여 $A = \{n\}$, $B = \{n, n+1\}$이라 하자. 이때 다음을 보이시오.

(1) $A' = \{x \in \mathbb{Z} | x \lneq n\}$

(2) $B' = \{x \in \mathbb{Z} | x \le n\}$

3.6 내부, 외부, 경계

이 절에서는 위상공간 $(X, \mathscr{T})$상에서 부분집합 $A \subset X$에 대한 내부, 외부, 경계 개념을 정의하고 상호관계를 알아본다. 위상수학에서 이 개념들은 매우 기본적이고 필수적인 것들이기에 앞으로 매우 유용하게 활용될 것이다. 먼저 A의 내부개념을 소개한다.

정의 3.6.1 A를 위상공간 $(X, \mathscr{T})$의 부분집합이라 하자. A의 내부(interior)란 A에 포함되는 모든 열린집합들의 합집합이다. A의 내부를 $\text{Int}(A)$, $\text{Int}A$ 혹은 A°로 표시한다. 즉,

$$\text{Int}(A) = A^\circ = \bigcup \{U \in \mathscr{T} \mid U \subset A\}$$

로 표시하고 $x \in A^\circ$를 A의 **내점**(interior point of A)이라 한다.

내부의 정의부터 다음 성질은 명백하게 성립한다. 앞으로 경우에 따라서 A°와 $\text{Int}A$를 상황에 맞게 사용하겠다.

(1) A°는 열린집합이다.

(2) A°는 A에 포함되는 가장 큰 열린집합이다.

(3) $x \in A^\circ \Leftrightarrow \exists\, U \in \mathscr{T}$ s.t. $x \in U \subset A$

(4) 만약 V가 A에 포함되는 열린집합이면 $V \subset A^\circ \subset A$이다.

(5) $X^\circ = X$, $\phi^\circ = \phi$

(6) $(A^\circ)^\circ = A^\circ$

정리 3.6.2 위상공간 $(X, \mathscr{T})$의 부분집합 A에 대하여

(1) A가 열린집합이기 위한 필요충분조건은 $A = A^\circ$이다.

(2) $A^\circ = (\overline{A^c})^c$

증명 (1) A가 열린집합이면 $A \subset A^\circ \subset A$이므로 $A = A^\circ$이다. 또 $A = A^\circ$이면 A°가 열린집합이므로 A도 열린집합이다.

(2) $$A^\circ = \bigcup \{U \mid U \subset A,\ U \in \mathscr{T}\}$$

$$= (\bigcap\{U^c \mid U \subset A,\ U \in \mathscr{T}\})^c$$
$$= (\bigcap\{U^c \mid A^c \subset U^c,\ U^c\text{는 닫힌집합}\})^c$$
$$= (\bigcap\{C \mid A^c \subset C,\ C\text{는 닫힌집합}\})^c$$
$$= (\overline{A^c})^c$$
□

| 예제 3.6.3 | (1) $(\mathbb{R},\ \mathscr{U})$에서 $A = [a,\ b]$이라 하면 $A^\circ = (a,\ b)$이다.

(2) $(\mathbb{R},\ \mathscr{U})$에서 $B = \{0,\ \frac{1}{n} \mid n \in \mathbb{N}\}$이라 하면 $B^\circ = \varnothing$이다.

(3) 위상공간 $(\mathbb{R}^n,\ \mathscr{U})$에서 $C = \{x \in \mathbb{R}^n \mid \|x\| \le 1\}$이라 하면 $C^\circ = \{x \in \mathbb{R}^n \mid \|x\| < 1\}$이다. ■

내부의 정의로부터 $\varnothing^\circ = \varnothing$이고 $X^\circ = X$임을 확인하였고, 더 나아가 유클리드 공간 $(\mathbb{R}^n,\ \mathscr{U})$에서 한원소집합 $\{x\}(x \in \mathbb{R}^n)$의 내부 $\{x\}^\circ = \varnothing$이다.

| 예제 3.6.4 | 위상공간 $(\mathbb{R},\ \mathscr{U})$에서 $\mathbb{Q}^\circ = \varnothing = (\mathbb{Q}^c)^\circ$이다. 즉 $\mathbb{Q}$와 $\mathbb{Q}^c$는 열린집합이 아니고 닫힌집합도 아니다.

풀이 임의의 $x \in \mathbb{R}$에 대하여 $x \in U$인 열린집합 U는 $B(x,\ r)$을 포함하는 형태이다. 여기서 r은 $r > 0$인 실수이다. 실수의 성질에 의하여

$$B(x,\ r) \not\subset \mathbb{Q}, \quad B(x,\ r) \not\subset \mathbb{Q}^c$$

이므로 $x \notin \mathbb{Q}^\circ$, $x \notin (\mathbb{Q}^c)^\circ$이다. 따라서 $\mathbb{Q}^\circ = \varnothing = (\mathbb{Q}^c)^\circ$이므로 정리 3.6.2에 의하여 $\mathbb{Q}$와 $\mathbb{Q}^c$는 열린집합이 아니다. 닫힌집합의 정의에 의하여 $\mathbb{Q}$와 $\mathbb{Q}^c$는 모두 닫힌집합이 아니다. □

| 예제 3.6.5 | 집합 $X = \{a,\ b,\ c,\ d,\ e\}$상에서 위상 $\mathscr{T} = \{\varnothing,\ X,\ \{a\},\ \{c,\ d\},\ \{a,\ c,\ d\},\ \{b,\ c,\ d,\ e\}\}$와 $A = \{b,\ c,\ d\}$라 하자. 그때 $A^\circ = \{c,\ d\}$이다. ■

이제 내부(Int)의 기본 성질을 알아보자.

성질 3.6.6 위상공간 $(X,\ \mathscr{T})$와 $A,\ B,\ A_\alpha \subset X(\alpha \in \Lambda)$에 대하여 다음이 성

립한다.

(1) $A \subset B \Rightarrow A^\circ \subset B^\circ$

(2) $A^\circ \cup B^\circ \subset (A \cup B)^\circ$

(3) $(A \cap B)^\circ = A^\circ \cap B^\circ$

(4) $(\bigcap_{\alpha \in \Lambda} A_\alpha)^\circ \subset \bigcap_{\alpha \in \Lambda} A_\alpha{}^\circ$

증명 (1) 임의의 $x \in A^\circ$에 대하여 내부의 기본성질에 의하여 $U \in \mathscr{T}$가 존재하여 $x \in U \subset A$이 성립한다. 가정 $A \subset B$에 의하여 $x \in U \subset A \subset B$이므로 $x \in B^\circ$이다.

(2) A, $B \subset A \cup B$이므로 성질 (1)에 의하여 $A^\circ \cup B^\circ \subset (A \cup B)^\circ$이다. 다만 등호가 성립하지 않음을 예를 들어서 보이기로 한다. 예제 3.6.4를 활용하자. $A = \mathbb{Q}$, $B = \mathbb{Q}^c$라 놓자. 그때 $A^\circ = \varnothing = B^\circ$이지만 $(A \cup B)^\circ = \mathbb{R}$이 된다.

(3) ($\subset$) 성질 (1)에 의하여 $(A \cap B)^\circ \subset A^\circ \cap B^\circ$임은 명백하다.

($\supset$) 만약 $x \in A^\circ \cap B^\circ$이라면 $x \in A^\circ$이고 $x \in B^\circ$이다. 따라서 $(X, \mathscr{T})$상에서 열린집합 U, V가 존재하여 다음이 성립한다.

$$x \in U \subset A, \quad x \in V \subset B$$

이때

$$x \in U \cap V \subset A \cap B$$

이고 $U \cap V \in \mathscr{T}$이므로 $x \in (A \cap B)^\circ$이다.

(4) 성질 (1)에 의하여 $(\bigcap_{\alpha \in \Lambda} A_\alpha)^\circ \subset \bigcap_{\alpha \in \Lambda} A_\alpha{}^\circ$는 명백하게 성립한다. 다만 등호가 성립하지 않음을 예를 들어서 알아본다.

위상공간 $(\mathbb{R}, \mathscr{U})$상에서 $A_n = (-\frac{1}{n}, \frac{1}{n})$ $(n \in \mathbb{N})$이라 놓자. 그 때 정리 3.6.2에 의하여 $(A_n)^\circ = A_n$이므로

$$\bigcap_{n \in \mathbb{N}} (A_n)^\circ = \bigcap_{n \in \mathbb{N}} (-\frac{1}{n}, \frac{1}{n}) = \{0\}$$

이다. 한편 $\bigcap_{n \in \mathbb{N}} A_n = \{0\}$이므로 $(\bigcap_{n \in \mathbb{N}} A_n)^\circ = \varnothing$이다. □

이제 위상공간 $(X, \mathscr{T})$상에서 부분집합 $A \subset X$의 외부와 경계를 정의하고 다양한 성질을 알아본다.

정의 3.6.7 (1) 위상공간 $(X, \mathscr{T})$상에서 부분집합 A의 **외부**(exterior)란 A의 여집합 A^c의 내부로 정의한다. A의 외부를 Ext(A)로 표기한다. 즉 $\text{Ext}(A) = (A^c)^\circ$이다.

(2) 위상공간 $(X, \mathscr{T})$상에서 $A(\subset X)$의 **경계**란 A의 내부도 아니고 외부도 아닌 X의 부분집합이라 한다. 이를 $\partial(A)$ 혹은 $\text{Bd}(A)$로 표기한다. 즉,

$$\partial(A) = X - (A^\circ \cup \text{Ext}(A))$$

이다.

내부, 외부, 경계의 정의로부터

$$A^\circ \subset A,\ \text{Ext}(A) = (A^c)^\circ \subset A^c$$

이므로 $A^\circ \cap \text{Ext}(A) = \varnothing$이고 $\partial(A)$의 정의에 의하여 X의 부분집합인

$$A^\circ,\ \text{Ext}(A),\ \partial(A)$$

는 서로소이며 그들의 합집합은 X이다. 더 나아가,

(★) $\text{Int}(A)$와 $\text{Ext}(A)$는 모두 열린집합이므로 $\partial(A)$는 항상 닫힌집합이다.

| 예제 3.6.8 | (1) 위상공간 $(\mathbb{R}, \mathscr{U})$에서 $A = [a, b)$라 하자. 그때

$$A^\circ = (a, b),\ \text{Ext}(A) = (-\infty, a) \cup (b, \infty),\ \partial(A) = \{a, b\}$$

이다.

(2) 위상공간 $(\mathbb{R}, \mathscr{U})$상에서 $\text{Ext}(\mathbb{Q}) = \varnothing = \mathbb{Q}^\circ$이므로 $\partial(\mathbb{Q}) = \mathbb{R} = \partial(\mathbb{Q}^c)$이다.

(3) $X = \{a, b, c, d, e\}$이고 위상

$$\mathscr{T} = \{X, \varnothing, \{a\}, \{c, d\}, \{a, c, d\}, \{b, c, d, e\}\}$$

일 때 $A = \{b, c, d\}$라 하자. 그때 $\text{Ext}(A) = \{a\}$이고 $\text{Int}(A) = \{c, d\}$이므로 $\partial(A) = \{b, e\}$이다.

(4) $(X, \mathscr{D})$를 이산공간이라 하자. 그때 임의의 $A \subset X$에 대하여 A와 A^c 모두

열린집합이므로 $\partial(A) = \varnothing$ 이다. ■

이제 내부, 외부, 경계 연산자들의 상호관계를 알아보자.

성질 3.6.9 A와 B가 위상공간 $(X, \mathscr{T})$의 부분집합이라 하자.

(1) $\text{Ext}(A) = (\overline{A})^c$

(2) $\overline{A} = \partial(A) \cup A^\circ$

(3) $\partial(A) = \overline{A} - A^\circ = \overline{A^c} - \text{Ext}(A) = \overline{A} \cap \overline{A^c} = \partial(A^c)$

(4) $\text{Ext}(A \cup B) = \text{Ext}(A) \cap \text{Ext}(B)$

(5) $\overline{A^c} = (\text{Int } A)^c$, $(\overline{A})^c = \text{Int}(A^c)$

증명 정리 3.6.2(2)에 의하여 증명된 성질 $A^\circ = (\overline{A^c})^c$ ⋯ (∗1)
와 $A^\circ \cup \text{Ext}(A) \cup \partial(A) = X$이고 A°, $\text{Ext}(A)$, $\partial(A)$는 서로소임 ⋯ (∗2)
을 이용하여 증명한다.

(1) $\text{Ext}(A) = (\overline{A})^c$임을 증명하기 위해서 기본정의 $\text{Ext}(A) = (A^c)^\circ$와 성질(∗1)을 이용하여 $(A^c)^\circ = (\overline{(A^c)^c})^c = (\overline{A})^c$임을 증명된다.

(2) (1)과 성질(∗2)에 의하여 $\overline{A} = (\text{Ext}(A))^c = A^\circ \cup \partial(A)$임이 증명된다.

(3) (2)에서 $\partial(A) = \overline{A} - A^\circ$이고 성질(∗1)과 성질(∗2)에 의하여

$\overline{A^c} = \text{Ext}(A) \cup \partial(A)$이므로(성질(∗1)을 사용함)
$\overline{A^c} - \text{Ext}(A) = \partial(A)$이다.

그리고 $\partial(A) = \partial(A^c)$은 항상 성립한다.
구체적으로 살펴보자. 성질(∗2)에 의하여 다음과 같이 X의 부분집합족을 생각하자.

$$\{A^\circ,\ \text{Ext}(A),\ \partial(A)\},\ \{(A^c)^\circ,\ \text{Ext}(A^c),\ \partial(A^c)\}$$

그때 위 성질(∗2)에 의하여

$$(A^c)^\circ = \text{Ext}(A),\ \text{Ext}(A^c) = ((A^c)^c)^\circ = A^\circ$$

이므로 $\partial(A) = \partial(A^c)$이 성립한다.

(4) $\text{Ext}(A \cup B) = ((A \cup B)^c)^\circ = (A^c \cap B^c)^\circ = (A^c)^\circ \cap (B^c)^\circ$

$$= \mathrm{Ext}(A) \cap \mathrm{Ext}(B)$$

(5) 정리 3.6.2(2)에 의하여 $A^\circ = (\overline{A^c})^c$이므로 양변에 여집합 연산을 적용하면 $(A^\circ)^c = \overline{A^c}$ 임이 증명된다.

$(\overline{A})^c = \mathrm{Int}(A^c)$의 증명은 A를 A^c로 교체하여 앞 식에 대입한 후 여집합 연산자를 적용한다. □

| 예제 3.6.10 | 위상공간 $(\mathbb{R}, \mathscr{U})$상에서 $A = [a, b) \cup (b+2, b+4]$이라면

$$A^\circ = (a, b) \cup (b+2, b+4)$$
$$\mathrm{Ext}(A) = (-\infty, a) \cup (b, b+2) \cup (b+4, \infty)$$
$$\partial(A) = \{a, b, b+2, b+4\}$$

이다. ■

| 예제 3.6.11 | 위상공간 $(\mathbb{R}^2, \mathscr{U})$상에서 그림 3.6과 같은 부분집합 A에 대하여 A의 내부, 외부, 경계, 폐포는 그림과 같이 나타난다. 아래 그림에서 P는 한 점이다.

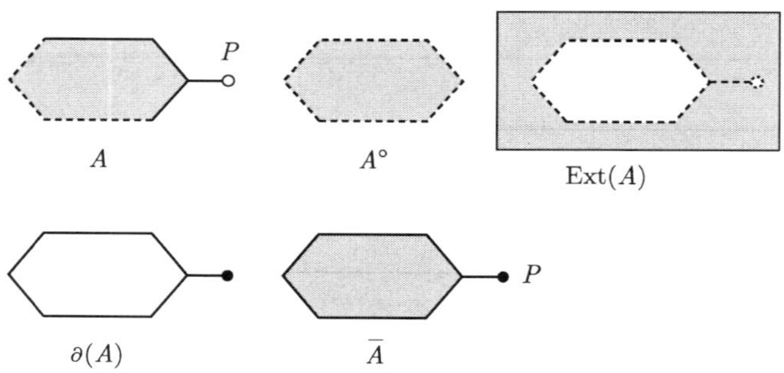

그림 3.6 A의 내부, 외부, 경계, 폐포

■

이제 폐포의 개념을 이용하여 집합의 조밀성을 소개한다.

정의 3.6.12 위상공간 $(X, \mathscr{T})$상에서 부분집합 $D \subset X$에 대하여 $\overline{D} = X$일 때 D를 X의 **조밀부분집합**(dense subset of X)이라 한다.

| 예제 3.6.13 | (1) 위상공간 $(\mathbb{R}, \mathscr{U})$에서 $\mathbb{Q}$와 $\mathbb{Q}^c$는 각각 조밀부분집합이다. 그

러나 정수집합 $\mathbb{Z}$는 $(\mathbb{R}, \mathscr{U})$에서 조밀부분집합이 아니다($\because$ $\overline{\mathbb{Z}} = \mathbb{Z}$이다).

(2) 이산공간 $(X, \mathscr{D})$에서 $A \subsetneq X$인 집합 A는 조밀부분집합이 아니다($\because$ $\overline{A} = A$ 이다).

(3) 비이산공간 $(X, \mathscr{I})$에서 공집합이 아닌 임의의 부분집합은 조밀부분집합이다.

(4) 집합 $X = \{a, b, c\}$이고 위상 $\mathscr{T} = \{\varnothing, X, \{a, b\}, \{b\}, \{b, c\}\}$인 위상공간 $(X, \mathscr{T})$에서 부분집합 $A = \{a, b\}$는 조밀부분집합이다. ■

정의 3.6.14 위상공간 $(X, \mathscr{T})$에서 집합 $A \subset X$가 **조밀한 곳이 없는 부분집합(nowhere dense subset)**이란 $(\overline{A})^\circ = \varnothing$ 임을 의미한다.

| 예제 3.6.15 | 위상공간 $(\mathbb{R}, \mathscr{U})$상에서 정수의 집합 $\mathbb{Z}$는 조밀한 곳이 없는 부분집합이다. 왜냐하면 $(\overline{\mathbb{Z}})^\circ = \mathbb{Z}^\circ = \varnothing$이기 때문이다. 그러나 유리수집합 $\mathbb{Q}$와 무리수집합 $\mathbb{Q}^c$는 모두 $(\mathbb{R}, \mathscr{U})$상에서 조밀한 곳이 없는 부분집합들이 아니다. 왜냐하면 $\overline{\mathbb{Q}} = \mathbb{R} = \overline{\mathbb{Q}^c}$이고 $\mathbb{R}^\circ = \mathbb{R} \neq \varnothing$이기 때문이다. ■

연습문제 3.6

1. $X = \{a, b, c, d, e\}$라 하고, X상의 위상

$$\mathscr{T} = \{X, \varnothing, \{a, b\}, \{c, d\}, \{a, b, c, d\}, \{c. d, e\}\}$$

이라 하자. $A = \{b, d, e\}$라 할 때 다음을 구하시오.

(1) A° (2) $\mathrm{Ext}(A)$ (3) $\partial(A)$

2. 다음 각 경우에 따라서 주어진 위상공간상에서 집합 A의 A°, $\partial(A)$, $\mathrm{Ext}(A)$, $\overline{A}$, A'를 각각 구하시오.

(1) 보통위상공간 $(\mathbb{R}^2, \mathscr{U})$상에서 $A = \{p = (x, y) \in \mathbb{R}^2 \mid y > 0\}$이다.

(2) $\mathbb{R}$상의 여유한위상공간 $(\mathbb{R}, \mathscr{T}_f)$상에서 $A = (0, 1]$이다.

(3) $(X, \mathscr{D})$: 이산위상공간에서 $X = \{a, b\}$이고 $A = \{a\}$이다.

(4) $(X, \mathscr{I})$: 비이산위상공간에서 $X=\{a, b\}$이고 $A=\{a\}$이다.

3. 여유한위상공간 $(X, \mathscr{T}_f)$에 대하여 다음을 보이시오.

(1) X가 유한집합일 때, 모든 부분집합 $A \subset X$에 대하여 $A^\circ = A$임을 보이시오(힌트: 이 경우에 $\mathscr{T}_f$는 이산위상이다).

(2) X가 무한집합일 때, $A \subset X$에 대하여 다음을 보이시오.

(a) A가 유한집합이면 $A^\circ = \varnothing$이다(힌트: $A^\circ(\subset A)$는 열린집합이고 $(A^\circ)^c \supset A^c$이다. 가정에 의하여 A는 유한집합이고 X는 무한집합이므로 A^c는 무한집합이다. 그러므로 $(A^\circ)^c$도 무한집합이다. 결과적으로 $\mathscr{T}_f$의 정의에 의하여 $A^\circ = \varnothing$이 성립한다).

(b) A^c가 유한집합이면 $A^\circ = A$이다(힌트: A^c이 유한집합이므로 $A \in \mathscr{T}_f$이다. 그러므로 $A^\circ = A$이다).

(c) A^c가 무한집합이면 $A^\circ = \varnothing$이다(힌트: $A^\circ(\subset A) \in \mathscr{T}_f$이므로 $(A^\circ)^c \supset A^c$이다. A^c이 무한집합이므로 $(A^\circ)^c$도 무한집합이다. $\mathscr{T}_f$의 정의에 의하여 $A^\circ = \varnothing$이다).

(d) $(\mathbb{R}, \mathscr{T}_f)$에서 $\mathbb{Z}^\circ = \varnothing$, $(\mathbb{Q}^c)^\circ = \varnothing$이고 $[a, b]^\circ = \varnothing$이다.

4. 여가산위상공간 $(X, \mathscr{T}_c)$에 대하여 다음을 보이시오.

(1) X가 가산집합일 때, 모든 부분집합 $A \subset X$에 대하여 $A^\circ = A$이다.

(2) X가 비가산집합일 때, $A \subset X$에 대하여 다음을 보이시오.

(a) 만약 A가 가산집합이면 $A^\circ = \varnothing$이다(힌트: $A^\circ \neq \varnothing$이라고 가정하자. 즉 $\exists\, U \in \mathscr{T}_c$ s.t. $U \subset A$이다. 그러므로 $U^c \supset A^c$이고 A^c가 비가산집합이 되는데, U^c가 가산집합이므로 모순이다. $\therefore A^\circ = \varnothing$이다).

(b) 만약 A^c가 가산집합이면 $A^\circ = A$이다.

(c) 만약 A^c가 비가산집합이면 $A^\circ = \varnothing$이다.

(d) $(\mathbb{R}, \mathscr{T}_c)$에서 $\mathbb{Q}^\circ = \varnothing$, $(\mathbb{Q}^c)^\circ = \mathbb{Q}^c$이고 $[a, b]^\circ = \varnothing$이다.

5. 실수집합 $\mathbb{R}$의 한 위상 $\mathscr{T} = \{\mathbb{R}, \varnothing\} \cup \{(a, \infty) \mid a \in \mathbb{R}\}$에 대해 $A = [0, \infty)$이라 할 때 다음을 구하시오.

(1) A° (2) $\operatorname{Ext}(A)$ (3) $\partial(A)$

6. 위상공간 $(X, \mathscr{T})$에서 $A \subset X$이라 하자. 다음은 서로 동치임을 밝히시오.

(a) A는 조밀한 곳이 없는 부분집합이다.

(b) $X-(\overline{X-\overline{A}})=\varnothing$

(c) $A \subset (\overline{X-\overline{A}})$

7. 위상공간 $(X,\ \mathscr{T})$에서 $B \subset A \subset X$라 하자. 다음이 성립함을 증명하시오.

(1) $\text{Int}_X(B) \subset \text{Int}_A(B)$

(여기서 $\text{Int}_X(B)$는 위상공간 $(X,\ \mathscr{T})$상에서 $B(\subset X)$의 내부를 의미하고 $\text{Int}_A(B)$는 부분공간 $(A,\ \mathscr{T}_A)$에서 $B(\subset A)$의 내부를 의미한다.)

(2) $\text{Int}_X(A) \cap \text{Int}_A(B) = \text{Int}_X(B)$이다.

8. 보통거리공간 $(\mathbb{R},\ \mathscr{U})$에서 임의의 점$(p \in \mathbb{R})$에 대하여 부분집합 $\mathbb{R}-\{p\}$는 $(\mathbb{R},\ \mathscr{U})$에서 조밀부분집합임을 보여라.

9. 위상공간 $(X,\ \mathscr{T})$의 두 개의 서로 다른 조밀부분집합 A, B에 대하여 $A \cap B$가 $(X,\ \mathscr{T})$의 조밀부분집합인가?

10. 위상공간 $(X,\ \mathscr{T})$에서 $A(\subset X)$가 $(X,\ \mathscr{T})$에서 조밀부분집합임과 닫힌집합임이 어떻게 다른지 예를 들어 비교하시오.

11. 공집합이 아닌 X에 이산위상공간 $(X,\ \mathscr{D})$를 주었을 때, $A(\subset X)$가 조밀부분집합이 되기 위한 필요충분조건을 구하시오.

12. 정의 3.6.1의 아래에서 언급한 성질 (1)~(6)을 증명하고, 예를 들어서 확인하시오.

13. 보통위상공간 $(\mathbb{R},\ \mathscr{U})$에서 $B=[0,\ 1) \cup \mathbb{N}$이라 할 때 B°, $\text{Ext}(B)$, $\partial(B)$를 각각 구하시오.

TOPOLOGY

제 4 장

기저, 부분기저

유클리드 공간 $\mathbb{R}^n$의 열린집합 개념을 추상화하여 집합 X상에서 위상공리계를 도입하여 위상공간 $(X, \mathscr{T})$를 만들었다. 표 3.1에서 보듯이 집합 X의 기수 (cardinality)에 따라 위상 $\mathscr{T}$에 속하는 열린집합의 개수가 매우 커서 위상 $\mathscr{T}$를 다루는 데 복잡한 경우가 많다. 따라서 이 절에서는 위상 $\mathscr{T}$를 효과적으로 보다 간결하게 생성하는 수단으로 기저와 부분기저를 다룬다. 위상수학에서 기저와 부분기저는 활용성이 매우 크므로 이 장에서 상세히 다루고, 기저를 활용하여 생성되는 다양한 위상공간을 소개한다.

4.1 위상의 기저

정의 4.1.1 $(X,\ \mathscr{T})$를 위상공간이라 하자. $\mathscr{B} \subset \mathscr{T}$가 다음 조건을 만족할 때 $\mathscr{B}$를 위상 $\mathscr{T}$의 기저(base 혹은 basis)라 한다. 기저를 기(base)라고 부르기도 한다. 임의의 $U \in \mathscr{T}$에 대하여 적당한 $B_\lambda \in \mathscr{B}$ $(\lambda \in \Lambda)$가 존재하여

$$U = \bigcup_{\lambda \in \Lambda} B_\lambda$$

일 때 $\mathscr{B}$를 위상 $\mathscr{T}$에 대한 기저(base)라 하고 $\mathscr{T} = \mathscr{T}_{\mathscr{B}}$ (혹은 $\mathscr{T}(\mathscr{B})$)로 나타낸다. 그리고 '$\mathscr{B}$는 위상공간 $(X,\ \mathscr{T})$를 생성한다'라고 말한다.

기저의 정의로부터 $\mathscr{B}$의 원소들은 $\mathscr{T} = \mathscr{T}_{\mathscr{B}}$의 원소이고 주어진 위상 $\mathscr{T}$도 하나의 기저가 됨은 명백하다. 따라서 모든 위상은 적어도 하나의 기저를 가짐을 알 수 있다.

정의 4.1.1과 동치인 명제로 $\mathscr{B} \subset \mathscr{T}$가 다음 조건을 만족할 때 $\mathscr{B}$는 $\mathscr{T}$의 기저이다.

성질 4.1.2 (정의 4.1.1과 동치) $(X,\ \mathscr{T})$를 위상공간이라 하자. $\mathscr{B}(\subset \mathscr{T})$가 위상 $\mathscr{T}$에 대한 기저이기 위한 필요충분조건은 임의의 $U \in \mathscr{T}$와 임의의 $x \in U$에 대하여 적당한 $B_x(\in \mathscr{B})$가 존재하여

$$x \in B_x \subset U$$

이다.

증명 $\mathscr{B}$가 위상 $\mathscr{T}$에 대한 기저라면 정의 4.1.1에 의하여 임의의 $U \in \mathscr{T}$에 대하여 적당한 $B_\lambda(\in \mathscr{B})$가 존재하여 $U = \bigcup_{\lambda \in \Lambda} B_\lambda$이다. 임의의 $x \in U$를 택하면

$$x \in U = \bigcup_{\lambda \in \Lambda} B_\lambda$$

이므로 $x \in B_\lambda \subset U$인 $B_\lambda(\in \mathscr{B})$가 존재한다. 여기서 B_λ를 B_x로 놓으면

된다.

역으로 임의의 $U \in \mathscr{T}$ 와 임의의 $x \in U$에 대하여 적당한 $B_x(\in \mathscr{B})$가 존재해서 $x \in B_x \subset U$이므로

$$\bigcup_{x \in U} B_x \subset U$$

이다.

한편 가정에 의하여 $U \subset \bigcup_{x \in U} B_x$가 되어서 $U = \bigcup_{x \in U} B_x$가 성립한다. 따라서 $\mathscr{B}$는 $\mathscr{T}$ 에 대한 기저이다. □

| 예제 4.1.3 | $(\mathbb{R}^n, \mathscr{U})$를 보통위상공간이라 하자.

(1) $\mathscr{B}_1 = \{B(x, r) \mid x \in \mathbb{R}^n, 0 < r \in \mathbb{R}\}$

여기서 $B(x, r) = \{y \in \mathbb{R}^n \mid \|x - y\| < r\}$이다. 그때 $\mathscr{T}_{\mathscr{B}_1} = \mathscr{U}$이므로 $\mathscr{B}_1$은 $\mathscr{U}$에 대한 한 기저이다.

(2) $\mathscr{B}_2 = \{B(x, r) \mid x \in \mathbb{R}^n, 0 < r \in \mathbb{Q}\}$이라 할 때 $\mathscr{B}_2$는 $\mathscr{U}$에 대한 기저이다.

| 예제 4.1.4 | (1) 임의의 이산위상공간 $(X, \mathscr{D})$를 생각하자. $\mathscr{B} = \{\{x\} \mid x \in X\}$이 이산위상 $\mathscr{D}$에 대한 최소형태의 기저이다. 즉 $\mathscr{D}$에 대한 기저 $\mathscr{B}^*$가 있다면 $\mathscr{B} \subset \mathscr{B}^*$이다.

(2) $X = \{a, b, c, d\}$에서 $\mathscr{B} = \{\{a, b, c\}, \{c, d\}\}$는 X상의 어느 위상 $\mathscr{T}$ 에 대해서도 기저가 될 수 없다. 왜냐하면 정의 4.1.1에 의하여 ㅋ $\forall B \in \mathscr{B} \Rightarrow B \in \mathscr{T}$ 이므로 $\{a, b, c\} \cap \{c, d\} = \{c\} \in \mathscr{T}$ 이 되는데 $\{c\}$는 $\mathscr{B}$의 어느 원소의 합집합으로도 표시될 수 없기 때문이다.

(3) 예제 3.3.2의 위상공간 $(X, \mathscr{T})$에 대하여 $\mathscr{B} = \{\{a\}, \{c\}, \{b, c, d\}\}$은 $\mathscr{T}$에 대한 한 기저이다. ■

정의 4.1.1과 성질 4.1.2는 주어진 위상공간으로부터 기저를 택하는 방법을 다뤘다. 이제 주어진 집합 X의 한 부분집합족이 어떤 조건하에서 X상의 한 위상을 위한 기저가 되는지에 관하여 알아본다. 다음 정리 4.1.5는 주어진 집합족이 어떤 위상의 기저이기 위한 필요충분조건을 제시한다.

정리 4.1.5 $\mathscr{B}$를 집합 X의 한 부분집합족이라 하자. $\mathscr{B}$가 X상의 위상 $\mathscr{T}$의 기저이기 위한 필요충분조건은

(b1) $X = \bigcup_{\lambda \in \Lambda} B_\lambda$, $B_\lambda \in \mathscr{B}$이고

(b2) 임의의 B_1, $B_2 \in \mathscr{B}$에 대하여 $B_1 \cap B_2$가 $\mathscr{B}$의 적당한 원소들의 합집합이다.

정리 4.1.5의 조건 (b1)과 (b2)를 다음과 같이 표현할 수 있다.

(★) (b1)은 ㅋ$^\forall x \in X$, $\exists B \in \mathscr{B}$ s.t. $x \in B$이고 (b2)는 임의의 B_1, $B_2 \equiv \mathscr{B}$에 대해서 임의의 $x \in B_1 \cap B_2 \Rightarrow \exists B_x \in \mathscr{B}$ s.t. $x \in B_x \subset B_1 \cap B_2$이다.

증명 $\mathscr{B}$를 위상공간 $(X, \mathscr{T})$의 기저라 하자. 정의 4.1.1에 의하여 $X \in \mathscr{T}$에 대하여 $B_\lambda \in \mathscr{B}$ $(\lambda \in \Lambda)$가 존재하여

$$X = \bigcup_{\lambda \in \Lambda} B_\lambda$$

이다.

한편 B_1, $B_2 \in \mathscr{B}$이면 $\mathscr{B} \subset \mathscr{T}$이므로 $B_1 \cap B_2 \in \mathscr{T}$이다. 따라서 정의 4.1.1에 의하여 $B_1 \cap B_2$가 $\mathscr{B}$의 적당한 원소들의 합이다.

역으로 X의 한 부분집합족 $\mathscr{B}$가 성질 (b1)과 (b2)를 만족한다고 하자. 그때 $\mathscr{B}$의 원소들의 합집합들로 이루어진 X의 집합족 $\mathscr{T}$가 X상의 위상이 됨을 보이면 된다. 즉 정의 4.1.1을 활용하기 위해서

$$\mathscr{T} = \left\{ \bigcup \mathscr{B}_0 \mid \mathscr{B}_0 \subset \mathscr{B} \right\} \qquad \cdots (4.1)$$

이라 하자. 즉, 이 $\mathscr{T}$는 $\mathscr{B}$에 속하는 임의의 개수의 원소들의 합집합을 원소로 하는 한 집합족이다. 이제 $\mathscr{T}$가 X상에서 한 위상임을 보이자.

첫째, 가정 (b1)에 의하여

$$X = \bigcup \mathscr{B} = \bigcup_{\lambda \in \Lambda} B_\lambda, \ B_\lambda \in \mathscr{B}$$

이다.

한편 $\left\{ B_\lambda \mid \lambda \in \varnothing \right\} \subset \mathscr{B}$이므로

$$\varnothing = \bigcup_{\lambda \in \varnothing} B_\lambda \in \mathscr{T}$$

이다. 따라서 $\mathscr{T}$는 위상공리 (a1)을 만족한다.

둘째, 임의의 개수의 $\alpha \in \Lambda$에 대하여 $U_\alpha \in \mathscr{T}$의 합집합 $\bigcup_{\alpha \in \Lambda} U_\alpha \in \mathscr{T}$ 임을 보여야 한다. 식 (4.1)에서 알 수 있듯이 각 α에 대하여 $U_\alpha = \bigcup \mathscr{B}_\alpha$ 이다. 여기서 $\mathscr{B}_\alpha \subset \mathscr{B}$이다. 그러므로 $\bigcup_{\alpha \in \Lambda} U_\alpha = \bigcup_{\alpha \in \Lambda} (\bigcup \mathscr{B}_\alpha) \in \mathscr{T}$ 이다. 그러므로 $\mathscr{T}$는 위상공리 (a2)를 만족한다.

셋째, 임의의 U_1, $U_2 \in \mathscr{T}$라 하자. 식 (4.1)에 의하여

$$U_1 = \bigcup \mathscr{B}_1, \quad U_2 = \bigcup \mathscr{B}_2$$

이다. 여기서 $\mathscr{B}_1 = \{B_i \mid i \in I\}$, $\mathscr{B}_2 = \{B_j \mid j \in J\}$라 하면 $\mathscr{B}_1$, $\mathscr{B}_2 \subset \mathscr{B}$ 이다.

$$\begin{aligned} U_1 \cap U_2 &= (\bigcup_{i \in I} B_i) \cap (\bigcup_{j \in J} B_j) \\ &= \bigcup_{(i,\, j) \in I \times J} B_i \cap B_j \end{aligned}$$

이고 B_i와 B_j는 각각 $\mathscr{B}$의 원소이므로 조건 (b2)에 의하여 $B_i \cap B_j$도 $\mathscr{B}$의 원소의 합집합이기에 결국 $U_1 \cap U_2 \in \mathscr{T}$ 이다. 따라서 식 (4.1)의 $\mathscr{T}$는 위상공리 (a3)를 만족한다.

결론적으로 $\mathscr{T}$는 $\mathscr{B}$를 기저로 갖는 X상의 한 위상이다. □

정리 4.1.5에서 알 수 있듯이 집합 X의 모든 부분집합족이 어떤 위상에 대한 기저가 될 수 있는 것이 아님을 알았고 한 위상 $\mathscr{T}$에 대한 기저는 하나뿐이 아니고 여러 가지가 있을 수 있다.

식 (4.1)의 위상 $\mathscr{T}$를 기저 $\mathscr{B}$에 의하여 생성되는 X상의 위상 $\mathscr{T}_{\mathscr{B}}$라 부른다. 즉, $\mathscr{T}_{\mathscr{B}}$는 다음 성질을 만족하는 X의 부분집합들의 모임이다.

(★) $\mathscr{T}_{\mathscr{B}} = \{U \subset X \mid {}^{\forall} x \in U,\ \exists\, B \in \mathscr{B} \text{ s.t. } x \in B \subset U\}$ … (4.2)

이고, $\mathscr{B}$가 위상공간 $(X,\ \mathscr{T})$의 기저란 $\mathscr{T}_{\mathscr{B}} = \mathscr{T}$임을 뜻한다.

(★) 더 나아가 $\mathscr{T}_{\mathscr{B}}$는 $\mathscr{B}$를 포함하는 집합 X상의 가장 작은 위상임을 알 수 있다. 구체적으로 살펴보면,

(i) 먼저 $\mathscr{B} \subset \mathscr{T}_{\mathscr{B}}$임은 분명하다. 왜냐하면 임의의 $B \in \mathscr{B}$에 대하여 임의의 $x \in B$를 택하고, 식 (4.2)의 $U(\in \mathscr{T}_{\mathscr{B}})$를 $U = B$로 택하면 $x \in B = U$가 되어서 $B \in \mathscr{T}_{\mathscr{B}}$이다.

(ii) 이제 $\mathscr{T}$가 $\mathscr{B}$를 포함하는 집합 X상의 위상이라 가정하자. 임의의 $\mathscr{B}_* \subset \mathscr{B}$에 대하여 $\mathscr{B}_* \subset \mathscr{T}$이므로 위상공간 (a2)에 의하여 $\bigcup_{B \in \mathscr{B}_*} B \in \mathscr{T}$이 된다. 따라서 $\mathscr{T}_{\mathscr{B}} \subset \mathscr{T}$이기에 $\mathscr{T}_{\mathscr{B}}$는 $\mathscr{B}$를 포함하는 X상의 가장 작은 위상이다.

요약하면, $\mathscr{B}$를 포함하는 X상의 임의의 위상 $\mathscr{T}$를 생각하자. 그때 임의의 $U \in \mathscr{T}_{\mathscr{B}}$를 택하면 $U = \bigcup_{\alpha \in \Lambda' \subset \Lambda} \mathscr{B}_\alpha$, $\mathscr{B}_\alpha \in \mathscr{B}$이고 $\mathscr{B} \subset \mathscr{T}$이므로 $U \in \mathscr{T}$이다.

| 예제 4.1.6 | (1) 집합 $X = \{a, b, c, d\}$에 대하여

$$\mathscr{A} = \{\{a, b\}, \{b, c\}, \{c, d\}, \{b\}\}$$

는 X상의 한 위상을 위한 기저가 되지 못한다. 왜냐하면 $\mathscr{A}$는 원소 c에 대하여 정리 4.1.5의 조건 (b2)를 만족하지 못하기 때문이다($\because \{b, c\} \cap \{c, d\} = \{c\} \notin \mathscr{A}$).

(2) $X = \{a, b, c, d\}$에 대하여 $\mathscr{B}_1 = \{\{x\} \mid x \in X\}$라 하면 $\mathscr{B}_1$는 X상의 한 위상을 위한 기저가 된다. 실제로 이 기저 $\mathscr{B}_1$에 의하여 생성되는 X상의 위상은 이산위상이 된다. ■

| 예제 4.1.7 | 실공간 $\mathbb{R}^n$상에서

$$B(x, r) = \{y \in \mathbb{R}^n \mid \|x - y\| < r, \ 0 < r \in \mathbb{R}\}$$

인 열린구라 한다. 그때 $\mathbb{R}^n$상의 모든 열린구들의 모임

$$\mathscr{B} = \{B(x, r) \subset \mathbb{R}^n \mid x \in \mathbb{R}^n, \ 0 < r \in \mathbb{R}\}$$

은 $\mathbb{R}^n$상의 기저이다. 그때 이 기저에 생성되는 위상 $\mathscr{T}_{\mathscr{B}}$는 보통위상공간 $(\mathbb{R}^n, \mathscr{U})$이 된다. ■

(★) 예제 4.1.7에서 알 수 있듯이 보통위상공간 $(\mathbb{R}, \mathscr{U})$는 $\mathscr{B} = \{(a, b) \mid a < b, a, b \in \mathbb{R}\}$을 기저로 갖는다.

이제 $\mathbb{R}^n$상에서(특히 $\mathbb{R}^n$, $n \in \{1, 2, 3\}$) 정의되고 컴퓨터기하학 및 이산기하학에서 활용되는 기저에 대하여 소개한다. 먼저 몇 가지 기본용어를 정의하자. $\mathbb{R}^2$상에서 아래의 도형 $S_K(m, n)$, $L_K(2m+1, t)$, $L_K(t, 2n+1)$을 소개한다(그림 4.1 참조).

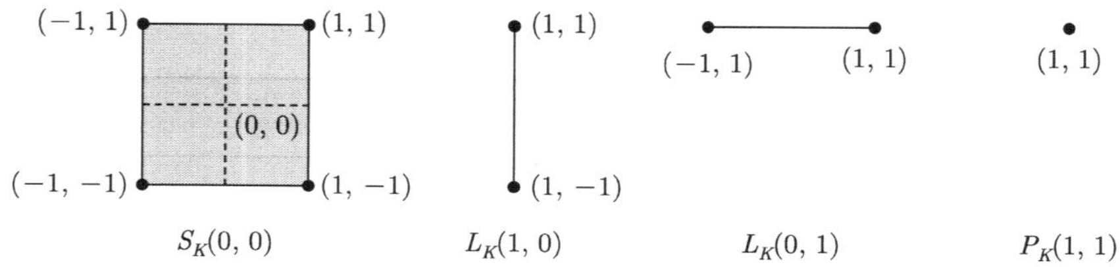

그림 4.1 $S_K(0, 0)$, $L_K(1, 0)$, $L_K(0, 1)$, $P_K(1, 1)$

$S_K(m, n)$이란 정수 $m, n \in \mathbb{Z}$에 대하여 점 $(m, n) \in \mathbb{Z}^2$을 (무게)중심으로 하고 한 변의 길이가 2인 정사각형의 내부와 경계로 구성된 도형이다.

$L_K(2m+1, 2n)$이란 x좌표는 홀수 $2m+1 \in \mathbb{Z}$이고 y좌표는 $t \in [2n-1, 2n+1]$로 구성되는 길이가 2인 닫힌구간이다. 여기서 $m, n \in \mathbb{Z}$이다. 즉,

$$\begin{aligned} &L_K(2m+1, 2n) \\ &\quad = \{(2m+1, t) \in \mathbb{R}^2 \mid 2n-1 \le t \le 2n+1, t \in \mathbb{R}, m, n \in \mathbb{Z}\} \end{aligned}$$

이다. 같은 방법으로

$$\begin{aligned} &L_K(2m, 2n+1) \\ &\quad = \{(t, 2n+1) \in \mathbb{R}^2 \mid 2m-1 \le t \le 2m+1, t \in \mathbb{R}, m, n \in \mathbb{Z}\} \end{aligned}$$

이라 하자. 마지막으로

$$P_K(2n+1, 2n+1) = \{(2m+1, 2n+1) \in \mathbb{R}^2 \mid m, n \in \mathbb{Z}\}$$

인 각 좌표를 홀수로 갖는 $\mathbb{R}^2$상에서 한 점으로 구성된 한원소집합 (singleton)이라 한다.

이제 앞서 소개한 기본용어를 바탕으로 $\mathbb{R}^2$상의 한 위상을 위한 기저를 알아본다.

| 예제 4.1.8 | $\mathbb{R}^2$상에서 부분집합족

$$\begin{aligned} \mathscr{B} = \{ &S_K(2m, 2n), L_K(2m+1, 2n), L_K(2m, 2n+1), \\ &P_K(2m+1, 2n+1) \mid m, n \in \mathbb{Z}\} \end{aligned}$$

을 생각하자. 그때 $\mathscr{B}$는 $\mathbb{R}^2$상의 한 위상의 기저이다.

풀이 정리 4.1.5를 활용하여 $\mathscr{B}$가 $\mathbb{R}^2$상의 한 위상의 기저임을 보이자.

(b1) $\mathbb{R}^2 = \bigcup_{\lambda \in \Lambda} B_\lambda$, $B_\lambda \in \mathscr{B}$ 임은 명백하다.

(b2) 임의의 B_1, $B_2 \in \mathscr{B}$에 대하여 $B_1 \cap B_2$를 생각하자. 만약 $B_1 \cap B_2 = \varnothing$ 인 경우에는 조건부 논리에 의하여 $B_1 \cap B_2 = \bigcup_{\lambda \in \varnothing} B_\lambda$, $B_\lambda \in \mathscr{B}$이기에 정리 4.1.5의 조건 (b2)를 만족한다.

만약 $B_1 \cap B_2 \neq \varnothing$ 인 경우 $B_1 \cap B_2 = \bigcup_{\lambda \in \Lambda} B_\lambda$, $B_\lambda \in \mathscr{B}$이 성립한다. 구체적으로

$$S_K(2m,\ 2n) \cap S_K(2(m+1),\ 2n) = L_K(2m+1,\ 2n)$$
$$S_K(2m,\ 2n) \cap S_K(2m,\ 2(n+1)) = L_K(2m,\ 2n+1)$$
$$S_K(2m,\ 2n) \cap S_K(2m+2,\ 2n+2) = P_K(2m+1,\ 2n+1)$$
$$S_K(2m,\ 2n) \cap L_K(2m,\ 2n+1) = L_K(2m,\ 2n+1)$$
$$S_K(2m,\ 2n) \cap L_K(2m+1,\ 2n) = L_K(2m+1,\ 2n)$$
$$L_K(2m,\ 2n+1) \cap L_K(2m+2,\ 2n+1) = P_K(2m+1,\ 2n+1)$$
$$L_K(2m+1,\ 2n) \cap L_K(2m+1,\ 2n+2) = P_K(2m+1,\ 2n+1)$$

등을 생각할 수 있는데 모두 정리 4.1.5의 (b2)를 만족한다. □

참고로 예제 4.1.7에서 소개한 기저 $\mathscr{B}$에 의해서 생성되는 위상 $\mathscr{T}_{\mathscr{B}}$의 열린집합의 형태는 보통위상공간 $(\mathbb{R}^2,\ \mathscr{U})$의 열린집합과 매우 다른 형태를 갖는다. 즉, $\mathscr{T}_{\mathscr{B}}$에서 점 $p = (0,\ 0)$을 원소로 갖는 가장 작은 열린집합은 $S_K(p)$이고, 점 $q = (1,\ 0)$을 원소로 갖는 가장 작은 열린집합은 $L_K(q)$이다.

| 예제 4.1.9 | (1) 실수집합 $\mathbb{R}$의 한 부분집합족 $\mathscr{B}_l$을

$$\mathscr{B}_l = \{[a,\ b) \mid a,\ b \in \mathbb{R},\ a < b\}$$

이라 하자. 그때 $\mathscr{B}_l$은 $\mathbb{R}$상의 한 위상에 대한 기저가 된다. 이 기저 $\mathscr{B}_l$에 의하여 생성된 $\mathbb{R}$상의 위상을 **하극한위상**(lower limit topology)이라 하고, $\mathbb{R}_l$ 혹은 $(\mathbb{R},\ \mathbb{R}_l)$로 나타낸다. 그리고 $(\mathbb{R},\ \mathbb{R}_l)$을 하극한공간이라 부른다.

(2) 실수집합 $\mathbb{R}$의 한 부분집합족 $\mathscr{B}_u$를

$$\mathscr{B}_u = \{(a,\ b] \mid a,\ b \in \mathbb{R},\ a < b\}$$

이라 하자. 그때 $\mathscr{B}_u$는 $\mathbb{R}$상의 한 위상에 대한 기저가 된다. 이 기저 $\mathscr{B}_u$에 의하여 생성된 $\mathbb{R}$상의 위상을 **상극한위상**(upper limit topology)이라 하고, $\mathbb{R}_u$ 혹은 $(\mathbb{R},\ \mathbb{R}_u)$로 나타낸다. 그리고 $(\mathbb{R},\ \mathbb{R}_u)$를 상극한공간이라 부른다. ■

정의 3.1.14에 의하여 한 집합 X상의 주어진 위상들 사이의 세밀함(강함)과 거칠음(약함)을 주어진 위상들의 포함관계에 의하여 비교하였다. 즉, 두 개의 위상공간들 $(X,\ \mathscr{T})$와 $(X,\ \mathscr{T}')$에서 위상 $\mathscr{T}'$이 $\mathscr{T}$보다 세밀하다(강하다)는 것은 $\mathscr{T} \subset \mathscr{T}'$으로 정의하는데, 동치인 명제로서 다음과 같이 표현할 수 있다.

(★) 다음 명제 (a)와 (b)는 동치이다.

(a) $\mathscr{T} \subset \mathscr{T}'$이다.

(b) 임의의 $U \in \mathscr{T}$와 $x \in U$에 대하여 $x \in U' \subset U$를 만족하는 $U' \in \mathscr{T}'$이 존재한다.

즉, (a) ⇔ (b)이다. 구체적으로 (a) ⇒ (b)임을 보이자. 임의의 $U \in \mathscr{T}$와 $x \in U$에 대하여 $\mathscr{T} \subset \mathscr{T}'$이므로 $U \in \mathscr{T}'$이기에 $x \in U \subset U$인 $U \in \mathscr{T}'$임은 명백하다.

(a) ⇐ (b)임을 보이자. 임의의 $U \in \mathscr{T}$를 택하면 (b)에 의하여 임의의 $x \in U$에 대하여 $x \in U_x' \subset U$인 $U_x' \in \mathscr{T}'$이 존재한다. 그러므로 $U = \bigcup_{x \in U} U_x' \in \mathscr{T}'$이 성립하여 $\mathscr{T} \subset \mathscr{T}'$이 성립한다.

그러나 집합 X상의 위상들의 비교에 의하여 위상의 '세밀함(강함)'과 '거칠음(약함)'을 비교하기 힘든 경우가 많다. 그러나 기저를 활용하여 위상의 세밀함과 거칠음(강약) 관계를 효율적으로 비교할 수 있다.

정리 4.1.10 집합 X상의 위상 $\mathscr{T}$와 $\mathscr{T}'$의 기저를 각각 $\mathscr{B}$와 $\mathscr{B}'$이라 하면 다음은 동치이다.

(a) $\mathscr{T}'$이 $\mathscr{T}$보다 세밀하다(강하다).

(b) 임의의 $B \in \mathscr{B}$와 $x \in B$에 대하여 $x \in B' \subset B$인 $B' \in \mathscr{B}'$이 존재한다.

증명 (a) ⇒ (b) 임의의 $B \in \mathscr{B}$와 $x \in B$에 대하여 $\mathscr{B} \subset \mathscr{T}\ (=\mathscr{T}_{\mathscr{B}})$이고, 가정 $\mathscr{T} \subset \mathscr{T}'$에 의하여 $B \in \mathscr{T}'\ (=\mathscr{T}_{\mathscr{B}'})$이다. $\mathscr{B}'$는 $\mathscr{T}'$의 기저이므로 적당한 $B' \in \mathscr{B}'$가 존재하여 $x \in B' \subset B$이다.

(b) ⇒ (a) (b)를 가정으로 하고 임의의 $U \in \mathscr{T}$에 대하여 $U \in \mathscr{T}'$임을 보이자. $\mathscr{B}$가 $\mathscr{T}$의 기저이므로 임의의 $U \in \mathscr{T}$와 임의의 $x \in U$에 대하여

$x \in B \subset U$인 $B \in \mathscr{B}$가 존재한다. 그리고 가정 (b)에 의하여 $x \in B' \subset B$인 $B' \in \mathscr{B}'$이 존재하고 $x \in B' \subset U$이므로 $U \in \mathscr{T}'$이다. □

만약 $\mathscr{B}_1$과 $\mathscr{B}_2$가 집합 X상의 기저로서 $\mathscr{B}_1 \subset \mathscr{B}_2$이면 정리 4.1.10에 의하여 $\mathscr{T}_{\mathscr{B}_1} \subset \mathscr{T}_{\mathscr{B}_2}$임은 명백하다. 여기서 $\mathscr{B}_1 \subsetneq \mathscr{B}_2$이더라도 $\mathscr{T}_{\mathscr{B}_1} = \mathscr{T}_{\mathscr{B}_2}$일 수도 있으므로 주의해야 한다(예제 4.1.6(2) 참조).

| 예제 4.1.11 | 임의로 주어진 두 실수 $a < b$에 대하여 다음이 성립한다.

(1) $[a, b)$는 $\mathbb{R}_l$의 열린집합임과 동시에 닫힌집합이다.

(2) (a, b)는 $\mathbb{R}_l$의 열린집합이지만 닫힌집합은 아니다.

(3) $(a, b]$는 $\mathbb{R}_l$의 열린집합도 아니고 닫힌집합도 아니다.

(4) $[a, b]$는 $\mathbb{R}_l$의 닫힌집합이지만 열린집합은 아니다.

위 (1)~(4) 중에서 대표적으로 (2)만 구체적으로 설명한다.
그림 4.2에서 보듯이 주어진 (a, b)에 대하여 임의의 $x \in (a, b)$를 택했을 때 $[x, x+\varepsilon) \in \mathscr{B}_l$이 항상 성립하여 $x \in [x, x+\varepsilon) \subset (a, b)$이므로 (2)가 성립한다. ■

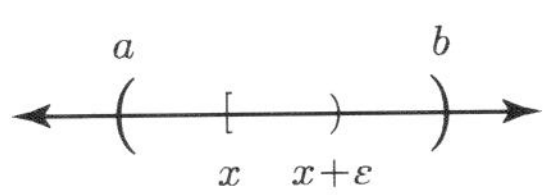

그림 4.2

| 예제 4.1.12 | 실수집합 $\mathbb{R}$의 부분집합족

$$\mathscr{B}' = \{B(p, r) \subset \mathbb{R},\ p \in \mathbb{Q},\ 0 < r \in \mathbb{Q}\}$$

은 $\mathbb{R}$상의 한 위상의 기저가 된다. 구체적으로 $\mathscr{B}'$은 정리 4.1.5의 조건 (b1)과 (b2)를 명백하게 만족한다. 그때 $\mathscr{B}'$에 의해서 생성된 $\mathbb{R}$상의 위상을 $\mathscr{T}_{\mathscr{B}'}$라 하자. 그때 $(\mathbb{R}, \mathscr{U})$와 $(\mathbb{R}, \mathscr{T}_{\mathscr{B}'})$을 비교하면 $\mathscr{U} = \mathscr{T}_{\mathscr{B}'}$이다. 그러나 $\mathscr{T}_{\mathscr{B}'}$는 $\mathscr{U}$보다 매우 큰 장점을 갖고 있다. $\mathscr{B}'$의 정의에 의하여 $\mathscr{B}'$의 기수 $|\mathscr{B}'| = \aleph_0$이고 $\mathscr{U}$의 기저 $\mathscr{B} = \{B(p, r) \subset \mathbb{R},\ p \in \mathbb{R},\ 0 < r \in \mathbb{R}\}$의 기수 $|\mathscr{B}| = \aleph \cdot \aleph = 2^{\aleph_0} = \aleph$이다. ■

정리 4.1.10을 활용하여 다음 성질을 얻는다.

주의 4.1.13 $\mathbb{R}$상의 보통위상 $\mathscr{U}$, 하극한위상 $\mathbb{R}_l$, 상극한위상 $\mathbb{R}_u$를 비교하면

$$\mathscr{U} \subsetneq \mathbb{R}_u, \quad \mathscr{U} \subsetneq \mathbb{R}_l$$

이지만 $\mathbb{R}_u$와 $\mathbb{R}_l$은 강약관계를 비교할 수 없다.

위상수학에서 생성되는 다양한 성질을 컴퓨터과학에서도 많이 활용한다. 컴퓨터과학에서는 이산물체(discrete object)를 $\mathbb{Z}^n$ (특히 $\mathbb{Z}^2$, $\mathbb{Z}^3$)상에서 구현하므로 $\mathbb{Z}^n$상에 적합한 위상을 공부하는 것은 매우 의미 있는 접근이기에 먼저 $\mathbb{Z}$상에서 도입되는 다음의 위상공간을 소개한다(자세한 내용은 14장에서 다룬다).

| 예제 4.1.14 | $\mathbb{Z}$상에서 $\mathbb{Z}$의 부분집합족

$$\mathscr{B} = \{\{2m-1,\ 2m,\ 2m+1\},\ \{2m+1\} \mid m \in \mathbb{Z}\}$$

을 생각하자. 그때 $\mathscr{B}$는 $\mathbb{Z}$상에서의 한 위상의 기저가 된다. 이 기저 $\mathscr{B}$에 의하여 생성된 $\mathbb{Z}$상의 위상을 **카림스키 위상**(Khalimsky topology)이라 하고 $(\mathbb{Z},\ \kappa)$를 κ를 위상으로 갖는 **카림스키 선**(Khalimsky line) (혹은 카림스키 디지털선)이라고도 한다. 여기서 $\kappa = \mathscr{T}_{\mathscr{B}}$이다.

풀이 정리 4.1.5를 사용하여 $\mathscr{B}$가 $\mathbb{Z}$상의 기저임을 보이자.

(b1) $\mathscr{B}$의 정의에 의하여 $\bigcup_{\alpha \in \Lambda} B_\alpha = \mathbb{Z}$임은 명백하다. 여기서 $B_\alpha \in \mathscr{B}$이고 Λ는 임의의 개수의 첨자집합이다(그림 4.3 참조). 즉, $B_m = \{2m-1,\ 2m,\ 2m+1\}$, $m \in \mathbb{Z}$이라 할 때 $\bigcup_{m \in \mathbb{Z}} B_m = \mathbb{Z}$이다.

(b2) 임의의 $B,\ B' \in \mathscr{B}$ $(B \neq B')$와 임의의 $x \in B \cap B'$을 생각하자. $B \cap B' \neq \varnothing$인 경우는 임의의 $m \in \mathbb{Z}$에 대하여 $B_m \cap B_{m+1}$인 경우밖에 없다. 즉,

$$B_m \cap B_{m+1} = \{2m+1\} \in \mathscr{B}$$

이다. 그러므로 임의의 $x \in B \cap B'$에 대하여 $\{x\} \in \mathscr{B}$이고 $x \in \{x\} \subset B \cap B'$이 성립한다. □

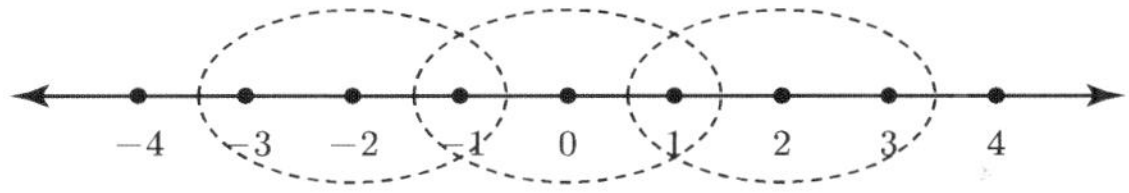

그림 4.3 $(\mathbb{Z}, \kappa)$상에서 열린집합

예제 4.1.14의 Khalimsky 위상을 확대하여 $\mathbb{Z}^n$상에서 위상을 만들 수 있고 이 위상은 컴퓨터과학에서 매우 활용성이 높다(자세한 내용은 6장과 14장에서 소개한다).

따름정리 4.1.15 예제 4.1.14의 카림스키(Khalimsky) 위상 $(\mathbb{Z}, \kappa)$에서 임의의 한원소집합(singleton) $\{p\}(p \in \mathbb{Z})$은 닫힌집합이거나 열린집합이다.

증명 임의의 원 $x \in \mathbb{Z}_0$에 대하여 $\{x\}$는 닫힌집합이고, 임의의 원 $x \in \mathbb{Z}_1$에 대하여 $\{x\}$는 열린집합이다. 여기서 $\mathbb{Z}_0$는 짝수들의 집합이고 $\mathbb{Z}_1$은 홀수들의 집합을 나타낸다. □

이제 주어진 공간 $(X, \mathscr{T})$의 기저와 부분공간 $(A, \mathscr{T}_A)$의 기저 사이의 관계를 알아보자.

정리 4.1.16 $\mathscr{B}$를 위상공간 $(X, \mathscr{T})$의 기저라 하자. 그때

$$\mathscr{B}_A = \{A \cap B \mid B \in \mathscr{B}\}$$

는 부분공간 $(A, \mathscr{T}_A)$의 기저이다.

증명 (1) 먼저 $\mathscr{B}_A$가 $(A, \mathscr{T}_A)$의 기저임을 보이자.

(b1) 임의의 $x \in A$에 대하여 $x \in A \subset X$이므로 $x \in X$이다. 그런데 $\mathscr{B}$가 위상공간 $(X, \mathscr{T})$의 기저이므로 $x \in B$인 $B \in \mathscr{B}$가 존재한다. 따라서 $x \in A \cap B$를 만족하는 $A \cap B \in \mathscr{B}_A$가 존재한다.

(b2) 임의의 $A \cap B_1$, $A \cap B_2 \in \mathscr{B}_A$와 임의의 $x \in (A \cap B_1) \cap (A \cap B_2)$에 대하여, $x \in B_1 \cap B_2$이므로 $x \in B_3 \subset B_1 \cap B_2$인 $B_3 \in \mathscr{B}$가 존재한다. 그래서

$$x \in A \cap B_3 \subset (A \cap B_1) \cap (A \cap B_2)$$

를 만족하는 $A \cap B_3 \in \mathscr{B}_A$가 존재한다.

(2) 이제 $\mathscr{T}_{\mathscr{B}_A}=\mathscr{T}_A$ 임을 보이자.

(⊂) 임의의 $U\in\mathscr{T}_{\mathscr{B}_A}$를 택하면 $U=\bigcup_{\lambda\in\Lambda}(A\cap B_\lambda)$이다. 여기서 $A\cap B_\lambda\in\mathscr{B}_A$이고 $B_\lambda\in\mathscr{B}$이다. 그런데 $U=\bigcup_{\lambda\in\Lambda}(A\cap B_\lambda)=A\cap(\bigcup_{\lambda\in\Lambda}B_\lambda)$이고 $\bigcup_{\lambda\in\Lambda}B_\lambda\in\mathscr{T}$이므로 $U\in\mathscr{T}_A$이다.

(⊃) 임의의 $V\in\mathscr{T}_A$를 택하면 $V=A\cap U$을 만족하는 $U\in\mathscr{T}$가 존재한다. 이제 임의의 점 $x\in V(\subset A)$을 택하면 $x\in U$이고, $\mathscr{B}$가 $\mathscr{T}$의 기저이므로 $x\in B\subset U$인 $B\in\mathscr{B}$가 존재한다. 그래서 $A\cap B\in\mathscr{B}_A$가

$$x\in A\cap B\subset A\cap U=V$$

를 만족하므로 $V\in\mathscr{T}_{\mathscr{B}_A}$이다. 따라서 $\mathscr{T}_A\subset\mathscr{T}_{\mathscr{B}_A}$이다. □

연습문제 4.1

1. $\mathbb{R}^2$의 두 개의 부분집합족 $\mathscr{B}_1$과 $\mathscr{B}_2$를 생각하자.

$\mathscr{B}_1=\{T(p)\subset\mathbb{R}^2 \mid T(p)$는 $p(\in\mathbb{R}^2)$를 (무게)중심으로 하는 열린정삼각형이다. 즉, 정삼각형의 내부이다.$\}$

$\mathscr{B}_2=\{R(p)\subset\mathbb{R}^2 \mid R(p)$는 $p(\in\mathbb{R}^2)$를 중심으로 하는 열린직사각형이다. 즉, 직각삼각형의 내부이다.$\}$

(1) $\mathscr{B}_1$과 $\mathscr{B}_2$가 $\mathbb{R}^2$상의 어떤 위상에 대한 기저가 됨을 증명하시오.

(2) $\mathscr{T}_{\mathscr{B}_1}$과 $\mathscr{T}_{\mathscr{B}_2}$ 사이의 위상의 강약관계를 조사하시오.

(3) $\mathscr{T}_{\mathscr{B}_i}$, $i\in\{1, 2\}$와 $(\mathbb{R}^2, \mathscr{U})$의 보통위상 $\mathscr{U}$ 사이의 세밀함과 거칠음(강약) 관계를 조사하시오.

2. 하극한공간 $\mathbb{R}_l$에서 주어진 실수 $a<b$에 대하여 다음이 성립함을 보이시오.

(1) $[a, b)$는 열린집합인 동시에 닫힌집합이다.

(2) (a, b)는 열린집합이지만 닫힌집합은 아니다.

(3) $(a, b]$는 열린집합도 아니고 닫힌집합도 아니다.

(4) $[a, b]$는 닫힌집합이지만 열린집합은 아니다.

3. $\mathbb{R}$상의 두 개의 부분집합족 $\mathscr{B}$와 $\mathscr{B}'$를 생각하자.

$$\mathscr{B} = \{(a,\ b) \mid a < b,\ a,\ b \in \mathbb{Q}\}$$
$$\mathscr{B}' = \{(a,\ b) \mid a < b,\ a,\ b \in \mathbb{Q}^c\}$$

(1) $\mathscr{B}$와 $\mathscr{B}'$이 $\mathbb{R}$상의 어떤 위상에 대한 기저가 됨을 증명하시오.

(2) $\mathscr{T}_{\mathscr{B}}$와 $\mathscr{T}_{\mathscr{B}'}$의 강약관계를 조사하시오.

(3) $\mathscr{T}_{\mathscr{B}}$, $\mathscr{T}_{\mathscr{B}'}$와 보통위상 $(\mathbb{R},\ \mathscr{U})$의 $\mathscr{U}$ 사이의 강약관계를 조사하시오.

(4) $\mathscr{B}'$와 비교하여 $\mathscr{B}$의 장점 (advantages)을 언급하시오.

4. 예제 4.1.8에서 $\mathbb{R}^2$상의 기저 $\mathscr{B}$를 바탕으로 $\mathbb{R}^2$상의 한 위상공간 $(\mathbb{R}^2,\ \mathscr{T}_{\mathscr{B}})$를 만들었다. 편의상 여기서 $(\mathbb{R}^2,\ \mathscr{T}_{\mathscr{B}})$를 $(\mathbb{R}^2,\ \mathscr{T})$라 놓자. 그때 다음을 조사하시오.

(1) $\mathbb{R}^2$의 부분집합 $\mathbb{Z}^2 = \{(x,\ y) \mid x,\ y \in \mathbb{Z}\}$에 상대위상을 주어서 부분공간 $(\mathbb{Z}^2,\ \mathscr{T}_{\mathbb{Z}^2})$를 만드시오.

(2) $(\mathbb{Z}^2,\ \mathscr{T}_{\mathbb{Z}^2})$의 열린집합과 닫힌집합의 형태를 조사하시오.

(3) $(\mathbb{Z}^2,\ \mathscr{T}_{\mathbb{Z}^2})$상에서 한원소집합 (singleton) $A = \{(2m,\ 2n) \mid m,\ n \in \mathbb{Z}\}$의 $\operatorname{Int}(A)$, $\operatorname{Ext}(A)$, $\partial(A)$, A의 도집합 A', $\overline{A}$를 찾으시오.

5. 두 개의 위상공간 $(X,\ \mathscr{T}_1)$와 $(Y,\ \mathscr{T}_2)$를 생각하자. 그때

$$\mathscr{B} = \{A \times B \mid A \in \mathscr{T}_1,\ B \in \mathscr{T}_2\}$$

는 $X \times Y$상의 한 위상공간의 기저가 됨을 보이시오.

6. 유클리드 공간 $\mathbb{R}^2$의 부분집합족

$$\mathscr{B} = \{(a,\ b] \times (c,\ d] \subset \mathbb{R}^2 \mid a,\ b,\ c,\ d \in \mathbb{R},\ a < b,\ c < d\}$$

에 대해 $\mathbb{R}_u^2 = (\mathbb{R}^2,\ \mathscr{T}_{\mathscr{B}})$라 하자. 그때

(1) $\mathscr{B}$가 위상 $\mathscr{T}_{\mathscr{B}}$의 기저가 됨을 보이시오.

(2) $(\mathbb{R}^2,\ \mathscr{U})$와 $\mathbb{R}_u^2$의 강약관계를 조사하시오.

(3) 다음과 같이 주어진 집합들이 $\mathbb{R}_u^2$상에서 열린집합과 닫힌집합이 되는지 조사하시오.

$$
\begin{aligned}
A &= \{(x,\ y) \in \mathbb{R}^2 \mid y > x\} \\
B &= \{(x,\ y) \in \mathbb{R}^2 \mid y > -x\} \\
C &= \{(x,\ y) \in \mathbb{R}^2 \mid y \geq x\} \\
D &= \{(x,\ y) \in \mathbb{R}^2 \mid y \geq -x\}
\end{aligned}
$$

7. X의 부분집합족 $\mathscr{B}$가 X상의 위상 $\mathscr{T}$와 $\mathscr{T}'$에 대한 기저이면 $\mathscr{T} = \mathscr{T}'$임을 증명하시오.

8. $\mathbb{R}$의 다음과 같은 부분집합들의 모임을 생각하자.

$\mathscr{B}_1 = \mathscr{B} \cup \{B - K \mid B \in \mathscr{B}\}$. 여기서 $\mathscr{B} = \{(a,\ b) \subset \mathbb{R} \mid a < b \in \mathbb{R}\}$이고 $K = \{\frac{1}{n} \mid n \in \mathbb{N}\}$이다.

$\mathscr{B}_2 = \{(a,\ +\infty) \mid a \in \mathbb{R}\}$

$\mathscr{B}_3 = \{(-\infty,\ a) \mid a \in \mathbb{R}\}$

그때

(1) 각 $\mathscr{B}_i$, $i \in \{1,\ 2,\ 3\}$은 $\mathbb{R}$상의 어떤 위상의 기저인지 조사하시오.

(2) $\mathscr{T}_{\mathscr{B}_i}$, $i \in \{1,\ 2,\ 3\}$의 강약관계를 조사하시오.

9. p를 고정된 소수(prime number)라 하자. 이제 각각의 자연수 $n \in \mathbb{N}$과 정수 $a \in \mathbb{Z}$에 대하여

$$B_n(a) = \{a + kp^n \mid k \in \mathbb{Z}\}$$

라 하자. 그때 $\{B_n(a) \mid a \in \mathbb{Z},\ n \in \mathbb{N}\}$은 $\mathbb{Z}$상의 한 위상의 기저가 됨을 보이시오.

10. $X = \left\{\frac{1}{n} \mid n \in \mathbb{N}\right\}$이라 하고

$$\mathscr{B} = \{(a,\ b) \subset \mathbb{R} \mid a < b,\ a,\ b \in \mathbb{R}\} \cup \{(c,\ d) - X \subset \mathbb{R} \mid c < d,\ c,\ d \in \mathbb{R}\}$$

라 하자.

(1) $\mathscr{B}$가 $\mathbb{R}$상의 기저가 됨을 보이시오.

(2) $(\mathbb{R},\ \mathscr{T}_{\mathscr{B}})$와 보통위상 $(\mathbb{R},\ \mathscr{U})$의 강약관계를 조사하시오.

11. 예제 4.1.14에서 다룬 $\mathbb{Z}$상의 Khalimsky 위상(Khalimsky topology on $\mathbb{Z}$)공간 $(\mathbb{Z},\ \kappa)$상에서

(1) 닫힌부분집합족을 구하시오.

(2) 열린부분집합족을 구하시오.

12. $\mathbb{R}^2$의 부분집합모임 $\mathscr{B}^* = \{[a,\ b)\times[c,\ d) \mid a<b\in\mathbb{R},\ c<d\in\mathbb{R}\}$을 생각하자. 이때 $\mathscr{B}^*$는 $\mathbb{R}^2$의 한 위상 $\mathscr{T}$를 생성하는 기저이다. 즉 $\mathscr{T}=\mathscr{T}_{\mathscr{B}^*}$이다. 이 위상 $\mathscr{T}$와 보통위상공간 $(\mathbb{R}^2,\ \mathscr{U})$의 보통위상 $\mathscr{U}$의 강약관계를 비교하시오.

13. 상극한위상 $\mathbb{R}_u$와 하극한위상 $\mathbb{R}_l$에서 부분집합 $A=\left\{\dfrac{1}{n} \mid n\in\mathbb{N}\right\}$에 대하여 각각 A', $\overline{A}$, $\mathrm{Int}(A)$, $\mathrm{Ext}(A)$, $\partial(A)$를 각각 구하시오.

14. 하극한공간 $\mathbb{R}_l$에서 다음 집합들의 내부, 외부, 경계, 폐포 등을 구하시오.

(1) $A=(a,\ b)$ (2) $B=[a,\ b)$ (3) $(a,\ b]$ (4) $[a,\ b]$

15. 집합 $X=\{a,\ b,\ c,\ d,\ e,\ f\}$에서 반순서집합(partially ordered set) $(X,\ \le)$의 하세도표(Hasse diagram)가 다음과 같다고 하자. 여기서 임의의 $x\in X$에 대하여 $B_x=\{t\in X \mid t\le x\}$라 정의한다.

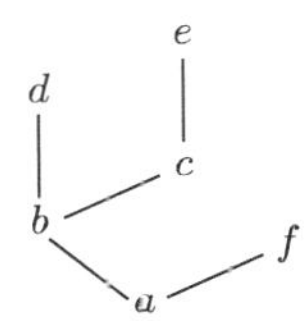

이제 $\mathscr{B}=\{B_x \mid x\in X\}$를 기저(base)로 하여 생성된 X상의 위상 $\mathscr{T}_{\mathscr{B}}$를 얻는다. 이를 바탕으로 다음을 해결하시오.

(1) $\mathscr{B}$가 X상의 위상 $\mathscr{T}_{\mathscr{B}}$를 위한 기저가 됨을 보이시오.

(2) 위상공간 $(X,\ \mathscr{T}_{\mathscr{B}})$에서 모든 열린집합을 구하시오.

(3) $(X,\ \mathscr{T}_{\mathscr{B}})$상에서 집합 $A:=\{d,\ f\}$라 할 때 A의 폐포를 구하시오.

(4) $B:=\{a,\ b,\ c,\ f\}$라 할 때 $(X,\ \mathscr{T}_{\mathscr{B}})$상에서 B의 내부를 구하시오.

(5) 문제 (3)과 (4)에서 A와 B의 외부 $\mathrm{Ext}(A)$와 $\mathrm{Ext}(B)$를 구하시오.

(6) 문제 (3)과 (4)에서 A와 B의 경계 $\partial(A)$와 $\partial(B)$를 구하시오.

16. $\mathscr{B}=\{(a,\ \infty) \mid$ ㅋ$^{\forall}\ a\in\mathbb{R}\}$이라 하자. 이 경우 $\mathscr{B}$가 $\mathbb{R}$상의 한 위상을 위한 기저임을 보이시오.

17. 주의 4.1.13을 증명하시오. 더 나아가 $(\mathbb{R},\ \mathscr{T}_f)$이 $(\mathbb{R},\ \mathscr{U})$보다 거칠음을 보이시오.

18. $\mathscr{B}$를 집합 X상의 한 위상을 위한 기저라고 하자. $\mathscr{B}$에 의하여 생성되는 위상은 $\mathscr{B}$를 포함하는 X상의 모든 위상들의 교집합임을 보이시오.

19. 집합 X의 기수(cardinality)가 n이고 $\mathscr{T}$를 X상의 이산위상이라 하자. 이산위상 $\mathscr{T}$를 위해 가질 수 있는 기저의 최소 열린집합은 무엇인가?

20. 실수 전체의 집합 $\mathbb{R}$에서 다음 조건 ①과 ②에 의하여 정의되는 부분집합족 $\mathscr{B}$를 기저로 하는 위상 $\mathscr{T}$를 생각하자.

① ㅋ$^{\forall}$ $m \in \mathbb{Z}$, $\{m\} \in \mathscr{B}$이다.

② ㅋ$^{\forall}$ $n \in \mathbb{Z}$과 $k \in \mathbb{N} \cup \{0\}$에 대하여 $(n, n+3^{-k}) \in \mathscr{B}$이다.

이때 위상공간 $(\mathbb{R}, \mathscr{T})$에서 다음을 구하시오($\mathscr{B}$가 기저가 됨을 확인하고 $\mathscr{T}$가 위상임을 보이시오).

(a) $A = \left\{\dfrac{1}{3}\right\}$이라 할 때 A의 도집합을 구하시오.

(b) $B = \{1\}$이라 할 때 B의 폐포를 구하시오(힌트 : 아르키메데스 정리를 사용).

21. 실수집합 $\mathbb{R}$의 부분집합족 $\mathscr{B} = \{[x, \infty) \mid$ ㅋ$^{\forall}$ $x \in \mathbb{R}\}$는 $\mathbb{R}$상의 한 위상을 위한 기저임을 보이시오.

22. 상극한공간 $\mathbb{R}_u$는 가산개로 이루어진 기저를 갖지 못함을 보이시오. (힌트 : 만약 $\mathscr{B}$가 $\mathbb{R}_u$의 기저이면 임의의 점 $x \in \mathbb{R}$에 대하여 $x \in B_x \subset (x-1, x]$를 만족하는 $B_x \in \mathscr{B}$이 존재한다.)

23. 여유한 공간 $(\mathbb{R}, \mathscr{T}_f)$는 가산개로 이루어진 기저를 갖지 못함을 증명하시오. (힌트 : 귀류법을 사용하여, $\mathscr{B}$이 기저이면 $\mathscr{B}' = \mathscr{B} - \{\varnothing\}$도 기저이다.)

24. 여가산공간 $(\mathbb{R}, \mathscr{T}_c)$는 가산개로 이루어진 기저를 갖지 못함을 보이시오.

25. $\mathscr{B} = \{[a, b) \subset \mathbb{R} \mid a < b$이고 $a, b \in \mathbb{Q}^c\}$라 하자. 이때 $\mathscr{B}$는 $\mathbb{R}$상의 한 위상을 위한 기저가 됨을 보이시오.

26. $X := \{f : [0, 1] \to [0, 1]$는 함수이다$\}$이고, 각 $A \subset [0, 1]$에 대하여 $B_A := \{f \in X \mid f(x) = 0,$ ㅋ$^{\forall}$ $x \in A\}$이라 하자. 그때 $\mathscr{B} = \{B_A \mid A \subset [0, 1]\}$이 X상의 한 위상을 위한 기저임을 보이시오.

27. 예제 4.1.9에서 소개한 상극한위상 $\mathbb{R}_u$와 하극한위상 $\mathbb{R}_l$의 열린집합의 형태를 각각 설명하시오.

28. $X=\{a,\ b,\ c,\ d\}$이고 위상 $\mathscr{T}=\{\phi,\ X,\ \{b\},\ \{c\},\ \{d\}\ \{b,\ c\},\ \{b,\ d\},\ \{c,\ d\},\ \{b,\ c,\ d\}\}$이라 할 때 $(X,\ \mathscr{T})$의 기저를 구하시오.

4.2 위상의 부분기저

앞 절에서 보았듯이 집합 X상에서 기저 $\mathscr{B}$를 바탕으로 생성되는 X상의 한 위상 $\mathscr{T}_{\mathscr{B}}$를 만들 수 있고 $\mathscr{T}_{\mathscr{B}}$는 $\mathscr{B}$를 포함하는 가장 작은 위상이다. 정리 4.1.5에서 알 수 있듯이 X의 부분집합들로 이루어진 모든 집합족이 정리 4.1.5의 기저의 조건 (b1)과 (b2)를 만족하는 것은 아니다. 따라서 X의 부분집합으로 주어진 집합족을 사용하여 X상의 가장 작은 위상을 도입하기 위하여 '부분기저' 개념을 도입한다.

정의 4.2.1 집합 X상의 위상에 대한 **부분기저**(subbasis) (혹은 부분기: subbase)란 X의 부분집합들의 적당한 모임($\mathcal{S} = \{S_\alpha \mid S_\alpha \subset X,\ \alpha \in \Lambda\}$로 표시함)으로서 $\bigcup_{S_\alpha \in \mathcal{S}} S_\alpha = X$이 성립함을 말한다.

(★) 부분기저 $\mathcal{S}$에 의해 생성되는 기저 $\mathscr{B}_{\mathcal{S}}$란 $\mathcal{S}$의 유한개의 원소들의 교집합들의 모임이라 정의한다. 즉,

$$\begin{aligned}\mathscr{B}_{\mathcal{S}} &= \{\mathcal{S}\text{의 유한개의 원소들의 교집합}\} \\ &= \{\textstyle\bigcap \mathcal{S}_0 \mid \mathcal{S}_0\text{는 } \mathcal{S}\text{의 유한 부분집합족}\}\end{aligned}$$

이다.

(★) 부분기저 $\mathcal{S}$에 의해 생성되는 집합 X상의 위상 $\mathscr{T}_{\mathcal{S}}$란 $\mathscr{B}_{\mathcal{S}}$를 기저로 하여 생성되는 위상을 의미한다. 즉 $\mathscr{T}_{\mathcal{S}} = \mathscr{T}_{\mathscr{B}_{\mathcal{S}}}$이다. 그때

$$\mathcal{S} \subset \mathscr{B}_{\mathcal{S}} \subset \mathscr{T}_{\mathscr{B}_{\mathcal{S}}} = \mathscr{T}_{\mathcal{S}}$$

임을 명백하게 알 수 있다.

따라서 $\mathscr{T}_{\mathcal{S}}$는 $\mathcal{S}$를 포함하는 X상의 가장 작은 위상임을 알 수 있다(정리 4.1.5와 4.2.2 참조). 즉 부분기저 $\mathcal{S}$가 주어지면 이를 바탕으로 $\mathscr{B}_{\mathcal{S}}$를 만들고 $\mathscr{B}_{\mathcal{S}}$에 의하여 생성되는 위상 $\mathscr{T}_{\mathscr{B}_{\mathcal{S}}}$를 만든다. 이제 이 과정을 살펴보자.

정리 4.2.2 $\mathcal{S}$가 집합 X상의 부분기저이면 $\mathscr{B}_{\mathcal{S}}$는 X상의 기저이다. 따라서 $\mathscr{T}_{\mathcal{S}} := \mathscr{T}_{\mathscr{B}_{\mathcal{S}}}$는 X상의 위상이다.

증명 먼저 $\mathscr{B}_{\mathcal{S}}$가 집합 X상의 기저임을 보이자(정리 4.1.5를 활용한다).

(b1) $\bigcup_{S \in \mathcal{S}} S = X$이므로 임의의 $x \in X$에 대하여 $S \in \mathcal{S}$가 존재하여 $x \in S$가 성립한다. $\mathscr{B}_{\mathcal{S}}$의 정의에 의하여 $\mathcal{S} \subset \mathscr{B}_{\mathcal{S}}$이므로 $x \in S$인 $S \in \mathscr{B}_{\mathcal{S}}$가 존재한다.

(b2) 임의의 $B_1,\ B_2 \in \mathscr{B}_{\mathcal{S}}$에 대하여 $x \in B_1 \cap B_2$라 하자. $\mathscr{B}_{\mathcal{S}}$의 정의에 의하여 유한개의 적당한 $S_i,\ S_j' \in \mathcal{S}$가 존재하여

$$B_1 = \bigcap_{i \in \Lambda} S_i, \quad B_2 = \bigcap_{j \in \Lambda'} S_j'$$

이다. 여기서 첨자집합 Λ와 Λ'은 유한집합이다.

그때 $B_1 \cap B_2$는 $\mathcal{S}$의 유한개 원소들의 교집합이므로 $\mathscr{B}_{\mathcal{S}}$의 원소이다. 즉 $B_1 \cap B_2 = B$라 하면 $B \in \mathscr{B}_{\mathcal{S}}$이고 $x \in B \subset B_1 \cap B_2$가 성립한다. 따라서 정리 4.1.5에 의하여 $\mathscr{B}_{\mathcal{S}}$는 X상의 한 기저가 된다.

그리고 $\mathscr{T}_{\mathcal{S}} := \mathscr{T}_{\mathscr{B}_{\mathcal{S}}}$는 $\mathscr{B}_{\mathcal{S}}$에 의하여 생성되는 위상임은 경백하다. □

| 예제 4.2.3 | 실수집합 $\mathbb{R}$의 부분집합족

$$\mathcal{S} = \{(a,\ \infty) \mid a \in \mathbb{R}\} \cup \{(-\infty,\ b) \mid b \in \mathbb{R}\}$$

이라 하자. 그때 다음이 성립한다.

(1) $\mathcal{S}$는 $\mathbb{R}$에 대한 한 위상의 부분기저이다.

(2) $\mathscr{B}_{\mathcal{S}} = \{(a,\ b),\ (a,\ \infty),\ (-\infty,\ b) \mid a < b,\ a,\ b \in \mathbb{R}\}$은 $\mathcal{S}$에 의하여 생성되는 $\mathbb{R}$상의 기저이다.

(3) $\mathscr{T}_{\mathscr{B}_{\mathcal{S}}} := \mathscr{T}_{\mathcal{S}}$는 $\mathbb{R}$상의 보통위상 $\mathscr{U}$와 같다.

풀이 (1)과 (2)는 정의에 의하여 명백하다.

(3) 정리 4.1.10에 의하여 $\mathscr{T}_{\mathscr{B}_{\mathcal{S}}} = \mathscr{U}$가 성립한다. □

| 예제 4.2.4 | $X = \{a,\ b,\ c\}$라 하자. X의 부분집합족 $\mathcal{S} = \{\{a,\ b\},\ \{b,\ c\}\}$라 하면 $\mathcal{S}$는 X에 대한 한 위상을 위한 부분기저이다. 그리고

$$\mathscr{B}_{\mathcal{S}} = \{X,\ \{a,\ b\},\ \{b,\ c\},\ \{b\}\}$$

이고

$$\mathscr{T}_{\mathscr{B}_S}=\{X,\ \varnothing,\ \{a,\ b\},\ \{b,\ c\},\ \{b\}\}$$

이다. ■

| 예제 4.2.5 | 예제 4.1.8에서 소개한 $S_K(2m,\ 2n)$을 활용하여 $\mathbb{R}^2$상에서 부분집합족 $\mathcal{S}=\{S_K(2m,\ 2n)\mid m,\ n\in\mathbb{Z}\}$를 생각하자. 그때 다음이 성립한다.

(1) $\mathcal{S}$는 $\mathbb{R}^2$상의 한 위상을 위한 부분기저이다.

(2) $\mathscr{B}_S$는 예제 4.1.8에서 소개한 기저 $\mathscr{B}$와 같다. ■

이제 $\mathbb{R}^2$상에서 새로운 형태의 부분기저를 소개한다. 먼저 $S_M(m,\ n)$이란 정수 $m,\ n\in\mathbb{Z}$에 대하여 점 $(m,\ n)\in\mathbb{Z}^2$을 (무게)중심으로 하고 한 변의 길이가 $\sqrt{2}$인 마름모의 내부와 경계로 구성된 마름모꼴 도형이다(그림 4.4 참조).

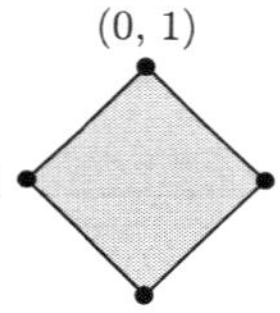

그림 4.4 $S_M(0,\ 0)$

| 예제 4.2.6 | $\mathbb{R}^2$상에서 부분집합족

$$\mathcal{S}=\{S_M(t_0,\ t_1)\subset\mathbb{R}^2\mid(t_0,\ t_1)\in\{(2m,\ 2n),\ (2m+1,\ 2n+1)\mid m,\ n\in\mathbb{Z}\}\}$$

을 생각하자. 그때 $\mathcal{S}$는 $\mathbb{R}^2$상의 한 위상의 부분기저이다. ■

지금까지 집합 X상에서 부분기저 $\mathcal{S}$가 주어지면 $\mathscr{B}_S$가 정해지고 더 나아가 $\mathscr{T}_{\mathscr{B}_S}=\mathscr{T}_S$가 만들어지는 과정을 알아보았다. 그러면 $\mathscr{T}_S$와 $\mathcal{S}$를 포함하는 X상의 위상 $\mathscr{T}$와 강약을 비교하자.

정리 4.2.7 집합 X상에서 X의 부분집합족 $\mathcal{S}$를 부분기저로 하여 생성된 위상 $\mathscr{T}_S$를 생각하자. 그리고 $\mathscr{T}^*=\bigcap\{\mathscr{T}\mid\mathcal{S}\subset\mathscr{T},\ \mathscr{T}$는 X상의 위상$\}$이라 한다. 그때

$\mathscr{T}_S = \mathscr{T}^*$ 이다.

증명 $\mathscr{T}^* \subset \mathscr{T}_S$임은 명백하다. 왜냐하면 정리 4.2.2에 의하여 $\mathcal{S} \subset \mathscr{T}_S$이고 $\mathscr{T}_S$는 X상의 위상이기 때문이다.

이제 $\mathscr{T}_S \subset \mathscr{T}^*$임을 보이자. 먼저 $\mathcal{S} \subset \mathscr{T}$인 X상의 임의의 위상 $\mathscr{T}$에 대하여 $\mathscr{T}_S \subset \mathscr{T}$임을 보이자. 즉 임의의 $U \in \mathscr{T}_S$이면 $U \in \mathscr{T}$임을 보이면 된다. 그래서 임의의 $U \in \mathscr{T}_S$를 택하면 $\mathscr{T}_S$의 성질에 의하여 $B_\alpha \in \mathscr{B}_S$가 존재하여

$$U = \bigcup_{\alpha \in \Lambda} B_\alpha$$

이고 각 $\alpha \in \Lambda$에 대하여

$$B_\alpha = \bigcap_{i \in \Lambda'} S_i$$

인 $S_i \in \mathcal{S}$가 존재한다. 여기서 첨자집합들 Λ는 임의의 개수를 갖는 집합이고 Λ'은 유한개수를 갖는 집합이다. 가정에 의하여 $\mathcal{S} \subset \mathscr{T}$이므로 임의의 $S_i \in \mathcal{S}$는 $S_i \in \mathscr{T}$이고 위상공리 (a3)에 의하여 $B_\alpha \in \mathscr{T}$이다. 더 나아가 위상공리 (a2)에 의하여 $\bigcup_{\alpha \in \Lambda} B_\alpha = U \in \mathscr{T}$이다. 그러므로 $\mathscr{T}_S \subset \mathscr{T}$임이 성립되고 $\mathscr{T}_S \subset \mathscr{T}^*$이다. □

| 예제 4.2.8 | 공집합이 아닌 집합 X상에서 $\mathcal{S} = \{\{x\} \mid x \in X\}$는 X상의 한 위상의 부분기저이다. 그때 $\mathscr{T}_S$는 X상의 이산위상 $\mathscr{D}$이다. ■

| 예제 4.2.9 | 무한집합 X에 대하여

$$\mathcal{S} = \{X - \{x\} \mid x \in X\}$$

는 X상의 한 위상을 위한 부분기저이고 $\mathscr{T}_S$는 X상의 여유한위상 $\mathscr{T}_f$이다.

풀이 (1) $\mathcal{S}$가 부분기저임은 명백하다. $X = \bigcup_{S \in \mathcal{S}} S$임을 보이면 된다.
그런데 임의의 $S \in \mathcal{S}$에 대하여 $S \subset X$이므로 $\bigcup_{S \in \mathcal{S}} S \subset X$이다. 한편 임의의 $x \in X$에 대하여 X가 무한집합이므로 $x \neq y$인 $y \in X$가 존재하여 $x \in X - \{y\} \in \mathcal{S}$이므로 $x \in \bigcup_{S \in \mathcal{S}} S$이다. 따라서 $X \subset \bigcup_{S \in \mathcal{S}} S$이다.

(2) $\mathscr{T}_S$는 $\mathscr{B}_S$에 의하여 생성되는데, $\mathscr{B}_S$의 원소는 S의 유한개의 원소들의 교집합으로 표현된다. 즉

$$\mathscr{B}_S \ni B = \bigcap_{i \in \Lambda} S_i = \bigcap_{i \in \Lambda} (X - \{x_i\}) = X - \{x_1, x_2, \cdots, x_n\}$$

이다. 여기서 $\Lambda = \{1, 2, \cdots, n\}$는 유한집합이다.

$\mathscr{T}_S = \mathscr{T}_{\mathscr{B}_S}$이므로

$$\mathscr{T}_S = \mathscr{T}_{\mathscr{B}_S} = \{U \subset X \mid \forall x \in U, \ \exists \ B \in \mathscr{B}_S \ \text{ s.t. } \ x \in B \subset U\}$$

이다. 이제 $\mathscr{T}_S$의 특성을 알아보고, $\mathscr{T}_S = \mathscr{T}_f$임을 보이자.

(2-1) 조건부 논리에 의하여 $\varnothing \in \mathscr{T}_S$이고 $\varnothing \in \mathscr{T}_f$이다.

(2-2) 만약 $U \in \mathscr{T}_S$가 공집합이 아니면 한 원소 $x \in U$가 존재하므로 $\mathscr{T}_S$의 정의에 의하여 $x \in B \subset U$인 $B \in \mathscr{B}_S$가 존재한다. 그런데 $B = X - \{x_1, x_2, \cdots, x_n\}$이므로

$$X - U \subset X - B = \{x_1, x_2, \cdots, x_n\}$$

이 되어서 $X - U$는 유한집합이 된다. 그러므로 $U \in \mathscr{T}_f$이다.

역으로 $\phi \in \mathscr{T}_f$에 대하여 $\varnothing \in \mathscr{T}_S$는 명백하다. $U(\neq \varnothing) \in \mathscr{T}_f$를 택하면 $U = X - \{x_1, x_2, \cdots, x_n\}$이므로 $U \in \mathscr{B}_S \subset \mathscr{T}_S$이다.

결론적으로

$$\mathscr{T}_S = \{U \subset X \mid X - U \text{이 유한집합이다}\} \cup \{\varnothing\} = \mathscr{T}_f$$

이다. □

정리 4.2.7로부터 다음 성질을 알 수 있다.

따름정리 4.2.10 집합 X상의 부분집합모임 (족) $\mathscr{B}$를 기저로하여 생성된 위상 $\mathscr{T}_{\mathscr{B}}$를 생각하자. 그리고 $\mathscr{T}^* = \bigcap\{\mathscr{T} \mid \mathscr{B} \subset \mathscr{T}, \ \mathscr{T}\text{는 } X\text{상의 위상이다}\}$이라 하자. 그때 $\mathscr{T}_{\mathscr{B}} = \mathscr{T}^*$이다.

증명 정리 4.2.7과 같은 방법으로 증명한다. □

참고 4.2.11 집합 X상의 기저와 부분기저의 성질을 요약하면 아래와 같다.

- 집합 X상의 모든 기저는 X상의 부분기저이다.
- 집합 X상의 모든 위상 $\mathscr{T}$는 X상의 한 부분기저이다.
- 집합 X상의 기저 $\mathscr{B}$와 부분기저 $\mathcal{S}$가 주어지면 $\mathscr{B}$와 $\mathcal{S}$를 각각 포함하는 X상의 가장 작은 위상은 $\mathscr{T}_{\mathscr{B}}$와 $\mathscr{T}_{\mathcal{S}}$이다.
- 지금까지 3장과 4장을 통해서 집합 X상의 위상을 결정하는 방법 네 가지를 다뤘다.

(1) 열린집합으로 정의하는 방법
(2) 닫힌집합으로 정의하는 방법
(3) 위상에 대한 기저를 사용하여 정의하는 방법
(4) 위상에 대한 부분기저를 사용하여 정의하는 방법

연습문제 4.2

1. $\mathbb{Z}$를 정수집합이라 할 때 다음이 각각 열린집합들의 집합족이 되게 하는 $\mathbb{Z}$상의 가장 작은 위상을 구하시오.

(a) $\mathbb{Z}$와 $\varnothing$
(b) $\mathbb{Z}$, $\{-1, 1\}$, $\{-1, 0, 1\}$
(c) $\mathbb{Z}$, $\{0, 1\}$, $\{0, 1, 4\}$, $\{-1, 5, 7\}$

2. $\{\mathscr{T}_\alpha \mid \alpha \in \Lambda$: 유한집합$\}$를 X상의 위상들의 모임이라 할 때 $\bigcup_{\alpha \in \Lambda} \mathscr{T}_\alpha$를 부분기저로 갖는 위상을 $\mathscr{T}$라 하자. 그때 $\mathscr{T}$는 모든 $\mathscr{T}_\alpha$를 품는 X상의 위상들 중 가장 작은 위상임을 보이시오.

3. $\mathscr{B}$가 X상의 한 위상 $\mathscr{T}$의 기저이고, $\mathscr{B}^*$를 $\mathscr{B} \subset \mathscr{B}^* \subset \mathscr{T}$라 할 때 $\mathscr{B}^*$도 $\mathscr{T}$의 기저임을 보이시오.

4. 집합 $X = \{a, b, c\}$상에 이산위상 $\mathscr{D}$가 주어졌을 때 $\mathscr{D}$의 한 부분기저 $\mathcal{S} = \{S \subset X \mid S$는 한원소집합이 아니다$\}$를 구하시오.

5. 위상공간들 $(X, \mathscr{T}_1)$와 $(Y, \mathscr{T}_2)$를 생각하자. 그리고

$$\mathcal{S}=\{A\times Y \mid A\in\mathscr{T}_1\}\cup\{X\times B \mid B\in\mathscr{T}_2\}$$

라 하자.

(a) $\mathcal{S}$는 곱집합 $X\times Y$상의 한 위상을 위한 기저가 되지 않음을 보이시오.

(b) $\mathcal{S}$는 곱집합 $X\times Y$상의 한 위상을 위한 부분기저임을 보이시오.

6. (a) 예제 4.2.6에서 $\mathbb{R}^2$상에서 $\mathscr{B}_S$와 $\mathscr{T}_S$를 구하시오.

(b) 예제 4.2.6에서 유도되는 $(\mathbb{R}^2,\ \mathscr{T}_S)$에서 $\mathbb{Z}^2\subset\mathbb{R}^2$에 대한 부분공간 $(\mathbb{Z}^2,\ (\mathscr{T}_S)_{\mathbb{Z}^2})$를 구하시오.

(c) (a)에서 임의의 한 점 $p=(2m,\ 2n)\in\mathbb{Z}^2$로 구성된 한원소집합 $\{p\}$를 A라 할 때 A의 폐포를 구하시오.

(d) (b)에서 임의의 한 점 $q=(2m+1,\ 2n+1)\in\mathbb{Z}^2$로 구성된 한원소집합 $\{q\}$를 B라 할 때 Int(B), Ext(B), $\partial(B)$, $\overline{B}$, B의 도집합을 구하시오.

7. 예제 4.1.14에서 소개한 Khalimsky 위상공간 $(\mathbb{Z},\ \kappa)$는 $\mathbb{Z}$상에서 부분집합족 $\mathcal{S}=\{\{2m-1,\ 2m,\ 2m+1\} \mid m\in\mathbb{Z}\}$를 부분기저로 하여 생성된 위상 $\mathscr{T}_S$와 같음을 보이시오.

8. $\mathbb{N}$을 자연수집합이라 하고 $A_n=\{n,\ n+1,\ \cdots\}\subset\mathbb{N}$, $\mathcal{S}=\{A_n \mid n\in\mathbb{N}\}$이라 하자. $(\mathbb{N},\ \mathscr{T}_S)$에서 $E_1=\{2,\ 3,\ 4,\ 5\}$, $E_2=\{2n+1 \mid n\in\mathbb{N}\}$라 하자. 그때 $\overline{E_i}$, $(E_i)^\circ$, $\partial(E_i)$, $i\in\{1,\ 2\}$를 각각 구하시오.

9. 따름정리 4.2.10을 구체적으로 증명하시오.

10. 자연수집합 $\mathbb{N}$의 부분집합모임 $\mathcal{S}=\{\{2m-1,\ 2m,\ 2m+1\} \mid m\in\mathbb{N}\}$를 $\mathbb{N}$상의 한 위상을 위한 부분기저로 하자.

(1) $\mathscr{B}_S$와 $\mathscr{T}_{\mathscr{B}_S}=\mathscr{T}_S$를 구하시오.

(2) $\mathscr{T}_S$는 예제 4.1.14에서 다룬 카림스키 위상공간 $(\mathbb{Z},\ \kappa)$의 부분공간 $\kappa_{\mathbb{N}}$임이 아님을 보이시오.

11. $X=\{1,\ 2,\ 3,\ 4,\ 5,\ 6\}$, $\mathcal{S}=\{\{1,\ 2\},\ \{2,\ 3,\ 4\},\ \{4,\ 5,\ 6\}\}$이라 할 때 다음을 보이시오.

(1) $\mathcal{S}$는 X에 대한 한 위상의 부분기저가 되는가?

(2) $\mathcal{S}$를 부분기저로 하여 생성되는 기저 $\mathscr{B}_S$를 구하시오.

(3) $\mathcal{S}$를 부분기저로 하여 생성되는 위상 $\mathscr{T}_{\mathscr{B}_S}$를 구하시오.

12. 집합 $X=\{a,\ b,\ c,\ d,\ e\}$라 할 때 X의 부분기저는 되지만 기저가 되지 않는 예를 드시오.

13. 정수집합 $\mathbb{Z}$에서 $\mathcal{S}=\{\{2m-1,\ 2m,\ 2m+1\}\mid m\in\mathbb{Z}\}$를 부분기저(subbase)로 하여 생성된 위상공간 $(X,\ \mathscr{T}_S)$에서 한 원소로 구성된 열린집합의 개수는 몇 인가?

4.3 국소기저

3.3절에서 다룬 근방개념을 활용하여 국소기저를 소개하고 다양한 성질을 다룬다.

정의 4.3.1 위상공간 $(X, \mathscr{T})$에서 $x \in X$라 하자. 점 x에서의 **국소기저**(local base 혹은 local basis)란 x의 적당한 열린근방들의 모임 $\mathscr{B}_x \subset \mathscr{T}$로서 x의 임의의 열린근방 $U(\in \mathscr{T})$에 대해 $x \in B_x \subset U$를 만족하는 $B_x \in \mathscr{B}_x$가 존재함을 의미한다. 즉 다음 두 조건을 만족하는 x의 적당한 열린근방들의 모임 $\mathscr{B}_x \subset \mathscr{T}$를 x의 국소기저라 한다.

(1) $\forall B \in \mathscr{B}_x \Rightarrow x \in B$

(2) $\forall U(\ni x) \in \mathscr{T},\ \exists B \in \mathscr{B}_x \quad \text{s.t.} \quad x \in B \subset U$

참고로 $\mathscr{B}_x$는 유일할 필요는 없다.

| 예제 4.3.2 | (1) 보통위상공간 $(\mathbb{R}, \mathscr{U})$에서 임의의 한 점 $x \in \mathbb{R}$에서의

$$\mathscr{B}_x = \{(x-\varepsilon,\ x+\varepsilon) \mid 0 < \varepsilon \in \mathbb{R}\}$$

는 x에서의 국소기저이다.

(2) 이산위상공간 $(X, \mathscr{D})$상의 한 점 $x \in X$에서의

$$\mathscr{B}_x = \{\{x\} \mid x \in X\}$$

는 x에서의 국소기저이다.

(3) 위상공간 $(X, \mathscr{T})$에서 임의의 한 점 $x \in X$에서의

$$\mathscr{B}_x = \{U \in \mathscr{T} \mid x \in U\}$$

는 x에서의 국소기저이다. ■

기저의 정의와 열린집합과 기저의 원소들 사이의 관계에서 다음 성질은 명백하게 성립한다.

성질 4.3.3 $\mathscr{B}$를 X상의 한 위상에 대한 기저라 하고, $x \in X$라 하자. $\mathscr{B}_x = \{B_x \mid x \in B_x \in \mathscr{B}\}$는 x에서의 국소기저이다.

국소기저를 활용하여 도집합과 폐포의 성질을 알아본다.

정리 4.3.4 위상공간 $(X, \mathscr{T})$상에서 부분집합 $A \subset X$를 생각하고, $\mathscr{B}_x$를 $x(\in X)$의 국소기저라 하자. 그때 다음이 성립한다.

(1) $x \in A'$이기 위한 필요충분조건은 임의의 $B_x \in \mathscr{B}_x$에 대하여

$$(B_x - \{x\}) \cap A \neq \varnothing$$

가 되는 것이다.

(2) $x \in \overline{A}$이기 위한 필요충분조건은 임의의 $B_x \in \mathscr{B}_x$에 대하여

$$B_x \cap A \neq \varnothing$$

가 되는 것이다.

증명 (1) $x \in A'$이라면 x의 임의의 열린근방 U에 대하여 $(U - \{x\}) \cap A \neq \varnothing$이어야 한다. $\mathscr{B}_x$의 정의에 의하여 임의의 $B_x \in \mathscr{B}_x$는 x의 한 열린근방이므로

$$(B_x - \{x\}) \cap A \neq \varnothing$$

이 성립한다.

역으로 임의의 $B_x \in \mathscr{B}_x$에 대하여 $(B_x - \{x\}) \cap A \neq \varnothing$이라 하자. x의 임의의 열린근방 $U \in \mathscr{T}$를 택하면

$$x \in B_x \subset U$$

인 $B_x \in \mathscr{B}_x$가 항상 존재하므로

$$\varnothing \neq (B_x - \{x\}) \cap A \subset (U - \{x\}) \cap A$$

이므로 $x \in A'$이다.

(2) 정리 3.5.4를 이용하자. $x \in \overline{A}$이라면 임의의 $B_x \in \mathscr{B}_x$는 x의 근방이므로 $B_x \cap A \neq \varnothing$이 성립한다.

역으로 임의의 $B_x \in \mathscr{B}_x$에 대하여 $B_x \cap A \neq \varnothing$이라 하자. x의 임의의 근방 $U(\ni x)$를 택하면 적당한 $B_x \in \mathscr{B}_x$가 존재하여 $x \in B_x \subset U$이다. 따라서

$$\varnothing \neq B_x \cap A \subset U \cap A$$

이므로 $x \in \overline{A}$이다. □

| 예제 4.3.5 | 실수집합 $\mathbb{R}$상의 상극한위상 $\mathbb{R}_u$를 생각하고 $A = (2,\ 3)$이라 하자. $U = (1,\ 2] \in \mathbb{R}_u$는 2를 원소를 갖는 $\mathbb{R}_u$의 열린집합이다. 그러나 $A \cap U = (2,\ 3) \cap (1,\ 2] = \varnothing$가 되어 $2 \not\in A'$이다.

한편 3을 원소로 갖는 임의의 열린기저집합 $(a,\ b]$ 즉 $a < 3 \leq b$인 열린기저집합은 3 이외의 A의 점을 포함하기에 $3 \in A'$이다. ■

연습문제 4.3

1. 연습문제 3.6의 문제 1의 위상공간 $(X,\ \mathscr{T})$에서 각 점 $x \in X$에 대한 국소기저 $\mathscr{B}_x$를 구하시오.

2. 보통위상공간 $(\mathbb{R}^n,\ \mathscr{U})$에서 수열 $\langle x_n \rangle$이 점 $p(\in \mathbb{R}^n)$에 수렴하기 위한 필요충분조건은 p에서의 한 국소기저 $\mathscr{B}_p$의 각 원이 수열의 유한개 항을 제외하고 모두 포함하는 것임을 증명하시오($\langle x_n \rangle$이 점 p에 수렴한다. $\Leftrightarrow$ ㅋ$^\forall U(\ni p) \in \mathscr{U}$, $\exists\, n_0 \in \mathbb{N}$ s.t. $n_0 \leq n$에 대하여 $x_n \in U$이다.)

3. 예제 4.1.13에서 다룬 Khalimsky 위상공간 $(\mathbb{Z},\ \kappa)$에서 다음을 보이시오.
   (1) 임의의 $2n := x \in \mathbb{Z}$에서 x의 국소기저 $\mathscr{B}_x$를 구하시오.
   (2) 임의의 $2n+1 := y \in \mathbb{Z}$에서 y의 국소기저 $\mathscr{B}_y$를 구하시오.

4.4 순서위상

실수의 집합 $\mathbb{R}$상에서 가장 자연스럽게 주어진 위상은 보통위상 $\mathscr{U}$이다. 그런데 $\mathbb{R}$은 부등호($\leq$) 관계에 의한 전순서집합(totally ordered set)이다. 이 점에 힌트를 얻어서 임의의 전순서집합 $(X, \leq)$상에 위상공간 $(\mathbb{R}, \mathscr{U})$를 일반화하여 순서위상을 알아본다. 실수집합 $(\mathbb{R}, \leq)$의 부등호를 일반화한 전순서집합 $(X, \leq)$의 관계 "$\leq$"를 사용하여 기본적인 용어를 정의하자. 이 절에서 사용하는 모든 집합 X는 공집합이 아니다. 전순서집합 $(X, \leq)$상에서 서로 다른 두 원소 a와 b를 생각한다. $a < b$인 두 점 $a, b \in X$에 대하여 다음과 같은 X의 부분집합을 정의한다.

$$(a, b) = \{x \in X \mid a < x < b\}$$
$$(a, b] = \{x \in X \mid a < x \leq b\}$$
$$[a, b) = \{x \in X \mid a \leq x < b\}$$
$$[a, b] = \{x \in X \mid a \leq x \leq b\}$$

이제 공집합이 아닌 전순서집합 $(X, \leq)$으로부터 X상의 순서위상(order topolcgy)를 만들기 위한 기저 $\mathscr{B}_o$를 정의한다.

정의 4.4.1 공집합이 아닌 전순서집합 $(X, \leq)$상의 부분집합족 $\mathscr{B}_o$를 다음과 같이 택한다.

(1) 만약 $(X, \leq)$의 **최소원**과 **최대원**이 존재하지 않을 경우에는

$$\mathscr{B}_o = \{(a, b) \mid a, b \in X, a < b\};$$

(2) 만약 $(X, \leq)$의 최소원 a_0이 존재하나 최대원은 존재하지 않을 경우에는

$$\mathscr{B}_o = \{(a, b) \mid a, b \in X, a < b\} \cup \{[a_0, b) \mid b \in X\};$$

(3) 만약 $(X, \leq)$의 최소원이 존재하지 않고 최대원 b_0은 존재할 경우에는

$$\mathscr{B}_o = \{(a, b) \mid a, b \in X, a < b\} \cup \{(a, b_0] \mid a \in X\};$$

(4) 만약 $(X, \leq)$의 최소원 a_0와 최대원 b_0이 존재할 경우에는

$$\mathscr{B}_o = \{(a,\ b) \mid a,\ b \in X,\ a < b\} \cup \{[a_0,\ b),\ (a,\ b_0] \mid a,\ b \in X\}$$

이다.

정의 4.4.2 공집합이 아닌 전순서집합 $(X,\ \leq)$상에서 부분집합족 $\mathscr{B}_o$는 X상의 한 위상을 위한 기저가 된다. 이 $\mathscr{B}_o$에 의하여 생성되는 위상 $\mathscr{T}_{\mathscr{B}_o}$를 X상의 순서위상(order topology on X)라 하고 $\mathscr{T}_o$로 표기한다. 그리고 $(X,\ \mathscr{T}_o)$를 X상의 순서위상공간이라 한다.

참고로 정의 4.4.1의 각각의 $\mathscr{B}_o$는 X상의 기저가 됨은 정리 4.1.5에 의하여 명백하다.

| 예제 4.4.3 | (1) 전순서 실수집합 $(\mathbb{R},\ \leq)$상의 기저 $\mathscr{B}_o$는 정의 4.4.1의 (1)의 경우에 해당된다. 즉, $(\mathbb{R},\ \mathscr{T}_o) = (\mathbb{R},\ \mathscr{U})$이다.

(2) 전순서를 갖는 실수의 닫힌집합 $([0,\ 1],\ \leq)$을 생각하자. $([0,\ 1],\ \leq)$는 $(\mathbb{R},\ \leq)$의 부분집합이다.

이 경우는 정의 4.4.1의 (4)에 해당된다. 구체적으로

$$\begin{aligned}\mathscr{B}_o = &\{(x-\varepsilon,\ x+\varepsilon) \mid 0 < \varepsilon < \min\{x,\ 1-x\}\} \cup \\ &\{[0,\ \varepsilon_1),\ (\varepsilon_2,\ 1] \mid 0 < \varepsilon_1 \leq 1,\ 0 \leq \varepsilon_2 < 1\}\end{aligned}$$

이다.

여기서 $[0,\ 1) \in ([0,\ 1],\ \mathscr{T}_o)$이지만 $[0,\ 1) \not\in (\mathbb{R},\ \mathscr{U})$임을 알 수 있다.

그러나 $(\mathbb{R},\ \mathscr{U})$에서 $X := [0,\ 1]$에 대한 부분공간 $(X,\ \mathscr{U}_X)$에서 $[0,\ 1) \in \mathscr{U}_X$이다. 즉, $\mathscr{T}_o = \mathscr{U}_X$임을 알 수 있다.

(3) 전순서집합 $([0,\ 5),\ \leq)$에서 $([0,\ 5),\ \mathscr{T}_o)$는 보통위상공간의 부분공간 $([0,\ 5),\ \mathscr{U}_{[0,\ 5)})$와 같다. ■

이제 실평면($\mathbb{R}^2$)상에서 순서위상을 다루기 위해서 먼저 전순서집합들 혹은 반순서집합들의 곱집합에서 고려되는 **사전식순서**(lexicographical order 혹은 dictionary order)를 알아본다.

주어진 집합 $(A,\ \leq)$와 $(B,\ \leq')$가 모두 전순서집합이라 하자. 그때 곱집합 $A \times B$상에서 사전식순서관계($\leq$)를 다음과 같이 정의한다.

두 원소 $(a,\ b),\ (a',\ b') \in A \times B$에 대하여

$$(a,\ b) \leq (a',\ b') \Leftrightarrow \begin{cases} a < a' \text{ 이거나} \\ a = a',\ b \leq' b' \end{cases}$$

이다. $(A \times B,\ \leq)$에서 원소 $(a,\ b)$가 $(a',\ b')$보다 앞에 있다는 것은

$$(a,\ b) < (a',\ b') \Leftrightarrow \begin{cases} a < a' \text{ 이거나} \\ a = a',\ b <' b' \end{cases}$$

임을 의미한다.

이제 $\mathbb{R}^2$에 $(\mathbb{R},\ \leq)$에 의하여 유도되는 **사전식순서관계** '$\leq$'를 활용하여 $\mathbb{R}^2$상에 순서위상을 만들어 보자. 먼저 $(\mathbb{R}^2,\ \leq)$에서 두 원소 $(a,\ b),\ (c,\ d) \in \mathbb{R}^2$에 대하여

$$(a,\ b) \leq (c,\ d) \Leftrightarrow \begin{cases} a < c \text{ 이거나} \\ a = c,\ b \leq d \end{cases}$$

가 되어서 $(\mathbb{R}^2,\ \leq)$은 전순서집합이 된다.

그런데 $(\mathbb{R}^2,\ \leq)$은 최소원, 최대원 모두 존재하지 않기에 $(\mathbb{R}^2,\ \leq)$상에서 기저 $\mathscr{B}_o$는 정의 4.4.1의 (1)의 형태를 취해야 한다. 즉, 그 $\mathscr{B}_o$의 원소의 형태는 $(a,\ b) < (c,\ d)$에 대하여, $((a,\ b),\ (c,\ d)) \in \mathscr{B}_o$로 표현되기에 이 원소에 대하여 심층적으로 조사하자. 즉

$$(x,\ y) \in ((a,\ b),\ (c,\ d)) = \{(x,\ y) \in \mathbb{R}^2 \mid (a,\ b) < (x,\ y) < (c,\ d)\}$$

이다.

(1) $a < c$인 경우에는 $(a,\ b) < (c,\ d)$이고,

$$\begin{aligned} ((a,\ b),\ (c,\ d)) &= \{(a,\ y) \in \mathbb{R}^2 \mid b < y\} \cup \{(x,\ y) \in \mathbb{R}^2 \mid a < x < c,\ y \in \mathbb{R}\} \\ &\quad \cup \{(c,\ y) \in \mathbb{R}^2 \mid y < d\} \\ &= [\{a\} \times (b,\ \infty)] \cup [(a,\ c) \times \mathbb{R}] \cup [\{c\} \times (-\infty,\ d)] \end{aligned}$$

이다 (그림 4.5(a) 참조).

(2) $a = c$이고 $b < d$인 경우에서 $(a,\ b) < (c,\ d)$이고,

$$((a,\ b),\ (c,\ d)) = \{(a,\ y) \in \mathbb{R}^2 \mid b < y < d\} = \{a\} \times (b,\ d)$$

이다 (그림 4.5(b) 참조).

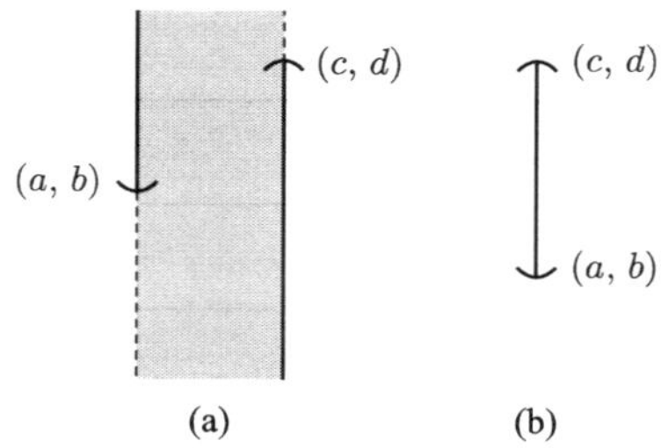

그림 4.5 $\mathbb{R}^2$상의 순서위상의 기저원소

앞에서 언급한 $\mathbb{R}^2$상의 사전식순서에 의한 순서위상 $\mathscr{T}_o$에 대하여 요약하면 다음과 같은 성질이 있다.

성질 4.4.4 (1) 정의 4.4.2에서 정의했듯이 $(\mathbb{R}^2,\ \mathscr{T}_o)$는 $\mathscr{B}_o$에 의하여 생성되는 $\mathbb{R}^2$상의 위상공간이다.

(2) $\mathbb{R}^2$상의 보통위상공간 $(\mathbb{R}^2,\ \mathscr{U})$와 $(\mathbb{R}^2,\ \mathscr{T}_o)$를 비교하면 $\mathscr{U} \subsetneq \mathscr{T}_o$이다.

증명 (1) 정의 4.4.2에 의하여 명백하다.

(2) $\mathbb{R}^2$상의 부분집합족 $\mathscr{B}'$

$$\mathscr{B}' = \{(a,\ b)\times(c,\ d) \mid a<b,\ c<d,\ a,\ b,\ c,\ d \in \mathbb{R}\}$$

는 $\mathscr{U}$의 한 기저임은 명백하다(정리 4.1.15 참조). 정리 4.1.10을 활용하여 $\mathscr{U} \subsetneq \mathscr{T}_o$임을 보이자. 먼저 임의의 $B' = (a,\ b)\times(c,\ d) \in \mathscr{B}'$과 임의의 점 $(x,\ y) \in B'$에 대하여 $(x,\ y) \in \{x\}\times(c,\ d) \subset B'$이다(그림 4.6의 (a) 참조). $\{x\}\times(c,\ d) = ((x,\ c),\ (x,\ d)) = B_o \in \mathscr{B}_o$이어서 $(x,\ y) \in B_o \subset B'$이다(그림 4.6의 (a) 참조). 따라서 정리 4.1.10에 의

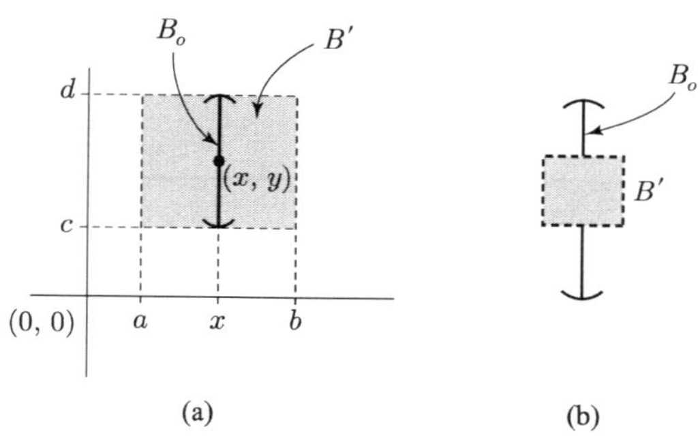

그림 4.6 $\mathscr{B}_o$와 $\mathscr{B}'$의 비교

하여 $\mathscr{U} \subset \mathscr{T}_o$이다.

그러나 $\mathscr{U} \neq \mathscr{T}_o$임을 예를 들어 보이자. $B_o = ((x,\ c),\ (x,\ d)) \in \mathscr{B}_o$ (그림 4.6의 (b) 참조)를 택하고 임의의 한 점 $(x,\ t) \in B_o$(여기서 $c < t < d$이다)을 택하면 점 $(x,\ t)$를 원소로 가지면서 B_o에 포함되는 $B \in \mathscr{B}'$는 존재하지 않는다(그림 4.6의 (b) 참조). 따라서 $\mathscr{T}_o \not\subset \mathscr{U}$이다. □

| 예제 4.4.5 | 자연수집합 $\mathbb{N}$상에서 전순서집합 $(\mathbb{N},\ \leq)$에서 유도되는 순서위상 $\mathscr{T}_o$는 $\mathbb{N}$상의 이산위상 $\mathscr{D}$와 같다. 구체적으로, 만약 $1 < n \in \mathbb{N}$인 n을 택하면 $(n-1,\ n+1) = \{n\}$인 $(n-1,\ n+1) = B_o \in \mathscr{B}_o$가 항상 존재한다.

한편 $n = 1$이면 1은 $(\mathbb{N},\ \leq)$의 최소원이므로 정의 4.4.1(2)에 의하여 $\{1\} = [1,\ 2)$인 기저열린집합 $[1,\ 2) \in \mathscr{B}_o$에 존재한다. 즉, 임의의 $n \in \mathbb{N}$에 대하여 $\{n\} \in \mathscr{B}_o$이므로 $\mathscr{T}_{\mathscr{B}_o} = \mathscr{T}_o$는 $\mathscr{D}$이다. ■

| 예제 4.4.6 | 전순서집합 $(\mathbb{N},\ \leq)$의 부분집합 $(A = \{1,\ 2\},\ \leq)$에 대하여 곱집합 $X = A \times \mathbb{N}$상에 사전식순서 $\leq$를 주면 $(X,\ \leq)$는 전순서집합이 된다. 이때 $a_n = (1,\ n)$, $b_n = (2,\ n) \in X$이라 놓으면 $X = \{a_n,\ b_n \mid n \in \mathbb{N}\}$으로 표시되는데 원소들 사이의 사전식순서에 의하여

$$a_1 \leq a_2 \leq \cdots;\ b_1 \leq b_2 \leq \cdots \text{ (그림 4.7(a) 참조)}$$

임을 알 수 있고 a_1이 $(X,\ \leq)$의 최소원이고 최대원은 존재하지 않는다. 그래서 $(X,\ \leq)$상에서 순서위상을 위한 기저 $\mathscr{B}_o$의 형태는 정의 4.4.1(2)의 형태를 취한다. 여기서 $\mathscr{B}_o$의 원소들의 형태를 자세히 알아본다.

(1) $\{a_1\} = [a_1,\ a_2) \in \mathscr{B}_o$ (a_1이 $(X,\ \leq)$의 최소원이므로);

(2) $\{a_n\} = (a_{n-1},\ a_{n+1}) \in \mathscr{B}_o$ (단 $n \geq 2$이다);

(3) $\{b_n\} = (b_{n-1},\ b_{n+1}) \in \mathscr{B}_o$ (단 $n \geq 2$이다);

그러나 b_1은 최소원도 최대원도 아니기에 b_1을 원소로 갖는 $\mathscr{B}_o$의 기저열린집합은 적당한 원소 $a_m,\ b_n \in X$에 대하여 $B = (a_m,\ b_n) \in \mathscr{B}_o$이다(그림 4.7(b) 참조). 여기서 b_n의 n은 $n \geq 2$이다. 이 경우 모든 $i > m$에 대해 $a_i \in B$이므로 B는 구한 집합이다. 즉 $\{b_1\} \notin \mathscr{B}_o$이다. 따라서 X상의 사전식순서위상 $\mathscr{T}_o$는 이산위상이 아니다.

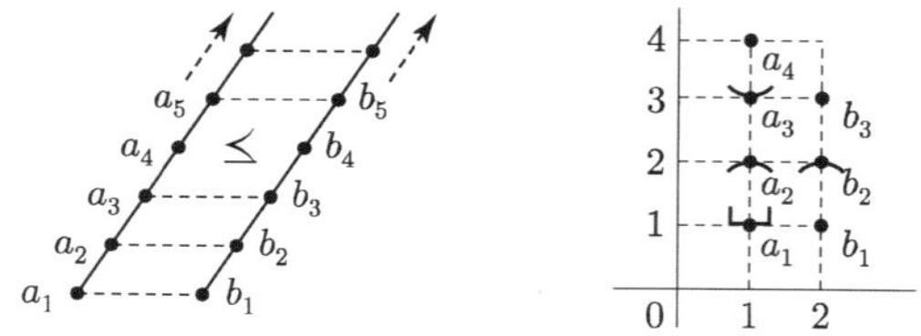

(a) (b)

그림 4.7 $(X, \le)$상에서 원소 사이의 순서비교와 기저열린집합 형태 $[a_1, a_2)$, (a_3, b_2) ■

이제 순서위상공간의 부분공간의 특성을 알아보자.

전순서집합 $(X, \le)$으로부터 유도되는 순서위상을 $\mathscr{T}_o$이라 하고 A를 X의 한 부분집합이라 하자. $(X, \mathscr{T}_o)$의 A에 대한 부분공간 $(A, (\mathscr{T}_o)_A)$를 택하자. 한편 A에 전순서집합 $(X, \le)$의 순서 "$\le$"를 적용하면 $(A, \le)$도 전순서집합이 된다. 따라서 정의 4.4.2에 의하여

$$(A, \le) \to \exists (A, \mathscr{B}_o^A) \to \exists (A, \mathscr{T}_o^A)$$

인 $(A, \le)$상의 순서위상을 위한 기저 $\mathscr{B}_o^A$와 $\mathscr{B}_o^A$에 의하여 생성되는 위상 $\mathscr{T}_o^A$가 존재한다. 이때 우리는 다음과 같은 의문이 생긴다.

$$(A, (\mathscr{T}_o)_A)\text{는 } (A, \mathscr{T}_o^A)\text{와 같은가?}$$

일반적으로 $(\mathscr{T}_o)_A \neq \mathscr{T}_o^A$이다. 다음 예제를 통해서 이 사실을 확인하자.

| 예제 4.4.7 | 실수집합 $\mathbb{R}$에 전순서집합 $(\mathbb{R}, \le)$을 생각하자. 앞에서 보였듯이

$$(\mathbb{R}, \le) \Rightarrow \exists (\mathbb{R}, \mathscr{B}_o) \to (\mathbb{R}, \mathscr{T}_o) = (\mathbb{R}, \mathscr{U})\text{: 보통위상공간} \quad \cdots (*)$$

임을 알고 있다. 이제 $\mathbb{R}$의 부분집합으로서 $A = (0, 1) \cup \{3\}$을 생각해서 $(\mathbb{R}, \mathscr{T}_o)$의 A에 대한 상대위상 $(\mathscr{T}_o)_A$와 $(A, \le)$상의 순서관계에 의하여 생성된 순서위상 $\mathscr{T}_o^A$를 비교하자. 즉, 다음과 같이 $(\mathscr{T}_o)_A \neq \mathscr{T}_o^A$임을 알 수 있다.

(i) 한원소집합 $\{3\}(\subset A)$은 $(\mathscr{T}_o)_A$의 열린집합이다. 왜냐하면 (*)에 의하여 $(2, 4) \in \mathscr{T}_o = \mathscr{U}$에 대하여 $(2, 4) \cap A = \{3\}$이기 때문이다.

(ii) 이제 한원소집합 $\{3\}$이 $\mathscr{T}_o^A$의 원소인지 확인해 보자. $(A, \le)$는 자연스러운 전순서집합이고 최대원으로서 '3'을 갖고 있다. 따라서 정의 4.4.1(3)에 의하여 $3(\in A)$을 원소로 갖는 기저 $\mathscr{B}_o^A$의 원소 B는 적당한 $a \in A$에 대하여 $B=$

$\{x \in A \mid a < x \leq 3\}$ 형태이다. 이 경우 $a \in (0, 1)$이 되어야 하기에 B는 $3 \in B$인 무한집합이어야 한다. 따라서 $3 \in B \subset \{3\}$을 만족하는 $\mathscr{B}_o^A$의 원소 B는 존재하지 않는다. 따라서 $\{3\} \notin \mathscr{T}_o^A$이다. 결론적으로 (i)과 (ii)를 종합하면, $(\mathscr{T}_o)_A \neq \mathscr{T}_o^A$임을 알 수 있다. ■

예제 4.4.7에서 보았듯이, 일반적으로 전순서집합 $(X, \leq)$에서 유도되는 순서위상공간 $(X, \mathscr{T}_o)$에 대하여 부분집합 $A \subset X$에 대한 $(\mathscr{T}_o)_A \neq \mathscr{T}_o^A$이 성립한다. 그러면 어떤 경우에 $(\mathscr{T}_o)_A = \mathscr{T}_o^A$일까?

이제 **볼록**(convex) 개념을 소개한다.

전순서집합$(X, \leq)$의 부분집합 A가 볼록(convex)이란 임의의 두점 $a, b \in A$에 대하여 $[a, b] = \{x \in X \mid a \leq x \leq b\} \subset A$를 만족함을 의미한다.

참고 4.4.8 전순서부분집합 $(X, \leq)$의 볼록부분집합 A에 대하여 $(\mathscr{T}_o)_A = \mathscr{T}_o^A$이다.

참고로 예제 4.4.7의 A는 $(\mathbb{R}, \leq)$의 볼록부분집합이 아님을 알 수 있다.

연습문제 4.4

1. 정의 4.4.1에서 제시한 네 가지 형태의 $\mathscr{B}_o$가 전순서집합 $(X, \leq')$상에서 기저가 됨을 구체적으로 보이시오.

2. 임의의 자연수 $m \in \mathbb{N}$에 대하여 집합 $X = \{m\} \cup \left\{m + \dfrac{1}{n} \quad n \in \mathbb{N}\right\}$를 생각하자. 부등호 관계에 의한 관계집합 $(X, \leq)$는 전순서집합이다.
   (1) $(X, \leq)$에 최대원과 최소원은 존재하는가?
   (2) 정의 4.4.1에서 제시한 $\mathscr{B}_o$ 중 어떤 형태를 택하는가?
   (3) $(X, \leq)$상의 순서위상 $\mathscr{T}_{\mathscr{B}_o}$를 X상의 이산위상 $\mathscr{D}$와 비교하시오. (힌트 : m 근방을 집중적으로 조사하시오.)

3. 전순서집합 $(\mathbb{N}, \le)$와 $(\mathbb{Z}, \le)$을 기반으로 사전식순서에 의한 순서위상의 성질을 조사하자.

(1) $X = \{x \in \mathbb{N} \mid x \in [0, 5] \subset \mathbb{R}\}$라 할 때, $(X, \le)$의 사전식순서 곱집합 $(X \times X, \le')$을 생각한다.$(X \times X, \le')$상의 사전식순서위상 $\mathscr{T}_o$를 구하고 $\mathscr{T}_o$의 원소의 개수를 구하시오.

(2) $(\mathbb{Z} \times \mathbb{Z}, \mathscr{T}_o)$를 구하고 $(\mathbb{Z} \times \mathbb{Z}, \mathscr{D})$와 비교하시오.

4. 전순서집합 $(\mathbb{N}, \le)$와 부분집합 $(A, \le)$를 생각하자. 여기서 $A = \{1, 2, \cdots, n\}$이다. 그때 곱집합 $A \times \mathbb{N}$에 대한 사전식순서에 의한 전순서집합 $(A \times \mathbb{N}, \le')$을 얻는다. $A \times \mathbb{N} = X$라 하자. $(X, \le')$을 기반으로 하여 다음을 구하시오.

(1) $\mathscr{B}_o$를 구하시오.

(2) $\mathscr{T}_o$를 구하시오.

(3) $\{B \subset X \mid B \ne \overline{B}\}$의 기수를 구하시오.

5. 집합 $\mathbb{N}_m = \{1, 2, \cdots, m\} (\subset \mathbb{N})$이라 하자. $(\mathbb{N}_m, \le)$은 자연스러운 전순서집합이다. 이제 $\mathbb{N}_m \times \mathbb{N}_n$에 사전식순서에 의한 전순서집합 $(\mathbb{N}_m \times \mathbb{N}_n, \le)$을 기반으로 하여 다음을 구하시오.

(1) $\mathscr{B}_o$를 구하시오.

(2) $\mathscr{T}_o$를 구하시오.

(3) $\mathbb{N}_m \times \mathbb{N}_n = Y$라 할 때, $\{A \subset Y \mid A = \text{Int}(A)\}$의 기수를 구하시오.

6. 전순서집합 $(\mathbb{N}, \le)$으로 유도되는 사전식순서를 갖는 순서공간 $\mathbb{N} \times \mathbb{N}$에서 다음 집합들의 내부, 외부, 경계, 폐포 등을 구하시오.

(1) $A = \{(1, 1)\}$

(2) $B = \{(3, 1)\}$

(3) $C = \{(3, n) \mid n \in \mathbb{N}\}$

(4) $D = \{(1, n) \mid 4 \le n \in \mathbb{N}\}$

7. 전순서집합 $(\mathbb{N}, \le)$로부터 유도된 순서위상공간 $(X, \mathscr{T}_o)$를 생각하자. 만약에 $a, b \in X$이고 $a < b$이면 $x \in U(a)$이고 $y \in U(b)$이면 $x < y$이 성립하는 a의 근방 $U(a)$와 b의 근방 $U(b)$가 존재함을 보이시오.

8. $X = [0, a] \times [0, a]$에 대한 사전식순서에 의한 순서위상공간 $(X, \mathscr{T}_o)$를 생각하자. 이때 임의의 $p \in X$에 대하여 p의 열린근방의 형태를 설명하시오.

TOPOLOGY

제 5 장

연속성과 위상동형

실수집합의 열린집합 특성을 일반화하여 일반위상공간 $(X, \mathscr{T})$를 만들었다. 실공간에서 연속성은 $\varepsilon-\delta$방식을 이용하여 정의하였다. 즉, 함수 $f:\mathbb{R}\rightarrow\mathbb{R}$가 점 $x_0\in\mathbb{R}$에서 연속이라 하는 것은 "$f(x_0)$의 임의의 열린집합 $V_{f(x_0)}$에 대하여 x_0의 열린집합 U_{x_0}가 존재하여 조건

$$f(U_{x_0})\subset V_{f(x_0)}$$

를 만족하는 것"이다.

더 나아가 주어진 함수 f가 임의의 점 $x\in\mathbb{R}$에서 연속함수이면 $f:\mathbb{R}\rightarrow\mathbb{R}$은 연속함수라 한다. 즉, 주어진 함수 f가 연속이 되는 필요충분조건은 치역의 각 열린집합의 역상 (inverse image)이 정의역에서 열린집합임을 알고 있다.

실수집합들 사이의 연속함수를 일반화하여 일반위상공간들 사이의 함수의 연속성을 다루고자 한다. '함수의 연속성을 바탕으로 두 위상공간들의 동질성을 비교하는 수학적 방법이 없겠는가?' 라는 의문이 생긴다. 위상수학이란 주어진 공간의 위상적 변환 (전단사함수 f로서 f와 f^{-1}이 모두 연속인 함수)에 의하여 변하지 않는 성질을 찾는 학문이라고 해도 과언이 아니다. 주어진 공간을 구부리거나 잡아당기고(즉 늘임) 비트는 (접히거나 찢어져서는 안 됨) 조작도 위상변환의 한 예로서 생각할 수 있다. 이런 위상적 변형을 설명하는 개념이 바로 위상동형함수인 것이다.

이 장에서는 연속함수, 위상동형함수, 위상적 성질, 유전적 성질 등을 다룬다. 특히 함수의 연속성, 위상동형 성질 등은 주어진 공간의 위상구조에 절대적인 영향을 받음을 주의 깊게 살펴본다.

5.1 함수의 연속성

실수집합 사이의 함수의 연속성을 일반화하여 두 위상공간 사이의 함수의 연속성을 다음과 같이 정의한다.

정의 5.1.1 $X := (X, \mathscr{T}_1)$과 $Y := (Y, \mathscr{T}_2)$를 위상공간이라 하자.

(1) 함수 $f : X \to Y$가 한 점 $x \in X$에서 **연속사상** (continuous map at x)이란 $f(x) \in V$인 임의의 열린집합 $V \in \mathscr{T}_2$에 대하여 $f(U) \subset V$(즉 $U \subset f^{-1}(V)$)를 만족하는 $(x \in) U \in \mathscr{T}_1$이 존재하는 것이다.

(2) 함수 $f : X \to Y$가 **연속사상** (continuous map) (혹은 연속함수)란 임의의 열린집합 $V \in \mathscr{T}_2$에 대하여 $f^{-1}(V) \in \mathscr{T}_1$인 것이다.

(3) 함수 $f : X \to Y$가 **열린사상** (open map)이란 임의의 열린집합 $U \in \mathscr{T}_1$에 대하여 $f(U) \in \mathscr{T}_2$인 것이다.

(4) 함수 $f : X \to Y$가 **닫힌사상** (closed map)이란 $(X, \mathscr{T}_1)$의 임의의 닫힌집합 C에 대하여 $f(C)$가 $(Y, \mathscr{T}_2)$상에서 닫힌집합인 것이다.

즉, 정의 5.1.1(1)과 (2)에서 알 수 있듯이 함수 $f : X \to Y$가 X의 모든 점에서 연속일 때 f는 연속이 됨을 알 수 있다(정리 5.1.3 참조). 그러므로 정의 5.1.1(2) ⇒ 정의 5.1.1(1)이지만 역은 일반적으로 성립하지 않는다. 예를 들어 구체적으로 알아보자.

| 예제 5.1.2 | 두 위상공간

$$X = \{x, y, z\}, \quad \mathscr{T}_1 = \{X, \varnothing, \{x, y\}, \{z\}\}$$
$$Y = \{a, b\}, \quad \mathscr{T}_2 = \{Y, \varnothing, \{b\}\}$$

에 대하여 함수 f를 다음과 같이 정의한다. 즉,

$$f : X \to Y \quad \text{s.t.} \quad f(x) = b, \quad f(y) = a, \quad f(z) = b$$

라 하자.

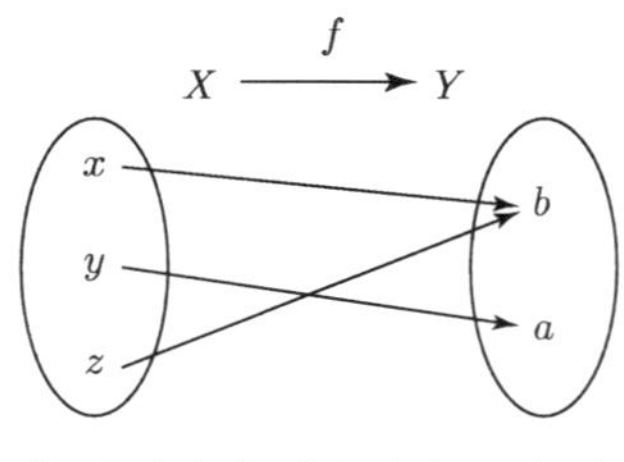

그림 5.1 한 점에서의 연속성과 f의 연속성의 비교

이때 주어진 함수 f는 연속사상이 아님은 명백하다. 왜냐하면, 예를 들면 집합 $\{b\}\in\mathscr{T}_2$인데 $f^{-1}(\{b\})=\{x,\ z\}\not\in\mathscr{T}_1$이다. 그러나 다음이 성립한다.

(1) 함수 f는 점 x에서 연속이 아니다. 왜냐하면 $f(x)=b$인데 b를 원소로 갖는 열린집합은 $\{b\}$, $Y\in\mathscr{T}_2$이다. 그런데 x를 원소로 갖는 X상의 열린집합은 $\{x,\ y\}$, $X\in\mathscr{T}_1$이다. 여기서 $V=\{b\}(\ni f(x))$를 택하면 $f(U)\subset V$를 만족하는 $U(\ni x)$가 $\mathscr{T}_1$에 존재하지 않는다.

(2) 함수 f는 점 y에서 연속이다. 왜냐하면 $f(y)=a$를 원소로 갖는 Y상의 열린집합은 $Y(\in\mathscr{T}_2)$밖에 없다. 그런데 y를 원소로 갖는 X상의 열린집합은 $\{x,\ y\}$, $X\in\mathscr{T}_1$이다. 그러므로 $f(y)$의 열린근방 $V(=Y)\in\mathscr{T}_2$을 택하면 열린근방 $U(\ni y)\in\{\{x,\ y\},\ X\}$가 존재하여 $f(U)\subset V$이 성립한다.

(3) 증명 (2)와 같은 방법으로 f가 점 z에서 연속임을 알 수 있다.

결론적으로 주어진 함수 f는 연속사상은 아니지만 점 y와 z에서는 연속사상임을 알았다. ■

참고로, 예제 5.1.2(3)에서 보았듯이 f가 점 z에서 연속이라 해서 $f(z)=b$를 포함하는 임의의 열린집합 V(예를 들면 $V:=\{b\}$)에 대하여 $f^{-1}(V)$가 $(X,\ \mathscr{T}_1)$상에서 열린집합일 필요는 없다는 것이다.

정리 5.1.3 위상공간 $(X,\ \mathscr{T}_1)$과 $(Y,\ \mathscr{T}_2)$ 사이의 함수 $f:X\to Y$에 대하여 다음은 동치이다.

(a) $f:X\to Y$는 연속함수이다.

(b) f는 X의 모든 점에서 연속함수이다.

증명 (a)$\Rightarrow$(b) 함수 f의 연속성에 의하여 임의의 점 $x\in X$와 $f(x)$를 원소로 갖는 임의의 열린집합 $(f(x)\in)V\in\mathscr{T}_2$에 대하여 $(x\in)f^{-1}(V)\in\mathscr{T}_1$이

존재한다. 여기서 $f^{-1}(V)$를 U로 놓으면 $f(U) \subset V$이 성립한다. 따라서 f는 임의의 점 x에서 연속이다.

(b) ⟹ (a) 임의의 열린집합 $V \in \mathscr{T}_2$에 대하여 $f^{-1}(V) \in \mathscr{T}_1$임을 보이자. 정리 3.3.5를 이용하자. 즉, 임의의 $x \in f^{-1}(V)$이면 $f(x) \in V$이고 가정 (b)에 의하여 $(x \in) U_x \in \mathscr{T}_1$이 존재하여 $f(U_x) \subset V$이다. 즉, $x \in U_x \subset f^{-1}(V)$이다. 그러므로 정리 3.3.5에 의하여 $f^{-1}(V) \in \mathscr{T}_1$이다. □

지금까지 주어진 함수 $f : (X, \mathscr{T}_1) \to (Y, \mathscr{T}_2)$에 대하여 한 점 $x \in X$에서의 함수 f의 연속성과 f의 연속성 사이의 관계를 집중적으로 알아보았다. 이제 열린사상, 닫힌사상, 연속사상에 관한 자세한 성질을 알아보자.

| 예제 5.1.4 | (1) 이산위상공간 $(X, \mathscr{D})$에서 임의의 위상공간 $(Y, \mathscr{T})$로의 모든 함수는 연속사상이다. 왜냐하면 임의의 열린집합 $V \in \mathscr{T}$에 대하여 $f^{-1}(V) \subset X$이므로 $f^{-1}(V) \in \mathscr{D}$이다.

(2) $(X, \mathscr{T})$를 임의의 위상공간이고 $(Y, \mathscr{I})$를 비이산공간(indiscrete topology)이라 하면 임의의 함수 $f : X \to Y$는 항상 연속사상이다. 왜냐하면 임의의 열린집합 $V \in \mathscr{I} = \{\varnothing, Y\}$에 대하여 $f^{-1}(V) \in \{\varnothing, X\} \subset \mathscr{T}$이기 때문이다.

(3) 보통위상 $(\mathbb{R}, \mathscr{U})$에 대해 함수 $f : \mathbb{R} \to \mathbb{R}$를

$$f(x) = \begin{cases} 1, & x \in [0, \infty) \\ -1, & x \in (-\infty, 0) \end{cases}$$

이라 하자. 이때 함수 f는 연속함수가 아니다. 왜냐하면 $(0, 2) \in \mathscr{U}$에 대하여 $f^{-1}((0, 2)) = [0, \infty) \notin \mathscr{U}$이기 때문이다. ■

| 예제 5.1.5 | 예제 5.1.2의 함수 f는 열린사상이지만 닫힌사상은 아니다. 왜냐하면 f가 열린사상임은 정의에 의하여 명백하고, $\{z\} = \{x, y\}^c$이고 $\{x, y\} \in \mathscr{T}_1$이기에 $\{z\}$는 $(X, \mathscr{T}_1)$상에서 닫힌집합이다 ($\{z\} \in \mathscr{T}_1$이기도 하다). 그러나 $f(\{z\}) = \{b\}$인데 $\{b\}$는 $(Y, \mathscr{T}_2)$상에서 닫힌집합이 아니다. ■

이제 연속사상과 동치인 명제에 관하여 살펴보자.

정리 5.1.6 $(X, \mathscr{T}_1)$과 $(Y, \mathscr{T}_2)$가 위상공간이고, $f: X \to Y$를 함수라 하자. 다음 (1)~(4)는 동치인 명제이다.

(1) $f: X \to Y$는 연속사상이다.

(2) C를 $(Y, \mathscr{T}_2)$에서 임의의 닫힌집합이라 하면 $f^{-1}(C)$도 $(X, \mathscr{T}_1)$에서 닫힌 집합이다.

(3) 임의의 $A \subset X$에 대하여 $f(\overline{A}) \subset \overline{f(A)}$이다.

(4) 임의의 $B \subset Y$에 대하여 $\overline{f^{-1}(B)} \subset f^{-1}(\overline{B})$이다.

증명 (1) $\Rightarrow$ (2) $(Y, \mathscr{T}_2)$상에서 임의의 닫힌집합 C를 택하면 $C^c \in \mathscr{T}_2$이다. 가정(즉, f의 연속성)에 의하여 $f^{-1}(C^c) = [f^{-1}(C)]^c \in \mathscr{T}_1$이다. 따라서 $f^{-1}(C)$는 $(X, \mathscr{T}_1)$에서 닫힌집합이다.

(2) $\Rightarrow$ (3) A를 X의 임의의 부분집합이라 하면 $A \subset f^{-1}(f(A))$이고 폐포의 성질로부터 $f(A) \subset \overline{f(A)}$이다. 그러므로

$$A \subset f^{-1}(f(A)) \subset f^{-1}(\overline{f(A)})$$

이다. 한편 $\overline{f(A)}$는 $(Y, \mathscr{T}_2)$상에서 닫힌집합이므로 가정(2)에 의하여 $f^{-1}(\overline{f(A)})$는 $(X, \mathscr{T}_1)$에서 A를 포함하는 닫힌집합이 된다. 따라서

$$\overline{A} \subset f^{-1}(\overline{f(A)})$$

이다. 양변에 f를 취하면 함수의 기본성질에 의하여

$$f(\overline{A}) \subset f[f^{-1}(\overline{f(A)})] \subset \overline{f(A)}$$

이 성립한다.

(3) $\Rightarrow$ (4) 임의의 $B \subset Y$에 대하여 $f^{-1}(B) = A$라 놓자. 가정(3)에 의하여

$$f(\overline{A}) \subset \overline{f(A)} = \overline{f(f^{-1}(B))} \subset \overline{B}$$

이다. 따라서 $f(\overline{A}) \subset \overline{B}$이고 사상의 성질에 의하여 $f^{-1}(f(\overline{A})) \subset f^{-1}(\overline{B})$이다. 그러므로

$$\overline{f^{-1}(B)} = \overline{A} \subset f^{-1}(f(\overline{A})) \subset f^{-1}(\overline{B})$$

이 성립한다.

(4) ⇒ (1) 임의의 열린집합 $U \in \mathscr{T}_2$에 대하여, $B = U^c$라 하면 B는 $(Y, \mathscr{T}_2)$에서 닫힌집합이다. 가정에 의하여

$$\overline{f^{-1}(B)} \subset f^{-1}(\overline{B}) = f^{-1}(B)$$

이고 $f^{-1}(B) \subset \overline{f^{-1}(B)}$는 항상 성립하므로 $f^{-1}(B) = \overline{f^{-1}(B)}$이다. 즉 $f^{-1}(B)$는 닫힌집합이다. 이를 이용하면, $f^{-1}(B) = f^{-1}(U^c) = (f^{-1}(U))^c$에서 $f^{-1}(U) \in \mathscr{T}_1$이 성립한다. □

정리 5.1.6과 연속사상의 정의에 의하여 임의의 위상공간 $(X, \mathscr{T})$에 대하여 다음이 성립한다.

(★) 항등사상 $1_X : X \to X$ s.t. $\exists^\forall x \in X,\ 1_X(x) = x$은 연속이다.

(★) 임의의 위상공간 $(X, \mathscr{T}_1)$과 $(Y, \mathscr{T}_2)$에 대하여 상수함수 $f : X \to Y$ s.t. $f(X) = \{c\}$ (즉 $\exists^\forall x \in X,\ f(x) = c \in Y$)는 연속함수이다.

4.1절에서 기저 도입의 필요성을 언급했듯이, 한 위상에 대한 기저는 그 위상의 역할을 감당하므로 열린집합으로 표현되는 "연속"의 개념을 기저를 활용하여 표현할 수 있다.

정리 5.1.7 $(X, \mathscr{T}_1)$과 $(Y, \mathscr{T}_2)$를 위상공간이라 하고, $\mathscr{B}$를 위상 $\mathscr{T}_2$에 대한 기저라고 하자. 사상 $f : X \to Y$가 연속이기 위한 필요충분조건은 임의의 $B \in \mathscr{B}$에 대하여 $f^{-1}(B) \in \mathscr{T}_1$이다.

증명 (⇒) $\mathscr{B} \subset \mathscr{T}_2$이고 f가 연속이므로 임의의 $B \in \mathscr{B}$에 대하여 $f^{-1}(B) \in \mathscr{T}_1$이다.

(⇐) 임의의 $U \in \mathscr{T}_2$에 대하여 적당한 $B_\lambda \in \mathscr{B}$ $(\lambda \in \Lambda)$가 존재하여

$$U = \bigcup_{\lambda \in \Lambda} B_\lambda$$

이다. 가정에 의하여 각 λ에 대하여 $f^{-1}(B_\lambda) \in \mathscr{T}_1$이므로

$$f^{-1}(U) = f^{-1}\left(\bigcup_{\lambda \in \Lambda} B_\lambda\right) = \bigcup_{\lambda \in \Lambda} f^{-1}(B_\lambda) \in \mathscr{T}_1 \text{(위상공리(a2)를 사용함)}$$

이 성립하여 f는 연속사상이다. □

또 부분기저를 활용하여 주어진 함수의 연속성을 알아본다.

정리 5.1.8 $(X, \mathscr{T}_1)$과 $(Y, \mathscr{T}_2)$를 위상공간이라 하고, $\mathcal{S}$를 $(Y, \mathscr{T}_2)$에 대한 부분기저라 하자. 함수 $f: X \to Y$가 연속이기 위한 필요충분조건은 임의의 $S \in \mathcal{S}$에 대하여 $f^{-1}(S) \in \mathscr{T}_1$이다.

증명 (⇒) $\mathcal{S} \subset \mathscr{T}_2$이고 f가 연속이므로 임의의 $S \in \mathcal{S}$에 대하여 $f^{-1}(S) \in \mathscr{T}_1$이다.

(⇐) $\mathcal{S}$가 $\mathscr{T}_2$의 부분기저이므로 임의의 열린집합 $U \in \mathscr{T}_2$에 대하여 부분기의 정의에 의하여

$$U = \bigcup_{\lambda \in \Lambda} \left(\bigcap_{i \in \Lambda'} S_i \right)$$

이다. 여기서 첨자집합 Λ는 임의의 개수를 갖는 집합이고, Λ'는 유한 첨자집합이다.

$$f^{-1}(U) = f^{-1}\left(\bigcup_{\lambda \in \Lambda} \left(\bigcap_{i \in \Lambda'} S_i \right) \right) = \bigcup_{\lambda \in \Lambda} f^{-1}\left(\bigcap_{i \in \Lambda'} S_i \right)$$
$$= \bigcup_{\lambda \in \Lambda} \left(\bigcap_{i \in \Lambda'} f^{-1}(S_i) \right)$$

인데 가정에 의하여 $f^{-1}(S_i) \in \mathscr{T}_1$이므로 위상공리 (a3)과 (a2)를 활용하여 $f^{-1}(U) \in \mathscr{T}_1$이다. 따라서 함수 f는 연속함수이다. □

| 예제 5.1.9 | 실수집합 $\mathbb{R}$상에 보통위상 $(\mathbb{R}, \mathscr{U})$와 상극한위상 $\mathbb{R}_u$를 생각하자. 그리고 함수

$$f: (\mathbb{R}, \mathscr{U}) \to (\mathbb{R}, \mathbb{R}_u) \text{ s.t. } f(x) = x, \ \exists^{\forall} x \in \mathbb{R}$$

를 생각하자. 그때 함수 f는 연속함수가 아니다. 왜냐하면 임의의 기저열린집합 $(a, b] \in \mathscr{B}_u$를 택할 때 $f^{-1}((a, b]) = (a, b] \not\in \mathscr{U}$이기 때문이다(정리 5.1.7 사용).

그러나 함수

$$g: (\mathbb{R}, \mathbb{R}_u) \to (\mathbb{R}, \mathscr{U}) \quad \text{s.t.} \quad g(x) = x, \ \exists^{\forall} x \in \mathbb{R}$$

를 생각하자. 그때 함수 g는 연속함수이다. 왜냐하면 정리 5.1.7에 의하여 $(\mathbb{R}, \mathscr{U})$에 대한 임의의 기저열린집합 $(a, b) \in \mathscr{B} \subset \mathscr{U}$를 택하면 $g^{-1}((a, b)) = (a, b)$인데 $(a, b) \in \mathbb{R}_u$이다. 여기서 $\mathscr{B}$는 $(\mathbb{R}, \mathscr{U})$의 기저이다. 왜냐하면 정리 3.3.5에 의하여 임의의 $x \in (a, b)$를 택하면 항상 적당한 $(x-\varepsilon, x] \in \mathscr{B}_u$가 존재하여 $x \in (x-\varepsilon, x] \subset (a, b)$이므로 $(a, b) \in \mathbb{R}_u$이기 때문이다. 여기서 ε은 $0 < \varepsilon (\in \mathbb{R})$인 아주 작은 실수이다. ■

정리 5.1.10 위상공간 $(X, \mathscr{T}_1)$, $(Y, \mathscr{T}_2)$ 그리고 $(Z, \mathscr{T}_3)$에 대하여 함수 $f: X \to Y$와 $g: Y \to Z$가 연속이면 합성함수 $g \circ f: X \to Z$도 연속이다.

증명 임의의 열린집합 $U \in \mathscr{T}_3$에 대하여

$$(g \circ f)^{-1}(U) = f^{-1} \circ g^{-1}(U) = f^{-1}(g^{-1}(U))$$

이다. $g^{-1}(U) \in \mathscr{T}_2$이고 f도 연속이므로 $f^{-1}(g^{-1}(U)) \in \mathscr{T}_1$이 성립하므로 $g \circ f$는 연속사상이다. □

정리 5.1.11 위상공간 $(X, \mathscr{T})$, $(Y, \mathscr{T}^*)$와 이들의 부분공간을 생각하자. 그때 다음 명제 (1)~(3)이 성립한다.

(1) $f: X \to Y$를 연속사상이라 하고 $(A, \mathscr{T}_A)$를 $(X, \mathscr{T})$의 부분공간이라 하자. 그 때 f의 A로의 **축소사상(제한사상)** $f|_A: A \to Y$도 연속사상이다.

(2) **포함사상(inclusion)** $i: A \hookrightarrow X$ (즉, $i(a) = a$, ㅋ $\forall a \in A$)는 연속이다.

(3) $f: X \to Y$이 연속이면 $f: X \to f(X)$도 연속이다.

증명 (1) 임의의 열린집합 $U \in \mathscr{T}^*$에 대하여 $(f|_A)^{-1}(U) = A \cap f^{-1}(U) \in \mathscr{T}_A$이므로 $f|_A$는 연속이다.

(2) 임의의 열린집합 $U \in \mathscr{T}$에 대하여 $(i)^{-1}(U) = A \cap U \in \mathscr{T}_A$이므로 i는 연속이다.

(3) 여기서 치역 $f(X)$는 공변역 위상공간 $(Y, \mathscr{T}^*)$로부터 유도되는 상대위상(부분공간) $\mathscr{T}^*_{f(X)}$를 가짐을 상기하자. 이제 $f: (X, \mathscr{T}) \to (f(X), \mathscr{T}^*_{f(X)})$이 연속함수임을 보이자. 임의의 열린집합 $U \in \mathscr{T}^*_{f(X)}$를 택하면 부분공간의 정의에 의하여 $U' \in \mathscr{T}^*$가 존재하여

$$U = f(X) \cap U'$$

이다. $f^{-1}(U) = f^{-1}(U')$이고 $f^{-1}(U') \in \mathscr{T}$이므로 $f : (X, \mathscr{T}) \to (f(X), \mathscr{T}^*_{f(X)})$는 연속함수이다. □

이제 두 개의 연속함수를 확장하여 새로운 함수를 만드는 과정을 알아본다.

보조정리 5.1.12 [붙임 보조정리 : pasting lemma] $(X, \mathscr{T})$와 $(Y, \mathscr{T}^*)$를 위상공간이라 하고, X의 닫힌집합 혹은 열린집합 A와 B가 $X = A \cup B$라 하자. 여기서 A와 B가 모두 닫힌집합이거나 열린집합이다. 그리고 부분공간 $(A, \mathscr{T}_A)$와 $(B, \mathscr{T}_B)$를 생각하자. 만약 $f : A \to Y$와 $g : B \to Y$가 연속이고 $x \in A \cap B$에 대하여 $f(x) = g(x)$이면

$$h(x) = \begin{cases} f(x), & x \in A \\ g(x), & x \in B \end{cases}$$

로 정의된 사상 $h := f \cup g : X \to Y$는 연속사상이다.

증명 먼저 함수 f와 g에 의하여 정의된 $h : X \to Y$는 임의의 $x \in X$에 대하여 $h(x)$는 Y상에서 유일하게 결정되므로 h는 잘 정의된(well-defined) 함수이다. 여기서는 A와 B가 모두 닫힌집합일 때만 증명해보자(A와 B가 모두 열린집합일 때는 매우 자명함).

이제 h가 연속함수임을 보이자. 여기서 A와 B가 모두 닫힌집합일 때만 증명해보자 (A와 B가 모두 열린집합일 때는 매우 자명함). 정리 5.1.6(2)를 활용하자. C를 $(Y, \mathscr{T}^*)$에서 임의의 닫힌집합이라 하자. 함수의 기본성질에 의하여

$$\begin{aligned} h^{-1}(C) &= h^{-1}(C) \cap X = h^{-1}(C) \cap (A \cup B) \\ &= (h^{-1}(C) \cap A) \cup (h^{-1}(C) \cap B) \\ &= f^{-1}(C) \cup g^{-1}(C) \end{aligned}$$

가 성립한다.

그런데 $f^{-1}(C)$는 $(A, \mathscr{T}_A)$에서 닫힌집합이고 A는 $(X, \mathscr{T})$에서 닫힌집합이므로 $f^{-1}(C)$는 X상에서 닫힌집합이다(정리 3.2.8 확인 요망). 같은 방법으로 $g^{-1}(C)$도 X에서 닫힌집합이 된다. 닫힌집합을 활용한 위상공리

에 의하여

$$h^{-1}(C)=f^{-1}(C)\cup g^{-1}(C)$$

는 $(X,\ \mathscr{T})$에서 닫힌집합이 되어서 h는 연속이다. □

| 예제 5.1.13 | 보통위상공간 $(\mathbb{R},\ \mathscr{U})$에 대하여 다음이 성립한다.

(1) 함수

$$h:\mathbb{R}\to\mathbb{R},\quad h(x)=\begin{cases}x^3, & x\le 1\\ 2-x, & x\ge 1\end{cases}$$

는 연속함수이다(그림 5.2 참조). 왜냐하면 $A=(-\infty,\ 1]$, $B=[1,\ \infty)$은 $(\mathbb{R},\ \mathscr{U})$의 닫힌집합이고 $A\cup B=\mathbb{R}$이고 $(A\cap B\ni)1$에 대하여 보조정리 5.1.12의 조건을 만족한다. 구체적으로, 주어진 구간에서 $f(x)=x^3$과 $g(x)=2-x$는 연속함수이고 $f(1)=g(1)$이므로 h는 연속함수이다.

(2) 함수

$$k:\mathbb{R}\to\mathbb{R}\quad \text{s.t.}\quad k(x)=\begin{cases}x-1, & x\le 0\\ x+1, & x\ge 0\end{cases}$$

은 연속함수가 아니다(그림 5.2 참조). 닫힌집합 $A=(-\infty,\ 0]$에서 정의된 함수 $f(x)=x-1$과 닫힌집합 $B=[0,\ \infty)$에서 정의된 함수 $g(x)=x+1$은 모두 연속함수이고 $A\cup B=\mathbb{R}$이지만 $(A\cap B\ni)0$에서 $f(0)\neq g(0)$이므로 보조정리 5.1.12의 조건을 만족하지 못한다. 실제로 $x=0$에서 함수 k는 연속이 아님을 쉽게 확인할 수 있다. 예를 들면 $k^{-1}((\frac{1}{2},\ 2))=[0,\ 1)\notin\mathscr{U}$이다.

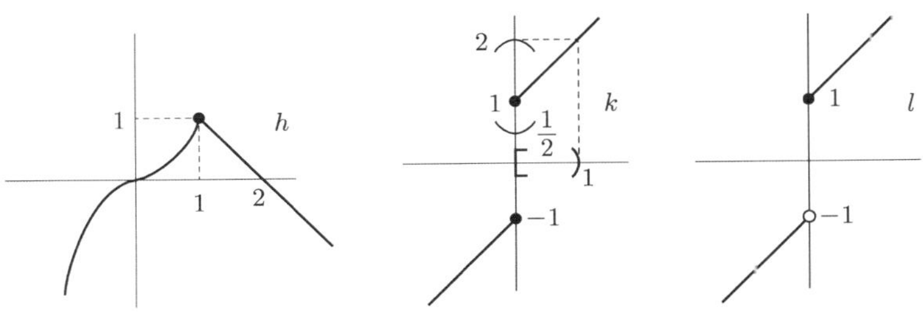

그림 5.2 붙임 보조정리 설명 : h는 연속함수이고 k와 l은 연속함수가 아님

(3) 함수

$$l:\mathbb{R}\to\mathbb{R}\ \text{s.t.}\ l(x)=\begin{cases}x-1, & x<0\\ x+1, & x\ge 0\end{cases}$$

은 연속함수가 아니다. 왜냐하면 $f(x) = x - 1 \ (x < 0)$은 주어진 정의역에서 연속함수이지만 그 정의역이 닫힌집합이 아니어서 보조정리 5.1.12의 조건을 만족하지 못한다. 실제로 (2)와 같은 방법으로 $x = 0$에서 함수 l은 연속함수가 안 된다. ■

이제 열린사상과 닫힌사상에 관하여 자세히 알아보자.

성질 5.1.14 열린사상과 닫힌사상에 관하여 다음 성질이 있다.

(1) $(X, \mathscr{T})$와 $(Y, \mathscr{T}^*)$가 위상공간이고 $f : X \to Y$가 전단사일 때 f가 열린사상이기 위한 필요충분조건은 f가 닫힌사상이다.

(2) 부분공간 $(A, \mathscr{T}_A)$에 대하여 포함사상

$$i : (A, \mathscr{T}_A) \hookrightarrow (X, \mathscr{T})$$

가 열린사상이기 위한 필요충분조건은 $A \in \mathscr{T}$이다. i가 닫힌집합이기 위한 필요충분조건은 A가 $(X, \mathscr{T})$상에서 닫힌집합이다.

증명 (1) 함수의 집합연산에 관한 기본성질과 주어진 함수 f가 전단사임을 활용하여, 임의의 $A \subset X$에 대하여

$$f(A^c) = f(X - A) = f(X) - f(A) = Y - f(A) = (f(A))^c \subset Y$$

이다. 이 성질을 이용하여 f가 전단사사상일 때 열린사상과 닫힌사상은 동치이다.

(2) 포함사상 i가 열린사상이라면 열린집합 $A \in \mathscr{T}_A$에 대하여 $i(A) = A \in \mathscr{T}$이다.

역으로 $A \in \mathscr{T}$이라 하자. 만약 $U \in \mathscr{T}_A$를 택하면 $(X, \mathscr{T})$에서 적당한 열린집합 $U' \in \mathscr{T}$가 존재하여 $U = A \cap U'$이다.

$$i(U) = U = A \cap U' \in \mathscr{T}$$

이므로 i는 열린사상이다.

주어진 조건에서 i가 닫힌사상임을 증명하는 것은 위와 같은 방법으로 한다. □

성질 5.1.15 위상공간 $(X, \mathscr{T})$와 $(Y, \mathscr{T}^*)$ 사이의 함수 $f: X \to Y$에 대하여 다음 성질이 있다.

(1) f가 열린사상이기 위한 필요충분조건은 임의의 $A \subset X$에 대하여 $f(A^\circ) \subset (f(A))^\circ$이다.

(2) f가 닫힌사상이기 위한 필요충분조건은 임의의 $A \subset X$에 대하여 $\overline{f(A)} \subset f(\overline{A})$이다.

증명 (1) f를 열린사상이라 하자. 임의의 $A \subset X$에 대하여 A°는 $(X, \mathscr{T})$상에서 열린집합이다. 그래서 $f(A^\circ)$는 $(Y, \mathscr{T}^*)$상에서 열린집합이고 $f(A^\circ) \subset f(A)$이기에($\because A^\circ \subset A$) $f(A^\circ) \subset (f(A))^\circ$ ($\because$ Int의 정의)이다.

역으로, 임의의 $U \in \mathscr{T}$에 대하여 $U^\circ = U$이고, 가정에 의하여

$$f(U) = f(U^\circ) \subset (f(U))^\circ$$

이다. 그리고 Int(내부)의 정의에 의하여 $(f(U))^\circ \subset f(U)$이다. 그러므로 $f(U) = (f(U))^\circ$가 되어서 $f(U) \in \mathscr{T}^*$이다. 따라서 f는 열린사상이다.

(2) 임의의 $A \subset X$에 대하여 $A \subset \overline{A}$이고 $f(A) \subset f(\overline{A})$인데 가정에 의하여 $f(\overline{A})$는 $(Y, \mathscr{T}^*)$상에서 닫힌집합이다. 따라서 $\overline{f(A)} \subset f(\overline{A})$이다.

역으로 $(X, \mathscr{T})$상에서 임의의 닫힌집합 C를 택하자. $C = \overline{C}$이므로 가정에 의해서

$$f(C) = f(\overline{C}) \supset \overline{f(C)}$$

이다. 그런데 함수와 폐포의 기본성질에 의하여 $f(C) \subset \overline{f(C)}$이므로 $f(C) = \overline{f(C)}$이 되어서 $f(C)$는 $(Y, \mathscr{T}^*)$상에서 닫힌집합이다. □

| 예제 5.1.16 | 보통위상공간 $(\mathbb{R}^2, \mathscr{U})$에서 x축과 y축으로의 사영사상 (projection map)을 각각

$$P_1 : \mathbb{R}^2 \longrightarrow \mathbb{R}, \quad (x, y) \rightsquigarrow x \qquad\qquad P_2 : \mathbb{R}^2 \longrightarrow \mathbb{R}, \quad (x, y) \rightsquigarrow y$$

이라 하자.

(1) 사영사상 P_1과 P_2는 모두 열린사상이다.

(2) 사영사상 P_1과 P_2는 닫힌사상이 아니다.

풀이 (1) 먼저 임의의 $p \in \mathbb{R}^2$와 임의의 열린원판 $B(p, \varepsilon) = \{t \in \mathbb{R}^2 \mid \|p - t\| < \varepsilon,\ 0 < \varepsilon \in \mathbb{R}\}$의 사영 $P_i(B(p, \varepsilon))$, $i \in \{1, 2\}$는 열린구간임을 상기하자. 이제 사영사상 P_1이 열린사상임을 보이자. 임의의 열린집합 $U \in (\mathbb{R}^2, \mathscr{U})$에 대해 $P_1(U)$가 $(\mathbb{R}, \mathscr{U})$상에서 열린집합임을 보여야 한다. 보통위상공간의 정의를 활용하여 임의의 $x \in P_1(U)$를 택하면 적어도 한 점 $p = (x, y) \in U$이 존재하여 $P_1(p) = x$이 성립한다. 그런데 U가 $(\mathbb{R}^2, \mathscr{U})$상에서 열린집합이므로 $\mathbb{R}^2$상에서 p를 중심으로 하는 열린원판 $B(p, \varepsilon) \subset \mathbb{R}^2$이 존재하여

$$p \in B(p, \varepsilon) \subset U$$

이 성립한다(그림 5.3(a) 참조, 편의상 $B(p, \varepsilon)$을 간략하게 B라고 표기했음). 그때 $P_1(B(p, \varepsilon))$은 점 x를 원소로 갖는 $(\mathbb{R}, \mathscr{U})$의 열린집합이고

$$P_1(p) = x \in P_1(B(p, \varepsilon)) \subset P_1(U) \subset \mathbb{R}$$

이기에 보통위상공간 $(\mathbb{R}, \mathscr{U})$의 정의에 의하여 $P_1(U)$는 열린집합이다.

같은 방법으로 P_2도 열린사상임을 알 수 있다.

(2) 사영사상이 닫힌사상이 아님을 예를 들어 증명하자. 집합

$$D = \{(x, y) \mid xy \geq 1,\ 0 < x \in \mathbb{R}\}$$

을 생각하자(그림 5.3(b) 참조). 그때 D는 $(\mathbb{R}^2, \mathscr{U})$에서 닫힌집합이나 $P_1(D) = (0, \infty)$는 $(\mathbb{R}, \mathscr{U})$상에서 닫힌집합이 아니다. 같은 방법으로 P_2도 닫힌사상이 아니다. □

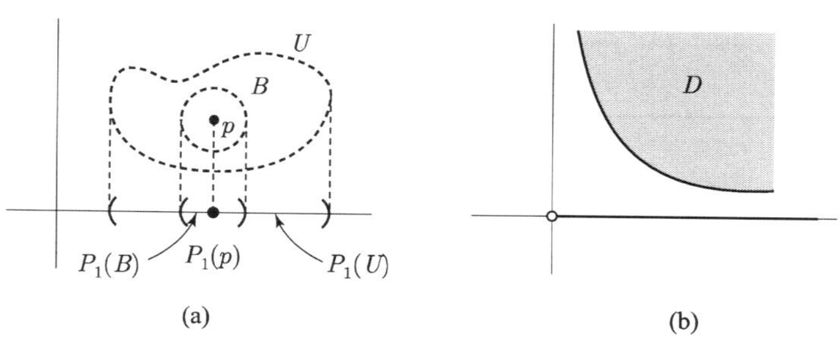

그림 5.3 열린사상과 닫힌사상

참고로 예제 5.1.16의 사영사상 P_i, $i \in \{1, 2\}$는 연속사상이다(자세한 성질은 제6장 곱위상에서 다룬다).

지금까지 알아본 연속사상의 성질을 바탕으로 다음 성질을 알 수 있다.

예제 5.1.16(1)을 일반화하면 다음과 같다.

성질 5.1.17 $(X, \mathscr{T}_1)$과 $(Y, \mathscr{T}_2)$가 위상공간이고 $\mathscr{B}$가 $(X, \mathscr{T}_1)$의 기저이면 다음은 동치이다.

(a) $f: (X, \mathscr{T}_1) \to (Y, \mathscr{T}_2)$는 열린사상이다.

(b) 임의의 $B \in \mathscr{B}$에 대하여 $f(B) \in \mathscr{T}_2$이다.

증명 (a) ⇒ (b) 임의의 $B \in \mathscr{B}$는 $\mathscr{B} \subset \mathscr{T}_1$이므로 $B \in \mathscr{T}_1$이고 (a)에 의하여 $f(B) \in \mathscr{T}_2$이다.

(b) ⇒ (a) 임의의 $U \in \mathscr{T}_1$을 택하면 기저의 정의에 의하여 $U = \bigcup_{\alpha \in M} B_\alpha$인 $B_\alpha (\alpha \in M)$이 $\mathscr{B}$에 존재한다. 그래서

$$f(U) = f(\bigcup_{\alpha \in M} B_\alpha) = \bigcup_{\alpha \in M} f(B_\alpha)$$

인데 (b)에 의하여 $f(B_\alpha) \in \mathscr{T}_2$이므로 위상공리 (a2)에 의하여 $f(U) \in \mathscr{T}_2$이다. □

성질 5.1.17은 곱위상(제6장)에서 효과적으로 활용할 것이다.

참고 5.1.18 (1) $f: (X, \mathscr{T}) \to (\mathbb{R}, \mathscr{U})$이 연속이기 위한 필요충분조건은 임의의 $a \in \mathbb{R}$에 대하여

$$\{x \in X \mid f(x) > a\} \in \mathscr{T}, \quad \{x \mid f(x) < a\} \in \mathscr{T}$$

가 되는 것이다. (정리 5.1.8과 $(\mathbb{R}, \mathscr{U})$의 부분기저 $\mathcal{S} = \{(-\infty, b), (a, \infty) \mid a, b \in \mathbb{R}\}$임을 활용함).

(2) $f, g: X \to \mathbb{R}$가 연속함수일 때

(a) 함수 $M: X \to \mathbb{R}$ s.t. $M(x) = \max\{f(x), g(x) \mid ㅋ\ \forall x \in X\}$는 연속이다.

(b) 함수 $m: X \to \mathbb{R}$ s.t. $m(x) = \min\{f(x), g(x) \mid ㅋ\ \forall x \in X\}$는 연속이다.

여기서 $\max\{p, q\}$는 두 수 p와 q 중 작지 않은 수이고, $\min\{p, q\}$는 두 수 p와 q 중에서 크지 않은 수를 나타낸다.

증명 (2) 간략하게 함수 M이 연속함수임을 증명한다. 임의의 한 점 $x \in X$에서 함수 M이 연속임을 보이기 위해서, 임의의 $\varepsilon > 0$을 택하고 $a = M(x) + \varepsilon$, $b = M(x) - \varepsilon$이라 놓자.

$$U_1 = \{x' \in X \mid f(x') < a\} \cap \{x' \in X \mid g(x') < a\}$$
$$U_2 = \{x' \in X \mid f(x') > b\} \cup \{x' \in X \mid g(x') > b\}$$

이라 하고 $U = U_1 \cap U_2$라 하면 f와 g가 연속이므로 U_1과 U_2는 X에서 열린집합이므로 U는 x의 한 열린집합이다. 임의의 $x' \in U$에 대해서 $M(x') \in (b, a)$이므로 M은 x에서 연속이다. 따라서 함수 M은 X에서 연속이다.

(b)의 함수 m은

$$m(x) = \min\{f(x), g(x)\} = -\max\{-f(x), -g(x)\}$$

이므로 (a)에 의하여 $m(x)$도 연속함수이다. □

연습문제 5.1

1. 함수 $f : (X, \mathscr{T}) \to (Y, \mathscr{T}^*)$에 대하여 다음을 설명하는 예를 제시하시오(단, X와 Y는 유한집합인 경우를 조사하시오).
   (1) f는 열린사상이지만 닫힌사상은 아니다.
   (2) f는 닫힌사상이지만 열린사상은 아니다.
   (3) f는 열린사상이지만 연속사상은 아니다.
   (4) f는 닫힌사상이지만 연속사상은 아니다.

2. 함수 $f, g : (X, \mathscr{T}) \to (\mathbb{R}, \mathscr{U})$가 연속함수라 하자. 그때 $f+g$, $f-g$, cf (단, $c \neq 0$), $\dfrac{1}{f}$ (단 $f(x) \neq 0$, ㅋ$^\forall x \in X$), $|f|^r$ (단 $r > 0$)이 연속함수임을 보여라(참고 5.1.18을 활용함).

3. 위상공간 $(X, \mathscr{T})$에 대하여 공집합이 아닌 부분공간 $(A, \mathscr{T}_A)$를 생각하자. A에서의 특성함수 $\chi_A : (X, \mathscr{T}) \to (\mathbb{R}, \mathscr{U})$ (즉 $\chi_A(x) = 1$, $x \in A$; $\chi_A(x)$

$=0,\ x \in A^c$)가 연속함수가 되기 위한 필요충분조건은 $A(\subset X)$가 $(X,\ \mathscr{T})$상에서 열린집합인 동시에 닫힌집합인 것을 증명하시오.

4. 무한집합 X에 여유한위상 $\mathscr{T}_f$를 생각하자. $f:\ (X,\ \mathscr{T}_f) \rightarrow (X,\ \mathscr{T}_f)$가 연속함수일 필요충분조건을 구하시오 (힌트 : 정리 5.1.7에서 닫힌집합과 관련된 연속함수의 성질을 이용하고 임의의 $x \in X$에 대하여 $\{x\}$는 닫힌집합인데 $f^{-1}(\{x\})$가 유한집합 혹은 X가 됨을 활용한다).

5. 보통위상공간 $(\mathbb{R},\ \mathscr{U})$에서 함수 $f:\ (\mathbb{R},\ \mathscr{U}) \rightarrow (\mathbb{R},\ \mathscr{U})$를 연속사상이라 하자. 만약 임의의 $x \in \mathbb{Q}^c$에 대하여 $f(x)=c$ ($c \in \mathbb{R}$인 상수)이면 함수 f는 상수함수임을 보이시오. (힌트 : 정리 5.1.6 참조)

6. (1) 무한집합 X에 여유한위상 $\mathscr{T}_f$를 생각한다. 만약 $f:\ (X,\ \mathscr{T}_f) \rightarrow (\mathbb{R},\ \mathscr{U})$가 연속함수이면 f는 상수사상임을 보이시오.

(2) 비가산집합 X에 여가산위상 $\mathscr{T}_c$를 생각한다. 만약 $f:\ (X,\ \mathscr{T}_c) \rightarrow (\mathbb{R},\ \mathscr{U})$가 연속함수이면 f는 상수사상임을 보이시오.

7. 예제 4.1.8에서 주어진 $\mathbb{R}^2$상의 기저 $\mathscr{B}$에 의하여 생성된 위상 $\mathscr{T}_{\mathscr{B}}$를 생각하자. 그때 $\mathbb{Z}(\subset \mathbb{R}^2)$에 대한 부분위상 $(\mathbb{Z},\ (\mathscr{T}_{\mathscr{B}})_{\mathbb{Z}})$를 생각하자.

(1) $f:\ \mathbb{Z} \rightarrow \mathbb{Z}$ s.t. $f(x)=x+1$이라 할 때 f가 연속함수인가?

(2) $g:\ \mathbb{Z} \rightarrow \mathbb{Z}$ s.t. $g(x)=x+2$라 할 때 g가 연속함수인가?

(3) $h:\ \mathbb{Z} \rightarrow \mathbb{Z}$ s.t. $h(x)=\begin{cases} 0, & x \in \mathbb{Z}_0 \\ 1, & x \in \mathbb{Z}_1 \end{cases}$ 이라 할 때 h가 연속함수인가?

8. 함수 $f:\ (\mathbb{R},\ \mathscr{U}) \rightarrow (\mathbb{R}^2,\ \mathscr{U})$가 $f(x)=\begin{cases} (x,\ \sin\dfrac{1}{x}), & x \neq 0 \\ 0, & x=0 \end{cases}$ 이라 할 때 (그림 5.4 참조) $x=0$에서 주어진 함수 f는 연속이 아님을 보이시오.

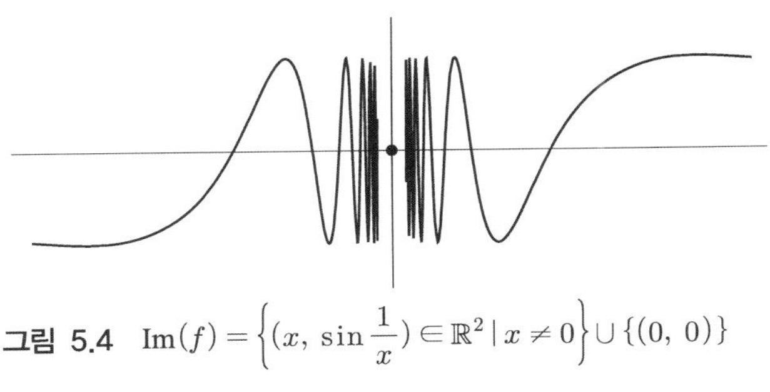

그림 5.4 $\operatorname{Im}(f)=\left\{(x,\ \sin\dfrac{1}{x}) \in \mathbb{R}^2 \mid x \neq 0\right\} \cup \{(0,\ 0)\}$

9. $\mathbb{R}_l$을 하극한공간이라 하자. 함수 $f: \mathbb{R}_l \to \mathbb{R}_l$을

$$f(x) = \begin{cases} x, & x \geq 0 \\ x-1, & x < 0 \end{cases}$$

이라 하면 f는 연속함수임을 보이시오.

10. 함수 $f: (\mathbb{R}, \mathscr{U}) \to (\mathbb{R}, \mathscr{U})$ s.t. $f(x) = x^3$은 연속사상, 열린사상, 닫힌사상임을 보여라. 그러나 $g: (\mathbb{R}, \mathscr{U}) \to (\mathbb{R}, \mathscr{U})$ s.t. $g(x) = x^2$은 연속사상, 닫힌 사상이지만 열린사상은 아님을 보이시오.

11. 단위원 $S^1 = \{(x, y) \in \mathbb{R}^2 \mid x^2 + y^2 = 1\}$을 $(\mathbb{R}^2, \mathscr{U})$의 부분공간이라 하자. 함수 $f: \mathbb{R} \to S^1$ s.t. $f(t) = (\sin 2\pi t, \cos 2\pi t)$는 연속사상이고 열린사상이지만 닫힌사상은 아님을 보이시오(힌트: $F = \left\{n - \dfrac{1}{2n} \mid n \in \mathbb{N}\right\}$는 $(\mathbb{R}, \mathscr{U})$의 닫힌집합이다. 그러나 $f(F)$의 극한점 $(0, 1) \in (f(F))'$이 $f(F)$에 포함되지 않기 때문에 $f(F)$는 S^1의 닫힌집합이 아니다.)

12. 위상공간 $(X, \mathscr{T})$와 $(Y, \mathscr{T}^*)$에 대하여 $f: X \to Y$가 전단사함수이면 다음은 동치임을 보이시오.

(a) f는 열린사상이다.

(b) $f^{-1}: (Y, \mathscr{T}^*) \to (X, \mathscr{T})$는 연속사상이다.

13. $g: ([0, 1), \mathscr{U}_{[0, 1)}) \to (S^1, \mathscr{U}_{S^1})$ s.t. $g(t) = (\sin 2\pi t, \cos 2\pi t)$를 생각하자. 그때 g가 열린사상도 아니고 닫힌사상도 아님을 보이시오.

14. 두 위상공간 사이의 함수 $f: (X, \mathscr{T}_1) \to (Y, \mathscr{T}_2)$에 대하여 다음은 서로 동치임을 보이시오.

(a) f가 연속함수이다.

(b) 임의의 $B \subset Y$, $f^{-1}(B^\circ) \subset (f^{-1}(B))^\circ$이다.

15. 하극한공간 $\mathbb{R}_l$에서 다음 함수

$$h: \mathbb{R}_l \to \mathbb{R}_l, \quad h(x) = \begin{cases} x+2 & (x \geq 0) \\ x & (x < 0) \end{cases}$$

는 연속임을 보이시오.

16. 하극한공간 $\mathbb{R}_l$에서 다음 함수

$$g : \mathbb{R}_l \to \mathbb{R}_l, \quad g(x) = \begin{cases} x+1 & (x > 0) \\ x & (x \leq 0) \end{cases}$$

는 연속이 아님을 보이시오.

17. 상극한공간 $\mathbb{R}_u$에서 다음 함수

$$g : \mathbb{R}_u \to \mathbb{R}_u, \quad f(x) = \begin{cases} x+1 & (x \geq 0) \\ x & (x < 0) \end{cases}$$

의 연속성을 조사하시오.

18. 하극한공간 $\mathbb{R}_l$과 상극한공간 $\mathbb{R}_u$에서 다음 함수

$$g : \mathbb{R}_l \to \mathbb{R}_u, \quad g(x) = \begin{cases} x+1 & (x \geq 0) \\ x & (x < 0) \end{cases}$$

의 연속성을 조사하시오.

19. 집합 X상의 어떤 기저 $\mathscr{B}$가 다음 성질을 갖는다고 가정하자.

'$B \in \mathscr{B}$이면 $B^c \in \mathscr{B}$이다'

이 경우에 $\mathscr{B}$에 의하여 생성되는 위상공간 $(X, \mathscr{T}_{\mathscr{B}})$를 생각하자. 이때 $(X, \mathscr{T}_{\mathscr{B}})$의 임의의 닫힌집합 F와 $p \notin F$에 대하여 $f(p) = 0$이고 $f(F) = \{1\}$을 만족하는 연속함수 $f : (X, \mathscr{T}_{\mathscr{B}}) \to (\mathbb{R}, \mathscr{U})$가 존재함을 보이시오.

20. 다음과 같이 정의된 함수

$$f : \mathbb{Q} \to \mathbb{R}, \quad f(x) = x, \ ㅋ^{\forall} x \in \mathbb{Q}$$
$$g : \mathbb{Q}^c \to \mathbb{R}, \quad g(x) = 0, \ ㅋ^{\forall} x \in \mathbb{Q}^c$$

은 연속이다. (왜냐하면 f는 연속함수 $H : \mathbb{R} \to \mathbb{R}$, $H(x) = x$ $(ㅋ^{\forall} x \in \mathbb{R})$의 축소사상이고 g는 연속함수 $G : \mathbb{R} \to \mathbb{R}$, $G(x) = x$ $(ㅋ^{\forall} x \in \mathbb{R})$의 제한사상

이기 때문이다.)

그러나 이 경우에 보조정리 5.1.12(붙임 보조정리)를 활용하여 주어진 두 함수 f와 g의 붙임함수

$$h := f \cup g : \mathbb{R} \to \mathbb{R}, \quad h(x) = \begin{cases} x & (x \in \mathbb{Q}) \\ 0 & (x \in \mathbb{Q}^c) \end{cases}$$

는 연속이 아님을 보이시오.

21. 함수 $f : \mathbb{R}_u \to \mathbb{R}_l$, $f(x) = x + 1$에 대하여 다음을 조사하시오.

(1) f는 연속함수인가?

(2) f는 열린사상인가?

(3) f는 닫힌사상인가?

22. 위상공간 $(X, \mathscr{T}_1)$와 $(Y, \mathscr{T}_2)$에서 부분집합 $A(\subset X)$를 생각하자. 다음이 성립함을 보이시오.

(1) A가 $(X, \mathscr{T}_1)$에서 열린집합이고 $f : (X, \mathscr{T}_1) \to (Y, \mathscr{T}_2)$가 열린사상이면 축소사상 $f|_A : (A, (\mathscr{T}_1)_A) \to (Y, \mathscr{T}_2)$도 열린사상이다.

(2) A가 $(X, \mathscr{T}_1)$에서 닫힌집합이고 $f : (X, \mathscr{T}_1) \to (Y, \mathscr{T}_2)$가 닫힌사상이면 축소사상 $f|_A : (A, (\mathscr{T}_1)_A) \to (Y, \mathscr{T}_2)$도 닫힌사상이다.

23. 함수 $f : \mathbb{R}_f \to (\mathbb{R}, \mathscr{U})$, $g(x) = 3x - 5$를 생각하자. 여기서 $\mathbb{R}_f$는 실수집합 $\mathbb{R}$상에서의 여유한위상공간이다. 이때 함수 f의 연속성을 조사하시오.

24. 문제 15~문제 16에서 제시된 함수들의 공변역을 $(\mathbb{R}, \mathscr{U})$로 교체했을 때 주어진 함수들의 연속성을 조사하시오.

25. 위상공간 X, Y, Z에 대하여 다음이 성립함을 보이시오.

(1) f, g가 모두 열린사상이면 $g \circ f$도 열린사상이다.

(2) $g \circ f$가 열린사상이고 f가 전사인 연속사상이면 g는 열린사상이다.

(3) $g \circ f$가 열린사상이고 g가 단사인 연속사상이면 f는 열린사상이다.

(4) 닫힌사상(열린사상)의 합성은 닫힌사상(열린사상)이다.

(5) $g \circ f$가 닫힌사상이고 f가 전사인 연속사상이면 g는 닫힌사상이다.

(6) $g \circ f$가 닫힌사상이고 g가 단사인 연속사상이면 f는 닫힌사상이다.

26. 닫힌구간 $[a, b]$에 대하여 $(\mathbb{R}, \mathscr{U})$의 부분공간 $([a, b], \mathscr{U}_{[a, b]})$라 놓고 $Y=\{0, 1\}$에 이산위상 $\mathscr{D}$를 주자. 이 경우 $A=[a, \frac{a+b}{2}]$라 놓고, A에 대한 특성함수

$$\chi_A : ([a, b], \mathscr{U}_{[a, b]}) \to (Y, \mathscr{D})$$

$$\chi_A(x) = \begin{cases} 1 & (x \in A) \\ 0 & (x \in A^c) \end{cases}$$

를 생각하자. 이때 다음을 보이시오.

(1) χ_A는 연속함수가 아니다.

(2) χ_A는 전사, 열린사상, 닫힌사상이다.

27. $f: (\mathbb{R}, \mathscr{U}) \to (\mathbb{R}, \mathscr{U})$을 연속함수라 하자. 새로운 함수 $g: (\mathbb{R}, \mathscr{U}) \to (\mathbb{R}^2, \mathscr{U})$, $g(x)=(x, f(x))$를 생각하자. 이때 g가 연속함수임을 보이시오.

28. X는 집합이고 $(Y_\alpha, \mathscr{T}_\alpha)$ $(\alpha \in M)$는 위상공간이라 하자. 임의의 $\alpha \in M$에 대해 주어진 함수 $f_\alpha: X \to (Y_\alpha, \mathscr{T}_\alpha)$에 대하여

$$\mathscr{F} = \{ f_\alpha : X \to (Y_\alpha, \mathscr{T}_\alpha) \mid \alpha \in M\}$$

이라 하자. 이 경우

$$\mathcal{S} = \bigcup_{\alpha \in M} \{f_\alpha^{-1}(U_\alpha) \mid ᄏ^\forall U_\alpha \in \mathscr{T}_\alpha\}$$

를 부분기저로 하는 X상의 위상 $\mathscr{T}(=\mathscr{T}_{\mathcal{S}})$를 $\mathcal{S}$에 의하여 생성되는 **약우상**(weak topology)이라 한다. 이제 다음을 보이시오.

(1) $\mathcal{S}$가 집합 X상의 부분기저이다.

(2) ᄏ$^\forall$ $\alpha \in M$, $f_\alpha: (X, \mathscr{T}) \to (Y, \mathscr{T}_\alpha)$는 연속이다.

(3) $\mathscr{T}$는 모든 f_α가 연속이 되게 하는 X상의 가장 약한 위상이다.

29. $(Y, \leq)$를 전순서집합이라 하고, $\mathscr{T}_o$를 $(Y, \leq)$에 의하여 유도된 순서위상이라 하자. 위상공간 $(X, \mathscr{T})$에 대하여 $f, g: (X, \mathscr{T}) \to (Y, \mathscr{T}_o)$를 연속함수라 하자.

(1) 집합 $\{x \in X \mid f(x) \leq g(x)\}$는 $(X, \mathscr{T})$의 닫힌집합이다.

(2) 함수 $h: X \to Y$를 $h(x)=\min\{f(x), g(x) \mid ᄏ^\forall x \in X\}$으로 하자.

이 경우 h가 연속함수임을 보이시오.

30. 위상공간 X가 닫힌부분집합 A와 B의 합집합이고 서로소이면 $f(A)=\{a\}$, $f(B)=\{b\}$를 만족하는 연속함수 $f:(X, \mathscr{T}) \to ([a, b], \mathscr{U}_{[a, b]})$가 존재함을 보이시오.

5.2 위상동형사상

위상공간론에서 핵심적인 개념이 바로 위상동형사상이다. 두 개의 위상공간이 주어졌을 때 이들이 서로 위상동형인지 아닌지를 밝히는 것은 위상수학의 근본적인 목표이다. 이 절에서는 위상적 성질과 유전적 성질 등을 자세히 다룬다.

정의 5.2.1 위상공간 $(X, \mathscr{T})$와 $(Y, \mathscr{T}^*)$에 대하여 $f : X \to Y$가 **우상동형사상** (homeomorphism)이란 다음 세 조건을 만족하는 함수이다.

(a) f는 전단사이다.

(b) f는 연속이다.

(c) $f^{-1} : (Y, \mathscr{T}^*) \to (X, \mathscr{T})$이 연속이다.

이때 $(X, \mathscr{T})$와 $(Y, \mathscr{T}^*)$는 **위상동형** (homeomorphic)이라 하고 $X \approx Y$로 나타낸다.

위상공간들의 분류와 관련하여 '위상동형'관계가 활용된다. 구체적으로 위상공간 $(X, \mathscr{T})$에 대하여 X가 유계집합일 때 $X \approx Y$인 $(Y, \mathscr{T}^*)$에 대하여 Y도 유계집합일까? 등 다양한 수학적 성질을 위상동형사상을 활용하여 다룬다.

| 예제 5.2.2 | 보통위상공간의 부분공간 $(X, \mathscr{U}_X)$와 $(Y, \mathscr{U}_Y)$에 대하여 $X \approx Y$라 하자. 그때 X가 유계집합(즉 $\|X\| < \infty$)이라 하더라도 Y가 유계집합이 되는 것은 아니다. 구체적으로 살펴보자.

(1) 임의의 실수 a, b, c, d s.t. $a < b < c < d$ (a, b)와 (c, d)를 위상공간 $(\mathbb{R}, \mathscr{U})$의 부분공간이라 하자. 그때 $(a, b) \approx (c, d)$이다. 상세히 알아보면 함수 $f : (a, b) \to (c, d)$ s.t.

$$f(x) = \frac{d-c}{b-a}(x-a)+c$$

라 하면 f는 위상동형사상이다.

이 경우 $f^{-1} : (c, d) \to (a, b)$는 $f^{-1}(x) = \dfrac{b-a}{d-c}(x-c)-a$이다.

(2) 위상공간 $(\mathbb{R},\ \mathscr{U})$에서 부분공간 $(-1,\ 1)$을 생각하자. 그때 함수 $h : (-1,\ 1) \to \mathbb{R}$ s.t. $h(x) = \tan\frac{\pi}{2}x$라 하면 h는 위상동형사상이다.

(3) (1)과 (2)를 종합하면 보통위상공간 $(\mathbb{R},\ \mathscr{U})$의 임의의 열린부분공간 $(a,\ b)$에 대하여 $(a,\ b) \approx \mathbb{R}$이 성립한다. 그런데 $(a,\ b)$는 유계집합이지만 $\mathbb{R}$은 유계집합이 아니다. ■

| 예제 5.2.3 | 보통위상공간 $(\mathbb{R},\ \mathscr{U})$의 두 부분공간 $(X,\ \mathscr{U}_X)$와 $(Y,\ \mathscr{U}_Y)$를 생각하자. 여기서 X와 Y는 아래와 같다.

$$X = \mathbb{Z},\quad Y = \left\{\frac{1}{n}\ \middle|\ n \in \mathbb{Z} - \{0\}\right\} \cup \{0\}$$

그때, 이 두 개의 위상공간들은 위상동형이 아니다. 구체적으로 알아보자. $(X,\ \mathscr{U}_X)$는 이산위상공간이지만 $(Y,\ \mathscr{U}_Y)$는 이산위상공간이 아니다. 왜냐하면 $\{0\} \in \mathscr{U}_Y$라고 가정하면 $U \cap Y = \{0\}$이 성립하는 $(0 \in)U \in \mathscr{U}$가 존재해야 한다. 즉 $0 \in (a,\ b)$인 열린구간이 존재하여 $(a,\ b) \subset U$이고 $Y \cap (a,\ b) \subset Y \cap U = \{0\}$이 성립해야 하지만 이런 성질을 만족하는 $0 \in (a,\ b)$은 존재하지 않는다. 왜냐하면 $Y \cap (a,\ b)$는 무한집합이기 때문이다. 그러므로 X와 Y의 기수는 $|X| = |Y|$이지만 $(X,\ \mathscr{U}_X) = (X,\ \mathscr{D})$이기에 $(X,\ \mathscr{U}_X)$와 $(Y,\ \mathscr{U}_Y)$는 위상동형이 아니다. ■

정리 5.2.4 위상공간 $X,\ Y$에 대하여

$$X \approx Y \Leftrightarrow {}_XR_Y$$

이라는 관계 R은 동치관계이다.

증명 (1) 임의의 위상공간 X에 대하여 항등사상 1_X은 위상동형사상이므로 ${}_XR_X$이다.

(2) 위상공간 $X,\ Y$에 대하여 ${}_XR_Y$이면 $X \approx Y$이기에 $Y \approx X$는 성립한다. 그러므로 ${}_YR_X$이다.

(3) 위상공간 $X,\ Y,\ Z$에 대하여 ${}_XR_Y,\ {}_YR_Z$이면 $X \approx Y,\ Y \approx Z$이므로 $X \approx Z$가 되어서 ${}_XR_Z$이다. □

정리 5.2.5 $(X,\ \mathscr{T})$와 $(Y,\ \mathscr{T}^*)$를 위상공간이라 하고 $f : X \to Y$가 전단사함

수라 하자. 다음 (1)~(4)는 동치인 명제이다.

(1) f는 위상동형사상이다.

(2) f는 연속이고 열린사상이다.

(3) f는 연속이고 닫힌사상이다.

(4) 임의의 $A \subset X$에 대하여 $\overline{f(A)} = f(\overline{A})$이다.

증명 (1) ⇔ (2) ⇔ (3) : 성질 5.1.14(1)과 전단사함수 f에 대하여 f^{-1}의 연속성과 f의 열린사상이 됨은 서로 동치임을 활용하여 성립한다.

(3) ⇔ (4) : 정리 5.1.6과 성질 5.1.15에 의하여 성립한다. □

| 예제 5.2.6 | 집합 $X = \{a, b, c, d\}$에 두 위상

$$\mathscr{T}_1 = \{\varnothing, X, \{a, b\}, \{b, c\}, \{b\}, \{a, b, c\}\},$$
$$\mathscr{T}_2 = \{\varnothing, X, \{b, c\}, \{c, d\}, \{c\}, \{b, c, d\}\}$$

라 할 때 $(X, \mathscr{T}_1)$와 $(X, \mathscr{T}_2)$는 위상동형이다. 구체적으로 다음과 같은 함수 f는 위상동형사상이다. ■

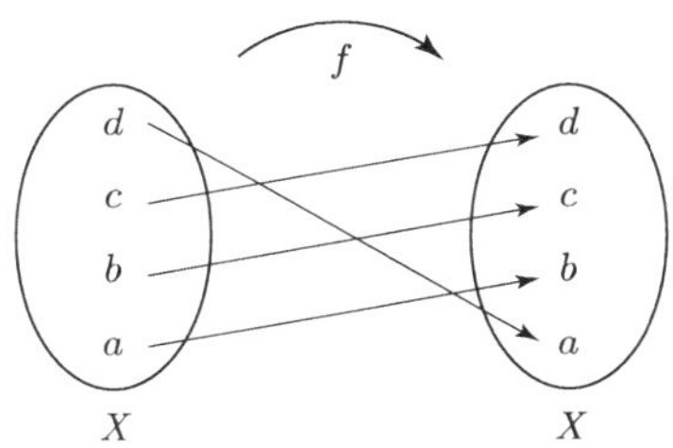

| 예제 5.2.7 | 단위원 $S^1 = \{(x, y) \in \mathbb{R}^2 \mid x^2 + y^2 = 1\}$을 보통위상공간 $(\mathbb{R}^2, \mathscr{U})$의 부분공간 $(S^1, \mathscr{U}_{S^1})$이라 하자.

(1) 함수 $f : \mathbb{R} \to S^1$ s.t. $f(t) = (\sin 2\pi t, \cos 2\pi t)$를 생각하자. 그러면 f는 연속사상이고 열린사상이지만 닫힌사상은 아니다. 왜냐하면 $F = \left\{ n - \frac{1}{2n} \,\middle|\, n \in \mathbb{N} \right\}$은 $\mathbb{R}$의 닫힌집합이다. 그러나 $f(F)$의 극한점 $(0, 1) \in \{f(F)\}'$이 $f(F)$의 원소가 아니므로 $f(F)$는 $(S^1, \mathscr{U}_{S^1})$의 닫힌집합이 아니다 (그림 5.5(1) 참조).

(2) 함수 $h : (0, 1] \to S^1$ s.t. $h(t) = (\sin 2\pi t, \cos 2\pi t)$를 생각하자.

(i) h는 위 (1)의 함수 f의 축소사상 $f|_{(0, 1]}$이므로 연속사상이다.

(ii) h는 열린사상이 아니다: 함수 $h:((0,\ 1],\ \mathscr{U}_{(0,\ 1]}) \rightarrow (S^1,\ \mathscr{U}_{S^1})$에서 $(\frac{1}{2},\ 1] \in \mathscr{U}_{(0,\ 1]}$이다. 왜냐하면 $(\frac{1}{2},\ \frac{3}{2}) \in \mathscr{U}$이 존재하여 $(\frac{1}{2},\ \frac{3}{2}) \cap (0,\ 1] = (\frac{1}{2},\ 1]$이기 때문이다. 열린집합 $(\frac{1}{2},\ 1] \in \mathscr{U}_{(0,\ 1]}$의 h에 의한 상(image) $h((\frac{1}{2},\ 1])$은 $(S^1,\ \mathscr{U}_{S^1})$의 열린집합이 아니다(그림 5.5(2) 참조).

(iii) h는 닫힌사상이 아니다. $(0,\ \frac{1}{2}]$은 $\mathscr{U}_{(0,\ 1]}$에서 닫힌집합이다. 왜냐하면 $\mathscr{U}$상에서 닫힌집합 $[-\frac{1}{2},\ \frac{1}{2}]$이 존재하여 $[-\frac{1}{2},\ \frac{1}{2}] \cap (0,\ 1] = (0,\ \frac{1}{2}]$이 되기 때문이다. 이제 $h((0,\ \frac{1}{2}])$는 $(S^1,\ \mathscr{U}_{S^1})$에서 닫힌집합이 아니므로 h는 닫힌사상이 아니다(그림 5.5(3) 참조). ■

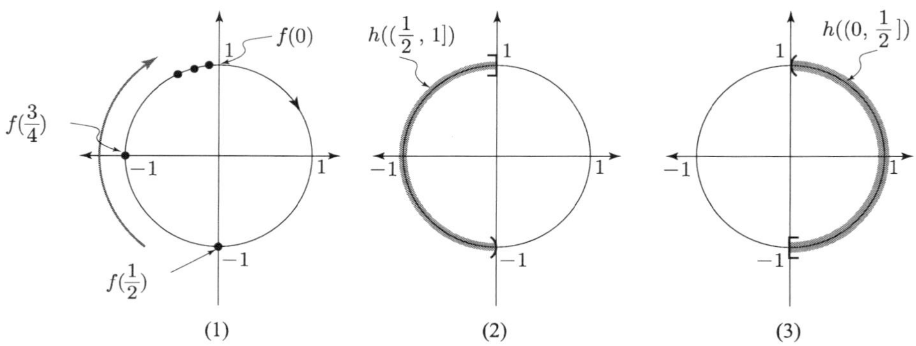

그림 5.5 (1) $f(F)$ (2) $h\left((\frac{1}{2},1]\right)$ (3) $h\left((0,\ \frac{1}{2}]\right)$

(★) 예제 5.2.7(2)에서 다룬 함수 $h:((0,\ 1],\ \mathscr{U}_{(0,\ 1]}) \rightarrow (S^1,\ \mathscr{U}_{S^1})$는 연속인 전단사함수이지만 위상동형사상이 아님을 확인할 수 있었다(정리 5.2.5 참조).

| 예제 5.2.8 | $\mathbb{R}^{n+1}$ 공간에서

$$S^n = \{(x_1,\ x_2,\ \cdots,\ x_n,\ x_{n+1}) \in \mathbb{R}^{n+1} \mid \sum_{i=1}^{n+1} x_i^2 = 1\}$$

을 반경이 1인 구면(sphere)이라 한다.

보통위상공간 $(\mathbb{R}^{n+1},\ \mathscr{U})$에서 S^n에 대한 상대위상을 도입하여 부분공간 $(S^n,\ \mathscr{U}_{S^n}) := S^n$이라 하자. 더 나아가 임의의 한 점 $p \in S^n$를 택하여 $S^n - \{p\}$을 $(\mathbb{R}^{n+1},\ \mathscr{U})$의 부분공간이라 하자. 그때 $S^n - \{p\} \approx \mathbb{R}^n$이다.

풀이 $\mathbb{R}^n$과 $\mathbb{R}^n \times \{0\} \subset \mathbb{R}^{n+1}$은 위상동형이므로 $\mathbb{R}^n$과 $\mathbb{R}^n \times \{0\}$을 같은 공간으로 취급한다. 일반성을 잃지 않고, 임의의 $p \in S^n$을 택할 때 구면의 특성상 $p = (0,\ 0,\ \cdots,\ 0,\ 1) \in \mathbb{R}^{n+1}$이라 할 수 있다. 이제 임의의 점 $x \in S^n - \{p\}$에 대해 점 p와 $x (\in S^n)$을 잇는 직선이 $\mathbb{R}^n \times \{0\} := \mathbb{R}^n$과 만나는 점을 $(f(x),\ 0) \in \mathbb{R}^n \times \{0\}$으로 정의한다. 여기서

$$f : S^n - \{p\} \to \mathbb{R}^n \ \text{ s.t.}$$
$$f(x_1,\ x_2,\ \cdots,\ x_n,\ x_{n+1}) = \frac{1}{1 - x_{n+1}}(x_1,\ x_2,\ \cdots,\ x_n)$$

이라 놓는다(그림 5.6 참조). 이 사상 f를 **극사영사상**(stereographic projection)이라 한다. 이때 이 함수 f는 연속함수이다.

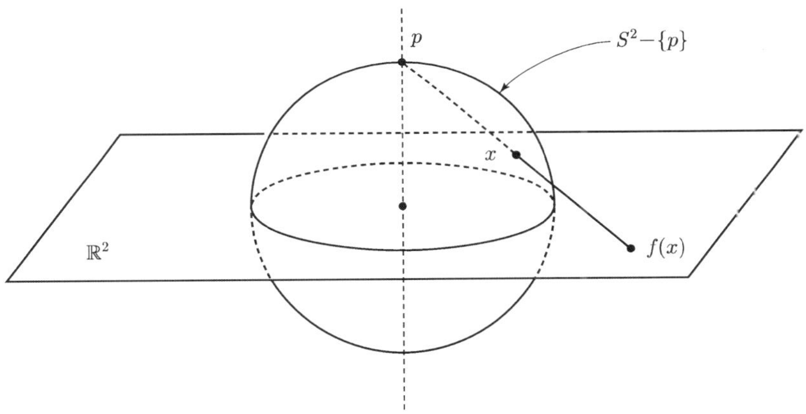

그림 5.6 극사영사상(stereographic projection)

역으로 임의의 점 $x = (x_1,\ x_2,\ \cdots,\ x_n) \in \mathbb{R}^n$에 대해 점 $(x,\ 0) \in \mathbb{R}^n \times \{0\}$과 극점 p를 잇는 직선이 S^n과 만나는 p와 다른 점을 $g(x)$로 정의하자. 여기서

$$g : \mathbb{R}^n \to S^n - \{p\} \ \text{ s.t.}$$
$$g(x) = \left(\frac{2x_1}{1 + \|x\|^2},\ \frac{2x_2}{1 + \|x\|^2},\ \cdots,\ \frac{2x_n}{1 + \|x\|^2},\ 1 - \frac{2}{1 + \|x\|^2} \right)$$
$$\in S^n - \{p\}$$

이다. 이때 함수 g는 연속함수이고 $g \circ f = 1_{S^n - \{p\}}$이고 $f \circ g = 1_{\mathbb{R}^n}$이 되어

서 f는 전단사함수이고 $g=f^{-1}$이며 f와 f^{-1} 모두 연속함수가 되어서 $S^n-\{p\}\approx\mathbb{R}^n$이 성립한다. □

성질 5.2.9 $f:(X,\ \mathscr{T})\to(Y,\ \mathscr{T}^*)$이 위상동형사상일 때, 임의의 부분공간 $(A,\ \mathscr{T}_A)$에 대하여 $f|_A:(A,\ \mathscr{T}_A)\to(f(A),\ \mathscr{T}^*_{f(A)})$는 위상동형사상이다.

증명 f가 전단사사상이므로 축소(제한)사상 $f|_A$도 전단사이다. 그리고 $f,\ f^{-1}$이 모두 연속함수이므로 정리 5.1.11에 의하여 $f|_A,\ (f|_A)^{-1}=f^{-1}|_{f(A)}$ 모두 연속함수이다. 따라서 $f|_A$는 위상동형사상이다. □

이제 위상동형사상과 관련하여 매우 중요한 성질인 위상적 성질을 알아보자. $f:(X,\ \mathscr{T})\to(Y,\ \mathscr{T}^*)$가 위상동형사상이라 하자. $f:X\to Y$가 전단사이기에 f에 의하여 유도된 집합함수

$$\begin{array}{cccc} f: & \mathscr{P}(X) & \longrightarrow & \mathscr{P}(Y) \\ & \Cup & & \Cup \\ & A & \rightsquigarrow & f(A) \end{array}$$

도 전단사함수이다.

따라서 X상에서 열린집합들과 집합연산들에 의하여 표현되는 성질은 f에 의하여 Y상으로 옮겨진다. 위상공리는 합집합과 교집합 연산에 의하여 표현되기에 $f:\mathscr{P}(X)\to\mathscr{P}(Y)$의 성질을 이용하여 위상적 성질을 정의한다.

정의 5.2.10 한 위상공간 X에서 성립하는 어떤 성질이 X와 위상동형인 공간 Y에서도 성립할 때 그 성질을 **위상적 성질**(topological property)이라 하고 그 성질을 **위상적 불변성**(topological invariant)이라고 한다.

정리 5.2.4를 활용하여 위상적 성질을 살펴보면 위상동형이라는 동치관계에 의한 한 동치류에 속하는 각 위상공간들이 갖는 공통성질을 위상적 성질이라 할 수 있다. 위상수학은 위상적 성질을 찾는 학문이라고 해도 과언이 아니다.

| 예제 5.2.11 | (1) 위상공간 $(X,\ \mathscr{T})$에 대하여 X의 원소의 개수와 위상 $\mathscr{T}$의 원소의 개수는 위상적 불변성이다.

(2) 예제 5.2.2(3)과 예제 5.2.8에서 알 수 있듯이 위상공간 $(X, \mathscr{T})$에서 X의 유계성은 위상적 불변성이 아니다. ■

| 예제 5.2.12 | 정수집합 $\mathbb{Z}$상에서 $S=\{\{2m-1, 2m, 2m+1\} \mid m\in\mathbb{Z}\}$을 부분기저로 하여 생성되는 위상공간 $(\mathbb{Z}, \mathscr{T}_S)$를 생각한다. 즉, $\mathscr{B}_S=\{\{2m+1\}, \{2m-1, 2m, 2m+1\} \mid m\in\mathbb{Z}\}$에 의하여 $\mathscr{T}_S$는 생성된다.

(1) $f:\mathbb{Z}\to\mathbb{Z}$ s.t. $f(x)=x+2$는 위상동형사상이다(가산집합성질은 위상불변성이다).

(2) $g:\mathbb{Z}\to\mathbb{Z}$ s.t. $g(x)=x+1$은 위상동형사상이 아니다.

풀이 (1) $(\mathbb{Z}, \mathscr{T}_S)$상에서 임의의 짝수 $2m\in\mathbb{Z}$을 원소로 갖는 가장 작은 열린집합은 $\{2m-1, 2m, 2m+1\}$이고 임의의 홀수 $2m+1\in\mathbb{Z}$을 원소로 갖는 가장 작은 열린집합은 $\{2m+1\}$이다. 그러므로 임의의 $x\in\mathbb{Z}$에 대하여 $f(x)$를 원소로 갖는 열린집합 중에서 가장 작은 열린집합을 $U(f(x))$라 하자. 그때

$$U(f(x))=\begin{cases}\{f(x)\}, & f(x)\in\mathbb{Z}_1\\ \{f(x)-1, f(x), f(x)+1\}, & f(x)\in\mathbb{Z}_0\end{cases}$$

이다. 여기서 $\mathbb{Z}_0$는 모든 짝수들의 모임이고, $\mathbb{Z}_1$은 모든 홀수들의 모임이다. 임의의 $x\in\mathbb{Z}$에 대하여 $x\in\mathbb{Z}_1$이면 $f(x)\in\mathbb{Z}_1$이고 $x\in\mathbb{Z}_0$이면 $f(x)\in\mathbb{Z}_0$이다. 어떤 경우라 하더라도 함수 $f(x)=x+2$는 전단사이고 열린사상이다. 왜냐하면 $f(U(x))=U(f(x))$이기 때문이다. 정리 5.2.5에 의하여 f는 위상동형사상이다.

(2) (1)의 풀이에서 보았듯이 $x\in\mathbb{Z}_1$이면 $g(x)\in\mathbb{Z}_0$이고, $x\in\mathbb{Z}_0$이면 $g(x)\in\mathbb{Z}_1$이기에 후자인 경우에 함수 g는 $x\in\mathbb{Z}_0$에서 연속함수가 아니다. 왜냐하면 $g(x)\in\mathbb{Z}_1$을 원소로 갖는 가장 작은 열린집합은 $U(g(x))=\{g(x)\}$인데 $x\in\mathbb{Z}_0$이므로 x를 원소로 갖는 가장 작은 열린집합 $U(x)=\{x-1, x, x+1\}$이 되므로 $g(U(x))\not\subset U(g(x))$가 되어서 전단사함수 g는 $x\in\mathbb{Z}_0$에서 연속이 아니기 때문이다. □

이제 위상공간 $(X, \mathscr{T})$의 유전적 성질을 알아본다.

정의 5.2.13 위상공간 $(X, \mathscr{T})$가 어떤 성질 P를 갖는다고 하자. 그때 $(X, \mathscr{T})$의 모든 부분공간 $(A, \mathscr{T}_A)(\subset (X, \mathscr{T}))$도 성질 P를 가지면, 성질 P를 **유전적 (hereditary) 성질**이라고 한다.

유전적 성질을 찾는 것도 위상수학에서 매우 중요한 역할을 하기에 점차적으로 조사하기로 한다.

이제 매장(혹은 매입)사상에 대하여 알아본다.

정의 5.2.14 위상공간 $(X, \mathscr{T})$와 $(Y, \mathscr{T}^*)$에 대하여 단사인 연속사상 $f: X \to Y$가 매장사상 (혹은 매입사상) (embedding)이란 $f: (X, \mathscr{T}) \to (f(X), \mathscr{T}^*_{f(X)})$가 위상동형사상임을 말한다.

| 예제 5.2.15 | (1) 임의의 위상공간 $(X, \mathscr{T})$에 대하여 임의의 부분공간 $(A, \mathscr{T}_A)$ $(\subset (X, \mathscr{T}))$에 대하여 포함사상 $i: (A, \mathscr{T}_A) \to (X, \mathscr{T})$는 매장사상이다.

(2) $f: ((0, 1), \mathscr{U}_{(0,1)}) \to (\mathbb{R}^2, \mathscr{U})$ s.t. $f(t) = (\cos 2\pi t, \sin 2\pi t)$이라 하자. 그때 함수 f는 매장사상이다. 즉 열린구간 $(0, 1)$의 f에 의한 상은 $f((0, 1)) = S^1 - \{(1, 0)\}$인 열린 호이므로 $(0, 1) \approx f((0, 1))$이 성립한다.

(3) 매입사상 $g: S^1 \to \mathbb{R}^2$는 존재하는데(그림 5.7(a) 참조), $f(S^1)$을 $\mathbb{R}^2$상에서 **단순닫힌곡선**(simple closed curve 또는 Jordan curve)라 한다. 그림 5.7(b)는 단순닫힌곡선이 아니다.

여기서 S^1은 반경이 1인 단위원이다. ■

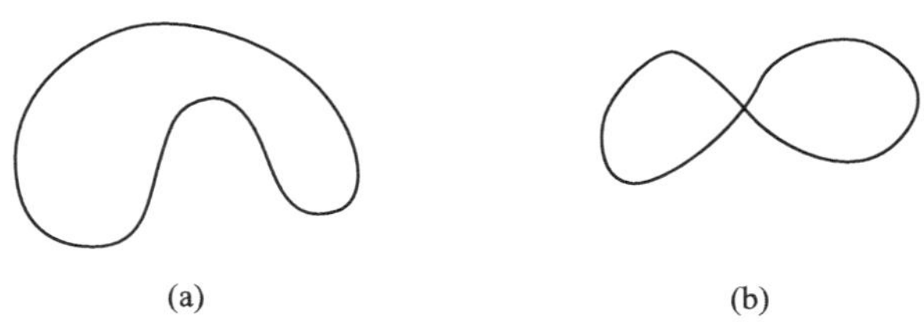

그림 5.7 (a) 단순닫힌곡선 (b) 단순닫힌곡선이 아님

(4) 매입사상 $h: S^2 \to \mathbb{R}^3$이 존재하는데 $h(S^2)$을 $\mathbb{R}^3$에서 **단순닫힌곡면**(simple closed surface)이라 한다.

연습문제 5.2

1. 위상공간 $(\mathbb{R}^n, \mathscr{U})$상에서 $x \in \mathbb{R}^n$에 대하여

$$B(x, r) = \{y \in \mathbb{R}^n \mid \|x-y\| < r, 0 < r(\in \mathbb{R})\}$$

이라 하자. 그때 $B(x, r_1)$과 $B(x, r_2)$가 위상동형임을 보이시오.

2. 위상공간 $(\mathbb{R}^n, \mathscr{U})$상에서

$$X = \{x \in \mathbb{R}^2 \mid r_1 < \|x\| < r_2, 0 < r_1 < r_2(\in \mathbb{R})\}$$

이라 하고 $Y = \mathbb{R}^2 - \{0\}$이라 하자. 그때 $(X, \mathscr{U}_X)$와 $(Y, \mathscr{U}_Y)$는 위상동형임을 밝히시오.

3. 예제 5.2.7의 위상공간 $(\mathbb{Z}, \mathscr{T}_S)$에서 $X = \{0, 1, 2, 3, 4\}$와 $Y = \{1, 2, 3, 4$ $5\}$의 부분위상공간 $(X, (\mathscr{T}_S)_X)$와 $(Y, (\mathscr{T}_S)_Y)$는 위상동형이 아님을 보이시오.

4. $\mathbb{R}$은 보통위상공간, $\mathbb{R}_u$는 상극한위상, $\mathbb{R}_l$은 하극한위상, $\mathscr{T}_f$는 $\mathbb{R}$상의 여유한위상, $\mathscr{T}_c$는 $\mathbb{R}$상의 여가산위상이라 하자. $\mathbb{Z}$와 $\mathbb{Q}$는 보통위상공간 $\mathbb{R}$의 부분공간이라 하자. 이때 위상공간

$$\mathbb{Z}, \mathbb{Q}, \mathbb{R}, \mathbb{R}_u, (\mathbb{R}, \mathscr{T}_f), (\mathbb{R}, \mathscr{T}_c)$$

들이 서로 위상동형이 아님을 보이시오(힌트 : $(\mathbb{R}, \mathscr{T}_c) \not\approx (\mathbb{R}, \mathscr{U})$임을 보이자. 귀류법을 사용하며, 위상동형사상 $f:(\mathbb{R}, \mathscr{T}_c) \to (\mathbb{R}, \mathscr{U})$이 존재한다고 가정하자. 임의의 $(a, b) \in \mathscr{U}$에 대하여 $f^{-1}((a, b)) \in \mathscr{T}_c$이다. 즉 $\mathbb{R} - f^{-1}((a, b))$는 가산집합이다. 이때 $f(\mathbb{R} - f^{-1}((a, b))) = f(\mathbb{R}) - (a, b) = \mathbb{R} - (a, b)$이 가산집합이 되어서 모순이 된다.).

5. 자연수 n에 대하여 $\mathbb{R}$의 부분집합의 모임인

$$\mathscr{B}_n := \{(a, b) \subset \mathbb{R} \mid a < b \in \mathbb{R}\} \cup \{n\}$$

을 기저로 하여 생성하는 $\mathbb{R}$상의 위상을 $\mathscr{T}_n$이라 하자. 만약 $m \neq n$이면 $\mathscr{T}_m \neq \mathscr{T}_n$이지만 $(\mathbb{R}, \mathscr{T}_m) \approx (\mathbb{R}, \mathscr{T}_n)$임을 보이시오.

6. 위상공간 $(\mathbb{R}, \mathscr{U})$의 부분공간 $(\mathbb{Z}, \mathscr{U}_{\mathbb{Z}})$와 $(\mathbb{Q}, \mathscr{U}_{\mathbb{Q}})$는 위상동형이 아님을 보이시오.

7. $X=\{a, b, c\}$라 할 때 집합 $\mathscr{A}=\{\mathscr{T}_i \mid (X, \mathscr{T}_i)$는 위상공간이다$\}$를 생각하자. $|\mathscr{A}|=29$임은 밝혀졌다. 다음을 답하시오.
   (1) $\mathscr{T}_1=\{X, \varnothing, \{a\}\}$, $\mathscr{T}_2=\{X, \varnothing, \{a, b\}\}$라 할 때 $\mathscr{T}_1$과 $\mathscr{T}_2$는 위상동형인가?
   (2) 집합 $\mathscr{A}$를 위상동형관계($\approx$)에 의한 관계집합 $(\mathscr{A}, \approx)$를 생각하자. $(\mathscr{A}, \approx)$의 동치류 집합 $\mathscr{A}/\approx$의 기수(cardinal number)는 무엇인가?

8. 보통위상공간 $(\mathbb{R}^2, \mathscr{U})$에서 $X=\{x\in\mathbb{R}^2 \mid 1 \le \|x\| \le 2\}$와 $Y=\mathbb{R}^2-\{(0, 0)\}$이라 놓자. 이 경우 $(X, \mathscr{U}_X)$와 $(Y, \mathscr{U}_Y)$가 위상동형이 아님을 보이시오.

9. $f:(X, \mathscr{T}_1)\to(Y, \mathscr{T}_2)$가 위상동형사상일 때, $A(\subset X)$에 대하여 다음이 성립함을 보이시오.
   (1) $f(A^\circ)=(f(A))^\circ$ (2) $f(\partial(A))=\partial(f(A))$
   (3) $f(\mathrm{Ext}(A))=\mathrm{Ext}(f(A))$

10. $X:=\mathbb{R}^2-\{0\}\subset\mathbb{R}^2$, $Y:=S^1\times\mathbb{R}\subset\mathbb{R}^3$이라 하고 위상공간 $(X, \mathscr{U}_X)$와 $(Y, \mathscr{U}_Y)$를 생각하자. 여기서 $(\mathbb{R}^n, \mathscr{U})$는 보통위상공간이다. 이 경우 $(X, \mathscr{U}_X)$와 $(Y, \mathscr{U}_Y)$가 위상동형임을 보이시오.

11. 위상공간 X, Y에 대하여 $f: X\to Y$가 위상동형사상이고 $A\subset X$이라 하자. 만약 $A\cap A'=\varnothing$이면 $f(A)\cap f(A)'=\varnothing$임을 보이시오.

12. 예제 5.2.8에서 $S^1-\{p\}\approx\mathbb{R}$이 됨을 구체적으로 확인하시오.

13. 예제 5.2.8에서 $S^2-\{p\}\approx\mathbb{R}^2$이 됨을 구체적으로 확인하시오.

14. 보통위상공간 $(\mathbb{R}, \mathscr{U})$의 부분공간 $[a, b)$와 (c, d)는 위상동형공간이 아님을 증명하시오.

15. 상극한 위상공간 $\mathbb{R}_u$와 하극한 위상공간 $\mathbb{R}_l$은 위상동형임을 보이시오(힌트, $f:\mathbb{R}_u\to\mathbb{R}_l$에서 $x\to-x$로 대응함).

TOPOLOGY

제 6 장

곱공간, 상공간

이 장에서는 주어진 두 위상공간 $(X, \mathscr{T}_1)$과 $(Y, \mathscr{T}_2)$를 사용하여 곱집합 $X \times Y$상에 위상을 주는 방법으로 곱위상에 대해 알아본다. 이 방법을 확대 적용하여 임의의 개수의 위상공간 $(X_\alpha, \mathscr{T}_\alpha)$ ($\alpha \in \Lambda$: 임의의 첨자집합)들의 곱집합 $\prod_{\alpha \in \Lambda} X_\alpha$상에 곱위상과 상자위상을 소개하고 이들 사이의 관계를 알아본다. 각 X_α를 곱집합 $X = \prod_{\alpha \in \Lambda} X_\alpha$의 α번째 좌표집합 (coordinate set)이라 한다. 또 상공간을 통하여 새로운 위상공간을 만드는 방법을 소개한다.

6.1 곱공간

$\{(X_\alpha,\ \mathscr{T}_\alpha) \mid \alpha \in \Lambda\}$를 위상공간들의 모임(족: family)이라 하고 $X := \prod_{\alpha \in \Lambda} X_\alpha$를 X_α들의 곱집합이라 하자. 여기서 $\Lambda = \{1,\ 2,\ \cdots,\ n\}$이라 하면, 임의의 점 $x \in X$는 $x = (x_1,\ x_2,\ \cdots,\ x_n)$ ($\exists^\forall x_\alpha \in X_\alpha,\ \alpha \in \Lambda$)으로 표시된다. 이제 임의의 첨자 $\alpha \in \Lambda$에 대하여 곱집합 X에서 X_α로의 사영사상(projection) 혹은 사영함수 P_α는

$$\begin{array}{ccc} P_\alpha : \prod_{\alpha \in \Lambda} X_\alpha & \longrightarrow & X_\alpha \\ \Cup & & \Cup \\ x = (x_1,\ x_2,\ \cdots,\ x_n) & \rightsquigarrow & x_\alpha \end{array}$$

로 정의한다. 참고로 x_α를 x의 α번째 좌표(α-th coordinate of x)라 한다.

곱공간을 정의하는 방법은 다양하지만 일반 첨자집합(유한집합과 무한집합을 모두 고려함)에 적용할 수 있는 방법을 통해서 접근하기로 한다. 구체적으로 살펴보면, 임의의 $\alpha \in \Lambda$에 대해 $(X_\alpha,\ \mathscr{T}_\alpha)$에서의 열린집합 $U_\alpha \in \mathscr{T}_\alpha$에 대하여 사영사상 P_α의 역상(inverse image)를 생각하자. 즉, 사영사상

$$P_\alpha : \prod_{\alpha \in \Lambda} X_\alpha \to X_\alpha$$

에서 만약 첨자집합 Λ가 유한집합 $\{1,\ 2,\ \cdots,\ n\}$이면

$$P_\alpha^{-1}(U_\alpha) = X_1 \times X_2 \times \cdots \times X_{\alpha-1} \times U_\alpha \times X_{\alpha+1} \times \cdots \times X_n = \prod_{\beta \in \Lambda} U_\beta,$$

$$\text{여기서 } U_\beta = \begin{cases} U_\alpha,\ (\beta = \alpha) \\ X_\beta,\ (\beta \neq \alpha) \end{cases}$$

이다. 만약 첨자집합 Λ가 가부번집합(즉 $|\Lambda| = \aleph_0$)인 경우에는

$$X = \prod_{\alpha \in \Lambda} X_\alpha = X_1 \times X_2 \times \cdots \times X_\alpha \times X_{\alpha+1} \times \cdots$$

이므로

$$P_\alpha^{-1}(U_\alpha)=X_1\times X_2\times\cdots\times X_{\alpha-1}\times U_\alpha\times X_{\alpha+1}\times\cdots=\prod_{\beta\in\Lambda}U_\beta,$$

$$\text{여기서}\quad U_\beta=\begin{cases}U_\alpha, & \beta=\alpha\\ X_\beta, & \beta\neq\alpha\end{cases}$$

이다.

지금부터 $X=\prod_{\alpha\in\Lambda}X_\alpha$의 첨자집합 Λ는 유한집합 혹은 무한집합인 경우를 모두 포함한다.

정의 6.1.1 $\{(X_\alpha,\ \mathscr{T}_\alpha)\mid\alpha\in\Lambda\}$을 위상공간들의 모임이라 하고 $X=\prod_{\alpha\in\Lambda}X_\alpha$라 하자. 임의의 $\alpha\in\Lambda$에 대하여 **사영사상** $P_\alpha:\ \prod_{\alpha\in\Lambda}X_\alpha\to X_\alpha$에서 임의의 열린 집합 $U_\alpha\in\mathscr{T}_\alpha$에 대해

$$\mathcal{S}_p=\{P_\alpha^{-1}(U_\alpha)\mid\alpha\in\Lambda,\ U_\alpha\in\mathscr{T}_\alpha\}\qquad\cdots\ (6.1)$$

을 부분기저로 하여 $X=\prod_{\alpha\in\Lambda}X_\alpha$상에 생성되는 위상 $\mathscr{T}_{\mathcal{S}_p}$를 $(X_\alpha,\ \mathscr{T}_\alpha)(\alpha\in\Lambda)$들의 **곱위상**(product topology)이라 하고, $(X,\ \mathscr{T}_p)$를 **곱공간**(product space)이라 한다. 각 $(X_\alpha,\ \mathscr{T}_\alpha)$를 $(X,\ \mathscr{T}_p)$의 **좌표공간**(coordinate space) 혹은 **인자공간**(factor space)이라 한다.

정의 6.1.1의 곱공간 $(X,\ \mathscr{T}_p)$를 생성하는 부분기저 $\mathcal{S}_p$에 관하여 자세히 알아보자. 부분기저 $\mathcal{S}_p$의 기본 성질에 의하여 $\mathcal{S}_p$에 의하여 생성되는 기저 $\mathscr{B}_{\mathcal{S}_p}$(혹은 $\mathscr{B}_p$)의 원소의 형태는 $\mathcal{S}_p$의 유한개의 원소의 교집합으로 표시된다. 즉

$$\mathscr{B}_p:=\mathscr{B}_{\mathcal{S}_p}\ni B=P_{\alpha_1}^{-1}(U_{\alpha_1})\cap P_{\alpha_2}^{-1}(U_{\alpha_2})\cap\cdots\cap P_{\alpha_n}^{-1}(U_{\alpha_n})\qquad\cdots\ (6.2)$$

$$=\bigcap_{i=1}^{n}P_{\alpha_i}^{-1}(U_{\alpha_i})=\prod_{\beta\in\Lambda}U_\beta,\quad\text{여기서}\quad U_\beta=\begin{cases}U_{\alpha_i}, & \beta=\alpha_i\\ X_\beta, & \beta\neq\alpha_i\end{cases}$$

이다. 여기서 Λ는 임의의 첨자집합이고 $\{\alpha_1,\ \alpha_2,\ \cdots,\ \alpha_n\}\subset\Lambda$이다.

| 예제 6.1.2 | 위상공간 $(\mathbb{R},\ \mathscr{U})$의 곱공간 $(\mathbb{R}^2,\ \mathscr{T}_p)$의 열린집합의 형태는 다음과 같다. 인자공간 $(\mathbb{R},\ \mathscr{U})$를 기반으로 곱집합 $\mathbb{R}^2=\mathbb{R}\times\mathbb{R}$에 곱위상을 생성하는 부분기저 $\mathcal{S}_p$와 기저 $\mathscr{B}_{\mathcal{S}_p}$를 알아본다. 사영사상

$$\begin{array}{ccccc} P_1: & \mathbb{R}^2 & \longrightarrow & \mathbb{R} \\ & \Cup & & \Cup \\ & (x_1, x_2) & \rightsquigarrow & x_1 \end{array} \qquad \begin{array}{ccccc} P_2: & \mathbb{R}^2 & \longrightarrow & \mathbb{R} \\ & \Cup & & \Cup \\ & (x_1, x_2) & \rightsquigarrow & x_2 \end{array}$$

를 생각한다. 그때 임의의 $U, V \in \mathscr{U}$에 대하여

$$\begin{aligned} \mathcal{S}_p &= \{ P_1^{-1}(U) \mid U \in \mathscr{U} \} \cup \{ P_2^{-1}(V) \mid V \in \mathscr{U} \} \\ &= \{ U \times \mathbb{R} \mid U \in \mathscr{U} \} \cup \{ \mathbb{R} \times V \mid V \in \mathscr{U} \} \end{aligned}$$

는 곱위상 $\mathscr{T}_p$의 한 부분기저이다 (그림 6.1 참조).

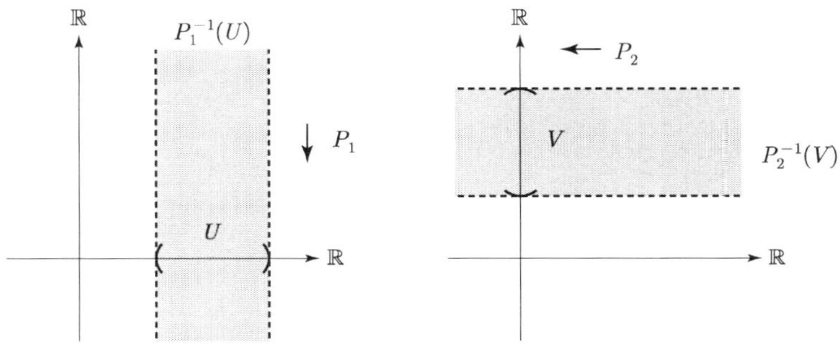

그림 6.1 $\mathcal{S}_p$의 원소 $P_1^{-1}(U)$, $P_2^{-1}(V)$

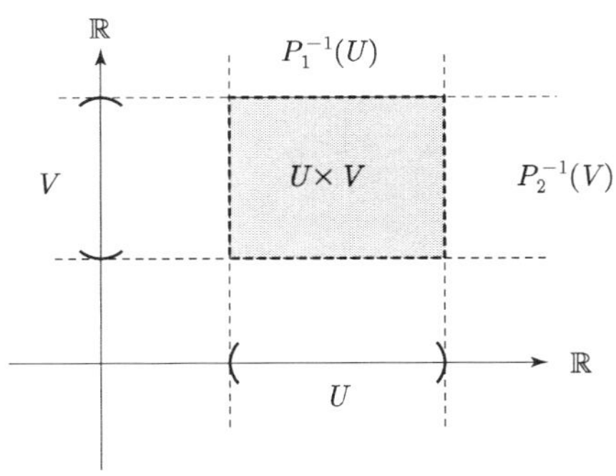

그림 6.2 기저 $\mathscr{B}_{\mathcal{S}_p}$의 원소 $U \times V$

따라서 $\mathscr{B}_{\mathcal{S}_p}$의 원소 B의 형태는 다음과 같다. 임의의 $U, V \in \mathscr{U}$에 대하여

$$\begin{aligned} \mathscr{B}_{\mathcal{S}_p} &= \{ P_1^{-1}(U) \cap P_2^{-1}(V),\ P_1^{-1}(U),\ P_2^{-1}(V) \mid U, V \in \mathscr{U} \} \\ &= \{ U \times V \mid U, V \in \mathscr{U} \} \end{aligned}$$

는 곱위상 $\mathscr{T}_{\mathcal{S}_p} := \mathscr{T}_{\mathscr{B}_{\mathcal{S}_p}} := \mathscr{T}_p$의 한 기저이다 (그림 6.2 참조). ■

곱공간 $(X, \mathscr{T}_p)$의 정의에서 알 수 있듯이 곱위상 $\mathscr{T}_p$를 생성하는 부분기저 $\mathcal{S}_p = \{P_\alpha^{-1}(U_\alpha) \mid \exists^\forall U_\alpha \in \mathscr{T}_\alpha,\ \exists^\forall \alpha \in \Lambda\}$는 $\mathcal{S}_p \subset \mathscr{T}_p$이므로 이 사영사상 $P_\alpha : (X, \mathscr{T}_p) \to (X_\alpha, \mathscr{T}_\alpha)$는 연속함수임을 알 수 있다(정리 6.1.3 참조). 정리 4.2.7에 의하여 곱공간 $(X, \mathscr{T}_p)$는 모든 $\alpha \in \Lambda$에 대한 사영함수 $P_\alpha : (X, \mathscr{T}_p) \to (X_\alpha, \mathscr{T}_\alpha)$가 연속이 되게 하는 가장 **약한 위상**(weak topology)임을 알 수 있다.

이제 $\mathbb{R}^2$상의 보통위상 $(\mathbb{R}^2, \mathscr{U})$와 곱공간 $(\mathbb{R}^2, \mathscr{T}_p)$를 비교하자. 즉 한 집합상의 두 위상의 강약의 비교는 기저들의 원소들의 비교를 통해서 알 수 있다(정리 4.1.10 참조).

(★) 보통위상공간 $(\mathbb{R}^2, \mathscr{U})$의 기저(예제 4.1.7 참조) $\mathscr{B} = \{B(x, r) \mid x \in \mathbb{R}^2, 0 < r \in \mathbb{R}\}$과 곱공간 $(\mathbb{R}^2, \mathscr{T}_p)$의 기저 $\mathscr{B}_p = \{U \times V \mid U, V \in \mathscr{U}\}$를 비교하면 $(\mathbb{R}^2, \mathscr{U})$와 $(\mathbb{R}^2, \mathscr{T}_p)$는 서로 동치임을 알 수 있다.

(★) 보통위상 $(\mathbb{R}, \mathscr{U})$의 기저로서 $\mathscr{B}_1 = \{(a, b) \mid a < b,\ a, b \in \mathbb{Q}\}$를 생각할 수 있기에

$$\mathscr{B}^* = \{(a, b) \times (c, d) \mid a < b,\ c < d,\ a, b, c, d \in \mathbb{Q}\}$$

도 곱공간 $(\mathbb{R}^2, \mathscr{T}_p)$의 한 기저가 되고 두 기저 $\mathscr{B}_p$와 $\mathscr{B}^*$를 비교하면 $\mathscr{T}_{\mathscr{B}_p} = \mathscr{T}_{\mathscr{B}^*}$가 모두 $\mathbb{R}^2$상의 같은 위상 $(\mathbb{R}^2, \mathscr{U})$이 된다.

(★) 그러나 $\mathscr{B}^*$의 기수는 $\aleph_0$이고 $\mathscr{B}_p$의 기수는 $\aleph$이기에 $\mathscr{B}^*$에 의하여 생성되는 $\mathscr{T}_{\mathscr{B}^*}$가 훨씬 다루기 편리하다는 장점이 있다.

이제까지 $(\mathbb{R}, \mathscr{U})$의 곱공간 $(\mathbb{R}^2, \mathscr{T}_p)$의 다양한 성질을 알아보았는데 이를 바탕으로 곱위상 정의(정의 6.1.1)로부터 다음이 성립한다.

앞으로 곱위상 $\mathscr{T}_p$를 위한 부분기저 $\mathcal{S}_p$와 기저 $\mathscr{B}_p$를 혼동할 우려가 없을 때는 간략하게 $\mathcal{S}$, $\mathscr{B}$로 쓰겠다.

정리 6.1.3 $(X, \mathscr{T})$와 $(Y, \mathscr{T}^*)$를 위상공간이라 하자.

$\mathscr{B}_p = \{U \times V \mid U \in \mathscr{T},\ V \in \mathscr{T}^*\}$이고 $\mathscr{T}_p := \mathscr{T}_{\mathscr{B}_p}$를 $X \times Y$상의 곱위상

이라 하면 다음이 성립한다.

(1) $\mathscr{B}_p$는 곱집합 $X \times Y$상의 기저이다.

(2) 두 사영사상 $P_1 : (X \times Y, \mathscr{T}_p) \to (X, \mathscr{T})$ s.t. $P_1(x, y) = x$

$$P_2 : (X \times Y,\ \mathscr{T}_p) \to (Y,\ \mathscr{T}^*) \text{ s.t. } P_2(x,\ y) = y$$

은 모두 연속이다.

(3) $\mathscr{T}_p$는 두 사영사상 P_1, P_2가 연속이 되도록 하는 곱집합 $X \times Y$상의 최소(가장 약한) 위상이다.

증명 (1) 주어진 $\mathscr{B}_p$는 곱집합 $X \times Y$상의 한 부분기저

$$\mathcal{S}_p = \{ P_1^{-1}(U),\ P_2^{-1}(V) \mid \exists^\forall U \in \mathscr{T},\ \exists^\forall V \in \mathscr{T}^* \}$$

에 의하여 생성된 기저임은 명백하다. 즉 식 (6.1)을 이용하여 식 (6.2)를 얻는다. 구체적으로 정리 4.1.5를 활용하여 $\mathscr{B}_p$가 $X \times Y$의 한 기저임을 보이자.

(i) 임의의 점 $(x,\ y) \in X \times Y$에 대하여 $X \times Y \in \mathscr{B}_p$가 존재하여 $(x,\ y) \in X \times Y$를 만족한다.

(ii) $\mathscr{B}_p$의 임의의 두 원소 $B_1 = U_1 \times V_1$, $B_2 = U_2 \times V_2$와 임의의 점 $(x,\ y) \in B_1 \cap B_2$에 대하여

$$B_1 \cap B_2 = (U_1 \times V_1) \cap (U_2 \times V_2) = (U_1 \cap U_2) \times (V_1 \cap V_2)$$

이고 $U_1 \cap U_2 \in \mathscr{T}$, $V_1 \cap V_2 \in \mathscr{T}^*$이므로 $B_1 \cap B_2 \in \mathscr{B}_p$이고 $(x,\ y) \in B_1 \cap B_2 \subset B_1 \cap B_2$이다.

(2) 이제 사영사상 $P_1 : (X \times Y,\ \mathscr{T}_p) \to (X,\ \mathscr{T})$와 $P_2 : (X \times Y,\ \mathscr{T}_p) \to (Y,\ \mathscr{T}^*)$가 연속임을 보이자. 임의의 열린집합 $U \in \mathscr{T}$에 대하여

$$P_1^{-1}(U) = U \times Y \in \mathcal{S}_p \subset \mathscr{B}_p \subset \mathscr{T}_p$$

(여기서 $\mathcal{S}_p$는 식 (6.1)의 부분기저이다)이므로 P_1은 연속이다.

같은 방법으로, 임의의 열린집합 $V \in \mathscr{T}^*$에 대하여

$$P_2^{-1}(V) = X \times V \in \mathcal{S}_p \subset \mathscr{B}_p \subset \mathscr{T}_p$$

이므로 P_2는 연속이다.

(3) 사영함수 P_1, P_2가 연속함수임과 정리 4.2.7을 활용하여 $(X \times Y,\ \mathscr{T}_p)$는 P_1, P_2가 연속이 되도록 하는 곱집합 $X \times Y$상의 최소(가장 약한) 위상이다. □

이제 주어진 두 위상공간의 기저의 곱집합을 통해서 곱집합의 기저 원소의 형태를 알아본다.

성질 6.1.4 $\mathscr{B}$와 $\mathscr{B}^*$가 각각 위상공간 $(X, \mathscr{T})$와 $(Y, \mathscr{T}^*)$의 기저라 하자. 그때

$$\mathscr{B}_p' = \{ A \times B \mid \exists^\forall A \in \mathscr{B}, \ \exists^\forall B \in \mathscr{B}^* \}$$

는 곱위상 $(X \times Y, \mathscr{T}_p)$의 한 기저이다.

증명 (1) $\mathscr{B}_p'$이 $X \times Y$상의 한 기저임을 보이자(정리 4.1.5를 활용함).

(i) 임의의 $(x, y) \in X \times Y$에 대하여 가정에 의하여 $x \in A \in \mathscr{B}$, $y \in B \in \mathscr{B}^*$가 성립하므로 $A \times B \in \mathscr{B}_p'$이 존재하여 $(x, y) \in A \times B$이 성립한다.

(ii) 임의의 $A_1 \times B_1$, $A_2 \times B_2 \in \mathscr{B}_p'$와 임의의 $(x, y) \in (A_1 \times B_1) \cap (A_2 \times B_2)$에 대하여

$$(x, y) \in (A_1 \times B_1) \cap (A_2 \times B_2) = (A_1 \cap A_2) \times (B_1 \cap B_2)$$

이고 $\mathscr{B}$와 $\mathscr{B}^*$가 각각 $(X, \mathscr{T})$와 $(Y, \mathscr{T}^*)$의 기저이므로

$$x \in A_3 \subset A_1 \cap A_2, \ y \in B_3 \subset B_1 \cap B_2$$

인 $A_3 \in \mathscr{B}$, $B_3 \in \mathscr{B}^*$가 성립한다. 따라서

$$(x, y) \in A_3 \times B_3 \subset (A_1 \times B_1) \cap (A_2 \times B_2)$$

을 만족하는 $A_3 \times B_3 \in \mathscr{B}_p'$이다.

(2) $\mathscr{B}_p'$를 기저로 하는 위상 $\mathscr{T}_{\mathscr{B}_p'}$를 편의상 $\mathscr{T}_p'$이라 할 때 곱집합 $X \times Y$ 상의 곱위상 $\mathscr{T}_p$와 비교하여 $\mathscr{T}_p' = \mathscr{T}_p$임을 보인다.

(i) 먼저 $\mathscr{B} \subset \mathscr{T}$, $\mathscr{B}^* \subset \mathscr{T}^*$이므로

$$\mathscr{B}_p' \subset \mathscr{B}_p = \{ U \times V \mid U \in \mathscr{T}, \ V \in \mathscr{T}^* \} \subset \mathscr{T}_p$$

이다. 따름정리 4.2.10에 의하여 $\mathscr{T}_p'$이 $\mathscr{B}_p'$을 포함하는 가장 작은 위상이므로 $\mathscr{T}_p' \subset \mathscr{T}_p$이다.

(ii) 임의로 주어진 $U \times V \in \mathscr{B}_p$와 임의의 점 $(x, y) \in U \times V$에 대하여

$x \in U \in \mathscr{T}$, $y \in V \in \mathscr{T}^*$이다. $\mathscr{B}$와 $\mathscr{B}^*$가 각각 $(X, \mathscr{T})$와 $(Y, \mathscr{T}^*)$의 기저이므로 성질 4.1.2에 의하여 $x \in A \subset U$, $y \in B \subset V$를 만족하는 $A \in \mathscr{B}$와 $B \in \mathscr{B}^*$가 존재한다. 그러므로 $(x, y) \in A \times B \subset U \times V$를 만족하는 $A \times B \in \mathscr{B}_p{}'$이 존재한다. 정리 4.1.10에 의하여 $\mathscr{T}_p \subset \mathscr{T}_p{}'$이다. 따라서 (i)과 (ii)에 의하여 $\mathscr{T}_p = \mathscr{T}_p{}'$이다. □

| 예제 6.1.5 | (1) 하극한위상 $\mathbb{R}_l$의 곱공간 $\mathbb{R}_l^2 = \mathbb{R}_l \times \mathbb{R}_l$(Sorgenfrey 평면이라 부름)의 기저는 성질 6.1.4에 의하여

$$\mathscr{B} = \{[a, b) \times [c, d) \mid a < b,\ c < d,\ a, b, c, d \in \mathbb{R}\}$$

이다 (그림 6.3 참조 $([a_1, b_1) \times [c_1, d_1)) \cap ([a_2, b_2) \times [c_2, d_2))$).

(2) 상극한위상 $\mathbb{R}_u$의 곱공간 $\mathbb{R}_u^2 = \mathbb{R}_u \times \mathbb{R}_u$의 기저는 성질 6.1.4에 의하여

$$\mathscr{B}' = \{(a, b] \times (c, d] \mid a < b,\ c < d,\ a, b, c, d \in \mathbb{R}\}$$

이다.

(3) $L = \{(x, -x) \in \mathbb{R}^2\}$은 $\mathbb{R}_l^2$의 닫힌집합이다 (그림 6.3 참조). 상세히 살펴보면 L^c가 $\mathbb{R}_l^2$상에서 열린집합임을 보이면 된다. 그래서 임의의 $(x, y) \in \mathbb{R}^2 - L$에 대해 $y \neq -x$이다.

(i) $y > -x$인 경우는 기저의 원소 $[x, x+\varepsilon) \times [y, y+\varepsilon) := B \in \mathscr{B}$ (여기서 $0 < \varepsilon \in \mathbb{R}$)가 존재하여 $(x, y) \in B \subset \mathbb{R}^2 - L$이 성립한다.

(ii) $y < -x$인 경우는 δ를 충분히 작은 양의 실수를 택하면 $(x, y) \in [x, x+\delta) \times [y, y+\delta) \in \mathscr{B}$이 성립한다.

(i)과 (ii)를 바탕으로 $\mathbb{R}^2 - L = L^c$가 열린집합임이 증명되었다.

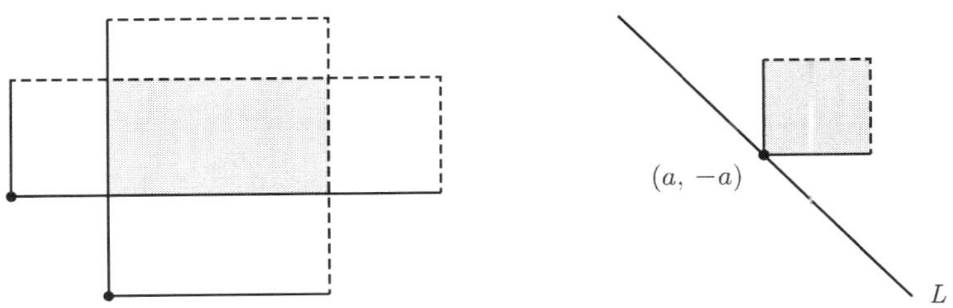

그림 6.3 $\mathbb{R}_l^2$의 기저와 부분공간 L의 이산위상구조

(4) $\mathbb{R}_l^2$의 부분공간 $L=\{(x,\ -x)\in\mathbb{R}^2\}$은 이산위상을 갖는다(그림 6.3 참조). 상세히 살펴보면 임의의 점 $(a,\ -a)\in L$에 대하여 $\{(a,\ -a)\}=L\cap([a,\ a+\varepsilon)\times[-a,\ -a+\varepsilon))$인 $\mathbb{R}_l^2$의 열린집합 $[a,\ a+\varepsilon)\times[-a,\ -a+\varepsilon)\in\mathscr{B}\subset\mathbb{R}_l^2$이 존재하므로 한원소집합 $\{(a,\ -a)\}\subset L$은 부분공간 L의 열린집합이다. ■

| 예제 6.1.6 | 정수집합 $\mathbb{Z}$상에서

$$\mathscr{B}=\{\{2m-1,\ 2m,\ 2m+1\},\ \{2m+1\}\mid m\in\mathbb{Z}\}$$

을 기저로 하여 생성된 $\mathbb{Z}$상의 위상 κ를 생각하자. 그때 곱위상의 기저 $\mathscr{B}_p=\{U\times V\mid U,\ V\in\mathscr{B}\}$는 곱집합 $\mathbb{Z}^2$의 한 위상에 대한 기저이다. 왜냐하면 이 $\mathscr{B}_p$는 성질 6.1.4의 조건을 만족하기 때문이다.

(i) $\mathscr{B}$가 $\mathbb{Z}$상의 한 기저임은 정리 4.1.5에 의하여 명백하다(예제 4.1.13 참조).

(ii) 성질 6.1.4에 의하여 $\mathscr{B}_p$는 $\mathbb{Z}^2$상의 한 위상에 대한 기저이다. 이 위상 $\mathscr{T}_{\mathscr{B}_p}$를 $\mathbb{Z}^2$상의 카림스키 위상(Khalimsky topology)이라 한다. 그리고 이 곱공간 $(\mathbb{Z}^2,\ \mathscr{T}_{\mathscr{B}_p})$를 $(\mathbb{Z}^2,\ \kappa^2)$으로 나타낸다.

(iii) $(\mathbb{Z}^2,\ \kappa^2)$에서 주어진 점을 포함하는 열린집합의 형태는 다음과 같다(그림 6.4 참조).

(여기서 임의의 $m,\ n\in\mathbb{Z}$에 대하여 $p=(2m,\ 2n)$, $q_1=(2m+1,\ 2n)$, $q_2=(2m,\ 2n+1)$, $r=(2m+1,\ 2n+1)$이다.)

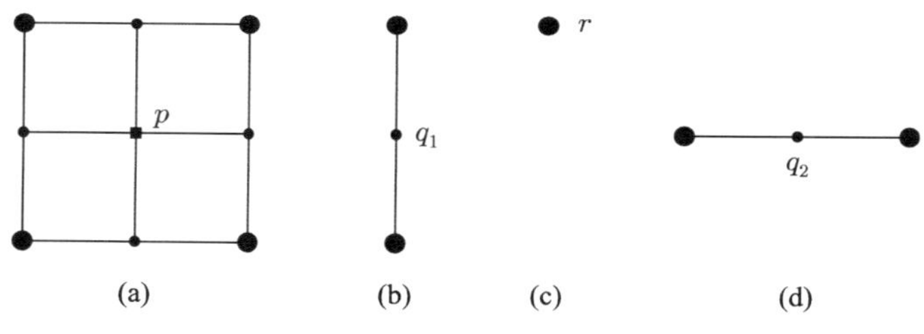

그림 6.4 점 p, q, r를 각각 원소로 갖는 최소 열린집합들을 설명

그림 6.4(a)에서 점 $p:=(0,\ 0)$이라 하자. 그때 p를 원소로 갖는 가장 작은 열린집합 $U(p)$는

$$U(p)=\{p,\ (1,0),\ (1,1),\ (0,1),\ (-1,1),\ (-1,0),\ (-1,-1),\ (0,-1),\ (1,-1)\}$$

이다.

그림 6.4(b)에서 $q_1 := (1,\ 0)$이라 하자. 그때 q_1를 원소를 갖는 가장 작은 열린 집합 $U(q_1)$는

$$U(q_1) = \{q_1,\ (1,\ 1),\ (1,\ -1)\}$$

이다.

그리고 그림 6.4(d)에서 $q_2 = (0,\ 1)$이라 하자. 그때 $U(q_2)$는 $\{q_2,\ (-1,\ 1),\ (1,\ 1)\}$이다.

그림 6.4(c)에서 $r := (1,\ 1)$이라 하자. 그때 r을 원소로 갖는 가장 작은 열린 집합 $U(r)$은

$$U(r) = \{r\}$$

이다. ■

성질 6.1.4를 입증하는 또 다른 예를 알아본다.

| 예제 6.1.7 | 위상공간 $(X,\ \mathscr{T})$와 $(Y,\ \mathscr{T}^*)$를 생각하자. 여기서

$$X = \{a,\ b,\ c\},\quad \mathscr{T} = \{X,\ \varnothing,\ \{a,\ b\},\ \{c\}\}$$
$$Y = \{z,\ w\},\quad \mathscr{T}^* = \{Y,\ \varnothing,\ \{z\}\}$$

이라 한다. 여기서 $\mathscr{T} = \mathscr{B}$이고 $\mathscr{T}^* = \mathscr{B}^*$이다 (성질 6.1.4 참조). 곱집합 $X \times Y$상의 곱위상에 대한 기저는

$$\mathscr{B}_p = \{\, U \times V \mid U \in \mathscr{T},\ V \in \mathscr{T}^* \}$$

이므로

$$\mathscr{B}_p = \{X \times Y,\ \varnothing,\ X \times \{z\},\ \{a,\ b\} \times Y,$$
$$\{a,\ b\} \times \{z\},\ \{c\} \times Y,\ \{c\} \times \{z\}\}$$

이다 (정리 4.1.5 참조).

그러나 $\mathscr{B}_p$는 곱집합 $X \times Y$상의 위상은 아니다. 왜냐하면

$$X \times \{z\} = \{(a,\ z),\ (b,\ z),\ (c,\ z)\}\text{와 } \{c\} \times Y = \{(c,\ z),\ (c,\ w)\}$$

은 $\mathscr{B}_p$의 원소이지만 그들의 합집합

$$(X\times\{z\})\cup(\{c\}\times Y)=\{(a,\ z),\ (b,\ z),\ (c,\ z),\ (c,\ w)\}\notin\mathscr{B}_p$$

이다. ■

정의 6.1.1에서 첨자집합 Λ가 유한개수를 갖는 첨자집합일 때 식 (6.2)에 의하여 다음을 얻는다(정리 6.1.3의 확장된 정리이다).

따름정리 6.1.8 $\{(X_\alpha,\ \mathscr{T}_\alpha)\mid\alpha\in\Lambda=\{1,\ 2,\ \cdots,\ n\}\}$을 위상공간들의 모임이라 하자. 곱집합 $\prod_{\alpha=1}^{n}X_\alpha:=X$상의 곱위상을 위한 기저는

$$\begin{aligned}\mathscr{B}_p&=\{\prod_{\alpha=1}^{n}U_\alpha\mid{}^{\exists\forall}U_\alpha\in\mathscr{T}_\alpha,\ {}^{\exists\forall}\alpha\in\Lambda\}\\&=\{U_1\times U_2\times\cdots\times U_n\mid{}^{\exists\forall}U_\alpha\in\mathscr{T}_\alpha,\ {}^{\exists\forall}\alpha\in\Lambda\}\end{aligned}$$

이다. 이 $\mathscr{B}_p$에 의하여 생성된 위상 $\mathscr{T}_p$를 X상의 **곱위상**(product topology)이라 하고 $(X,\ \mathscr{T}_p)$를 $(X_\alpha,\ \mathscr{T}_\alpha)$, $\alpha\in\Lambda$의 **곱공간**(product space)이라 한다.

(★) 참고로 따름정리 6.1.8과 다른 조건, 즉 첨자집합 Λ가 유한집합이 아닌 경우는 따름정리 6.1.8이 성립하지 않는다.

(★) 예를 들면, 보통위상공간 $(\mathbb{R},\ \mathscr{U})$의 곱공간 $(\mathbb{R}^\omega,\ \mathscr{T}_p)$에서 $U:=\prod_{n=1}^{\infty}(-n,\ n)$은 $\mathscr{T}_p$의 원소가 아니다((6.2) 참조).

(★) 곱위상의 정의 6.1.1에서 첨자집합 Λ가 유한집합이 아닌 경우도 식 (6.1)과 식 (6.2)에 의하여 $\prod_{\alpha\in\Lambda}X_\alpha$상의 곱위상을 위한 부분기저 $\mathcal{S}_p$(식 (6.1) 참조)와 기저 $\mathscr{B}_p$(혹은 $\mathscr{B}_{\mathcal{S}_p}$)(식 (6.2) 참조)를 활용하여 $\prod_{\alpha\in\Lambda}X_\alpha$상의 곱공간 $\mathscr{T}_p$(혹은 $\mathscr{T}_{\mathscr{B}_p}$)를 얻는다.

지금부터 곱집합 $\prod_{\alpha\in\Lambda}X_\alpha$를 다룰 때 첨자집합 Λ는 임의의 개수의 원소를 갖는 첨자집합으로 가정한다.

정리 6.1.9 위상공간 $(X_\alpha,\ \mathscr{T}_\alpha)$ $(\alpha\in\Lambda)$와 $(Y,\ \mathscr{T}^*)$를 생각하자. $(X,\ \mathscr{T}_p)$를 $X:=\prod_{\alpha\in\Lambda}X_\alpha$상의 곱공간이라 한다. 사상 $f:Y\to X$가 연속이기 위한 필요충분조

건은 임의의 $\alpha \in \Lambda$에 대하여 합성함수 $P_\alpha \circ f := f_\alpha: Y \to X_\alpha$가 연속이 되는 것이다.

증명 먼저 위상공간 $(X_\alpha, \mathscr{T}_\alpha)(\alpha \in \Lambda)$와 그들의 곱공간 $(X := \prod_{\alpha \in \Lambda} X_\alpha, \mathscr{T}_p)$상에서 임의의 $\alpha \in \Lambda$에 대한 사영사상 $P_\alpha: (X, \mathscr{T}_p) \to (X_\alpha, \mathscr{T}_\alpha)$는 연속이다. 왜냐하면 임의의 열린집합 $U_\alpha \in \mathscr{T}_\alpha$에 대하여 $P_\alpha^{-1}(U_\alpha) \in \mathcal{S}_p \subset \mathscr{T}_p$이기 때문이다. 따라서 두 연속함수의 합성함수

$$P_\alpha \circ f : (Y, \mathscr{T}^*) \xrightarrow{f} (X, \mathscr{T}_p) \xrightarrow{P_\alpha} (X_\alpha, \mathscr{T}_\alpha)$$

는 연속이다(그림 6.5 참조).

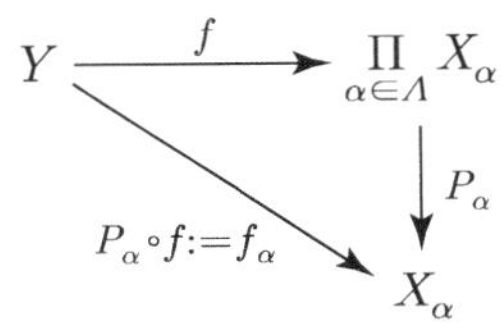

그림 6.5 사영사상과 연관된 함수의 연속성

역으로 임의의 $\alpha \in \Lambda$에 대하여 $P_\alpha \circ f$가 연속이라 하자. 곱공간 $(X, \mathscr{T}_p)$는 식 (6.1)에 의하여

$$\mathcal{S}_p = \{P_\alpha^{-1}(U_\alpha) \mid U_\alpha \in \mathscr{T}_\alpha, \ \alpha \in \Lambda\}$$

을 부분기저로 갖는다. 임의의 $P_\alpha^{-1}(U_\alpha) \in \mathcal{S}_p$에 대하여

$$f^{-1}(P_\alpha^{-1}(U_\alpha)) = (P_\alpha \circ f)^{-1}(U_\alpha)$$

이고 가정에 의하여 $P_\alpha \circ f$가 연속이므로 $(P_\alpha \circ f)^{-1}(U_\alpha) \in \mathscr{T}^*$가 성립한다. 따라서 $f^{-1}(P_\alpha^{-1}(U_\alpha)) \in \mathscr{T}^*$인데 정리 5.1.8에 의하여 f는 연속이다. □

따름정리 6.1.8과 정리 6.1.9를 곱공간 $(\mathbb{R}^n, \mathscr{T}_p)$에 적용하여 보통위상공간 $(\mathbb{R}^n, \mathscr{U})$와 비교하고 함수 $f: (\mathbb{R}, \mathscr{U}) \to (\mathbb{R}^n, \mathscr{T}_p)$의 연속성에 관한 성질을 알아보자.

| 예제 6.1.10 | (1) 보통위상공간 $(\mathbb{R}, \mathscr{U})$의 곱공간 $(\mathbb{R}^n, \mathscr{T}_p)$는 $(\mathbb{R}^n, \mathscr{U})$와 같다. 구체적으로 정리 4.1.10을 활용하여 $\mathbb{R}^n$상에서 $\mathscr{T}_p = \mathscr{U}$임을 알 수 있다. 여기

서 n은 유한인 자연수이다.

(2) (1)에서 보였듯이 $(\mathbb{R}^n, \mathscr{T}_p)=(\mathbb{R}^n, \mathscr{U})$이므로, 정리 6.1.9에 의하여 다음 성질이 성립한다. 함수

$$f:=(f_1, f_2, \cdots, f_n): \mathbb{R} \longrightarrow \mathbb{R}^n$$
$$x \rightsquigarrow f(x)=(f_1(x), f_2(x), \cdots, f_n(x))$$

가 연속이기 위한 필요충분조건은 모든 성분함수 $f_\alpha: \mathbb{R} \to \mathbb{R}$ $(\alpha \in \Lambda=\{1, 2, \cdots, n\})$가 연속인 것이다. ■

참고로 정리 6.1.9를 활용하여 다음 성질을 쉽게 알 수 있다.

(★) $(Y, \mathscr{T}^*)$이 위상공간이고 $\{(X_\alpha, \mathscr{T}_\alpha) \mid \alpha \in \Lambda$: 임의의 첨자집합$\}$을 위상공간들의 임의의 모임이라 하자. 그리고 각 $\alpha \in \Lambda$에 대하여 사상 $f_\alpha: Y \to X_\alpha$가 주어졌다고 하자. 그때 사상 $f:(Y, \mathscr{T}^*) \to (\prod_{\alpha\in\Lambda} X_\alpha, \mathscr{T}_p)$를 $y \rightsquigarrow (f_\alpha(y))_{\alpha\in\Lambda}$로 정의할 때 f가 연속이 되는 필요충분조건은 주어진 각 f_α $(\alpha \in \Lambda)$가 연속임을 알 수 있다. 왜냐하면 각 $\alpha \in \Lambda$에 대하여 $P_\alpha \circ f = f_\alpha$이므로 정리 6.1.9로부터 위 명제는 성립한다.

예제 5.1.16에서 사영사상 $(\mathbb{R}^2, \mathscr{U}) \to (\mathbb{R}, \mathscr{U})$은 열린사상임을 증명하였다. 그러면 임의의 첨자집합 Λ에 대한 곱공간 $(X:=\prod_{\alpha\in\Lambda} X_\alpha, \mathscr{T}_p) \to (X_\alpha, \mathscr{T}_\alpha)$로의 사영사상의 열린사상 성질에 관하여 알아본다(여기서 첨자집합 Λ의 기수 $|\Lambda| \geq \aleph_0$인 경우도 성립한다).

정리 6.1.11 임의의 첨자집합 Λ에 대하여 위상공간 $(X_\alpha, \mathscr{T}_\alpha)(\alpha \in \Lambda)$의 곱공간을 $(X:=\prod_{\alpha\in\Lambda} X_\alpha, \mathscr{T}_p)$라 하자. 임의의 $\alpha \in \Lambda$에 대하여 사영사상 $P_\alpha: (X, \mathscr{T}_p) \to (X_\alpha, \mathscr{T}_\alpha)$는 열린사상이다.

증명 $(X, \mathscr{T}_p)$에서의 임의의 열린집합 $U \in \mathscr{T}_p$를 택하자. 임의의 $\alpha \in \Lambda$에 대하여 $P_\alpha(U) \in \mathscr{T}_\alpha$임을 보이자. 정리 3.3.5를 이용하여 $P_\alpha(U)$가 $(X_\alpha, \mathscr{T}_\alpha)$에서 열린집합임을 보인다. 임의의 $x_\alpha \in P_\alpha(U)$를 택하면 적당한 점 $x \in U$가 존재하여 $P_\alpha(x)=x_\alpha \in P_\alpha(U)$이다. 그런데 $U \in \mathscr{T}_p$이므로 곱위상의 정의에 의하여 유한개의 인자공간 $(X_{\alpha_k}, \mathscr{T}_{\alpha_k})$ $(k \in \{1, 2, \cdots, n\})$

상에서 적당한 열린집합 $U_{\alpha_k} \in \mathscr{T}_{\alpha_k}$가 존재하여, 곱위상의 기저의 한 원 $\bigcap_{k=1}^{n} P_{\alpha_k}^{-1}(U_{\alpha_k})$이 존재하여 (식 (6.2) 참조)

$$x \in \bigcap_{k=1}^{n} P_{\alpha_k}^{-1}(U_{\alpha_k}) \subset U \qquad \cdots (6.3)$$

이 성립한다.

식 (6.2)에 의하여

$$\bigcap_{k=1}^{n} P_{\alpha_k}^{-1}(U_{\alpha_k}) = \prod_{\alpha \in \Lambda} U_\alpha, \text{ 여기서 } U_\alpha = \begin{cases} U_{\alpha_k}, & \alpha = \alpha_k \\ X_\alpha, & \alpha \neq \alpha_k \end{cases}$$

이므로

$$P_\alpha\left(\bigcap_{k=1}^{n} P_{\alpha_k}^{-1}(U_{\alpha_k})\right) = \begin{cases} X_\alpha, & \alpha \notin \{\alpha_1, \alpha_2, \cdots, \alpha_n\} \\ U_\alpha, & \alpha \in \{\alpha_1, \alpha_2, \cdots, \alpha_n\} \end{cases} \qquad \cdots (6.4)$$

이 성립한다. 즉, $P_\alpha\left(\bigcap_{k=1}^{n} P_{\alpha_k}^{-1}(U_{\alpha_k})\right) \in \mathscr{T}_\alpha$이다.

식 (6.3)으로부터

$$P_\alpha(x) = x_\alpha \in P_\alpha\left(\bigcap_{k=1}^{n} P_{\alpha_k}^{-1}(U_{\alpha_k})\right) \subset P_\alpha(U)$$

이므로 식 (6.4)로부터 $P_\alpha(U)$는 x_α의 열린근방이다. 정리 3.3.5에 의하여 $P_\alpha(U) \in \mathscr{T}_\alpha$임이 성립한다. □

예제 5.1.16에서 보였듯이 사영사상은 닫힌사상이 아님을 상기하자.

이제 곱위상에서 폐포의 성질을 알아보자 (첨자집합 Λ의 기수가 $|\Lambda| \geq \aleph_0$인 경우도 성립한다).

정리 6.1.12 $(X_\alpha, \mathscr{T}_\alpha)(\alpha \in \Lambda)$를 위상공간이라 하고 $A_\alpha \subset X_\alpha (\alpha \in \Lambda)$라 하자. 곱위상 $(X := \prod_{\alpha \in \Lambda} X_\alpha, \mathscr{T}_p)$에서 다음이 성립한다.

$$\overline{\prod_{\alpha\in\Lambda} A_\alpha} = \prod_{\alpha\in\Lambda} \overline{A_\alpha}$$

이다.

증명에 앞서 적당한 $\alpha\in\Lambda$에 대하여 $A_\alpha=\varnothing$인 경우는 곱집합의 정의에 의하여 $\overline{\prod_{\alpha\in\Lambda} A_\alpha} = \prod_{\alpha\in\Lambda}\overline{A_\alpha}=\varnothing$은 명백하다. 그러므로 임의의 $\alpha\in\Lambda$에 대하여 $A_\alpha\neq\varnothing$임을 가정한다.

정리 3.5.4를 활용하여 위 명제를 증명하자.

증명 ($\subset$) 임의의 $x=(x_\alpha)_{\alpha\in\Lambda}\in\overline{\prod_{\alpha\in\Lambda} A_\alpha}$에 대하여 $x\in\prod_{\alpha\in\Lambda}\overline{A_\alpha}$임을 보이자.

즉, 각 $\alpha\in\Lambda$에 대하여 $x_\alpha\in\overline{A_\alpha}$임을 보이자. U_α를 X_α에서 $x_\alpha\in U_\alpha$인 임의의 열린집합이라 하면(즉, $U_\alpha\in\mathscr{T}_\alpha$) $x\in P_\alpha^{-1}(U_\alpha)$이고 $P_\alpha^{-1}(U_\alpha)$는 곱공간$(\prod_{\alpha\in\Lambda}X_\alpha,\ \mathscr{T}_p)$의 열린집합이다((6.1) 참조).

정리 3.5.4에 의하여

$$\varnothing\neq P_\alpha^{-1}(U_\alpha)\cap\prod_{\alpha\in\Lambda}A_\alpha$$

이 성립한다. 그러므로 점 $z=(z_\alpha)\in P_\alpha^{-1}(U_\alpha)\cap\prod_{\alpha\in\Lambda}A_\alpha$가 존재하여 $z_\alpha\in U_\alpha\cap A_\alpha$이 성립하여 $U_\alpha\cap A_\alpha\neq\varnothing$이다. 그러므로 $x_\alpha\in\overline{A_\alpha}$임이 성립한다. 따라서 $x:=(x_\alpha)_{\alpha\in\Lambda}\in\prod_{\alpha\in\Lambda}\overline{A_\alpha}$이다.

($\supset$) 임의의 $x=(x_\alpha)_{\alpha\in\Lambda}\in\prod_{\alpha\in\Lambda}\overline{A_\alpha}$에 대하여 $x\in\overline{\prod_{\alpha\in\Lambda}A_\alpha}$임을 보이자.

즉 $X=\prod_{\alpha\in\Lambda}X_\alpha$에서 x를 원소를 갖는 임의의 열린근방 $W\in\mathscr{T}_p$ (여기서 $(X_\alpha,\ \mathscr{T}_\alpha)(\alpha\in\Lambda)$의 곱위상공간을 $(X,\ \mathscr{T}_p)$라 한다)에 대하여 $\mathscr{T}_p$의 정의에 의하여 x를 원소로 갖는 기저 열린집합 $\bigcap_{i=1}^{n}P_{\alpha_i}^{-1}(U_{\alpha_i})$이 존재하여(식 (6.2) 참조)

$$x\in\bigcap_{i=1}^{n}P_{\alpha_i}^{-1}(U_{\alpha_i})\subset W$$

이 성립한다. 가정에 의하여 $x=(x_\alpha)_{\alpha\in\Lambda}\in\prod_{\alpha\in\Lambda}\overline{A_\alpha}$이므로 각 α_i $(i\in\{1,\ 2,\ \cdots,\ n\})$에 대하여 $U_{\alpha_i}\cap A_{\alpha_i}\neq\varnothing$이고, $A_\alpha\cap X_\alpha=A_\alpha$ $(\alpha\not\in\Lambda-\{\alpha_i\,|\,i\in\{1,\ 2,\ \cdots,\ n\}\})$이므로

$$\varnothing \neq \bigcap_{i=1}^{n} P_{\alpha_i}^{-1}(U_{\alpha_i}) \cap \prod_{\alpha \in \Lambda} A_\alpha \subset W \cap \prod_{\alpha \in \Lambda} A_\alpha$$

이므로 $x \in \overline{\prod_{\alpha \in \Lambda} A_\alpha}$이다. □

정리 6.1.12와 폐포의 성질에 의하여 다음 성질을 얻는다.

따름정리 6.1.13 임의의 $\alpha \in \Lambda$에 대하여 C_α를 위상공간 $(X_\alpha, \mathscr{T}_\alpha)$의 한 닫힌 집합이라 할 때 $\prod_{\alpha \in \Lambda} C_\alpha$도 곱공간 $(\prod_{\alpha \in \Lambda} X_\alpha, \mathscr{T}_p)$에서 닫힌집합이다.

증명 $C_\alpha = \overline{C_\alpha}(\alpha \in \Lambda)$이고, 정리 6.1.12에 의하여 $\prod_{\alpha \in \Lambda} C_\alpha = \prod_{c \in \Lambda} \overline{C_\alpha} = \overline{\prod_{\alpha \in \Lambda} C_\alpha}$가 되어서 $\prod_{\alpha \in \Lambda} C_\alpha$는 $(\prod_{\alpha \in \Lambda} X_\alpha, \mathscr{T}_p)$상에서 닫힌집합이다. □

열린집합의 곱성질은 따름정리 6.1.13과 다른 형태의 성질을 갖는다.

주의 6.1.14 임의의 첨자집합 Λ와 임의의 $\alpha \in \Lambda$에 대하여 U_α를 $(X_\alpha, \mathscr{T}_\alpha)$의 한 열린집합이라 할 때 $\prod_{\alpha \in \Lambda} U_\alpha$는 곱공간 $(\prod_{\alpha \in \Lambda} X_\alpha, \mathscr{T}_p)$에서 열린집합이 아니다.

증명 식 (6.2)에서 알 수 있듯이 곱위상 $\mathscr{T}_p$의 기저의 원소는 유한개의 좌표공간(인자공간)만 열린집합 U_α를 취하고 나머지는 전체공간 X_α인 형태의 곱집합이므로 기저의 열린집합 $\bigcap_{i=1}^{n} P_{\alpha_i}^{-1}(U_{\alpha_i})$(식 (6.2) 참조)이 $\prod_{\alpha \in \Lambda} U_\alpha$에 포함될 수 없다. □

주의 6.1.14에 대한 예로서, 따름정리 6.1.8의 밑부분에서 언급했듯이 $(\mathbb{R}^\omega, \mathscr{T}_p)$에서 $\prod_{\alpha \in \mathbb{N}} (-n, n)$이 열린집합이 아님을 상기하자.

이제 정리 6.1.9, 정리 6.1.11 등을 활용하여 곱위상과 관련된 사상의 연속성에 관하여 살펴보자.

정리 6.1.15 임의의 첨자집합 Λ에 대하여 $\{(X_\alpha, \mathscr{T}_\alpha) \mid \alpha \in \Lambda\}$와 $\{(Y_\alpha, \mathscr{T}_\alpha^*) \mid \alpha \in \Lambda\}$를 위상공간들의 모임이라 하자. 각 $\alpha \in \Lambda$에 대하여 사상 $f_\alpha : X_\alpha \to Y_\alpha$가 주어졌을 때 곱사상

$$\begin{array}{ccccc} \prod_{\alpha \in \Lambda} f_\alpha : & \prod_{\alpha \in \Lambda} X_\alpha & \longrightarrow & \prod_{\alpha \in \Lambda} Y_\alpha \\ & \Cup & & \Cup \\ & (x_\alpha)_{\alpha \in \Lambda} & \rightsquigarrow & (f_\alpha(x_\alpha))_{\alpha \in \Lambda} \end{array}$$

은 다음 성질이 있다.

임의의 $\alpha \in \Lambda$에 대하여 f_α가 연속이기 위한 필요충분조건은 $\prod_{\alpha \in \Lambda} f_\alpha$가 연속이다.

$$\begin{array}{ccc} (\prod_{\alpha \in \Lambda} f_\alpha)^{-1}(P_\alpha^{-1}(V_\alpha)) \in (\prod_{\alpha \in \Lambda} X_\alpha, \mathscr{T}_p) & \xrightarrow[\alpha \in \Lambda]{\prod f_\alpha} & (\prod_{\alpha \in \Lambda} Y_\alpha, \mathscr{T}_p^*) \ni P_\alpha^{-1}(V_\alpha) \\ \downarrow P_\alpha & & \downarrow P_\alpha \\ f_\alpha^{-1}(V_\alpha) \in (X_\alpha, \mathscr{T}_\alpha) & \xrightarrow{f_\alpha} & (Y_\alpha, \mathscr{T}_\alpha^*) \ni V_\alpha \end{array}$$

그림 6.6 곱사상의 연속성

증명 (⇒) 임의의 $\alpha \in \Lambda$에 대하여 연속함수 $f_\alpha : (X_\alpha, \mathscr{T}_\alpha) \to (Y_\alpha, \mathscr{T}_\alpha^*)$를 가정으로 하여 곱사상

$$\prod_{\alpha \in \Lambda} f_\alpha : (\prod_{\alpha \in \Lambda} X_\alpha, \mathscr{T}_p) \to (\prod_{\alpha \in \Lambda} Y_\alpha, \mathscr{T}_p^*), \ (x_\alpha)_{\alpha \in \Lambda} \rightsquigarrow (f_\alpha(x_\alpha))_{\alpha \in \Lambda}$$

이 연속함수임을 정리 5.1.8을 활용하여 증명하자. 식 (6.1)에 의하여 $\mathscr{T}_p^*$를 위한 부분기저의 임의의 원소 $P_\alpha^{-1}(V_\alpha)$ (여기서 V_α는 $(Y_\alpha, \mathscr{T}_\alpha^*)$의 임의의 열린집합이다)을 택하자. 그때 식 (6.1)에 의하여

$$P_\alpha^{-1}(V_\alpha) = Y_1 \times Y_2 \times \cdots \times Y_{\alpha-1} \times V_\alpha \times Y_{\alpha+1} \times \cdots$$

이기에 (그림 6.6 참조)

$$\begin{aligned} &(\prod_{\alpha \in \Lambda} f_\alpha)^{-1}(P_\alpha^{-1}(V_\alpha)) \\ &= X_1 \times X_2 \times \cdots \times X_{\alpha-1} \times f_\alpha^{-1}(V_\alpha) \times X_{\alpha+1} \times \cdots \qquad \cdots (6.5) \end{aligned}$$

이다. 그런데 식 (6.5)의 α번째 좌표집합 $f_\alpha^{-1}(V_\alpha)$는 가정에 의하여 $(X_\alpha, \mathscr{T}_\alpha)$상에서 열린집합이다. 그러므로 식 (6.1)에 의하여

$$(\prod_{\alpha \in \Lambda} f_\alpha)^{-1}(P_\alpha^{-1}(V_\alpha))$$

는 $\mathscr{T}_p$를 위한 부분기저의 열린집합이 되므로 $\mathscr{T}_p$의 원소가 된다 (부분

기저의 정의 참조). 따라서 정리 5.1.8에 의하여 곱사상 $\prod_{\alpha \in \Lambda} f_\alpha$는 연속 함수이다.

($\Leftarrow$) $\prod_{\alpha \in \Lambda} f_\alpha$의 연속성과 사영사상 $P_\alpha(\prod_{\alpha \in \Lambda} f_\alpha) = f_\alpha$의 연속성에 의하여 f_α가 연속이다. □

정리 6.1.15와 전단사의 기본성질에 의하여 다음 성질을 얻는다.

따름정리 6.1.16 $\{(X_\alpha, \mathscr{T}_\alpha) \mid \alpha \in M\}$과 $\{(Y_\beta, \mathscr{T}^*_\beta) \mid \beta \in K\}$이 위상공간들의 모임이고, $\varphi : M \to K$는 전단사라 한다. 이때 임의의 $\alpha \in M$에 대하여 $(X_\alpha, \mathscr{T}_\alpha) \approx (Y_{\varphi(\alpha)}, \mathscr{T}^*_{\varphi(\alpha)})$이면 두 곱위상은

$$(\prod_{\alpha \in M} X_\alpha, \mathscr{T}_p) \approx (\prod_{\beta \in K} Y_\beta, \mathscr{T}^*_p)$$

이다.

정리 6.1.17 $\{(X_\alpha, \mathscr{T}_\alpha) \mid \alpha \in \Lambda\}$를 위상공간들의 모임이라 하고 $(\prod_{\alpha \in \Lambda} X_\alpha, \mathscr{T}_p)$를 곱공간이라 하자. 한 점 $a = (a_\alpha | \alpha \in \Lambda) \in \prod_{\alpha \in \Lambda} X_\alpha$를 택하자. 임의의 $\mu \in \Lambda$에 대하여

$$L(a, \mu) := \prod_{\alpha \in \Lambda} U_\alpha, \text{ 여기서 } U_\alpha = \begin{cases} X_\mu & (\alpha = \mu) \\ \{a_\alpha\} & (\alpha \neq \mu) \end{cases} \text{ 이다.}$$

라 놓으면 $L(a, \mu) \subset \prod_{\alpha \in M} X_\alpha$이다. 이 경우 $L(a, \mu) := (L(a, \mu), (\mathscr{T}_p)_{L(c, \mu)})$는 $(\prod_{\alpha \in \Lambda} X_\alpha, \mathscr{T}_p)$의 한 좌표공간 $(X_\mu, \mathscr{T}_\mu)$와 위상동형이다.

증명 함수

$$\begin{array}{llll} f_\mu : X_\mu & \longrightarrow & L(a, \mu) \subset \prod_{\alpha \in \Lambda} X_\alpha & \\ \quad \cup\!\!\!| & & \cup\!\!\!| & \\ \quad x_\mu & \leadsto & (y_\alpha)_{\alpha \in \Lambda} \quad \text{s.t.} \quad y_\alpha = \begin{cases} x_\mu, & \alpha = \mu \\ a_\alpha, & \alpha \neq \mu \end{cases} \end{array}$$

이라 하자.

이제 f_μ가 위상동형사상임을 보인다.

식 (6.1)에 의하여 $\prod_{\alpha \in \Lambda} X_\alpha$에서 $P_\alpha^{-1}(U_\alpha)$ (단 $U_\alpha \in \mathscr{T}_\alpha$, $\alpha \in \Lambda$)는 곱공간

$(\prod_{\alpha\in\Lambda} X_\alpha, \mathscr{T}_p)$를 위한 부분기저의 한 원소이다. 따라서

$$P_\alpha^{-1}(U_\alpha) \cap L(a, \mu)$$

는 부분공간 $L(a, \mu)$의 부분기저의 원이다. 구체적으로 살펴보면,

$$\begin{aligned}
&P_\alpha^{-1}(U_\alpha) \cap L(a, \mu)\\
&\quad = (X_1 \times \cdots \times X_{\alpha-1} \times U_\alpha \times X_{\alpha+1} \times \cdots) \cap\\
&\qquad (\{a_1\} \times \cdots \times \{a_{\mu-1}\} \times X_\mu \times \{a_{\mu+1}\} \times \cdots)\\
&\quad = \begin{cases} \{a_1\} \times \cdots \times \{a_{\mu-1}\} \times U_\mu \times \{a_{\mu+1}\} \times \cdots \\ \qquad\qquad (\alpha = \mu\text{인 경우, } U_\mu \subset X_\mu\text{이고 } a_\alpha \in X_\alpha\text{이므로}) \\ L(a, \mu) \quad (\alpha \neq \mu\text{인 경우, } a_\alpha \in U_\alpha\text{이면}) \\ \varnothing \qquad\quad (\alpha \neq \mu\text{인 경우, } a_\alpha \notin U_\alpha\text{이면}) \end{cases}
\end{aligned}$$

이므로 (구체적으로 $X_1 \times X_2$인 경우 그림 6.7(a)를 활용하여 $P_1^{-1}(U_1) \cap L(a, 1)$을 확인 요망)

$$f_\mu^{-1}(P_\alpha^{-1}(U_\alpha)) \cap L(a, \mu) = \begin{cases} U_\mu & (\alpha = \mu\text{일 때}) \\ X_\mu & (\alpha \neq \mu\text{이고 } a_\alpha \in U_\alpha\text{일 때}) \\ \varnothing & (\alpha \neq \mu\text{이고 } a_\alpha \notin U_\alpha\text{일 때}) \end{cases}$$

이 성립하고 정리 5.1.8에 의하여 f_μ는 연속함수이다.

이제 f_μ가 전단사함수임을 보이고 그 역함수 f_μ^{-1}도 연속함수임을 보이

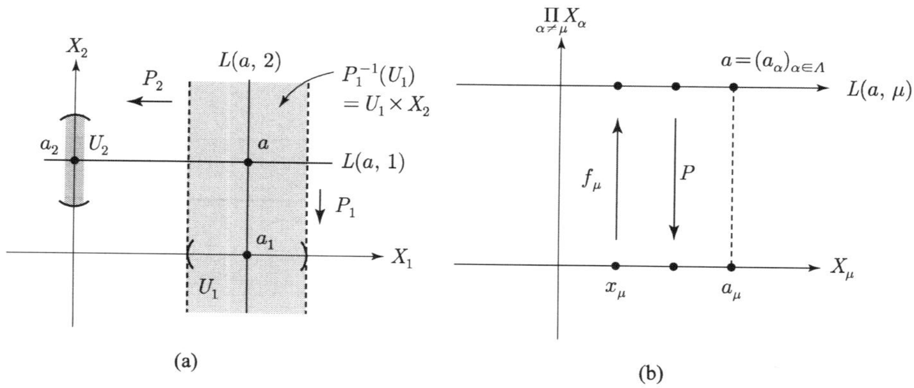

그림 6.7 f_μ와 P의 연속성

자. 임의의 $\alpha \in \Lambda$에 대하여 사영함수 $P_\alpha : \prod_{\alpha\in\Lambda} X_\alpha \to X_\alpha$는 연속이고 연속함수의 제한사상도 연속함수임을 상기하자. 그러므로 사영함수 P_μ의 $L(a, \mu)\ (\subset \prod_{\alpha\in\Lambda} X_\alpha)$상의 제한사상

$$P_\mu|_{L(a,\ \mu)} : L(a,\ \mu) \to X_\mu$$

도 연속이다. 이때 $P := P_\mu|_{L(a,\ \mu)}$라 놓고 합성함수 $P \circ f_\mu$와 $f_\mu \circ P$는

$$P \circ f_\mu : X_\mu \to X_\mu$$
$$f_\mu \circ P : L(a,\ \mu) \to L(a,\ \mu)$$

이고 모두 항등사상이다(그림 6.7(b) 참조).

따라서 f_μ는 전단사이고 $f_\mu^{-1} = P$는 연속이므로 f_μ는 위상동형사상이다. 즉 $L(a,\ \mu) \approx X_\mu$이다. □

참고 6.1.18 위상수학에서 곱공간의 유용성은 매우 크다. 왜냐하면 유한곱공간에서 성립한 어떤 성질이 임의의 곱공간으로 확대하여도 성립한다면 매우 바람직한데, 곱공간이 그런 성질을 비교적 많이 제공한다.

연습문제 6.1

1. $X = \{a, b, c\}$상에서 위상 $\mathscr{T} = \{X, \varnothing, \{a\}, \{b, c\}\}$와 $Y = \{1, 2, 3, 4\}$상에서 위상 $\mathscr{T}^* = \{Y, \varnothing, \{1\}, \{1, 2, 3\}\}$를 주었을 때

(1) $X \times Y$상의 곱위상을 위한 부분기저 S_p를 구하시오.

(2) $X \times Y$상의 곱위상을 위한 기저 $\mathscr{B}_p$를 구하시오.

2. X와 Y를 위상공간이라 할 때 곱위상 $(X \times Y,\ \mathscr{T}_p)$와 $(Y \times X,\ \mathscr{T}_p^*)$는 위상동형임을 밝히시오.

3. 위상공간 $(X,\ \mathscr{T}_1)$과 $(Y,\ \mathscr{T}_2)$과 곱위상 $(X \times Y,\ \mathscr{T}_p)$를 생각하자. 집합 $W \subset X \times Y$가 $W \in \mathscr{T}_p$일 필요충분조건은 모든 점 $w = (w_1,\ w_2) \in W$에 대

하여 $U_{w_1} \in \mathscr{T}_1$과 $V_{w_2} \in \mathscr{T}_2$가 존재하여 $w \in U_{w_1} \times V_{w_2} \subset W$임을 증명하시오.

4. 사영사상은 일반적으로 닫힌사상은 아니다. 그러나 임의의 닫힌구간 $[a,\ b] \subset \mathbb{R}$에 대하여 $([a,\ b],\ \mathscr{U}_{[a,\ b]})$와 $(\mathbb{R},\ \mathscr{U})$를 기반으로 해서 곱공간 $([a,\ b] \times \mathbb{R},\ \mathscr{T}_p)$를 만들자. 그때

$$\begin{array}{ccc} P_2 : ([a,\ b] \times \mathbb{R},\ \mathscr{T}_p) & \rightarrow & (\mathbb{R},\ \mathscr{U}) \\ \Cup & & \Cup \\ (x,\ y) & \rightsquigarrow & y \end{array}$$

은 닫힌사상임을 보이시오.

5. 함수 $f : (X,\ \mathscr{T}) \rightarrow (Y,\ \mathscr{T}^*)$에 대하여 다음 각 성질이 동치임을 증명하시오.

(1) f는 열린사상이다.

(2) f는 $(X,\ \mathscr{T})$의 한 기저 $\mathscr{B}$의 임의의 원소 $B \in \mathscr{B}$에 대하여 $f(B) \in \mathscr{T}^*$이다.

(3) 임의의 $x(\in X)$를 원소로 갖는 임의의 열린집합 $U \in \mathscr{T}$에 대하여 $W \in \mathscr{T}^*$가 존재하여 $f(x) \in W \subset f(U)$가 성립한다.

6. 임의의 첨자집합 Λ에 대하여 위상공간들의 모임 $\{(X_\alpha,\ \mathscr{T}_\alpha) \mid \alpha \in \Lambda\}$와 $\{(Y_\alpha,\ \mathscr{T}^*_\alpha) \mid \alpha \in \Lambda\}$을 생각하자. 임의의 $\alpha \in \Lambda$에 대하여 사상 $f_\alpha : X_\alpha \rightarrow Y_\alpha$가 주어졌을 때 곱사상

$$\begin{array}{ccc} \prod_{\alpha \in \Lambda} f_\alpha : \prod_{\alpha \in \Lambda} X_\alpha & \longrightarrow & \prod_{\alpha \in \Lambda} Y_\alpha \\ \Cup & & \Cup \\ (x_\alpha)_{\alpha \in \Lambda} & \rightsquigarrow & (f_\alpha(x_\alpha))_{\alpha \in \Lambda} \end{array}$$

을 정의한다.

이때 임의의 $\alpha \in \Lambda$에 대하여 f_α가 열린사상이고 기껏해야 유한개를 제외하고는 모두 전사이면 $\prod_{\alpha \in \Lambda} f_\alpha$도 열린사상임을 증명하시오.

7. 위상공간 $(X,\ \mathscr{T})$와 $(Y,\ \mathscr{T}^*)$와 $A \subset X,\ B \subset Y$에 대하여 곱공간 $(X \times Y,\ \mathscr{T}_p)$상에서 다음을 증명하시오.

$$\partial(A \times B) = (\overline{A} \times \partial(B)) \cup (\partial(A) \times \overline{B})$$

(힌트 : $\partial(A \times B) = \overline{A \times B} - (A \times B)^\circ$와 Int 연산자의 기본성질을 활용한다.

더 나아가 집합의 연산

$$X \times Y - A \times B = \{(x,\ y) \mid (x,\ y) \in X \times Y,\ (x,\ y) \notin A \times B\} \\ = ((X - A) \times Y) \cup (X \times (Y - B))$$

을 활용하시오.)

8. 위상공간 $(X,\ \mathscr{T})$와 $(Y,\ \mathscr{T}^*)$ 사이의 함수 $f : X \to Y$의 그래프는

$$G(f) = \{(x,\ f(x)) \in X \times Y \mid x \in X\} \subset X \times Y$$

이기에 곱위상 $(X \times Y,\ \mathscr{T}_p)$의 부분공간으로서 $(G(f),\ (\mathscr{T}_p)_{G(f)})$를 생각한다. 그때 함수 f가 연속이기 위한 필요충분조건은 함수

$$\begin{array}{ccc} g: X & \longrightarrow & G(f) \\ \Cup & & \Cup \\ x & \rightsquigarrow & g(x) = (x,\ f(x)) \end{array}$$

가 위상동형사상임을 증명하시오.

9. (1) 위상공간 $(X_\alpha,\ \mathscr{T}_\alpha)(\alpha \in \Lambda = \{1,\ 2,\ \cdots,\ n\}$, 즉 유한 첨자집합)과 $A_\alpha \subset X_\alpha$에 대해 다음을 증명하시오.

$$\text{Int}(\prod_{\alpha \in \Lambda} A_\alpha) = \prod_{\alpha \in \Lambda} \text{Int}(A_\alpha)$$

(2) (1)에서 첨자집합 Λ의 기수가 $|\Lambda| \geq \aleph_0$인 경우에는

$$\text{Int}(\prod_{\alpha \in \Lambda} A_\alpha) \subsetneq \prod_{\alpha \in \Lambda} \text{Int}(A_\alpha)$$

임을 증명하시오.

10. 임의의 위상공간 $(X,\ \mathscr{T})$에 대하여 집합

$$H(X) := \{f \mid f : (X,\ \mathscr{T}) \to (X,\ \mathscr{T}) : \text{위상동형사상}\}$$

을 생각하고 $H(X)$상에서 합성함수를 연산(operation)으로 하는 이항연산집합 $(H(X),\ \circ)$를 생각한다(여기서 ヨ $^\forall f,\ g \in H(X),\ (g \circ f)(x) = g(f(x))$이다). 그때 $(H(X),\ \circ)$이 군(group)임을 보이시오.

11. 정리 6.1.9를 활용하여 함수

$$f:(\mathbb{R},\ \mathscr{U}) \to (\mathbb{R}^2,\ \mathscr{T}_p)\ \text{s.t.}\ f(x)=(\cos x,\ x^2)$$

가 연속임을 설명하시오.

12. 곱공간 $\mathbb{R}_l \times \mathbb{R}$과 $\mathbb{R}_l \times \mathbb{R}_l$에서 열린집합들의 형태를 조사하시오(여기서 $\mathbb{R}$은 위상공간 $(\mathbb{R},\ \mathscr{U})$이고 $\mathbb{R}_l$은 하극한공간이다).

13. 문제 12에서 $\mathbb{R}^2$상의 직선 즉 $L=\{(x,\ y) \mid x \in \mathbb{R},\ y=ax+b,\ a,\ b \in \mathbb{R}\}$에 대한 부분공간 $(L,\ (\mathbb{R}_l \times \mathbb{R})_L)$과 $(L,\ (\mathbb{R}_l \times \mathbb{R}_l)_L)$을 설명하시오.

14. 단위구간 $I:=[0,\ 1]$에 자연순서 "$\leq$"를 주어서 전순서집합 $(I,\ \leq)$를 생각하자. I^2상에 다음과 같은 위상 $\mathscr{T}_p$, $\mathscr{T}_o$, $I_d \times I$를 생각하자(여기서 $\mathscr{T}_p$는 I^2상의 곱위상, $\mathscr{T}_o$는 사전식순서에 의한 I^2상의 순서위상, 그리고 $I_d \times I$는 I^2상의 곱위상인데, I_d는 I상의 이산위상이고, $I:=(I,\ \mathscr{U}_I)$이다).
이 경우 $\mathscr{T}_p$, $\mathscr{T}_o$ 그리고 $I_d \times I$를 각각 서로 비교하여 설명하시오.

15. 자연순서집합 $(\mathbb{R},\ \leq)$을 바탕으로 $\mathbb{R}^2$상의 사전식순서에 의한 순서위상 $\mathscr{T}_o$를 생각하자. 그리고 $\mathbb{R}^2$상에 곱위상 $\mathbb{R} \times \mathbb{R}_d$를 생각하자. (여기서 $\mathbb{R}_d$는 $\mathbb{R}$상의 이산위상이다.) 이 경우 $\mathbb{R} \times \mathbb{R}_d$와 $\mathscr{T}_o$를 비교하여 설명하시오.

16. 집합 $E:=[-a,\ a] \times (-b,\ b)(\subset \mathbb{R}^2)$이라 하자. 이때 곱공간 $(\mathbb{R},\ \mathscr{D}) \times (\mathbb{R},\ \mathscr{U})$, $\mathbb{R}_l \times (\mathbb{R},\ \mathscr{D})$, 그리고 $\mathbb{R}_l \times \mathbb{R}_u$에서 각각 $\overline{E}$, $\text{Int}(E)$ 그리고 $\partial(E)$를 구하시오.

17. 하극한공간 $\mathbb{R}_l$에서 부분집합 E_1, $E_2(\subset \mathbb{R}_l)$를 택할 때 다음을 보이시오.

(1) $\overline{E_1 \times E_2} = \overline{E_1} \times \overline{E_2}$

(2) $\text{Int}(E_1 \times E_2) = \text{Int}(E_1) \times \text{Int}(E_2)$

(3) $\partial(E_1 \times E_2) = (\partial(E_1) \times \overline{E_2}) \cup (\overline{E_1} \times \partial(E_2))$

(힌트 : $\partial(X \times Y) = \overline{X \times Y} - (X \times Y)^\circ$

$$\begin{aligned} &= \overline{X} \times \overline{Y} - X^\circ \times Y^\circ \\ &= (\overline{X} - X^\circ) \times \overline{Y} \cup \overline{X} \times (\overline{Y} - Y^\circ) \\ &= \partial(X) \times \overline{Y} \cup \overline{X} \times \partial(Y) \end{aligned}$$

18. 다음을 증명하시오.

(1) $\overline{(0,\ 1)^{\omega}} = [0,\ 1]^{\omega}$

(2) $((0,\ 1)^{\omega})^{\circ} = \varnothing$

(3) $\left(\prod_{\alpha\in\Lambda} A_\alpha\right)^{\circ} \subset \prod_{\alpha\in\Lambda} A_\alpha{}^{\circ}$ (여기서 Λ는 임의의 첨자집합이다.)

19. $A = \left\{(x,\ y)\in\mathbb{R}^2 \,\middle|\, \dfrac{x^2}{a^2} + \dfrac{y^2}{b^2} \le 1,\ a=2,\ b=3\right\}$라 놓자. 다음을 구하시오.

(1) $\mathbb{R}_l \times \mathbb{R}_u$상에서 A의 내부를 구하시오.

(2) $\mathbb{R}_l \times \mathscr{U}$상에서 A의 내부를 구하시오.

20. 두 개의 전순서집합 $(X,\ \le)$, $(Y,\ \le')$으로부터 사전식순서집합 $(X\times Y,\ \le_1)$과 $(Y\times X,\ \le_2)$를 생각한다.

이들에 의하여 유도된 순서위상공간 $(X\times Y,\ \mathscr{T}_o)$와 $(Y\times X,\ \mathscr{T}_o')$이 위상동형공간이 아님을 보이시오.

(힌트 : $\mathbb{N}\times\mathbb{N}_k$와 $\mathbb{N}_k\times\mathbb{N}$으로부터 유도되는 순서위상공간들을 비교하시오.)

21. $\forall\alpha\in\Lambda$에 대하여 $(X_\alpha,\ \mathscr{T}_\alpha) \approx (Y_\alpha,\ \mathscr{T}_\alpha')$이면 $(\prod_{\alpha\in\Lambda} X_\alpha, \mathscr{T}_p)$와 $(\prod_{\alpha\in\Lambda} Y_\alpha, \mathscr{T}_p')$이 위상동형임을 보이시오.

22. 집합 $X=\{1,\ 2,\ 3\}$에 다음과 같이 두 개의 위상이 주어져 있다.

$$\mathscr{T}_1 = \{\varnothing,\ X,\ \{1\}\},\quad \mathscr{T}_2 = \{\varnothing,\ X,\ \{2,\ 3\}\}$$

이때 곱공간 $(X\times X,\ \mathscr{T}_p)$상에서 함수 $f\colon (X\times X,\ \mathscr{T}_p) \to (X\times X,\ \mathscr{T}_F)$를 다음과 같이 정의한다.

$$f(s,\ t) = \begin{cases} (1,\ 3), & s=t \\ (3,\ 3), & s\ne t \end{cases}$$

이때 함수 f가 연속이 되는 점을 모두 찾으시오.

6.2 상자위상

이 절에서는 6.1절에서 다룬 곱위상과 다른 형태의 위상을 알아본다. 식 (6.1)과 (6.2)에서 알 수 있듯이 곱위상의 열린집합의 형태는 주어진 위상공간 $(X_\alpha,\ \mathscr{T}_\alpha)$ $(\alpha \in \Lambda)$의 첨자집합 Λ의 원소의 개수에 의하여 절대적인 영향을 받는다(식 (6.2)와 따름정리 6.1.8의 각각의 $\mathscr{B}_p$를 비교하시오). 즉 유한개의 위상공간들의 모임 $\{(X_\alpha,\ \mathscr{T}_\alpha) \mid \alpha \in \Lambda : \text{유한집합}\}$에 대하여

(i) $\mathscr{B}_p = \{\prod_{\alpha=1}^{n} U_\alpha \mid {}^\forall U_\alpha \in \mathscr{T}_\alpha\}$는 곱집합 $\prod_{\alpha \in \Lambda} X_\alpha$상의 곱위상의 기저로서 곱위상 $(\prod_{\alpha \in \Lambda} X_\alpha,\ \mathscr{T}_p)$를 생성한다(따름정리 6.1.8 참조).

그러나 무한 가산개 이상의 위상공간들의 모임 $\{(X_\alpha,\ \mathscr{T}_\alpha) \mid \alpha \in \Lambda \text{ s.t. } |\Lambda| \geq \aleph_0\}$에 대하여

(ii) $\{\prod_{\alpha \in \Lambda} U_\alpha \mid {}^\forall U_\alpha \in \mathscr{T}_\alpha\}$는 곱집합 $\prod_{\alpha \in \Lambda} X_\alpha$상의 곱위상의 기저가 되질 못한다(식 (6.2) 및 주의 6.1.14의 증명 참조).

성질 (ii)에서 동기 유발되어 첨자집합 Λ가 유한하지 않더라도 위상공간모임 $\{(X_\alpha,\ \mathscr{T}_\alpha) \mid \alpha \in \Lambda\}$로부터 곱집합 $\prod_{\alpha \in \Lambda} X_\alpha$상에 새로운 형태의 위상(곱위상이 아님)을 도입한다.

정의 6.2.1 임의의 첨자집합 Λ에 대하여 위상공간 모임 $\{(X_\alpha,\ \mathscr{T}_\alpha) \mid \alpha \in \Lambda\}$을 생각한다. 곱집합 $\prod_{\alpha \in \Lambda} X_\alpha$상에

$$\mathscr{B}_b = \{\prod_{\alpha \in \Lambda} U_\alpha \mid U_\alpha \in \mathscr{T}_\alpha\}$$

을 기저로 하여 생성되는 위상 $\mathscr{T}_b (= \mathscr{T}_{\mathscr{B}_b})$를 **상자위상**(box topology)이라 한다. 그리고 위상공간 $(\prod_{\alpha \in \Lambda} X_\alpha,\ \mathscr{T}_b)$를 **상자위상공간**(box topological space) 혹은 **상자공간**(box space)이라 한다.

정의 6.2.1로부터 다음 성질을 쉽게 얻을 수 있다.

성질 6.2.2 (1) 첨자집합 Λ가 유한집합이면 식 (6.2)의 $\mathscr{B}_p$는 정의 6.2.1의 $\mathscr{B}_b$와 같다. 즉, 정리 4.1.10에 의하여 Λ가 유한집합이면

$$(\prod_{\alpha\in\Lambda} X_\alpha,\ \mathscr{T}_p) = (\prod_{\alpha\in\Lambda} X_\alpha,\ \mathscr{T}_b)$$

이다.

(2) 임의의 첨자집합 Λ에 대하여 $\prod_{\alpha\in\Lambda} X_\alpha$상에서 상자위상 $\mathscr{T}_b$는 곱위상 $\mathscr{T}_p$보다 더 세밀하다. 왜냐하면 $\mathscr{B}_p \subset \mathscr{B}_b$이므로 정리 4.1.10에 의하여 $\mathscr{T}_p \subset \mathscr{T}_b$이다.

정리 6.2.3 임의의 $\alpha\in\Lambda$에 대하여 사영사상

$$P_\alpha : (\prod_{\alpha\in\Lambda} X_\alpha,\ \mathscr{T}_b) \to (X_\alpha,\ \mathscr{T}_\alpha)$$

는 연속이다.

증명 임의의 $\alpha_0\in\Lambda$에 대하여 $P_{\alpha_0} : (\prod_{\alpha\in\Lambda} X_\alpha,\ \mathscr{T}_b) \to (X_{\alpha_0},\ \mathscr{T}_{\alpha_0})$가 연속임을 보이면 된다. 임의의 열린집합 $U_{\alpha_0}\in\mathscr{T}_{\alpha_0}$에 대하여

$$P_{\alpha_0}^{-1}(U_{\alpha_0}) = X_1\times X_2\times\cdots\times X_{\alpha_0-1}\times U_{\alpha_0}\times X_{\alpha_0+1}\times\cdots \qquad\cdots (6.6)$$

인데 식 (6.6)의 $P_{\alpha_0}^{-1}(U_{\alpha_0})$의 좌표공간들은 각각 $(X_\alpha,\ \mathscr{T}_\alpha)$에서 열린집합이다. 그러므로 $P_{\alpha_0}^{-1}(U_{\alpha_0})\in\mathscr{B}_b\subset\mathscr{T}_b$가 되어서 P_{α_0}은 연속사상이다. □

상자위상공간 $(\prod_{\alpha\in\Lambda} X_\alpha,\ \mathscr{T}_b)$의 정의에 의하여 다음 성질은 명백하게 성립한다.

성질 6.2.4 임의의 $\alpha\in\Lambda$에 대하여 다음 성질이 성립한다.

(1) 사영사상 $P_\alpha : (\prod_{\alpha\in\Lambda} X_\alpha,\ \mathscr{T}_b) \to (X_\alpha,\ \mathscr{T}_\alpha)$는 열린사상이다

(2) 사영사상 $P_\alpha : (\prod_{\alpha\in\Lambda} X_\alpha,\ \mathscr{T}_b) \to (X_\alpha,\ \mathscr{T}_\alpha)$는 닫힌사상은 아니다.

증명 (1) 임의의 열린집합 $U\in\mathscr{T}_b$에 대하여 $P_\alpha(U)\in\mathscr{T}_\alpha$임을 보이면 된다. 이제 임의의 한 점 $x_\alpha\in P_\alpha(U)$를 택하면 $P_\alpha(x)=x_\alpha$인 한 점 $x\in\prod_{\alpha\in\Lambda} X_\alpha$

가 존재하여 $x \in U \in \mathscr{T}_b$이다. $\mathscr{T}_b$의 정의에 의하여 $\prod_{\alpha \in \Lambda} U_\alpha \in \mathscr{B}_b$이 존재하여

$$x \in \prod_{\alpha \in \Lambda} U_\alpha \subset U$$

이 성립한다. 이때 $P_\alpha(x) = x_\alpha \in P_\alpha(\prod_{\alpha \in \Lambda} U_\alpha) = U_\alpha \subset P_\alpha(U)$이 성립하고 $x_\alpha \in U_\alpha \in \mathscr{T}_\alpha$이므로 $P_\alpha(U) \in \mathscr{T}_\alpha$이다.

(2) 첨자집합이 유한집합이면 $\mathscr{T}_b = \mathscr{T}_p$이므로 예제 5.1.16(2)에 의하여 P_α는 닫힌사상이 아니다. □

식 (6.2)와 정의 6.2.1에 의하여 다음 성질을 알 수 있다.

따름정리 6.2.5 $(\prod_{\alpha \in \Lambda} X_\alpha, \mathscr{T}_b)$와 $(\prod_{\alpha \in \Lambda} X_\alpha, \mathscr{T}_p)$에서 $\mathscr{T}_p \subset \mathscr{T}_b$이다.

연습문제 6.2

1. 정의 6.2.1의 $\mathscr{B}_b$가 $\prod_{\alpha \in \Lambda} X_\alpha$상의 기저임을 보이시오.

2. 상자위상공간 $(\prod_{\alpha \in \Lambda} X_\alpha, \mathscr{T}_b)$에서 임의의 부분집합 $A_\alpha \subset X_\alpha (\alpha \in \Lambda)$에 대하여

(1) $\overline{\prod A_\alpha} = \prod \overline{A_\alpha}$임을 보이시오.

(2) $\mathrm{Int}(\prod_{\alpha \in \Lambda} A_\alpha) = \prod_{\alpha \in \Lambda} \mathrm{Int}(A_\alpha)$임을 보이시오.

3. 상자위상공간 $(\prod_{\alpha \in \Lambda} Y_\alpha, \mathscr{T}_b)$에 대하여, 모든 $\alpha \in \Lambda$에 대하여 성분함수

$$f_\alpha := P_\alpha \circ f : X \xrightarrow{f} \prod_{\alpha \in \Lambda} Y_\alpha \xrightarrow{P_\alpha} Y_\alpha$$

가 연속이라 하여 $f : (X, \mathscr{T}) \to (\prod_{\alpha \in \Lambda} Y_\alpha, \mathscr{T}_b)$가 연속이 되는 것은 아님을 보이시오.

6.3 상공간

위상수학의 많은 개념들은 해석학(특히 실공간에서의 해석학)으로부터 동기 유발되어 형성되었다. 그러나 상공간은 기하학으로부터 유래되었다. 즉, 주어진 도형의 일부를 자르고 붙이기(cut and paste) 작업에 의하여 새로운 도형을 만드는 과정을 위상수학적 관점에서 설명하고자 하는 것이다. 대표적인 예로 원(circle)은 닫힌구간 $[a,\ b](\subset \mathbb{R})$의 양 끝점 a와 b를 맞붙혀 놓은 것이다(그림 6.8(a)). **토러스**(torus: 원환면)는 직사각형에서 대응하는 변을 서로 맞붙혀 놓은 것이다(그림 6.8(b)). 구(sphere)도 **닫힌원판** $D=\{(x,\ y)\in\mathbb{R}^2 \mid x^2+y^2 \le r^2,\ 0<r\in\mathbb{R}\}$에서 D의 둘레를 한 점으로 모아 놓은 것으로 볼 수 있다. 특히, 디지털공간에서 상함수와 상공간의 형성과정을 알아보는 것은 매우 흥미로운 수학적 접근이다(예제 6.3.23 및 연습문제 6.3의 9~10 참조).

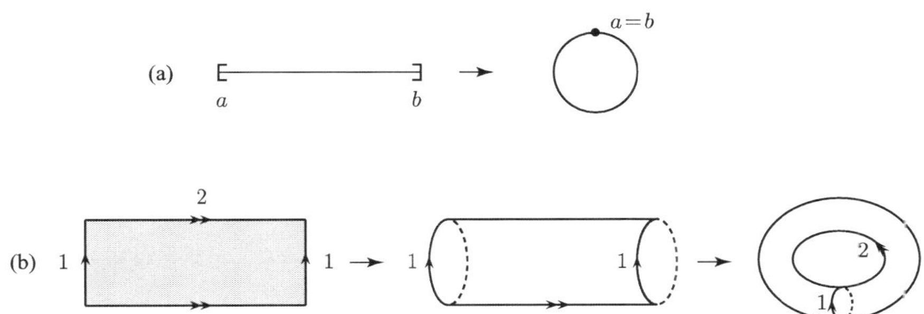

그림 6.8 원(circle)과 토러스(torus, 원환면)

이 경우 닫힌구간, 직사각형, 원판은 $(\mathbb{R}^2,\ \mathscr{U})$의 상대위상으로 위상이 주어진 부분공간이고, 새롭게 생성된 원, 원환면(torus), 구(sphere)는 아직 위상이 주어지지 않았기에 새롭게 생성된 공간에 어떤 방법으로 위상을 줄 것인가를 생각할 필요가 있다. 3장에서 언급했지만 이미 주어진 닫힌구간, 직사각형, 원판의 위상과 함수의 연속성을 최대로 연관지어 새롭게 형성된 도형에 주려고 하는 위상이 바로 상위상이다.

구체적으로 $(X,\ \mathscr{T})$는 위상공간이고 Y는 집합이고 전사함수 $f: X\to Y$가 주어졌다고 하자. 이때 함수 f가 연속이 되기 위한 Y상의 가장 강한 위상은 무엇일까? 이 물음에 대한 해결방법으로 다음을 정의한다.

정의 6.3.1 $(X, \mathscr{T})$이 위상공간이고 Y는 집합이고 함수 $f : X \to Y$는 전사함수라 하자.

$$\mathscr{T}_Q = \{U \mid U \subset Y,\ f^{-1}(U) \in \mathscr{T}\} \tag{6.7}$$

를 f에 의한 Y상의 **상위상**(quotient topology) 혹은 **등화위상**(identification topology)이라 한다. 위상공간 $(Y, \mathscr{T}_Q)$를 f에 의하여 유도되는 Y상의 **상위상공간**(quotient topological space)이라 부른다. 축약하여 $(Y, \mathscr{T}_Q)$를 **상공간**(quotient space)이라 한다.

(★) 식 (6.7)을 좀 더 자세히 살펴보면 $U \in \mathscr{T}_Q$이기 위한 필요충분조건은 $f^{-1}(U) \in \mathscr{T}$ 임을 의미하기에 집합 Y상에 f가 연속이 되게 하는 최대위상으로서 $\mathscr{T}_Q$를 도입하는 것은 의미가 있다.

(★) 식 (6.7)을 다음과 같은 동치 명제로 쓸 수 있다. $C \subset Y$가 $(Y, \mathscr{T}_Q)$에서 닫힌집합이기 위한 필요충분조건은 $f^{-1}(C)$가 $(X, \mathscr{T})$에서 닫힌집합이다.

보조정리 6.3.2 $(Y, \mathscr{T}_Q)$는 위상공간이다.

증명 (1) $f^{-1}(\varnothing) = \varnothing$이고 $f^{-1}(Y) = X$이므로 $\varnothing,\ Y \in \mathscr{T}_Q$이다.

(2) 임의의 $U_\alpha \in \mathscr{T}_Q$에 대하여 $\bigcup_{\alpha \in \Lambda} U_\alpha \in \mathscr{T}_Q$임을 보이자. 즉 $U_\alpha \in \mathscr{T}_Q$이므로 $f^{-1}(U_\alpha) \in \mathscr{T}$이고 $f^{-1}(\bigcup_{\alpha \in \Lambda} U_\alpha) = \bigcup_{\alpha \in \Lambda} f^{-1}(U_\alpha) \in \mathscr{T}$이므로 $\bigcup_{\alpha \in \Lambda} U_\alpha \in \mathscr{T}_Q$이다.

(3) 임의의 두 개의 $U_\alpha,\ U_\beta \in \mathscr{T}_Q$에 대하여 $U_\alpha \cap U_\beta \in \mathscr{T}_Q$임을 보이자. 가정에 의하여 $f^{-1}(U_\alpha),\ f^{-1}(U_\beta) \in \mathscr{T}$이므로 $f^{-1}(U_\alpha \cap U_\beta) = f^{-1}(U_\alpha) \cap f^{-1}(U_\beta) \in \mathscr{T}$가 되어서 $U_\alpha \cap U_\beta \in \mathscr{T}_Q$이다. □

참고 6.3.3 상공간 $(Y, \mathscr{T}_Q)$가 위상공간 $(X, \mathscr{T})$에 대하여 전사함수 $f : X \to Y$를 연속이 되게 하는 가장 강한 위상이다. 왜냐하면 $\mathscr{T}_Q$의 정의에 의하여 $f : (X, \mathscr{T}) \to (Y, \mathscr{T}_Q)$는 연속인 것은 명백하기 때문이다. 그러면 Y상의 임의의 위상 $\mathscr{T}^*$에 대하여 함수

$$f : (X, \mathscr{T}) \to (Y, \mathscr{T}^*)$$

이 연속이라 할 때 $\mathscr{T}^* \subset \mathscr{T}_Q$임을 보이자. 임의의 $U \in \mathscr{T}^*$을 택하면 가정에 의하여 $f^{-1}(U) \in \mathscr{T}$이므로 (6.7)에 의하여 $U \in \mathscr{T}_Q$이다. 따라서 $\mathscr{T}^* \subset \mathscr{T}_Q$이다.

| 예제 6.3.4 | 보통위상공간 $(\mathbb{R}, \mathscr{U})$를 정의역으로 하여 함수

$$f : \mathbb{R} \to \{a, b, c\} := Y \quad \text{s.t.} \quad f(x) = \begin{cases} a, & x < 0 \\ b, & x = 0 \\ c, & x > 0 \end{cases}$$

가 유도하는 Y상의 상위상 $\mathscr{T}_Q$를 구해보자(그림 6.9 참조).

$$f^{-1}(\{a\}) = (-\infty, 0) \in \mathscr{U},\ f^{-1}(\{b\}) \notin \mathscr{U},\ f^{-1}(\{c\}) = (0, \infty) \in \mathscr{U},$$
$$f^{-1}(Y) = \mathbb{R} \in \mathscr{U},\ f^{-1}(\varnothing) = \varnothing \in \mathscr{U},\ f^{-1}(\{a, c\}) = \mathbb{R} - \{0\} \in \mathscr{U}.$$

이므로 $\mathscr{T}_Q = \{Y, \varnothing, \{a\}, \{c\}, \{a, c\}\}$이다. ■

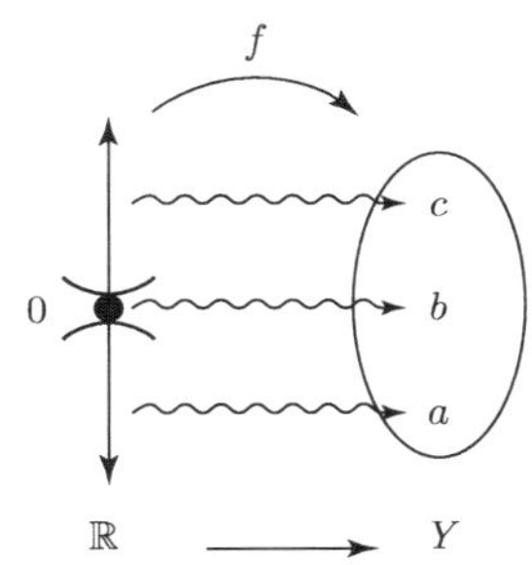

그림 6.9 전사함수 f에 의하여 유도되는 집합 Y상의 상위상

| 예제 6.3.5 | 보통위상공간 $(\mathbb{R}, \mathscr{U})$를 정의역으로 하여 다음 함수 f를 생각하자.

$$f : \mathbb{R} \to \mathbb{Z} \ \text{s.t.}\ f(x) = \begin{cases} x, & x \in \mathbb{Z} \\ n, & x \in (n-1, n+1) \subset \mathbb{R}\text{이고, } n\text{은 홀수이다.} \end{cases}$$

이 경우 함수 f가 유도하는 $\mathbb{Z}$상의 상위상 $\mathscr{T}_Q$를 구하자(그림 6.10 참조).

이때 함수 $f : \mathbb{R} \to \mathbb{Z}$는 전사함수이다.

(i) 임의의 홀수 $n \in \mathbb{Z}_1$에 대하여 $f^{-1}(\{n\}) = (n-1, n+1) \in (\mathbb{R}, \mathscr{U})$이므로 $\{n\} \in \mathscr{T}_Q$이다.

(ii) 임의의 짝수 $n \in \mathbb{Z}_0$에 대하여 $f^{-1}(\{n\}) = \{n\}$이고 한원소집합 $\{n\}$은

$(\mathbb{R}, \mathscr{U})$에서 닫힌집합이기에 $\{n\}$은 $\mathscr{T}_Q$에서 닫힌집합이다(그림 6.10 참조). 그래서 $(\mathbb{Z}, \mathscr{T}_Q)$는 예제 6.1.6에서 소개한 정수집합 $\mathbb{Z}$상에서

$$\mathscr{B} = \{\{2m-1,\ 2m,\ 2m+1\},\ \{2m+1\} \mid m \in \mathbb{Z}\}$$

을 기저로 하여 생성된 카림스키 디지털선(Khalimsky digital line) $(\mathbb{Z}, \kappa)$와 같다($\because$ $\mathscr{T}_Q \subset \kappa$이고 $\kappa \subset \mathscr{T}_Q$이다). ■

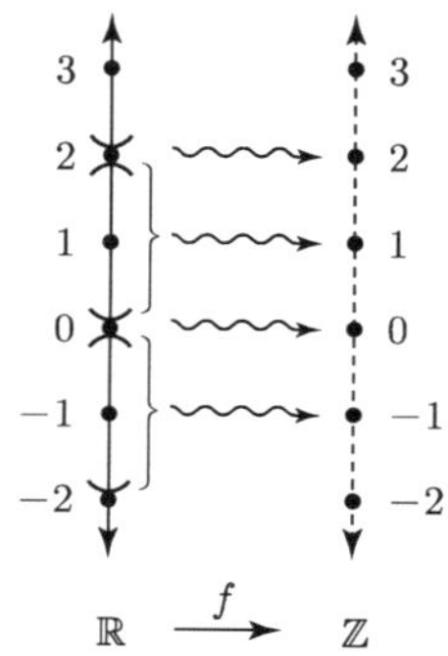

그림 6.10 전사함수 $f : \mathbb{R} \to \mathbb{Z}$

| 예제 6.3.6 | 상극한위상 $\mathbb{R}_u$를 정의역으로 하여 전사함수

$$f : \mathbb{R}_u \to Y = \{a,\ b,\ c\} \text{ s.t. } f(x) = \begin{cases} c, & x > 1 \\ b, & -1 < x \le 1 \\ a, & x \le -1 \end{cases}$$

가 유도하는 Y상의 상위상 $\mathscr{T}_Q$를 구하자(그림 6.11 참조).

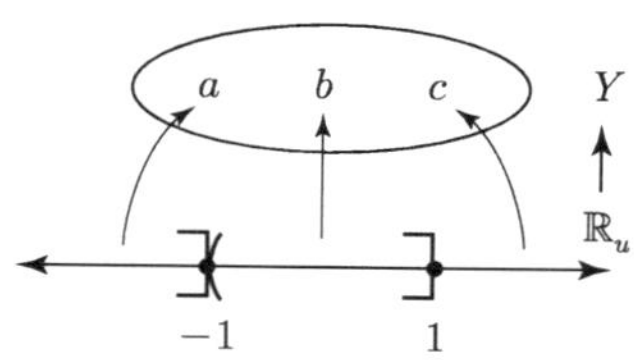

그림 6.11 $f : \mathbb{R}_u \to Y$에 의하여 유도되는 집합 Y상의 상위상

전사함수 f에 대하여 다음을 알 수 있다.

(i) $f^{-1}(\{a\}) = (-\infty,\ -1] \in \mathbb{R}_u$이고

(ii) $f^{-1}(\{b\}) = (-1,\ 1] \in \mathbb{R}_u$이고

(iii) $f^{-1}(\{c\}) = (1,\ \infty) \in \mathbb{R}_u$이다.

따라서 Y상의 임의의 한원소집합이 모두 $(Y,\ \mathscr{T}_Q)$의 열린집합이 되므로 $\mathscr{T}_Q$는 Y상의 이산위상공간이다. ■

정의 6.3.7 위상공간$(X,\ \mathscr{T}_X)$와 $(Y,\ \mathscr{T}_Y)$에 대하여, 전사함수 $f: X \to Y$가 다음 조건

> '$U(\subset Y)$가 Y상에서 열린집합이기 위한 필요충분조건은 $f^{-1}(U)$가 X상에서 열린집합이다'

동치적으로 '$C \subset Y$가 Y상에서 닫힌집합이기 위한 필요충분조건은 $f^{-1}(C)$가 X에서 닫힌집합이다'를 만족하면 f를 **상함수**(quotient map)라 한다.

(★) 정의 6.3.1과 6.3.7에서 $Y := (Y,\ \mathscr{T}_Q)$라 놓으면 주어진 함수 $f: (X,\ \mathscr{T}_X) \to (Y,\ \mathscr{T}_Q)$는 상함수이다.

이제 연속함수, 열린사상, 닫힌사상 등과 연관하여 상함수의 다양한 성질을 알아보자.

(★) 상함수는 연속함수임은 명백하다. 그리고 전사인 연속함수 $f: (X,\ \mathscr{T}_X) \to (Y,\ \mathscr{T}_Y)$가 상함수임을 보이려면 $U(\subset Y)$에 대하여 $f^{-1}(U) \in \mathscr{T}_X$이면 $U \in \mathscr{T}_Y$임을 보이면 된다.

정리 6.3.8 상함수의 합성은 상함수이다.

증명 만약 $f: X \to Y$와 $g: Y \to Z$가 모두 상함수이면 이들의 합성 $g \circ f: X \to Z$도 상함수이다. 왜냐하면 가정에 의하여 $g \circ f$는 전사함수이다. 이제 Z상에서 집합 U에 대하여 $(g \circ f)^{-1}(U)$가 X의 열린집합이라고 하자. 그러면 $(g \circ f)^{-1}(U) = f^{-1}(g^{-1}(U))$이고 f가 상함수이므로 $g^{-1}(U)$는 Y상의 열린집합이다. 그런데 g도 상함수이므로 U는 Z상의 열린집합이다. □

정리 6.3.9 전사인 연속함수 $f: (X,\ \mathscr{T}) \to (Y,\ \mathscr{T}^*)$가 열린사상이거나 닫힌사상이면 f는 상함수이다.

증명 f가 열린사상일 때 증명한다.

(1) 집합 $U \subset Y$에 대하여 $f^{-1}(U)$가 X의 열린집합이라 하자. 가정에 의하여 f가 전사인 열린사상이므로 $f(f^{-1}(U)) = U$가 되고 U는 Y의 열린집합이다.

(2) f가 닫힌사상일 때 증명한다. 집합 $C \subset Y$에 대하여 $f^{-1}(C)$가 X의 닫힌집합이라 하자. f가 전사인 닫힌사상이므로 $f(f^{-1}(C)) = C$가 되어서 C는 Y에서 닫힌집합이다. □

정리 6.3.9를 활용하여 곱공간의 사영함수와 상함수의 연관성을 다음과 같이 알 수 있다.

| 예제 6.3.10 | 위상공간 $(X_\alpha, \mathscr{T}_\alpha)(\alpha \in \Lambda)$의 곱공간 $(\prod_{\alpha \in \Lambda} X_\alpha, \mathscr{T}_p)$과 상자위상공간 $(\prod_{\alpha \in \Lambda} X_\alpha, \mathscr{T}_b)$를 생각하자.

(1) 임의의 $\alpha \in \Lambda$에 대하여 사영사상 $P_\alpha : (\prod_{\alpha \in \Lambda} X_\alpha, \mathscr{T}_p) \to (X_\alpha, \mathscr{T}_\alpha)$는 전사, 연속이고 열린사상이므로 P_α는 상함수이다.

(2) 같은 방법으로 임의의 $\alpha \in \Lambda$에 대하여 사영사상 $P_\alpha : (\prod_{\alpha \in \Lambda} X_\alpha, \mathscr{T}_b) \to (X_\alpha, \mathscr{T}_\alpha)$도 전사, 연속이고 열린사상이므로 P_α는 상함수이다. ■

| 예제 6.3.11 | 위상공간 $(\mathbb{R}, \mathscr{U})$의 부분공간 $(X, \mathscr{U}_X)$를 생각하자. 여기서 $X = [0, 1]$인 단위구간이다. 보통위상공간 $(\mathbb{R}^2, \mathscr{U})$의 부분공간 $(Y, \mathscr{U}_Y)$를 생각하자. 여기서 $Y = \{(x, y) \in \mathbb{R}^2 \mid x^2 + y^2 = r^2,\ 0 < r \in \mathbb{R}\}$이다. 이때 함수

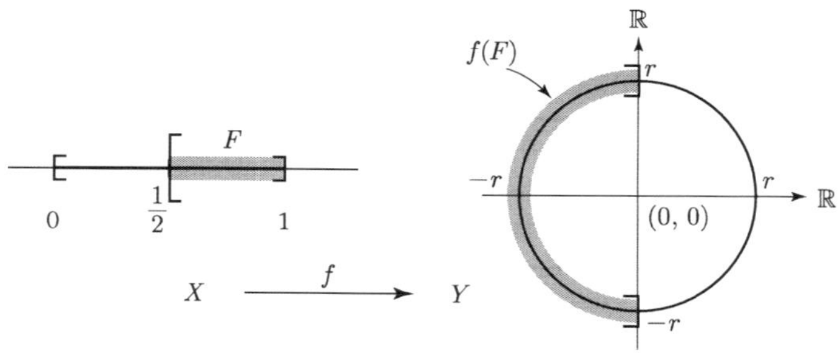

그림 6.12 전사, 연속, 닫힌사상 f의 상함수

$$f:(X,\ \mathscr{U}_X)\to(Y,\ \mathscr{U}_Y)\ \text{ s.t. }\ f(t)=(r\sin 2\pi t,\ r\cos 2\pi t)$$

로 정의하면 f는 전사, 연속이고 닫힌사상(열린사상은 아님)이 되어서 상함수이다 (그림 6.12 참조). ■

상함수와 관련된 합성함수의 연속성을 알아보자.

정리 6.3.12 $f:(X,\ \mathscr{T}_1)\to(Y,\ \mathscr{T}_2)$를 상함수라 하자. 임의의 사상 $g:(Y,\ \mathscr{T}_2)\to(Z,\ \mathscr{T}_3)$가 연속이기 위한 필요충분조건은 $g\circ f:(X,\ \mathscr{T}_1)\to(Z,\ \mathscr{T}_3)$가 연속인 것이다.

증명 (⇒) 상함수는 연속함수이므로 주어진 가정에 의하여 합성함수 $g\circ f$가 연속임은 명백하다.

(⇐) $g\circ f:(X,\ \mathscr{T}_1)\to(Z,\ \mathscr{T}_3)$이 연속이라 하면, 임의의 열린집합 $U\in\mathscr{T}_3$에 대하여

$$(g\circ f)^{-1}(U)=f^{-1}(g^{-1}(U))\in\mathscr{T}_1$$

이다. f가 상함수이므로 $g^{-1}(U)\in\mathscr{T}_2$이다. 즉 함수 g가 연속이다. □

정리 6.3.12를 활용하면 다음 성질을 얻는다.

따름정리 6.3.13 $f:(X,\ \mathscr{T}_1)\to(Y,\ \mathscr{T}_2)$를 상함수라 하자. Z가 한 집합이고 $g:Y\to Z$를 전사함수라 하면, 합성함수 $g\circ f$에 의하여 유도된 상위상은 g에 의하여 유도된 상위상과 같다.

증명 주어진 조건에서 $g\circ f$가 연속이 되는 필요충분조건은 g가 연속인 것이다. □

정리 6.3.14 위상공간 $(X,\ \mathscr{T}_1)$, $(Y,\ \mathscr{T}_2)$, $(Z,\ \mathscr{T}_3)$에 대하여 $f:X\to Y$는 상함수라 하고 함수 $h:X\to Z$는 각 $y\in Y$의 역상(inverse image) $f^{-1}(\{y\})$상에서 상수사상(constant map)이다. 그때 다음 성질이 성립한다.

(1) h는 함수 $g:Y\to Z$를 유일하게 유도하여 $g\circ f=h$이다.

(2) 유도된 사상 g가 연속함수이기 위한 필요충분조건은 h가 연속인 것이다.

(3) g가 상함수이기 위한 필요충분조건은 h가 상함수인 것이다.

먼저 증명하기 전에 "함수 $h: X \to Z$는 각 $y \in Y$의 역상 $f^{-1}(\{y\})$상에서 상수 사상이다"란 $\exists\, {}^{\forall} x_1,\ x_2 \in f^{-1}(\{y\}),\ h(x_1) = h(x_2)$임을 말한다.

증명 (1) 먼저 주어진 가정을 바탕으로 g의 존재성을 보이자. 각 $y \in Y$에 대하여, h에 관한 가정에 의하여 $h(f^{-1}(\{y\}))$는 Z에서 한원소집합 (singleton)이다. 그때 $h(f^{-1}(\{y\})) = g(y)$라 놓으면 함수 $g: Y \to Z$는 임의의 $x \in X$에 대하여 $g(f(x)) = h(x)$를 만족하는 h에 의하여 유도된 함수이고 $g \circ f = h$가 성립한다. 따라서 $h \circ f^{-1} := g$로 놓으면 된다. 여기서 f^{-1}는 f의 역상함수이다.

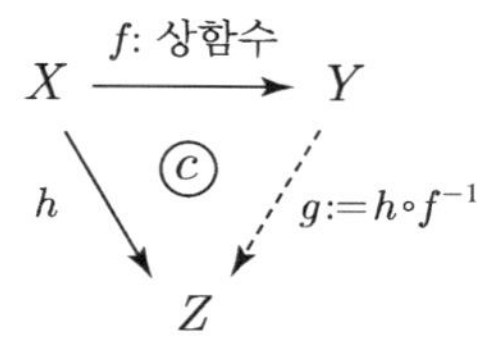

그림 6.13 상함수 f의 성질

이제 함수 g가 유일하게 존재함을 보이자. 주어진 가정을 만족하는 또 다른 함수 $g': Y \to Z$가 존재하여 $g' \circ f = h$임을 만족한다고 가정하자. 임의의 $y \in Y$에 대하여 $g'(y) = g'(f(x)) = h(x) = g \circ f(x) = g(y)$이다. 그러므로 가정을 만족하는 함수 g는 유일하다.

(2) g가 연속이면 합성함수 $g \circ f = h$이 연속임은 명백하다. 역으로 h가 연속함수라면 $(Z,\ \mathscr{T}_3)$상의 임의의 열린집합 $U (\in \mathscr{T}_3)$에 대하여 $h^{-1}(U) \in \mathscr{T}_1$이다. 성질 (1)에 의하여 $h = g \circ f$이므로 $h^{-1}(U) = f^{-1}(g^{-1}(U))$이다. 그런데 f가 상함수이므로 $g^{-1}(U) \in \mathscr{T}_2$이 되어서 g는 연속함수이다.

(3) g가 상함수라면 두 상함수의 합성함수 $g \circ f$가 상함수임은 명백하다. 역으로 h가 상함수라고 가정하고 g가 상함수임을 보이자. 먼저 h가 전사이므로 g가 전사임은 명백하다. 이제 Z상에서의 부분집합 $U (\subset Z)$에 대하여 $g^{-1}(U)$가 $(Y,\ \mathscr{T}_2)$상에서 열린집합(즉, $g^{-1}(U) \in \mathscr{T}_2$)이라면 U는 Z상에서 열린집합임을 보이면 된다. f가 상함수이므로 $f^{-1}(g^{-1}(U)) \in \mathscr{T}_1$이고 성질 (1)에 의하여(즉 $g \circ f = h$이다) $f^{-1}(g^{-1}(U)) = h^{-1}(U) \in \mathscr{T}_1$이고 h가 상함수이므로 U는 Z상에서 열린집합이 된다. □

참고로 정리 6.3.14에서 가정 "h가 각 역상 $f^{-1}(\{y\})(y \in Y)$상에서 상수함수이면"이 없다면 정리 6.3.14의 $g \circ f = h$를 만족하는 g를 만들 수 없다. 왜냐하면 상함수 f는 전사함수이지만 단사함수(injective map)일 필요가 없다. 그때 $|f^{-1}(\{f(x)\})| \geq 2$일 때 h에 주어진 가정이 없다면 $h(f^{-1}\{f(x)\})$의 기수가 2보다 큰 경우도 생겨서 $g \circ f = h$를 만족하는 함수 h를 정의할 수 없다. 또 $g := h \circ f^{-1}$에서 f^{-1}는 f의 역함수가 아니고 역상함수이다.

상공간의 정의(정의 6.3.1)에서 알 수 있듯이 주어진 위상공간 $(X, \mathscr{T})$와 집합 Y로의 전사함수 $f : X \to Y$를 기본 조건으로 하여 f가 연속함수가 되게 하는 Y상의 최고로 강한 위상은 f에 의하여 유도되는 상공간 $(Y, \mathscr{T}_Q)$이다. 여기서 위상공간 $(X, \mathscr{T})$와 전사함수 $f : X \to Y$가 기본조건임을 알 수 있다.

동치관계집합으로부터 유도되는 상공간

이제 위상공간 $(X, \mathscr{T})$에서 X에 동치관계 R이 정해졌을 때 동치관계집합 (X, R)에 관한 동치류 R_x 전체의 모임 $\{R_x \mid x \in X\}$를 X/R로 표시한다. 그때 사상

$$\begin{array}{rccc} P: & X & \longrightarrow & X/R \\ & \Cup & & \Cup \\ & x & \rightsquigarrow & R_x := [x] \end{array}$$

를 **사영사상** 혹은 **표준사상**(canonical map)이라 부른다. 여기서 $R_x := [x] = \{y \in X \mid {}_yR_x\}$이고 $R_x \subset X$이다. 그때 사영사상 P는 전사함수임은 명백하다. 그래서 위상공간 $(X, \mathscr{T})$와 동치관계 (X, R)이 주어졌을 때 동치류 모임 $\{R_x \mid x \in X\}$과 정의 6.3.1에서 소개한 방법으로 전사함수(사영사상)

$$\begin{array}{rccc} f: & X & \longrightarrow & X/R \\ & \Cup & & \Cup \\ & x & \rightsquigarrow & [x] \end{array}$$

로부터 유도되는 X/R상의 상위상을 만들 수 있다. 자연스럽게 $(X/R, \mathscr{T}_Q)$를 f에 의하여 유도되는 상공간이라 한다. 여기서 $\mathscr{T}_Q$는

$$\mathscr{T}_Q = \{U \subset X/R \mid f^{-1}(U) \in \mathscr{T}\}$$

이다.

한편 동치관계집합 $(X,\ R)$를 편의상 $(X,\ \sim)$로 표기하기도 한다. 즉 동치관계 “R”을 “$\sim$”로 표기하기도 한다. 그때 동치류모임 X/R을 $X/\sim$로 표기한다.

| 예제 6.3.15 | 보통위상공간 $(\mathbb{R},\ \mathscr{U})$의 $\mathbb{R}$상에 관계 ‘$\sim$’를

$$x \sim y \Leftrightarrow xy > 0\text{이거나 } x = y\text{이다.}$$

로 정의하면 $(\mathbb{R},\ \sim)$은 동치관계집합이다. 그때 주어진 점 $x \in \mathbb{R}$의 동치류는

$$[x] = \begin{cases} (-\infty,\ 0), & x < 0 \\ \{0\}, & x = 0 \\ (0,\ \infty), & x > 0 \end{cases}$$

이다. 따라서 $\mathbb{R}/\sim$은 세 점으로 구성된 집합 $\{[-a],\ [0],\ [a] \mid 0 < a \in \mathbb{R}\}$이다. 이때 사영사상(표준사상)인 전사함수

$$f:\ \mathbb{R} \to \mathbb{R}/\sim\ = \{[-a],\ [0],\ [a] \mid 0 < a \in \mathbb{R}\}$$

은

$$f(x) = \begin{cases} [-a], & x < 0 \\ [0], & x = 0 \\ [a], & x > 0 \end{cases}$$

이다. 즉,

$$f^{-1}([-a]) = (-\infty,\ 0) \in \mathscr{U},\ f^{-1}([a]) = (0,\ \infty) \in \mathscr{U},\ f^{-1}([0]) = \{0\} \notin \mathscr{U}$$

이 되어서

$$\mathscr{T}_Q = \{\mathbb{R}/\sim,\ \varnothing,\ \{[-a]\},\ \{[a]\},\ \{[-a],\ [a]\}\}$$

이다. ■

집합론에서 동치관계(equivalence relation)와 분할(partition)의 개념은 서로 불가분의 관계임이 밝혀졌다. 앞에서 동치관계에 의하여 상위상을 만들듯이 위상공간 $(X,\ \mathscr{T})$의 공간 X상에 분할이 주어지면 분할 개념을 활용하여 상공간을 만들 수 있다. 위상공간 $(X,\ \mathscr{T})$의 공간 X에 동치관계에 의해서 만들어진 동치류모임의 상

위상과 동치류모임을 집합 X의 분할 $\{X_\alpha \mid \alpha \in \Lambda\}$로 간주하여 분할된 집합상에서 만들어진 상위상은 동치관계에 의하여 만들어진 상위상과 같다.

| 예제 6.3.16 | 보통위상공간 $(\mathbb{R}, \mathscr{U})$에서 $\mathbb{R}$상의 분할

$$\mathscr{P} = \{(-\infty, 0), \{0\}, (0, \infty)\}$$

을 생각하자. 그리고 $X_1 = (-\infty, 0)$, $X_2 = \{0\}$, $X_3 = (0, \infty)$이라 하자. 그리고 함수 f를

$$f : (\mathbb{R}, \mathscr{U}) \to \mathscr{P} = \{X_1, X_2, X_3\} \text{ s.t. } f(x) = \begin{cases} X_1, & x < 0 \\ X_2, & x = 0 \\ X_3, & x > 0 \end{cases}$$

라 하자. 그때 함수 f는 전사함수이다.

이때 $f^{-1}(X_i) = X_i$, $i \in \{1, 2, 3\}$인데 $X_1, X_3 \in \mathscr{U}$이므로

$$\mathscr{T}_Q = \{\mathscr{P}, \varnothing, \{X_1\}, \{X_3\}, \{X_1, X_3\}\}$$

가 되어서 예제 6.3.15의 상공간과 같음을 알 수 있다. ■

이제 위상공간 $(X, \mathscr{T})$에서 동치관계집합 $(X, \sim) := (X, R)$이 존재할 때 표준사상을 이용하여 동치류모임상에서 만들어진 상위상의 다양한 성질을 알아본다. 특히 정리 6.3.14를 이용하여 다음 성질을 알아본다.

정리 6.3.17 위상공간 X와 Y에 대하여 $f : X \to Y$를 상함수라 하자. $f(x) = f(x')$이기 위한 필요충분조건을 ${}_xR_{x'}$이라는 관계 R을 X상에 정의한다. 이때 관계 R은 X상에서 동치관계가 되고 표준사상 $q : X \to X/R$에 의한 상공간 X/R은 Y와 위상동형이다.

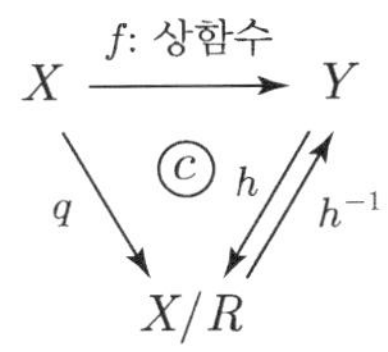

그림 6.14 $Y \approx X/R$

증명 (i) $(X,\ R)$이 동치관계집합임은 명백하다.

(ii) X상의 동치관계 R과 상함수 f의 전사함수 성질에 의하여 임의의 $x \in X$에 대하여 적당한 $y \in Y$가 존재해서 $f^{-1}(\{y\}) = [x]$이 성립한다. 즉 $X/R = \{f^{-1}(\{y\}) \mid y \in Y\}$이다. 이때 표준사상 q는 정리 6.3.14의 조건을 만족하기에 q로부터 유도되는 함수 h가 $q = h \circ f$를 만족한다. 구체적으로

$$\begin{array}{rccc} h: & Y & \longrightarrow & X/R \\ & \Cup & & \Cup \\ & y & \rightsquigarrow & f^{-1}(\{y\}) = [x] \end{array}$$

이라 정의하면 함수 f의 전사함수 성질과 성질 (i)에 의하여 h는 잘 정의된 함수이고, 정리 6.3.14(1)에 의하여 $q = h \circ f$이다.

이제 h가 위상동형사상임을 보이자.

먼저 $y_1 \neq y_2 (\in Y)$이면 $f^{-1}(\{y_1\}) \neq f^{-1}(\{y_2\})$이므로 $h(y_1) \neq h(y_2)$이므로 h는 단사함수이다. 또 h가 전사함수임은 명백하다(자연사상 q와 f를 활용함). 그러므로 $h^{-1}: X/R \to Y$가 h의 역함수로서 존재하여 $f = h^{-1} \circ q$이 성립한다.

함수 f와 q는 상함수이므로 정리 6.3.14(2) (혹은 정리 6.3.12)에 의하여 h와 h^{-1} 모두 연속사상이다. 따라서 h는 위상동형사상이다. 참고로 h의 역함수 h^{-1}도 위상동형사상이다. □

정리 6.3.17를 활용하여 상공간을 만드는 과정을 살펴본다.

| 예제 6.3.18 | 예제 6.3.11에서 원 $Y = \{(x,\ y) \in \mathbb{R}^2 \mid x^2 + y^2 = r^2,\ 0 < r \in \mathbb{R}\}$에 대하여 $(Y,\ \mathscr{U}_Y)$는 $(X,\ \mathscr{U}_X)(\subset (\mathbb{R},\ \mathscr{U}))$의 한 상공간임을 알았다. 여기서 $X = [0,\ 1]$로 놓는다. 그때 상함수

$$f: (X,\ \mathscr{U}_X) \to (Y,\ \mathscr{U}_Y) \subset \mathbb{R}^2$$

는 $f(x) = r(\sin 2\pi x,\ \cos 2\pi x)$이었다. 여기서 $(Y,\ \mathscr{U}_Y)$는 $(\mathbb{R}^2,\ \mathscr{U})$의 부분공간이다. 즉 f는 전사, 연속, 닫힌사상이 되어 정리 6.3.9에 의하여 f는 상함수이다. 이제 상공간 $(Y,\ \mathscr{T}_Q)$의 위상구조를 알아본다.

X상에서 동치관계 R을

$$f(x)=f(x') \Leftrightarrow {}_xR_{x'}$$

으로 정의하면

$$\begin{cases} {}_0R_1, & (\because\ f(0)=f(1)) \\ {}_xR_x, & x\in[0,\ 1] \\ & (\because\ x,\ x'\in[0,\ 1]\text{인 경우는 } f(x)=f'(x)\Leftrightarrow x=x'\text{이다} \end{cases}$$

을 얻는다. 그러므로

$$X/R=\{\{t\}\mid t\in(0,\ 1)\}\cup\{\{0,\ 1\}\}$$

이다. 이때 자연사상 $q:\ X\rightarrow X/R$을 활용하여 X/R상에 q에 의한 상공간 $(X/R,\ \mathscr{T}_Q)$를 얻는다. 그때 정리 6.3.17에 의하여 $(Y,\ \mathscr{U}_Y)\approx(X/R,\ \mathscr{T}_Q)$이다. ■

| 예제 6.3.19 | $X=[0,\ 1]\times[a,\ b]$이라 하고 $Y=S\times[a,\ b]$이라 하자. 여기서 $S=\{(x,\ y)\in\mathbb{R}^2\mid x^2+y^2=r^2,\ 0<r\in\mathbb{R}\}$을 나타내고, $(X,\ \mathscr{U}_X)\subset(\mathbb{R}^2,\ \mathscr{U})$이다.

$$\begin{array}{cccl} f: & X & \longrightarrow & Y\ \subset\mathbb{R}^3 \\ & \Cup & & \Cup \\ & (s,\ t) & \leadsto & (r(\cos 2\pi s,\ \sin 2\pi s),\ t) \end{array}$$

으로 정의하면 f는 전사, 연속, 닫힌사상이 되어 (그림 6.15 참조), 정리 6.3.9에 의하여 f는 상함수이다. 여기서 $X:=(X,\ \mathscr{U}_X)$이고 $Y:=(Y,\ \mathscr{U}_Y)$이며 $(\mathbb{R}^2,\ \mathscr{U})$의 부분공간이다. 이제 전사함수 $f:\ X\rightarrow X/R$에 의하여 생성되는 상공간 $(X/R,\ \mathscr{T}_Q)$의 위상적 구조를 알아보자.

X상에 동치관계 R을 $f(x)=f(x')\Leftrightarrow {}_xR_{x'}$으로 정의하면

$$\begin{cases} {}_{(0,\ t)}R_{(1,\ t)}, & t\in[a,\ b]\ (\because\ f(0,\ t)=f(1,\ t),\ t\in[a,\ b]) \\ {}_{(s,\ t)}R_{(s,\ t)}, & ㅋ^{\forall}\ (s,\ t)\in X \end{cases}$$

을 얻는다. 이제 $X_1=X-\{(0,\ t),\ (1,\ t)\mid t\in[a,\ b]\}$라 놓는다. 그러면

$$X/R=\{\{(0,\ t),\ (1,\ t)\}\mid t\in[a,\ b]\}\cup\{\{(s,\ t)\}\mid(s,\ t)\in X_1\}$$

(**원통** : cylinder)이다. 이때 자연사상 $q: X \to X/R$을 활용하여 X/R상에 q에 의한 상공간 $(X/R, \mathscr{T}_Q)$를 얻는다. 그때 정리 6.3.17에 의하여 $(Y, \mathscr{U}_Y) \approx (X/R, \mathscr{T}_Q)$이다. ■

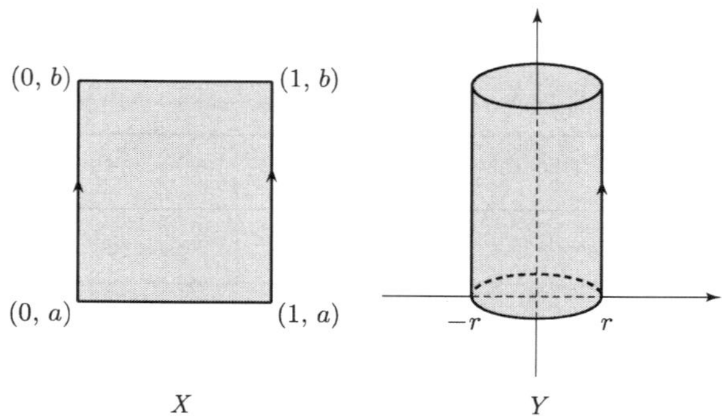

그림 6.15 $(Y, \mathscr{U}_Y) \approx (X/R, \mathscr{T}_Q)$

| 예제 6.3.20 | $X = [0, 1] \times [0, 1]$, $T = S^1 \times S^1$, $(X, \mathscr{U}_X) \subset (\mathbb{R}^2, \mathscr{U})$이라 하자. 이 공간 T를 **원환면**(torus)이라 한다. 함수 $g: X \to T$를

$$g(s, t) = ((\cos 2\pi s, \sin 2\pi s), (\cos 2\pi t, \sin 2\pi t))$$

으로 정의하면 g는 전사, 연속, 닫힌사상이므로 상함수이다. 따라서 $(T, \mathscr{U}_T)(\subset (\mathbb{R}^3, \mathscr{U}))$는 상공간 $(X/\sim, \mathscr{T}_Q)$와 위상적으로 같다.

구체적으로 동치관계에 의하여 $(X/\sim, \mathscr{T}_Q)$의 생성과정을 알아본다. 이제 $X = [0, 1] \times [0, 1]$상에 동치관계 '$\sim$'를 다음과 같이 정의하자(그림 6.8(b) 참조).

(i) $(x, 0) \sim (x, 1)$, $\quad x \in (0, 1)$
(ii) $(0, y) \sim (1, y)$, $\quad y \in (0, 1)$
(iii) $(0, 0) \sim (1, 0) \sim (0, 1) \sim (1, 1)$
(iv) $\exists\ \forall (x, y) \in X$, $\quad (x, y) \sim (x, y)$

이때 $X/\sim$을 기반으로, 자연사상 $q: X \to X/\sim$을 활용하여 $X/\sim$상에 q에 의한 상공간 $(X/\sim, \mathscr{T}_Q)$를 얻는다.

그때 정리 6.3.17에 의하여 $(T, \mathscr{U}_T) \approx (X/\sim, \mathscr{T}_Q)$이다. ■

정리 6.3.17로부터 다음 성질을 얻는다.

따름정리 6.3.21 X와 Y를 위상공간, '$\sim$'을 X상의 동치관계라 하자. 그리고 함수 $f: X \to Y$를 전사인 연속함수라 하자. 이때 f가

$$x \sim x' \Leftrightarrow f(x) = f(x')$$

을 만족한다고 하자. 만약 f가 열린사상이거나 닫힌사상이면 f에 의하여 유도되는 함수

$$\begin{array}{cccc} \widetilde{f}: & X/\sim & \longrightarrow & Y \\ & \Cup & & \Cup \\ & [x] & \rightsquigarrow & f(x) \end{array}$$

는 위상동형사상이다.

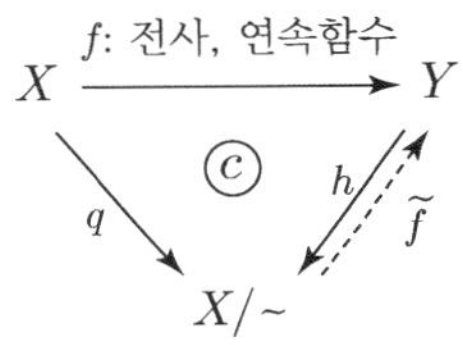

그림 6.16 $X/\sim$의 위상동형 성질

증명 가정에 의하여 주어진 함수 $f: X \to Y$가 전사이고 연속함수이며, 열린사상 혹은 닫힌사상이기에 정리 6.3.8 혹은 정리 6.3.9에 의하여 f는 상함수이다. X상의 동치관계 "$\sim$"에 의해서 생성된 동치류집합 $X/\sim$에 자연사상 $q: X \to X/\sim$에 의한 $X/\sim$상에 상공간 $(X/\sim, \mathscr{T}_Q)$를 얻는다. 정리 6.3.17에 의하여 함수

$$\begin{array}{cccc} h: & Y & \longrightarrow & X/\sim \\ & \Cup & & \Cup \\ & y & \rightsquigarrow & f^{-1}(\{y\}) = [x] \ \text{s.t.} \ f(x) = y \end{array}$$

는 위상동형사상이다.

그때 $\widetilde{f} = h^{-1}$으로 놓으면 $h \circ \widetilde{f} = 1_{X/\sim}$, $\widetilde{f} \circ h = 1_Y$가 되어서 $\widetilde{f}$도 위상동형사상이다. □

| 예제 6.3.22 | 유클리드 공간 $\mathbb{R}^2$상의 동치관계

$$(x_1, y_1) \sim (x_2, y_2) \Leftrightarrow 4x_1 - y_1 = 4x_2 - y_2$$

에 의한 상공간 $\mathbb{R}^2/\sim$은 $(\mathbb{R}, \mathscr{U})$와 위상동형이다.

풀이 주어진 동치관계 "$\sim$"에 의하여 기울기가 4인 직선상의 모든 점들은 서로 관계가 있으므로 연속사상

$$\begin{array}{rccl} f: & \mathbb{R}^2 & \longrightarrow & \mathbb{R} \\ & \Cup & & \Cup \\ & (x, y) & \rightsquigarrow & f(x, y) = y - 4x \end{array}$$

를 정의한다.

그때 함수 f는 전사인 연속함수이고

$$(x, y) \sim (x', y') \Leftrightarrow f(x, y) = f(x', y')$$

을 만족한다. 함수 f가 열린사상이기에 (그림 6.17 참조) 따름정리 6.3.21에 의하여 $\mathbb{R}^2/\sim \approx \mathbb{R}$이다 (여기서 $\mathbb{R}$은 $\mathbb{R}^2$에서 y축을 의미한다).

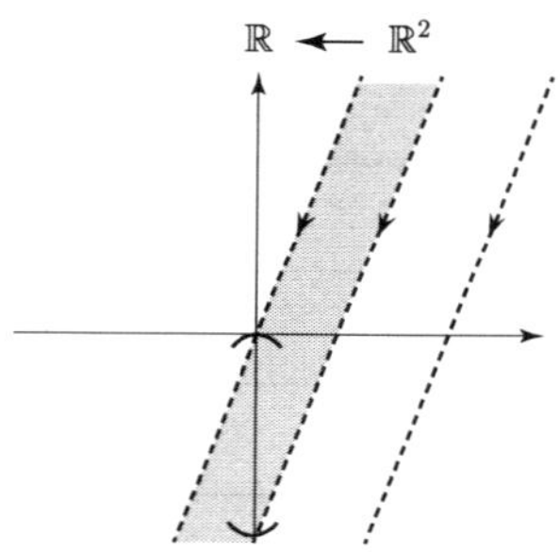

그림 6.17 f의 열린사상 성질 □

지금까지 유클리드 공간상에서 상공간을 만들고 다양한 성질을 다뤘다. 이제 디지털공간에서 상공간의 형성과정을 알아보자. 예제 6.1.6에서 언급한 **카림스키 디지털선** (Khalimsky digital line) $(\mathbb{Z}, \kappa)$의 부분공간에 대하여 상공간을 만들어 보자. 편의상 디지털선분을 아래와 같이 정의한다. 임의의 $a, b \in \mathbb{Z}$에 대하여

$$[a, b]_{\mathbb{Z}} := \{x \in \mathbb{Z} \mid a \leq x \leq b\}$$

라고 정의한다. 예를 들면, $[0, 4]_{\mathbb{Z}} = \{0, 1, 2, 3, 4\}$이고 $[-1, 3]_{\mathbb{Z}} = \{-1, 0, 1, 2, 3\}$이다. 카림스키 디지털선 (Khalimsky digital line) 상에서 주어지는 위상 κ는

$$\mathscr{B} = \{\{2m-1, 2m, 2m+1\}, \{2m+1\} \mid m \in \mathbb{Z}\}$$

을 기저로 하여 생성되는 위상임을 회상해 두자(예제 6.3.5 참조).

| 예제 6.3.23 | $(\mathbb{Z},\ \kappa)$의 부분공간으로 $(X,\ \kappa_X)$를 생각하자. 여기서 $X=[0,\ 4]_{\mathbb{Z}}$이라 하자. 이때 동치관계를 이용하여 위상공간 $(X,\ (\mathscr{T}_K)_X)$로부터 디지털원(digital circle)을 만들고 이들의 위상구조를 살펴보자. 집합 $X=[0,\ 4]_{\mathbb{Z}}$상에서 관계 '$\sim$'을 $0\sim4$와 $x\sim x\ (x\in X)$으로 정의하면 동치관계집합 $(X,\ \sim)$을 얻는다. 이때 동치류들의 모임

$$X/\sim\ =\{[0]=[4]=\{0,\ 4\},\ [1]=\{1\},\ [2]=\{2\},\ [3]=\{3\}\}$$

이다. 즉 $|X/\sim|=4$이다. 이때 자연사상(사영함수)

$$q: X\to X/\sim$$

에 의하여 유도되는 $X/\sim$ 상의 상위상 $\mathscr{T}_Q=\{U\subset X/\sim\ |\ q^{-1}(U)\in\kappa_X\}$를 얻는다. κ_X의 정의로부터

$$\begin{aligned}\kappa_X=\{&X,\ \varnothing,\ \{0,\ 1\},\ \{1\},\ \{1,\ 2,\ 3\},\ \{3,\ 4\},\ \{3\},\ \{1,\ 3,\ 4\},\ \{0,\ 1,\ 3\},\\ &\{0,\ 1,\ 3,\ 4\},\ \{1,\ 3\},\ \{1,\ 2,\ 3,\ 4\},\ \{0,\ 1,\ 2,\ 3\}\}\end{aligned}$$

임은 명백하다(그림 6.18 참조). 그러므로 q에 의하여 유도되는 $X/\sim$상의 상위상 $\mathscr{T}_Q$는

$$\begin{aligned}\mathscr{T}_Q=\{&X/\sim,\ \varnothing,\ \{[1]\},\ \{[3]\},\ \{[0],\ [1],\ [3]\},\ \{[1],\ [2],\ [3]\},\\ &\{[1],\ [3]\}\}\end{aligned} \qquad \cdots (*)$$

이고 자연사상 $q: X\to X/\sim$에 대한 상공간 $(X/\sim,\ \mathscr{T}_Q)$를 얻었다.

참고로 위상 $\mathscr{T}_Q$ ($*$ 참조)에서 $\{[0],\ [1],\ [3]\}=\{[4],\ [1],\ [3]\}$이다.

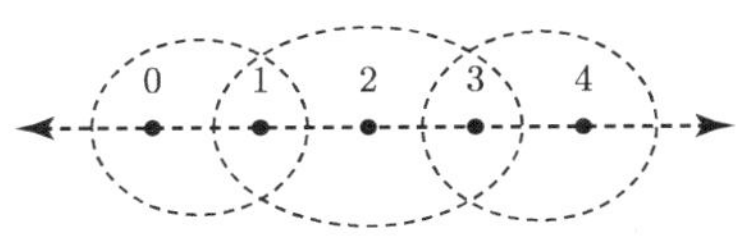

그림 6.18 $[0,\ 4]_{\mathbb{Z}}$의 위상구조

이제 상공간 $(X/\sim,\ \mathscr{T}_Q)$의 위상적 구조를 알아보자. 즉 $(X/\sim,\ \mathscr{T}_Q)$와 위상동형인 공간을 찾아본다.

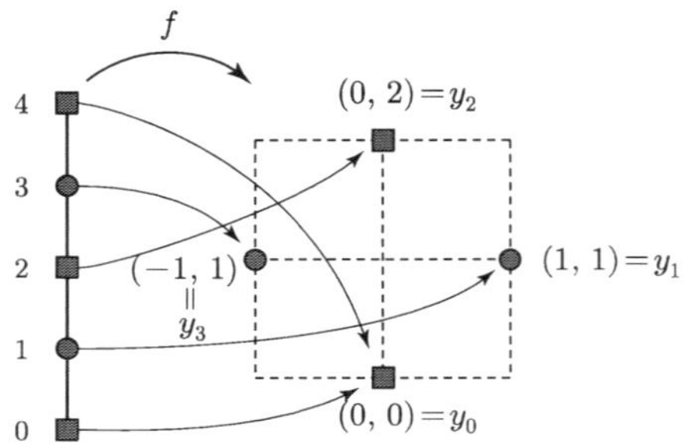

그림 6.19 상함수 $f: X \to Y$

예제 6.1.6에서 소개한 $\mathbb{Z}^2$상의 카림스키 위상(Khalimsky topology) κ^2은 $\mathscr{B}_p = \{U \times V \mid U,\ V \in \kappa\}$를 기저로 하여 생성된 위상이다. 여기서 κ는 기저가 $\mathscr{B} = \{\{2m-1,\ 2m,\ 2m+1\},\ \{2m+1\} \mid m \in \mathbb{Z}\}$인 카림스키 디지털 선위상(Khalimsky digital line topology)이다(예제 6.1.6 참조).

이때 곱공간 $(\mathbb{Z}^2,\ \kappa^2)$을 카림스키 디지털평면위상(Khalimsky digital plane topology)이라 한다(예제 6.1.6 참조).

부분집합 $Y \subset \mathbb{Z}^2$를 $Y = \{(0,\ 0) = y_0,\ (1,\ 1) = y_1,\ (0,\ 2) = y_2,\ (-1,\ 1) = y_3\}$이라 놓자. $(\mathbb{Z}^2,\ \kappa^2)$의 부분공간으로서 $(Y,\ \kappa_Y^2)$을 생각하자(그림 6.19 참조). 여기서

$$\kappa_Y^2 = \{Y,\ \varnothing,\ \{y_1\},\ \{y_3\},\ \{y_1,\ y_3\},\ \{y_0,\ y_1,\ y_3\},\ \{y_1,\ y_2,\ y_3\}\}$$

이다. 이때 함수

$$f:\ (X,\ \kappa_X) \to (Y,\ \kappa_Y^2)$$
$$\text{s.t. } f(0) = y_0 = f(4),\ f(i) = y_i,\ i \in \{1,\ 2,\ 3\} \text{(그림 6.19 참조)}$$

를 생각하자.

이때 함수 f는 전사, 연속, 열린사상(동시에 닫힌사상)이 되어서 f는 상함수이다. 이제 상함수 f와 $X = [0,\ 4]_{\mathbb{Z}}$상의 동치관계 "$\sim$"을 살펴보면

$$x \sim x' \Leftrightarrow f(x) = f(x')$$

임을 확인할 수 있다. 정리 6.3.17에 의하여 $(X/\sim,\ \mathscr{T}_Q) \approx (Y,\ \kappa_Y^2)$이 성립한다. 이 위상공간 $Y := (y_i),\ i \in \{0,\ 1,\ 2,\ 3\}$을 4개의 원소를 갖는 $(\mathbb{Z}^2,\ \kappa^2)$상의 카림스키 디지털원(Khalimsky digital circle)이라 한다(그림 6.19 참조). ■

| 예제 6.3.24 | 상공간을 이용하여 뫼비우스 띠 (Möbius strip 혹은 Möbius band)를 만든다. 위상공간 $I^2 = I \times I$에 대하여 다음과 같은 관계를 주자.

(i) 임의의 $(x, y) \in I^2$에 대하여 $(x, y) \sim (x, y)$이다.

(ii) 모든 $y \in I$에 대하여 $(0, y) \sim (1, 1-y)$이다.

그러면 I^2상의 관계 "$\sim$"은 동치관계이고 $(I^2, \sim)$은 동치관계 집합이다. 그러면 상공간 $I^2/\sim$는 사각형 I^2의 왼쪽 변을 비틀어서 오른쪽 변에 맞붙인 것이다. 이 상공간 $I^2/\sim$를 뫼비우스 띠라 한다 (그림 6.20 참조). ■

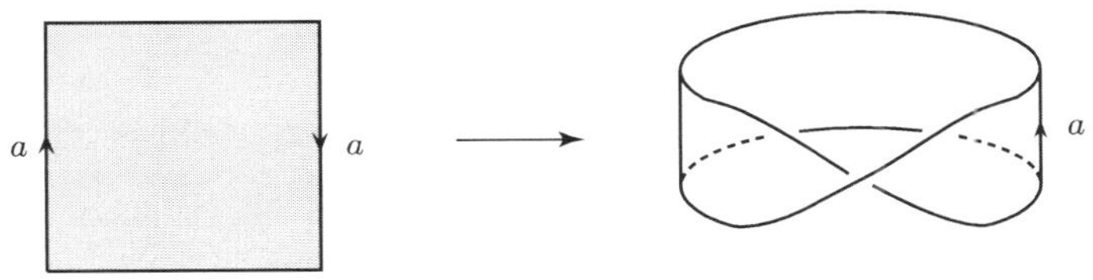

그림 6.20 뫼비우스 띠

정의 6.3.25 A가 위상공간 X의 부분집합이라 하자. 이제 X상에 다음과 같은 동치관계를 주자.

$$x \sim y \Leftrightarrow x, y \in A$$

이때 주어진 점 $x \in X$의 동치류는

$$[x] = \begin{cases} A, & x \in A \\ \{x\}, & x \notin A \end{cases}$$

이다. 이 경우 $X/\sim$을 간단히 X/A로 표시한다.
여기서 $X/\sim$에서는 A는 한원소집합이 됨을 유의하자.

이제 뿔 (cone)을 동치관계에 의하여 정의한다.

| 예제 6.3.26 | 유클리드 공간 $(\mathbb{R}^n, d)$의 부분집합 X와 구간 $I = [0, 1]$의 곱공간 $X \times I$상에 다음과 같이 관계를 주자.

(i) 모든 $(x, y) \in X \times I$에 대하여 $(x, y) \sim (x, y)$이다.

(ii) 모든 $x_1, x_2 \in X$에 대하여 $(x_1, 1) \sim (x_2, 1)$이다.

이 경우 $(X \times I, \sim)$은 동치관계 집합이다.

그러면 임의의 점 $x \in X$에 대하여 $[(x,\ 1)] = X \times \{1\}$ ($(x,\ 1)$의 동치류임)이다. 이제 상공간 $X \times I/\sim$를 X의 뿔(cone)이라 하고 CX로 표시한다. 즉 $CX = X \times I / X \times \{1\}$이다. ■

예를 들면 $\mathbb{R}^2$에서 $X = S^1 = \{(x,\ y) \mid x^2 + y^2 = 1\}$이라 놓고 X의 뿔 $CX \subset \mathbb{R}^3$는 원뿔임을 알 수 있다.

연습문제 6.3

1. 보통위상공간 $(\mathbb{R},\ \mathscr{U})$와 집합 $Y = \{a,\ b,\ c,\ d,\ e\}$에 대하여, 함수

$$f : \mathbb{R} \to Y = \begin{pmatrix} e \\ d \\ c \\ b \\ a \end{pmatrix} \quad \text{s.t.} \quad f(x) = \begin{cases} a, & x > 2 \\ b, & x = 2 \\ c, & 0 \leq x < 2 \\ d, & -1 < x < 0 \\ e, & x \leq -1 \end{cases}$$

이라 정의하자. 그때

(1) 상공간 $(Y,\ \mathscr{T}_Q)$를 구하시오.

(2) 위에서 주어진 함수 $f : \mathbb{R} \to Y$에서 $(\mathbb{R},\ \mathscr{U})$를 $(\mathbb{R},\ \mathbb{R}_l)$로 교체하여 함수 $g : \mathbb{R}_l \to Y$ s.t. $g(x) = f(x)$를 정의하자. 그때 $(Y,\ \mathscr{T}_Q)$를 구하시오.

(3) 위에서 주어진 함수 $f : \mathbb{R} \to Y$에서 $(\mathbb{R},\ \mathscr{U})$를 상극한위상 $\mathbb{R}_u$로 교체하여 함수 $h : \mathbb{R}_u \to Y$ s.t. $h(x) = f(x)$를 정의하자. 그때 $(Y,\ \mathscr{T}_Q)$를 구하시오.

2. $f : X \to Y$이 상함수라 하자. 그때 $A \subset X$에 대한 f의 축소사상 $f|_A : A \to Y$는 상함수가 아님을 보이시오.

3. $f_i : X_i \to Y_i\ (i \in \{1,\ 2\})$이 상함수라 하자. 그때 상함수의 곱 $f_1 \times f_2 : X_1 \times X_2 \to Y_1 \times Y_2$은 상함수가 아님을 보여라. 여기서 곱공간 $X_1 \times X_2$는 곱위상을 갖는다.

4. 보통위상공간 $(\mathbb{R},\ \mathscr{U})$상에 다음과 같은 동치관계를 정의한다.

$$x \sim y \Leftrightarrow x - y \in \mathbb{Z}$$

그때 $x \in \mathbb{R}$의 동치류는 $[x] = x + \mathbb{Z} = \{x + n \in \mathbb{R} \mid n \in \mathbb{Z}\}$이다. 이때 상공간 $\mathbb{R}/\sim$는 S^1과 위상동형임을 보이시오(힌트 : 정리 6.3.17 혹은 따름정리 6.3.21 활용). 여기서 $S^1 = \{(x,\ y) \in \mathbb{R}^2 \mid x^2 + y^2 = 1\}$이다.

5. 보통위상공간 $(\mathbb{R},\ \mathscr{U})$상에 다음과 같은 동치관계를 정의한다.

$$x \sim y \Leftrightarrow x - y \in \mathbb{Q}$$

그때 $x \in \mathbb{R}$의 동치류는 $[x] = x + \mathbb{Q} = \{x + p \in \mathbb{R} \mid p \in \mathbb{Q}\}$이다. 그때

(1) 상공간 $\mathbb{R}/\sim$는 비가산집합이지만 비이산위상공간임을 보이시오.

(2) 표준사상 $q : (\mathbb{R},\ \mathscr{U}) \to (\mathbb{R}/\sim,\ \mathscr{T}_Q)$는 열린사상임을 코이시오.

6. A가 위상공간 X의 부분집합이라 하고 X상에 동치관계 '$\sim$'를 다음과 같이 정의한다.

$$x \sim y \Leftrightarrow x,\ y \in A \text{이고 } x \sim x \Leftrightarrow x \in X - A$$

(1) $x \in X$의 동치류 $[x]$를 구하시오.
이 경우 상공간 $X/\sim$를 간단히 X/A로 표기한다.

(2) D^n/S^{n-1}과 S^n은 위상동형임을 보여라. 여기서 $\Lambda = \{1,\ 2,\ \cdots,\ n\}$, $\Lambda' = \{1,\ 2,\ \cdots,\ n+1\}$이라 하고,

$$D^n = \{(x_i)_{i \in \Lambda} \in \mathbb{R}^n \mid \sum_{i=1}^{n} x_i^2 \le 1\} \text{이고}$$

$$S^n = \{(x_i)_{i \in \Lambda'} \in \mathbb{R}^{n+1} \mid \sum_{i=1}^{n+1} x_i^2 = 1\} \text{이다.}$$

(3) $X = S^1 \times I = S^1 \times [0,\ 1] (\subset \mathbb{R}^3)$상에 동치관계 '$\sim$'를 다음과 같이 정의하자. 모든 $x,\ y \in S^1$에 대하여 $(x,\ 1) \sim (y,\ 1)$이고 $(x,\ t) \sim (y,\ t) \Leftrightarrow t \in [0,\ 1),\ x = y \in S^1$이다. 이때 상공간 $X/\sim$를 구하시오.

7. $(\mathbb{R}^2,\ \mathscr{U})$의 부분공간 $C := \mathbb{R} \times \{0\} \cup \{0\} \times \mathbb{R}$에 대해 함수 $P : \mathbb{R}^2 \to C$를

$$\begin{cases} P((x,\ y)) = (x,\ 0), & x \ne 0 \\ P((0,\ y)) = (0,\ y) \end{cases}$$

로 정의하자. 그때

(1) $P: (\mathbb{R}^2, \mathscr{U}) \to (C, \mathscr{U}_C)$는 연속인가? (힌트 : $\exists^{\forall} U,\ V \in \mathscr{U}_C$ 의 P에 의한 역상을 조사하자 (그림 6.21 참조).

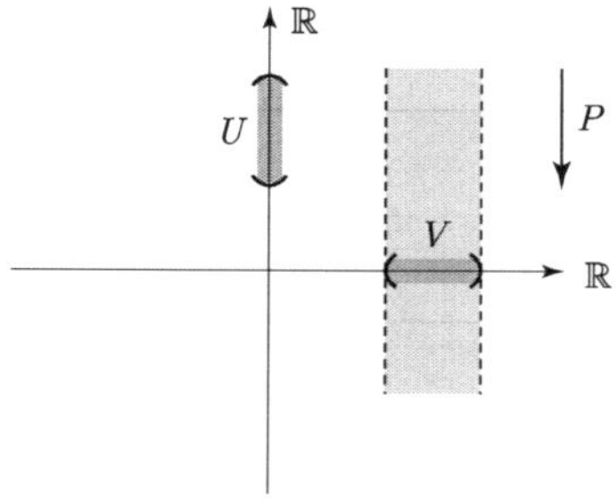

그림 6.21 상함수의 연속성

(2) 위 함수 P는 상함수인가? (힌트 : $\mathscr{U}_C$ 와 상위상 $\mathscr{T}_Q$를 비교하자).

8. 보통위상공간 $(\mathbb{R}^2, \mathscr{U})$의 부분공간 $(X, \mathscr{U}_X)$를 생각하자. 여기서 $X := \{(x,\ y) \in \mathbb{R}^2,\ y \geq 0\}$이다. X상의 동치관계

$$(x_1,\ y_1) \sim (x_2,\ y_2) \Leftrightarrow \begin{cases} y_1 = y_2 \neq 0, \text{ 또는} \\ y_1 = y_2 = 0,\ x_1 = x_2 \end{cases}$$

에 의한 상공간 $X/\sim$에 대하여 다음을 보이시오.

(1) $y \neq 0$일 때 동치류 $[(x,\ y)]$를 구하시오.

(2) 동치류 $[(x,\ 0)]$을 구하시오.

(3) $P: X \to X/\sim$이 열린사상임을 보이시오.

(4) $P: X \to X/\sim$이 닫힌사상이 아님을 보이시오.

9. 예제 6.3.23과 같은 방법을 사용하여 $(\mathbb{Z}, \kappa)$의 부분공간을 기반으로 $\mathbb{Z}^2$상에 카림스키 디지털원 (Khalimsky digital circle)을 만드시오.

(1) $Y = [0,\ 8]_{\mathbb{Z}}$라 하자. Y상에 관계 '$\sim$'을 다음과 같이 정의한다.

$$0 \sim 8,\ x \sim x\ (x \in [0,\ 8]_{\mathbb{Z}})$$

이때 $(Y,\ \sim)$은 동치관계집합이다. 그때 다음을 구하시오.

(i) $Y/\sim$를 구하시오.

(ii) $(Y,\ \kappa_Y)$를 구하시오.

(iii) 자연사상 $q: Y \to Y/\sim$에 의하여 유도되는 $Y/\sim$상의 상위상 $\mathscr{T}_Q$를 구하시오.

(iv) $W = \{w_0 = (0, 0), w_1 = (1, 1), w_2 = (2, 2), w_3 = (1, 3),$
$w_4 = (0, 4), w_5 = (-1, 3), w_6 = (-2, 2), w_7 = (-1, 1)\}$

이라 한다. 그때 $W \subset \mathbb{Z}^2$이기에 $(\mathbb{Z}^2, \kappa^2)$의 부분공간 (W, κ_W^2)의 열린집합을 구하시오.

(v) 함수 $f: Y \to W$ s.t. $f(0) = w_0 = f(8)$, $f(i) = w_i$, $i \in [1, 7]_{\mathbb{Z}}$을 생각하자(그림 6.22 참조). 그때 $f(y) = f(y') \Leftrightarrow y \sim y'$임을 확인하시오.

(vi) 성질 (v)와 정리 6.3.17에 의하여 $(Y/\sim, \mathscr{T}_Q) \approx (W, \kappa_W^2)$임을 보이시오.

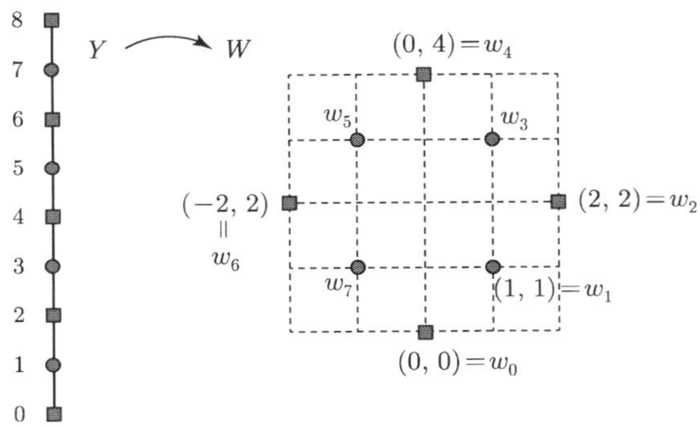

그림 6.22 상함수 $f: Y \to W$

10. 예제 6.3.23과 같은 방법으로 다음을 구하시오. $(\mathbb{Z}, \kappa)$의 부분공간을 기반으로 $\mathbb{Z}^2$상에서 카림스키 디지털원을 만드시오.

(1) $Z = [1, 5]_{\mathbb{Z}}$라 하자. Z상에 관계 '$\sim$'을 다음과 같이 정의한다.

$$1 \sim 5, \ x \sim x \ (x \in [1, 5]_{\mathbb{Z}})$$

이때 $(Z, \sim)$은 동치관계집합이다. 다음을 구하시오.

(i) $Z/\sim$를 구하시오.

(ii) (Z, κ_Z)를 구하시오.

(iii) 자연사상 $q: Z \to Z/\sim$에 의하여 유도되는 $Z/\sim$상의 상위상 $\mathscr{T}_Q$를 구하시오.

(iv) $V = \{v_0 = (1, 1), v_1 = (0, 2), v_2 = (-1, 1), v_3 = (0, 0)\}$이라 하자. 그때 $V \subset \mathbb{Z}^2$이기에 $(\mathbb{Z}^2, \kappa^2)$의 부분공간 (V, κ_V^2)의 열린집합과

닫힌집합을 구하시오.

(v) 함수 $g : Z \to V$ s.t. $g(1) = v_0 = g(5),\ g(i) = v_{i-1}\ (i \in [2,\ 4]_{\mathbb{Z}})$을 생각하자. 이때 $g(z) = g(z') \Leftrightarrow z \sim z'$임을 확인하시오.

(vi) 성질 (v)와 정리 6.3.17에 의하여 $(Z/\sim,\ \mathscr{T}_Q) \approx (V,\ \kappa_V^2)$임을 보이시오.

11. 정리 6.3.14(1)과 관련하여, 가정을 살펴보면 다음과 같다. "위상공간 $(X,\ \mathscr{T}_1)$, $(Y,\ \mathscr{T}_2)$, $(Z,\ \mathscr{T}_3)$에 대하여 $f : X \to Y$는 상함수이고 함수 $h : X \to Z$는 각 $y \in Y$의 역상 $f^{-1}(\{y\})$상에서 상수함수이다." 이 가정을 바탕으로 h는 함수 $g : Y \to Z$를 유도하여 $g \circ f = h$임을 증명하였다. 여기서 가정의 일부를 부정하여, '함수 h는 각 $y \in Y$의 역상 $f^{-1}(\{y\})$상에서 상수함수가 아니다'이라면 함수 h는 $g \circ f = h$를 만족하는 함수 $g : Y \to Z$를 유도하지 못함을 예를 들어 설명하시오.

12. 위상공간 $I^2 = I \times I$상에 동치관계 '$\sim$'을 다음과 같이 정의한다.

(i) $(x,\ 0) \sim (x,\ 1) \quad (0 < x < 1)$

(ii) $(0,\ y) \sim (1,\ 1-y) \quad (0 < y < 1)$

(iii) $(0,\ 0) \sim (1,\ 0) \sim (0,\ 1) \sim (1,\ 1)$

(iv) ㅋ$^{\forall}\ (x,\ y) \in I^2, \quad (x,\ y) \sim (x,\ y)$

이러한 동치관계에 의한 상공간 $I^2/\sim$를 **클라인 병** (Klein bottle)이라고 한다. 클라인 병을 만드는 과정을 실습하시오. (참고로 클라인 병은 $\mathbb{R}^3$에 넣기사상이 존재하지 않고 $\mathbb{R}^4$에 넣기사상이 존재한다.)

13. 예제 6.3.24에서 보였듯이 I^2에서 동치관계에 의하여 뫼비우스 띠를 만들었다. $\mathbb{R}^3$에서 매개변수로 표현하여 아래와 같이 뫼비우스 띠 $\{(x,\ y,\ z) \in \mathbb{R}^3\}$를 만들 수 있다.

(i) $0 \le u < 2\pi,\ -1 \le v \le 1$로 놓는다.

(ii) $x(u,\ v) = (1 + \frac{v}{2} \cos \frac{u}{2}) \cos u$

$y(u,\ v) = (1 + \frac{v}{2} \cos \frac{u}{2}) \sin u$

$z(u,\ v) = \frac{v}{2} \sin \frac{u}{2}$

위 과정을 통해서 뫼비우스 띠가 만들어지는 과정을 설명하시오.

14. 집합 $Y = \{(x, y) \in \mathbb{R}^2 \mid x = 0$ 혹은 $y = 0\}$을 생각하고, $(\mathbb{R}^2, \mathscr{U})$를 보통위상공간이라 하자. 그리고 함수 $f : \mathbb{R}^2 \to Y$, $f((0, y)) = (0, y)$, $f((x, y)) = (x, 0)$ $(x \neq 0)$을 생각한다. 이제 $\mathscr{T}$를 Y상의 상위상이라 할 때 $(Y, \mathscr{T})$가 하우스도르프 공간이 아님을 보이시오.

15. 집합 $Y = \{1, 2, 3\}$이라 하고

$$f : (\mathbb{R}, \mathscr{U}) \to Y, \ f(x) = \begin{cases} 1, & x < 0 \\ 2, & x = 0 \\ 3, & x > 0 \end{cases}$$

인 함수 f를 생각한다. 이 경우 f에 의해 유도된 Y상의 상공간을 만드시오.

16. $X = [0, 1] \cup (2, 3]$, $Y = [0, 2]$라 하고 보통위상부분공간 $(X, \mathscr{U}_X)$와 $(Y, \mathscr{U}_Y)$를 생각하자. 그리고

$$f : X \to Y, \quad f(x) = \begin{cases} x, & x \in [0, 1] \\ x - 1, & x \in (2, 3] \end{cases}$$

인 함수 f를 생각하자. 이 경우 f가 상함수인가?

17. $X = \bigcup_{n \in \mathbb{N}} (\mathbb{R} \times \{n\})$, $Y = \bigcup_{n \in \mathbb{N}} \{(x, y) \in \mathbb{R}^2 \mid y = nx\}$라 하자. 그리고 보통위상부분공간 $(X, \mathscr{U}_X)$, $(Y, \mathscr{U}_Y)$를 생각한다. 이 경우 함수

$$P : X \to Y, \quad P(x, n) = (x, nx), \quad ㅋ\ \forall (x, n) \in X$$

을 생각할 때 다음을 보이시오.

(1) P는 전사함수이다.

(2) P는 상함수는 아니다.

18. 함수 $P : (\mathbb{R}^2, \mathscr{U}) \to ([0, \infty), \mathscr{U}_{[0, \infty)})$, $P((x, y)) = x^2 + y^2$이라 할 때 P가 상함수임을 보이시오.

19. 2차원 구 $S^2 = \{(x, y, z) \in \mathbb{R}^3 \mid x^2 + y^2 + z^2 = 1\}$이 원판(disk)

$$\{(x, y) \in \mathbb{R}^2 \mid x^2 + y^2 \leq 1\}$$

에 의하여 생성됨을 설명하시오 (상함수 활용).

20. 집합 $X = \{(x, y) \in \mathbb{R}^2 \mid x \geq 0 \text{ 혹은 } y = 0\}$에 대한 $(\mathbb{R}^2, \mathscr{U})$의 부분위상공간 $(X, \mathscr{U}_X)$와 보통위상공간 $(\mathbb{R}, \mathscr{U})$를 생각하자.

함수 $f : X \to \mathbb{R}$, $f((x, y)) = x$ (ㅋ $^\forall (x, y) \in X$)에 대하여 다음을 조사하시오.

(1) f는 상함수이다.

(2) f는 열린사상이 아니다.

21. X와 Y를 위상공간, $(X, \sim)$을 동치관계집합이라 하자. 만약 주어진 연속사상 $f : X \to Z$가

$$x \sim y \Rightarrow f(x) = f(y)$$

를 만족하면 f는 $\tilde{f} \circ p = f$를 만족하는 유일한 연속사상

$$\tilde{f} : X/\sim \; \to Z, \; [x] \to f(x)$$

를 유도함을 보이시오.

(힌트 : ① $\tilde{f}([x]) = f(x)$로 정의함

② $\tilde{f}$의 잘 정의됨 (well-defined) 확인

③ $\tilde{f} \circ p = f$임을 확인

④ $\tilde{f}$의 연속성 증명

⑤ $\tilde{f}$의 유일한 존재성 증명

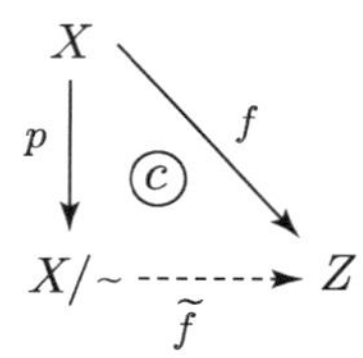

22. 공간 $\mathbb{R}^2$의 부분집합

$$X = ([-2, -1] \times [1, 2]) \cup ([1, 2] \times [2, 3])$$

상에서 다음과 같은 관계를 주자.

$$(x_1, y_1) \sim (x_2, y_2) \Leftrightarrow x_1 - x_2 = y_1 - y_2$$

이때 다음을 답하시오.

(1) $(X, \sim)$은 동치관계집합임을 보이시오.

(2) 상공간 $(X/\sim, \mathscr{T}_Q)$는 $(Y, \mathscr{U}_Y)$와 위상동형임을 보이시오. 여기서 $Y = [0, 4]$ ($\mathbb{R}^2$공간의 y축의 부분공간)이다.

23. 공간 $\mathbb{R}^2$상에서 다음과 같은 관계를 주자.

$$(x_1,\ y_1) \sim (x_2,\ y_2) \Leftrightarrow 2x_1 - y_1 = 2x_2 - y_2$$

이 경우 다음을 답하시오.

(1) $(\mathbb{R}^2,\ \sim)$은 동치관계집합임을 보이시오.

(2) 상공간 $(\mathbb{R}^2/\sim,\ \mathscr{T}_Q)$는 $(\mathbb{R},\ \mathscr{U})$와 위상동형임을 보시이오.
(힌트 : 따름정리 6.3.21 활용)

24. (1) 자연수집합 $\mathbb{N}$에 대하여 $X=\{(m,\ n)\in\mathbb{N}\times\mathbb{N}\mid m\geq 12$ 또는 $n\geq 6\}$이라 하자. X상에 여유한위상공간 $(X,\ \mathscr{T}_f)$를 정의하자.
함수 $g: X \to \mathbb{N}$을 $g(m,\ n)=m+n$으로 정의할 때 g에 의해 유도되는 $\mathbb{N}$상의 상위상 $(\mathbb{N},\ \mathscr{T}_Q)$의 열린집합의 형태를 설명하시오.

(2) 정수집합의 곱집합 $\mathbb{Z}\times\mathbb{Z}$에 대하여 여유한위상공간 $(\mathbb{Z}\times\mathbb{Z},\ \mathscr{T}_f)$를 정의하자. 함수 $h:\mathbb{Z}\times\mathbb{Z}\to\mathbb{Z}$을 $h(x,\ y)=x-y$으로 정의할 때 h에 의해 유도되는 $\mathbb{Z}$상의 상위상 $(\mathbb{Z},\ \mathscr{T}_Q)$의 열린집합의 형태를 설명하시오.

(3) 문제 (2)에서 $\mathbb{Z}\times\mathbb{Z}$에 대하여 여가산위상공간 $(\mathbb{Z}\times\mathbb{Z},\ \mathscr{T}_c)$를 바탕으로 함수 h에 의해 유도되는 $\mathbb{Z}$상의 상위상 $(\mathbb{Z},\ \mathscr{T}_Q)$의 위상구조(예, 열린집합 등)를 설명하시오.

TOPOLOGY

제 7 장

거리공간

이 장에서는 실공간 (유클리드 공간)에서 적용되는 유클리드 거리 개념을 추상화하여 일반집합 상에서 거리개념을 정의하고 이 거리로부터 유도되는 위상공간의 다양한 성질을 다룬다.

7.1 거리공간

n차원 실공간 $\mathbb{R}^n$상의 보통(유클리드)거리를 추상화하여 일반집합 X상에 거리 개념을 도입한다.

정의 7.1.1 공집합이 아닌 집합 X상의 **거리함수**(metric function)란 다음 성질 ((M-1)~(M-4))를 만족하는 함수

$$\begin{array}{ccc} d: X \times X & \longrightarrow & \mathbb{R} \\ \Cup & & \Cup \\ (x, y) & \rightsquigarrow & d(x, y) \end{array}$$

이다.

임의의 $x, y, z \in X$에 대하여

(M-1) $d(x, y) \geq 0$

(M-2) $d(x, y) = 0 \Leftrightarrow x = y$

(M-3) $d(x, y) = d(y, x)$ (대칭률 : symmetry)

(M-4) $d(x, z) \leq d(x, y) + d(y, z)$ (삼각부등식 : triangle inequality)

이다.

이때 $d(x, y)$를 거리함수 d에 의한 x와 y **사이의 거리**라 한다.

위 네 가지 조건 (M-1)~(M-4)를 **거리공리**(metric axiom)라 한다.

위 공리 중에서 (M-2)보다 약한 조건인 (M-2)$'$: '$x = y \Rightarrow d(x, y) = 0$'으로 바꿔서 조건 (M-1), (M-2)$'$, (M-3), (M-4)를 만족하는 함수 d를 X상의 **반거리함수**(semimetric function) 혹은 **의거리함수**(pseudometric function)라 한다. 그리고 이 거리 $d(x, y)$를 x와 y 사이의 의거리(pseudometric)라 한다.

| 예제 7.1.2 | (1) $\mathbb{R}^n$상의 함수 $d: \mathbb{R}^n \times \mathbb{R}^n \to \mathbb{R}$, 즉 임의의 $x = (x_1, x_2, \cdots, x_n)$, $y = (y_1, y_2, \cdots, y_n) \in \mathbb{R}^n$에 대하여

$$d(x, y) = \|x - y\| = \sqrt{\sum_{i=1}^{n} (x_i - y_i)^2}$$

는 $\mathbb{R}^n$상의 거리함수이다.

(2) 함수 $d' : \mathbb{R}^n \times \mathbb{R}^n \to \mathbb{R}$를 임의의 $x,\ y \in \mathbb{R}^n$에 대해서

$$d'(x,\ y) = \sum_{i=1}^{n}(x_i - y_i)^2$$

으로 정의하면 이 함수 d'는 $\mathbb{R}^n$상의 거리함수가 아니다. 구체적으로 이 함수 d'는 조건 **(M-4)**인 삼각부등식이 성립하지 않는다. 예를 들면, 세 점 $x = (0,\ 0)$, $y = (1,\ 0)$, $z = (2,\ 1)$은 조건 **(M-4)**를 만족하지 않는다.

(3) (택시거리) 함수 $d_1 : \mathbb{R}^n \times \mathbb{R}^n \to \mathbb{R}$을 임의의 $x,\ y \in \mathbb{R}^n$에 대하여

$$d_1(x,\ y) = \sum_{i=1}^{n}|x_i - y_i|$$

으로 정의하면 d_1은 $\mathbb{R}^n$상의 거리함수이다. 여기서 $x = (x_1,\ x_2,\ \cdots,\ x_n)$이고 $y = (y_1,\ y_2,\ \cdots, y_n)$이다. 이 거리 d_1을 **택시거리함수** (taxicab metric function)라 부른다.

(4) (최대거리) 함수 $d_2 : \mathbb{R}^n \times \mathbb{R}^n \to \mathbb{R}$을 임의의 $x,\ y \in \mathbb{R}^n$에 대하여

$$d_2(x,\ y) = \max\{|x_i - y_i| \mid i \in \{1,\ 2,\ \cdots,\ n\}\}$$

으로 정의하면 d_2는 $\mathbb{R}^n$상의 거리함수이다. 이 거리 d_2를 최대거리함수 (max metric function)라 부른다.

(5) (이산거리) 임의의 집합 X에 대하여 함수

$$d_3 : X \times X \to \mathbb{R} \ \text{ s.t. } \ d_3(x,\ y) = \begin{cases} 0, & x = y \\ 1, & x \neq y \end{cases}$$

으로 정의하면 d_3은 X상의 거리함수이다. 이 거리함수 d_3를 이산거리함수 (discrete metric function)라 한다. 여기서 1 대신에 임의의 양의 실수 a를 택해도 성립한다. ■

| 예제 7.1.3 | $\mathbb{R}^2$상에서 주어진 거리들(예제 7.1.2 참조)을 이용하여 두 점 $x = (0,\ 0)$, $y = (3,\ 4)$ 사이의 거리를 구해보자.

(1) 보통거리함수 d에 대하여 $d(x,\ y) = 5$이다.

(2) 택시거리함수 d_1에 대하여 $d_1(x, y) = 7$이다.

(3) 최대거리함수 d_2에 대하여 $d_2(x, y) = \max\{3, 4\} = 4$이다.

(4) 이산거리함수 d_3에 대하여 $d_3(x, y) = 1$이다. ■

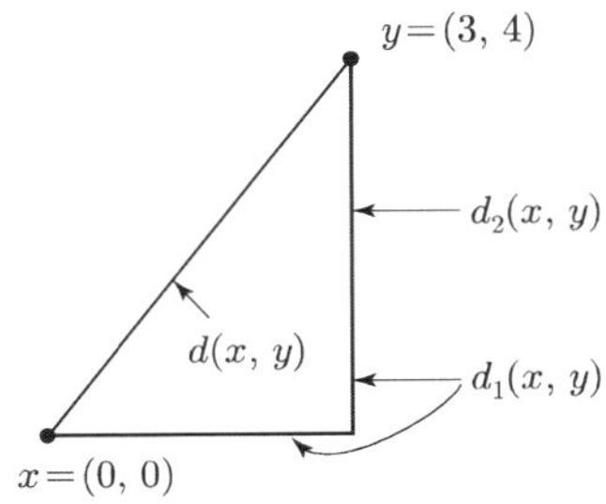

그림 7.1 거리함수들의 비교

위 예제에서 알 수 있듯이 집합 X상에 정의되는 서로 다른 거리함수를 많이 만들 수 있다.

❙ 예제 7.1.4 ❙ $C([a, b]) = \{f \mid f : ([a, b], \mathscr{U}_{[a, b]}) \to (\mathbb{R}, \mathscr{U})$는 연속함수$\}$라 하자. 임의의 $f, g \in C([a, b])$에 대하여 두 함수 ρ_1과 ρ_2를 다음과 같이 정의한다.

(1) $\rho_1(f, g) = \int_a^b |f(x) - g(x)|\, dx$

(2) $\rho_2(f, g) = \max\{|f(x) - g(x)| \mid x \in [a, b]\}$

그때 ρ_1과 ρ_2는 $C([a, b])$상에서 서로 다른 거리함수이다(그림 7.2 참조). ■

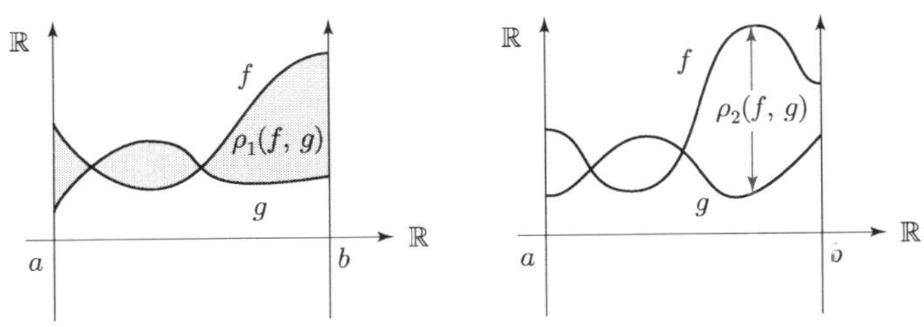

그림 7.2 거리함수 ρ_1과 ρ_2

정의 7.1.5 d를 집합 X상의 거리함수라 하자. 임의의 점 $p \in X$와 양의 실수 r에 대하여 중심이 p이고 반경이 r인 **열린구**(open ball)란

$$B_d(p,\ r) = \{x \in X \mid d(p,\ x) < r\}$$

이다.

열린구의 표기에 있어서 거리함수 d를 표시하지 않더라도 혼동이 생기지 않으면 편의상 $B(p,\ r)$로 표기한다.

| 예제 7.1.6 | (1) 예제 7.1.3에서 정의된 $\mathbb{R}^2$상의 세 가지 거리함수 d, d_1, d_2에 대하여 $p = (a,\ b) \in \mathbb{R}^2$, $r > 0$일 때

$$B_{d_1}(p,\ r) \subsetneq B_d(p,\ r) \subsetneq B_{d_2}(p,\ r)$$

이 성립한다(그림 7.3 참조).

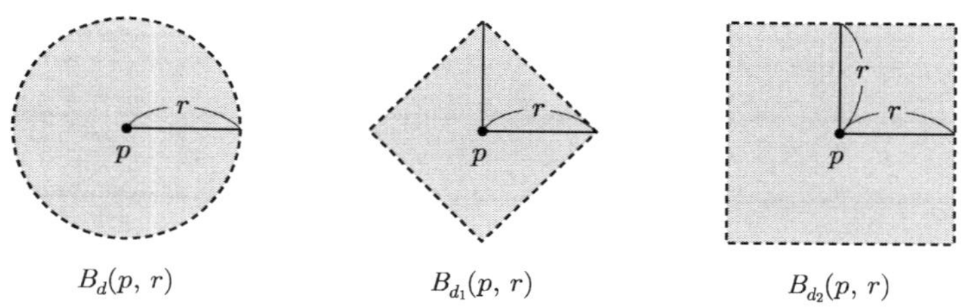

그림 7.3 거리함수에 따른 여러 가지 형태의 열린구

여기서 $B_d(p,\ r)$은 p를 중심으로 하는 반지름이 r인 원의 내부이고, $B_{d_1}(p,\ r)$은 한 변의 길이가 $\sqrt{2}\,r$인 마름모의 내부이고, $B_{d_2}(p,\ r)$은 한 변의 길이가 $2r$인 정사각형의 내부를 각각 나타낸다.

구체적으로 $B_d(p,\ r) = \{x \in \mathbb{R}^2 \mid d(p,\ x) < r\}$이 p를 중심으로 하고 반지름이 r인 원의 내부임은 명확하다(정의 7.1.5 참조). 이제 $B_{d_1}(p,\ r)$과 $B_{d_2}(p,\ r)$에 관하여 알아본다. 여기서 $p = (a,\ b)$로 한다.

(i) 택시거리함수 d_1을 기반으로

$$\begin{aligned} B_{d_1}(p,\ r) &= \left\{x \in \mathbb{R}^2 \mid d_1(p,\ x) < r\right\} \\ &= \left\{(x_1,\ x_2) \in \mathbb{R}^2 \mid |x_1 - a| + |x_2 - b| < r\right\} \end{aligned}$$

이 되어서 중심이 p이고 한 변의 길이가 $\sqrt{2}\,r$인 마름모의 내부이다.

(ii) 최대거리함수 d_2를 기반으로

$$\begin{aligned} B_{d_2}(p,\ r) &= \{x \in \mathbb{R}^2 \mid d_2(p,\ x) < r\} \\ &= \{(x_1,\ x_2) \in \mathbb{R}^2 \mid \max\{|x_1 - a|,\ |y - b|\} < r\} \\ &= \{(x_1,\ x_2) \in \mathbb{R}^2 \mid |x_1 - a| < r,\ |y - b| < r\} \end{aligned}$$

이 되어서, 중심이 p이고 한 변의 길이가 $2r$인 정사각형 내부이다.

(2) 예제 7.1.3에서 정의된 이산거리함수 d_3에 대하여 열린구는 다음과 같다.

$$B_{d_3}(p,\ r) = \begin{cases} \{p\},\ r \le 1 \\ \mathbb{R}^2,\ r > 1 \end{cases}$$ ■

기초정리 7.1.7 d를 집합 X상의 한 거리함수라 하자. 그때 모든 열린구들의 모임

$$\mathscr{B}_d = \{B_d(x,\ r) \subset X \mid x \in X,\ 0 < r \in \mathbb{R}\}$$

는 X상의 한 위상의 기저이다.

증명 $\mathscr{B}_d$가 정리 4.1.5의 조건 (b1)과 (b2)를 만족함을 보이면 된다.

(b1) 임의의 점 $x \in X$에 대하여 항상 $B_d(x,\ 1) \in \mathscr{B}_d$이 존재하여 $x \in B_d(x,\ 1) \subset X$을 만족한다.

(b2) 임의의 $B_d(x,\ r_1)$, $B_d(y,\ r_2) \in \mathscr{B}_d$에 대하여, 임의의 점 $z \in B_d(x,\ r_1) \cap B_d(y,\ r_2)$을 택하자. 그때

$$r_3 = \min\{r_1 - d(x,\ z),\ r_2 - d(y,\ z)\}$$

이라 하면

$$z \in B_d(z,\ r_3) \subset B_d(x,\ r_1) \cap B_d(y,\ r_2)$$

이다. 구체적으로, 만약 $w \in B_d(z,\ r_3)$이면 $d(z,\ w) < r_3$이므로 거리함수 d의 삼각부등식 성질을 활용하여

$$\begin{aligned} d(x,\ w) &\le d(x,\ z) + d(z,\ w) < d(x,\ z) + r_3 \\ &\le d(x,\ z) + r_1 - d(x,\ z) = r_1 \end{aligned}$$

이고 같은 방법으로 $d(y,\ w) < r_2$이 되어서

$$w \in B_d(x,\ r_1) \cap B_d(y,\ r_2)$$

이다. 따라서 $\mathscr{B}_d$는 X상의 한 위상의 기저이다. □

기초정리 7.1.7을 이용하여 거리공간 $(X,\ \mathscr{T}_d)$에서 임의의 $B_d(x,\ r)$은 열린집합임을 알 수 있다.

위 정리를 이용하여 거리위상과 거리공간을 다음과 같이 정의한다.

정의 7.1.8 d를 집합 X상의 거리함수라 하자.

$$\mathscr{B}_d = \{B_d(x,\ r) \subset X \mid x \in X,\ 0 < r \in \mathbb{R}\}$$

을 기저로 하여 생성된 X상의 위상 $\mathscr{T}_{\mathscr{B}_d}$를 **거리위상**(metric topology)이라 하고 간단히 $\mathscr{T}_d$로 나타낸다. 위상공간 $(X,\ \mathscr{T}_d)$를 **거리공간**(metric space)이라 하고 간단히 $(X,\ d)$로 표기하기도 한다.

정의 7.18에서 거리공간 d가 명확하면 $(X,\ d)$를 간단하게 X로 표시하기도 한다. 요약하면, 기저의 기본성질에 의하여

(i) $\mathscr{B}_d \subset \mathscr{T}_d$이고

(ii) $\mathscr{T}_d := \mathscr{T}_{\mathscr{B}_d}$

$$= \{U \subset X \mid {}^\forall x \in U,\ \exists B \in \mathscr{B}_d \quad \text{s.t.} \quad x \in B \subset U\}$$

$$= \{\bigcup_{\alpha \in \Lambda} B_\alpha \mid B_\alpha \in \mathscr{B}_d\}$$

이다.

| 예제 7.1.9 | (1) 예제 7.1.6(1)에서 다룬 각각의 열린구 $B_d(x,\ r)$, $B_{d_1}(x,\ r)$, $B_{d_2}(x,\ r)$를 사용하여 $\mathbb{R}^2$상에서 생성되는 각각의 위상을 위한 기저

$$\mathscr{B}_d = \{B_d(x,\ r) \mid x \in \mathbb{R}^2,\ 0 < r \in \mathbb{R}\},$$

$$\mathscr{B}_{d_1} = \{B_{d_1}(x,\ r) \mid x \in \mathbb{R}^2,\ 0 < r \in \mathbb{R}\},$$

$$\mathscr{B}_{d_2} = \{B_{d_2}(x,\ r) \mid x \in \mathbb{R}^2,\ 0 < r \in \mathbb{R}\}$$

을 얻는다.

(2) 예제 7.1.6(2)에서 다룬 열린구 $B_{d_3}(x,\ r)$를 사용하여 $\mathbb{R}^2$상에서 위상의 기저

$$\mathscr{B}_{d_3}=\left\{B_{d_3}(x,\ r) \mid x\in\mathbb{R}^2,\ 0<r\in\mathbb{R}\right\}$$

을 얻는다. 여기서 $r \le 1$이면 $B_{d_3}(x,\ r)=\{x\}$가 되고, $r>1$이면 $B_{d_3}(x,\ r)=\mathbb{R}^2$가 되어서 $\mathscr{B}_{d_3}$는 $\mathbb{R}^2$상의 이산공간을 생성하는 기저임을 알 수 있다. ■

정의 7.1.8에 의하여 다음 성질을 얻는다.

성질 7.1.10 $(X,\ d)(=(X,\mathscr{T}_d))$를 거리공간이라 하자. $U\subset X$에 대하여 $U\in\mathscr{T}_d$이기 위한 필요충분조건은 임의의 $x\in U$에 대하여 적당한 $r(0<r\in\mathbb{R})$이 존재해서 $x\in B_d(x,\ r)\subset U$를 만족하는 것이다.

증명 $(\Rightarrow)$ $U\in\mathscr{T}_d$라면 $\mathscr{B}_d$의 정의에 의하여 $U=\bigcup_{y\in U}B_d(y,\ \delta)$이므로, 임의의 점 $x\in U$에 대하여 $x\in B_d(y,\ \delta)\subset U$인 $B_d(y,\ \delta)\in\mathscr{B}_d$가 존재한다. 이제 $r=\delta\ -d(x,\ y)$이라 하면 $x\in B_d(x,\ r)\subset B_d(y,\ \delta)\subset U$이 성립한다.

$(\Leftarrow)$ $\mathscr{T}_d$의 기저가 $\mathscr{B}_d=\{B_d(x,\ r)\mid x\in X,\ 0<r\in\mathbb{R}\}$이므로, 기저의 정의에 의하여(즉, $B_d(x,\ r)\in\mathscr{T}_d$) $U=\bigcup_{x\in U}B_d(x,\ r)\in\mathscr{T}_d$임을 알 수 있다. □

이제 한 집합 X상에 두 개의 서로 다른 거리함수가 주어졌다고 하더라도 이 거리함수들에 의하여 생성된 거리공간은 경우에 따라 같을 수도 있고 다를 수도 있다.

| 예제 7.1.11 | (1) 예제 7.1.2(5)에서 소개한 이산거리

$$d_3:\ X\times X\to\mathbb{R}\ \text{ s.t. }\ d_3(x,\ y)=\begin{cases}0, & x=y\\ 1, & x\neq y\end{cases}$$

과 또 다른 이산거리

$$d_3{}':\ X\times X\to\mathbb{R}\ \text{ s.t. }\ d_3{}'(x,\ y)=\begin{cases}0, & x=y\\ 2, & x\neq y\end{cases}$$

를 생각하자. 이때 d_3와 $d_3{}'$는 서로 다른 거리함수이고, 유도되는 기저 $\mathscr{B}_{d_3}$와 $\mathscr{B}_{d_3{}'}$의 형태는 다를 수 있다. 예를 들면, 예제 7.1.9(2)에서 소개했듯이 $X=\mathbb{R}^2$인 경우를 생각하자. 그때

$$\mathscr{B}_{d_3}=\left\{B_{d_3}(x,\ r)\mid x\in\mathbb{R}^2,\ 0<r\in\mathbb{R}\right\}$$

$$(\text{여기서 } B_{d_3}(x,\ r)=\begin{cases}\{x\}, & r\le 1\\ \mathbb{R}^2, & r>1\end{cases} \text{ 이다})$$

$$\mathscr{B}_{d_3{}'}=\left\{B_{d_3{}'}(x,\ r)\mid x\in\mathbb{R}^2,\ 0<r\in\mathbb{R}\right\}$$

$$(\text{여기서 } B_{d_3{}'}(x,\ r)=\begin{cases}\{x\}, & r\le 2\\ \mathbb{R}^2, & r>2\end{cases} \text{ 이다})$$

이다. 그러므로 r의 값에 따라 $\mathscr{B}_{d_3}$와 $\mathscr{B}_{d_3{}'}$의 원소의 형태가 다르다. 그러나 $\mathscr{B}_{d_3}$와 $\mathscr{B}_{d_3{}'}$에 의하여 생성되는 위상공간 $\mathscr{T}_{d_3}$와 $\mathscr{T}_{d_3{}'}$는 이산위상으로서 서로 같다. 상세히 알아보면, $r=\dfrac{1}{2}$로 놓으면 임의의 $x\in\mathbb{R}^2$에 대하여 $B_{d_3}(x,\ \frac{1}{2})=B_{d_3{}'}(x,\ \frac{1}{2})=\{x\}\in\mathscr{B}_{d_3},\ \mathscr{B}_{d_3{}'}$이 되어서 $\mathscr{T}_{\mathscr{B}_{d_3}}(:=\mathscr{T}_{d_3})$와 $\mathscr{T}_{\mathscr{B}_{d_3{}'}}(:=\mathscr{T}_{d_3{}'})$ 모두 이산위상공간이다 (정리 4.1.10 참조).

(2) 예제 7.1.6에서 소개한 $\mathbb{R}^2$상의 거리함수 $d,\ d_1,\ d_2,\ d_3$를 $\mathbb{R}^n$상으로 확대하여 보통거리, 택시거리, 최대거리, 이산거리라 하자. 이때 각 거리함수에 의하여 유도되는 열린구 $B_d(x,\ r)$, $B_{d_i}(x,\ r)$ $(i\in\{1,\ 2,\ 3\})$들의 각각의 모임인 기저 $\mathscr{B}_d$, $\mathscr{B}_{d_i}(i\in\{1,\ 2,\ 3\})$을 얻는다. 이때 정리 4.1.10을 활용하여

$$\mathscr{T}_d=\mathscr{T}_{d_1}=\mathscr{T}_{d_2}\subsetneq\mathscr{T}_{d_3}=\mathscr{D} \qquad \cdots (7.1)$$

이 성립한다 (그림 7.4 참조). $\mathscr{T}_d$와 $\mathscr{T}_{d_i}(i\in\{1,\ 2\})$은 이산위상이 아님은 $B_d(x,\ r)$과 $B_{d_i}(x,\ r)(i\in\{1,\ 2\})$의 정의에 의하여 명백하다. ■

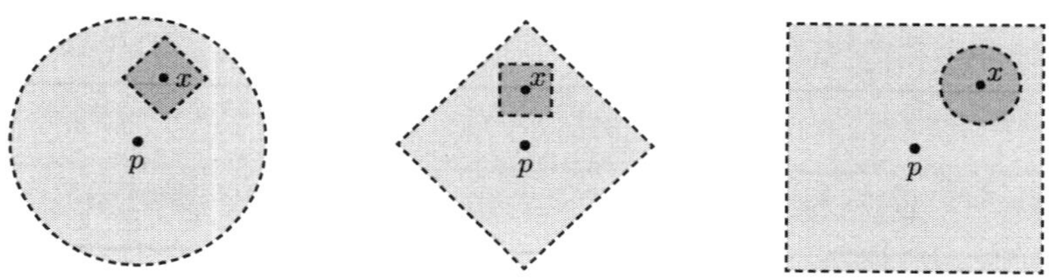

$\mathscr{T}_d\subset\mathscr{T}_{d_1}$ $\qquad$ $\mathscr{T}_{d_1}\subset\mathscr{T}_{d_2}$ $\qquad$ $\mathscr{T}_{d_2}\subset\mathscr{T}_d$

그림 7.4 거리위상들의 비교($\therefore$ 식 (7.1)이 성립함)

예제 7.1.11에서 보았듯이 집합 X상의 거리위상은 주어진 거리함수에 많은 영향을 받음을 알았기에 다음 개념을 소개한다.

정의 7.1.12 집합 X상에 두 개의 거리함수 d_1과 d_2가 주어졌을 때 거리위상 $\mathscr{T}_{d_1}$와 $\mathscr{T}_{d_2}$가 같으면(즉, $\mathscr{T}_{d_1}=\mathscr{T}_{d_2}$) d_1과 d_2를 **동치거리(equivalent metric)**함수라 한다.

| 예제 7.1.13 | (1) 예제 7.1.11(1)에서 보았듯이 주어진 집합 X상의 이산거리 d_3와 d_3'는 동치거리이다.

(2) 예제 7.1.11(2)에서 보았듯이 $\mathbb{R}^n$상의 거리함수 d, d_1, d_2는 동치거리이다(식 (7.1) 참조). ■

이제 거리공간 사이의 함수의 연속성을 거리공간상의 기저를 이용하여 조사한다. 유클리드 공간 사이의 함수의 '$(\varepsilon-\delta)$-연속' 표현을 거리공간으로 확대하여 적용한다.

정리 7.1.14 ($\varepsilon-\delta$법의 일반화) $(X,\ d)$와 $(Y,\ \rho)$를 거리공간이라 한다. 함수 $f: X \to Y$가 연속이 되기 위한 필요충분조건은 임의의 $x \in X$와 임의의 $\varepsilon(>0)$에 대하여 적당한 $\delta := \delta(x,\ \varepsilon)(>0)$이 존재해서

$$f(B_d(x,\ \delta)) \subset B_\rho(f(x),\ \varepsilon)$$

이 성립하는 것이다.

증명 $(\Rightarrow)$ 함수의 연속성에 의하여, 임의의 $x \in X$와 임의의 $\varepsilon > 0$에 대하여 $f(x)$의 ε-열린근방 $B_\rho(f(x),\ \varepsilon)$의 f에 의한 역상

$$f^{-1}(B_\rho(f(x),\ \varepsilon))$$

은 x의 열린근방이다(정리 5.1.7 참조). 성질 7.1.10에 의하여 적당한

$$\delta = \delta(x,\ \varepsilon) > 0$$

이 존재하여 $B_d(x,\ \delta) \subset f^{-1}(B_\rho(f(x),\ \varepsilon))$이 성립한다. 그러므로 $f(B_d(x,\ \delta)) \subset B_\rho(f(x),\ \varepsilon)$이다.

$(\Leftarrow)$ 주어진 가정을 바탕으로 $f: X \to Y$가 연속함수임을 보이자. 정의

5.1.1과 정의 7.1.8 및 정리 5.1.7에 의하여 Y에서 임의의 점 y의 임의의 ε-열린근방 $B_\rho(y,\ \varepsilon)$($^\forall y \in Y$)의 f에 대한 역상 $f^{-1}(B_\rho(y,\ \varepsilon))$이 X에서 열린집합임을 보이면 된다. 여기서 $f^{-1}(B_\rho(y,\ \varepsilon)) = \varnothing$ 인 경우와 $f^{-1}(B_\rho(y,\ \varepsilon)) \neq \varnothing$ 인 경우를 생각할 수 있는데 전자(the former)인 경우는 $\varnothing \in \mathscr{T}_d$이므로 f가 분명히 연속이다. 그러므로 후자(the latter)를 증명하자. 즉 임의의 $x \in f^{-1}(B_\rho(y,\ \varepsilon))$에 대하여 x를 원소로 갖는 X상에서 기저 열린집합이 존재하여 $f^{-1}(B_\rho(y,\ \varepsilon))$에 포함됨을 보이면 된다. 구체적으로, 임의의 $x \in f^{-1}(B_\rho(y,\ \varepsilon))$를 택하자. 그때 $f(x) \in B_\rho(y,\ \varepsilon)$이므로

$$\varepsilon_0 = \varepsilon - \rho(y,\ f(x))$$

라 하면 $\varepsilon_0 > 0$이고 $B_\rho(f(x),\ \varepsilon_0) \subset B_\rho(y,\ \varepsilon)$이 성립한다(그림 7.5 참조).

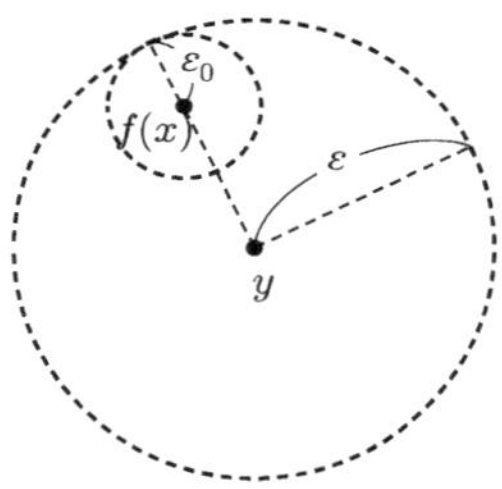

그림 7.5 $\varepsilon_0 = \varepsilon - \rho(y,\ f(x))$

가정에 의하여 적당한 $\delta = \delta(x,\ \varepsilon_0)$가 존재해서 $f(B_d(x,\ \delta)) \subset B_\rho(f(x),\ \varepsilon_0)$이어야 한다. 그러므로

$$x \in B_d(x,\ \delta) \subset f^{-1}(B_\rho(f(x),\ \varepsilon_0)) \subset f^{-1}(B_\rho(y,\ \varepsilon))$$

이다. 정리 3.3.5에 의하여 $f^{-1}(B_\rho(y,\ \varepsilon))$은 X상에서 열린집합이다. 왜냐하면 $B_d(x,\ \delta) \in \mathscr{B}_d$이기 때문이다. 여기서 $\mathscr{B}_d$는 거리공간 $(X,\ d)$의 기저이다(기초정리 7.1.7 참조). □

성질 7.1.15 집합 X상의 거리 d에 대하여

$$\overline{d}: X \times X \to \mathbb{R},\ \overline{d}(x, y) = \min\{d(x, y), 1\}$$

는 X상의 거리이고 $\mathscr{T}_{\overline{d}} = \mathscr{T}_d$이다. 이러한 거리 $\overline{d}$를 d가 유도하는 **표준유계거리** (standard bounded metric)라 한다.

증명 $\overline{d}$가 거리공리 (M1)~(M3)를 만족함은 명백하다. 이제 공리 (M4)를 조사하자. 만약 $d(x, y) \geq 1$이거나 $d(y, z) \geq 1$이면 $\overline{d}(x, y) = 1$ 또는 $\overline{d}(y, z) = 1$이다. 따라서

$$\overline{d}(x, y) + \overline{d}(y, z) \geq 1 \geq \overline{d}(x, z)$$

이 된다. 그리고 만약 $d(x, y) < 1$이고 $d(y, z) < 1$이면 $\overline{d}(x, y) = d(x, y)$이고 $\overline{d}(y, z) = d(y, z)$이 되어

$$\overline{d}(x, y) + \overline{d}(y, z) = d(x, y) + d(y, z) \geq d(x, z) \geq \overline{d}(x, z)$$

이다. 따라서 $\overline{d}$는 삼각부등식을 만족시킨다.

이제 $\mathscr{T}_d = \mathscr{T}_{\overline{d}}$임을 보이자.

① ㅋ$^\forall B_d(x, \varepsilon) \in \mathscr{B}_d$, $\varepsilon > 1$을 택하면,

$\exists B_{\overline{d}}(x, 1) \in \mathscr{B}_{\overline{d}}$ s.t. $B_{\overline{d}}(x, 1) \subset B_d(x, \varepsilon)$.

한편, $\varepsilon \leq 1$을 택하면, $\exists B_{\overline{d}}(x, \varepsilon) = B_d(x, \varepsilon)$.

② ㅋ$^\forall B_{\overline{d}}(x, \varepsilon) \in \mathrm{B}_{\overline{d}}$, $\varepsilon \leq 1$을 택하면, $B_{\overline{d}}(x, \varepsilon) = B_d(x, \varepsilon)$이다.

①과 ②와 함께 정리 4.1.10에 의하여 $\mathscr{T}_d = \mathscr{T}_{\overline{d}}$이 성립한다. □

두 거리공간 (X, d)와 (Y, ρ)에 대하여 거리를 보존하는 전단사사상 $f : X \to Y$를 생각하자. 즉 임의의 $p, q \in X$에 대하여

$$d(p, q) = \rho(f(p), f(q))$$

일 때 (X, d)는 (Y, ρ)와 **등거리동형**(isometric)이라고 하고 전단사함수 f를 **등거리사상**(isometry)이라고 한다.

정리 7.1.16 거리공간 (X, d)가 거리공간 (Y, ρ)에 등거리동형이면 (X, d)와 (Y, ρ)는 위상동형공간이다.

증명 정리 7.1.14를 이용하여 증명한다. 먼저 가정에 의하여 $f:(X, d)\to(Y, \rho)$는 전단사함수이다.

이제 f와 f^{-1}이 모두 연속임을 보이자. 먼저 f의 연속성을 보이자. 임의의 $x\in X$와 $f(x)(\in Y)$의 임의의 열린구 $B_\rho(f(x), \varepsilon)$ ($\varepsilon>0$인 임의의 실수)에 대하여 $\delta=\varepsilon$으로 하여 $B_d(x, \delta)$을 택하면

$$f(B_d(x, \delta))\subset B_\rho(f(x), \varepsilon)$$

이 성립한다 (실제로는 등호가 성립함). 그러므로 정리 7.1.14에 의하여 f는 연속이다. 같은 방법으로 f^{-1}도 연속이 되어서 f는 위상동형사상이다. □

그러나 정리 7.1.16의 역은 성립하지 않음을 다음 예를 통해서 알아본다.

| 예제 7.1.17 | 예제 7.1.2(5)에서 다룬 이산거리

$$d_3: X\times X\to\mathbb{R}\ \text{ s.t. }\ d_3(x, y)=\begin{cases}0, & x=y\\ 1, & x\neq y\end{cases}$$

와 예제 7.1.11에서 다룬 또 다른 이산거리

$$d_3': X\times X\to\mathbb{R}\ \text{ s.t. }\ d_3'(x, y)=\begin{cases}0, & x=y\\ 2, & x\neq y\end{cases}$$

를 생각하자.

(X, d_3)와 (X, d_3')은 모두 거리위상공간으로서 이산위상공간임이 밝혀졌다. 그러나 (X, d_3)와 (X, d_3')에서 두 점들 간의 거리가 다르므로 이들은 등거리동형이 아니다. 예를 들면 임의의 두 점 $x, y\in X$에 대하여 $x\neq y$인 경우 $d_3(x, y)=1$이고 $d_3'(x, y)=2$이다. 따라서 임의의 전단사함수 $f:(X, d_3)\to(X, d_3')$를 택하더라도, $x\neq y\in X$를 선택하면 $d_3(x, y)=1$이고 $d_3'(f(x), f(y))=2$이다 ($\because$ f가 전단사함수이어서 $f(x)\neq f(y)$이다). ■

해석학에서도 자주 사용되는 '균등연속 (uniformly continuous)' 개념을 거리공간에서 정의하자.

정의 7.1.18 $(X,\ d)$와 $(Y,\ \rho)$를 거리공간이라 하고 함수 $f: X \to Y$를 생각한다. 임의의 $\varepsilon > 0$에 대하여 적당한 $\delta = \delta(\varepsilon) > 0$이 존재하여 임의의 $x \in X$에 대해서 $f(B_d(x,\ \delta)) \subset B_\rho(f(x),\ \varepsilon)$일 때 f를 **균등연속**(uniformly continuous) (혹은 일양연속, 고른연속 등으로 부르기도 함)이라 한다.

연습문제 7.1

1. 함수 $d: \mathbb{R}^n \times \mathbb{R}^n \to \mathbb{R}$ s.t. $\forall\, x = (x_i)_{i \in \Lambda},\ y = (y_i)_{i \in \Lambda}$, $\Lambda = \{1,\ 2,\ \cdots,\ n\}$

$$d(x,\ y) = \min\{|x_i - y_i| \mid i \in \{1,\ 2,\ \cdots,\ n\}\}$$

을 생각하자. 그때 함수 d는 거리함수가 아님을 보이시오.

2. 만약 함수 d가 집합 X상에서 거리함수이면 다음과 같이 정의된 함수 D

$$D:\ X \times X \to \mathbb{R} \text{ s.t. } D(x,\ y) = \frac{d(x,\ y)}{1 + d(x,\ y)}$$

를 생각하자.

(1) 함수 D는 X상에서 거리함수임을 보이시오.

(2) 임의의 $x,\ y \in X$에 대하여 $D(x,\ y) < 1$이 됨을 보이시오.

3. d_i가 집합 X_i상의 거리함수라 하자 $(i \in \{1,\ 2\})$. 곱집합 $X_1 \times X_2$의 임의의 두 점 $x = (x_1,\ x_2)$, $y = (y_1,\ y_2)$에 대하여

$$d:\ (X_1 \times X_2)^2 \to \mathbb{R} \text{ s.t. } d(x,\ y) = \max\{d_1(x_1,\ y_1),\ d_2(x_2,\ y_2)\}$$

이라 정의하자.

(1) d가 $X_1 \times X_2$상에서 거리함수임을 보이시오.

(2) 실수집합 $\mathbb{R}$과 정수집합 $\mathbb{Z}$의 곱집합 $\mathbb{R} \times \mathbb{Z}$에 대하여 (1)에서 정의한 거리함수 d를 적용하자 (여기서 $(\mathbb{R},\ d_1)$, $(\mathbb{Z},\ d_2)$는 유클리드 공간 및 부분집합 $\mathbb{Z}$에서 유클리드 거리 $d_i (i \in \{1,\ 2\})$를 사용한다. 이때 거리위상공간 $(\mathbb{R} \times \mathbb{Z},\ d)$

$=(\mathbb{R}\times\mathbb{Z},\ \mathscr{T}_d)$의 열린집합의 형태를 그림을 그려서 설명하시오.

(3) 보통위상공간 $(\mathbb{R}^2,\ \mathscr{U})$와 (2)의 위상공간 $(\mathbb{R}^2, \mathscr{T}_d)$의 강약관계를 조사하시오.

4. 예제 7.1.4에서 제시한 함수 ρ_1과 ρ_2가 실제로 거리함수임을 보이고 $\mathscr{T}_{\rho_1}\subset\mathscr{T}_{\rho_2}$임을 보이시오.

5. $(X,\ d)$를 거리공간이라 하자. X상의 한 점 $x\in X$에 대하여 $D=\{y\in X\mid d(x,\ y)\le r,\ 0<r\in\mathbb{R}\}$이라 하자.

(1) D는 거리공간 $(X,\ d)=(X,\ \mathscr{T}_d)$상에서 닫힌집합임을 보이시오.

(2) $B(x,\ r)=\{y\in X\mid d(x,\ y)<r,\ 0<r\in\mathbb{R}\}$이라 할 때 $D=\overline{B(x,\ r)}$임을 밝히시오.

6. $(\mathbb{R}^2,\ d_i)$가 $\mathbb{R}^2$상의 거리함수 d_i에 의하여 생성된 거리위상이라 하자. 그때 모든 $i,\ j\in\Lambda\,(i\ne j)$에 대하여 $(\mathbb{R}^2,\ d_i)=(\mathbb{R}^2,\ d_j)$인가?

7. 다음과 같은 함수 $d':\mathbb{R}\times\mathbb{R}\to\mathbb{R}$ s.t. $d'(x,\ y)=\left|\dfrac{x}{1+|x|}-\dfrac{y}{1+|y|}\right|$을 생각하자. 함수 d'이 $\mathbb{R}$상의 거리함수임을 보이시오.

8. $\mathbb{R}^2$상에서 함수 $d:\mathbb{R}^2\times\mathbb{R}^2\to\mathbb{R}$을 다음과 같이 정의한다.

$$d(p,\ q)=\begin{cases}0, & p=q\\ \max\{\|p\|,\ \|q\|\}, & p\ne q\end{cases}$$

다음을 보이시오.

(1) $(\mathbb{R}^2,\ d)$는 거리함수이다.

(2) 원점 $p:=(0,\ 0)$에서 $B_d(p,\ \varepsilon)(\in\mathscr{B}_d)$의 형태를 기술하시오.

(3) $p(\ne(0,\ 0))\in\mathbb{R}^2$에서 $B_d(p,\ \varepsilon)(\in\mathscr{B}_d)$의 형태를 설명하시오.

(4) $A=\{(x,\ 0)\mid x\in(0,\ 2)\subset\mathbb{R}\}$이라 할 때, A'을 구하시오.

(5) $\mathscr{T}_d$가 이산위상이 아님을 보이시오.

(6) $(\mathbb{R}^2,\ \mathscr{T}_d)$와 $(\mathbb{R}^2,\ \mathscr{U})$의 강약을 비교하시오.

9. 문제 8에서

$$d(p,\ q)=\begin{cases}0, & p=q\\ \min\{\|p\|,\ \|q\|\}, & p\neq q\end{cases}$$

라 하면 d는 $\mathbb{R}^2$에서 거리함수인가?

10. 연속의 부정명제를 제시하시오.

11. 균등연속의 부정명제를 제시하시오.

12. 예제 3에서 $d(x,\ y)=\min\{d_1(x_1,\ y_1),\ d_2(x_2,\ y_2)\}$라고 정의할 때 d가 $X_1 \times X_2$상에서 거리함수인가?

13. $(X,\ d)$가 거리공간이라 할 때, $A \subset X$에 대하여 $d|_{A\times A}$가 A상에서 거리함수임을 보이시오.

14. 다양한 형태의 균등연속함수를 제시하시오.

15. $$\begin{array}{ccccl} f: & (\mathbb{R},\ d_3) & \longrightarrow & (\mathbb{R},\ d_3{}') & \text{혹은 } (\mathbb{R},\ \mathscr{U}) \\ & \cup\!\!\!\!\!\!\;| & & \cup\!\!\!\!\!\!\;| & \\ & x & \rightsquigarrow & f(x)=x^2 & \end{array}$$

이라 할 때 함수 f가 연속임을 보이시오.
(여기서 d_3와 $d_3{}'$은 예제 7.1.17에서 주어진 거리함수이다.)

16. $(\mathbb{R}^2,\ d)$에서, 임의의 $p\in\mathbb{R}^2$에 대하여

$$\mathscr{B}_1=\{B_d(p,\ \varepsilon)\mid \varepsilon\leq \frac{1}{2}\ \text{or}\ \varepsilon=1\}$$

$$\mathscr{B}_2=\{B_d(p,\ \varepsilon)\mid \varepsilon\leq \frac{1}{4}\ \text{or}\ \varepsilon=2\}$$

이라 할 때, $\mathscr{B}_1\neq\mathscr{B}_2$이지만 $\mathscr{T}_{\mathscr{B}_1}=\mathscr{T}_{\mathscr{B}_2}$임을 증명하시오.

7.2 거리공간의 성질

이 절에서는 거리공간 (X, d)에서 공집합이 아닌 부분집합 $A, B \subset X$에 대하여 A의 지름, A와 B 사이의 거리 등을 소개하고, 거리공간 (X, d)의 다양한 성질을 다룬다.

정의 7.2.1 A와 B를 거리공간 (X, d)의 공집합이 아닌 부분집합이라 하자.

(1) 점 $x \in X$와 집합 A 사이의 거리 $d(x, A)$를

$$d(x, A) = \inf\{d(x, a) \mid a \in A\}$$

으로 정의한다.

(2) 두 집합 A, B 사이의 거리 $d(A, B)$를

$$d(A, B) = \inf\{d(a, b) \mid a \in A, b \in B\}$$

으로 정의한다.

(3) 집합 A의 지름(diameter) 혹은 직경 $d(A)$를

$$d(A) = \sup\{d(a_1, a_2) \mid a_1, a_2 \in A\}$$

으로 정의한다. 만약 $d(A) < \infty$인 경우 A를 **유계집합**(bounded set)이라 한다. 특히 $d(\varnothing) = 0$으로 정의한다.

정의 7.2.1로부터 다음 성질을 쉽게 얻는다.

(i) $d(x, A)$, $d(A, B)$, $d(A)$는 모두 음수가 아니다.

(ii) $x \in A$이면 $d(x, A) = 0$이다.

(iii) $A \cap B \neq \varnothing$이면 $d(A, B) = 0$이다.

공집합 $\varnothing$에 대해서 $d(x, \varnothing) = \infty$, $d(A, \varnothing) = \infty$로 정의한다.

예제 7.1.2에서 보았듯이 한 집합 X상에 다양한 형태의 거리를 정의할 수 있으므로, 주어진 거리에 따라 정의 7.2.1에서 소개한 $d(x, A)$, $d(A, B)$, $d(A)$의 값이 다르게 나타날 수 있다. 구체적으로 살펴보면 예제 7.1.3에서 보았듯이 한 집합 X상에 주어진 거리함수에 따라서 두 점 $x, y (\in X)$ 사이의 거리가 다르게 나타날

수 있다. 예를 들면 예제 7.1.3에서 소개한 거리 d, d_1, d_2들은 서로 다른 거리이다. 그러나 그들에 의하여 유도되는 거리위상 $(\mathbb{R}^2, d)$, $(\mathbb{R}^2, d_1)$, $(\mathbb{R}^2, d_2)$는 서로 같기에 거리 d, d_1, d_2는 동치인 거리이다. 또한 $(\mathbb{R}, \mathscr{U})$상의 부분공간 $((0, 1), \mathscr{U}_{(0,1)})$은 $(\mathbb{R}, \mathscr{U})$와 위상동형공간(예제 5.2.2 참조)이나 거리공간 (X, d)에서 $(0, 1)$은 유계집합이고 $\mathbb{R}$은 유계집합이 아님을 알 수 있다. 즉 '거리'나 '유계'는 위상적 성질(정의 5.2.10 참조)이 아님을 알 수 있다.

| 예제 7.2.2 | 예제 7.1.2에서 소개한 $\mathbb{R}^2$상의 거리 d, d_1, d_2, d_3를 바탕으로 점 $p=(-1, -1)\in\mathbb{R}^2$와 $q=(2, -1)$, 그리고 $A=[0, 1]\times[0, 2]$, $B=(3, 4)\times(0, 2)$에 대하여 정의 7.2.1에서 소개한 집합의 지름, 한 점과 집합 사이의 거리 등을 살펴보자(그림 7.6 참조).

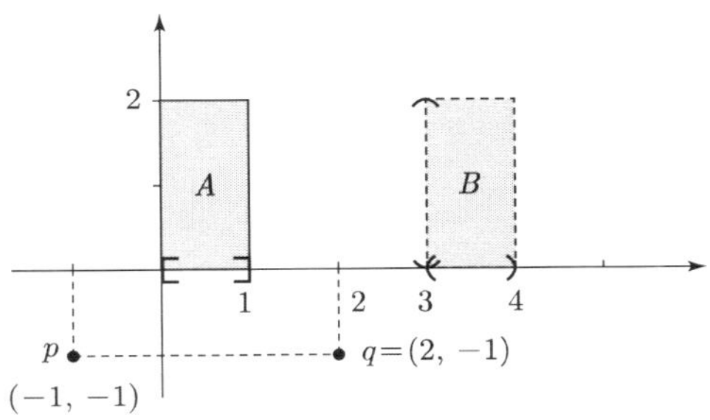

그림 7.6 두 점, 두 집합 사이의 거리

(1) 'sup'의 정의에 의하여 집합 A와 B의 지름은 거리함수에 따라 다음과 같다(여기서 $(\mathbb{R}^2, \mathscr{U})$에서 A는 닫힌집합이고 B는 열린집합임을 상기하자).

(i) $d(A)=\sqrt{5}=d(B)$

(ii) $d_1(A)=3=d_1(B)$

(iii) $d_2(A)=2=d_2(B)$

(iv) $d_3(A)=1=d_3(B)$

(2) 'inf'의 정의에 의하여 점 p와 집합 A 사이의 거리, 점 q와 집합 B 사이의 거리는 거리함수에 따라 다음과 같다.

(i) $d(p, A)=\sqrt{2}=d(q, B)$

(ii) $d_1(p, A)=2=d_1(q, B)$

(iii) $d_2(p, A)=1=d_2(q, B)$

(iv) $d_3(p,\ A) = 1 = d_3(q,\ B)$

(3) 집합 A와 B 사이의 거리는 다음과 같다.

(i) $d(A,\ B) = 2 = d_1(A,\ B) = d_2(A,\ B)$

(ii) $d_3(A,\ B) = 1$ ■

집합 X상의 거리함수 d를 사용하여(기초정리 7.1.7 참조) 거리공간 $(X,\ d) := (X,\ \mathscr{T}_d)$를 만들기 위해서 기저 $\mathscr{B}_d = \{B_d(x,\ r) \subset X \mid x \in X,\ 0 < r \in \mathbb{R}\}$을 사용했다. 더 나아가 거리공간 $(X,\ d)$상의 임의의 점은 가산국소기저(countable local base)를 가짐을 다음 정리를 통해서 밝히자.

정리 7.2.3 거리공간 $(X,\ d)$에서 임의의 한 점 x를 택하자.

$$\mathscr{B}_x = \left\{B_d(x,\ \frac{1}{n}) \mid n \in \mathbb{N}\right\}$$

은 x에서의 가산국소기저이다.

증명 (1) $B_d(x,\ \frac{1}{n})$은 $(X,\ d)$에서 열린집합이다.

(2) U를 점 x의 임의의 열린근방이라 하자. 정리 3.3.5에 의하여 적당한 ε_x $(0 < \varepsilon_x \in \mathbb{R})$가 존재해서

$$x \in B_d(x,\ \varepsilon_x) \subset U$$

를 만족하는 기저 열린집합 $B_d(x,\ \varepsilon_x)$가 존재한다. 아르키메데스 정리에 의하여 적당한 자연수 n이 존재해서 $0 < \frac{1}{n} < \varepsilon_x$이 되게 할 수 있으므로

$$x \in B_d(x,\ \frac{1}{n}) \subset B_d(x,\ \varepsilon_x) \subset U$$

이 성립한다. 따라서 $\mathscr{B}_x$는 x에서의 국소기저이고, $n \in \mathbb{N}$이므로 $\mathscr{B}_x$는 가산집합이다. □

정리 7.2.4 A를 거리공간 $(X,\ d)$의 한 부분집합이라 하자.

$$\overline{A} = \{x \in X \mid d(x,\ A) = 0\}$$

이 성립한다.

증명 임의의 $x \in \overline{A}$을 택하면, 정리 4.3.4(2)와 정리 7.2.3에 의하여 임의의 자연수 n에 대하여 $B_d(x, \frac{1}{n}) \cap A \neq \varnothing$이다. 그러므로 $\forall n \in \mathbb{N}$,

$$a_n \in B_d(x, \frac{1}{n}) \cap A$$

인 a_n을 택하면

$$0 \leq d(x, A) \leq d(x, a_n) < \frac{1}{n} \quad (n \in \mathbb{N})$$

이므로 $d(x, A) = 0$이다. 따라서 $\overline{A} \subset \{x \in X \mid d(x, A) = 0\}$이다.

역으로 $d(x, A) = 0$인 임의의 $x \in X$를 택하자.

$$d(x, A) = \inf\{d(x, a) \mid a \in A\} = 0$$

이므로 임의의 자연수 n에 대하여 적당한 $a_n \in A$가 존재해서 $d(x, a_n) < \frac{1}{n}$이어야 한다. 그러므로

$$a_n \in B_d(x, \frac{1}{n}) \cap A \neq \varnothing \quad (n \in \mathbb{N})$$

이다. 따라서 정리 4.3.4에 의하여 $x \in \overline{A}$이다. 즉 $\{x \in X \mid d(x, A) = 0\} \subset \overline{A}$이다.

결론적으로 $\overline{A} = \{x \in X \mid d(x, A) = 0\}$이다. □

따름정리 7.2.5 거리공간 (X, d)에서 한원소집합(singleton) $\{x\}$ $(x \in X)$는 닫힌집합이다.

증명 정리 7.2.4에 의하여

$$\overline{\{x\}} = \{y \in X \mid d(y, \{x\}) = d(y, x) = 0\} = \{x\} \quad \text{(거리공리 (M-2) 사용)}$$

이므로 $\{x\}$는 닫힌집합이다. □

따름정리 7.2.6 거리공간 (X, d)의 유한부분집합은 닫힌집합이다.

증명 유한부분집합

$$\{x_i \in X \mid i \in \Lambda = \{1,\ 2,\ \cdots,\ n\}\} = \bigcup_{i=1}^{n} \{x_i\}$$

는 정리 7.2.4와 정리 3.1.10에 의하여 닫힌집합이다. □

다음 정리는 거리공간 $(X,\ d)$에서 서로소인 닫힌집합들의 분리성에 관한 성질로서 위상수학에서 매우 중요한 역할을 한다.

정리 7.2.9 거리공간 $(X,\ d)$에서 $A,\ C$를 서로소인 닫힌집합들이라 하면 서로소인 열린집합 $U,\ V$가 존재하여 $A \subset U,\ C \subset V$가 성립한다.

증명 (경우 1) A와 C 중에 어느 하나가 공집합인 경우, 만약 $A = \varnothing$이면 $U = \varnothing,\ V = X$로 놓으면 된다.

(경우 2) 이제 A와 C 모두가 공집합이 아니라고 하자. 임의의 $a \in A$에 대하여 $A \cap C = \varnothing$이므로 $a \notin C = \overline{C}$이다. C가 닫힌집합이므로 정리 7.2.4에 의하여 $d(a,\ C) := \varepsilon_a > 0$이다. 또 $c \in C$인 경우 $c \notin A$이므로 $d(c,\ A) := \varepsilon_c > 0$이 성립한다. 이제

$$U = \bigcup \{B_d(a,\ \frac{1}{3}\varepsilon_a) \mid a \in A\},\ \ V = \bigcup \{B_d(c,\ \frac{1}{3}\varepsilon_c) \mid c \in C\}$$

이라 하자. 거리위상의 정의에 의하여 $U,\ V$는 $(X,\ d)$에서 열린집합이고 $A \subset U,\ C \subset V$임은 명백하다.

이제 U와 V가 서로소임을 보이자. 귀류법을 사용하여 $U \cap V \neq \varnothing$ (결론을 부정함)이라 하면 $x \in U \cap V$인 $x \in X$가 존재한다. 그러므로 $a \in A$, $c \in C$가 존재하여

$$x \in B_d(a,\ \frac{1}{3}\varepsilon_a) \cap B_d(c,\ \frac{1}{3}\varepsilon_c) \quad \cdots (7.2)$$

이 성립한다. $d(a,\ c) = \varepsilon > 0$이라 놓으면

$$d(a,\ C) = \varepsilon_a \le \varepsilon,\quad d(c,\ A) = \varepsilon_c \le \varepsilon$$

이고 식 (7.2)에 의하여 $d(a,\ x) < \frac{1}{3}\varepsilon_a,\ d(c,\ x) < \frac{1}{3}\varepsilon_c$이므로

$$\varepsilon = d(a,\ c) \le d(a,\ x) + d(x,\ c) < \frac{1}{3}\varepsilon_a + \frac{1}{3}\varepsilon_c \le \frac{2}{3}\varepsilon$$

이 되어 모순이다. 따라서 $U \cap V = \varnothing$ 이어야 한다. □

위상공간 $(X,\ \mathscr{T})$에 대하여 집합 X상에 한 거리함수 d를 도입하여 $\mathscr{T} = \mathscr{T}_d$가 되기 위해서는 $\mathscr{T}$가 어떤 조건을 가져야 할 것인가라는 문제를 **거리화문제** (metrization problem)라 한다. 물론 모든 거리공간은 거리화가능 공간임은 명백하다.

정의 7.2.10 $(X,\ \mathscr{T})$를 위상공간이라 하자. 집합 X상에 한 거리함수 d를 도입하여 $\mathscr{T} = \mathscr{T}_d$일 때 $(X,\ \mathscr{T})$를 **거리화가능** (metrizable)**공간**이라 한다.

| 예제 7.2.11 | (1) 이산공간 $(X, \mathscr{D})$는 거리화가능 공간이다. 왜냐하면 예제 7.1.6(2)에 의하여 이산거리공간 (X, d)를 생각하면 임의의 점 $x \in X$, $B_d(x,\ \frac{1}{2}) = \{x\}$가 되므로 $\mathscr{T}_d = \mathscr{D}$가 성립한다.

(2) 원소의 개수가 두 개 이상인 집합 X를 생각하고 X상의 위상을 $\mathscr{T} = \{\varnothing,\ X\}$ (즉 자명한 위상)라 하자. 그때 $(X,\ \mathscr{T})$는 거리화가능 공간이 아니다. $(X,\ \mathscr{T})$가 거리화가능 공간이 아님을 상세히 알아보자. d를 X상의 거리함수라 가정하고, d에 의하여 유도되는 거리위상공간을 $(X,\ \mathscr{T}_d)$라 놓자. 이때 $\mathscr{T} \neq \mathscr{T}_d$임을 보이면 된다. 임의의 $a,\ b \in X (a \neq b)$에 대하여 $d(a,\ b) = r (r > 0)$을 얻는다. 그러므로 $a \in B_d(a,\ r)$, $b \notin B_d(a,\ r)$인 $B_d(a,\ r) \in \mathscr{B}_d$이 존재한다. $\mathscr{B}_d \subset \mathscr{T}_d$이므로 $B_d(a,\ r) \in \mathscr{T}_d$이다. 그러므로 $B_d(a,\ r) \neq \varnothing$ 이고 $B_d(a,\ r) \neq X (\because\ b \notin B_d(a,\ r))$이다. 즉 $B_d(a,\ r) \notin \mathscr{T}$이 되어서 $\mathscr{T} \subsetneq \mathscr{T}_d$이 성립한다.

(3) $X = \{a,\ b,\ c\}$이고 $\mathscr{T} = \{X,\ \varnothing,\ \{a,\ b\},\ \{b,\ c\},\ \{b\}\}$인 위상공간 $(X,\ \mathscr{T})$는 거리화가능 공간이 아니다. 왜냐하면 따름정리 7.2.5에 의하여 임의의 한원소집합은 닫힌집합이 되어야 하는데 $\{b\}$는 닫힌집합이 아니다.

연습문제 7.2

1. 이산거리공간 (X, d)에서 임의의 $x \in X$에 대하여 $B_d(x, \frac{1}{n}) = \{x\}$이 성립하는 $n \in \mathbb{N}$이 존재함을 설명하시오.

2. (X, d)가 거리공간이고 $A \subset X$라 할 때 다음을 증명하시오.

(1) $d(A) = 0 \Leftrightarrow A = \varnothing$ 혹은 A는 한원소집합 (singleton)이다.

(2) $d(\overline{A}) = d(A)$

3. (X, d)가 거리공간이고 $A, B \subset X$라 하자. 명제 '$A \cap B = \varnothing$이면 $d(A, B) \neq 0$'는 참인가?

4. 거리공간 (X, d)의 부분집합 A가 유계(bounded)란 다음 성질을 성립함을 보이시오 (즉, 아래 (1)~(3)이 각각 동치이다).

(1) 임의의 한 점 $p \in X$에 대하여 $r(>0)$이 존재하여 $A \subset B_d(p, r)$이다.

(2) 임의의 두 점 $x, y \in A$에 대하여 $d(x, y) < r$인 $(r > 0)$이 존재한다.

(3) $d(A) < \infty$이다.

5. 여유한위상공간 $(X, \mathscr{T}_f)$가 거리화가능이다 $\Leftrightarrow$ X는 유한집합이다.

6. 여가산위상공간 $(X, \mathscr{T}_C)$가 거리화가능이다 $\Leftrightarrow$ X는 가산집합이다.

7.3 거리공간에서의 연속성

거리공간은 매우 대표적인 위상공간으로서 위상수학의 많은 개념들을 쉽게 적용해 볼 수 있는 공간이다. 그래서 위상수학의 기본개념인 함수의 연속성(혹은 위상동형)개념을 거리공간에 재조명함으로써 해석학과 미분기하학 분야에 활용할 수 있도록 접근해보자.

성질 7.3.1 거리공간 $(X, d) := (X, \mathscr{T}_d)$와 $(Y, d') := (Y, \mathscr{T}_{d'})$ 그리고 함수 $f : (X, d) \to (Y, d')$에 대하여 다음은 동치이다.

(a) f가 점 $p \in X$에서 연속이다.

(b) 임의로 주어진 양의 실수 ε에 대하여

$$d(x, p) < \delta \text{이면 } d'(f(x), f(p)) < \varepsilon \quad \cdots (7.3)$$

을 만족하는 양의 실수 δ가 존재한다. 여기서 $x \in X$이다.

증명을 시작하기 전에 식 (7.3)을 거리공간에서 사용되는 열린구를 활용하여 표현하면 매우 편리하다. 즉

$$d(x, p) < \delta \Leftrightarrow x \in B_d(p, \delta) \text{이고} \quad \cdots (7.4)$$

$$d'(f(x), f(p)) < \varepsilon \Leftrightarrow f(x) \in B_{d'}(f(p), \varepsilon) \quad \cdots (7.5)$$

임을 알 수 있다(그림 7.7 참조).

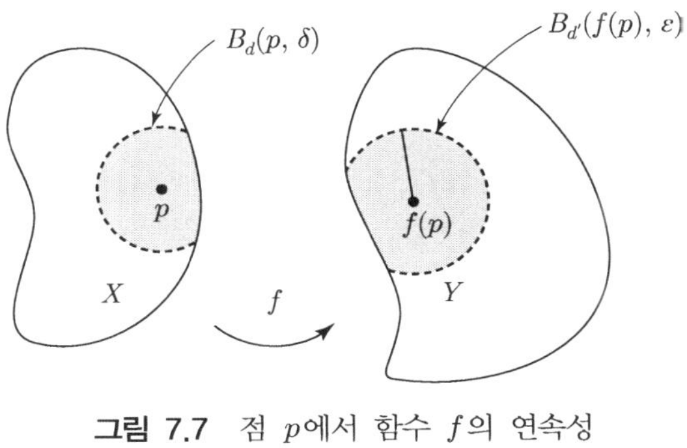

그림 7.7 점 p에서 함수 f의 연속성

증명 (a) ⇒ (b) $f(p)$에서의 임의의 열린근방(열린집합) $B_{d'}(f(p), \varepsilon)(\subset Y)$에 대하여 조건 (a)에 의하여 $p \in U \subset f^{-1}(B_{d'}(f(p), \varepsilon))$을 만족하는 p의 열린근방 U가 존재한다. 열린근방의 정의에 의하여 $p \in B_d(p, \delta) \subset U$를 만족하는 점 p에서의 열린구 $B_d(p, \delta)(\subset X)$이 존재한다(성질 7.1.10 참조). 즉 $B_d(p, \delta) \subset f^{-1}(B_{d'}(f(p), \varepsilon))$이다. 즉 임의의 $x \in B_d(p, \delta)$에 대하여 $x \in f^{-1}(B_{d'}(f(p), \varepsilon))$이다. 바꾸어 말하면 $d(x, p) < \delta$이면 $f(x) \in B_{d'}(f(p), \varepsilon)$이고 $d'(f(x), f(p)) < \varepsilon$이 성립한다.

(b) ⇒ (a) V를 $f(p)$의 임의의 열린근방이라 하자. 성질 7.1.10에 의하여 $f(p) \in B_{d'}(f(p), \varepsilon) \subset V$를 만족하는 양의 실수 ε이 존재한다. 가정 (b)에 의하여

$$d(x, p) < \delta \Rightarrow d'(f(x), f(p)) < \varepsilon$$

를 만족하는 양의 실수 δ가 존재한다. 식 (7.4)와 (7.5)에 의하여 위 식은 ㅋ$^\forall x \in B_d(p, \delta) \Rightarrow f(x) \in B_{d'}(f(p), \varepsilon)$임을 의미한다. 그러므로

$$p \in B_d(p, \delta) \subset f^{-1}(B_{d'}(f(p), \varepsilon)) \subset f^{-1}(V)$$

이 성립한다. 그리고 $B_d(p, \delta)$는 p를 원소로 갖는 (X, d)의 열린집합이므로 정의 5.1.1(1)에 의하여 f는 점 p에서 연속이다. □

성질 7.3.1을 이용하여 다음 정리를 얻는다.

정리 7.3.2 거리공간 (X, d)와 (Y, d') 그리고 함수 $f : (X, d) \to (Y, d')$에 대하여 다음은 동치이다.

(a) f가 연속이다.

(b) 임의의 $x \in X$와 임의의 양의 실수 ε에 대하여 다음을 만족하는 양의 실수 δ가 존재한다.

$$d(x, x') < \delta \Rightarrow d'(f(x), f(x')) < \varepsilon$$

여기서 $x' \in X$이다.

증명 정리 5.1.3과 성질 7.3.1에 의하여 성립한다. □

정리 7.3.2에서 알 수 있듯이 해석학에서 사용되는 거리공간에서의 함수의 연속성은 위상수학에서 사용되는 위상공간들 사이의 함수의 연속성 개념의 구체화임을 알 수 있다.

성질 7.3.3 $(X,\ d)$를 거리공간이라 하고 $(\varnothing \neq)A \subset X$라 하자. 그때 함수

$$f:\ (X,\ d) \to (\mathbb{R},\ \mathscr{U}),\ f(x) = d(x,\ A) = \inf\{d(x,\ a) \mid a \in A\}$$

으로 정의할 때 함수 f는 연속이다.

증명 정리 7.3.2를 이용하여, $\forall x,\ y \in X$, $\forall \varepsilon > 0$에 대하여 $\exists \delta > 0$해서 $d(x,\ y) < \delta \Rightarrow d(f(x),\ f(y)) < \varepsilon$임을 증명하자.

X상의 임의의 두 점 $x,\ y$를 먼저 택하자. 모든 $a \in A$에 대하여 $d(x,\ a) \le d(x,\ y) + d(y,\ a)$이다. 따라서

$$\begin{aligned} d(x,\ A) &= \inf\{d(x,\ a) \mid a \in A\} \\ &\le d(x,\ y) + \inf\{d(y,\ a) \mid a \in A\} = d(x,\ y) + d(y,\ A) \end{aligned}$$

이다. 그래서

$$d(x,\ A) - d(y,\ A) \le d(x,\ y)$$

이다. 같은 방법으로

$$d(y,\ A) - d(x,\ A) \le d(y,\ x)$$

임을 알 수 있다. $d(x,\ y) = d(y,\ x)$이므로

$$|f(x) - f(y)| = |d(x,\ A) - d(y,\ A)| \le d(x,\ y)$$

이다. 이제 정리 7.3.2를 활용하여 임의로 주어진 $\varepsilon > 0$에 대하여 $\delta = \varepsilon$으로 택하면 f가 연속이 된다. □

성질 7.3.3은 10장에서 다룰 콤팩트공간의 Lebesque 수의 존재성을 증명할 때 중요하게 활용된다.

성질 7.3.4 $(X,\ d)$를 거리공간이라 하자. 거리함수

$$d : X \times X \to \mathbb{R}$$

는 연속함수이다. 여기서 $X \times X$는 거리공간 (X, d)의 곱공간이고 $\mathbb{R} = (\mathbb{R}, \mathscr{U})$이다.

증명 $\forall (a, b) \in (X \times X, \mathscr{T}_p)$, $\forall \varepsilon > 0$ s.t. $B_d(d(a, b), \varepsilon)$에 대하여 $(a, b) \in U \in \mathscr{T}_p$인 U가 존재해서 $d(U) \subset B_d(d(a, b), \varepsilon)$임을 보이면 된다. 이 증명에서 $d(a, b)$는 $d((a, b))$를 간략하게 표현한 것이다. 임의의 한 점 $(a, b) \in X \times X$와 임의의 $\varepsilon(0 < \varepsilon \in \mathbb{R})$을 택하자. $B_d(a, \frac{\varepsilon}{2}) \times B_d(b, \frac{\varepsilon}{2})$은 곱공간 $X \times X$에서 점 (a, b)의 한 열린집합(열린근방)이다. 임의의 $(x, y) \in B_d(a, \frac{\varepsilon}{2}) \times B_d(b, \frac{\varepsilon}{2}) := U$에 대하여

$$d(x, y) \le d(x, a) + d(a, b) + d(b, y) < d(a, b) + \varepsilon$$
$$d(a, b) \le d(a, x) + d(x, y) + d(y, b) < d(x, y) + \varepsilon$$

이므로 $|d(x, y) - d(a, b)| < \varepsilon$이다. 즉, $d(U) \subset B_d(d(a, b), \varepsilon)$이다(여기서 $d(a, b)$는 $\mathbb{R}$상에서 보통거리를 나타냄). 따라서 정의 5.1.1(1)에 의하여 d는 $(a, b) \in X \times X$에서 연속이므로 $X \times X$에서 연속함수이다. □

균등수렴(uniform convergence)

정의 7.3.6 이제 점별수렴과 균등수렴을 정의하고 비교한다.

(1) 점별수렴(pointwise convergence)

집합 X에서 위상공간 Y로의 함수열 $\langle f_n \rangle$이 함수 $f : X \to Y$로 점별수렴(pointwise convergence)한다는 것은 "임의의 점 $x \in X$에 대하여 점렬 $\langle f_n(x) \rangle$이 $f(x)$에 수렴함을 의미한다."

즉 $\forall x \in X$, $\forall U(\ni f(x))$: 임의의 열린근방에 대하여

$$\exists n_0 \in \mathbb{N}, \quad \text{s.t.} \quad n_0 \le n \Rightarrow f_n(x) \in U$$

임을 의미한다. 이때 $\langle f_n \rangle \to f$라고 표시한다.

특히, Y가 거리공간 $(Y, d_Y) = (Y, \mathscr{T}_d)$일 때

$$\langle f_n \rangle \to f \Leftrightarrow \forall x \in X, \ \forall \varepsilon(> 0) \in \mathbb{R},$$
$$\exists n_0 \in \mathbb{N} \quad \text{s.t.} \quad n_0 \le n \Rightarrow d_Y(f_n(x), f(x)) < \varepsilon$$

이다.

(2) Uniform convergence(균등수렴, 고른수렴)

집합 X에서 거리공간 $(Y,\ d)=(Y,\ \mathscr{T}_d)$로의 함수열 $\langle f_n\rangle$이 함수 $f: X \to (Y,\ d)$로 uniformly corverge(균등수렴)라 함은 $\forall \varepsilon(>0)\in\mathbb{R}$에 대하여

$$\exists\, n_0\in\mathbb{N} \text{ s.t. } n_0 \le n \quad \Rightarrow \quad d(f_n(x),\ f(x)) < \varepsilon, \quad {}^\forall x\in X$$

임을 의미한다.

이때 $\langle f_n\rangle \rightrightarrows f$로 표시한다.

(★) 정의 (1)과 (2)로부터 $\langle f_n\rangle \rightrightarrows f$이면 $\langle f_n\rangle \to f$임을 알 수 있으나 그 역은 일반적으로 성립하지 않는다.

| 예제 7.3.7 | (1) 함수 $f_n: [0,\ 1] \to \mathbb{R}$을 생각하자.

$$\begin{array}{ccc} [0,\ 1] & \to & \mathbb{R} \\ \Cup & & \Cup \\ x & \rightsquigarrow & f_n(x)=x^n \end{array}$$

이때 $\langle f_n\rangle \rightsquigarrow f$이다. 여기서 $f: [0,\ 1] \to \mathbb{R}$이다.

$$\begin{array}{ccc} [0,\ 1] & \to & \mathbb{R} \\ \Cup & & \Cup \\ x & \rightsquigarrow & f(x)=\begin{cases}0, & 0\le x<1 \\ 1, & x=1\end{cases} \end{array}$$

(2) 함수 $f_n: [0,\ 1] \to \mathbb{R}$은 (1)에서의 f에 점별수렴하지만 f가 연속함수는 아니다.

$$\begin{array}{ccc} [0,\ 1] & \to & \mathbb{R} \\ \Cup & & \Cup \\ x & \rightsquigarrow & f_n(x)=x^n \end{array}$$

(3) $f_n: [0,\ 1] \to \mathbb{R}$이고, $f(x)=\begin{cases}0, & 0\le x<1 \\ 1, & x=1\end{cases}$이라 할 때 $\langle f_n\rangle \not\rightrightarrows f$이다.

$$\begin{array}{ccc} [0,\ 1] & \to & \mathbb{R} \\ \Cup & & \Cup \\ x & \rightsquigarrow & f_n(x)=x^n \end{array}$$

구체적으로 설명하면, $\forall x\in[0,\ 1)$에 대하여 $f_n(x)=x^n \to 0$이고, $x=1$이면 $f_n(1)=1^n \to 1$이므로 $\langle f_n\rangle \to f$이지만 $\langle f_n\rangle \not\rightrightarrows f$이다.

예를 들면 $\forall n\in\mathbb{N},\ x_n=\dfrac{1}{\sqrt[n]{2}}$이라 하면 $|f_n(x_n)-f(x_n)|=\left|\dfrac{1}{2}-0\right|=\dfrac{1}{2}$이 된다. 그러니까 어떤 양의 실수 $\varepsilon(>0)\in\mathbb{R}$(ex: $\varepsilon=\dfrac{1}{3}$로 택해보자)에 대하여

$$\nexists\, n_0\in\mathbb{N} \text{ s.t. } n_0 \le n,\quad |f_n(x)-f(x)| < \frac{1}{3}, \quad {}^\forall x\in[0,\ 1]$$

$\therefore \langle f_n\rangle \not\rightrightarrows f.$

(4) 함수 $f_n : [0,\ 1] \to \mathbb{R}$

$$\begin{array}{ccc} f_n : [0,\ 1] & \to & \mathbb{R} \\ \Cup & & \Cup \\ x & \rightsquigarrow & f_n(x) = \dfrac{x^2+nx}{n} \end{array}$$ 이라 하고

$$\begin{array}{ccc} f : [0,\ 1] & \to & \mathbb{R} \\ \Cup & & \Cup \\ x & \rightsquigarrow & f(x) = x \end{array}$$ 라 하자.

이때 $\langle f_n \rangle \to f$이고 $\langle f_n \rangle \rightrightarrows f$이다.

여기서 $\langle f_n \rangle \rightrightarrows f$임을 보이자.

$$^\forall x \in [0,\ 1],\ ^\forall n \in \mathbb{N},\ |f_n(x) - f(x)| = \left| \frac{x^2+nx}{n} - x \right| = \frac{x^2}{n} \le \frac{1}{n}$$

$\Rightarrow$ 아르키메데스 정리에 의하여 $\forall \varepsilon > 0,\ \exists n_0 \in \mathbb{N}$ s.t. $\dfrac{1}{n_0} < \varepsilon$을 택하면

$$n_0 \le n \text{인 } ^\forall n \in \mathbb{N} \Rightarrow |f_n(x) - f(x)| < \frac{1}{n} < \frac{1}{n_0} < \varepsilon,\ ^\forall x \in [0,\ 1]$$ ■

| 예제 7.3.8 | 다음 함수들은 균등하게 수렴하지 않는다.

$f_n : \mathbb{R} \to \mathbb{R},\ f_n(x) = \dfrac{1}{n}x$이고 $f(x) = 0(^\exists\ \forall x \in \mathbb{R})$이라 하자. 이때 $\langle f_n \rangle$이 f에 균등하게 수렴하지 않는다. ■

정리 7.3.9 X를 위상공간, $(Y,\ d_Y)$를 거리공간이라 하자. 만약 연속사상들의 함수열 $\langle f_n \rangle$(여기서 $f_n : X \to Y$이다)이 $f : X \to Y$로 균등하게 수렴하면 f도 연속이다.

증명 임의로 주어진 점 $x_0 \in X$와 $y_0 = f(x_0)$의 열린근방 $V \subset Y$에 대하여 $U \subset f^{-1}(V)$를 만족하는 x_0의 열린근방 U가 존재함을 보이면 충분하다. 먼저 V가 y_0의 열린근방이므로

$$y_0 \in B(y_0,\ \varepsilon) \subset V \subset Y$$

를 만족하는 양의 실수 ε이 존재한다. 그리고 $\langle f_n \rangle$이 f로 균등하게 수렴하므로, 주어진 ε에 대하여

$$n \geq n_0 \Rightarrow d_Y(f_n(x),\ f(x)) < \frac{\varepsilon}{4} \quad (\forall\, x \in X)$$

을 만족하는 자연수 n_0이 존재한다. 한편 f_{n_0}이 연속이므로

$$U = f_{n_0}^{-1}(B(f_{n_0}(x_0),\ \frac{\varepsilon}{2}))$$

는 x_0의 열린근방이다. 이제 $U \subset f^{-1}(V)$이 됨을 보이자 우리는 이를 위하여 $f(U) \subset B(y_0,\ \varepsilon) \subset V$가 됨을 다음과 같이 보일 수 있다. 임의의 점 $x \in U$에 대하여

$$\begin{aligned} d(f(x),\ y_0) &= d(f(x),\ f(x_0)) \\ &\leq d(f(x),\ f_{n_0}(x)) + d(f_{n_0}(x),\ f_{n_0}(x_0)) + d(f_{n_0}(x_0),\ f(x_0)) \\ &< \frac{\varepsilon}{4} + \frac{\varepsilon}{2} + \frac{\varepsilon}{4} = \varepsilon \end{aligned}$$

이다. 따라서 $f(U) \subset B(y_0,\ \varepsilon)$이다. □

균등수렴에 관한 자세한 성질은 제13장에서 다루기로 한다.

연습문제 7.3

1. 함수 $f : (\mathbb{R},\ d) \to (\mathbb{R},\ d),\ f(x) = kx\ (k \in \mathbb{N})$는 연속임을 보이시오.

2. 유클리드 공간 $\mathbb{R}^2$상의 두 점 $p = (x_1,\ y_1),\ q = (x_2,\ y_2)$ 사이의 거리를

$$d(p,\ q) = |x_1 - x_2| + |y_1 - y_2|$$

으로 정의하자. 행렬

$$A = \begin{pmatrix} \frac{\sqrt{3}}{2} & -\frac{1}{2} \\ \frac{1}{2} & \frac{\sqrt{3}}{2} \end{pmatrix}$$

에 의하여 표현되는 함수 $f:(\mathbb{R}^2,\ d)\to(\mathbb{R}^2,\ d),\ x \leadsto f(x)=Ax$는 연속이다.

3. 함수 $f,\ f_n:\ X\to(\mathbb{R},\ d)$을 생각하자. $a_n=\sup_{x\in X}\{|f_n(x)-f(x)|\}$이라 한다. $\langle f_n\rangle$이 f에 균등수렴하기 위한 필요충분조건은 $n\to\infty$일 때 $a_n\to 0$임을 설명하시오.

7.4 노름공간(◆)

성분을 실수로 갖는 2차원 혹은 3차원 벡터 $\boldsymbol{v}$를 생각하자. 예를 들면 $\boldsymbol{v} = (x_1,\ x_2,\ x_3)$, $x_i \in \mathbb{R}$, $i \in \{1,\ 2,\ 3\}$은 3차원 위치벡터라 한다. 이때 위치벡터 $\boldsymbol{v}$의 크기를 유클리드 보통거리에 의하여 $\|\boldsymbol{v}\| = \sqrt{x_1^2 + x_2^2 + x_3^2}$ 으르 정의했다. 자연스럽게 벡터 $\boldsymbol{v}$를 n차원 실공간 $\mathbb{R}^n$상으로 확대하여 생각할 수 있다. $\mathbb{R}^n$상의 벡터 $\boldsymbol{v}$의 크기는 다음 성질이 있음을 쉽게 알 수 있다.

(i) 영벡터, $\mathbf{0}$의 크기는 0이고, 영벡터가 아닌 임의의 벡터 $\boldsymbol{v}$는

$$\|\boldsymbol{v}\| > 0\,,\ \boldsymbol{v} \neq \mathbf{0}$$

이다.

(ii) 임의의 스칼라 α에 대하여

$$\|\alpha\boldsymbol{v}\| = |\alpha|\,\|\boldsymbol{v}\|$$

이다.

(iii) 벡터의 크기는 삼각부등식을 만족한다. 즉 임의의 두 벡터 $\boldsymbol{u}$, $\boldsymbol{v}$에 대하여 다음 성질이 있다.

$$\|\boldsymbol{u} + \boldsymbol{v}\| \leq \|\boldsymbol{u}\| + \|\boldsymbol{v}\|$$

이러한 벡터의 크기에 관한 세 가지 성질을 일반(추상화된) 벡터로 확대한 것을 노름(norm)이라 부르는데, 그 성질을 알아본다.

정의 7.4.1 V를 실벡터공간(real vector space)이라 하자. 임의의 $\boldsymbol{v} \in V$에 대하여 함수

$$\begin{array}{ccccc} \|\ \|: & V & \longrightarrow & \mathbb{R} \\ & \Cup & & \Cup \\ & \boldsymbol{v} & \leadsto & \|\boldsymbol{v}\| \end{array}$$

가 다음 성질(공리)을 만족할 때 이 함수 $\|\ \|$를 V상의 노름(norm)이라 한다.

임의의 $\boldsymbol{v}$, $\boldsymbol{w} \in V$와 임의의 $k \in \mathbb{R}$에 대하여

(N1) $\|\boldsymbol{v}\| \geq 0$, $\|\boldsymbol{v}\| = 0 \Leftrightarrow \boldsymbol{v} = \mathbf{0}$

(N2) $\|\boldsymbol{v}+\boldsymbol{w}\| \leq \|\boldsymbol{v}\|+\|\boldsymbol{w}\|$

(N3) $\|k\boldsymbol{v}\|=|k|\|\boldsymbol{v}\|$

이다.

벡터공간 V에 한 노름 $\| \ \|$이 주어졌을 때, V를 **노름벡터공간** 혹은 **노름공간**(normed space)이라 부르고 $(V, \| \ \|)$으로 나타낸다. $\boldsymbol{v} \in V$에 대하여 $\|\boldsymbol{v}\|$를 $\boldsymbol{v}$의 노름이라고 한다.

벡터공간 V에 한 노름 $\| \ \|$이 주어졌을 때 $(V, \| \ \|)$를 간단하게 V로 나타내기도 한다.

정리 7.4.2 V를 노름공간이라 하자. 임의의 $\boldsymbol{v}, \boldsymbol{w} \in V$에 대하여

$$d(\boldsymbol{v}, \boldsymbol{w})=\|\boldsymbol{v}-\boldsymbol{w}\|$$

에 의하여 정의된 함수 d는 V상의 거리이다. 이 거리를 노름에 의하여 V상에 유도된 거리(induced metric)라고 한다.

증명 (1) 임의의 $\boldsymbol{v}, \boldsymbol{w} \in V$에 대하여 $d(\boldsymbol{v}, \boldsymbol{w})=\|\boldsymbol{v}-\boldsymbol{w}\| \geq 0$이다(성질 (N1) 사용함).

(2) 임의의 $\boldsymbol{v} \in V$에 대하여 $d(\boldsymbol{v}, \boldsymbol{v})=\|\boldsymbol{v}-\boldsymbol{v}\|=\|\mathbf{0}\|=0$(성질 (N1) 사용함)이고, $\boldsymbol{v} \neq \boldsymbol{w}$이면 $\boldsymbol{v}-\boldsymbol{w} \neq 0$이므로 $d(\boldsymbol{v}, \boldsymbol{w})=\|\boldsymbol{v}-\boldsymbol{w}\|>0$이다(성질 (N1) 사용함).

(3) 임의의 $\boldsymbol{v}, \boldsymbol{w} \in V$에 대하여

$$\begin{aligned} d(\boldsymbol{v}, \boldsymbol{w}) &= \|\boldsymbol{v}-\boldsymbol{w}\|=\|(-1)(\boldsymbol{w}-\boldsymbol{v})\| \\ &=|-1|\|\boldsymbol{w}-\boldsymbol{v}\|=\|\boldsymbol{w}-\boldsymbol{v}\|=d(\boldsymbol{w}, \boldsymbol{v}) \end{aligned}$$

이다.

(4) 임의의 $\boldsymbol{a}, \boldsymbol{b}, \boldsymbol{c} \in V$에 대하여 $\boldsymbol{v}:=\boldsymbol{a}-\boldsymbol{b}$, $\boldsymbol{w}=\boldsymbol{b}-\boldsymbol{c}$라 놓자. 성질 (N2)에 의하여

$$\begin{aligned} \|\boldsymbol{a}-\boldsymbol{c}\| &= \|(\boldsymbol{a}-\boldsymbol{b})+(\boldsymbol{b}-\boldsymbol{c})\| \leq \|\boldsymbol{v}+\boldsymbol{w}\| \leq \|\boldsymbol{v}\|+\|\boldsymbol{w}\| \\ &= \|\boldsymbol{a}-\boldsymbol{b}\|+\|\boldsymbol{b}-\boldsymbol{c}\| \end{aligned}$$

이다. 즉 $d(\boldsymbol{a}, \boldsymbol{c}) \leq d(\boldsymbol{a}, \boldsymbol{b})+d(\boldsymbol{b}, \boldsymbol{c})$이다. □

정리 7.4.2에서 보았듯이 노름에 의하여 유도된 거리를 갖는 노름공간 V는 유도된 거리 d에 의하여 거리공간 $(V, \mathscr{T}_d)$를 만들 수 있다.

I 예제 7.4.3 I $C([a, b]) = \{f \mid f: [a, b] \to \mathbb{R}$는 연속함수이다$\}$라 하자. 임의의 $f, g \in C([a, b])$와 임의의 $k \in \mathbb{R}$에 대하여

$$(f+g)(x) = f(x) + g(x), \ (kf)(x) = kf(x)$$

로 정의하면 $f+g, kf \in C([a, b])$가 되어서 두 연산에 관하여 $C([a, b])$는 $\mathbb{R}$상의 벡터공간이다.

임의의 $f \in C([a, b])$에 대하여

$$\|f\|_1 = \int_a^b |f|\, dx$$

$$\|f\|_2 = \max\{|f(x)| \mid x \in [a, b]\}$$

으로 정의하면 $\|\ \|_1$과 $\|\ \|_2$는 $C([a, b])$상의 서로 다른 노름이다(노름공리 ((N1)~(N3) 참조). ■

n차원 실공간(유클리드 공간) $\mathbb{R}^n$은 $\mathbb{R}$상의 벡터공간이다. 구체적으로 살펴보면 임의의 $\boldsymbol{x} = (x_1, x_2, \cdots, x_n)$, $\boldsymbol{y} = (y_1, y_2, \cdots, y_n) \in \mathbb{R}^n$와 임의의 $k \in \mathbb{R}$에 대하여

$$\boldsymbol{x} + \boldsymbol{y} = (x_1 + y_1, x_2 + y_2, \cdots, x_n + y_n) \in \mathbb{R}^n$$

$$k\boldsymbol{x} = (kx_1, kx_2, \cdots, kx_n) \in \mathbb{R}^n$$

으로 $\mathbb{R}^n$상에서 덧셈연산과 스칼라곱을 정의하면 두 연산에 관하여 $\mathbb{R}^n$은 $\mathbb{R}$상의 한 벡터공간이다.

정리 7.4.4 $\mathbb{R}$상의 벡터공간 $\mathbb{R}^n$에서 임의의 $\boldsymbol{x} = (x_1, x_2, \cdots, x_n) \in \mathbb{R}^n$에 대하여

$$\|\boldsymbol{x}\| = \sqrt{\sum_{i=1}^{n} x_i^2}$$

으로 정의하면 $\| \ \|: \mathbb{R}^n \to \mathbb{R}$는 $\mathbb{R}^n$상의 노름이고, $(\mathbb{R}^n, \| \ \|)$은 노름공간이 된다. 이 노름을 $\mathbb{R}^n$상의 **유클리드 노름**(Euclidean norm)이라 한다.

이 정리를 증명하기 위해서 다음 보조정리들을 먼저 다룬다.

보조정리 7.4.5 (Cauchy–Schwartz 부등식)

임의의 두 벡터 $\boldsymbol{x} = (x_1, x_2, \cdots, x_n)$, $\boldsymbol{y} = (y_1, y_2, \cdots, y_n) \in \mathbb{R}^n$에 대하여 다음 부등식이 성립한다. 두 벡터 $\boldsymbol{x}, \boldsymbol{y} \in \mathbb{R}^n$의 곱 $\boldsymbol{x} \cdot \boldsymbol{y} = \sum_{i=1}^{n} x_i y_i$로 정의한다.

$$|\boldsymbol{x} \cdot \boldsymbol{y}| \leq \|\boldsymbol{x}\| \|\boldsymbol{y}\|$$

증명 $\boldsymbol{x} = \boldsymbol{0}$ 혹은 $\boldsymbol{y} = \boldsymbol{0}$인 경우 위 부등식은 $0 \leq 0$이 되어 참이다. 이제 $\boldsymbol{x} \neq \boldsymbol{0}$이고 $\boldsymbol{y} \neq \boldsymbol{0}$이라 하자. 즉 $\|\boldsymbol{x}\| \neq 0 \neq \|\boldsymbol{y}\|$이라 하자. 다음 식

$$\begin{aligned} 0 &\leq \left(\frac{|x_i|}{\|\boldsymbol{x}\|} - \frac{|y_i|}{\|\boldsymbol{y}\|} \right)^2 \\ &= \frac{x_i^2}{\|\boldsymbol{x}\|^2} - 2\frac{|x_i y_i|}{\|\boldsymbol{x}\| \|\boldsymbol{y}\|} + \frac{y_i^2}{\|\boldsymbol{y}\|^2} \end{aligned}$$

으로부터

$$2\frac{|x_i y_i|}{\|\boldsymbol{x}\| \|\boldsymbol{y}\|} \leq \frac{x_i^2}{\|\boldsymbol{x}\|^2} + \frac{y_i^2}{\|\boldsymbol{y}\|^2}$$

이다. i에 관하여 양변을 더하면

$$2\frac{\sum_{i=1}^{n} |x_i y_i|}{\|\boldsymbol{x}\| \|\boldsymbol{y}\|} \leq \frac{\sum_{i=1}^{n} x_i^2}{\|\boldsymbol{x}\|^2} + \frac{\sum_{i=1}^{n} y_i^2}{\|\boldsymbol{y}\|^2} = 2$$

이다. 따라서

$$|\boldsymbol{x} \cdot \boldsymbol{y}| = \left| \sum_{i=1}^{n} x_i y_i \right| \leq \sum_{i=1}^{n} |x_i y_i| \leq \|\boldsymbol{x}\| \|\boldsymbol{y}\|$$

을 얻는다. □

보조정리 7.4.6 (Minkowski 부등식)

임의의 $\boldsymbol{x}=(x_1,\ x_2,\ \cdots,\ x_n),\ \boldsymbol{y}=(y_1,\ y_2,\ \cdots,\ y_n)\in\mathbb{R}^n$에 대하여

$$\|\boldsymbol{x}+\boldsymbol{y}\| \le \|\boldsymbol{x}\|+\|\boldsymbol{y}\|$$

이다.

증명 $\|\boldsymbol{x}+\boldsymbol{y}\|=0$이면 위 부등식이 성립하는 것은 명백하다.

이제 $\|\boldsymbol{x}+\boldsymbol{y}\|\neq 0$이라 하자.

$$\begin{aligned}\|\boldsymbol{x}+\boldsymbol{y}\|^2 &= \sum_{i=1}^{n}(x_i+y_i)^2 \\ &= \sum_{i=1}^{n}|x_i+y_i|\,|x_i+y_i| \\ &\le \sum_{i=1}^{n}|x_i+y_i|(|x_i|+|y_i|) \\ &= \sum_{i=1}^{n}(|x_i+y_i|\,|x_i|+|x_i+y_i|\,|y_i|) \\ &= \sum_{i=1}^{n}|x_i+y_i|\,|x_i|+\sum_{i=1}^{n}|x_i+y_i|\,|y_i| \\ &\le \|\boldsymbol{x}+\boldsymbol{y}\|\,\|\boldsymbol{x}\|+\|\boldsymbol{x}+\boldsymbol{y}\|\,\|\boldsymbol{y}\| \quad \text{(보조정리 7.4.5 참조)}\end{aligned}$$

양변을 $\|\boldsymbol{x}+\boldsymbol{y}\|$으로 나누면

$$\|\boldsymbol{x}+\boldsymbol{y}\| \le \|\boldsymbol{x}\|+\|\boldsymbol{y}\|$$

을 얻는다. □

이제 보조정리 7.4.5와 7.4.6을 사용해서 정리 7.4.4를 증명하자.

정리 7.4.4의 증명 임의의 $\boldsymbol{x}=(x_1,\ x_2,\ \cdots,\ x_n)\in\mathbb{R}^n$에 대하여

$$\|\boldsymbol{x}\|=\sqrt{\sum_{i=1}^{n}x_i^2}=0 \Leftrightarrow x_i=0 \quad (i\in\{1,\ 2,\ \cdots,\ n\})$$

이므로 조건 (N1)을 만족한다.

보조정리 7.4.6에 의하여 조건 (N2)가 성립한다.

임의의 $\boldsymbol{x}=(x_1,\ x_2,\ \cdots,\ x_n)\in\mathbb{R}^n$와 임의의 $k\in\mathbb{R}$에 대하여

$$\begin{aligned}\|k\boldsymbol{x}\| &= \|(kx_1,\ kx_2,\ \cdots,\ kx_n)\| \\ &= \sqrt{\sum_{i=1}^{n}(kx_i)^2} = |k|\sqrt{\sum_{i=1}^{n}x_i^2} \\ &= |k|\,\|\boldsymbol{x}\|\end{aligned}$$

이므로 조건 (N3)를 만족한다. □

정리 7.4.7 임의의 벡터 $\boldsymbol{x},\ \boldsymbol{y}\in\mathbb{R}^n$에 대하여

$$d(\boldsymbol{x},\ \boldsymbol{y})=\sqrt{\sum_{i=1}^{n}(x_i-y_i)^2}$$

으로 정의하면 $(\mathbb{R}^n,\ d)$는 거리공간이다.

증명 정리 7.4.4에 의하여

$$\|\boldsymbol{x}\| = \sqrt{\sum_{i=1}^{n}x_i^2}$$

으로 주어지는 $\|\ \|$은 $\mathbb{R}^n$상의 노름이다.

$$d(\boldsymbol{x},\ \boldsymbol{y}) = \sqrt{\sum_{i=1}^{n}(x_i-y_i)^2} = \|\boldsymbol{x}-\boldsymbol{y}\|$$

이므로 d는 $\mathbb{R}^n$상의 유클리드 노름에 의하여 유도된 거리함수이다. 따라서 $(\mathbb{R}^n,\ d)$는 거리공간이다. □

지금까지는 $\mathbb{R}$상의 벡터공간 $\mathbb{R}^n$ (n은 유한이다)에서 노름의 성질을 다뤘다. 이제 $\mathbb{R}^\infty$에 대하여 노름을 어떻게 정의하는지 알아보자.

곱집합 $\mathbb{R}^\omega$의 원소 $\boldsymbol{x}=(x_n)_{n\in\mathbb{N}}$ 중에서 $\sum_{n=1}^{\infty}x_n^2$이 수렴하는 것들의 집합

$$\{(x_1,\ x_2,\ \cdots,\ x_n,\ \cdots)\,|\,x_n\in\mathbb{R},\ n\in\mathbb{N},\ \sum_{n=1}^{\infty}x_n^2<\infty\}$$

을 $\mathbb{R}^\infty$ 혹은 $\mathbb{H}$ (Hilbert 공간의 첫글자를 따옴)라 놓는다.

예를 들면 $((-1)^n)_{n\in\mathbb{N}}$는 $\sum_{n=1}^{\infty}((-1)^n)^2 = \sum_{n=1}^{\infty} 1$이 수렴하지 않으므로 $\mathbb{R}^\infty$의 원소가 아니다. 그러나 $(\frac{1}{n})_{n\in\mathbb{N}}$는 $\sum_{n=1}^{\infty}(\frac{1}{n})^2 = \sum_{n=1}^{\infty}\frac{1}{n^2}$이 수렴하므로 $\mathbb{R}^\infty$의 원소이다. $\mathbb{R}^\infty$상에서 두 개의 연산 "+"와 "·"을 정의하자. 즉,

$$+ : \mathbb{R}^\infty \times \mathbb{R}^\infty \to \mathbb{R}^\infty \qquad \cdot : \mathbb{R}\times\mathbb{R}^\infty \to \mathbb{R}^\infty$$
$$\quad\ \Cup \qquad\qquad \Cup \qquad\qquad\qquad \Cup \qquad\qquad \Cup$$
$$(x,\ y) \to x+y \qquad\qquad (k,\ x) \to kx$$

구체적으로, 임의의 $\boldsymbol{x},\ \boldsymbol{y}\in\mathbb{R}^\infty,\ k\in\mathbb{R}$에 대하여

$$\boldsymbol{x}+\boldsymbol{y} = (x_1+y_1,\ \cdots,\ x_n+y_n,\ \cdots)$$
$$k\boldsymbol{x} = k(x_1,\ x_2,\ \cdots,\ x_n,\ \cdots) = (kx_1,\ kx_2,\ \cdots,\ kx_n,\ \cdots)$$

이라 하면 두 연산 덧셈과 스칼라곱은 잘 정의된 연산으로 $k\boldsymbol{x}\in\mathbb{R}^\infty$임은 분명하고 $\boldsymbol{x}+\boldsymbol{y}\in\mathbb{R}^\infty$임을 보이자.

유한한 k개에 대하여 보조정리 7.4.6 (Minkowski 부등식)을 이용하면

$$\begin{aligned}\sqrt{\sum_{n=1}^{k}(x_n+y_n)^2} &\le \sqrt{\sum_{n=1}^{k}x_n^2}+\sqrt{\sum_{n=1}^{k}y_n^2} \\ &\le \sqrt{\sum_{n=1}^{\infty}x_n^2}+\sqrt{\sum_{n=1}^{\infty}y_n^2} < \infty \qquad \cdots (7.6)\end{aligned}$$

이 성립하고 모든 k에 대하여 상계 $\sqrt{\sum_{n=1}^{\infty}x_n^2}+\sqrt{\sum_{n=1}^{\infty}y_n^2}$ 가 존재하므로

$$\sqrt{\sum_{n=1}^{k}(x_n+y_n)^2} < \infty$$

가 되므로 $\boldsymbol{x}+\boldsymbol{y}\in\mathbb{R}^\infty$이다.

요약하면 $\mathbb{R}^\infty$은 $\mathbb{R}$상의 한 벡터공간임을 확인하였다. 이제 벡터공간 $\mathbb{R}^\infty$을 사용하여 $\mathbb{R}^\infty$상에서 거리함수를 도입한다.

정리 7.4.8 임의의 $\boldsymbol{x},\ \boldsymbol{y}\in\mathbb{R}^\infty$에 대하여

$$d(\boldsymbol{x},\ \boldsymbol{y}) = \sqrt{\sum_{n=1}^{\infty}(x_n-y_n)^2} \qquad \cdots (7.7)$$

으로 d를 정의하면 d는 $\mathbb{R}^{\infty}$상에서 거리함수가 되고 $(\mathbb{R}^{\infty},\ d)$는 거리공간이다.

증명 임의의 $x \in \mathbb{R}^{\infty}$에 대하여

$$\|\boldsymbol{x}\| = \sqrt{\sum_{n=1}^{\infty} x_n^2} \in \mathbb{R}$$

으로 정의하자. 이제 함수 $\|\ \| : \mathbb{R}^{\infty} \to \mathbb{R}$이 $\mathbb{R}^{\infty}$상의 노름임을 보이자. 함수 $\|\ \|$이 조건 (N1)을 명백하게 만족한다.

임의의 $\boldsymbol{x},\ \boldsymbol{y} \in \mathbb{R}^{\infty}$에 대하여 식 (7.6)으로부터

$$\sqrt{\sum_{n=1}^{\infty} (x_n + y_n)^2} \le \sqrt{\sum_{n=1}^{\infty} x_n^2} + \sqrt{\sum_{n=1}^{\infty} y_n^2} < \infty$$

을 얻을 수 있으므로 $\|\boldsymbol{x}+\boldsymbol{y}\| \le \|\boldsymbol{x}\| + \|\boldsymbol{y}\|$이 성립하여 조건 (N2)를 만족한다. 더 나아가 $\|\ \|$이 스칼라곱 성질을 만족하는 것은 명백하기에 조건 (N3)를 만족한다.

이제 위 노름 $\|\ \|$에 의하여 임의의 $x,\ y \in \mathbb{R}^{\infty}$에 대하여

$$d(\boldsymbol{x},\ \boldsymbol{y}) = \sqrt{\sum_{n=1}^{\infty} (x_n - y_n)^2} = \|\boldsymbol{x} - \boldsymbol{y}\|$$

이므로 정리 7.4.2에 의하여 d는 $\mathbb{R}^{\infty}$상에서 거리함수가 되고 $(\mathbb{R}^{\infty},\ d)$는 거리공간이다. □

위 정리 7.4.8에 의하여 정의된 $\mathbb{R}^{\infty}$상의 노름 $\|\ \|$(식 (7.7) 참조)을 l_2-노름 (l_2-norm)이라 부른다. 이 노름에 의하여 유도된 거리함수 d를 $\mathbb{R}^{\infty}$상에서 l_2-거리 (l_2-metric)함수라 하고 $(\mathbb{R}^{\infty},\ d)$를 **힐베르트(Hilbert) 공간**이라 부른다.

참고로 7.1절에서 소개한 $\mathbb{R}^n$상의 택시거리함수 d_1을 $\mathbb{R}^n$상에서 l_1-거리(l_1-metric)함수라 한다.

힐베르트 공간 $(\mathbb{R}^{\infty},\ d)$를 간단하게 $\mathbb{H}$로 표시하기도 한다. 이제 힐베르트 공간의 몇 가지 성질을 알아보자. 힐베르트 공간 $\mathbb{H}$의 원들 중에서 $(x_1,\ x_2,\ \cdots,\ x_m,\ 0,\ 0,\ \cdots)$의 형태로 이루어진 부분공간을 $\mathbb{H}_m$으로 표시하면, 다음과 같은 대응

$$(x_1,\ x_2,\ \cdots,\ x_m) \leftrightarrow (x_1,\ x_2,\ \cdots,\ x_m,\ 0,\ 0,\ \cdots)$$

에 의하여 $\mathbb{H}_m$은 m차원 유클리드 공간 $\mathbb{R}^m$에 등장(isometric)이고 $(\mathbb{H}_m,\ d)$는 거리공간 $(\mathbb{R}^m,\ d)$와 위상동형이다.

힐베르트 공간의 원소 $x=(x_1,\ x_2,\ \cdots,\ x_n,\ \cdots)\in\mathbb{R}^\infty$의 각 $n\in\mathbb{N}$에 대하여 $|x_n|\le\dfrac{1}{n}$인 조건을 만족하는 전체로 이루어진 부분공간, 즉

$$\left\{(x_1,\ x_2,\ \cdots,\ x_n,\ \cdots)\in\mathbb{R}^\infty \mid |x_n|\le\frac{1}{n}\right\}$$

을 Hilbert 입방체(Hilbert cube)라 하고 I^∞로 표시한다.

예를 들면, $x_n=\dfrac{1}{\sqrt{n}}$이라 할 때 $(x_n)_{n\in\mathbb{N}}\in I^\infty$임을 알 수 있다.

참고 7.4.9 힐베르트 입방체 I^∞는 $\prod_{i=1}^{\infty} I_i$와 위상동형이다. 여기서 $I_i=[0,\ 1]$이다.

$(\mathbb{R}^\infty,\ d)$는 거리공간이기에 $I^\infty(\subset\mathbb{R}^\infty)$은 $(\mathbb{R}^\infty,\ d)$의 부분공간으로 간주한다.

연습문제 7.4

1. X를 위상공간이라 하고

$$B(X,\ \mathbb{R})=\{f \mid f:X\to\mathbb{R}\text{는 유계이고 연속함수이다}\}$$

라 하자.

(1) $B(X,\ \mathbb{R})$이 $\mathbb{R}$상의 한 벡터공간임을 보이시오.

(2) 임의의 $f\in B(X,\ \mathbb{R})$에 대하여

$$\|f\|=\sup\{|f(x)| \mid x\in X\}$$

으로 정의하면 $\|\ \|$은 $B(X,\ \mathbb{R})$상의 노름임을 보이시오.

2. 예제 7.4.3에서 소개한 $C([a,\ b])$에서 임의의 $f,\ g\in C([a,\ b])$에 대하여

$$\rho_1(f, g) = \|f-g\|_1 = \int_a^b |f(x)-g(x)|\,dx$$
$$\rho_2(f, g) = \|f-g\|_2 = \max\{|f(x)-g(x)| \mid x \in [a, b]\}$$

라 놓자.

ρ_1과 ρ_2는 각각 노름들 $\| \ \|_1$과 $\| \ \|_2$에 의하여 유도된 $C([a, b])$상의 서로 다른 거리함수임을 보이시오.

7.5 균등위상(◆)

거리함수집합 (X, d)가 유도하는 집합 X상의 표준유계거리

$$\bar{d}: X\times X \to \mathbb{R},\quad \bar{d}(x, y) = \min\{d(x, y), 1\}$$

을 생각하자 (7.1절 참조). 그러면 $\mathscr{T}_d = \mathscr{T}_{\bar{d}}$이므로 거리공간으로서 $(X, \mathscr{T}_d) = (X, \mathscr{T}_{\bar{d}})$이다 (성질 7.1.15 참조).

정의 7.5.1 각각의 $\alpha\in\Lambda$에 대해 (X_α, d_α)를 거리공간이라 하자. 그러면 곱집합

$$\begin{aligned}\prod_{\alpha\in\Lambda} X_\alpha &= \{\mathbf{x} \mid \text{함수 } \mathbf{x}: \Lambda \to \bigcup_{\alpha\in\Lambda} X_\alpha \text{ s.t. } \mathbf{x}(\alpha) = x_\alpha \in X_\alpha\ \forall\, \alpha\in\Lambda\}\\ &= \{\mathbf{x} := (x_\alpha)_{\alpha\in\Lambda} \mid x_\alpha\in X_\alpha\ \forall\,\alpha\in\Lambda\}\end{aligned}$$

상에 정의된 함수

$$\bar{\rho}: \prod_{\alpha\in\Lambda} X_\alpha \times \prod_{\alpha\in\Lambda} X_\alpha \to \mathbb{R},\quad \bar{\rho}(\mathbf{x}, \mathbf{y}) = \sup\{\bar{d}_\alpha(x_\alpha, y_\alpha) \mid \alpha\in\Lambda\}$$

는 곱집합 $\prod_{\alpha\in\Lambda} X_\alpha$상의 거리가 된다. 우리는 이러한 거리 $\bar{\rho}$를 곱집합 $\prod_{\alpha\in\Lambda} X_\alpha$상의 **균등거리** (uniform metric)라 하고, 거리 $\bar{\rho}$가 유도하는 위상 $\mathscr{T}_{\bar{\rho}}$를 **균등위상** (uniform topology)이라 한다. 그리고 $(\prod_{\alpha\in\Lambda} X_\alpha, \mathscr{T}_{\bar{\rho}})$를 **균등공간** (uniform space)이라 하고, 간단히 $(\prod_{\alpha\in\Lambda} X_\alpha, \bar{\rho})$로 표기한다.

성질 7.5.2 $(X_\alpha, d_\alpha)(\alpha\in\Lambda)$를 거리공간이라 하자. 균등공간 $(\prod_{\alpha\in\Lambda} X_\alpha, \mathscr{T}_{\bar{\rho}})$는 곱위상공간 $(\prod_{\alpha\in\Lambda} X_\alpha, \mathscr{T}_p)$보다 세밀하다. 즉, $\mathscr{T}_p \subset \mathscr{T}_{\bar{\rho}}$이다.

증명 정리 4.1.10을 이용하여 증명하고자 한다.

곱위상 $\mathscr{T}_p$의 임의의 기저의 원소 $\prod_{\alpha\in\Lambda} U_\alpha$와 점 $\mathbf{x} = (x_\alpha)_{\alpha\in\Lambda} \in \prod_{\alpha\in\Lambda} U_\alpha$가 주어졌다 하자. 그러면 $\prod_{\alpha\in\Lambda} U_\alpha$가 곱위상의 기저의 원소이므로 유한개의

$\alpha=\alpha_1, \alpha_2, \cdots, \alpha_n \in \Lambda$에 대하여 U_α는 X_α의 열린집합이고 나머지 $\alpha \in \Lambda$에 대해서는 $U_\alpha = X_\alpha$이다. 이제 각각의 $i=1, 2, \cdots, n$에 대하여 $\mathscr{T}_{d_{\alpha_i}} = \mathscr{T}_{\bar{d}_{\alpha_i}}$이므로 $x_{\alpha_i} \in U_{\alpha_i} \in \mathscr{T}_{\bar{d}_{\alpha_i}}$이다. 따라서

$$x_{\alpha_i} \in B_{\bar{d}_{\alpha_i}}(x_{\alpha_i}, \delta_i) = \{x \in X_{\alpha_i} \mid \bar{d}_{\alpha_i}(x_{\alpha_i}, x) < \delta_i\} \subset U_{\alpha_i}$$

를 만족하는 $\mathscr{T}_{\bar{d}_{\alpha_i}}$의 기저의 원소인 열린구 $B_{\bar{d}_{\alpha_i}}(x_{\alpha_i}, \delta_i)$가 존재한다. 단, 여기서 δ_i는 양의 실수이다.

이제 $\delta = \min\{\delta_1, \delta_2, \cdots, \delta_n\}$이라 하면

$$B_{\bar{\rho}}(\mathbf{x}, \delta) = \{\mathbf{z} \in \prod_{\alpha \in \Lambda} X_\alpha \mid \bar{\rho}(\mathbf{x}, \mathbf{z}) < \delta\} \subset \prod_{\alpha \in \Lambda} U_\alpha$$

이다. (왜냐하면 만약 $\mathbf{z} \in B_{\bar{\rho}}(\mathbf{x}, \delta)$이면 $\bar{\rho}(\mathbf{x}, \mathbf{z}) < \delta$이므로

$$\overline{d_\alpha}(x_\alpha, z_\alpha) \le \bar{\rho}(\mathbf{x}, \mathbf{z}) < \delta \ \ \forall \alpha \in \Lambda$$

이 되어

$$z_\alpha \in B_{\bar{d}_\alpha}(x_\alpha, \delta) \ \ \forall \alpha \in \Lambda$$

이다. 먼저 $\alpha = \alpha_1, \alpha_2, \cdots, \alpha_n \in \Lambda$인 경우에는 $\delta \le \delta_i$이므로

$$z_{\alpha_i} \in B_{\bar{d}_{\alpha_i}}(x_{\alpha_i}, \delta) \subset B_{\bar{d}_{\alpha_i}}(x_{\alpha_i}, \delta_i) \subset U_{\alpha_i}$$

이다. 그리고 나머지 α에 대해서는 $U_\alpha = X_\alpha$이므로 $z_\alpha \in U_\alpha$이다. 따라서 $\mathbf{z} \in \prod_{\alpha \in \Lambda} U_\alpha$이다.)

그러므로

$$\mathbf{x} \in B_{\bar{\rho}}(\mathbf{x}, \delta) \subset \prod_{\alpha \in \Lambda} U_\alpha$$

를 만족하는 $\mathscr{T}_{\bar{\rho}}$의 기저의 원소 $B_{\bar{\rho}}(\mathbf{x}, \delta)$가 존재한다. 따라서 정리 4.1.10에 의해 $\mathscr{T}_p \subset \mathscr{T}_{\bar{\rho}}$이다. □

참고 7.5.3 집합 X와 거리공간 (Y, d)에 대하여 Y^X를 X에서 Y로의 함수들의 모임이라 하자. 즉,

$$Y^X = \{f \mid f : X \to Y \text{ 함수}\}$$

이다. 그런데 X를 첨자집합으로 보고 모든 $x \in X$에 대해 $Y_x = Y$이라 하면 이들의 곱집합이

$$\begin{aligned}\prod_{x \in X} Y_x &= \{f \mid \text{함수 } f : X \to \bigcup_{x \in X} Y_x \text{ s.t. } f(x) \in Y_x = Y \ \forall x \in X\} \\ &= \{f \mid f : X \to Y \text{ 함수}\}\end{aligned}$$

이므로 집합적으로 $Y^X = \prod_{x \in X} Y_x$이다. 그러므로 우리는 Y^X를 균등거리 $\overline{\rho}$를 갖는 거리공간으로 볼 수 있다. 구체적으로 $f,\ g \in Y^X$에 대해

$$\overline{\rho}(f,\ g) = \sup\{\overline{d}(f(x),\ g(x)) \mid x \in X\}$$

이다.

이제 점렬 $\langle f_n \rangle (f_n \in Y^X)$이 균등거리 $\overline{\rho}$에 의해 $f \in Y^X$로 수렴한다고 가정하자.

(i) 먼저 점렬 $\langle f_n \rangle$은 Y상의 거리 $\overline{d}$에 의해 f로 균등하게 수렴함을 보이자. 가정에 의해 f_n이 f로 수렴하므로, 주어진 양의 실수 ε에 대해

$$n \geq n_0 \Rightarrow \overline{\rho}(f_n,\ f) < \varepsilon$$

를 만족하는 자연수 $n_0 \in \mathbb{N}$이 존재한다. 그런데 모든 $x \in X$에 대하여

$$\overline{d}(f_n(x),\ f(x)) \leq \overline{\rho}(f_n,\ f) < \varepsilon$$

이므로 이러한 자연수 n_0는

$$n \geq n_0 \Rightarrow \overline{d}(f_n(x),\ f(x)) < \varepsilon \quad \forall x \in X$$

를 만족한다. 따라서 점렬 $\langle f_n \rangle$은 Y상의 거리 $\overline{d}$에 의해 f로 균등하게 수렴한다.

(ii) 그리고 점렬 $\langle f_n \rangle$은 Y상의 거리 d에 의해서도 f로 균등하게 수렴한다. 주어진 $\varepsilon' > 0$에 대하여 $0 < \varepsilon < \min\{\varepsilon',\ 1\}$를 만족하는 양의 실수 ε을 택하자. 그러면 (i)에 의해

$$n \geq n_0 \Rightarrow \overline{d}(f_n(x),\ f(x)) < \varepsilon \quad \forall x \in X$$

을 만족하는 자연수 $n_0 \in \mathbb{N}$이 존재한다. 그런데

$$\bar{d}(f_n(x),\ f(x)) < \varepsilon < 1 \quad \forall x \in X$$

이므로

$$d(f_n(x),\ f(x)) = \bar{d}(f_n(x),\ f(x)) \quad \forall x \in X$$

이다. 따라서 이러한 n_0는

$$n \geq n_0 \Rightarrow d(f_n(x),\ f(x)) < \varepsilon < \varepsilon' \quad \forall x \in X$$

를 만족하므로 점렬 $\langle f_n \rangle$은 Y상의 거리 d에 의해 f로 고르게 수렴한다.

연습문제 7.5

1. 성질 7.5.2에서 $\mathscr{T}_p \neq \mathscr{T}_{\bar{\rho}}$이 성립하지 않는 예를 구하시오.

2. M이 비가산집합이면 $\mathbb{R}^M$은 거리화가능이 아님을 보이시오.

3. 거리함수 $d : \mathbb{R}^\omega \times \mathbb{R}^\omega \to \mathbb{R}$, $d(x,\ y) = \sup\left\{ \dfrac{\bar{d}(x_n,\ y_n)}{n} \,\middle|\, n \in \mathbb{N} \right\}$을 생각하자. 여기서 $\bar{d}$는 표준유계거리함수이다. 그때 다음을 보이시오.

(1) $(\mathbb{R}^\omega,\ d)$는 거리함수이다.

(2) $(\mathbb{R}^\omega,\ \mathscr{T}_d) = (\mathbb{R}^\omega,\ \mathscr{T}_p)$

(3) $(\mathbb{R}^\omega,\ \mathscr{T}_d)$는 거리화가능이다.

TOPOLOGY

제 8 장

가산공리와 가분공간

이 장에서는 수렴성과 제1, 2가산공간, 가분공간의 다양한 성질을 조사한다. 특히 제1, 2가산공간에서 점렬의 수렴성을 매우 효용성 있게 활용할 수 있음을 알게 된다. 더 나아가 가산공리는 Urysohn 거리화 정리를 증명하는 데 사용되기도 한다. 가산공간과 관계있는 가분공간과 린델뢰프 (Lindelöf) 공간의 다양한 성질을 다룬다.

8.1 점렬, 제 1 가산공간

이 절에서는 점렬의 기본성질을 다루고 점렬연속성과 제1가산공간의 다양한 성질을 조사한다.

한 집합 X상에서 어떤 일정한 규칙에 따라서 원소를 차례로 나열한 것, 즉 $x_1, x_2, \cdots, x_n, \cdots$을 점렬(sequence) 또는 수열이라 하고 $\langle x_1, x_2, \cdots, x_n, \cdots \rangle$, $\langle x_n \mid n \in \mathbb{N} \rangle$ 또는 $\langle x_n \rangle$ 등으로 표시한다. 점렬 $\langle x_n \rangle$은 각 자연수 $n \in \mathbb{N}$에 대응하여 n번째 자리에 위치하는 점 x_n이 정해지므로 점렬 $\langle x_n \rangle$은 함수 $f : \mathbb{N} \to X$ s.t. $f(n) = x_n \in X$의 치역으로 볼 수 있다. 구체적으로 한 집합 X상에서 점렬은 다음과 같이 정의된다.

정의 8.1.1 집합 $X(\neq \varnothing)$와 자연수집합 $\mathbb{N}$을 정의역으로 한 사상

$$f : \mathbb{N} \to X, \quad f(n) = x_n \in X$$

를 X상에서 한 점렬(sequence 혹은 수열)이라 한다. 이 점렬 f를 다음과 같이 순서대로 나열하여

$$(x_n)_{n \in \mathbb{N}} := \langle x_n \rangle$$

으로 나타낸다.

| 예제 8.1.2 | 함수들

$$s : \mathbb{N} \to \mathbb{R},\ s(n) = 2n - 1$$

$$t : \mathbb{N} \to \mathbb{R},\ t(n) = \frac{(-1)^n}{2^n}$$

$$u : \mathbb{N} \to \mathbb{R},\ u(n) = \frac{1 + (-1)^{n+1}}{2}$$

에 의하여

$$\langle s_n \rangle = \langle 1, 3, 5, \cdots \rangle,$$

$$\langle t_n \rangle = \left\langle -\frac{1}{2},\ \frac{1}{4},\ -\frac{1}{8},\ \frac{1}{16},\ \cdots \right\rangle,$$

$$\langle u_n \rangle = \langle 1,\ 0,\ 1,\ 0,\ \cdots \rangle$$

인 점렬들을 얻는다. ■

이제 $\mathbb{R}^n$상에서 수열의 수렴 (convergence)을 일반화하여 점렬의 수렴과 극한점을 정의하자.

정의 8.1.3 $\langle x_n \rangle$을 위상공간 X상의 한 점렬이라 하자. 한 점 $p(\in X)$의 임의의 열린근방 U에 대하여 적당한 자연수 n_0가 존재하여, $n \ge n_0$인 모든 자연수 n에 대하여 $x_n \in U$일 때 점렬 $\langle x_n \rangle$은 p에 **수렴** (converge)한다고 하고, 점 p를 $\langle x_n \rangle$의 **극한점** (limit point) 혹은 **수렴점** (convergent point)이라 한다.

수렴점의 기호로서 $\lim_{n\to\infty} x_n = p$, $\langle x_n \rangle \to p$ 등으로 나타내기도 한다.

| 예제 8.1.4 | (1) 예제 8.1.2의 점렬 $\langle s_n \rangle$, $\langle t_n \rangle$, $\langle u_n \rangle$을 위상공간 $(\mathbb{R},\ \mathscr{U})$상에서 생각하면 $\langle t_n \rangle \to 0$이지만 $\langle s_n \rangle$과 $\langle u_n \rangle$은 수렴하지 않는다 ($\because$ $\langle s_n \rangle \to \infty$).

(2) **비이산위상공간** (indiscrete topological space) $(X,\ \mathscr{I})$상에서 임의의 점렬 $\langle x_n \rangle$을 생각하자. 그때 임의의 점 $p \in X$는 $\langle x_n \rangle$의 극한점이다. 왜냐하면 p의 열린근방은 $X = U$ 밖에 없으므로 $n_0 = 1$로 택하면 $n \ge n_0 = 1$인 $x_n \in U$이다.

(3) **이산위상공간** (discrete topological space) $(X,\ \mathscr{D})$상에서 어떤 점렬 $\langle x_n \rangle$이 한 점 $p(\in X)$에 수렴하기 위한 필요충분조건은 적당한 $n_0 \in \mathbb{N}$가 존재해서 $n \ge n_0$인 모든 자연수 n에 대하여 $x_n \in \{p\}$이어야 한다. 즉 $\langle x_n \rangle = (x_1,\ x_2,\ \cdots,\ x_{n_0-1},\ p,\ p,\ p,\ \cdots)$이다. 왜냐하면 점 p의 가장 작은 열린근방은 $\{p\} = U$이기 때문이다. ■

수렴에 관한 정의를 4.3절에서 소개한 국소기저를 활용하여 다음과 같이 쓸 수 있다.

정리 8.1.5 $\mathscr{B}_p$를 위상공간 X에서 점 p의 국소기저라 하자. X상의 한 점렬 $\langle x_n \rangle$이 p에 수렴하기 위한 필요충분조건은 임의의 $B \in \mathscr{B}_p$에 대하여 적당한 자연수 n_0가 존재하여 $n \geq n_0$인 모든 자연수 n에 대하여 $x_n \in B$인 것이다.

증명 $\mathscr{B}_p$를 위상공간 $(X, \mathscr{T})$의 한 점 p의 국소기저이고, X상의 점렬 $\langle x_n \rangle \to p$이라 하고, $B \in \mathscr{B}_p$이라 하자. 이때 $p \in B \in \mathscr{B}_p \subset \mathscr{T}$이므로 B는 p의 한 열린근방이 된다. $\langle x_n \rangle \to p$이므로 적당한 $n_0 \in \mathbb{N}$가 존재하여 $n \geq n_0$인 모든 자연수 n에 대하여 $x_n \in B$이 성립한다.

역으로, 주어진 가정을 바탕으로 $\langle x_n \rangle \to p$임을 보이자. 즉, p의 임의의 열린근방 U에 대하여 적당한 $B \in \mathscr{B}_p$가 존재하여 $p \in B \subset U$이 성립함을 보이자. 가정에 의하여 적당한 자연수 $n_0 \in \mathbb{N}$가 존재하여 $n \geq n_0$인 모든 $n \in \mathbb{N}$에 대하여 $x_n \in B$이므로 $x_n \in B \subset U$가 되어 $\langle x_n \rangle \to p$가 성립한다. □

따름정리 8.1.6 $\mathscr{B}$를 위상공간 X에 대한 기저라 하자. X상의 한 점렬 $\langle x_n \rangle$이 한 점 $p \in X$에 수렴하기 위한 필요충분조건은 점 p를 원소로 갖는 임의의 $B \in \mathscr{B}$에 대하여 적당한 $n_0 \in \mathbb{N}$가 존재하여 $n \geq n_0$인 모든 $n \in \mathbb{N}$에 대하여 $x_n \in B$가 되는 것이다.

증명 $\mathscr{B}$를 위상공간 $(X, \mathscr{T})$의 한 기저라 하면 $p \in X$에 대하여

$$\mathscr{B}_p = \{B \mid B \in \mathscr{B},\ p \in B\}$$

는 점 p에서의 국소기저가 된다(성질 4.3.3 참조). 따라서 정리 8.1.5에 의하여 정리가 증명된다. □

이제 부분기저를 이용하여 점렬의 수렴성을 다음과 같이 나타낼 수 있다.

정리 8.1.7 $\mathcal{S}$를 위상공간 X에 대한 한 부분기저라 하자. X상의 한 점렬 $\langle x_n \rangle$이 한 점 $p \in X$에 수렴하기 위한 필요충분조건은 p를 원소로 갖는 $\mathcal{S}$의 임의의 원 S에 대하여 적당한 자연수 n_0가 존재하여 $n \geq n_0$인 모든 $n \in \mathbb{N}$에 대하여 $x_n \in S$가 되는 것이다.

증명 위상공간 $(X, \mathscr{T})$의 한 부분기저 $\mathcal{S}$에 대하여, X상의 한 점 $p(\in X)$를 포함하는 부분기저 열린집합 $S\in\mathcal{S}$는 $p\in S\in\mathcal{S}\subset\mathscr{B}_{\mathcal{S}}\subset\mathscr{T}_{\mathcal{S}}$이다 (여기서 $\mathscr{B}_{\mathcal{S}}$는 부분기저 $\mathcal{S}$에 의해서 생성되는 기저이고 $\mathscr{T}_{\mathcal{S}}$는 $\mathscr{B}_{\mathcal{S}}$에 의하여 생성되는 위상공간이다). 그러므로 $p\in S\in\mathcal{S}$인 S는 p의 열린근방이다. 따라서 $\langle x_n\rangle \to p$이면 적당한 $n_0\in\mathbb{N}$이 존재해서 $n\geq n_0$인 모든 $n\in\mathbb{N}$에 대하여 $x_n\in S(\in\mathcal{S})$이다.

역으로, 따름정리 8.1.6을 이용하여 증명한다. 즉, 주어진 가정을 바탕으로 $\mathcal{S}$는 위상공간 $(X, \mathscr{T})$의 부분기저이므로 $(X, \mathscr{T})$의 기저

$$\mathscr{B}=\{\bigcap\mathcal{S}_0 \mid \mathcal{S}_0\text{는 } \mathcal{S}\text{의 유한부분모임}\}$$

는 $\mathcal{S}$에 의하여 생성된 $(X, \mathscr{T})$에 대한 기저이다. $\langle x_n\rangle \to p(\in X)$인 수렴점 p를 원소로 갖는 임의의 기저열린집합을 $B\in\mathscr{B}$라 하자. 즉 $p\in B=\bigcap\mathcal{S}_0\in\mathscr{B}$인 $\mathcal{S}$의 유한부분집합모임 $\mathcal{S}_0$를 $\{S_1, S_2, \cdots, S_m\}$이라 하자. 즉 $p\in B=\bigcap\mathcal{S}_0=S_1\cap S_2\cap\cdots\cap S_m$이므로 임의의 $k\in\{1, 2, \cdots, m\}$에 대하여 $p\in S_k$이다. 가정에 의하여 임의의 $k\in\{1, 2, \cdots, m\}$에 대하여 적당한 $n_0(k)\in\mathbb{N}$이 존재하여 $n\geq n_0(k)$인 $n\in\mathbb{N}$에 대하여 $x_n\in S_k$이다. 그래서

$$\max\{n_0(1), n_0(2), \cdots, n_0(m)\}=n_0$$

라고 놓으면 $n\geq n_0\geq n_0(k)\,(k\in\{1, 2, \cdots, m\})$인 모든 $n\in\mathbb{N}$에 대하여 $x_n\in S_k$이므로 $x_n\in B=S_1\cap\cdots\cap S_m$이다. 따름정리 8.1.6에 의하여 $\langle x_n\rangle \to p$이다. □

이제 주어진 점렬의 함수에 의한 상(image)에 관한 성질을 알아보자.

정의 8.1.8 X와 Y를 위상공간이라 하고 $f: X\to Y$를 한 사상이라 하자. X상의 점렬 $\langle x_n\rangle$이 X상의 한 점 p에 수렴할 때 점렬 $\langle f(x_n)\rangle$가 $f(p)$에 수렴하면 $f: X\to Y$를 점 p에서 **점렬연속**(sequentially continuous at p)이라 한다. 사상 $f: X\to Y$가 X상의 각 점에서 점렬연속일 때 f를 **점렬연속사상**(sequentially continuous map)이라 한다.

함수의 연속성과 점렬연속성 사이에 다음과 같은 관계가 있다.

정리 8.1.9 한 사상 $f: X \to Y$가 연속이면 점렬연속이다.

증명 $\langle x_n \rangle$을 X상의 임의의 한 점렬이라 하고, 한 점 $p \in X$에 대하여 $\langle x_n \rangle \to p$이라 하자. 이때 임의의 연속사상 $f: X \to Y$에 대하여 $\langle f(x_n) \rangle \to f(p)$임을 보이면 된다. f가 $p \in X$에서 연속이므로 $f(p) \in Y$의 임의의 열린근방 V에 대하여 $f(U) \subset V$인 p의 열린근방 U가 존재한다. $\langle x_n \rangle \to p$이므로 적당한 $n_0 \in \mathbb{N}$이 존재해서 $n \geq n_0$인 모든 $n \in \mathbb{N}$에 대하여 $x_n \in U$이어야 한다. 따라서 $f(x_n) \in f(U) \subset V$이므로 $\langle f(x_n) \rangle \to f(p)$이다. 따라서 f는 점렬연속함수이다. □

정리 8.1.9의 역은 성립하지 않음을 다음 예에서 확인할 수 있다.

| 예제 8.1.10 | 실수집합 $\mathbb{R}$상에서 여가산위상

$$\mathscr{T}_c = \{ U \subset \mathbb{R} \mid U^c \text{는 } \mathbb{R}\text{의 가산부분집합} \} \cup \{ \varnothing \}$$

을 생각하자. 위상공간 $(\mathbb{R}, \mathscr{T}_c)$상에서 한 점렬 $\langle x_n \rangle$을 택하고 $\langle x_n \rangle \to p (\in \mathbb{R})$이라 하자. $\{x_n \mid n \in \mathbb{N}\} - \{p\}$는 가산집합이므로

$$U = (\{x_n \mid n \in \mathbb{N}\} - \{p\})^c \in \mathscr{T}_c$$

이어서 p의 열린근방이다. $\langle x_n \rangle \to p$이므로 적당한 자연수 $n_0 \in \mathbb{N}$가 존재하여 $m \geq n_0$인 모든 $m \in \mathbb{N}$에 대하여 $x_m \in U$이다.

$$U = \{x_n \mid n \in \mathbb{N}\}^c \cup \{p\}$$

이므로 $x_m = p$이어야 한다. 따라서

$$\langle x_n \rangle = \langle x_1,\ x_2,\ \cdots,\ x_{n_0 - 1},\ p,\ p,\ \cdots \rangle$$

이다. 이제 $(\mathbb{R}, \mathscr{T}_c)$를 정의역으로 주어진 항등함수

$$1_{\mathbb{R}} : (\mathbb{R}, \mathscr{T}_c) \to (\mathbb{R}, \mathscr{D})$$

를 생각하자. $1_{\mathbb{R}}$은 $\mathbb{R}$상의 임의의 점에서 점렬연속이지만(증명은 정의에 의하여 쉽게 됨) 연속함수는 아니다. 왜냐하면 이산위상 $(\mathbb{R}, \mathscr{D})$상에서 임의의 열린구간 (a, b)는 $\mathscr{D}$에서 열린집합이지만 $(1_{\mathbb{R}})^{-1}(a, b)=(a, b) \not\in \mathscr{T}_c$이어서 $1_{\mathbb{R}}$은 연속함수가 아니다. 여기서 열린구간 (a, b) 대신에 닫힌구간 $[a, b]$를 택해도 $1_{\mathbb{R}}$이 연속이 아님을 알 수 있다. ■

정의 8.1.11 자연수집합 $\mathbb{N}$상에서의 한 수열 $\langle k_1, k_2, \cdots, k_n, \cdots \rangle$이 다음 조건 $k_1 < k_2 < \cdots < k_n < \cdots$을 만족한다고 하자. X상의 한 점렬 $\langle x_1, x_2, \cdots \rangle := \langle x_n \rangle$에 대하여 $\langle x_{k_i} \rangle (\subset \langle x_n \rangle)$을 점렬 $\langle x_n \rangle$의 **부분점렬**(subsequence)이라 한다.

예제 8.1.12 예제 8.1.2에서 소개한 점렬 $\langle s_n \rangle$, $\langle t_n \rangle$, $\langle u_n \rangle$에서 각각 부분점렬 $\langle s_{2n} \rangle$, $\langle t_{2n-1} \rangle$, $\langle u_{2n-1} \rangle$ 등을 얻는다. ■

이제 점렬에 관한 기본성질을 바탕으로 제1가산공간에 관하여 알아보자.

정의 8.1.13 한 위상공간 X상의 임의의 점 x에 대하여 x의 **가산국소기저**(countable local base at x)가 존재하면 X를 **제1가산공간**(first countable space)이라 한다.

정의 8.1.13에서 가산국소기저란 가산개로 이루어진 국소기저를 말한다. 위상공간 X상의 '임의의 점 x에 대하여 x의 가산국소기저가 존재한다'는 것을 **제1가산공리**(first countable axiom)라 한다. 따라서 위상공간 X가 제1가산공리를 만족할 경우 그 X를 제1가산공간이라 할 수 있다.

예제 8.1.14 (1) 거리공간 (X, d)는 제1가산공간이다. 왜냐하면 임의의 $x \in X$에 대하여 $\mathscr{B}_x = \left\{ B(x, \frac{1}{n}) \,\middle|\, n \in \mathbb{N} \right\}$으로 놓으면 $\mathscr{B}_x$는 가산집합이고 x에서의 국소기저이다.

(2) 모든 이산공간 $(X, \mathscr{D})$는 제1가산공간이다. 왜냐하면 이산공간은 거리화가능공간이기 때문이다. 다른 방법으로서, 임의의 $x \in X$, $\mathscr{B}_x = \{\{x\}\}$라 놓으면 $\mathscr{B}_x$는 한 개의 원소로 구성된 국소기저이다.

(3) 하극한공간 $\mathbb{R}_l$과 상극한공간 $\mathbb{R}_u$ 모두 제1가산공간이다. 임의의 $x \in \mathbb{R}$에 대하

여 각각 $(\mathscr{B}_l)_x = \left\{[x,\ x+\frac{1}{n}) \,\middle|\, n \in \mathbb{N}\right\}$과 $(\mathscr{B}_u)_x = \left\{(x-\frac{1}{n},\ x] \,\middle|\, n \in \mathbb{N}\right\}$은 x의 가산국소기저이다. ■

참고로 제1가산공간 $(X,\ \mathscr{T})$에서 $x(\in X)$에 대하여 $\mathscr{B}_x$를 x의 국소기저라 하자. 그러면 $\mathscr{B} = \bigcup_{x \in X} \mathscr{B}_x$는 위상 $\mathscr{T}$의 한 기저임은 명백하다.

| 예제 8.1.15 | X가 비가산집합이면 여유한공간 $(X,\ \mathscr{T}_f)$는 제1가산공간이 아니다.

풀이 귀류법을 이용하여 주어진 조건에서 $(X,\ \mathscr{T}_f)$가 제1가산공간이라고 가정하자. 임의의 한 점 $p \in X$를 고정하면 p의 가산국소기저 $\mathscr{B}_p = \{B_n \mid n \in \mathbb{N}\}$이 존재한다. 그러면 모든 $n \in \mathbb{N}$에 대하여 $p \in B_n \neq \varnothing$이고 $B_n \in \mathscr{T}_f$이므로 B_n^c은 유한집합이다. 그러면

$$(\bigcap_{n \in \mathbb{N}} B_n)^c = \bigcup_{n \in \mathbb{N}} B_n^c$$

은 가산집합이다. 그런데 주어진 공간 X가 비가산이므로 $\bigcap_{n \in \mathbb{N}} B_n$도 비가산이다.

그러므로 $p \neq q$인 점

$$q \in \bigcap_{n \in \mathbb{N}} B_n \qquad \cdots (8.1)$$

가 존재한다.

한편 한원소집합 $\{q\}$가 유한집합이므로 $U = \{q\}^c \in \mathscr{T}_f$이고 $p \in U$이다. 그리고 $\mathscr{B}_p$가 p의 국소기저이므로 $p \in B_{n_0} \subset U = \{q\}^c$을 만족하는 $B_{n_0}(\in \mathscr{B}_p)$가 존재하여 $q \notin B_{n_0}$이 된다. 이는 식 (8.1)에 모순이다. □

정의 8.1.16 한 위상공간 X상의 한 점 x에 대하여

$$\mathscr{B}_x = \{B_1,\ B_2,\ \cdots,\ B_n,\ \cdots\}$$

가 x의 가산국소기저이고 $B_n \supset B_{n+1}$ $(n \in \mathbb{N})$일 때 $\mathscr{B}_x$를 x의 **축소국소가산기저**(nested countable local base at x)라 한다.

(★) 정의 8.1.16에서 알 수 있듯이 제1가산공간 X에서 임의의 점 $x(\in X)$의 축소 가산기저는 항상 존재한다.

구체적으로 알아보면, 점 $x(\in X)$에서 국소가산기저

$$\mathscr{B}_x = \{B_1, B_2, \cdots, B_n, \cdots\}$$

가 존재하므로,

$$\begin{aligned} U_1 &= B_1 \\ U_2 &= B_1 \cap B_2 \\ U_3 &= B_1 \cap B_2 \cap B_3 \\ &\vdots \\ U_n &= B_1 \cap B_2 \cap \cdots \cap B_n \end{aligned}$$

라 하면 $\{U_n \mid U_{n+1} \subset U_n,\ x \in U_n,\ n \in \mathbb{N}\}$은 x에서의 축소가산국소기저가 된다.

이제 제1가산공간의 유전적 성질과 곱성질을 알아보자.

정리 8.1.17 (1) 제1가산공간은 유전적 성질을 갖는다.
(2) 제1가산공간은 가산곱성질을 갖는다.

증명 (1) 제1가산공간 $(X, \mathscr{T})$의 임의의 부분공간 $(A, \mathscr{T}_A)$가 제1가산공간임을 보이자. 임의의 한 점 $a \in A(\subset X)$에 대하여 X가 제1가산공간이므로 점 a에서의 가산국소기저 $\mathscr{B}_a = \{B_n \mid n \in \mathbb{N}\}(\subset \mathscr{T})$가 존재한다. 그러면 $\{B_n \cap A \mid n \in \mathbb{N}\} \subset \mathscr{T}_A$이고 각 $B_n \cap A$는 $a \in B_n \cap A$이므로 $\{B_n \cap A \mid B_n \in \mathscr{B}_a\}$는 $(A, \mathscr{T}_A)$에서 a의 가산국소기저이다.

(2) 제1가산공간이 가산곱성질을 갖는다는 것은 가산개의 제1가산공간들의 곱공간이 제1가산공간임을 뜻한다. 그래서 가산집합은 유한집합이거나 무한인 가산개 원소를 가진 집합이므로 두 가지 경우로 나누어서 증명하기로 한다.

(i) 유한곱성질 증명 : 위상공간 $(X_\alpha, \mathscr{T}_\alpha)(\alpha \in \{1, \cdots, n\} = \Lambda)$이 제1가산공간이라 하고 유한곱공간 $(\prod_{\alpha \in \Lambda} X_\alpha, \mathscr{T}_p)$가 제1가산공간임을 보이자. 임의의 한 점 $x = (x_1, \cdots, x_n) \in \prod_{\alpha \in \Lambda} X_\alpha$를 택하면 각 $x_\alpha(\in X_\alpha)$의

가산국소기저 $\mathscr{B}_{x_\alpha}$가 $(X_\alpha,\ \mathscr{T}_\alpha)$에서 존재한다. 그러므로

$$\mathscr{B} = \{B_1 \times B_2 \times \cdots \times B_n \mid B_\alpha \in \mathscr{B}_{x_\alpha},\ \alpha \in \Lambda\}$$

가 점 $x \in \prod_{\alpha \in \Lambda} X_\alpha$의 국소가산기저가 되므로 $(\prod_{\alpha \in \Lambda} X_\alpha,\ \mathscr{T}_p)$는 제1가산 공간이다.

(ii) 무한 가산곱성질 증명 : 임의의 한 점 $x = (x_\alpha)_{\alpha \in \mathbb{N}} \in \prod_{\alpha \in \mathbb{N}} X_\alpha$를 택하자. 각각의 $\alpha \in \mathbb{N}$에 대하여 $(X_\alpha,\ \mathscr{T}_\alpha)$가 제1가산공간이므로 $(X_\alpha,\ \mathscr{T}_\alpha)$에서 x_α의 가산국소기저 $\mathscr{B}_{x_\alpha}$가 존재한다. 그러면 $\mathscr{B}_x = \{ \prod_{\alpha \in \mathbb{N}} E_\alpha \mid$ 유한개의 α를 제외하고는 $B_\alpha = X_\alpha$이고, 나머지 유한개의 α에 대해서는 $B_\alpha \in \mathscr{B}_{x_\alpha}\}$라 하면 $\mathscr{B}_x$는 $x(\in X)$의 가산국소기저이므로 $(\prod_{\alpha \in \mathbb{N}} X_\alpha,\ \mathscr{T}_p)$는 국소가산기저이다. □

정리 8.1.9에서 한 사상 $f : X \to Y$가 연속이면 점렬연속임을 증명하였다. 그 역은 일반적으로 성립하지 않으나 정의역 공간 $(X,\ \mathscr{T})$가 제1가산공간이면 역이 성립함을 보이자.

먼저 제1가산공간 $(X,\ \mathscr{T})$에서 $A(\subset X)$의 폐포와 점렬의 수렴점 사이의 관계를 알아보자.

정리 8.1.18 위상공간 X를 제1가산공간이라 하자. 사상 $f : X \to Y$가 점렬연속이면 f는 연속이다.

증명 귀류법을 사용하여, 주어진 가정을 바탕으로 점렬연속사상 $f : (X,\ \mathscr{T}_1) \to (Y,\ \mathscr{T}_2)$가 연속사상이 아니라고 가정하자. 그러면 적어도 한 점 $a(\in X)$에서 사상 f는 연속이 아니다. 그러므로 $f(a)$의 적당한 열린근방 $U \in \mathscr{T}_2$에 대하여 $f(V) \subset U$를 만족하는 a의 열린근방 $V \not\in \mathscr{T}_1$이 성립한다(즉, a의 임의의 열린근방 V도 $f(V) \not\subset U$이다). X가 제1가산공간이므로 a의 축소국소가산기저

$$\mathscr{B}_a = \{B_1,\ B_2,\ \cdots,\ B_n,\ \cdots \mid B_n \supset B_{n+1},\ n \in \mathbb{N}\}$$

이 존재하고 $B_n \not\subset f^{-1}(U)(n \in \mathbb{N})$이 성립한다. 이제

$$x_n \in B_n - f^{-1}(U)\,(n \in \mathbb{N})$$

인 $x_n(\in B_n)$을 택하여 점렬 $\langle x_n \rangle$을 만들면 $\mathscr{B}_a$가 a의 축소가산기저이므로

$$\langle x_n \rangle \to a$$

이다. 한편 $x_n \notin f^{-1}(U)$이므로 $f(x_n) \notin U\,(n \in \mathbb{N})$이고

$$\langle f(x_n) \rangle \nrightarrow f(a)$$

가 되어서 $x = a$에서 f는 점렬연속이 아니다. 즉 f는 점렬연속이 아니어서 모순이다. □

| 예제 8.1.19 | 보통위상공간 $(\mathbb{R}^n,\ \mathscr{U})$은 제1가산공간이다$(n \in \mathbb{N})$. 따라서 사상 $f : (\mathbb{R}^m,\ \mathscr{U}) \to (\mathbb{R}^n,\ \mathscr{U})$에 대하여 f가 연속이기 위한 필요충분조건은 f가 점렬연속인 것이다. ■

따름정리 8.1.20 위상공간 $(X,\ \mathscr{T})$가 제1가산공간일 때 위상공간 Y에 대하여, 함수 $f : X \to Y$가 연속이기 위한 필요충분조건은 f가 점렬연속인 것이다.

증명 정리 8.1.9과 정리 8.1.18에 의하여 성립한다. □

정리 8.1.21 X를 제1가산공간이라 하고, $a \in X,\ A \subset X$라 하자. $a \in \overline{A}$이기 위한 필요충분조건은 a에 수렴하는 한 점렬이 A안에 존재하는 것이다.

증명 $a \in \overline{A}$이라 하면, X가 제1가산공간이므로 점 a의 축소가산국소기저 $\mathscr{B}_a = \{U_1,\ U_2,\ \cdots,\ U_n,\ \cdots\}$가 존재한다. $a \in \overline{A}$이므로, 임의의 $n \in \mathbb{N}$에 대하여

$$U_n \cap A \neq \varnothing$$

이다. 따라서 각 $n \in \mathbb{N}$에 대하여

$$a_n \in U_n \cap A$$

인 점 a_n을 택할 수 있다. $\mathscr{B}_a$는 a의 축소가산국소기저이므로

$$\langle a_n \rangle \to a$$

가 성립하고 $\langle a_n \rangle \subset A$이다.

역으로 $\langle a_n \rangle \to a$이라 하고, $\langle a_n \rangle \subset A$이라면 점 a의 임의의 근방 U에 대하여 $n_0(\in \mathbb{N})$가 존재하여 $n \geq n_0$인 모든 $n(\in \mathbb{N})$에 대하여 $a_n \in U$이므로 (정의 8.1.3 참조) $a_n \in U \cap A \neq \varnothing$가 되어서 $a \in \overline{A}$가 성립한다 (정리 3.5.4 참조) □

참고로 주어진 공간 X가 제1가산공간이 아니라면 정리 8.1.21은 일반적으로 성립하지 않는다.

연습문제 8.1

1. (1) 집합 X상의 여유한공간 $(X, \mathscr{T}_f)$를 생각하자. 다음을 증명하시오.
$(X, \mathscr{T}_f)$가 제1가산공간이다. $\Leftrightarrow$ X는 가산집합이다.
(2) 집합 X상의 여가산공간 $(X, \mathscr{T}_c)$를 생각하자. 다음을 증명하시오.
$(X, \mathscr{T}_c)$가 제1가산공간이다. $\Leftrightarrow$ X는 가산집합이다.

2. X가 비가산집합이라 하자. X상의 여가산위상공간 $(X, \mathscr{T}_c)$를 생각하자. 다음을 증명하시오.
(1) $(X, \mathscr{T}_c)$는 제1가산공간이 아니다.
(힌트 : 귀류법을 사용하여, $(X, \mathscr{T}_c)$가 제1가산공간이라고 가정하자.
$^\forall p(\in X)$, $\exists \mathscr{B}_p = \{U_k \mid k \in \mathbb{N}\}$: p에서 축소국소가산기저(혹은 국소가산기저)

$$\text{즉, } ^\forall k \in \mathbb{N},\ \exists\, U_k \in \mathscr{B}_p \text{ s.t. } \begin{cases} p \in U_k \neq \varnothing \\ U_k^c : \text{가산집합} \end{cases}$$

$$\text{그러므로 } \Big(\bigcap_{k \in \mathbb{N}} U_k\Big)^c = \bigcup_{k \in \mathbb{N}} U_k^c : \text{가산집합} \Rightarrow \bigcap_{k \in \mathbb{N}} U_k : \text{비가산집합}$$

$$\therefore\ \exists\, q(\neq p) \in \bigcap_{k \in \mathbb{N}} U_k \qquad \cdots (*)$$

$(X, \mathscr{T}_c)$에서 $\{q\}^c := U \in \mathscr{T}_c$이고 $p \in U = \{q\}^c$이므로

$$\exists\, U_{n_0} \in \mathscr{B}_p \text{ s.t. } p \in U_{n_0} \subset U = \{q\}^c \Rightarrow q \notin U_{n_0} (\in \mathscr{B}_p)$$

(위 성질 (*)에 모순됨)

(2) 정리 8.1.21은 주어진 위상공간 X가 제1가산공간이 아니면 성립하지 않음을 (1)에서 다룬 $(X, \mathscr{T}_c)$를 이용하여 설명하시오.

(힌트 : $\varnothing \neq A \in \mathscr{T}_c$, $X \neq A$인 A를 택하면 $a \notin A$인 a는 $a \in \overline{A}$이다. 임의의 점렬 $\langle x_n \rangle (\subset A)$을 택하면, $U = \{x_1, x_2, \cdots, x_n, \cdots\}^c$는 a의 열린근방이 되고, 임의의 $n (\in \mathbb{N})$에 대하여 $x_n \notin U$이므로 $\langle x_n \rangle \nrightarrow a$이다. 따라서 a에 수렴하는 A에서의 점렬은 존재하지 않는다.)

3. X가 비가산집합이라 하자. 여유한공간 $(X, \mathscr{T}_f)$를 생각하자. X상의 점렬 $\langle x_n \rangle$이 $i \neq j$일 때 $x_i \neq x_j$인 경우 $\langle x_n \rangle$의 극한점이 존재하는가? (힌트 : $X = \{p \in X \mid \langle x_n \rangle \to p\}$인 경우를 생각한다.)

4. 문제 2에서의 $(X, \mathscr{T}_c)$를 생각하자. X상의 한 점렬 $\langle x_n \rangle$의 극한점을 모두 구하시오. (힌트 : $\{p \in X \mid \langle x_n \rangle \to p\} = \{p\}$ 또는 $\varnothing$이다.)

5. 제1가산공리는 위상적 성질임을 보이시오.

6. 상극한공간 $\mathbb{R}_u$와 하극한공간 $\mathbb{R}_l$의 각각 모든 부분공간은 제1가산임을 보이시오.

7. 여유한공간 $(\mathbb{R}, \mathscr{T}_f)$가 제1가산공간이 아님을 구체적으로 보이시오.

8. X를 무한집합이라 하고, 한 점 $p \in X$를 고정하자. 이제 집합 X에 다음과 같은 부분집합족 $\mathscr{T}$를 만든다.

$$\mathscr{T} = \mathscr{T}_1 \cup \mathscr{T}_2$$

여기서 $\mathscr{T}_1 = \{U \subset X \mid U^c\text{은 유한집합}\}$이고 $\mathscr{T}_2 = \{U \subset X \mid U^c \ni p\text{이다.}\}$ 이때 다음을 답하시오.

① $(X, \mathscr{T})$가 위상공간임을 보이시오 (이 공간을 Fort **공간**이라 부른다).

② $(X, \mathscr{T})$가 제1가산공간이 아님을 보이시오.

(힌트 : X가 비가산집합이면 $(X, \mathscr{T})$는 제1가산공간이 아니다.) 구체적으로,

점 p가 가산국소기저를 갖지 않는다. 귀류법을 사용하여, 만약 $\{U_i\}$를 가산개의 p의 열린근방들의 모임이라 하자. 그러면 U_i^c는 유한집합이므로 $(\bigcap_{i=1}^{\infty} U_i)^c = \bigcup_{i=1}^{\infty} U_i^c$은 가산집합이다. 그러므로 $\bigcap_{i=1}^{\infty} U_i$는 비가산집합이 되어야 한다. 따라서 $q \neq p$인 점 $q \in \bigcap_{i=1}^{\infty} U_i$가 존재한다. 그러면 $X - \{q\}$는 p를 원소로 갖는 열린집합이지만 $p \in U_i \subset X - \{q\}$를 만족하는 U_i가 존재하지 않는다. 따라서 $\{U_i\}$는 점 p에서의 국소기저가 아니다.

③ $X \in \{\mathbb{R},\ \mathbb{N},\ \mathbb{Q}\}$에 대하여 위 문제 ①과 ②를 해결하시오.

④ $(X,\ \mathscr{T})$가 이산위상을 갖는 무한집합의 한점콤팩트화와 위상동형이다.

⑤ $(X,\ \mathscr{T})$이 $(X,\ \mathscr{T}_f)$보다 섬세함을 보이시오.

⑥ $(X,\ \mathscr{T}) \neq (X,\ \mathscr{D})$가 임을 보이시오.

8.2 제2가산공간과 가분공간

제1가산공리는 위상공간의 국소적 성질을 다루는 데 사용되고, 제2가산공리는 위상공간의 전체적 성질을 다루는 데 활용된다.

정의 8.2.1 한 위상공간 $(X, \mathscr{T})$에 대한 **가산기저**(countable base)가 존재할 때 $(X, \mathscr{T})$를 **제2가산공간**(second countable space)이라 한다.

위상공간 $(X, \mathscr{T})$에 대한 가산기저가 존재한다는 것을 **제2가산공리**(second countable axiom)라 하고 제2가산공리를 만족하는 공간이 제2가산공간임을 알 수 있다.

| 예제 8.2.2 | (1) n차원 유클리드 공간 $\mathbb{R}^n$에서 유클리드 거리 d를 생각하자. 이때

$$\mathscr{B}_d = \{B_d(p,\ r) \mid p = (p_1,\ p_2,\ \cdots,\ p_n) \in \mathbb{Q}^n,\ 0 < r \in \mathbb{Q}\}$$

이라 하면 $\mathscr{B}_d$는 거리공간 $(\mathbb{R}^n,\ d)$를 위한 기저이다. 그때 $\mathscr{B}_d$는 가산기저이므로 $(\mathbb{R}^n, d)$는 제2가산공간이다. 즉 $(\mathbb{R}^n, d) = (\mathbb{R}^n,\ \mathscr{U})$이므로 보통위상공간 $(\mathbb{R}^n,\ \mathscr{U})$는 제2가산공간이다.

(2) $\mathbb{R}^n$상의 이산위상공간 $(\mathbb{R}^n, \mathscr{D})$은 제2가산공간이 아니다. 왜냐하면 $(\mathbb{R}^n, \mathscr{D})$의 기저 $\mathscr{B} = \{\{x\} \mid x \in \mathbb{R}^n\}$인데 $\mathscr{B}$는 가산집합이 아니기 때문이다. ■

| 예제 8.2.3 | 상극한위상 $\mathbb{R}_u$는 제2가산공간이 아니다. 왜냐하면 $\mathscr{B}$를 $\mathbb{R}_u$의 임의의 기저라 하자. 그러면 임의의 $x \in \mathbb{R}$에 대하여 $x \in (x-1,\ x]$이고 열린집합으로서 $(x-1,\ x] \subset \mathbb{R}_u$이므로 $x \in B_x \subset (x-1,\ x]$인 $B_x \in \mathscr{B}$가 존재한다. 만약 $x \neq y$이면 $B_x \neq B_y \in \mathscr{B}$ ($\because$ 일반성을 잃지 않고 $x < y$이라 하면, $x \in B_y$이지만 $y \notin B_x$인 B_x와 B_y를 $\mathscr{B}$에서 택할 수 있다. 여기서 y는 x에 충분히 가까운 점이다)이므로 단사함수 $f: \mathbb{R} \to \mathscr{B}$ s.t. $f(x) = B_x$가 존재한다. 그러므로 $\mathscr{B}$의 원소의 개수는 $\mathbb{R}$의 원소의 개수보다 같거나 크기에 $\mathscr{B}$는 비가산집합이 되어서 $\mathbb{R}_u$는 제2가산공간이 아니다. ■

같은 방법으로 하극한공간 $\mathbb{R}_l$도 제2가산공간이 아님을 알 수 있다. 이제 제2가산공간은 제1가산공간이 됨을 살펴보자.

정리 8.2.4 제2가산공간은 제1가산공간이다.

증명 제2가산공간 $(X, \mathscr{T})$는 가산기저 $\mathscr{B}$를 갖는다. 임의의 $x \in X$에 대하여

$$\mathscr{B}_x = \{B \in \mathscr{B} \mid x \in B\}$$

라 놓으면 $\mathscr{B}_x \subset \mathscr{B}$이므로 $\mathscr{B}_x$는 가산국소기저이다. □

참고로 정리 8.2.4의 역이 성립하지 않음은 예제 8.2.2(2)에서 알 수 있고, 만약 X가 비가산집합이면 이산위상공간 $(X, \mathscr{D})$가 제2가산공간이 아님을 알 수 있다.

이제 제2가산공간의 유전적 성질을 알아보자.

정리 8.2.5 제2가산공간은 유전적 성질을 갖는다.

증명 제2가산공간 $(X, \mathscr{T})$의 임의의 부분공간 $(A, \mathscr{T}_A)$가 제2가산공간임을 보이자. $(X, \mathscr{T})$가 제2가산공간이므로 가산기저 $\mathscr{B} = \{B_i \mid i \in \mathbb{N}\}$가 존재하므로, $\{A \cap B_i \mid B_i \in \mathscr{B}\}$이 A의 가산기저가 되므로 $(A, \mathscr{T}_A)$는 제2가산공간이다(정리 4.1.16 참조). □

이제 제2가산공간의 곱성질을 알아보자.

정리 8.2.6 제2가산공간은 가산곱성질을 갖는다.

증명 제2가산공간이 가산곱성질을 갖는다는 것은 가산개의 제2가산공간의 곱공간이 제2가산공간임을 뜻한다. 그래서 두 가지 경우로 나누어 증명한다.

(i) 유한곱공간인 경우 : 위상공간 $(X_\alpha, \mathscr{T}_\alpha)(\alpha \in \{1, 2, \cdots, n\} = \Lambda)$가 제2가산공간일 때 곱공간 $(\prod_{\alpha \in \Lambda} X_\alpha, \mathscr{T}_p)$가 제2가산공간임을 보이자. 각 $\alpha \in \Lambda$에 대하여 $(X_\alpha, \mathscr{T}_\alpha)$는 가산기저 $\mathscr{B}_\alpha$를 갖는다. 그러면

$$\{B_1 \times \cdots \times B_n \mid B_\alpha \in \mathscr{B}_\alpha,\ \alpha \in \Lambda = \{1, 2, \cdots, n\}\}$$

이 곱공간 $(\prod_{\alpha \in \Lambda} X_\alpha, \mathscr{T}_p)$의 가산기저가 되므로 $(\prod_{\alpha \in \Lambda} X_\alpha, \mathscr{T}_p)$는 제2가산공

간이다.

(ii) 무한가산곱공간인 경우 : 위상공간 $(X_\alpha,\ \mathscr{T}_\alpha)(\alpha \in \mathbb{N})$가 제2가산공간일 때 곱공간 $(\prod_{\alpha \in \mathbb{N}} X_\alpha,\ \mathscr{T}_p)$가 제2가산공간임을 보이자. 각 $\alpha \in \mathbb{N}$에 대하여 $(X_\alpha,\ \mathscr{T}_\alpha)$는 가산기저 $\mathscr{B}_\alpha$를 갖는다. 곱위상 $\mathscr{T}_p$의 기저는 다음과 같은 형태를 갖는다.

$$\mathscr{B} = \{ \prod_{\alpha \in \mathbb{N}} B_\alpha \mid \text{유한개의 } \alpha\text{를 제외하고는 } B_\alpha = X_\alpha \text{이고}$$
$$\text{나머지 유한개의 } \alpha\text{에 대해서는 } B_\alpha \in \mathscr{B}_\alpha \}$$

이 곱공간 $(\prod_{\alpha \in \Lambda} X_\alpha,\ \mathscr{T}_p)$의 가산기저이므로 $(\prod_{\alpha \in \mathbb{N}} X_\alpha,\ \mathscr{T}_p)$는 제2가산공간이다. □

이제 제2가산공리가 위상적 성질임을 보이자.

정리 8.2.7 제2가산공간은 위상적 성질을 갖는다.

증명 $f : (X,\ \mathscr{T}_1) \to (Y,\ \mathscr{T}_2)$를 위상동형사상이라 하고, $(X,\ \mathscr{T}_1)$을 제2가산공간이라 하자. $(X,\ \mathscr{T}_1)$의 가산기저 $\mathscr{B} = \{B_\alpha \mid \alpha \in \mathbb{N}\}$에 대하여 $\{f(B_\alpha) \mid \alpha \in \mathbb{N}\}$은 $(Y,\ \mathscr{T}_2)$의 가산기저이다. □

이제 제2가산공간과 관계가 있는 **린델뢰프 공간**(Lindelöf space)을 소개하기 위하여 집합 X에 대한 덮개, 열린덮개(open cover), **유한부분덮개**(finite subcover) 등을 소개한다. 이 용어들은 제10장에서 다룰 콤팩트공간을 정의할 때도 활용된다.

정의 8.2.8 집합 X의 부분집합 $A(\subset X)$를 생각하자.

(1) $\mathcal{C}$를 X의 한 부분집합들의 모임이라 하자(즉 $\mathcal{C} \subset P(X)$이다).

$$A \subset \bigcup \mathcal{C} = \bigcup \{ U_\alpha \mid U_\alpha \in \mathcal{C} \}$$

이면 $\mathcal{C}$를 A의 **덮개**(cover 혹은 covering)이라 한다.

(2) $(X,\ \mathscr{T})$가 위상공간이고 $\mathcal{C}$가 한 열린부분집합들의 모임이고, $A \subset \bigcup \mathcal{C}$이면 $\mathcal{C}$를 A의 열린덮개(open cover)라 한다.

(3) 집합 A의 덮개 $\mathcal{C}$의 유한부분모임 $\mathcal{C}_0(\subset \mathcal{C})$가 존재하여 $A \subset \bigcup \mathcal{C}_0$일 때 $\mathcal{C}$는 유한부분덮개 $\mathcal{C}_0$를 포함하고 있다고 한다.

(4) 집합 A의 덮개 $\mathcal{C}$의 가산부분모임 $\mathcal{C}_1$이 존재하여 $A \subset \bigcup \mathcal{C}_1$일 때 $\mathcal{C}$는 가산부분덮개를 포함하고 있다고 한다.

위 용어를 이용하여 제2가산공간과 관련된 성질을 소개하고 린델뢰프공간, 가분공간 등을 정의한다.

정리 8.2.9 $(X, \mathscr{T})$가 제2가산공간이고, A를 X의 부분집합이라 하자. A의 임의의 열린덮개는 가산부분덮개를 포함한다.

증명 $\mathscr{B}$를 위상공간 $(X, \mathscr{T})$에 대한 가산기저라 하고 $\mathcal{C}=\{U_\alpha \mid U_\alpha \in \mathscr{T},\ \alpha \in \Lambda\}$를 A의 임의의 열린덮개라 하자. 여기서 $|\Lambda| < \aleph_0$인 경우는 자명하므로 $|\Lambda| = \aleph_0$인 경우만 생각하자. $A \subset \bigcup\{U_\alpha \mid U_\alpha \in \mathcal{C}\}$이드로 임의의 $a \in A$에 대하여 $U_\alpha^a \in \mathcal{C}$가 존재하여 $a \in U_\alpha^a$이다(여기서 U_α^a는 a를 원소로 갖는 U_α를 말한다). $\mathscr{B}$가 $(X, \mathscr{T})$에 대한 기저이므로 적당한 $B_a(\in \mathscr{B})$가 존재하여

$$a \in B_a \subset U_\alpha^a$$

이 성립한다. 따라서 $A \subset \bigcup\{B_a \mid a \in A\}$이다. $\{B_a \mid a \in A\} \subset \mathscr{B}$이고 $\mathscr{B}$가 가산기저이므로 각 B_a에 적당히 번호를 붙여서

$$\{B_a \mid a \in A\} = \{B_n \mid n \in \mathbb{N}\}$$

으로 놓을 수 있다. 각 $n \in \mathbb{N}$에 대하여 $B_n \subset U_n$인 $U_n \in \mathcal{C}$를 택할 수 있으므로

$$A \subset \bigcup\{B_a \mid a \in A\} = \bigcup\{B_n \mid n \in \mathbb{N}\} \subset \bigcup\{U_n \mid n \in \mathbb{N}\}$$

이 되어서 $\mathcal{C}$는 가산부분덮개 $\{U_n \mid n \in \mathbb{N}\}$을 포함한다. □

정리 8.2.10 X를 제2가산공간이라 하면 X에 대한 임의의 기저 $\mathscr{B}$는 한 가산기저를 포함한다.

증명 1 정리 8.2.9를 이용하여 증명하자. 정리 8.2.9에서 $A = X$로 놓으면, $\mathscr{B}$는 X의 열린덮개이다. 그러므로 정리 8.2.9에 의하여 $\mathscr{B}$는 한 가산부분덮개로서 가산기저를 포함한다.

증명 2 $\mathscr{B}^* = \left\{B_n^* \mid n \in \mathbb{N}\right\}$을 제2가산공간 $(X, \mathscr{T})$의 적당한 가산기저라 하자. $\mathscr{B}$를 X에 대한 임의의 기저라 하면 임의의 $B_n^* \in \mathscr{B}^*$에 대하여 적당한 $\mathscr{B}_n \subset \mathscr{B}$가 존재하여

$$B_n^* = \bigcup\{B \mid B \in \mathscr{B}_n\}$$

이 성립한다($\because$ $\mathscr{B}^*$, $\mathscr{B} \subset \mathscr{T}$이다). 따라서 $\mathscr{B}_n$은 B_n^*의 열린덮개이고 $B_n^* \subset X$이므로 정리 8.2.9에 의하여 $\mathscr{B}_n$은 가산부분덮개 $\mathscr{B}_n^*$를 포함한다. 즉, 임의의 $n \in \mathbb{N}$에 대하여

$$B_n^* = \bigcup\{B \mid B \in \mathscr{B}_n\} = \bigcup\{B \mid B \in \mathscr{B}_n^*\} = \bigcup \mathscr{B}_n^*$$

이 성립한다. $\mathscr{B}_0$를

$$\mathscr{B}_0 = \mathscr{B}_1^* \cup \cdots \cup \mathscr{B}_n^* \cdots = \{B \mid B \in \mathscr{B}_n^*,\ n \in \mathbb{N}\}$$

이라 하면 $\mathscr{B}_0$는 X에 대한 기저가 되고 $\mathscr{B}_0(\subset \mathscr{B})$는 가산집합이다. □

이제 린델뢰프 공간을 정의하고, 정리 8.2.9와 정리 8.2.10을 활용하여 린델뢰프 공간의 성질을 알아보자.

정의 8.2.11 한 위상공간 X의 임의의 열린덮개가 가산부분덮개를 포함할 때 X를 린델뢰프 공간(Lindelöf space)이라 한다.

따름정리 8.2.12 제2가산공간은 린델뢰프 공간이다.

증명 정리 8.2.9에서 $A = X$로 놓으면 정리가 성립한다. □

참고로 제10장에서 다룰 콤팩트공간은 린델뢰프 공간보다 강한 위상공간이다. 그리고 린델뢰프 공간은 다음과 같은 성질이 있다(연습문제 8.2 참조).

(i) 린델뢰프 공간은 유전적 성질을 갖지 않는다(단 린델뢰프 공간의 닫힌부분공간은 린델뢰프 공간이다).

(ii) 린델뢰프 공간은 곱성질을 갖지 않는다.

(iii) 린델뢰프 공간은 위상적 성질을 갖는다.

이제 가분공간을 소개하고, 제1가산공간, 제2가산공간, 린델뢰프 공간 등과 관계를 알아보자.

정의 8.2.13 한 위상공간 X가 조밀한 가산부분집합을 가질 때 X를 **가분**(혹은 분해가능, separable)공간이라 한다.

| 예제 8.2.14 | (1) $(\mathbb{R}, \mathscr{U})$는 가분공간이다($\because\ \overline{\mathbb{Q}} = \mathbb{R}$).

(2) $(\mathbb{R}^n, \mathscr{U})$는 가산조밀부분집합 $\mathbb{Q}^n$을 가지므로, $(\mathbb{R}^n, \mathscr{U})$는 가분공간이다.

(3) 이산공간 $(X, \mathscr{D})$에서 모든 부분집합 $A(\subset X)$는 $\overline{A} = A$이다. 그래서 조밀부분집합은 X 자신밖에 없다. 즉 $\overline{X} = X$이다. 따라서 이산공간 $(X, \mathscr{D})$가 가분공간이기 위한 필요충분조건은 X가 가산집합인 것이다.

(4) 비이산위상공간 $(X, \mathscr{I})$는 가분공간이다. 왜냐하면 임의의 공집합이 아닌 부분집합 $A(\subset X)$는 $\overline{A} = X$이기 때문이다. 따라서 임의의 $x \in X$를 택하면 $\overline{\{x\}} = X$이고 $\{x\}$는 가산집합이다.

(5) 보통위상공간 $(\mathbb{R}, \mathscr{U})$의 부분공간 $(X, \mathscr{U}_X)$를 생각하자. 여기서

$$X = \{x \mid x \in \mathbb{Q}^- : \text{음수인 유리수집합}\} \cup (0, \infty)$$

이다. 이때 $(X, \mathscr{U}_X)$는 가분공간이다. 왜냐하면 X의 가산부분집합

$$A = \{x \mid x \in \mathbb{Q}^- : \text{음수인 유리수집합}\} \cup [(0, \infty) \cap \mathbb{Q}]$$

는 $\overline{A} = X$이기 때문이다. ■

참고로 주어진 집합 X가 가산집합이면 X상의 임의의 위상공간 $(X, \mathscr{T})$는 가분공간이다. 왜냐하면 $\overline{X} = X$이고, X 자신이 가산조밀부분집합이 되기에 $(X, \mathscr{T})$가 가분공간임은 명백하다.

이제 가분공간의 유전적 성질, 곱성질, 위상적 성질을 살펴보자(연습문제 8.2 참조).

(i) 가분공간은 유전적 성질을 갖지 않는다(구체적으로 살펴보면, 가분공간의

열린부분공간은 가분공간이지만 가분공간의 닫힌부분공간은 가분공간이 아니다).

(ii) 가분공간은 곱성질을 갖지 않는다. 다만 가산곱성질은 갖는다.

(iii) 가분공간은 위상적 성질을 갖는다.

제2가산공간은 가분공간과 밀접한 관계가 있기에 그들 사이의 관계를 살펴보자.

정리 8.2.15 제2가산공간은 가분공간이다.

증명 제2가산공간 $(X, \mathscr{T})$의 가산기저를 $\mathscr{B} = \{B_n \mid n \in \mathbb{N}\}$이라 하자. 각 B_n $(n \in \mathbb{N})$에 대하여 $a_n \in B_n$인 한 점 a_n을 택해서 집합

$$A = \{a_n \mid n \in \mathbb{N}\}$$

라 놓자. 임의의 점 $a(\in X)$를 택하여 a의 임의의 열린근방을 U라 하면 $\mathscr{B}$는 X의 기저이므로 적당한 $B_n \in \mathscr{B}$가 존재하여 $a \in B_n \subset U$이다. $a_n \in A \cap B_n \subset A \cap U$이므로 $A \cap U \neq \varnothing$가 성립한다. 그러므로 $a \in \overline{A}$가 되므로, $X \subset \overline{A}$ 이다. 즉, $X = \overline{A}$ 이므로 $(X, \mathscr{T})$는 조밀한 가산부분집합 A를 가지므로 가분공간이다. □

일반적으로 정리 8.2.15의 역은 성립하지 않는다(예제 8.2.16 참조).

| 예제 8.2.16 | 실직선 $\mathbb{R}$상에서 상극한위상 $\mathbb{R}_u$는 가분공간이지만 제2가산공간은 아니다. 먼저 $\mathbb{R}_u$가 가분공간임을 보이자. $\mathbb{R}_u$는 $\mathscr{B}_u = \{(a, b] \mid a < b \in \mathbb{R}\}$를 기저로 하여 생성된 $\mathbb{R}$상의 위상공간이다. 따라서 $\mathbb{Q}(\subset \mathbb{R})$은 $\mathbb{R}_u$의 조밀한 부분집합이기에 $\mathbb{R}_u$는 가분공간이다.

한편 $\mathbb{R}_u$는 제2가산공간이 아님은 예제 8.2.3에서 보였다. ■

참고로 실직선상에 하극한공간 $(\mathbb{R}, \mathbb{R}_l) = \mathbb{R}_l$도 같은 방법으로 가분공간이지만 제2가산공간이 아님을 알 수 있다.

정리 8.2.15와 예제 8.2.16으로 미루어 볼 때 '가분공간에 어떤 조건을 더 첨가하면 제2가산공간이 될 것인가?'라는 물음에 다음 성질을 소개한다.

정리 8.2.17 가분거리공간은 제2가산공간이다.

증명 (X, d)를 가분인 거리공간이라 하자. 가정에 의하며 A를 X의 조밀한 가산부분집합이라 하자. 이때 다음과 같은 가산집합

$$\mathscr{B} = \{B_d(a, \frac{1}{m}) \subset X \mid a \in A, m \in \mathbb{N}\}$$

을 생각하자. 이제 $\mathscr{B}$가 (X, d)의 기저임을 보이면 된다. 즉, 임의의 점 $x \in X$와 x의 열린근방 U에 대하여 $x \in B_d(x, \varepsilon) \subset U$를 만족하는 양의 실수 ε이 존재한다. 이때 이러한 ε에 대하여 $\frac{1}{k} < \frac{\varepsilon}{2}$을 만족하는 자연수 k를 택하자. 가정에 의하여 $\overline{A} = X$이므로 $A \cap B_d(x, \frac{1}{k}) \neq \varnothing$이다. 이제 한 점 $a \in A \cap B_d(x, \frac{1}{k})$을 택하자. 그러면 거리함수 (X, d)와 삼각부등식 성질에 의하여 $x \in B_d(a, \frac{1}{k}) \subset B_d(x, \varepsilon) \subset U$이 되어서 $\mathscr{B}$는 (X, d)의 기저임이 성립한다. □

정리 8.1.7과 정리 8.2.5에 의하여 제1가산공간과 제2가산공간은 유전적 성질을 가짐이 증명되었다. 그러나 가분공간은 유전적 성질을 갖지 않는다고 앞에서 언급하였다. 구체적으로, 가분공간의 닫힌부분공간은 가분공간이 아님을 다음 예제에서 확인할 수 있다.

| 예제 8.2.18 | $\mathbb{R}_u \times \mathbb{R}_u$의 닫힌부분공간은 가분공간이 아니다. 구체적으로, 평면 $\mathbb{R}^2 = \mathbb{R} \times \mathbb{R}$의 다음과 같은 부분집합들의 모임 $\mathscr{B}$ (그림 8.1 참조)

$$\mathscr{B} = \{(a, b] \times (c, d] \mid a < b \in \mathbb{R}, c < d \in \mathbb{R}\}$$

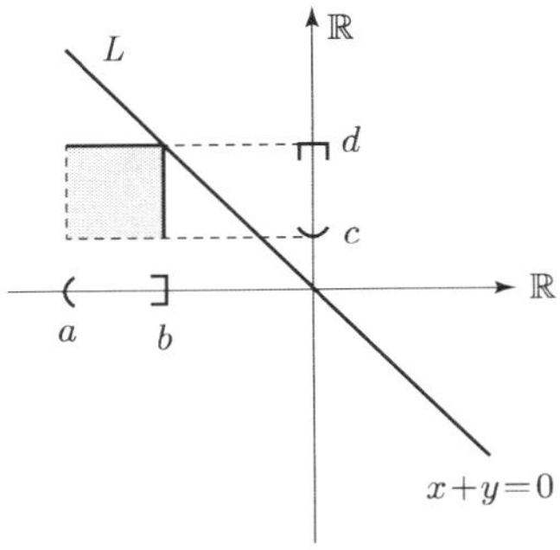

그림 8.1 가분공간은 유전적 성질을 갖지 않는다.

를 생각하자. $\mathscr{B}$는 $\mathbb{R}^2$상의 한 위상을 위한 기저가 된다. 즉 $\mathscr{B}$에 의하여 생성되는 위상공간을 $(\mathbb{R}^2,\ \mathscr{T})$라 하자. 실제로 $(\mathbb{R}^2,\ \mathscr{T})$는 곱공간 $\mathbb{R}_u \times \mathbb{R}_u$이다. 이때 $(\mathbb{R}^2,\ \mathscr{T})$는 가분공간이다. 왜냐하면 $\mathbb{Q}^2(\subset \mathbb{R}^2)$는 $(\mathbb{R}^2,\ \mathscr{T})$에서 가산조밀부분집합이기 때문이다. 이제

$$L = \{(x,\ y) \mid x + y = 0\}(\subset \mathbb{R}^2)$$

이라 놓으면 다음 성질이 성립한다.

(i) L은 $(\mathbb{R}^2,\ \mathscr{T})$에서 닫힌집합이다.

(ii) 부분공간 $(L,\ \mathscr{T}_L)$은 이산공간임을 알 수 있다(그림 8.1 참조).

(iii) L은 비가산공간임은 명백하고,

(iv) $A(\subset L)$로서 $\overline{A} = L$인 부분집합은 L 자신밖에 없다.

따라서 $(L,\ \mathscr{T}_L)$는 가분공간이 아니다. ■

참고로 예제 8.2.18에서와 같은 방법으로 $\mathbb{R}^2$의 부분집합들의 모임 $\mathscr{B}^*$를

$$\mathscr{B}^* = \{[a,\ b) \times [c,\ d) \mid a < b \in \mathbb{R},\ c < d \in \mathbb{R}\}$$

로 택하면 $\mathscr{B}^*$역시 $\mathbb{R}^2$상의 또 다른 위상공간 $(\mathbb{R}^2,\ \mathscr{T}')$을 생성하는 기저가 된다. 이 위상 $\mathscr{T}'$는 예제 8.2.18의 $\mathscr{T}$와 다르지만, $(\mathbb{R}^2,\ \mathscr{T}')$ 역시 가분공간이 된다. 그러나 예제 8.2.18의 부분집합 L에 대하여 부분공간 $(L,\ \mathscr{T}_L')$을 택하면 $(L,\ \mathscr{T}_L')$ 역시 가분공간이 아님을 알 수 있다(연습문제 8.2의 문제 14 참조).

지금까지 제1가산공간, 제2가산공간, 가분공간들의 성질을 종합하여 비교하면 다음과 같다.

따름정리 8.2.19 (1) 거리공간 X에 대하여 다음이 성립한다.

X가 가분공간이기 위한 필요충분조건은 X가 제2가산공간인 것이다.

(2) 상극한공간 $\mathbb{R}_u$, 하극한공간 $\mathbb{R}_l$은 거리화가능 공간이 아니다.

(3) 상극한공간들의 곱공간 $\mathbb{R}_u \times \mathbb{R}_u$와 하극한공간들의 곱공간 $\mathbb{R}_l \times \mathbb{R}_l$은 거리화가능 공간이 아니다.

증명 (1) 정리 8.2.15와 정리 8.2.17에 의하여 성립한다.

(2) 상극한공간 $\mathbb{R}_u$와 위상동형이 되는 $\mathbb{R}$상의 거리공간 $(\mathbb{R}, \mathscr{T}_d)$는 존재하지 않는다. 왜냐하면, $\mathbb{R}$상에 $\mathbb{R}_u$와 위상적으로 같게되는 위상을 유도하는 거리가 존재한다고 가정하자. 그 거리에 의하여 유도되는 거리공간 $(\mathbb{R}, \mathscr{T}_d)$는 $\mathbb{R}_u = \mathscr{T}_d$이어야 한다. 그러면 $\mathscr{T}_d$는 거리공간이고 예제 8.2.16에 의하여 가분공간이다. 그러므로 정리 8.2.17에 의하여 $\mathbb{R}_u$가 제2가산공간이 되어야 한다. 그러나 예제 8.2.16에서 보였듯이 $\mathbb{R}_u$는 제2가산공간이 아니다.

같은 방법으로 하극한공간 $\mathbb{R}_l$도 제2가산공간이 아님을 확인할 수 있다.

(3) 예제 8.2.18에서 보였듯이, 예제 8.2.18에서 소개한 $(\mathbb{R}^2, \mathscr{T})$는 곱공간의 정의에 의하여 $\mathbb{R}_u \times \mathbb{R}_u$임은 명백하다. 즉 $\mathscr{T} = \mathbb{R}_u \times \mathbb{R}_u$이다. 만약 $(\mathbb{R}^2, \mathscr{T})$가 거리화가능 공간이라면 $\mathbb{R}^2$상에 거리함수 d가 존재하여 거리공간 $(\mathbb{R}^2, \mathscr{T}_d)$가 $\mathbb{R}_u \times \mathbb{R}_u$와 같아야 한다. 그러면 $\mathscr{T}_a$는 거리공간이고, $(\mathbb{R}^2, \mathscr{T}_d)$는 부분집합 $\mathbb{Q}^2 (\subset \mathbb{R}^2)$이 $\overline{\mathbb{Q}^2} = \mathbb{R}^2$이므로 $(\mathbb{R}^2, \mathscr{T}_d)$는 가분공간이다. 그래서 정리 8.2.17에 의하여 $(\mathbb{R}^2, \mathscr{T}_d)$는 제2가산공간이 되어야 한다. 즉, $\mathbb{R}_u \times \mathbb{R}_u$가 제2가산공간이 되어야 한다. 그러면 정리 8.2.5에 의하여 $\mathbb{R}_u$도 제2가산공간이 되어야 한다. 예제 8.2.3에서 보였듯이 $\mathbb{R}_u$는 제2가산공간이 아님이 밝혀졌다. 이는 $(\mathbb{R}^2, \mathscr{T}_d)$와 $(\mathbb{R}^2, \mathscr{T}) = \mathbb{R}_u \times \mathbb{R}_u$는 같을 수 없음을 보여준다. 따라서 $\mathbb{R}_u \times \mathbb{R}_u$는 거리화가능 공간이 아니다.

같은 방법으로 하극한공간들의 곱공간 $\mathbb{R}_l \times \mathbb{R}_l$도 거리화가능 공간이 아님을 알 수 있다. □

지금까지 다룬 제1가산공간, 제2가산공간, 거리공간, 가분공간 등의 상호관계를 도표로 나타내면 그림 8.2와 같다.

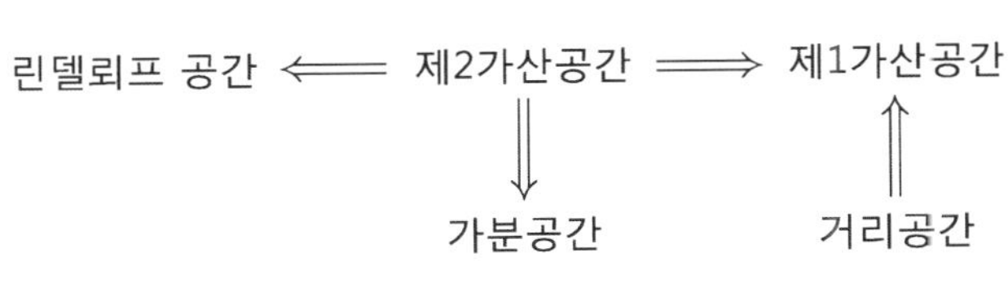

그림 8.2 위상공간들의 상호관계

연습문제 8.2

1. (1) 가분공간은 유전적 성질을 갖지 않음을 보이시오.
   (다만 가분공간의 열린부분공간은 가분공간임을 보이시오.)
   (2) 가분공간은 곱성질을 갖지 않음을 보이시오
   (다만 가산곱성질을 가짐을 보이시오.)
   (3) 가분공간은 위상적 성질을 가짐을 보이시오.

2. (1) 린델뢰프 공간은 유전적 성질을 갖지 않음을 보이시오.
   (다만 린델뢰프 공간의 닫힌부분공간은 린델뢰프 공간임을 보이시오.)
   (2) 린델뢰프 공간은 곱성질을 갖지 않음을 보이시오.
   (3) 린델뢰프 공간은 위상적 성질을 가짐을 보이시오.

3. 거리공간 $(X,\ d)$에서 다음이 동치임을 증명하시오.
   (a) X는 제2가산공간이다.
   (b) X는 가분이다.
   (c) X는 린델뢰프 공간이다.

4. $\mathbb{R}_l$과 $\mathbb{R}_u$는 모두 제1가산, 가분, 린델뢰프 공간이지만 제2가산공간이 아님을 확인하시오.

5. 임의의 집합 X에 대하여 여유한위상

$$\mathscr{T}_f = \{U \subset X \mid U^c \text{이 유한집합}\} \cup \{\varnothing\}$$

을 생각하자. $(X,\ \mathscr{T}_f)$가 가분공간임을 보이시오.

6. 임의의 집합 X에 대하여 여가산위상

$$\mathscr{T}_c = \{U \subset X \mid U^c \text{이 가산집합}\} \cup \{\varnothing\}$$

을 생각하자.
   (1) X가 가산집합이면 $(X,\ \mathscr{T}_c)$가 가분공간임을 보이시오.
   (2) X가 비가산집합이면 $(X,\ \mathscr{T}_c)$가 가분공간이 아님을 보이시오.

7. 무리수들의 집합 $\mathbb{Q}^c(\subset \mathbb{R})$에 대하여, $(\mathbb{R},\ \mathscr{U})$의 부분공간 $(\mathbb{Q}^c,\ \mathscr{U}_{\mathbb{Q}^c})$는 가분

공간인가?

8. $\mathbb{R}^2$상의 두 점 $a=(1,\ 0),\ b=(2,\ 0)$을 택하자. 이제

$$Y=\{(0,\ y)\in\mathbb{R}^2,\ y\in\mathbb{R}\}\cup\{a,\ b\}$$

에 위상을 다음과 같이 주자.

$$\mathscr{T}=\{\varnothing\}\cup\{U\subset Y\mid\{a,\ b\}\subset U\}$$

(1) $(Y,\ \mathscr{T})$가 위상공간임을 보이시오.

(2) $(Y,\ \mathscr{T})$가 가분공간임을 보이시오(힌트 : $\overline{\{a,\ b\}}=Y$임을 확인하시오).

(3) $Y_1=Y-\{a,\ b\}$라 할 때 부분공간 $(Y_1,\ \mathscr{T}_{Y_1})$이 가분공간이 아님을 보이시오(힌트 : $U=\{a,\ b,\ (0,\ y)\}\in\mathscr{T}$이므로 $U\cap Y_1\in\mathscr{T}_{Y_1}$이어서 $\mathscr{T}_{Y_1}$은 Y_1상의 이산위상공간임을 확인하시오.)

9. (1) 하극한공간 $\mathbb{R}_l$이 린델뢰프 공간임을 보이시오.

(2) 하극한공간들의 곱공간 $\mathbb{R}_l\times\mathbb{R}_l$이 린델뢰프 공간이 아님을 보이시오.

(참고로 곱공간 $\mathbb{R}_l\times\mathbb{R}_l$을 Sorgenfrey plane이라 한다.)

(힌트 : $\mathbb{R}_l\times\mathbb{R}_l$을 $\mathbb{R}_l^2$으로 놓자. 그때 $\mathbb{R}_l^2$을 위한 기저

$$\mathscr{B}=\{[a,\ b)\times[c,\ d)\mid a<b,\ c<d\in\mathbb{R}\}$$

이다. $L(\subset\mathbb{R}_l^2)=\{(x,\ -x)\mid x\in\mathbb{R}\}$이라 하면 L은 $\mathbb{R}_l^2$에서 닫힌집합이고 무한집합이다. 그러므로 $\mathbb{R}_l^2$의 열린덮개로서

$$\mathscr{U}=\{\mathbb{R}_l^2-L,\ B_x\mid x\in\mathbb{R}\},\ B_x=\{[x,\ b)\times[-x,\ d)\}$$

를 생각할 경우 $\mathscr{U}$는 가산부분덮개를 갖지 못한다(그림 8.3 참조).

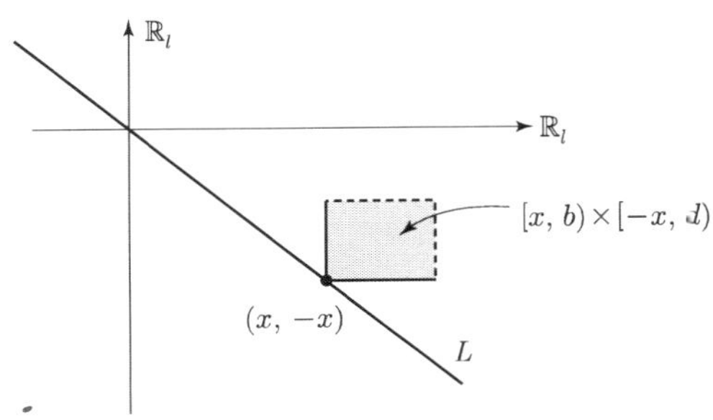

그림 8.3 린델뢰프 공간은 곱성질을 갖지 않는다.

10. 유리수집합을 활용하여 보통위상공간 $(\mathbb{R},\ \mathscr{U})$가 제2가산공간임을 보이시오.

11. $f: (X, \mathscr{T}) \to (Y, \mathscr{T}^*)$가 연속사상일 때, 만약 $(X, \mathscr{T})$가 가분공간이면 $(f(X), \mathscr{T}^*_{f(X)})$로 가분공간임을 보이시오.

12. 하극한공간 $\mathbb{R}_l$이 가분공간이지만 제2가산공간이 아님을 보이시오.

13. 상자공간 $(\mathbb{R}^\omega,\ \mathscr{T}_b)$가 가분공간이 아님을 보이시오.

14. 예제 8.2.18과 비슷한 방법으로 $\mathbb{R}_l^2$이 가분공간에 관하여 유전적 성질이 없음을 보이시오.

15. 상극한공간 $\mathbb{R}_u$의 부분공간 A가 제2가산 $\Leftrightarrow$ A는 가산집합임을 보이시오.

16. (1) 여유한공간 $(X,\ \mathscr{T}_f)$가 제2가산 $\Leftrightarrow$ X는 가산집합임을 보이시오.
(2) 여가산공간 $(X,\ \mathscr{T}_c)$가 제2가산 $\Leftrightarrow$ X는 가산집합임을 보이시오.

TOPOLOGY

제 9 장

분리공리

수학은 순서와 관계를 다루는 학문이라고 정의할 수 있다. 위상수학은 주어진 두 공간이 서로 위상동형관계인지 아닌지를 판별하는 데 중요한 목표를 두고 있다. 즉 위상동형임을 보이기 위해서는 위상동형사상이 존재함을 보여야 한다. 그래서 위상동형관계를 알아보기 위해서 위상적 성질(topological property)를 활용하였다. 즉, 두 개의 위상공간 $(X,\ \mathscr{T}_1)$과 $(Y,\ \mathscr{T}_2)$가 위상동형이라 하자. 이때 만약에 $(X,\ \mathscr{T}_1)$이 어떤 성질을 가질 때 $(Y,\ \mathscr{T}_2)$도 그 성질을 가지면, 그 성질을 위상적 성질이라 한다. 두 개의 위상공간의 위상동형관계를 조사할 때 위상적 성질과 대우법칙의 활용성은 매우 높다. 이 장에서 다룰 다양한 형태의 분리공리도 대표적인 위상적 성질이기에 위상공간의 분류에 절대적으로 활용된다. 한편 위상공간의 성질은 그 공간의 열린집합의 구성형태에 따라 많은 영향을 받는다. 예를 들면, 위상공간 $(X,\ \mathscr{T})$의 열린집합들의 개수가 작을수록 그 공간 $(X,\ \mathscr{T})$는 가분 (separable), 제1가산공간 또는 제2가산공간 등이 되기 쉽고, 공간 $(X,\ \mathscr{T})$의 열린집합의 개수가 클수록 $(X,\ \mathscr{T})$에서 어떤 위상공간 $(Y,\ \mathscr{T}')$로의 사상 f : $(X,\ \mathscr{T}) \to (Y,\ \mathscr{T}')$가 연속이 될 가능성이 높아지게 된다. 이 장에서는 다양한 형태의 분리공리들 (separation axioms)을 소개하고 그들이 위상적 불변성이 있음을 보여서 위상공간들의 분류에 활용할 것이다. 더 나아가 분리공리들의 유전적 성질, 곱성질 등도 심도 있게 다루고 이들 사이의 관계를 설명한다.

9.1 분리공리 T_0, T_1, T_2

정의 9.1.1 '위상공간 $(X, \mathscr{T})$상의 서로 다른 임의의 두 점에 대하여 적어도 한 점은 다른 점을 원소로 갖지 않는 열린집합을 갖는다'라는 명제를 T_0 **분리공리**라 한다. 이 공리를 만족하는 위상공간 X를 T_0 공간(T_0 space 혹은 A. Kolmogorov space)이라 한다(그림 9.1 참조).

즉, T_0 공리는 다음과 같다. $\exists^{\forall} a, b(a \neq b) \in X$, $\exists\, U \in \mathscr{T}$ s.t. $U(\ni a)$, $U(\not\ni b)$ 혹은 $U(\ni b)$, $U(\not\ni a)$이다.

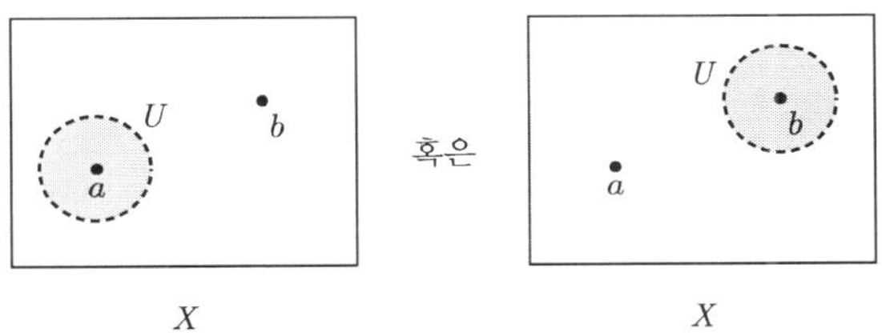

그림 9.1 T_0 공리

| 예제 9.1.2 | $X = \{a, b\}$, $\mathscr{T} = \{X, \varnothing, \{a\}\}$라 하면 위상공간 $(X, \mathscr{T})$는 T_0 공간이 된다. 이 공간을 **시에르핀스키 공간**(Sierpinski space)이라 부른다. ■

T_0 공간은 디지털위상공간을 다룰 때 절대적으로 많이 활용되는 공간으로 이산기하학 분야에서 활용도가 매우 높다.

(★) T_0 공간은 유전적 성질, 곱성질, 위상적 성질을 만족한다(연습문제 9.1 문제 1 참조).

정리 9.1.3 위상공간 X에서 다음 두 명제는 동치이다.

(1) X는 T_0 공간이다.

(2) X상의 서로 다른 두 점 a, b에 대하여 $a \notin \overline{\{b\}}$이거나 $b \notin \overline{\{a\}}$이다.

증명 (1)⇒(2) X상의 서로 다른 두 점 a, $b(\in X)$에 대하여, T_0 공간의 정의에 의하여 적당한 열린집합 U가 존재하여 $a \in U$, $b \notin U$이거나 $a \notin U$, $b \in U$이다.

(i) $a \in U$, $b \notin U$인 경우 : $b \in U^c$이고 U^c는 닫힌집합이므로 $\overline{\{b\}} \subset U^c$이 되어서 $a \notin \overline{\{b\}}$이 성립한다.

(ii) $a \notin U$, $b \in U$인 경우 : 같은 방법으로, $b \notin \overline{\{a\}}$이 성립한다.

(2) ⇒ (1) X상의 서로 다른 두 점 a, b에 대하여 $a \notin \overline{\{b\}}$이라 하자. $\left(\overline{\{b\}}\right)^c = U$라 하면 U는 열린집합이고 $a \in U$이고 $b \notin U$이다. $b \notin \overline{\{a\}}$인 경우도 $\left(\overline{\{a\}}\right)^c = U$라 하면, 위와 같은 방법으로 $b \in U$는 열린집합으로서 $a \notin U$이 성립한다. □

| 예제 9.1.4 | 정수집합 $\mathbb{Z}$의 부분집합들의 모임으로서 $\mathcal{S} = \{\{2m-1,\ 2m,\ 2m+1\} \mid m \in \mathbb{Z}\}$를 부분기저로 하여 생성된 $\mathbb{Z}$상의 위상공간 $(\mathbb{Z},\ \mathcal{T}_{\mathcal{S}})$ (카림스키 선위상공간)은 T_0 공간이다. 왜냐하면 $\mathcal{S} \to \mathcal{B}_{\mathcal{S}} \to \mathcal{T}_{\mathcal{B}_{\mathcal{S}}} = \mathcal{T}_{\mathcal{S}}$에 의하여, 부분기 $\mathcal{S}$에 의하여 생성된 기저 $\mathcal{B}_{\mathcal{S}}$는

$$\mathcal{B}_{\mathcal{S}} = \{\{2m-1\},\ \{2m-1,\ 2m,\ 2m+1\} \mid m \in \mathbb{Z}\}$$

이다. $\mathcal{B}_{\mathcal{S}} \subset \mathcal{T}_{\mathcal{S}}$이므로, 임의의 서로 다른 두 점 a, $b \in \mathbb{Z}$를 택하면 정리 9.1.3(2)를 만족하게 되어 $(\mathbb{Z},\ \mathcal{T}_{\mathcal{S}})$는 T_0 공간이다. 구체적으로 살펴보면,

(i) $\|a-b\| = 1$인 임의의 두 점 a, $b \in \mathbb{Z}$를 택하면 위상 $\mathcal{T}_{\mathcal{S}}$에 의하여 정리 9.1.3(b)에 의하여 증명된다. 예를 들면 $a = 0 \in \mathbb{Z}_0$, $b = 1 \in \mathbb{Z}_1$이라 하면 $\overline{\{a\}} = \{a\} = \{0\}$이고 $\overline{\{b\}} = \{0,\ 1,\ 2\}$가 되어 $b \notin \overline{\{a\}}$이다.

(ii) $\|a-b\| \geq 2$인 임의의 두 점 a, $b \in \mathbb{Z}$를 택하면 이 두 점 a와 b는 정리 9.13(b)를 명백하게 만족한다. ■

(★) 정리 9.1.3(2)는 '임의의 서로 다른 두 점 a, b에 대하여 $\overline{\{a\}} \neq \overline{\{b\}}$이다'라는 명제와 동치임을 알 수 있다.

이제 T_1 공간에 관하여 알아보자.

정의 9.1.5 '위상공간 X상의 서로 다른 임의의 두 점 a, b에 대하여 적당한

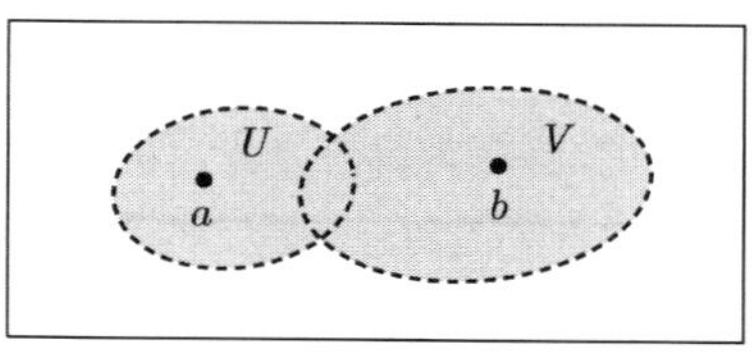

그림 9.2 T_1 공리

열린집합 U, V가 존재하여 $a \in U$, $b \in V$이고 $a \notin V$, $b \notin U$이다'라는 명제를 T_1 분리공리라 한다. T_1 공리를 만족하는 위상공간 X를 T_1 공간(T_1 space 혹은 Kuratowski space)이라 한다(그림 9.2 참조).

정의 9.1.5에서 주의할 점은 $U \cap V = \varnothing$일 필요는 없다는 것이다.

정의 9.1.1과 정의 9.1.5를 비교해보면 T_1 공리가 T_0 공리보다 강함을 알 수 있다. 즉, 위상공간 X가 T_1 공간이면 T_0 공간은 되지만 그 역은 성립하지 않는다. 예를 들면 예제 9.1.2의 Sierpinski 공간과 예제 9.1.4의 Khalimsky 공간 $(\mathbb{Z}, \mathscr{T}_S)$은 모두 T_0 공간이지만 T_1 공간은 아님을 알 수 있다.

(★) T_1 공간은 유전적 성질, 곱성질, 위상적 성질을 만족한다(연습문제 9.1 참조).

T_1 공간은 다음 성질을 만족한다.

정리 9.1.6 다음 명제들은 동치이다.

(1) 위상공간 X는 T_1 공간이다.

(2) 위상공간 X의 임의의 점 $a(\in X)$에 대하여 $\{a\}$는 닫힌집합이다.

증명 (1) ⇒ (2) a를 X의 임의의 한 점이라 하고 $\{a\}$가 닫힌집합임을 보이자. 즉, $\{a\}^c$이 열린집합임을 보여야 한다. 이제 $\{a\}^c$의 임의의 점 b를 택하자. 그러면 $a \neq b(\in X)$이고, X가 T_1 공간이므로 적당한 열린집합 U, V가 존재하여 $a \in U$, $b \in V$이고 $a \notin V$, $b \notin U$를 만족한다. 즉 $a \in V^c$이므로 $\{a\} \subset V^c$이기에 $b \in V \subset \{a\}^c$이 성립한다. 정리 3.3.5에 의하여 $\{a\}^c$이 열린집합이 된다. 따라서 $\{a\}$는 위상공간 X에서 닫힌집합이다.

(2) ⇒ (1) X상의 서로 다른 임의의 두 점 a, b를 택하자. 가정에 의하여 $\{a\}$와 $\{b\}$는 닫힌집합이다. 따라서 $\{a\}^c$과 $\{b\}^c$은 열린집합이고, $U = \{b\}^c$, $V = \{a\}^c$으로 놓으면 $a \in U$, $b \in V$이고 $b \notin U$, $a \notin V$이 되어서 X는 T_1 공간이다.

| 예제 9.1.7 | 모든 집합 $X(\neq \varnothing)$에 대하여 여유한위상 $(X, \mathscr{T}_f)$는 T_1 공간이다(여기서 $|X| \geq 2$으로 한다).

증명 1 정리 9.1.6(2)를 활용하자. 임의의 $x \in X$에 대하여 $\{x\}^c \in \mathscr{T}_f$이므로 $\{x\}$는 $(X, \mathscr{T}_f)$에서 닫힌집합이다.

증명 2 (1) 무한집합 X상의 여유한공간 $(X, \mathscr{T}_f)$는 T_1 공간이다. 여기서 $\mathscr{T}_f = \{U \subset X \mid U^c$이 유한집합이다$\} \cup \{\varnothing\}$이다. $(X, \mathscr{T}_f)$가 T_1 공간임을 보이자. X상의 서로 다른 임의의 두 점 $a, b(\in X)$에 대하여 $a \in \{b\}^c$, $b \in \{a\}^c$인데 $\{b\}^c$과 $\{a\}^c$ 모두 $(X, \mathscr{T}_f)$상에서 열린집합이다. 구체적으로, $a \in \{b\}^c = U$, $b \in \{a\}^c = V$라 놓으면 $U, V \in \mathscr{T}_f$이고 $b \notin U$, $a \notin V$가 되어서 $(X, \mathscr{T}_f)$는 T_1 공간이다.

(2) 유한집합 X상의 여유한위상 $(X, \mathscr{T}_f)$은 $(X, \mathscr{D})$임이 명백하므로 $(X, \mathscr{T}_f)$는 T_1 공간이다. ■

이제 T_1 공간의 유전적 성질, 위상적 성질과 곱성질을 알아보자.

정리 9.1.8 (1) T_1 공간은 유전적 성질을 갖는다.

(2) T_1 공간은 위상적 성질을 갖는다.

(3) T_1 공간은 곱성질을 갖는다.

증명 (1) $(A, \mathscr{T}_A)$를 T_1 공간 $(X, \mathscr{T})$의 임의의 부분공간이라 하자. 서로 다른 임의의 두 점 $a, b \in A$에 대하여 $a, b \in X$이고 X가 T_1 공간이므로 $a \in U$, $b \in V$인 열린집합 $U, V(\in \mathscr{T})$가 존재하여 $b \notin U$, $a \notin V$이 성립한다. 그러면 $A \cap U = U_A$, $A \cap V = V_A$라 놓으면 $U_A, V_A \in \mathscr{T}_A$이고

$$a \in U_A,\ b \in V_A \text{이고 } a \notin V_A,\ b \notin U_A$$

이 성립하므로 $(A, \mathscr{T}_A)$는 T_1 공간이다.

(2) 위상공간 $(X, \mathscr{T}_1)$과 $(Y, \mathscr{T}_2)$가 위상동형이고 $(X, \mathscr{T}_1)$이 T_1 공간이라 하자. 그러면 위상동형사상 $h: (X, \mathscr{T}_1) \to (Y, \mathscr{T}_2)$가 존재한다. 이제 $(Y, \mathscr{T}_2)$가 T_1 공간임을 보이자. 서로 다른 임의의 두 점 $y_1, y_2 \in Y$에 대하여 h가 전단사이므로 $h^{-1}(y_1) = x_1$, $h^{-1}(y_2) = x_2 (\in X)$는 X상에서 서로 다른 점들이다. 그런데 $(X, \mathscr{T}_1)$이 T_1 공간이므로

$$x_1 \in U_1 \in \mathscr{T}_1,\quad x_2 \in U_2 \in \mathscr{T}_1 \text{이고 } x_1 \notin U_2,\ x_2 \notin U_1$$

이 성립한다. 한편 h가 위상동형사상이므로 $h(U_1) = V_1$, $h(U_2) = V_2$이라 놓으면 $V_1, V_2 \in \mathscr{T}_2$이고 $y_1 \in V_1$, $y_2 \in V_2$이며 $y_1 \notin V_2$,

$y_2 \not\in V_1$이 성립하여 $(Y, \mathscr{T}_2)$가 T_1 공간이다.

(3) 임의의 $\alpha \in \Lambda$에 대하여 $(X_\alpha, \mathscr{T}_\alpha)$가 T_1 공간이면 곱공간 $(\prod_{\alpha \in \Lambda} X_\alpha,\ \mathscr{T}_p)$가 T_1 공간임을 보이면 된다.

서로 다른 임의의 두 점 $(x_\alpha)_{\alpha \in \Lambda}, (y_\alpha)_{\alpha \in \Lambda} \in \prod_{\alpha \in \Lambda} X_\alpha$을 택하면 적어도 $x_{\alpha_0} \neq y_{\alpha_0}$인 $\alpha_0 \in \Lambda$가 존재한다. 그런데 $(X_{\alpha_0}, \mathscr{T}_{\alpha_0})$가 T_1 공간이므로

$$x_{\alpha_0} \in U_{\alpha_0},\ y_{\alpha_0} \in V_{\alpha_0}\text{이고 } x_{\alpha_0} \not\in V_{\alpha_0},\ y_{\alpha_0} \not\in U_{\alpha_0}$$

를 만족하는 $(X_{\alpha_0}, \mathscr{T}_{\alpha_0})$에서 열린집합 $U_{\alpha_0}, V_{\alpha_0}(\in \mathscr{T}_{\alpha_0})$가 존재한다. 그러면 곱공간 $\prod_{\alpha \in \Lambda} X_\alpha$에서 $P_{\alpha_0}^{-1}(U_{\alpha_0}) = U$, $P_{\alpha_0}^{-1}(V_{\alpha_0}) = V$라 놓으면 곱공간 $(\prod_{\alpha \in \Lambda} X_\alpha, \mathscr{T}_p)$의 정의에 의하여 $U, V \in \mathscr{T}_p$가 되고 이 U, V는

$$(x_\alpha)_{\alpha \in \Lambda} \in U,\ (y_\alpha)_{\alpha \in \Lambda} \in V\text{이고 } (x_\alpha)_{\alpha \in \Lambda} \not\in V,\ (y_\alpha)_{\alpha \in \Lambda} \not\in U$$

를 만족한다. 따라서 $(\prod_{\alpha \in \Lambda} X_\alpha, \mathscr{T}_p)$는 T_1 공간이다. □

이제 T_2 공간에 관하여 알아보자.

정의 9.1.9 '위상공간 X상의 서로 다른 임의의 두 점 $a, b(\in X)$에 대하여 열린집합 U, V가 존재하여 $a \in U$, $b \in V$이고 $U \cap V = \varnothing$ 이다'라는 명제를 T_2 분리공리라 한다. T_2 공리를 만족하는 위상공간 X를 하우스도르프 공간(T_2 공간, Hausdorff space)이라 한다(그림 9.3 참조).

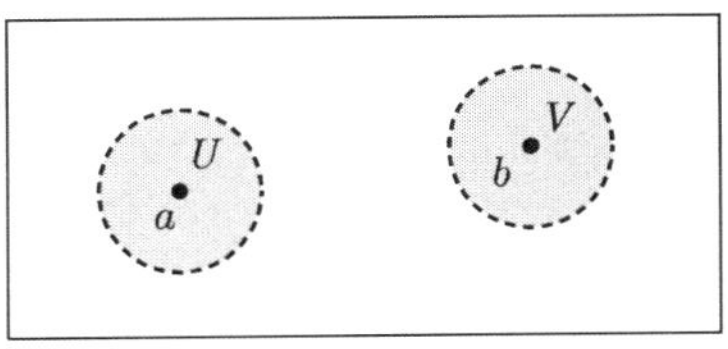

그림 9.3 T_2 공리

참고로 T_2 공리를 하우스도르프 공리라고 부르기도 한다.

| 예제 9.1.10 | (1) 모든 이산공간 $(X, \mathscr{D})$가 하우스도르프 공간임은 명백하다.

(2) $(\mathbb{R}^n, \mathscr{U})$는 T_2 공간이다. 왜냐하면 $\mathbb{R}^n$상의 서로 다른 임의의 두 점 a, $b \in \mathbb{R}^n$를 택하고, 두 점 사이의 유클리드 거리 $\|a-b\|$를 ε이라 놓자. 두 개의 열린구 $B(a, \frac{\varepsilon}{3})$과 $B(b, \frac{\varepsilon}{3})$을 택하면 이들 모두 열린집합이고 $a \in B(a, \frac{\varepsilon}{3})$, $b \in B(b, \frac{\varepsilon}{3})$이며 $B(a, \frac{\varepsilon}{3}) \cap B(b, \frac{\varepsilon}{3}) = \varnothing$가 되어서 $(\mathbb{R}^n, \mathscr{U})$는 T_2 공간이다.

(3) 전순서 집합 $(X, \leq)$에 의하여 생성된 순서공간 $(X, \mathscr{T}_o)$은 하우스도르프 공간이다. 왜냐하면 임의의 서로 다른 두 점 p, $q \in X$에 대하여 X가 전순서집합이므로 일반성을 잃지 않고 $p < q$이라 할 수 있다.

(i) $p < z < q$를 만족하는 $z(\in X)$가 존재하지 않는 경우에는

$$U_p = \{x \in X \mid x < q\}, \qquad V_q = \{x \in X \mid p < x\}$$
$$= \{x \in X \mid x \leq p\} \qquad\quad = \{x \in X \mid q \leq x\}$$

이라 놓자. 그러면 $U_p(\ni p)$, $V_q(\ni q) \in \mathscr{T}_o$이고 $U_p \cap V_q = \varnothing$이다.

(ii) $p < z < q$를 만족하는 $z(\in X)$가 존재하는 경우에는

$$U_p = \{x \in X \mid x < z\}, \qquad V_q = \{x \in X \mid z < x\}$$

으로 놓으면 $U_p(\ni p)$, $V_q(\ni q) \in \mathscr{T}_o$이고 $U_p \cap V_q = \varnothing$이 성립하여, $(X, \mathscr{T}_o)$는 하우스도르프 공간이다. ■

이제 T_0 공간, T_1 공간과 T_2 공간을 서로 비교해보자. T_0 공리, T_1 공리, T_2 공리에서 알 수 있듯이 T_i 공간$(i \in \{0, 1, 2\})$들은 다음과 같은 관계가 있다.

기초정리 9.1.11 T_2 공간 $\Rightarrow$ T_1 공간 $\Rightarrow$ T_0 공간

이제 기초정리 9.1.11의 역은 성립하지 않음을 예를 들어 설명하기로 하자.

| 예제 9.1.12 | (1) Sierpinski 공간과 카림스키 선위상공간은 T_0 공간이지만 T_1 공간은 아니다.

(2) 예제 9.1.7에서 다룬 무한집합 X상의 여유한위상 $(X, \mathscr{T}_f)$는 T_1 공간이지만 T_2 공간은 아니다. 구체적으로, $(X, \mathscr{T}_f)$가 T_1 공간임은 예제 9.1.7에서 보였

으므로 $(X, \mathscr{T}_f)$가 T_2 공간이 아님을 보이자. 귀류법을 사용하여, 서로 다른 임의의 두 점 $a, b \in X$에 대하여 $U, V \in \mathscr{T}_f$가 존재하여

$$a \in U \in \mathscr{T}_f,\ b \in V \in \mathscr{T}_f \text{이면서 } U \cap V = \varnothing \qquad \cdots (9.1)$$

이라 가정하자. 그러면 U^c와 V^c는 X의 부분집합으로서 다음과 같은 형태이다.

$$U^c = \{a_1, a_2, \cdots, a_m\} \subset X, \quad V^c = \{b_1, b_2, \cdots, b_n\} \subset X$$

그러면 식 (9.1)에서 $U \cap V = \varnothing$ 이므로 다음이 성립한다.

$$X = (U \cap V)^c = U^c \cup V^c = \{a_1, \cdots, a_m, b_1, \cdots, b_n\}$$

즉 X가 유한집합이 되어서, X가 무한집합이라는 가정에 모순이다. ■

| 예제 9.1.13 | 정수 $m \in \mathbb{Z}$에 대하여 $U_m = \{t \in \mathbb{Z} \mid t \le m\}$이라 하자. 정수집합 $\mathbb{Z}$에 다음과 같은 위상 $\mathscr{T}$를 생각하자.

$$\mathscr{T} = \{\varnothing, \mathbb{Z}, U_m \mid m \in \mathbb{Z}\}$$

위상공간 $(\mathbb{Z}, \mathscr{T})$는 T_0 공간이지만 T_1 공간은 아니다.

(i) $(\mathbb{Z}, \mathscr{T})$가 T_0 공간임을 보이자. 서로 다른 임의의 두 정수 $m, n \in \mathbb{Z}$을 택하여 편의상 $m < n$이라 하자. 그러면 $U_m = \{t \in \mathbb{Z} \mid t \le m\} \in \mathscr{T}$가 존재하여 $m \in U_m$이고 $n \notin U_m$이 성립하므로 $(\mathbb{Z}, \mathscr{T})$는 T_0 공간이다.

(ii) $(\mathbb{Z}, \mathscr{T})$에서 닫힌집합의 모임은

$$\{\varnothing, \mathbb{Z}\} \cup \{t \in \mathbb{Z} \mid t > m,\ m \in \mathbb{Z}\}$$

이다. 그러므로 $\mathbb{Z}$상의 한원소집합은 닫힌집합이 될 수 없기에 정리 9.1.6에 의하여 $(\mathbb{Z}, \mathscr{T})$는 T_1 공간은 아니다. ■

기초정리 9.1.14 모든 거리공간은 T_2 공간이다.

증명 (X, d)를 거리공간이라 하자. 서로 다른 임의의 두 점 $a, b \in X$에 대하여 $r = d(a, b) > 0$이라 하자. 이제 $U = B_d(a, \frac{r}{3})$, $V = B_d(b, \frac{r}{3})$이라 하면

U, V는 (X, d)에서 열린집합이고 $a \in U$, $b \in V$이며 $U \cap V = \varnothing$이 되어서 (X, d)는 T_2 공간이다. □

| 예제 9.1.15 | 여유한공간 $(\mathbb{R}^n, \mathscr{T}_f)$는 거리화가능 공간이 아니다. 만약 $(\mathbb{R}^n, \mathscr{T}_f)$가 거리화가능이라면 $(\mathbb{R}^n, \mathscr{T}_f)$는 거리공간이 된다. 그러면 기초정리 9.1.14에 의하여 $(\mathbb{R}^n, \mathscr{T}_f)$는 T_2 공간이 되어야 한다. 그러나 예제 9.1.12(2)에서 보였듯이 $(\mathbb{R}^n, \mathscr{T}_f)$는 T_2 공간이 될 수 없기에 모순이다. 따라서 $(\mathbb{R}^n, \mathscr{T}_f)$는 거리화가능 공간이 아니다. ■

이제 T_2 공간의 유전적 성질, 곱성질, 위상적 성질을 알아보자.

성질 9.1.16 T_2 공간은 유전적 성질을 갖는다.

증명 $(A, \mathscr{T}_A)$를 T_2 공간 $(X, \mathscr{T})$의 임의의 부분공간이라 하자. 서로 다른 임의의 두 점 $a, b \in A$에 대하여 $a, b \in X$이고 $(X, \mathscr{T})$가 T_2 공간이므로 $a \in U \in \mathscr{T}$, $b \in V \in \mathscr{T}$가 존재하여 $U \cap V = \varnothing$이 성립한다. 그러면 $a \in A \cap U := U_A \in \mathscr{T}_A$, $b \in A \cap V := V_A \in \mathscr{T}_A$이고 $U_A \cap V_A = \varnothing$이 성립하므로 $(A, \mathscr{T}_A)$는 T_2 공간이다. □

성질 9.1.17 T_2 공간은 위상적 성질을 갖는다.

증명 위상공간 $(X, \mathscr{T}_1)$과 $(Y, \mathscr{T}_2)$가 위상동형이고 $(X, \mathscr{T}_1)$이 T_2 공간이라 하자. 그러면 위상동형사상 $h : (X, \mathscr{T}_1) \to (Y, \mathscr{T}_2)$가 존재한다. 이제 $(Y, \mathscr{T}_2)$가 T_2 공간임을 보이자. 서로 다른 임의의 두 점 $y_1, y_2 \in Y$에 대하여 h가 전단사이므로 $h^{-1}(y_1) = x_1$, $h^{-1}(y_2) = x_2 (\in X)$는 X상에서 서로 다른 점들이다. 그런데 $(X, \mathscr{T}_1)$이 T_2 공간이므로

$$x_1 \in U_1 \in \mathscr{T}_1,\ x_2 \in U_2 \in \mathscr{T}_1 \text{이고 } U_1 \cap U_2 = \varnothing$$

인 열린집합 U_1, $U_2 \in \mathscr{T}_1$이 존재한다. 한편 h가 위상동형사상이므로 $h(U_1) = V_1$, $h(U_2) = V_2$이라 놓으면 V_1, $V_2 \in \mathscr{T}_2$이고 $y_1 \in V_1$, $y_2 \in V_2$이며 $V_1 \cap V_2 = \varnothing$이다. 따라서 $(Y, \mathscr{T}_2)$는 T_2 공간이다. □

| 예제 9.1.18 | 예제 9.1.10(2)에 의하여 $(\mathbb{R}^n, \mathscr{U})$는 T_2 공간이고, 예제 9.1.12(2)에 의하여 $(\mathbb{R}^n, \mathscr{T}_f)$는 T_2 공간이 아니다. 그러므로 성질 9.1.17에 의하여 $(\mathbb{R}^n, \mathscr{U})$와 $(\mathbb{R}^n, \mathscr{T}_f)$는 위상동형이 아니다. ■

이제 T_2 공간의 곱성질을 알아보자.

성질 9.1.19 T_2 공간은 곱성질을 갖는다.

증명 모든 $\alpha \in \Lambda$에 대하여 $(X_\alpha, \mathscr{T}_\alpha)$가 T_2 공간이면 곱공간 $(\prod_{\alpha \in \Lambda} X_\alpha, \mathscr{T}_p)$도 T_2 공간임을 보이면 된다. $(x_\alpha)_{\alpha \in \Lambda}$와 $(y_\alpha)_{\alpha \in \Lambda}$를 곱공간 $\prod_{\alpha \in \Lambda} X_\alpha$의 서로 다른 임의의 두 점이라 하자. 그러면 $x_{\alpha_0} \neq y_{\alpha_0}$인 $\alpha_0 \in \Lambda$가 존재한다. 그런데 $(X_{\alpha_0}, \mathscr{T}_{\alpha_0})$가 T_2 공간이므로

$$x_{\alpha_0} \in U_{\alpha_0},\ y_{\alpha_0} \in V_{\alpha_0}\text{이고 } U_{\alpha_0} \cap V_{\alpha_0} = \varnothing$$

를 만족하는 열린집합 $U_{\alpha_0}, V_{\alpha_0} \in \mathscr{T}_{\alpha_0}$가 존재한다. 그러면 곱공간 $(\prod_{\alpha \in \Lambda} X_\alpha, \mathscr{T}_p)$의 열린집합 $P_{\alpha_0}^{-1}(U_{\alpha_0}) = U$, $P_{\alpha_0}^{-1}(V_{\alpha_0}) = V$라 놓으면

$$(x_\alpha)_{\alpha \in \Lambda} \in U,\ (y_\alpha)_{\alpha \in \Lambda} = V\text{이고 } U \cap V = \varnothing$$

이 성립한다. 여기서 함수 P_{α_0}는

$$P_{\alpha_0} : \prod_{\alpha \in \Lambda} X_\alpha \to X_{\alpha_0},\ P_{\alpha_0}((x_\alpha)_{\alpha \in \Lambda}) = x_{\alpha_0}$$

인 α_0-사영사상이다. 따라서 곱공간 $(\prod_{\alpha \in \Lambda} X_\alpha, \mathscr{T}_p)$는 T_2 공간이다. □

(★) 정리 9.1.8(3)과 성질 9.1.19의 역 (converse)으로서 $(\prod_{\alpha \in \Lambda} X_\alpha, \mathscr{T}_p)$가 T_i 공간이면 임의의 $\alpha \in \Lambda$에 대하여 $(X_\alpha, \mathscr{T}_\alpha)$도 T_i 공간이 된다$(i \in \{0, 1, 2\})$. (연습문제 9.1 참조)

이제 T_2 공간의 다양한 성질을 알아보자.

정리 9.1.20 위상공간 X가 T_2 공간이기 위한 필요충분조건은 집합(대각선) $\Delta = \{(x, x) \mid x \in X\}$는 곱공간 $(X \times X, \mathscr{T}_p)$에서 닫힌집합인 것이다.

증명 ($\Rightarrow$) $(X, \mathscr{T})$가 T_2 공간임을 가정하고 $\Delta^c = X \times X - \Delta$이 곱공간 $(X \times X, \mathscr{T}_p)$에서 열린집합임을 보이면 된다. 정리 3.3.5를 활용하기 위해서 임의의 점 $(x, y) \in X \times X - \Delta$를 택하자. 그러면 $x \neq y (\in X)$이고 X가 T_2 공간이기 때문에 다음을 만족하는 열린집합 $U, V \in \mathscr{T}$가 존재한다.

$$x \in U,\ y \in V\text{이고 } U \cap V = \varnothing$$

그러면 $U \times V \in \mathscr{T}_p$이고 $(x, y) \in U \times V \subset X \times X - \Delta$이므로, 정리 3.3.5에 의하여 $\Delta^c \in \mathscr{T}_p$이다. 따라서 Δ는 $(X \times X, \mathscr{T}_p)$에서 닫힌집합이다.

($\Leftarrow$) Δ가 $(X \times X, \mathscr{T}_p)$에서 닫힌집합이라 하자. 그러면 $X \times X - \Delta$는 곱위상 $\mathscr{T}_p$의 열린집합이다. 서로 다른 임의의 두 점 $x, y \in X$를 택하면 $(x, y) \in X \times X - \Delta$이다. 그런데 $(X \times X - \Delta) \in \mathscr{T}_p$이므로

$$(x, y) \in U \times V \subset X \times X - \Delta$$

를 만족하는 $(X, \mathscr{T})$의 열린집합 $U, V (\in \mathscr{T})$가 존재한다(그림 9.4 참조). 그러면 U, V는

$$x \in U,\ y \in V\text{이고 } U \cap V = \varnothing$$

를 만족하므로 $(X, \mathscr{T})$는 T_2 공간이다. □

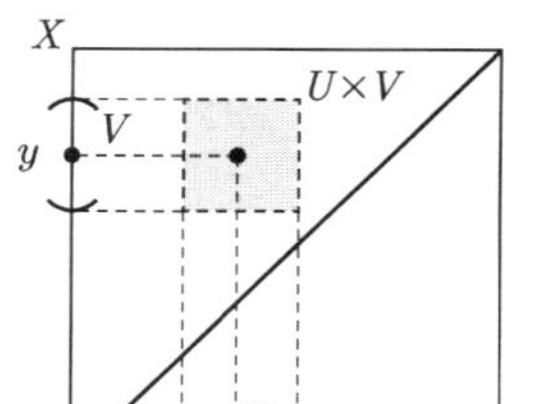

그림 9.4 $U \times V$ 설명

성질 9.1.21 X는 위상공간이고 Y는 T_2 공간이라 하자. 그러면 두 연속사상 f,

$g : X \to Y$에 대하여 다음이 성립한다.

(1) $\{x \in X \mid f(x) = g(x)\}$는 X에서 닫힌집합이다.

(2) D가 X에서 조밀부분집합일 때 제한사상 $f|_D = g|_D$이면 $f = g$이다.

증명 (1) $h = (f, g) : X \to Y \times Y$를 $h(x) = (f(x), g(x))$라 하면 정리 6.1.9에 의하여 h는 연속사상이다. Y가 T_2 공간이므로 정리 9.1.20에 의하여 $\Delta = \{(y, y) \mid y \in Y\}$는 곱공간 $(Y \times Y, \mathscr{T}_p)$에서 닫힌집합이다. 따라서

$$h^{-1}(\Delta) = \{x \mid f(x) = g(x)\}$$

는 X에서 닫힌집합이다.

(2) 함수 f와 g가 조밀한 부분집합 D에서 일치한다고 하자. 즉 $f|_D = g|_D$이다. 이제

$$B = \{x \mid f(x) = g(x)\}$$

이라 놓으면 $D \subset B$이다. (1)에 의하여 B는 위상공간 X에서 닫힌집합이므로 $B = \overline{B}$이다. 그러므로 $\overline{D} \subset \overline{B} = B$인데 가정에 의하여 $\overline{D} = X$이므로

$$X = \overline{D} = B = \{x \mid f(x) = g(x)\}$$

가 되어서 $f = g$이다. □

일반적으로 위상공간상에서 수렴하는 점렬이 유일한 수렴점을 갖는 것은 아니다. 그러나 T_2 공간상에서 수렴하는 점렬은 유일한 수렴점을 가짐을 다음 정리에서 알 수 있다.

정리 9.1.22 T_2 공간에서 수렴하는 점렬은 유일한 극한점을 갖는다.

증명 T_2 공간인 $(X, \mathscr{T})$에서 한 점렬 $\langle x_n \rangle$이 X상의 두 점 p와 q에 수렴한다고 가정하자(귀류법 사용). 즉 $\lim_{n\to\infty} x_n = p$, $\lim_{n\to\infty} x_n = q$이고 $p \neq q$이다. 그런데 위상공간 X가 T_2 공간이므로

$$p \in U,\ q \in V\text{이고 } U \cap V = \varnothing \qquad \cdots (9.2)$$

인 열린집합 U와 V가 존재한다. 즉, U, $V \in \mathscr{T}$이다. 가정에 의하여 $\langle x_n \rangle \to p$이고 $\langle x_n \rangle \to q$이므로

$$n \geq n_1 \text{이면 } x_n \in U \text{이고}$$
$$n \geq n_2 \text{이면 } x_n \in V$$

를 만족하는 자연수 n_1과 n_2가 존재한다. 이제 $n_0 = \max\{n_1, n_2\}$라 놓으면

$$n \geq n_0 \text{인 } x_n \in U \cap V$$

이 성립하여 식 (9.2)의 $U \cap V = \varnothing$에 모순이다. □

정리 9.1.23 위상공간 $(X, \mathscr{T})$가 제1가산공간일 때 다음은 동치이다.

(a) X가 하우스도르프 공간이다.

(b) X상에서 수렴하는 모든 점렬은 유일한 극한점을 갖는다.

증명 (a) ⇒ (b) 정리 9.1.22에 의하여 성립한다.

(b) ⇒ (a) 귀류법을 사용하여 X가 하우스도르프 공간이 아니라고 가정하자. 그러면 어떤 서로 다른 두 점 p, $q(\in X)$가 존재하여 다음 성질 'U와 V가 각각 p와 q의 열린근방이면서 $U \cap V \neq \varnothing$인 U, $V \in \mathscr{T}$이 존재한다'를 만족한다. 그런데 X가 제1가산이므로 점 p에서의 축소가산국소기저

$$\mathscr{B}_p = \{B_n \mid B_n \supset B_{n+1},\ n \in \mathbb{N}\}$$

과 점 q에서의 축소가산국소기저

$$\mathscr{B}_q = \{C_n \mid C_n \supset C_{n+1},\ n \in \mathbb{N}\}$$

이 존재한다. 그러면 모든 $n \in \mathbb{N}$에 대하여 B_n과 C_n은 각각 p와 q의 열린근방이므로 위 가정에 의해서 $B_n \cap C_n \neq \varnothing$이다. 따라서 $x_n \in B_n \cap C_n$인 점에 의한 점렬 $\langle x_n \rangle$이 X에 존재하는데

$$\lim_{n\to\infty} x_n = p,\ \lim_{n\to\infty} x_n = q,\ p \neq q$$

이므로 조건 (b)에 모순이다. □

연습문제 9.1

1. (1) T_0 공간의 유전적 성질을 보이시오.
   (2) T_0 공간의 곱성질을 보이시오.
   (3) T_0 공간의 위상적 성질을 보이시오.

2. (1) 집합 X가 유한집합이고, $|X| \geq 2$이면 X상의 여유한위상 $(X, \mathscr{T}_f)$는 T_2 공간임을 보이시오.
   (2) $(X, \mathscr{T}_f)$이 T_2 공간 $\Leftrightarrow$ X는 유한집합임을 보이시오.

3. (1) 비가산집합 X상의 여가산공간 $(X, \mathscr{T}_c)$는 T_1 공간이지만 T_2 공간이 아님을 보이시오.
   (2) 모든 $(X, \mathscr{T}_c)$는 T_1 공간임을 보이시오.
   (3) $(X, \mathscr{T}_c)$가 T_2 공간 $\Leftrightarrow$ X는 가산집합임을 보이시오.

4. 여유한공간 $(X, \mathscr{T}_f)$를 생각하자. X상에 또 다른 위상 $\mathscr{T}$가 주어져서 $(X, \mathscr{T})$가 T_1 공간이라면 $\mathscr{T}_f \subset \mathscr{T}$임을 증명하시오. (힌트 : 임의의 $U \in \mathscr{T}_f$를 취하면 U^c이 유한집합이거나 $U = \varnothing$이다. $U = \varnothing$인 경우는 $U \in \mathscr{T}$임은 명백하다. 이제 U^c가 유한집합인 경우만 조사하면 된다. 그런데 유한집합 U^c는 한원소집합들의 유한 합집합으로 표시되고, $(X, \mathscr{T})$가 T_1 공간이기에 $(X, \mathscr{T})$의 임의의 한원소집합은 닫힌집합이다(정리 9.1.6 참조). 따라서 U^c는 $(X, \mathscr{T})$에서 닫힌집합이다. 결론적으로 $U \in \mathscr{T}$가 되어서 $\mathscr{T}_f \subset \mathscr{T}$임을 밝힐 수 있다.)

5. 자연수집합 $\mathbb{N}$에서 임의의 $n \in \mathbb{N}$에 대하여 $U_n = \{t \in \mathbb{N} \mid t \leq n\}$이라 하자. $\mathbb{N}$상에 다음과 같은 위상

$$\mathscr{T} = \{\mathbb{N}, \varnothing, U_n \mid n \in \mathbb{N}\}$$

   를 준 위상공간 $(\mathbb{N}, \mathscr{T})$을 $(\mathbb{N}, \leq)$에서 유도된 순서공간 $(\mathbb{N}, \mathscr{T}_o)$와 위상의 세밀함을 비교하시오.

6. 정리 9.1.6과 연관하여 다음이 동치임을 증명하시오.
   (a) 위상공간 $(X, \mathscr{T})$는 T_0 공간이다.

(b) 서로 다른 임의의 두 점 x, $y \in X$에 대하여 $\overline{\{x\}} \neq \overline{\{y\}}$ 이다.

7. T_1 공간 $(X, \mathscr{T})$의 부분집합 $A(\subset X)$에 대하여 다음은 동치이다.

(a) x가 A의 극한점이다.

(b) x의 임의의 열린근방 U에 대하여 $U \cap A$는 무한집합이다.

8. 위상공간 $(X, \mathscr{T})$가 T_1 공간이 되기 위한 필요충분조건은 X의 각 유한부분집합이 닫힌집합인 것이다 (힌트 : 정리 9.1.6을 활용하자.)

9. $(X_\alpha, \mathscr{T}_\alpha)(\alpha \in \Lambda)$의 곱공간 $(\prod_{\alpha \in \Lambda} X_\alpha, \mathscr{T}_p)$가 T_i 공간$(i \in \{0, 1, 2\})$이기 위한 필요충분조건은 각 $\alpha \in \Lambda$에 대하여 $(X_\alpha, \mathscr{T}_\alpha)$도 T_i 공간$(i \in \{0, 1, 2\})$임을 보이시오.

10. 여가산공간 $(\mathbb{R}, \mathscr{T}_c)$, $(\mathbb{Q}^c, \mathscr{T}_c)$, $(\mathbb{Q}^c, \mathscr{T}_f)$, $(\mathbb{Q}, \mathscr{T}_f)$는 각각 T_1 공간이지만 T_2 공간이 아님을 보이시오.

11. 위상공간 X가 T_1 공간일 때 X상에서 수렴하는 점렬은 일반적으로 유일한 수렴점(극한점)을 갖지 않음을 예를 들어 보이시오.

12. 위상공간 X가 T_1 공간일 때 X의 부분집합 A의 도집합 A'은 X에서 닫힌집합임을 증명하시오.

13. 집합 $X = \{a, b, c\}$상에서 위상공간 $\mathscr{T}_i$를 주면 $\{\mathscr{T}_i \mid (X, \mathscr{T}_i) : \text{위상공간}\}$의 개수는 29개이다. 이들 중에 T_0 공간이 되는 $\mathscr{T}_i$는 몇 개인가?

14. 집합 $X = (0, 1)$상에 위상 $\mathscr{T} = \left\{ \varnothing, X, (\frac{1}{n}, 1) \,\middle|\, n \in \mathbb{N} - \{0\} \right\}$을 준 위상공간 $(X, \mathscr{T})$에 대하여 다음을 답하시오.

(1) $(X, \mathscr{T})$는 T_0 공간임을 보이시오.

(2) $(X, \mathscr{T})$는 T_1 공간이 아님을 보이시오.

15. $I = [0, 1]$상에 다음과 같은 관계 '$\sim$'를 주자. $\exists x, y \in I$, $x \sim y \Leftrightarrow x - y$는 유리수이다. 이 경우 $(I, \sim)$은 동치관계집합이다. 다음을 답하시오.

(1) $(I/\sim, \mathscr{U}_{I/\sim})$는 T_2 공간이 아니다.

(2) 자연사상 $P: I \to I/\sim$은 열린사상이다.

16. 예제 4.1.14에서 소개한 카림스키선위상 $(\mathbb{Z}, \kappa)$에 대하여 다음을 답하시오.

(1) $(\mathbb{Z}, \kappa)$는 T_1 공간이 아님을 보이시오.

(2) $\text{card}\{ p \in \mathbb{Z} \mid \{p\} = \overline{\{p\}} \}$은 무엇인가?

17. 동치관계집합 $(X; R)$에 대하여 위상공간 $(X, \mathscr{T})$를 생각하자. 자연사상 $P: X \to X/R$에 의하여 상위상공간 $(X/R, \mathscr{T}')$을 만든다. 이 경우 다음을 증명하시오.

$(X/R, \mathscr{T}')$이 T_1 공간이다

$\Leftrightarrow$ ㅋ $^\forall x \in X$, x의 동치류 R_x가 $(X, \mathscr{T})$의 닫힌집합이다.

18. $(X, \mathscr{T})$가 T_1 공간이고, 전사인 닫힌사상 $f: (X, \mathscr{T}) \to (X, \mathscr{T}')$을 생각한다. 이 경우 $(Y, \mathscr{T}')$이 T_1 공간임을 보이시오.

19. 연습문제 7.1의 문제 8에서 제시된 거리공간 $(\mathbb{R}^2, \mathscr{T}_d)$가 T_2 공간임을 구체적으로 보이시오(특히, $p = (0, 0)$으로 택하고 $q(\neq p)$인 점에 대하여 집중적으로 탐구하시오).

20. 전순서집합 $(X, \leq_1)$과 $(Y, \leq_2)$에 의하여 생성된 사전식순서에 의한 전순서집합 $(X \times Y, \leq)$에서 유도된 순서공간$(X \times Y, \mathscr{T}_o)$를 생각한다.

(1) $(X \times Y, \mathscr{T}_o)$이 하우스도르프 공간임을 보이시오.

(2) $(\mathbb{N} \times \mathbb{N}, \mathscr{T}_o)$에서 임의의 한 점 $p \in \mathbb{N} \times \mathbb{N}$에 대하여 p를 원소로 갖는 가장 작은 열린집합을 구하시오.

(3) $(\mathbb{R} \times \mathbb{R}, \mathscr{T}_o)$에서 임의의 한 점 $p \in \mathbb{R} \times \mathbb{R}$에 대하여 p를 원소로 갖는 가장 작은 열린집합은 무엇인가?

21. 위상공간 $(X, \mathscr{T})$에 대하여 동치관계집합 (X, R)이 존재한다고 가정하자. 자연사상 $P: X \to X/R$에 의하여 생성된 X/R상의 상위상을 $(X/R, \mathscr{T})$라 할 때 다음을 증명하시오.

(1) $(X/R, \mathscr{T})$이 T_1 공간이다 $\Leftrightarrow$ 임의의 $x \in X$에 대하여 동치류 $[x]$가 $(X, \mathscr{T})$에서 닫힌집합이다.

22. 카림스키 선위상 $(\mathbb{Z}, \kappa)$ (예제 4.1.14 참조)이 T_0 공간임을 보이시오(정의를 사용하여 증명하시오).

9.2 정칙공간과 정규공간

이 절에서는 정칙공간과 정규공간을 정의하고 이들 공간의 다양한 성질을 조사한다. 정칙공간은 분리공리 T_2에서 두 점 중의 하나를 닫힌집합으로 대체함으로써 분리공리 T_2보다 더 강한 분리공리로서 다음과 같이 정의된다.

정의 9.2.1 T_1 공간 X가 다음 공리를 만족할 때 X를 **정칙공간**(regular space) 또는 T_3 공간이라고 한다.

[R] 임의의 닫힌집합 F와 임의의 점 $x \in X - F$에 대하여

$$F \subset U,\ x \in V \text{이고 } U \cap V = \varnothing$$

을 만족하는 열린집합 U와 V가 존재한다.

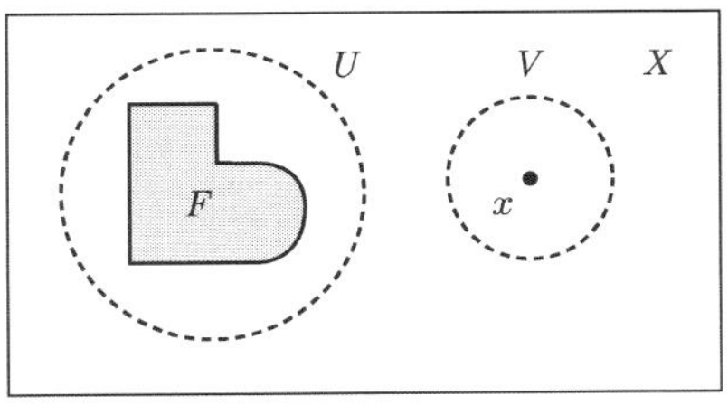

그림 9.5 정칙공간 공리 $[R]$의 설명

정의 9.2.2 위상공간 X가 정칙공간이기 위한 조건을 T_3 **분리공리**(T_3 separation axiom)라 한다.

(주의 : 정칙공간(T_3 공간)을 정의하는 방법은 책에 따라 약간의 차이가 있기에 유의하기 바람.)

다음은 정칙공간의 예이다.

(★) 보통위상공간 $(\mathbb{R}^n, \mathscr{U})$는 정칙공간이다.

(★) 모든 거리공간은 정칙공간이다.

정리 9.2.3 정칙공간 (T_3 공간)은 하우스도르프 공간 (T_2 공간)이다.

증명 위상공간 X가 정칙공간이라고 가정하고, 서로 다른 임의의 두 점 p, $q(\in X)$를 택하자. X는 T_1 공간이므로, 정리 9.1.6에 의하여 $\{p\}$는 닫힌 집합이고 $q \not\in \{p\}$이다. X가 T_3 공간이므로 공리 [R]에 의하여 열린집합 U와 V가 존재하여

$$\{p\} \subset U,\ q \in V \text{이고 } U \cap V = \varnothing$$

이다. 따라서 두 점 p, q는

$$p \in U,\ q \in V \text{이고 } U \cap V = \varnothing$$

를 만족하게 되어서 X는 T_2 공간이다. □

정리 9.2.3에 의하여 T_3 공간 $\Rightarrow$ T_2 공간임을 알았다. 그러나 이 역 (converse)은 성립하지 않는다. 즉 T_2 공간이 항상 T_3 공간이 되는 것은 아니다. 더 나아가 T_1 공간이 아니면서 정의 9.2.1의 공리 [R]을 만족하는 위상공간이 항상 T_2 공간이 되는 것도 아님을 다음 예제를 통해서 알아보자.

| 예제 9.2.4 | 집합 $X = \{a, b, c\}$라 하고 위상 $\mathscr{T} = \{X, \varnothing, \{a, b\}, \{c\}\}$라 하자. 이 위상공간 $(X, \mathscr{T})$는 다음과 같은 성질이 있다.

(i) $(X, \mathscr{T})$는 T_1 공간이 아니다. 왜냐하면 어떤 한원소집합이 닫힌집합이 아니기 때문이다 ($\because$ $\{a\}$와 $\{b\}$는 닫힌집합이 아니다).

(ii) $(X, \mathscr{T})$는 정의 9.2.1의 조건 [R]을 만족한다. 왜냐하면 위상공간 $(X, \mathscr{T})$의 닫힌집합들의 모임은 $\mathscr{T}$와 같기 때문이다.

(iii) $(X, \mathscr{T})$는 정칙공간(T_3 공간)은 아니다 ((i)과 (ii)에 의하여 명백하다).

(iv) $(X, \mathscr{T})$는 T_2 공간이 아니다. 왜냐하면 서로 다른 두 점 a와 b를 택하면 이들은 하우스도르프 공리를 만족하지 못한다. ■

이제 T_2 공간 $\Rightarrow$ T_3 공간이 되는 것이 아님을 예제를 통해서 알아보자.

| 예제 9.2.5 | (K-위상공간) 실수집합 $\mathbb{R}$의 부분집합 $K = \left\{\frac{1}{n} \middle| n \in \mathbb{N}\right\}$에 대하여

집합 $\mathbb{R}$상의 기저

$$\mathscr{B}_K = \{(a,\ b) \subset \mathbb{R} \mid a,\ b \in \mathbb{R}\} \cup \{(a,\ b) - K \mid a,\ b \in \mathbb{R}\} \qquad \cdots (9.3)$$

가 생성하는 $\mathbb{R}$상에서의 위상 $\mathscr{T}_K$를 K-위상(K-topology)이라 하고, 이러한 위상공간 $(\mathbb{R},\ \mathscr{T}_K)$을 $\mathbb{R}_K$로 나타낸다. 즉,

$$\mathscr{B}_K \ \rightarrow\ \mathscr{T}_K := \mathbb{R}_K \qquad \cdots (9.4)$$

에 의하여 생성된다. 이제 위상공간 $\mathbb{R}_K$의 성질을 알아보자.

(i) 집합 $\mathbb{R}$상의 보통위상 $\mathscr{U}$는 기저

$$\mathscr{B} = \{(a,\ b) \subset \mathbb{R} \mid a,\ b \in \mathbb{R}\}$$

에 의해 생성되고, $\mathscr{B} \subset \mathscr{B}_K$이므로 $\mathscr{U} \subset \mathscr{T}_K$이다. 한편 기저 $\mathscr{B}_K$의 정의로부터 $\mathbb{R} - K \in \mathscr{T}_K$는 자명하다. 그런데 보통위상 $(\mathbb{R},\ \mathscr{U})$에서 집합 K는 극한점 0을 원소로 갖지 않으므로 닫힌집합이 아니다. 따라서 $\mathbb{R} - K$는 보통위상에서 열린집합이 아니다. 즉, $\mathbb{R} - K \notin \mathscr{U}$이다. 그래서 $\mathscr{U} \subsetneq \mathscr{T}_K$이므로 $\mathscr{T}_K$는 $\mathscr{U}$보다 세밀하다(강하다).

(ii) K-위상공간 $\mathbb{R}_K$는 하우스도르프이다. 왜냐하면 K-위상이 보통위상보다 세밀하고 보통위상공간 $\mathbb{R}$이 하우스도르프이기 때문이다. 구체적으로 살펴보면 임의의 서로 다른 두 점 $x,\ y \in \mathbb{R}$에 대하여 우리는 $x < y$이라고 할 수 있다. 그러면 열린집합 $U = (x - \varepsilon,\ \frac{x+y}{2}),\ V = (\frac{x+y}{2},\ y + \varepsilon) \in \mathscr{T}_K$가 존재하여 (여기서 $\varepsilon(> 0) \in \mathbb{R}$이다)

$$x \in U,\ y \in V,\ U \cap V = \varnothing$$

을 만족한다. 따라서 $\mathbb{R}_K$는 하우스도르프 공간이다.

(iii) $\mathbb{R}_K$는 조건 [R]을 만족하지 않는다. $\mathbb{R} - K \in \mathscr{T}_K$이므로 K는 $\mathbb{R}_K$에서 닫힌집합이다. 그리고 $0 \notin K$이다. 귀류법을 사용하여, 만약 $\mathbb{R}_K$가 조건 [R]을 만족한다고 가정하면

$$K \subset U,\quad 0 \in V,\quad U \cap V = \varnothing$$

를 만족하는 열린집합 $U,\ V \in \mathscr{T}_K$가 존재해야 한다. 그러면 $0 \in B \subset V$를 만족하는 기저의 원소 $B \in \mathscr{B}_K$가 존재한다. 그리고 $U \cap V = \varnothing$ 이므로 $B = (a,\ b)$

$-K$ 형태가 되어야 한다. 그런데 $0 \in B = (a, b) - K$이므로 $a < 0 < b$이어야 한다. 이제 아르키메데스 정리에 의하여 $\frac{1}{n} \in (a, b)$이 되는 충분히 큰 자연수 $n \in \mathbb{N}$을 택하자. 한편 $\frac{1}{n} \in K \subset U$이므로 $\frac{1}{n} \in B_* \subset U$를 만족하는 기저의 원소 $B_* \in \mathscr{B}_K$가 존재한다. 그리고 $\frac{1}{n} \in B_*$이므로 $B_* = (c, d)$ 형태가 되어서 $c < \frac{1}{n} < d$이다. 이제 $\max\left\{c, \frac{1}{n+1}\right\} < z < \frac{1}{n}$을 만족하는 실수 $z \in \mathbb{R}$을 택하자. 그러면 $z \in U$이고 $z \in V$이므로 $U \cap V \neq \varnothing$이 되어 모순이다. ■

이제 정칙공간의 공리 [R]과 관련하여 중요한 성질을 알아보자.

정리 9.2.6 위상공간 X에 대하여 다음은 동치이다.

(a) X는 공리 [R]을 만족한다.

(b) 임의의 점 $x \in X$와 x의 임의의 열린근방 U에 대하여

$$x \in V \subset \overline{V} \subset U$$

를 만족하는 열린집합 V가 존재한다.

증명 (a) ⇒ (b) 임의의 $x \in X$와 x의 열린근방(열린집합) U를 택하면 U^c는 닫힌집합이고 $x \notin U^c$이다. $U^c = F$라 놓으면 $x \notin F$이므로 공리 [R]에 의하여 적당한 열린집합 W와 V가 존재하여

$$U^c = F \subset W,\ x \in V\text{이고 } W \cap V = \varnothing$$

이 성립한다. 그러면 $V \subset W^c$이고 W^c이 닫힌집합이므로 $\overline{V} \subset W^c$이다. 그래서 $\overline{V} \cap W = \varnothing$이므로 $\overline{V} \cap U^c = \varnothing$이다. 따라서 $x \in V \subset \overline{V} \subset U$이 성립한다.

(b) ⇒ (a) X상의 임의의 닫힌집합을 F라 하고 F에 속하지 않는 임의의 점 $x(\in X)$를 택하자. $x \notin F$이므로 $x \in F^c$인데 F^c이 열린집합이다. 그러면 (b)에 의하여 $x \in V \subset \overline{V} \subset F^c$을 만족하는 열린집합 V가 존재한다. 따라서 두 열린집합 V와 $\overline{V}^c$이 존재하여

$$x \in V,\ F \subset (\overline{V})^c\text{이고 } V \cap (\overline{V})^c = \varnothing$$

이 성립하므로 X는 공리 [R]을 만족한다. □

이제 정칙공간의 유전적 성질을 조사하자.

정리 9.2.7 정칙공간은 유전적 성질을 갖는다.

증명 $(A,\ \mathscr{T}_A)$를 정칙공간 $(X,\ \mathscr{T})$의 임의의 부분공간이라 하자. T_1 공간은 유전적 성질을 가지므로 $(A,\ \mathscr{T}_A)$는 T_1 공간이다.

이제 부분공간 $(A,\ \mathscr{T}_A)$가 공리 [R]을 만족함을 보이자.

$(A,\ \mathscr{T}_A)$에서의 임의의 닫힌집합 F는 $(X,\ \mathscr{T})$에서의 닫힌집합 B가 존재해서 $F = A \cap B$이다. 임의의 한 점 $x \not\in F(x \in A)$를 택하면 $x \not\in B$이다(그림 9.6 참조).

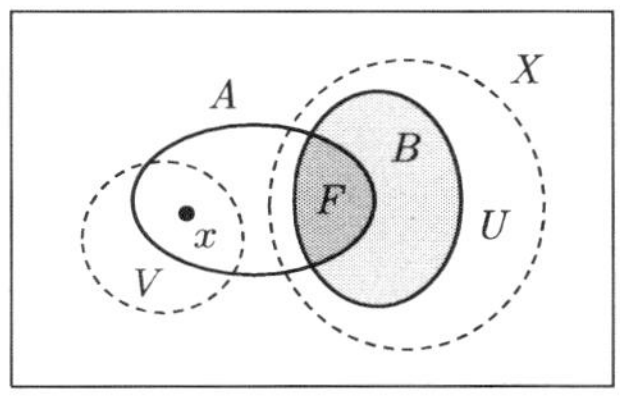

그림 9.6 정칙공간의 유전적 성질

$(X,\ \mathscr{T})$는 정칙공간이므로 X에서의 열린집합 U와 V가 존재하여

$$B \subset U,\ x \in V\text{이고 } U \cap V = \varnothing$$

이 성립한다. 따라서 $A \cap U$와 $A \cap V$이 $(A,\ \mathscr{T}_A)$의 열린집합이 되어서

$$F \subset A \cap U,\ x \in A \cap V\text{이고 } (A \cap U) \cap (A \cap V) = A \cap (U \cap V) = \varnothing$$

이 성립하여 $(A,\ \mathscr{T}_A)$가 공리 [R]을 만족한다. 따라서 $(A,\ \mathscr{T}_A)$는 정칙공간이다. □

이제 정칙공간의 위상적 성질을 조사하자.

정리 9.2.8 정칙공간은 위상적 성질을 갖는다.

증명 위상공간 $(X,\ \mathscr{T}_1)$과 $(Y,\ \mathscr{T}_2)$가 위상동형이라고 가정하자. 그러면 X가 정칙공간이기 위한 필요충분조건은 Y가 정칙공간임을 보이면 된다.

(i) X가 T_1 공간이므로 정리 9.1.8에 의하여 Y도 T_1 공간이다.

(ii) 이제 공리 [R]의 위상적 성질을 보이면 된다. $h:(X,\ \mathscr{T}_1)\to(Y,\ \mathscr{T}_2)$를 위상동형사상이라 하자. $(X,\ \mathscr{T}_1)$이 공리 [R]을 만족하면 $(Y,\ \mathscr{T}_2)$도 공리 [R]을 만족함을 보이자. 이제 $(Y,\ \mathscr{T}_2)$상에서 임의로 주어진 닫힌집합 F와 임의의 한 점 $y\in Y-F$에 대하여, h가 위상동형이므로 $h^{-1}(F)$는 $(X,\ \mathscr{T}_1)$에서 닫힌집합이고 $h^{-1}(y)\in X-h^{-1}(F)$이다. 여기서 $h^{-1}(y)=x$라 놓자. 가정으로부터 공간 X가 공리 [R]을 만족하므로

$$h^{-1}(F)\subset U,\ x\in V \text{이고 } U\cap V=\varnothing$$

을 만족하는 $U,\ V\in\mathscr{T}_1$이다. h가 위상동형사상이므로
$h(U),\ h(V)\in\mathscr{T}_2$이고

$$F=h(h^{-1}(F))\subset h(U),\ y=h(x)\in h(V) \text{이고}$$
$$h(U)\cap h(V)=h(U\cap V)=\varnothing$$

이다. 따라서 $(Y,\ \mathscr{T}_2)$는 공리 [R]을 만족한다.

결론적으로 (i)과 (ii)에 의하여 정칙공간은 위상적 성질임이 밝혀졌다. □

이제 정칙공간의 곱성질을 조사하자.

정리 9.2.9 정칙공간은 곱성질을 갖는다.

증명 임의의 $\alpha\in\Lambda$에 대하여 $(X_\alpha,\ \mathscr{T}_\alpha)$가 정칙공간이면 곱공간 $(\prod_{\alpha\in\Lambda}X_\alpha,\ \mathscr{T}_p)$도 정칙공간임을 보이면 된다.

(i) 정리 9.1.8에 의하여 T_1 공간은 곱성질을 갖는다.

(ii) 이제 공리 [R]이 곱성질이 있음을 보이자. 즉, 임의의 $\alpha\in\Lambda$에 대하여 $(X_\alpha,\ \mathscr{T}_\alpha)$가 공리 [R]을 만족할 때 곱공간 $(\prod_{\alpha\in\Lambda}X_\alpha,\ \mathscr{T}_p)$도 공리 [R]을 만족함을 보이면 된다. 정리 9.2.6을 이용하여 [R]의 곱성질을 보이자. 임의의 점 $x=(x_\alpha)\in\prod_{\alpha\in\Lambda}X_\alpha$와 x의 임의의 열린근방 U에 대하여 다음을 만족하는 기저원소(기저 열린집합) $\prod_{\alpha\in\Lambda}U_\alpha$가 존재한다.

$$x=(x_\alpha)\in\prod_{\alpha\in\Lambda}U_\alpha\subset U\subset\prod_{\alpha\in\Lambda}X_\alpha \qquad \cdots (9.5)$$

여기서 식 (9.5)의 $\prod_{\alpha\in\Lambda} U_\alpha$는 곱공간 $(\prod_{\alpha\in\Lambda} X_\alpha,\ \mathscr{T}_p)$의 정의에 의하여 유한 개수의 좌표공간 $(X_{\alpha_i},\ \mathscr{T}_{\alpha_i})(i\in\{1,\ 2,\ \cdots,\ n\})$에서 적당한 열린집합 $U_i(\in\mathscr{T}_{\alpha_i})$가 존재해서 x의 α_i번째 좌표 $x_{\alpha_i}(\in U_i)$에 대하여

$$\begin{aligned} x &= (x_\alpha)_{\alpha\in\Lambda} \\ &\in \prod_{\alpha\in\Lambda} U_\alpha = P_{\alpha_1}^{-1}(U_1)\cap\cdots\cap P_{\alpha_n}^{-1}(U_n)\subset U\subset \prod_{\alpha\in\Lambda} X_\alpha \quad\cdots\ (9.6)\end{aligned}$$

가 되게 할 수 있다.

가정에 의하여 $(X_{\alpha_i},\ \mathscr{T}_{\alpha_i})$가 공리 [R]을 만족하므로 정리 9.2.6에 의하여, 식 (9.6)의 각 $U_i(i\in\{1,\ 2,\ \cdots,\ n\})$에 대하여 적당한 열린집합 $V_i(\in\mathscr{T}_{\alpha_i})$가 존재하여

$$x_{\alpha_i}\subset V_i\subset \overline{V_i}\subset U_i$$

가 성립한다. 따라서 곱공간 $(\prod_{\alpha\in\Lambda} X_\alpha,\ \mathscr{T}_p)$에서

$$\begin{aligned} x &\in P_{\alpha_1}^{-1}(V_1)\cap\cdots\cap P_{\alpha_n}^{-1}(V_n)\subset P_{\alpha_1}^{-1}(\overline{V_1})\cap\cdots\cap P_{\alpha_n}^{-1}(\overline{V_n}) \\ &\subset P_{\alpha_1}^{-1}(U_1)\cap\cdots\cap P_{\alpha_n}^{-1}(U_n)\subset U \quad\cdots\ (9.7)\end{aligned}$$

이 성립하고 (9.7)의 $P_{\alpha_1}^{-1}(\overline{V_1})\cap\cdots\cap P_{\alpha_n}^{-1}(\overline{V_n})$는 점 x를 원소로 갖는 닫힌집합이고 $P_{\alpha_1}^{-1}(V_1)\cap\cdots\cap P_{\alpha_n}^{-1}(V_n)$은 점 x를 원소로 갖는 열린집합이기에 V라 놓자. 그러면 식 (9.7)로부터 다음이 성립한다.

$$x\in V\subset \overline{V}\subset U$$

따라서 정리 9.2.6에 의하여 $(\prod_{\alpha\in\Lambda} X_\alpha,\ \mathscr{T}_p)$는 공리 [R]을 만족한다. □

지금까지 정칙공간을 정의하고 다양한 성질을 알아보았다. 이제 정규공간을 정의하고 다양한 성질을 알아보자.

정의 9.2.10 T_1 공간 X가 다음 공리를 만족할 때 X를 **정규공간**(normal space) 또는 T_4 공간이라고 한다.

[N] 서로소인 임의의 두 닫힌집합 F_1, F_2에 대하여 열린집합 U, V가 존재해서

$$F_1 \subset U,\ F_2 \subset V \text{이고 } U \cap V = \varnothing$$

이다.

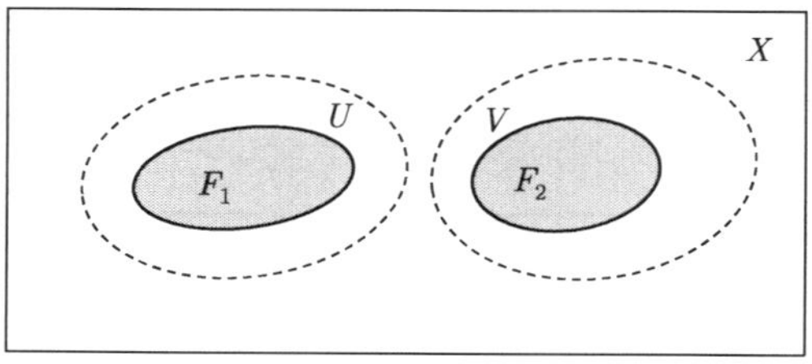

그림 9.7 정규공간 공리 [N]을 설명

| 예제 9.2.11 | (1) 보통거리공간 $(\mathbb{R}^n, \mathscr{U})$은 정규공간이다.
더 나아가 거리공간 (X, d)는 정규공간이다.
(2) 이산공간 $(X, \mathscr{D})$는 정규공간이다.

정의 9.2.12 위상공간 X가 정규공간이기 위한 조건을 T_4 **분리공리**(T_4 separation axiom)이라 한다.
(주의 : 정규공간(T_4 공간)을 정의하는 방법은 책에 따라 약간의 차이가 있기에 유의하기 바람)

이제 정칙공간과 정규공간을 서로 비교해보자.

정리 9.2.13 정규공간(T_4 공간)은 정칙공간(T_3 공간)이다.

증명 정규공간 $(X, \mathscr{T})$는 T_1 공간이므로, 정규공간 $(X, \mathscr{T})$가 공리 [R]을 만족함을 보이면 된다. 임의의 닫힌집합 $F(\subset X)$와 임의의 점 $x \in X - F$에 대하여, X는 T_1 공간이므로 한원소집합 $\{x\}$는 닫힌집합이다. 그리고 X가 정규공간이므로

$$F \subset U,\ \{x\} \subset V \text{이고 } U \cap V = \varnothing$$

인 열린집합 U, $V(\in \mathscr{T})$가 존재한다. 이러한 U와 V는 $F \subset U$, $x \in V$이고 $U \cap V = \varnothing$ 이므로 정규공간 $(X, \mathscr{T})$는 공리 [R]을 만족한다. □

정리 9.2.13과 관련하여 주의 깊게 살펴볼 점이 있다. 정리 9.2.13에서와 같이 T_4 공간은 T_3 공간이지만, 공리 [N]과 공리 [R]은 다음과 같은 특성이 있다.

(★) 공리 [N]을 만족하는 공간이 항상 공리 [R]을 만족하는 것은 아니다.

다음 예제를 통해서 이를 확인하자.

| 예제 9.2.14 | 집합 $X = \{a, b, c\}$상에서 위상 $\mathscr{T} = \{X, \varnothing, \{b\}, \{c\}, \{b, c\}\}$인 위상공간 $(X, \mathscr{T})$를 생각하자. 먼저 이 공간 $(X, \mathscr{T})$는 T_1 공간이 아님을 알 수 있다. 왜냐하면 한원소집합 $\{b\}$와 $\{c\}$는 각각 $(X, \mathscr{T})$의 닫힌집합이 아니기 때문이다. 이제 공간 $(X, \mathscr{T})$가 공리 [N]을 만족하지만 공리 [R]을 만족하지 않음을 보이자.

(i) $(X, \mathscr{T})$는 공리 [N]을 만족한다 : 위상공간 $(X, \mathscr{T})$의 닫힌집합들의 모임은 다음과 같다.

$$\{X, \varnothing, \{a, c\}, \{a, b\}, \{a\}\} \qquad \cdots (9.8)$$

그러므로 만약 서로소인 닫힌집합 F_1과 F_2를 택하려면 둘 중의 하나는 공집합이어야 한다. 일반성을 잃지 않고 $F_1 = \varnothing$ 이라 하고, $F_1 \cap F_2 = \varnothing$ 인 F_2를 집합 (9.8)에서 택하면 항상

$$F_1 \subset \varnothing, \ F_2 \subset X \text{이고 } \varnothing \cap X = \varnothing$$

인 $U = \varnothing$, $V = X$인 열린집합이 존재하므로 $(X, \mathscr{T})$는 공리 [N]을 만족한다.

(ii) $(X, \mathscr{T})$는 공리 [R]을 만족하지 않는다 : 닫힌집합 $\{a, c\}$와 점 $b \notin \{a, c\}$에 대하여 $\{a, c\}$를 포함하는 열린집합은 X밖에 없으므로

$$\{a, c\} \subset U, \ b \in V \text{이고 } U \cap V = \varnothing$$

을 만족하는 열린집합 U, V는 존재하지 않는다. ■

이제 정규공간의 공리 [N]의 중요한 성질을 다음과 같이 알아보자.

정리 9.2.15 위상공간 X에 대하여 다음은 동치이다.

(a) X는 조건 [N]을 만족한다.

(b) 임의의 닫힌집합 F와 $F \subset U$인 임의의 열린집합 U에 대하여

$$F \subset V \subset \overline{V} \subset U$$

을 만족하는 열린집합 V가 존재한다.

증명 (a) ⇒ (b) 임의의 닫힌집합 F와 $F \subset U$인 열린집합 U에 대하여 U^c은 닫힌집합이고 $F \cap U^c = \varnothing$ 이므로 (a)에 의하여

$$F \subset V,\ U^c \subset W \text{이고 } V \cap W = \varnothing$$

인 열린집합 V와 W가 존재한다. 그러면 $V \subset W^c$이고 W^c이 닫힌집합이므로 $\overline{V} \subset W^c$이다. 그리고 $W^c \subset U$이므로 $F \subset V \subset \overline{V} \subset U$를 만족한다.

(b) ⇒ (a) 서로소인 임의의 두 닫힌집합 F_1과 F_2에 대하여 F_1^c은 열린집합이고 $F_2 \subset F_1^c$이다. 그러면 (b)에 의하여

$$F_2 \subset V \subset \overline{V} \subset F_1^c$$

을 만족하는 열린집합 V가 존재한다. 그러면 두 열린집합 V와 $(\overline{V})^c$에 대해

$$F_2 \subset V,\ F_1 \subset (\overline{V})^c,\ V \cap (\overline{V})^c = \varnothing$$

이 성립하므로 X는 공리 [N]을 만족한다. □

이제 정규공간의 유전적 성질과 곱성질에 관하여 알아보자. 실제로 정규공간은 유전적 성질을 갖지 않고, 곱성질도 갖지 않는다. 더 나아가 정칙공간 (T_3 공간)이 정규공간 (T_4 공간)일 필요는 없다.

정칙공간 (T_3 공간)이 일반적으로 정규공간 (T_4 공간)이 되는 것은 아님을 예를 통해서 알아보자.

| 예제 9.2.16 | 하극한공간 $\mathbb{R}_l$의 곱공간 $\mathbb{R}_l \times \mathbb{R}_l = \mathbb{R}_l^2$은 정칙공간이지만 정규공간이 아니다.

풀이 먼저 $\mathbb{R}_l$이 T_1 공간임과 동시에 공리 [R]과 [N]을 모두 만족함을 보여서 $\mathbb{R}_l$은 정칙공간과 정규공간임을 보이자. 구체적으로 살펴보면 다음과 같다.

(i) $\mathbb{R}_l$은 T_1 공간임을 보이자. 정리 9.1.6을 활용하여 임의의 한 점 $x \in \mathbb{R}_l$로 구성된 한원소집합 $\{x\}$는 $\mathbb{R}_l$에서 닫힌집합임을 보이자. 즉 $\{x\}^c$이 $\mathbb{R}_l$에서 열린집합임을 보여야 한다. $\mathbb{R} - \{x\} = (-\infty,\ x) \cup (x,\ \infty)$인데,

$$(-\infty,\ x) = \bigcup_{n=1}^{\infty} [x-n,\ x), \quad (x,\ \infty) = \bigcup_{n=1}^{\infty} [x+\frac{1}{n},\ x+n)$$

으로 표시되기에 $(-\infty,\ x)$와 $(x,\ \infty)$는 각각 $\mathbb{R}_l$의 열린집합의 가산개 합집합이므로 $\mathbb{R}_l$에서 열린집합이다. 따라서 $\{x\}$이 $\mathbb{R}_l$에서 닫힌집합이 되어서 $\mathbb{R}_l$은 T_1 공간이다.

(ii) $\mathbb{R}_l$은 공리 [R]을 만족함을 보이자. 정리 9.2.6을 활용하자. 임의의 $x \in \mathbb{R}_l$과 x의 임의의 열린근방 $U(\in \mathbb{R}_l)$에 대하여 $\mathbb{R}_l$의 기저 $\mathscr{B}_l = \{[a,\ b) \mid a < b \in \mathbb{R}\}$에서 항상 $[x,\ x+\varepsilon) \in \mathscr{B}_l$이 존재하여 (기저의 정의를 활용함)

$$x \in [x,\ x+\varepsilon) \subset U \quad (0 < \varepsilon \in \mathbb{R})$$

이 성립한다. 그런데 $\mathbb{R}_l$에서 $[x,\ x+\varepsilon)$이 열린집합임은 명백하고, 닫힌집합이기도 하다. 왜냐하면 $[x,\ x+\varepsilon)^c = (-\infty,\ x) \cup [x+\varepsilon,\ \infty)$이 되어서 $[x,\ x+\varepsilon)^c$이 $\mathbb{R}_l$에서 열린집합이다. 따라서 $[x,\ x+\varepsilon)(:= V)$은 $\mathbb{R}_l$에서 닫힌집합이다. 그러므로

$$\begin{array}{ccccc} x \in & [x,\ x+\varepsilon) & \subset & [x,\ x+\varepsilon) & \subset U \\ & \| & & \| & \\ & V & & \overline{V} & \end{array}$$

을 만족하는 열린집합 $V = [x,\ x+\varepsilon) = \overline{V}$가 존재하므로 정리 9.2.6에 의하여 $\mathbb{R}_l$은 공리 [R]을 만족한다.

(iii) $\mathbb{R}_l$은 공리 [N]을 만족함을 보이자. F_1과 F_2를 임의로 주어진 서로소인 $\mathbb{R}_l$의 닫힌집합이라 하자. 임의의 점 $a \in F_1$에 대하여 $a \in F_2^c$이고 F_2^c이 열린집합이므로 (그림 9.8 참조) $\mathbb{R}_l$의 기저 $\mathscr{B}_l$의 원소 $[a,\ x_a)$가 존재하여 $a \in [a,\ x_a) \subset F_2^c$을 만족한다. 따라서 $[a,\ x_a) \cap F_2 = \varnothing$인 실

수 x_a가 존재한다.

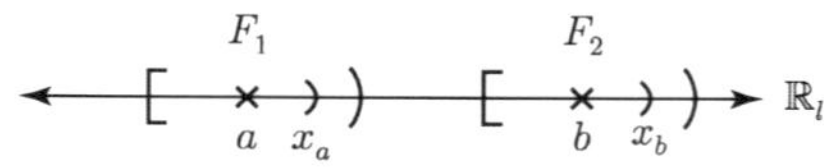

그림 9.8 서로소인 닫힌집합 F_1, F_2

같은 방법으로 임의의 점 $b \in F_2$에 대해서도 $[b,\ x_b) \in \mathscr{B}_l$가 존재하여 $b \in [b,\ x_b) \subset F_1^{\ c}$을 만족한다. 따라서 $[b,\ x_b) \cap F_1 = \varnothing$ 인 실수 x_b가 존재한다. 그러면 두 열린집합

$$U = \bigcup_{a \in F_1} [a,\ x_a), \quad V = \bigcup_{b \in F_2} [b,\ x_b) \qquad \cdots (9.9)$$

가 존재하여 $F_1 \subset U$, $F_2 \subset V$이고 $U \cap V = \varnothing$ 이다. 여기서 $U \cap V = \varnothing$ 임을 자세히 살펴보자. 만약 $U \cap V \neq \varnothing$ 라고 가정하자. 그러면 점 $z \in U \cap V$가 존재하므로, 식 (9.9)에 의하여 $z \in [a,\ x_a)$와 $z \in [b,\ x_b)$를 만족하는 $a \in F_1$와 $b \in F_2$가 존재해야 한다. 편의상 $a < b$라 하자. 그러면 $a < b \leq z < x_a$가 되어서 $b \in [a,\ x_a)$이다. 이것은 $[a,\ x_a) \cap F_2 = \varnothing$ 에 모순이다. 따라서 $\mathbb{R}_l$은 공리 [N]을 만족한다.

(iv) (i)과 (ii)에 의하여 $\mathbb{R}_l$은 정칙공간이고, (i)과 (iii)에 의하여 $\mathbb{R}_l$은 정규공간임을 알았다. 그리고 정리 9.2.9에 의하여 $\mathbb{R}_l$의 곱공간 $\mathbb{R}_l \times \mathbb{R}_l$은 정칙공간이다.

(v) $\mathbb{R}_l$은 정규공간이지만 $\mathbb{R}_l \times \mathbb{R}_l = \mathbb{R}_l^2$은 정규공간이 아님을 보이자. 즉, 정규공간은 곱성질을 만족하지 않음을 보이자는 것이다. 편의상 $\mathbb{R}_l^{\ 2}$를 $\mathscr{T}$라고 간략하게 표시하겠다. 즉, $\mathbb{R}_l^{\ 2} = (\mathbb{R}^2,\ \mathscr{T})$라고 하자. 예제 6.1.5(4)에서 보였듯이

$$L = \{(x,\ -x) \mid x \in \mathbb{R}_l\}$$

이라 할 때 부분공간 $(L,\ \mathscr{T}_L)$은 이산공간이다. 이를 바탕으로 $\mathscr{T}$가 정규공간이 아님을 보이자. 귀류법을 사용하여 $(\mathbb{R}^2,\ \mathscr{T})$를 정규공간이라 하자. 먼저 $\mathscr{T}$에서 L이 닫힌부분집합(예제 6.1.5(3))을 상기하자. 이제 임의의 진부분집합 $A \subsetneq L$와 $L - A$는 이산공간 L의 닫힌집합이다. 그

런데 L이 $(\mathbb{R}^2, \mathscr{T})$에서 닫힌집합이므로 A와 $L-A$는 $\mathscr{T}$에서 서토소인 닫힌집합이 된다. 그리고 $(\mathbb{R}^2, \mathscr{T})$가 정규공간이라 가정했으므로

$$A \subset U,\ L-A \subset V \text{이고 } U \cap V = \varnothing \qquad \cdots (9.10)$$

을 만족하는 열린집합 U, $V(\in \mathscr{T})$가 존재한다. 여기서 편의상 U를 $U(A)$, V를 $V(L-A)$로 표기하겠다.

이제 집합 $D = \{(x, y) \mid x, y\text{는 유리수이다}\} \subset \mathbb{R}^2$을 택하자. 그때 D는 $(\mathbb{R}^2, \mathscr{T})$에서 조밀한 부분집합이다. 즉, $\overline{D} = \mathbb{R}^2$이다.

이제 $\mathscr{P}(L)$과 $\mathscr{P}(D)$를 각각 L과 D의 모든 부분집합들의 모임이라 하고 함수 φ를 다음과 같이 정의하자.

$$\varphi : \mathscr{P}(L) \to \mathscr{P}(D) \text{ s.t. } \begin{cases} \varphi(A) = D \cap U(A), & \text{만약 } \varnothing \subsetneq A \subsetneq L\text{이면} \\ \varphi(\varnothing) = \varnothing \\ \varphi(L) = D \end{cases}$$

그러면 이 함수 φ는 다음과 같은 성질이 있다.

(i) φ는 단사함수이다. 먼저 $\varnothing \subsetneq A \subsetneq L$인 집합 $A \in \mathscr{P}(L)$에 대하여 $U(A)(\in \mathscr{T})$가 $\varnothing \neq A \subset U(A)$인 열린집합이고 $\overline{D} = \mathbb{R}^2$이므로 $\varphi(A) = D \cap U(A) \neq \varnothing$이다.

한편 $V(L-A) \in \mathscr{T}$이고 $\overline{D} = \mathbb{R}^2$이므로 $D \cap V(L-A) \neq \varnothing$이다. 그리고 (9.10)에 의하여 $U(A) \cap V(L-A) = \varnothing$이므로 $\varphi(A) = D \cap U(A) \neq D$이다.

이제 $\varnothing \subsetneq A, B \subsetneq L$이고 $A \neq B$인 집합 A, B를 택하면 $A - B \neq \varnothing$이거나 $B - A \neq \varnothing$이다. 여기서 $A - B \neq \varnothing$인 경우를 살펴보자 ($B - A \neq \varnothing$인 경우도 같은 방법으로 진행된다).

즉, 적어도 한 점 $z \in A - B$가 존재하여 $z \in L - B$이므로 $z \in U(A) \cap V(L-B)$이다. 따라서 $U(A) \cap V(L-B) (\neq \varnothing) \in \mathscr{T}$이고 $\overline{D} = \mathbb{R}^2$이므로 $(U(A) \cap V((L-B)) \cap D \neq \varnothing$이 되어 $w \in (U(A) \cap V(L-B)) \cap D$가 존재한다. 그러면 $w \in D \cap U(A)$이고 $w \not\in D \cap U(B)$이다. 따라서 $\varphi(A) \neq \varphi(B)$이다.

(ii) 한편 $\mathscr{P}(D)$와 L은 대등이다. 즉, 전단사함수 $h : \mathscr{P}(D) \to L$이 존재한다. 구체적으로

$$D \sim \mathbb{Q} \times \mathbb{Q} \sim \mathbb{N}\text{이고 } L \sim \mathbb{R}$$

이다. 그러므로 $\mathscr{P}(D) \sim \mathscr{P}(\mathbb{N}) \sim \mathbb{R} \sim L$이 성립한다.

(iii) (i)과 (ii)에 의하여 합성함수 $h \circ \varphi: \mathscr{P}(L) \to L$는 단사함수가 된다. 그런데 집합의 기수(농도) 성질에 의하여 $|L| = \aleph$이고 $|\mathscr{P}(L)| = 2^{\aleph}$이므로 단사함수 $h \circ \varphi$는 존재할 수 없기에 모순이다.

따라서 $\mathbb{R}_l^2 = (\mathbb{R}^2, \mathscr{T})$는 정규공간이 아니다. ■

이제 정규공간의 유전적 성질을 조사하자. 실제로 정규공간은 유전적 성질을 갖지 않는다.

정리 9.2.17 정규공간의 닫힌부분공간은 정규공간이다.

증명 $(A, \mathscr{T}_A)$를 정규공간 $(X, \mathscr{T})$의 임의의 닫힌부분공간이라 할 때 $(A, \mathscr{T}_A)$가 정규공간임을 보이자. T_1 공간은 유전적 성질을 가지므로 $(A, \mathscr{T}_A)$는 T_1 공간이다.

한편 임의의 서로소인 A의 닫힌집합 C와 D에 대하여, A가 $(X, \mathscr{T})$의 닫힌집합이므로 C와 D도 X의 닫힌집합이다. 한편 X가 정규공간이므로

$$C \subset U,\ D \subset V\text{이고 } U \cap V = \varnothing$$

을 만족하는 X의 열린집합 $U, V (\in \mathscr{T})$가 존재한다. 이제 $U_A = A \cap U$, $V_A = A \cap V$라 하면 U_A와 V_A는 $(A, \mathscr{T}_A)$에서 열린집합으로서

$$C \subset U_A,\ D \subset V_A\text{이고 } U_A \cap V_A = \varnothing$$

이 성립한다. 따라서 $(A, \mathscr{T}_A)$는 정규공간이다. □

이제 정규공간의 위상적 성질을 알아보자.

정리 9.2.18 정규공간은 위상적 성질을 갖는다.

증명 위상공간 X, Y에 대하여 $f: X \to Y$를 위상동형사상이라 하자. X가 정규공간이면 Y도 정규공간임을 보이자.

(i) 먼저 Y가 T_1 공간임을 보이자. 임의의 점 $y \in Y$에 대하여 f가 전사이

므로 $f(x)=y$인 점 $x\in X$가 존재한다. X가 T_1 공간이므로 정리 9.1.6에 의하여 한원소집합 $\{x\}$는 X에서 닫힌집합이다. 그리고 f가 닫힌사상이므로 $\{y\}(=\{f(x)\})$도 Y에서 닫힌집합이다.

(ii) Y가 공리 [N]을 만족함을 보이자. A와 B를 서로소인 Y의 닫힌집합이라 하자. 그러면 f가 연속이므로 $f^{-1}(A)$와 $f^{-1}(B)$는 서로소인 X의 닫힌집합이다. 그런데 X가 정규공간이므로

$$f^{-1}(A)\subset U,\ f^{-1}(B)\subset V\text{이고 } U\cap V=\varnothing \qquad \cdots (9.11)$$

을 만족하는 X의 열린집합 U와 V가 존재한다. f가 위상동형사상이므로 식 (9.11)에서

$$f(f^{-1}(A))=A\subset f(U),\quad f(f^{-1}(B))=B\subset f(V)$$

이고 $f(U)$와 $f(V)$는 Y에서 열린집합이고 $f(U)\cap f(V)=\varnothing$이 되어서 Y는 공리 [N]을 만족한다. (i)과 (ii)에 의하여 Y는 정규공간이다.

□

이제 '정규공간보다 더 강한 위상공간은 어떤 공간일까?'에 대하여 다음 예제를 살펴보자.

정리 9.2.19 거리공간은 정규공간이다.

증명 기초정리 9.1.14에 의하여 거리공간은 T_2 공간이므로 T_1 공간이다.

이제 A와 B를 거리공간 $(X,\ d):=(X,\ \mathscr{T}_d)$의 서로소인 닫힌집합이라고 하자. 임의의 점 $a\in A$에 대하여 $a\in B^c$이고 B^c이 열린집합이므로 $a\in B_d(a,\ r_a)\subset B^c$를 만족하는 양의 실수 r_a가 존재한다. 즉 $B_d(a,\ r_a)\cap B=\varnothing$이다. 같은 방법으로 임의의 점 $b\in B$에 대하여 $B_d(b,\ r_b)\cap A=\varnothing$을 만족하는 양의 실수 r_b를 택하자. 이제

$$U=\bigcup_{a\in A}B_d(a,\ \frac{r_a}{2}),\quad V=\bigcup_{b\in B}B_d(b,\ \frac{r_b}{2})$$

라 놓으면 U와 V는 $(X,\ d)$에서 열린집합이다. 즉 $A\subset U$이고 $B\subset V$이다.

이제 $U \cap V = \varnothing$ 임을 보이자. 귀류법을 사용하여, $U \cap V \neq \varnothing$ 이라고 가정하면 $x \in U \cap V$가 존재하며

$$x \in B_d(a,\ \frac{r_a}{2}),\quad x \in B_d(b,\ \frac{r_b}{2})$$

를 만족하는 $a \in A$와 $b \in B$가 존재한다. 편의상 $r_a \le r_b$라고 하자. 그러면

$$d(a,\ b) \le d(a,\ x) + d(x,\ b) < \frac{r_a}{2} + \frac{r_b}{2} \le r_b$$

가 되므로 $a \in B_d(b,\ r_b)$이다. 그래서 $a \in B_d(b,\ r_b) \cap A$이므로 $B_d(b,\ r_b) \cap A \neq \varnothing$이 되어서 모순이다. 그리고 $r_b \le r_a$라고 가정해도 $B_d(a,\ r_a) \cap B \neq \varnothing$이 되어 모순이다. 따라서 $U \cap V = \varnothing$이 성립하여 $(X,\ d)$는 정규공간이다. □

참고 9.2.20 (1) 거리공간 $(X_1,\ d_1),\ \cdots,\ (X_n,\ d_n)$에 대하여

$$\rho :\ \prod_{i=1}^{n} X_i \times \prod_{i=1}^{n} X_i \to \mathbb{R},$$
$$\rho((x_i),\ (y_i)) = \max\{d_i(x_i,\ y_i) \mid i = 1,\ 2,\ \cdots,\ n\}$$

는 곱집합 $\prod_{i=1}^{n} X_i$상의 거리이고, 곱위상을 유도한다. 즉, $\mathscr{T}_\rho = \mathscr{T}_p$이다. 따라서 유한개의 거리공간들의 곱공간은 거리화가능이다.

(2) 자연수 $n \in \mathbb{N}$에 대하여 $(X_n,\ d_n)$을 거리공간이라 하자. 그러면

$$D :\ \prod_{n=1}^{\infty} X_n \times \prod_{n=1}^{\infty} X_n \to \mathbb{R},$$
$$D((x_n),\ (y_n)) = \sup\left\{ \frac{\bar{d}_n(x_n,\ y_n)}{n} \,\middle|\, n \in \mathbb{N} \right\}$$

는 곱집합 $\prod_{n=1}^{\infty} X_n$상의 거리이고, 곱위상을 유도한다. 즉, $\mathscr{T}_D = \mathscr{T}_p$이다. 따라서 가산개의 거리공간들의 곱공간은 거리화가능이다.

참고로 거리공간은 유전적 성질, 곱성질을 만족한다 (참고 9.2.20, 연습문제 9.2

참조).

이제 정규공간이 거리공간이 되는 것은 아님을 다음 예에서 알 수 있다.

| 예제 9.2.21 | 하극한공간 $\mathbb{R}_l$은 정규공간(예제 9.2.16(4) 참조)임은 밝혀졌다. 그러나 $\mathbb{R}_l$은 거리공간이 아니다. 왜냐하면 $\mathbb{R}_l$이 거리공간이면 $\mathbb{R}_l^2$도 거리공간이 되어야 한다. 그러면 정리 9.2.19에 의하여 $\mathbb{R}_l^2$은 정규공간이 되어야 한다. 그러나 예제 9.2.16에 의하여 $\mathbb{R}_l^2$은 정규공간이 아니기 때문이다. ■

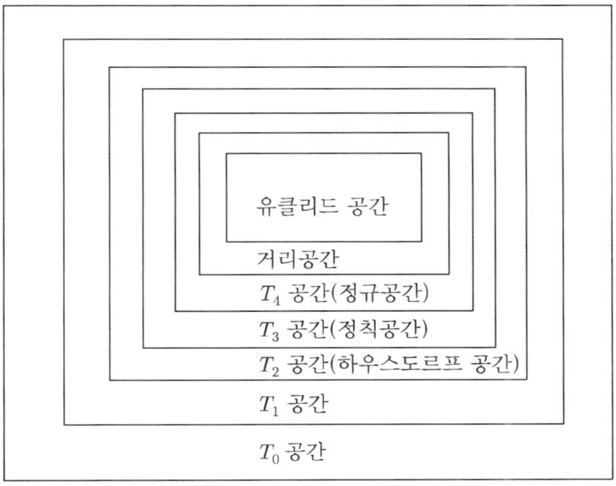

그림 9.9 위상공간들 사이의 포함관계

지금까지 분리공리 $T_i(i \in \{0,\ 1,\ 2,\ 3,\ 4\})$에 기반하여 T_i 공간을 정의하고 이들의 다양한 성질을 알아보았다. 이들 공간들 사이의 관계를 정리해보면 그림 9.9와 같다. 즉,

$$\boxed{\text{거리공간}} \Rightarrow \boxed{\text{정규공간}} \Rightarrow \boxed{\text{정칙공간}} \Rightarrow \boxed{\text{하우스도르프 공간}} \Rightarrow \boxed{T_1 \text{ 공간}} \Rightarrow \boxed{T_0 \text{ 공간}}$$

이다.

참고 9.2.22 지금까지 다룬 정칙공간을 위한 조건 [R]과 정규공간을 위한 조건 [N]에 대하여 다음이 성립한다.

(1) X가 조건 [R]을 만족하면 X의 부분공간도 조건 [R]을 만족한다.

(2) 임의의 $(X_\alpha, \mathscr{T}_\alpha)(\alpha\in\Lambda)$가 조건 [R]을 만족하면 곱공간 $(\prod_{\alpha\in\Lambda} X_\alpha, \mathscr{T}_p)$도 조건 [R]을 만족한다.

(3) X와 Y가 위상동형일 때, X가 조건 [R]을 만족할 필요충분조건은 Y가 조건 [R]을 만족하는 것이다.

(4) 조건 [N]은 위 성질 (1) ~ (2)를 만족하지 못한다(예제 9.2.16 참조).

(5) X와 Y가 위상동형일 때, X가 조건 [N]을 만족할 필요충분조건은 Y가 조건 [N]을 만족하는 것이다.

연습문제 9.2

1. 분리공리 $T_i(i \in \{0, 1, 2, 3, 4\})$에 의하여 거리공간 $\Rightarrow T_4$ 공간 $\Rightarrow T_3$ 공간 $\Rightarrow T_2$ 공간 $\Rightarrow T_1$ 공간 $\Rightarrow T_0$ 공간임을 알고 있다. 각 단계의 역이 성립하지 않는 예를 제시하시오.

2. 공리 [N]을 만족하는 공간이 항상 공리 [R]을 만족하는 것은 아님이 밝혀졌다. 그러면 공리 [R]을 만족하는 공간이 항상 공리 [N]을 만족하는지 조사하시오.

3. 정규공간의 열린부분공간이 정규공간이 되지 않는 예를 제시하시오.

4. 거리공간의 유전적 성질과 곱성질을 조사하시오.

5. X가 유한집합이라 하자. 여유한위상공간 $(X, \mathscr{T}_f)$가 거리공간임을 보이시오.

6. X가 가산집합이라 하자. 여가산집합 $(X, \mathscr{T}_c)$가 거리공간임을 보이시오.

7. 실수 $\mathbb{R}$상에서 위상 $\mathscr{T}$를

$$\mathscr{T} = \{\mathbb{R}, \varnothing\} \cup \{(a, \infty) \mid a \in \mathbb{R}\}$$

이라 하면 $(\mathbb{R}, \mathscr{T})$는 공리 [N]을 만족하지만 공리 [R]은 만족하지 않음을 보이시오.

8. 정규공간들의 곱위상공간은 반드시 정규공간인 것은 아니다. 그러나 곱공간 $(\prod_{\alpha\in\Lambda} X_\alpha,\ \mathscr{T}_p)$이 정규공간이면 각 인자공간 (factor space) $(X_\alpha,\ \mathscr{T}_\alpha)$는 정규공간임을 보이시오.

9. 곱공간이 정칙공간이면 인자공간 (factor space)도 정칙공간임을 보이시오.

10. $(X,\ \mathscr{T})$가 T_i 공간이라 하자($i\in\{0,\ 1,\ 2,\ 3,\ 4\}$). 만약 $\mathscr{T}\subset\mathscr{T}^*$이면 $(X,\ \mathscr{T}^*)$ 역시 T_i 공간임을 보이시오.

11. $X=\{a,\ b,\ c\}$상의 위상 $\mathscr{T}_i$ 중에서 $(X,\ \mathscr{T}_i)$가 정칙공간인 의상 $\mathscr{T}_i$를 모두 구하시오. 그리고 $(X,\ \mathscr{T}_i)$가 정규공간인 위상 $\mathscr{T}_i$를 모두 구하시오.

12. 실수집합 $\mathbb{R}$상의 부분집합족 $\mathscr{B}=\{(a,\ b),\ (a,\ b)\cap\mathbb{Q}\mid a<b,\ a,\ b\in\mathbb{R},\ \mathbb{Q}$는 유리수집합이다$\}$에 대하여 다음을 답하시오.

(1) $\mathscr{B}$는 $\mathbb{R}$상의 한 위상 $\mathscr{T}$의 기저임을 보이시오.

(2) $(\mathbb{R},\ \mathscr{T})$이 T_2 공간임을 보이시오.

(3) $\mathbb{R}-\mathbb{Q}$는 $(\mathbb{R},\ \mathscr{T})$에서 닫힌집합임을 보이시오.

(4) 보통위상공간 $(\mathbb{R},\ \mathscr{U})$에 대하여 연속함수 $f:\ (\mathbb{R},\ \mathscr{T})\to(\mathbb{R},\ \mathscr{U})$가 다음 성질 $f(x)=0\,(x\in\mathbb{R}-\mathbb{Q})$을 만족한다고 가정하자. 이 경우 모든 $x\in\mathbb{R}$에 대하여 $f(x)=0$임을 증명하시오.

(5) $(\mathbb{R},\ \mathscr{T})$는 정칙공간이 아님을 보이시오.

13. 위상공간 $(\mathbb{R},\ \mathscr{U})$, $(X,\ \mathscr{T}_1)$, $(Y,\ \mathscr{T}_2)$를 생각하자. 여기서 $(\mathbb{R},\ \mathscr{U})$는 보통위상공간이고, $X=\{a,\ b\}$이고 $\mathscr{T}_1$은 X상의 자명한 위상이다. 그리고 $Y=\{a,\ b,\ c\}$이고 $\mathscr{T}_2$는 Y상의 이산위상이다. 이 경우 곱공간 $(\mathbb{R}\times X\times Y,\ \mathscr{T}_p)$가 정칙공간인가?

14. 전순서집합 $(X,\ \le)$로부터 생성되는 순서위상공간 $(X,\ \mathscr{T}_o)$는 정칙공간임을 증명하시오.

15. 집합 X와 부분집합 $D\subset X$에 대하여 다음 성질을 만족하는 X의 부분집합들의 모임을 $\mathscr{T}$라 한다.

"X의 부분집합 U가 다음 조건 $U=\varnothing$이거나 $D\subset U$이면 $U\in\mathscr{T}$이다"

이 경우 다음을 답하시오.

(1) $(X,\ \mathscr{T})$이 위상공간임을 보이시오.

(2) $(X,\ \mathscr{T})$가 정칙공간이 되기 위한 조건은 무엇인가?

16. 정렬집합 (well ordered set) $(X,\ \leq)$에 의하여 유도된 순서위상공간 $(X,\ \mathscr{T}_o)$는 정규공간임을 보이시오. (자연수집합 $(\mathbb{N},\ \leq)$에서 구체적으로 적용해 보시오.)

17. $X = (0,\ 1)$이고 $\mathscr{T} = \left\{ \varnothing,\ X,\ (\frac{1}{n},\ 1) \,\middle|\, n \in \mathbb{N} - \{1\} \right\}$이라 할 때 다음을 답하시오.

(1) $(X,\ \mathscr{T})$이 T_1 공간인가?

(2) $(X,\ \mathscr{T})$이 T_2 공간인가?

(3) A와 B가 $(X,\ \mathscr{T})$의 서로소인 닫힌집합이라 하자. 이 경우 $A \subset U$, $B \subset V$인 서로소인 열린집합 $U,\ V \in \mathscr{T}$가 존재하는가?

18. 하극한위상 $\mathbb{R}_l$과 상극한위상 $\mathbb{R}_u$에 대하여 다음을 답하시오.

(1) 곱공간 $\mathbb{R}_l \times \mathbb{R}_u$의 기저를 구하고, 기저 열린집합의 형태를 확인하시오.

(2) $L = \{(x,\ y) \in \mathbb{R}^2 \mid y = x\}$가 곱공간 $\mathbb{R}_l \times \mathbb{R}_u$에서 닫힌집합임을 보이시오.

(3) 곱공간 $\mathbb{R}_l \times \mathbb{R}_u$는 정칙공간이지만 정규공간이 아님을 보이시오.

19. 연습문제 8.1의 문제 8에서 소개한 Fort 공간 $(X,\ \mathscr{T})$에 대하여 다음을 답하시오.

(1) $(X,\ \mathscr{T})$가 하우스도르프 공간임을 보이시오.

(2) $(X,\ \mathscr{T})$가 정규공간임을 보이시오.

20. (1) 상극한위상 $\mathbb{R}_u$의 모든 부분공간은 정규임을 보이시오.

(2) 하극한위상 $\mathbb{R}_l$의 모든 부분공간은 정규임을 보이시오.

21. 전사이고 연속인 닫힌사상 $f : (X,\ \mathscr{T}_X) \to (Y,\ \mathscr{T}_Y)$를 생각하자. 이때 $(X,\ \mathscr{T}_X)$가 정규공간이면 $(Y,\ \mathscr{T}_Y)$도 정규공간임을 보이시오.

(힌트 : $f : (X,\ \mathscr{T}_X) \to (Y,\ \mathscr{T}_Y)$가 닫힌사상이면 Y의 임의의 부분공간 B와 $f^{-1}(B) \subset U(\in \mathscr{T}_X)$에 대하여 B를 포함하는 열린집합 $V(\supset B) \in \mathscr{T}_Y$가 존재하여 $f^{-1}(V) \subset U$이다 ([1]의 참고 5.2.9 참조).

9.3 Urysohn 보조정리와 Tietze 확장정리

이 절에서는 P. S. Urysohn(1898~1924) 보조정리와 이를 활용하여 Tietze 확장정리를 다룬다. 분리공리 중에서 T_4-공리를 만족하는 위상공간 X는 상수함수가 아닌 실숫값을 갖는 연속함수 $f: X \to [a, b] \subset \mathbb{R}$가 항상 존재함을 보일 스 있다. 이 정리를 Urysohn 보조정리라고 한다. 이 정리의 결과를 활용하여 T_4-공리를 만족하는 공간의 확대함수문제를 다룰 수 있는데 이 정리를 Tietze 확장 정리라 한다.

정리 9.3.1 (Urysohn's lemma) 위상공간 X가 정규공간이면 서로소인 임의의 두 닫힌집합 A, $B(\subset X)$에 대하여 한 연속함수 $f: X \to [0, 1]$이 존재하여 임의의 $x \in A$에 대하여 $f(x)=1$, 임의의 $x \in B$에 대하여 $f(x)=0$이 성립하는 것이다. 여기서 $[0, 1]$은 보통위상공간의 부분공간 $([0, 1], \mathscr{U}_{[0, 1]})$을 의미한다.

(주의 : 정리 9.3.1에서 $A \neq \varnothing \neq B$이면 $f(A)=\{0\}$이고 $f(B)=\{1\}$이다. 그리고 정리 9.3.1에서 "$\exists\, {}^{\forall} x \in A,\ f(x)=0$과 $\exists\, {}^{\forall} x \in B,\ f(x)=1$"와 같이 표현할 수 있다.)

$$\begin{cases} f(A) \subset \{0\} \Leftrightarrow \exists\, {}^{\forall} x \in A,\ f(x)=0. \\ f(B) \subset \{1\} \Leftrightarrow \exists\, {}^{\forall} x \in B,\ f(x)=1. \end{cases}$$

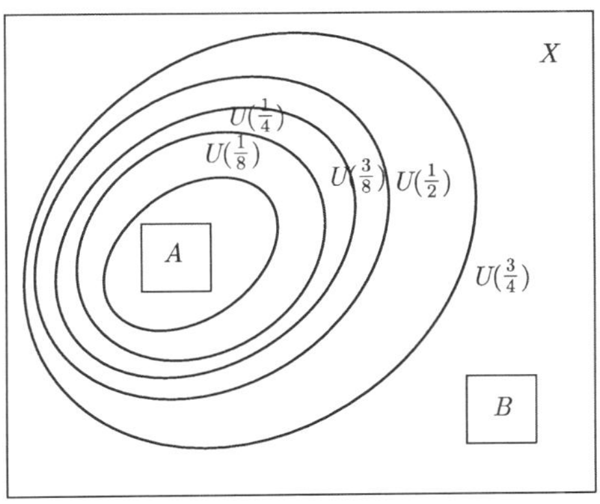

그림 9.10 Urysohn 보조정리 설명

증명 위상공간 X가 공리 [N]을 만족하는 공간이라 하자. 서로소인 임의의 두 닫힌집합 A, B를 택했을 때 $A \cap B = \varnothing$ 이므로 $A \subset B^c$이다. B^c가 열린집합이므로 정리 9.2.15에 의하여 열린집합 $U(\frac{1}{2})$이 존재하여 (그림 9.10 참조)

$$A \subset U(\frac{1}{2}) \subset \overline{U(\frac{1}{2})} \subset B^c$$

이 되도록 할 수 있다. $U(\frac{1}{2})$이 열린집합이므로 정리 9.2.15를 반복 적용하여 적당한 열린집합 $U(\frac{1}{4})$, $U(\frac{3}{4})$이 존재하여

$$A \subset U(\frac{1}{4}) \subset \overline{U(\frac{1}{4})} \subset U(\frac{1}{2}) \subset \overline{U(\frac{1}{2})} \subset U(\frac{3}{4}) \subset \overline{U(\frac{3}{4})} \subset B^c$$

이 되도록 할 수 있다. $X = U(1)$이라 하자.

위 방법을 계속 반복하면

$$\begin{aligned} A &\subset U(\tfrac{1}{8}) \subset \overline{U(\tfrac{1}{8})} \subset U(\tfrac{1}{4}) \subset \overline{U(\tfrac{1}{4})} \subset U(\tfrac{3}{8}) \subset \overline{U(\tfrac{3}{8})} \\ &\subset U(\tfrac{1}{2}) \subset \overline{U(\tfrac{1}{2})} \subset U(\tfrac{5}{8}) \subset \overline{U(\tfrac{5}{8})} \subset U(\tfrac{3}{4}) \subset \overline{U(\tfrac{3}{4})} \\ &\subset U(\tfrac{7}{8}) \subset \overline{U(\tfrac{7}{8})} \subset B^c \end{aligned}$$

을 만족하는 열린집합 $U(\frac{1}{8})$, $U(\frac{3}{8})$, $U(\frac{5}{8})$, $U(\frac{7}{8})$이 존재한다.

이와 같은 방법을 계속하면 다음 집합

$$\begin{aligned} D &= \left\{ \frac{k}{2^n} \mid n,\ k \in \mathbb{N},\ 1 \le k \le 2^n - 1 \right\} \\ &= \left\{ \frac{1}{2}, \frac{1}{4}, \frac{3}{4}, \frac{1}{8}, \frac{3}{8}, \frac{5}{8}, \frac{7}{8}, \frac{1}{16}, \frac{3}{16}, \cdots, \frac{15}{16}, \cdots \right\} \end{aligned}$$

를 얻는다. 그런데 D는 $([0,\ 1],\ \mathscr{U}_{[0,\ 1]})$에서 조밀한 부분집합이고, 각각의 $r \in D$에 대하여 다음을 만족하는 열린집합 $U(r)$이 존재한다.

(a) $r,\ s \in D$, $r < s$이면 $\overline{U(r)} \subset U_s$이다.

(b) 모든 $r \in D$에 대하여 $A \subset \overline{U(r)} \subset B^c$이다.

이를 기반으로 함수 $f : X \to [0,\ 1]$을 다음과 같이 정의하자.

(i) 모든 $r \in D$에 대하여 $x \in U(r)$이면 $f(x)=0$으로 정의하고, 만약 $x \notin U(r)$인 $r \in D$이 존재하는 경우는 $f(x)=\sup\{r \mid x \in U(r)\}$으로 정의하자. 즉,

$$f(x)=\begin{cases} 0, & x \in U(r),\ \forall\, r \in D \\ \sup\{r \in D \mid x \notin U(r)\}, & \text{그 밖의 경우} \end{cases}$$

이다. 그러면 f는 $A \neq \varnothing \neq B$일 때

$$f(X) \subset [0,\ 1],\ f(A)=\{0\},\ f(B)=\{1\}$$

임은 명백하다.

(ii) 이제 f가 연속함수임을 보이자. 즉, 임의의 점 $p \in X$에서 연속임을 보이자.

① 먼저 $0<f(p)<1$인 경우를 생각하자. 임의로 주어진 $\varepsilon>0$에 대하여

$$f(p)-\varepsilon<r<f(p)<s<f(p)+\varepsilon$$

을 만족하는 $r,\ s \in D$를 택한 다음 $r<t<f(p)$를 만족하는 $t \in D$를 택하면 $p \notin U(t)$가 된다. (왜냐하면 $p \in U(t)$라 가정하자. 그러면 모든 $u \geq t$에 대해 $p \in U(u)$가 된다. 그래서 $p \in U(u)$이면 $u<t$이다. 따라서 $f(p) \leq t$가 되어 모순이다.) 그리고 $\overline{U(r)} \subset U(t)$이므로 $p \notin \overline{U(r)}$이다. 그러므로 $W=U(s)-\overline{U(r)}$은 p의 열린근방으로서

$$p \in W \subset f^{-1}(f(p)-\varepsilon,\ f(p)+\varepsilon)$$

를 만족한다. (왜냐하면 만약 $x \in W$이면 $r \leq f(x) \leq s$이므로 $|f(x)-f(p)|<\varepsilon$이다.)

따라서 f는 점 p에서 연속이다.

② 이제 $f(p)=1$인 경우를 생각하자. 임의로 주어진 $\varepsilon>0$에 대하여

$$p \in W \subset f^{-1}((f(p)-\varepsilon,\ 1])$$

을 만족하는 열린집합 W가 존재함을 보이면 된다. 먼저

$$f(p)-\varepsilon=1-\varepsilon<r<1=f(p)$$

를 만족하는 $r \in D$를 택한 다음 $r < t < 1$인 $t \in D$를 택하자. 그러면 $p \in U(t)$이고 $\overline{U(r)} \subset U(t)$이므로 $p \notin \overline{U(r)}$이다. 이제 $W = (\overline{U(r)})^c = X - \overline{U(r)}$이라 하면 W는 p의 열린근방이고

$$p \in W \subset f^{-1}((1-\varepsilon,\ 1]) = f^{-1}((f(p)-\varepsilon,\ 1])$$

을 만족한다. 따라서 f는 점 p에서 연속이다.

③ $f(p) = 0$인 경우를 생각하자. 임의로 주어진 $\varepsilon > 0$에 대하여

$$f(p) = 0 < s < \varepsilon = f(p) + \varepsilon$$

을 만족하는 $s \in D$를 택하자. 그러면 $U(s)$는 p의 열린근방으로서

$$p \in U(s) \subset f^{-1}([0,\ \varepsilon)) = f^{-1}([0,\ f(p)+\varepsilon))$$

을 만족한다. 따라서 f는 점 p에서 연속이다. □

참고로, 정리 9.3.1에서 $[0,\ 1]$을 임의의 닫힌구간 $[a,\ b]$로 대체할 수 있다.

정리 9.3.1에서 $[0,\ 1]$을 $[a,\ b]$로 대체해도 같은 결과를 갖는다. ($[0,\ 1]$과 $[a,\ b]$는 위상동형임을 유의하자.)

이제 Urysohn 보조정리를 활용하여 다음과 같은 Tietze 확장정리를 소개한다.

정리 9.3.2 (Tietze 확장정리) (1) 한 위상공간 X가 정규공간이면 A가 X에서 닫힌부분공간이고 $f : A \to \mathbb{R}$가 연속함수일 때 f의 확장사상 $F : X \to \mathbb{R}$가 존재하는 것이다. (즉 $F|_A = f$인 연속함수 $F : X \to \mathbb{R}$가 존재하는 것이다.)

(2) 한 위상공간 X가 정규공간이면 A가 X에서 닫힌부분공간이고 $f : A \to [a,\ b]$가 연속함수일 때 f의 확장사상 $F : X \to [a,\ b]$가 존재하는 것이다.

(주의 : (2)는 (1)에서의 $\mathbb{R}$이 $[a,\ b]$로 교체하여 기술되었다.)

이 책에서는 (1)을 증명하기로 한다.

증명 위상공간 $(X,\ \mathscr{T})$가 정규공간임을 가정하고, A를 X의 한 닫힌부분공간이라 하자. $\mathbb{R}$과 $(-1,\ 1)$은 위상동형이므로 $f : A \to \mathbb{R}$ 대신에 $f : A \to (-1,\ 1)$인 경우를 먼저 증명하기로 하자.

$$A_1 = \left\{ x \in A \,\middle|\, f(x) \geq \frac{1}{3} \right\}, \quad B_1 = \left\{ x \in A \,\middle|\, f(x) \leq \frac{-1}{3} \right\}$$

이라 하자. A_1, B_1은 A에서 닫힌집합이기에 X에서도 닫힌집합이다. Urysohn 보조정리에 의하여 연속함수

$$f_1 : X \to [-\frac{1}{3}, \frac{1}{3}] \text{ s.t. } f_1(A_1) = \left\{ \frac{1}{3} \right\}, \quad f_1(B_1) = \left\{ \frac{-1}{3} \right\}$$

이 존재한다. 이 경우 임의의 $x \in A$에 대하여

$$|f(x) - f_1(x)| \leq \frac{2}{3} \qquad \cdots (*1)$$

이므로 $(f - f_1)(A) \subset [\frac{-2}{3}, \frac{2}{3}]$이 성립한다.

$f - f_1 = g_1$이라 하자. g_1은 연속함수 $g_1 : A \to [\frac{-2}{3}, \frac{2}{3}]$이다.

$$A_2 = \left\{ x \in A \,\middle|\, g_1(x) \geq \frac{2}{9} \right\}, \quad B_2 = \left\{ x \in A \,\middle|\, g_1(x) \leq \frac{-2}{9} \right\}$$

이라 하면 A_2, B_2는 X에서 닫힌집합이다. 따라서 정리 9.3.1에 의하여 연속함수

$$f_2 : X \to [\frac{-2}{9}, \frac{2}{9}] \ \left(f_2(A_2) = \left\{ \frac{2}{9} \right\}, f_2(B_2) = \left\{ \frac{-2}{9} \right\}\right)$$

가 존재한다. 이 경우 임의의 $x \in A$에 대하여 $x \in A_2 \cup B_2$인 경우

$$\frac{2}{9} \leq |g_1(x)| \leq \frac{2}{3}, \ |f_2(x)| = \frac{2}{9}, \ |g_1(x) - f_2(x)| \leq \frac{4}{9}$$

이고 $x \in A - (A_2 \cup B_2)$인 경우

$$\frac{-2}{9} \leq g_1(x), \ f_2(x) = \frac{2}{9}, \ |g_1(x) - f_2(x)| \leq \frac{4}{9}$$

이다. 즉, 임의의 $x \in A$에 대하여

$$|g_1(x) - f_2(x)| = |(f(x) - f_1(x) - f_2(x)| \leq \left(\frac{2}{3}\right)^2 \qquad \cdots (*2)$$

이 성립한다.

위의 방법을 반복하여 X상에서의 연속함수

$$f_1,\ f_2,\ \cdots,\ f_n,\ \cdots\ (\text{단 } f_n : X \to \left[-\frac{1}{3}\left(\frac{2}{3}\right)^{n-1},\ \frac{1}{3}\left(\frac{2}{3}\right)^{n-1}\right])$$

을 얻을 수 있고, (*1)과 (*2)에 의하여 임의의 $x \in A$에 대하여

$$|f(x) - \sum_{k=1}^{n} f_k(x)| \le \left(\frac{2}{3}\right)^n \tag{*3}$$

을 만족한다.

임의의 $x \in X$에 대해서 $F_0(x) = \sum_{i=1}^{\infty} f_i(x)$로 정의하자. 임의의 $x \in A$에 대해서 식 (*3)에 의하여 $F_0(x) = \sum_{i=1}^{\infty} f_i(x) = f(x)$가 성립한다.

함수 $F_0 : X \to [-1,\ 1]$인데, F_0가 연속함수임을 보이자.

임의의 $x,\ y \in X$에 대하여

$$\frac{-1}{3}\left(\frac{2}{3}\right)^{n-1} \le f_n(x),\quad f_n(y) \le \frac{1}{3}\left(\frac{2}{3}\right)^{n-1}$$

이므로

$$|f_n(x) - f_n(y)| \le \left(\frac{2}{3}\right)^n$$

이다.

F_0가 X상의 각 점에서 연속임을 보이기 위하여 임의의 한 점 $x \in X$와 임의의 $\varepsilon > 0$을 택하자.

$\sum_{n=1}^{\infty} \left(\frac{2}{3}\right)^n$가 수렴함으로 적당한 $n_0 (\in \mathbb{N})$가 존재해서

$$\sum_{n=n_0+1}^{\infty} \left(\frac{2}{3}\right)^n < \frac{\varepsilon}{2}$$

을 만족하도록 할 수 있다.

$f_n (n \in \{1,\ 2,\ \cdots,\ n_0\})$가 연속이므로 x의 열린근방 U_n이 존재하여

$$y \in U_n \Rightarrow |f_n(x) - f_n(y)| < \frac{\varepsilon}{2n_0}$$

이 되게 할 수 있다. $U = U_1 \cap \cdots \cap U_{n_0}$라 하면 U도 x의 열린근방이다.

$$y \in U \Rightarrow |F_0(x) - F_0(y)| < \sum_{n=1}^{n_0} |f_n(x) - f_n(y)| + \sum_{n=n_0+1}^{\infty} \left(\frac{2}{3}\right)^n$$

$$< n_0 \cdot \frac{\varepsilon}{2n_0} + \frac{\varepsilon}{2} = \varepsilon$$

이므로 F_0는 X에서 연속함수이다.

$$A_0 = \{x \in X \mid |F_0(x)| = 1\}$$

이라 하자. $f(A) = F_0(A) \subset (-1,\ 1)$이므로 $A \cap A_0 = \varnothing$이다. A, A_0가 X에서 서로소인 닫힌집합이므로 Urysohn 보조정리에 의하여 연속함수

$$g:\ X \to [0,\ 1] \quad (g(A_0) = \{0\},\ g(A) = \{1\})$$

가 존재한다. 함수 $F(x)$를

$$F(x) = g(x) \cdot F_0(x) \quad (x \in X)$$

라고 정의하면 $F(x)$는 연속이고 임의의 $a \in A_0$에 대해서

$$F(a) = g(a) \cdot F_0(a) = 0 \quad (\because\ g(a) = 0)$$

이므로

$$F(X) \subset (-1,\ 1)$$

이고 임의의 $x \in A$에 대하여

$$F(x) = g(x) \cdot F_0(x) = F_0(x) = f(x)$$

이다. 그러므로

$$F:\ X \to (-1,\ 1)$$

은 $f:\ A \to (-1,\ 1)$의 확장함수이다.

연속함수 f가 $f:\ A \to \mathbb{R}$인 경우 위상동형사상

$$h: \mathbb{R} \to (-1,\ 1) \text{ s.t. } h(x) = \frac{x}{1+|x|}$$

를 이용하여 연속함수

$$h \circ f: A \to (-1,\ 1)$$

을 얻을 수 있다. $h \circ f$의 확장함수를

$$F: X \to (-1,\ 1)$$

이라 하면 $h^{-1} \circ F: X \to \mathbb{R}$는 f의 확장함수가 된다. 왜냐하면 임의의 $x \in A$에 대하여

$$(h^{-1} \circ F)(x) = h^{-1}(F(x)) = h^{-1}(h \circ f)(x) = f(x)$$

가 되기 때문이다.

| 예제 9.3.3 | $(\mathbb{R},\ \mathscr{U})$의 부분공간 $([1,\ 2],\ \mathscr{U}_{[1,\ 2]})$을 생각하자. 그리고 함수 $f: [1,\ 2] \to \mathbb{R}$을 생각하자.

$$\begin{array}{l} f: [1,\ 2] \to \mathbb{R} \\ \quad\ \ \cup\!\!\!\mid \qquad\ \ \cup\!\!\!\mid \\ \quad x \rightsquigarrow f(x) = \dfrac{1}{x} \end{array}$$

이때 함수 f는 연속함수이고 $[1,\ 2]$는 정규공간 $(\mathbb{R},\ \mathscr{U})$의 닫힌집합이기에 정리 9.3.2의 Tietze 확장정리를 활용하여 주어진 함수 f의 확대함수 g를 다음과 같이 생각할 수 있다.

$$\begin{array}{l} g: \mathbb{R} \to \mathbb{R} \\ \quad\ \ \cup\!\!\!\mid \\ \quad x \rightsquigarrow g(x) = \begin{cases} f(x), & x \in [1,\ 2] \\ 1, & x \in (-\infty,\ 1) \\ \dfrac{1}{2}, & x \in (2,\ \infty) \end{cases} \end{array}$$

■

이제 Urysohn 보조정리를 활용하여 거리화가능 공간의 성질을 조사하자.

정리 9.3.4 제2가산인 정규공간은 거리화가능 공간이다.

증명 X를 제2가산인 정규공간(T_4 공간)이라 가정하자. 정리 7.4.8에서 보였듯이 힐베르트 공간 $(\mathbb{R}^\infty,\ d)$가 거리화가능 공간임을 상기하자. 한편 거리화가능

공간의 부분공간도 거리화가능 공간임을 활용하여 주어진 공간 X를 힐베르트 공간 $(\mathbb{R}^\infty,\ d)$의 부분공간과 위상동형임을 보이고자 한다.

(1) X가 유한집합이면 X는 이산공간이 되므로($\because$ T_4 공간은 T_1 공간이다), 같은 개수의 원소를 갖는 $(\mathbb{R}^\infty,\ d)$의 한 부분공간과 위상동형이 된다.

(2) X를 무한집합이라 하자. 가정에 의하여 X는 제2가산인 정규공간이므로 가산기저

$$\mathscr{B} = \{B_1,\ B_2,\ \cdots,\ B_n,\ \cdots\}$$
$$(\text{단, } B_i \neq X,\ B_i \neq \varnothing,\ i \in \mathbb{N})$$

가 존재한다.

정리 9.2.15를 이용하면 각각의 $B_i \in \mathscr{B}$에 대하여 $B_j \in \mathscr{B}$가 존재하여 $\overline{B_j} \subset B_i$가 되게 할 수 있다. 이 쌍을 $(B_j,\ B_i)$라 놓자. 이러한 쌍들은 모두 가산개 존재하므로

$$\mathscr{B}^* = \{(B_{j_1},\ B_{i_1}),\ \cdots,\ (B_{j_n},\ B_{i_n}),\ \cdots\}$$

이라 놓자. 각 $(B_{j_n},\ B_{i_n})$에 대하여 $\overline{B_{j_n}} \subset B_{i_n}$이므로 $\overline{B_{j_n}}$와 $B_{i_n}^c$는 서로소인 닫힌집합이다. X가 T_4 공간이므로 연속함수

$$f_n : X \to [0,\ 1]$$

가 존재하여 $f_n(\overline{B_{j_n}}) = \{0\}$이고 $f_n(B_{i_n}^c) = \{1\}$이다(Urysohn 보조정리 사용).

$$f : X \to \mathbb{R}^\infty$$

를 각 $x \in X$에 대하여

$$f(x) = \left(\frac{f_1(x)}{2},\ \frac{f_2(x)}{2^2},\ \cdots,\ \frac{f_n(x)}{2^n},\ \cdots\right)$$

으로 정의하자. 각 n에 대하여 $0 \leq f_n(x) \leq 1$이므로

$$\sum_{n=1}^{\infty}\left(\frac{f_n(x)}{2^n}\right)^2 \leq \sum_{n=1}^{\infty}\frac{1}{2^{2n}} = \frac{1}{3}$$

이 되어 $f(x) \in \mathbb{R}^{\infty}$가 되어서 f는 잘 정의된(well-defined) 사상이다.

(i) 이제 f가 단사함수임을 보이자. X상에서 서로 다른 두 점 x, y를 택하자. X는 T_1 공간이므로 적당한 $B_i \in \mathscr{B}$가 존재하여 $x \in B_i$, $y \not\in B_i$가 되게 할 수 있다. X는 T_3 공간이기도 하므로 적당한 $B_j \in \mathscr{B}$가 존재하여

$$x \in \overline{B_j} \subset B_i, \ y \in B_i^c$$

이다. $(B_j, B_i) \in \mathscr{B}^*$이므로 적당한 n이 존재하여 $(B_j, B_i) = (B_{j_n}, B_{i_n})$이다. 즉, $B_j = B_{j_n}$, $B_i = B_{i_n}$이다. 따라서 $x \in \overline{B_{j_n}}$, $y \in B_{i_n}^c$이므로

$$f_n(x) = 0, \ f_n(y) = 1$$

이다. 그러므로 $f(x)$와 $f(y)$의 n번째 좌표가 같지 않으므로 $f(x) \neq f(y)$이어서 f는 단사이다.

(ii) f가 연속사상임을 보이자. 각 점 $p \in X$에서 f가 연속임을 보이면 된다. 임의의 양의 실수 $\varepsilon > 0$을 택하자. $x \in X$에 대하여

$$\|f(x) - f(p)\|^2 = \sum_{n=1}^{\infty} \left(\frac{f_n(x) - f_n(p)}{2} \right)^2 \qquad \cdots \ (*)$$

이고 $0 \leq |f_n(x) - f_n(p)| \leq 1$이므로

$$\left(\frac{f_n(x) - f_n(p)}{2} \right)^2 \leq \frac{1}{2^{2n}}$$

이 되어 식 (*)의 우변은 수렴한다. 따라서 적당한 자연수 n_0가 존재해서

$$\|f(x) - f(p)\|^2 = \sum_{n=1}^{n_0} \frac{|f_n(x) - f_n(p)|^2}{2^n} + \frac{\varepsilon^2}{2}$$

이다. $f_n : X \to [0, 1]$ $(n \in \{1, 2, \cdots, n_0\})$가 연속이므로, 점 p에서 연속이 되고, 결국에는 점 p의 적당한 열린근방 U_n이 존재하여 임의의 $x \in U_n$에 대하여

$$|f_n(x)-f_n(p)|^2 < \frac{\varepsilon^2 \cdot 2^{2n}}{2n_0}$$

이 되게 할 수 있다. 여기서 $U = U_1 \cap U_2 \cap \cdots \cap U_{n_0}$라 놓자. U는 점 p의 열린근방이 되고, 임의의 점 $x \in U$에 대하여

$$\|f(x)-f(p)\|^2 = \sum_{n=1}^{\infty}\left(\frac{f_n(x)-f_n(p)}{2^n}\right)^2 < n_0\left(\frac{\varepsilon^2}{2n_0}\right)+\frac{\varepsilon^2}{2} = \varepsilon^2$$

이므로 f는 점 p에서 연속이다. 따라서 f는 X에서 연속이다.

(iii) 이제 $Y = f(X) \subset \mathbb{R}^\infty$라 놓고 $f^{-1} : Y \to X$가 연속임을 보이자. Y가 $(\mathbb{R}^\infty, d)$의 부분공간이므로 Y도 거리공간이 된다. 따라서 함수 f^{-1}가 Y의 각 점 $f(p)$(단 $p \in X$)에서 점렬연속임을 보이면 된다(정리 8.1.18 참조). 만일 한 점 $f(p) \in Y$에서 점렬연속이 아니라면 한 점렬 $\langle f(y_n)\rangle$이 Y에 존재하여 $\langle f(y_n)\rangle \to f(p)$이고 $\langle y_n \rangle \nrightarrow p$이다.

따라서 $\langle y_n \rangle$의 적당한 부분점렬 $\langle x_m \rangle$과 점 p의 적당한 근방 V가 존재하여 $x_m \notin V (m \in \mathbb{N})$이다. $p \in V$이므로 $B_i \in \mathscr{B}$가 존재하여 $p \in B_i \subset V$이고 주어진 공간이 T_4 공간이므로 $B_j \in \mathscr{B}$가 존재하여 $p \in \overline{B_j} \subset B_i \subset V$가 성립한다. $(B_j, B_i) = (B_{j_n}, B_{i_n})$라 하면 $x_m \in B_i^c = B_{i_n}^c$ $(m \in \{1, 2, \cdots\})$이므로 $f_n(p) = 0$, $f_n(x_m) = 1 (m \in \{1, 2, \cdots\})$이다. 따라서 $m \in \{1, 2, \cdots\}$에 대해서

$$\|f(x)-f(p)\|^2 = \sum_{k=1}^{\infty}\left(\frac{f_k(x_m)-f_k(p)}{2^k}\right)^2 \geq \left(\frac{f_n(x_m)-f_n(p)}{2^n}\right)^2 = \frac{1}{2^{2n}}$$

이다. 그러므로 $\langle f(x_m)\rangle \nrightarrow f(p)$가 성립한다. 이 결과는 점렬 $\langle f(y_n)\rangle \to f(p)$라는 데 모순이다. 따라서 Y상의 각 점 $f(p)$에서 f^{-1}는 점렬연속이어야 한다. 그러므로 $f^{-1} : Y \to X$는 연속사상이다.

위 결과에 따라서 제2가산인 정규공간 X는 사상 f에 의하여 $(\mathbb{R}^\infty, d)$의 한 부분공간 $f(X)$와 위상동형이므로 X는 거리화가능 공간이다. □

| 예제 9.3.5 | 집합 X를 가산집합이라 하자. 이산위상공간 $(X, \mathscr{D})$는 제2가산공간이고 정규공간이므로 거리화가능 공간이다. ■

이제 정리 9.3.4보다 약한 조건을 갖고 거리화가능 공간 여부를 알아보자.

보조정리 9.3.6 제2가산인 정칙공간은 정규공간이다.

증명 A와 B를 $(X, \mathscr{T})$상의 서로소인 닫힌집합이라 하자. 가정과 정리 9.2.6에 의하여 폐포가 B와 만나지 않는 열린집합 U_i가(즉 $\overline{U_i} \cap B = \varnothing$) 존재하는데 이를 이용하여 A의 가산 열린덮개 $\{U_i | i \in \Lambda : \text{가산집합}\}$를 얻는다. 같은 방법으로 A와 서로소인 B의 가산열린덮개 $\{V_i | i \in \Lambda' : \text{가산집합}\}$를 만든다. 이제

$$U_n' := U_n - \bigcup_{i=1}^{n} \overline{V_i}, \quad V_n' := V_n - \bigcup_{i=1}^{n} \overline{U_i}$$

라고 놓으면 U_n'과 V_n'는 열린집합이고 $\{U_n' | n \in M : \text{가산집합}\}$은 A의 열린덮개이고 $\{V_n' | n \in M' : \text{가산집합}\}$은 B의 열린덮개이다. 그리고

$$U' := \cup U_n', \quad V' := \cup V_n'$$

라고 놓으면 U', V'은 열린집합이고 $A \subset U'$, $B \subset V'$이면서 $U' \cap V' = \varnothing$이 성립한다. □

이제 정리 9.3.4와 보조정리 9.3.6을 이용하여 다음 정리를 얻는다.

정리 9.3.7 (Urysohn의 거리화 정리 : Urysohn's metrization theorem)
제2가산인 정칙공간은 거리화가능이다.

증명 정리 9.3.4와 보조정리 9.3.6에 의하여 성립한다. □

9.4 완전정칙공간

절 9.1과 9.2에서 T_i 공간($i \in \{0, 1, 2, 3, 4\}$)의 다양한 성질(특히 유전적 성질, 곱성질, 위상적 성질 등)을 조사하였다. 그런데 T_3 공간은 유전적 성질을 갖지만 T_4 공간은 유전적 성질을 갖지 못했다. 그래서 T_3 공리와 T_4 공리의 사이에 속하는 유전적 성질을 갖는 새로운 분리공리를 설정하게 되는데 그 공리가 $T_{3\frac{1}{2}}$ 공리이다.

정의 9.4.1 T_1 공간 X가 다음 공리를 만족할 때 X를 **완전정칙공간**(completely regular space) 또는 $T_{3\frac{1}{2}}$ 공간(**티코노프 공간**: Tychonoff space)이라 한다.

[CR] 임의의 닫힌집합 F와 점 $x(\notin F)$에 대하여 다음 성질을 만족하는 연속함수

$$f : X \to [0, 1] \text{ s.t. } f(F) \subset \{0\},\ f(x) = 1$$

가 존재한다.

(주의 : 정의 9.4.1에서 $F \neq \varnothing$ 이면 $f(F) = \{0\}$ 이다. 정의 9.4.1에서 '$f(F) \subset \{0\}$, $f(x) = 1$'을 '$f(x) = 0$, $f(F) \subset \{1\}$'로 사용해도 무방하다.)

이제 완전정칙공간을 정칙공간, 정규공간과 비교하면 다음과 같다.

정리 9.4.2 정규공간(T_4 공간) ⇒ 완전정칙공간($T_{3\frac{1}{2}}$ 공간) ⇒ 정칙공간(T_3 공간).

증명 (i) 정규공간(T_4 공간) ⇒ 완전정칙공간($T_{3\frac{1}{2}}$ 공간)임을 증명하자. X를 정규공간이라 하자. 임의의 닫힌집합 $F(\subset X)$와 임의의 한 점 $x(\notin F)$에 대하여, X가 T_1 공간이므로 한원소집합 $\{x\}$는 X의 닫힌집합이고 $F \cap \{x\} = \varnothing$ 이다. Urysohn 보조정리(정리 9.3.1)에 의하여 연속사상

$$f : X \to [0, 1] \text{ s.t. } f(F) \subset \{0\},\ f(\{x\}) = \{1\}$$

가 존재한다. 따라서 X는 완전정칙공간이다.

(ii) 완전정칙공간 ($T_{3\frac{1}{2}}$ 공간) ⇒ 정칙공간 (T_3 공간)임을 증명하자. X를 완전정칙공간이라 하자. 이제 임의의 닫힌집합 F와 임의의 한 점 $x(\not\in F)$에 대하여, X가 완전정칙공간이므로 연속사상

$$f : X \to [0,\ 1] \text{ s.t. } f(F) \subset \{0\},\ f(x) = 1$$

가 존재한다. 그러면 f가 연속이므로

$$f^{-1}\left([0,\ \frac{1}{2})\right) = U, \quad f^{-1}\left((\frac{1}{2},\ 1]\right) = V$$

라 놓으면 U와 V는 X상에서 열린집합이고

$$F \subset U,\ x \in V \text{이고 } U \cap V = \varnothing$$

이다. 따라서 X는 정칙공간이다. □

이제 완전정칙공간의 유전적 성질과 곱성질을 알아보자.

정리 9.4.3 (1) 완전정칙공간은 유전적 성질을 갖는다.
(2) 완전정칙공간은 곱성질을 갖는다.

증명 (1) X를 완전정칙공간이라 하고 Y를 X의 임의의 부분공간이라 하자. Y의 임의의 닫힌집합 F와 임의의 한 점 $x \in Y - F$를 택하면, X에서의 한 닫힌집합 F_0가 존재해서 $F = F_0 \cap Y$이고 $x \not\in F_0$이다. X는 완전정칙이므로 적당한 연속함수 $f : X \to [0,\ 1]$이 존재해서 $f(F) \subset \{0\}$이고 $f(x) = 1$이 성립한다. Y에 대한 f의 축소사상 $f|_Y = g$라 하면 $g : Y \to [0,\ 1]$은 연속함수이고 $g(F) \subset f(F) = \{0\}$이고 $g(x) = f(x) = 1$이므로 Y는 완전정칙공간이므로 완전정칙공간은 유전적 성질을 갖는다.

(2) $(X_1,\ \mathscr{T}_1),\ (X_2,\ \mathscr{T}_2) : T_{3\frac{1}{2}}$ 공간 ⇒ $(X_1 \times X_2,\ \mathscr{T}_p) : T_{3\frac{1}{2}}$ 공간임을 증명하자.

$(X_1 \times X_2,\ \mathscr{T}_p)$에서 임의의 닫힌집합 F와

$$^{\forall} x := (x_1,\ x_2) \in X_1 \times X_2 - F$$

을 생각하자.

$(X_1 \times X_2,\ \mathscr{T}_p)$의 정의에 의하여

$$\exists\, U_1 \times U_2 \in \mathscr{B}_p \subset \mathscr{T}_p \text{ s.t. } x \in U_1 \times U_2 \subset F^c$$

이때 가정에 의하여 아래의 연속함수가 존재한다.

$$\begin{cases} f_1 : (X_1,\ \mathscr{T}_1) \to [0,\ 1] \text{ s.t. } \begin{cases} f_1(X_1 - U_1) \subset \{0\} \\ f_1(x_1) = 1. \end{cases} \\ f_2 : (X_2,\ \mathscr{T}_2) \to [0,\ 1] \text{ s.t. } \begin{cases} f_2(X_2 - U_2) \subset \{0\} \\ f_2(x_2) = 1. \end{cases} \end{cases}$$

① 이때 $\varnothing_i : X_1 \times X_2 \xrightarrow{P_i} X_i \xrightarrow{f_i} [0,\ 1],\ i \in \{1,\ 2\}$

$$\begin{array}{ccc} X_1 \times X_2 & & [0,\ 1] \\ \Cup & & \Cup \\ x & \rightsquigarrow & \varnothing_i(x) = f_i \circ P_i(x) \end{array}$$

을 정의한다. (즉 $i \in \{1,\ 2\}$에 대하여 $P_i^{-1}(U_i)$ 밖에 있는 점 x에 대하여 $\varnothing_i(x) = 0$이다.)

그때 $\varnothing_i$는 연속함수이다.

② 이제 함수

$$\begin{array}{rccc} f : & X & \longrightarrow & [0,\ 1] \\ & \Cup & & \Cup \\ & y & \rightsquigarrow & f(y) = \varnothing_1(y) \cdot \varnothing_2(y) \end{array}$$

으로 정의하면 f는 연속이고 $f(x) = 1,\ f(X - U_1 \times U_2) = \{0\}$이다. 그리고 $F \subset X - U_1 \times U_2$이므로 $f(F) = \{0\}$이 성립한다. 결론적으로 $(X,\ \mathscr{T}_p)$: $T_{3\frac{1}{2}}$ 공간이다.

(무한곱 증명) $X = \prod_{\alpha \in \Lambda} X_\alpha$라 놓자.

X상의 임의의 닫힌집합 F와 임의의 점 $x = (x_\alpha)_{\alpha \in \Lambda} \in X - F$를 택하자. $x \in X - F$이므로 곱위상 $(X,\ \mathscr{T}_p)$의 정의에 의하여 $\prod_{\alpha \in \Lambda} U_\alpha \in \mathscr{B}_p \subset \mathscr{T}_p$인 기저열린집합 $\prod_{\alpha \in \Lambda} U_\alpha (\in \mathscr{B}_p)$가 존재한다. (여기서 U_α는 유한개를 제외하고 전체집합 X_α가 된다.) 즉 $\alpha \in \{\alpha_1,\ \alpha_2,\ \cdots,\ \alpha_n\}$를 제외하고 $U_\alpha = X_\alpha$이다. 이들 $i \in \{1,\ 2,\ \cdots,\ n\}$에 대하여

$$x_{\alpha_i} \not\in F_{\alpha_i} := X_{\alpha_i} - U_{\alpha_i} \quad ((X_{\alpha_i}, \mathscr{T}_{\alpha_i})\text{에서 닫힌집합임})$$

가정($(X_{\alpha_i}, \mathscr{T}_{\alpha_i})$의 완전정칙성)에 의하여 연속함수

$$\exists f_{\alpha_i} := X_{\alpha_i} \to [0,\ 1] \text{ s.t. } \begin{cases} f_{\alpha_i}(F_{\alpha_i}) = \{0\} \\ f_{\alpha_i}(x_{\alpha_i}) = 1 \end{cases}$$

이 성립한다.

이때 $\varnothing_{\alpha_i} = f_{\alpha_i} \circ P_{\alpha_i} : X \to X_{\alpha_i} \to [0,\ 1]$으로 놓으면 $\varnothing_{\alpha_i}$는 연속함수이고,

$$\varnothing_{\alpha_i}(X - P_{\alpha_i}^{-1}(U_{\alpha_i})) = \varnothing_{\alpha_i}(P_{\alpha_i}^{-1}(F_{\alpha_i})) = \{0\}\text{을 만족한다.}$$

이제 사상 $f: X \longrightarrow [0,\ 1]$ 를

$$\begin{array}{ccc} f: X & \longrightarrow & [0,\ 1] \\ \Downarrow & & \Downarrow \\ y & \rightsquigarrow & f(y) = \varnothing_{\alpha_1}(y) \cdot \varnothing_{\alpha_2}(y) \cdot \cdots \cdot \varnothing_{\alpha_n}(y) \end{array}$$

로 정의하면 f는 연속이고 $f(x) = 1$, $f(X - \prod_{\alpha \in \Lambda} U_\alpha = \{0\}$이다.

그리고 $F \subset X - \prod_{\alpha \in \Lambda} U_\alpha$이므로 $f(F) = 0$이다.

그러므로 $(X, \mathscr{T}_p)$는 $T_{3\frac{1}{2}}$ 공간이다. □

참고로 곱공간 $(\prod_{\alpha \in \Lambda} X_\alpha, \mathscr{T}_p)$가 완전정칙공간이면 임의의 $\alpha \in \Lambda$에 대한 인자공간(좌표공간) $(X_\alpha, \mathscr{T}_\alpha)$는 완전정칙이다. 간략하게 증명하면, 각 좌표공간 $(X_{\alpha_0}, \mathscr{T}_{\alpha_0})$는 $\prod_{\alpha \in \Lambda} X_\alpha$의 한 부분공간 $L(a, \alpha_0)$와 위상동형이므로 정리 9.4.3(1)에 의하여 $(X_{\alpha_0}, \mathscr{T}_{\alpha_0})$는 완전정칙공간이다.

이제 정리 9.4.2의 역(converse)과 관련하여 다음 예제를 알아보자.

| 예제 9.4.4 | 완전정칙공간이 일반적으로 정규공간이 되는 것은 아니다. 예를 들어 조사해 보자.

예제 9.2.16에서 하극한공간 $\mathbb{R}_l$이 정규공간임을 보였다. 정리 9.4.1에 의하여 정규공간은 완전정칙공간이므로 $\mathbb{R}_l$은 완전정칙공간이다. 정리 9.4.2(2)에 의하여 곱공간 $\mathbb{R}_l \times \mathbb{R}_l$도 완전정칙공간이다. 그러나 $\mathbb{R}_l \times \mathbb{R}_l$이 정규공간이 아님은 예제 9.2.16에 의하여 밝혀졌다. ■

참고로 정칙공간은 일반적으로 완전정칙공간이 아님을 보여주는 위상공간이 존재한다. 그러나 매우 복잡한 구조를 갖고 있기에 이 책의 수준을 넘으므로 자세한 설명은 생략한다.

이제 완전정칙공간의 위상적 성질 (topological property)을 알아보자.

정리 9.4.5 X와 Y가 위상동형이고 X가 완전정칙공간일 때 Y도 완전정칙공간이다.

증명 $h: X \to Y$를 위상동형사상이라 하고, Y상의 임의의 한 닫힌집합 F를 택하고, 임의의 한 점 $y(\in Y)$를 $y \not\in F$에서 택하자. h가 위상동형사상이므로 $h^{-1}(F)$는 X상에서 닫힌집합이다. $h^{-1}(y) = x$라 놓으면 $x \not\in h^{-1}(F)$이다. X가 완전정칙공간이므로 연속함수 $f: X \to [0, 1]$이 존재해서 $f(h^{-1}(F)) \subset \{0\}$, $f(x) = 1$을 만족한다. 이제 합성함수 $f \circ h^{-1}: Y \to [0, 1]$을 택하면 $f \circ h^{-1}$는 연속함수이고 $f \circ h^{-1}(F) \subset \{0\}$이고 $f \circ h^{-1}(y) = 1$이 되어서 Y는 공리 [CR]을 만족한다. 위상동형공간 Y는 T_1 공간이므로 (T_1 공간의 위상적 성질을 활용함) Y는 완전정칙공간이다. □

이제 9.1절~9.4절까지 T_i 공간 $(i \in \{0, 1, 2, 3, 3\frac{1}{2}, 4\})$ 그리고 거리공간 (M으로 표시함)의 유전적 성질, 곱성질, 위상적 성질을 표를 통해서 다음과 같이 정리해본다.

		T_0	T_1	T_2	T_3	$T_{3\frac{1}{2}}$	T_4	M
유전적 성질	일반공간	○	○	○	○	○	×	○
	닫힌공간	○	○	○	○	○	○	○
	열린공간	○	○	○	○	○	×	○
곱성질	일반곱	○	○	○	○	○	×	×
	유한곱	○	○	○	○	○	×	○
	가산곱	○	○	○	○	○	×	○
위상적 성질		○	○	○	○	○	○	○

표 9.1 분리공리 T_i 및 거리공간의 유전적, 곱, 위상적 성질 $(i \in \{0, 1, 2, 3, 3\frac{1}{2}, 4\})$

연습문제 9.4

1. 모든 거리공간은 완전정칙공간임을 증명하시오.

2. 집합 $X=\{(x,\ y)\in\mathbb{R}^2 \mid y\geq 0\}\cup\{(0,\ -1)\in\mathbb{R}^2\}$을 생각하자. X의 부분집합모임으로서 $\mathscr{B}$를 다음과 같이 정의한다.
   ① 만약 $(x,\ y)\in X$이고 $y>0$이면 $\{(x,\ y)\}\in\mathscr{B}$이다.
   ② 임의의 $x\in\mathbb{R}$에 대하여

$$M_x=\{(x,\ y)\mid 0\leq y<2\},\ N_x=\{(x+y,\ y)\mid 0\leq y<2\}$$
$$P_x=M_x\cup N_x-\{(x,\ 0)\}\text{의 유한부분집합}$$

   이라 할 때, 각 $x\in\mathbb{R}$에 대하여 $(M_x\cup N_x)-P_x\in\mathscr{B}$이다.
   ③ 각 $n\in\mathbb{N}$에 대하여 $(\{(x,\ y)\in X,\ x>n\}\cup\{(0,\ -1)\in\mathbb{R}^2\})\in\mathscr{B}$이다.
   이때 X상에 위에서 언급한 세 가지 경우에 해당되는 X의 부분집합족 $\mathscr{B}$를 생각하자.
   (1) $\mathscr{B}$가 X상의 한 위상공간 $\mathscr{T}$를 위한 기저임을 보이시오.
   (2) (1)의 위상공간 $(X,\ \mathscr{T})$가 정칙공간이지만 완전정칙이 아님을 보이시오.

3. 정렬집합 $(X,\ \leq)$에서 유도되는 순서위상공간 $(X,\ \mathscr{T}_o)$가 완전정칙공간인가?

4. 국소콤팩트인 하우스도르프 공간은 완전정칙임을 보이시오.

5. 완전정칙공간 $(X,\ \mathscr{T})$와 보통위상공간 $(\mathbb{R},\ \mathscr{U})$에 대하여 다음 집합

$$\mathcal{S}=\{f^{-1}(U)\mid f:\ (X,\ \mathscr{T})\to(\mathbb{R},\ \mathscr{U})\text{는 연속이다. 여기서 } U\in\mathscr{U}\text{이다.}\}$$

   에 대하여 다음을 보이시오.
   (1) $\mathcal{S}$는 X상의 한 위상 $\mathscr{T}_{\mathcal{S}}$의 부분기저가 된다.
   (2) (1)에서 얻은 $\mathscr{T}_{\mathcal{S}}$가 $\mathscr{T}$와 같다.

6. 하극한공간의 곱위상 $\mathbb{R}_l^2$가 정규공간은 아니지만 완전정칙공간을 구체적으로 보이시오.

7. $(X,\ \mathscr{T})$를 완전정칙공간이고, $A,\ B(\subset X)$를 서로소인 $(X,\ \mathscr{T})$의 닫힌부분집합이라 한다. 이 경우 만약 A가 콤팩트이면 연속함수 $f:\ (X,\ \mathscr{T})\to([0,\ 1],\ \mathscr{U}_{[0,\ 1]})$이 존재하여 $f(A)=\{0\},\ f(B)=\{1\}$을 만족함을 보이시오.

TOPOLOGY

제 10 장

콤팩트성

콤팩트(compact) 개념은 유클리드 공간에서 하이네-보렐 (Heine-Borel)의 고전적 정리에서 동기 유발되었으며 위상공간론에서 매우 중요한 개념이다. 이 정리는 실수공간의 유계인 닫힌집합의 임의의 열린덮개(open covering)는 유한부분덮개(finite open subcovering)를 갖고 있음을 설명하고 있다. 현대적인 개념으로서의 compact 정의는 Pavel Alexandroff와 Pavel Urysohn에 의하여 1923년에 구성되었다. 실수공간의 유계인 닫힌집합에서 성립하는 이 정리를 위상공간에 적용하여 추상화된 개념이 콤팩트 개념이다. 이 장에서는 콤팩트성이 위상적 성질임을 보일 것이다. 또 어떠한 조건에서 콤팩트성이 유전적 성질을 갖는지도 알아본다.

특히 한점콤팩트화를 소개하면서 두 가지 형태의 위상공간들을 기반으로 진행한다. 첫째는 주어진 공간 X가 콤팩트가 아닌 국소콤팩트인 하우스도르프 공간을 기반으로 한 한점콤팩트화를 다룬다(정리 10.3.11 ~ 정리 10.3.15 참조).

둘째는 주어진 공간 X가 콤팩트가 아닌 위상공간을 기반으로 한 한점콤팩트화를 다룬다(참고 10.3.16(1) 참조).

거리화가능 위상공간과 관련하여 다양한 정리들을 다룬다.

10.1 콤팩트공간

콤팩트공간을 정의하기 위해서 몇 가지 기본 용어를 소개한다. $(X, \mathscr{T})$는 위상공간이고 $A \subset X$이라 하자.

(1) X의 부분집합들의 모임 $\mathcal{C}$가 A의 **덮개**(covering)란 $\mathcal{C}$의 원소들의 합집합이 A를 포함하는 경우를 말한다. 즉, $A \subset \bigcup_{U \in \mathcal{C}} U$이다.

(2) $\mathcal{C}$가 A의 덮개이고, $\mathcal{C}_0 \subset \mathcal{C}$인 $\mathcal{C}_0$도 A의 덮개일 때 $\mathcal{C}_0$를 덮개 $\mathcal{C}$의 **부분덮개**(subcovering)라 한다.

(3) 만약 A의 덮개 $\mathcal{C}$가 열린집합들의 모임이면 이 $\mathcal{C}$를 A의 **열린덮개**(open covering)라 한다. 즉 $\mathcal{C}$가 A의 열린덮개란 다음을 만족하는 것이다 (그림 10.1 참조).

(i) 모든 $U \in \mathcal{C}$는 X의 열린집합이다. 즉, $U \in \mathscr{T}$이다.

(ii) $A \subset \bigcup_{U \in \mathcal{C}} U$이다.

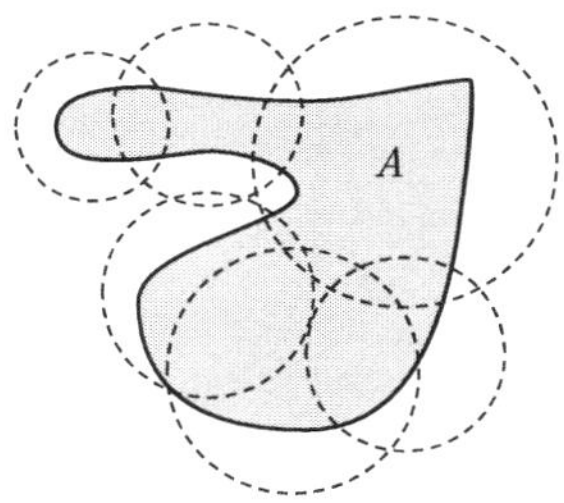

그림 10.1 A의 열린덮개

(4) $\mathcal{C}$가 A의 열린덮개이고, $\mathcal{C}_0 \subset \mathcal{C}$인 $\mathcal{C}_0$도 A의 덮개일 때 $\mathcal{C}_0$를 A의 열린덮개 $\mathcal{C}$의 **열린부분덮개**(open subcovering)라 한다.

열린덮개, 열린부분덮개 개념을 사용하여 콤팩트(compact) 개념(혹은 콤팩트성)을 정의하자. 콤팩트부분집합의 정의는 다음과 같다.

정의 10.1.1 (1) $(X, \mathscr{T})$는 위상공간이고 $A \subset X$이라 한다. A의 임의의 열린덮개 $\mathcal{C} = \{U_\lambda \mid \lambda \in \Lambda,\ U_\lambda \in \mathscr{T}\}$가 유한부분덮개 $\mathcal{C}_0 = \{U_{\lambda_1}, U_{\lambda_2}, \cdots, U_{\lambda_n}\}$ $(\subset \mathcal{C})$를 포함할 때 A를 X의 **콤팩트부분집합**(compact subset of X) 또는 간단하게 X의 **콤팩트집합**이라 한다.

(2) 특별히 위상공간 X 자신이 콤팩트일 때 X를 **콤팩트공간**(compact space)이라고 한다.

정의 10.1.1에 의하여 $X=\varnothing$이면 $\mathscr{T}=\{\varnothing\}$이므로 X는 콤팩트집합을 알 수 있다.

| 예제 10.1.2 | (1) 보통위상공간 $(\mathbb{R}, \mathscr{U})$상에서 $\mathbb{R}$은 콤팩트공간이 아니다. 왜냐하면 $\mathbb{R}$의 열린덮개 $\mathcal{C}=\{(n, n+2) \mid n \in \mathbb{Z}\}$는 유한부분덮개를 갖지 않기 때문이다(그림 10.2 참조). 여기서 $(n, n+2)(\subset \mathbb{R})$는 열린집합이다.

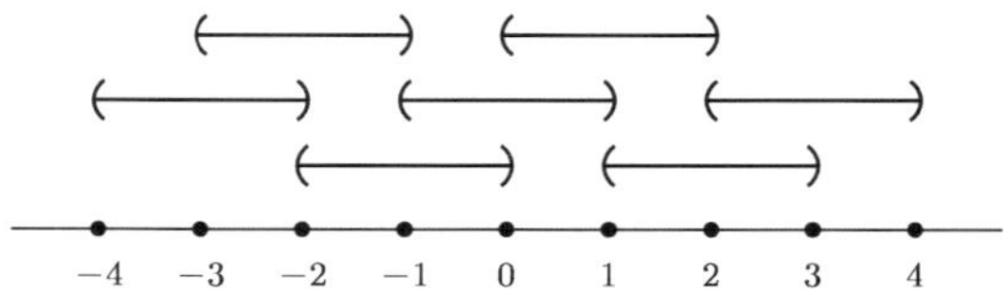

그림 10.2 유한부분덮개를 갖지 않는 열린덮개

(2) 만약 X가 유한집합이면 X상의 임의의 위상공간 $(X, \mathscr{T})$(즉 $|X|<\aleph_0$)은 콤팩트공간이다. 왜냐하면 X의 임의의 열린덮개는 그 자체가 유한덮개이기 때문이다.

(3) 이산공간 $(X, \mathscr{D})$가 콤팩트공간이 되기 위해서는 X가 유한집합이어야 한다. 왜냐하면 X가 무한집합이면 $\mathcal{C}=\{\{x\} \mid x \in X\}$는 X의 열린덮개이지만 $\mathcal{C}$의 유한부분덮개를 갖지 않는다.

앞에서 언급했듯이 하이네-보렐 정리(Heine-Borel theorem)는 콤팩트 개념 형성의 동기가 되었다. 즉, $A=[a, b]$를 유계인 닫힌구간이라 하고 $\{U_\alpha\}_{\alpha \in \Lambda}$를 $A \subset \bigcup_{\alpha \in \Lambda} U_\alpha$를 만족하는 $\mathbb{R}$의 임의의 열린부분집합들의 모임이라 하자. 이 경우 유한부분집합

$$\{U_{\alpha_i} \mid i \in \{1, 2, \cdots, m\} := \Lambda'\} \subset \{U_\alpha \mid \alpha \in \Lambda\}$$

이 존재하여 $A \subset \bigcup_{\alpha_i \in \Lambda'} U_{\alpha_i}(\Lambda' \subset \Lambda)$이 성립한다는 것이다. ■

위 정리를 콤팩트 개념을 사용하여 표현하면 다음과 같다.

| 예제 10.1.3 | 보통위상공간 $(\mathbb{R},\ \mathscr{U})$의 유계인 닫힌집합 $[a,\ b]$는 콤팩트부분집합이다.

풀이 $C=\{U_\alpha \mid \alpha\in\Lambda\}$을 $[a,\ b]$의 임의의 열린덮개라 하자. $[a,\ b]$의 부분집합 A를

$$A=\{x\in[a,\ b] \mid [a,\ x]\text{는 } C\text{의 유한부분덮개로 덮인다}\}$$

이라 하면 $A\subset[a,\ b]$이고 $a\in A$이므로 $A\neq\varnothing$이고, A는 b를 상계로 갖는 위로 유계인 집합이므로

$$\sup A=c$$

인 $c\in\overline{[a,\ b]}=[a,\ b]$가 존재한다. 만약에 $c<b$이면 적당한 $U_\alpha\in C$가 존재해서 $c\in U_\alpha$이고 $U_\alpha\in\mathscr{U}$이므로 적당한 $\varepsilon(0<\varepsilon\in\mathbb{R})$이 존재해서(그림 10.3 참조)

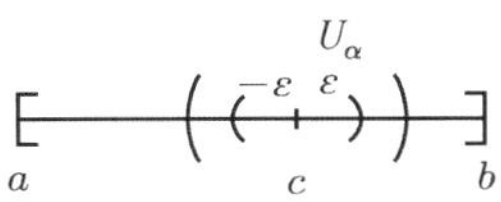

그림 10.3 하이네-보렐 정리 설명

$$(c-\varepsilon,\ c+\varepsilon)\subset U_\alpha,\ c+\varepsilon<b \qquad \cdots(10.1)$$

이 되게 할 수 있다. 따라서 $[a,\ c-\frac{\varepsilon}{2}]$은 c의 정의에 의하여 적당한 열린집합 $U_{\alpha_1},\ \cdots,\ U_{\alpha_n}$이 C에 존재하여

$$[a,\ c-\frac{\varepsilon}{2}]\subset\bigcup_{\alpha_i}U_{\alpha_i}(i\in\{1,\ 2,\ \cdots,\ n\})$$

이고

$$[a,\ c+\frac{\varepsilon}{2}]\subset\bigcup_{\alpha_i}U_{\alpha_i}(i\in\{1,\ 2,\ \cdots,\ n\})\cup U_\alpha \text{ (식 (10.1) 사용)}$$

이다. 그러므로 A의 정의에 의하여 $c+\frac{\varepsilon}{2}\in A$가 되어 $c=\sup A$에 모순된다. 따라서 $c=b$이어야 한다. 즉,

$$[a,\ b] \subset U_{\alpha_1} \cup U_{\alpha_2} \cup \cdots U_{\alpha_n} \cup U_\alpha$$

이므로 $[a,\ b]$의 유한부분덮개 $\mathcal{C}_0 = \left\{U_{\alpha_1},\ U_{\alpha_2},\ \cdots,\ U_{\alpha_n},\ U_\alpha\right\}(\subset \mathcal{C})$이 존재하므로 $[a,\ b]$는 콤팩트집합이다. □

예제 10.1.3과 다르게 $(\mathbb{R},\ \mathscr{U})$상에서 주어진 집합이 유계인 닫힌집합이 아닌 경우는 콤팩트집합이 아니다.

| 예제 10.1.4 | $(\mathbb{R}^n,\ \mathscr{U})$상에서 콤팩트집합에 관한 다음 성질이 있다.

(1) $\mathbb{R}^n$은 콤팩트집합이 아니다.

$n=1$일 때 다음이 성립한다.

(2) $(0,\ 1](\subset \mathbb{R})$은 콤팩트가 아니다.

(3) $(0,\ 1)(\subset \mathbb{R})$은 콤팩트가 아니다.

(4) $X = \left\{\frac{1}{n} \,\middle|\, n \in \mathbb{N}\right\}(\subset \mathbb{R})$는 콤팩트가 아니다.

(5) $Y = \{0\} \cup \left\{\frac{1}{n} \,\middle|\, n \in \mathbb{N}\right\}(\subset \mathbb{R})$는 콤팩트이다.

풀이 (1) 0을 중심으로 하는 반경이 $r(0 < r \in \mathbb{N})$인 n차원 열린원판 $B(0,\ r) \subset \mathbb{R}^n$을 생각하자. $\{B(0,\ r) \mid r \in \mathbb{N}\}$은 $\mathbb{R}^n$의 열린덮개이지만 유한부분덮개를 갖지 않는다.

(2) $\left\{(\frac{1}{n},\ 1+\varepsilon) \,\middle|\, 0 < \varepsilon \in \mathbb{R},\ n \in \mathbb{N}\right\}$은 $(\mathbb{R},\ \mathscr{U})$상에서 $(0,\ 1]$의 열린덮개이지만 유한부분덮개를 갖지 않는다. (여기서 ε은 $0 < \varepsilon \in \mathbb{R}$인 고정된 수이다.)

(3) (2)와 같은 방법으로 증명된다.

(4) $\left\{(\frac{1}{n+1},\ 2) \,\middle|\, n \in \mathbb{N}\right\}$은 $(\mathbb{R},\ \mathscr{U})$의 열린집합들로 이루어진 X의 열린덮개이지만 유한부분덮개를 갖지 않는다.

(5) $(\mathbb{R},\ \mathscr{U})$상에서 Y의 임의의 열린덮개 $\mathcal{C} = \left\{U_\alpha \mid \alpha \in \Lambda\right\}$를 생각하자. 이 경우 0을 원소로 갖는 $U_\alpha \in \mathcal{C}$가 존재한다. 편의상 U_α를 U_0로 표시하자. $0 \in U_0 \in \mathscr{U}$이므로 적당한 $\varepsilon(0 < \varepsilon \in \mathbb{R})$이 존재하여 $0 \in (-\varepsilon,\ \varepsilon) \subset U_0$이 성립한다. 아르키메데스 정리에 의하여 적당한 $n_0 \in \mathbb{N}$가 존재하여 $\frac{1}{n_0} < \varepsilon$을 만족한다. 그래서 모든 $n(\geq n_0)$에 대하여 $\frac{1}{n} \in U_0$이다. 이제 각각의 $k \in \{1,\ 2,\ \cdots,\ n_0 - 1\}$에 대하여 $\frac{1}{k} \in U_k$인 $U_k \in \mathcal{C}$를 택

하자. 그러면 $\{U_0, U_1, \cdots, U_{n_0-1}\}$는 $\mathcal{C}$의 유한부분집합이고 Y의 덮개가 된다. □

| 예제 10.1.5 | 여유한공간 $(\mathbb{R}, \mathscr{T}_f)$상의 모든 부분집합 $A(\subset \mathbb{R})$는 콤팩트이다.

증명 A의 임의의 열린덮개를 $\{U_\alpha\}_{\alpha \in \Lambda} = \mathcal{C}$ 라 하자. 이때 두 가지 경우를 생각할 수 있다.

(1) $A = \varnothing$ 인 경우: 임의의 $\alpha \in \Lambda$에 대하여 $A = \varnothing \subset U_\alpha$이므로 A는 콤팩트이다.

(2) $A \neq \varnothing$ 인 경우: $A \subset \bigcup_{\alpha \in \Lambda} U_\alpha$이므로 공집합이 아닌 $U_{\alpha_0} \in \mathcal{C}$ $(\alpha_0 \in \Lambda)$가 존재한다.

그런데 $U_{\alpha_0} \in \mathscr{T}_f$이므로 $U_{\alpha_0}^c = \mathbb{R} - U_{\alpha_0}$는 유한집합이다. 그래서

$$A \cap U_{\alpha_0}^c = A - U_{\alpha_0}$$

도 유한집합이므로

$$A \cap U_{\alpha_0}^c = \{a_1, a_2, \cdots, a_k\}$$

이라 놓자. 각각의 $i \in \{1, 2, \cdots, k\}$에 대하여

$$a_i \in A \subset \bigcup_{\alpha \in \Lambda} U_\alpha$$

이므로 $a_i \in U_{\alpha_i}$인 $\alpha_i \in \Lambda$가 존재한다. 따라서

$$A \subset U_{\alpha_0} \cup U_{\alpha_1} \cup \cdots \cup U_{\alpha_k}$$

이므로 A의 유한부분덮개 $\mathcal{C}_0 = \{U_{\alpha_0}, U_{\alpha_1}, \cdots, U_{\alpha_k}\}(\subset \mathcal{C})$가 존재하므로 A는 콤팩트이다. □

(★) 예제 10.1.5를 일반화하여 임의의 집합 X에 대한 $(X, \mathscr{T}_f)$의 임의의 부분집합 A는 콤팩트부분집합이다(연습문제 10.1의 문제 21 참조).

이제 콤팩트성이 연속사상에 의하여 보존되는지 알아보자.

정리 10.1.6 $(X, \mathscr{T}_1)$와 $(Y, \mathscr{T}_2)$를 위상공간이라 하고 $f: X \to Y$가 연속사상이라 하자. $A(\subset X)$가 콤팩트부분집합이면 $f(A)(\subset Y)$는 위상공간 Y상에서 콤팩트부분집합이다.

증명 $f(A)$가 Y상에서 콤팩트임을 보이기 위해서 $f(A)$의 임의의 열린덮개 $C=\{V_\alpha \mid \alpha \in \Lambda,\ V_\alpha \in \mathscr{T}_2\}$를 택하자. 즉 $f(A) \subset \bigcup_{\alpha \in \Lambda} V_\alpha$이다.

$$A \subset f^{-1}\Big(\bigcup_{\alpha \in \Lambda} V_\alpha\Big) = \bigcup_{\alpha \in \Lambda} f^{-1}(V_\alpha)$$

이고 $f^{-1}(V_\alpha) \in \mathscr{T}_1$ ($\because$ f가 연속사상임)이므로

$$C' = \{f^{-1}(V_\alpha) \mid \alpha \in \Lambda\}$$

는 A의 열린덮개가 된다. 가정에 의하여 A가 콤팩트이므로 C'의 유한부분덮개 $C_0' = \{f^{-1}(V_{\alpha_1}), \cdots, f^{-1}(V_{\alpha_n})\}$가 존재한다. 따라서

$$A \subset f^{-1}(V_{\alpha_1}) \cup \cdots \cup f^{-1}(V_{\alpha_n})$$

이므로

$$\begin{aligned} f(A) &\subset f\Big(\bigcup_{i \in \Lambda'} f^{-1}(V_{\alpha_i})\Big)(\Lambda' = \{1, 2, \cdots, n\}) \\ &= \bigcup_{i \in \Lambda'} f(f^{-1}(V_{\alpha_i})) \subset \bigcup_{\alpha \in \Lambda'} V_{\alpha_i} \end{aligned}$$

가 되어 $C_0 = \{V_{\alpha_1}, V_{\alpha_2}, \cdots, V_{\alpha_n}\}(\subset C)$는 C의 유한부분덮개이다. 따라서 $f(A)$는 $(Y, \mathscr{T}_2)$상에서 콤팩트집합이다. □

정리 10.1.6에 의하여 만약에 X가 콤팩트집합이면 자연스럽게 $f(X)$도 $(Y, \mathscr{T}_2)$상에서 콤팩트집합이다. 위상공간론에서 매우 중요한 관점 중의 하나인 '콤팩트'의 위상적 성질을 알아본다.

따름정리 10.1.7 두 위상공간 X와 Y가 위상동형이면 다음 성질이 성립한다.

$$X\text{가 콤팩트공간이다.} \Leftrightarrow Y\text{가 콤팩트공간이다.}$$

증명 X가 콤팩트이면 위상동형사상 $f: X \to Y$에 의하여 $f(X) = Y$도 콤팩트이다. 역으로 Y가 콤팩트공간이면 위상동형사상 $f^{-1}: Y \to X$에 의하여 $f^{-1}(Y) = X$도 콤팩트이다. □

따름정리 10.1.7에 의하여 콤팩트성은 위상적 성질(topological property)임을 알았다.

| 예제 10.1.8 | 예제 10.1.4를 활용하여 $(\mathbb{R}, \mathscr{U})$상에서 다음 성질을 알 수 있다.

(1) $X = \{0\} \cup \mathbb{N}$와 $Y = \{0\} \cup \left\{ \frac{1}{n} \,\middle|\, n \in \mathbb{N} \right\}$은 같은 기수를 갖고 있으나 $(X, \mathscr{U}_X)$와 $(Y, \mathscr{U}_Y)$는 위상동형이 아니다. 왜냐하면 X는 콤팩트공간이 아니지만 Y는 콤팩트공간이기 때문이다(예제 10.1.4(5) 참조).

(2) 임의의 닫힌구간 $[a, b]$와 $\mathbb{R}$은 위상동형이 아니다. 왜냐하면 $[a, b]$는 콤퍽트 집합(예제 10.1.3 참조)이지만 $\mathbb{R}$은 콤팩트집합이 아니기 때문이다. ■

이제 콤팩트성질이 유전적 성질인지 알아보자.

정리 10.1.9 A를 위상공간 $(X, \mathscr{T})$의 한 부분집합이라 하자. 집합 A가 위상공간 $(X, \mathscr{T})$의 콤팩트집합이기 위한 필요충분조건은 부분공간 $(A, \mathscr{T}_A)$가 콤팩트가 되는 것이다.

증명 A가 $(X, \mathscr{T})$에서 콤팩트집합이라 하자. $(A, \mathscr{T}_A)$가 콤퍽트공간임을 브이기 위해서 $(A, \mathscr{T}_A)$에서의 A의 임의의 한 열린덮개

$$\mathcal{C}_A = \{ V_\alpha \mid \alpha \in \Lambda,\ V_\alpha \in \mathscr{T}_A \} \ \ (\text{즉, } \bigcup_{\alpha \in \Lambda} V_\alpha = A \text{이다})$$

를 택하자. $V_\alpha \in \mathscr{T}_A (\alpha \in \Lambda)$이므로 적당한 $U_\alpha \in \mathscr{T}$가 존재하여 $U_\alpha \cap A = V_\alpha$이다. 따라서

$$A = \bigcup_{\alpha \in \Lambda} V_\alpha = \bigcup_{\alpha \in \Lambda} (U_\alpha \cap A) \subset \bigcup_{\alpha \in \Lambda} U_\alpha$$

이므로 $\mathcal{C}_X = \{ U_\alpha \mid \alpha \in \Lambda,\ U_\alpha \in \mathscr{T} \}$는 A의 $(X, \mathscr{T})$에서의 열린덮개이다. 가정에 의하여 A는 $(X, \mathscr{T})$에서 콤팩트이므로 유한부분덮개

$$\mathcal{C}_X{}' = \left\{U_{\alpha_1},\ U_{\alpha_2},\ \cdots,\ U_{\alpha_n}\right\} \subset \mathcal{C}_X$$

이 존재하여

$$A \subset U_{\alpha_1} \cup \cdots \cup U_{\alpha_n}$$

이다. 그러므로

$$\begin{aligned} A = A \cap (U_{\alpha_1} \cup \cdots \cup U_{\alpha_n}) &= (A \cap U_{\alpha_1}) \cup \cdots \cup (A \cap U_{\alpha_n}) \\ &= V_{\alpha_1} \cup \cdots \cup V_{\alpha_n} \end{aligned}$$

이 되어

$$\mathcal{C}_A{}' = \left\{V_{\alpha_1},\ \cdots,\ V_{\alpha_n}\right\} \subset \mathcal{C}_A$$

인 A의 유한부분덮개 $\mathcal{C}_A{}'$이 존재하므로 $(A,\ \mathscr{T}_A)$는 콤팩트공간이다.

역으로 $(A,\ \mathscr{T}_A)$를 콤팩트공간이라 하자. A가 $(X,\ \mathscr{T})$에서 콤팩트부분집합임을 보이기 위해서 A의 $(X,\ \mathscr{T})$에서의 임의의 한 열린덮개

$$\mathcal{C}_X = \{\, U_\alpha \mid \alpha \in \Lambda,\ U_\alpha \in \mathscr{T}\}$$

를 택하자. $A \subset \bigcup_{\alpha \in \Lambda} U_\alpha$이므로

$$A = A \cap (\bigcup_{\alpha \in \Lambda} U_\alpha) = \bigcup_{\alpha \in \Lambda} (A \cap U_\alpha)$$

이다. 여기서 임의의 $\alpha \in \Lambda$에 대하여 $A \cap U_\alpha$를 V_α라 하자. 그러면 $(A,\ \mathscr{T}_A)$에서의 A의 열린덮개

$$\mathcal{C}_A = \{\, V_\alpha \mid \alpha \in \Lambda\}$$

가 존재한다. 가정에 의하여 $(A,\ \mathscr{T}_A)$는 콤팩트공간이므로 A의 유한부분덮개

$$\mathcal{C}_A{}' = \left\{V_{\alpha_1},\ V_{\alpha_2},\ \cdots,\ V_{\alpha_n}\right\} \subset \mathcal{C}_A$$

가 존재한다. 즉 $A \subset V_{\alpha_1} \cup \cdots \cup V_{\alpha_n}$이다.

각각의 $\alpha_i (i \in \{1,\ 2,\ \cdots,\ n\})$에 대하여 $U_{\alpha_i} \cap A = V_{\alpha_i}$가 되는 $U_{\alpha_i} \in \mathcal{C}_X$가 존재하므로

$$A = V_{\alpha_1} \cup \cdots \cup V_{\alpha_n} = (A \cap U_{\alpha_1}) \cup \cdots \cup (A \cap U_{\alpha_n})$$
$$\subset U_{\alpha_1} \cup \cdots \cup U_{\alpha_n}$$

이다. 그러므로

$$\mathcal{C}_X' = \{U_{\alpha_1}, \cdots, U_{\alpha_n}\} \subset \mathcal{C}_X$$

인 $(X, \mathscr{T})$에서의 A의 유한부분덮개 $\mathcal{C}_X'$가 존재하여 A가 $(X, \mathscr{T})$에서 콤팩트부분집합이다. □

정리 10.1.9에 의하여 콤팩트성은 유전적 성질이 아님을 알았다. 다시 말하면 $(X, \mathscr{T})$가 콤팩트공간일 때 임의의 부분집합 $A \subset X$에 대하여 $(A, \mathscr{T}_A)$가 항상 콤팩트공간이 되는 것은 아니고, A가 $(X, \mathscr{T})$에서 콤팩트부분집합일 때만 유전적 성질이 성립함을 알았다. 이제 주어진 부분집합 $A \subset X$가 어떤 조건에서 $(X, \mathscr{T})$에서 콤팩트부분집합이 되는가를 알아보는 것은 중요한 문제임을 알았기에 다음 성질을 소개한다.

정리 10.1.10 $(X, \mathscr{T})$를 콤팩트공간이라 하자. $F(\subset X)$가 닫힌집합이면 F는 $(X, \mathscr{T})$에서 콤팩트집합이다.

증명 닫힌집합 F의 $(X, \mathscr{T})$에서의 임의의 열린덮개를

$$\mathcal{C} = \{U_\alpha \mid \alpha \in \Lambda, \ U_\alpha \in \mathscr{T}\}$$

라 하면 $F \subset \bigcup_{\alpha \in \Lambda} U_\alpha$이므로 $(X, \mathscr{T})$에서 X의 열린덮개

$$\mathcal{C}_X = \mathcal{C} \cup \{F^c\} = \{U_\alpha, F^c \mid U_\alpha \in \mathscr{T}, \ \alpha \in \Lambda\}$$

가 존재한다. X가 콤팩트공간이므로 X의 유한부분덮개 $\mathcal{C}_X'(\subset \mathcal{C}_X)$가 존재한다. 그러면 $\mathcal{C}_X'$은

$\{U_{\alpha_i} \in \mathcal{C}_X \mid i \in \{1, 2, \cdots, k\}\}$ 또는

$\{U_{\alpha_i} \in \mathcal{C}_X \mid i \in \{1, 2, \cdots, k\}\} \cup \{F^c\}$

형태이다. 따라서

$$X \subset \bigcup_{i=1}^{k} U_{\alpha_i} \text{ 또는 } X \subset (\bigcup_{i=1}^{k} U_{\alpha_i}) \cup F^c$$

이다. 그런데 $F \cap F^c = \varnothing$ 이므로 어떤 형태든 상관없이 $C_X{}'$는 F의 유한부분덮개가 되어서 $(X, \mathscr{T})$에서 F는 콤팩트집합이다. □

정리 10.1.11 하우스도르프 공간의 콤팩트부분집합은 닫힌집합이다.

증명 하우스도르프 공간 $(X, \mathscr{T})$의 한 콤팩트부분집합을 F라 할 때 F^c이 열린집합임을 보이자. 이제 $p \in F^c$이라 하자. $(X, \mathscr{T})$가 하우스도르프 공간이므로 임의의 점 $x \in F$에 대하여 적당한 열린집합 U_x, V_x가 존재하여(그림 10.4 참조)

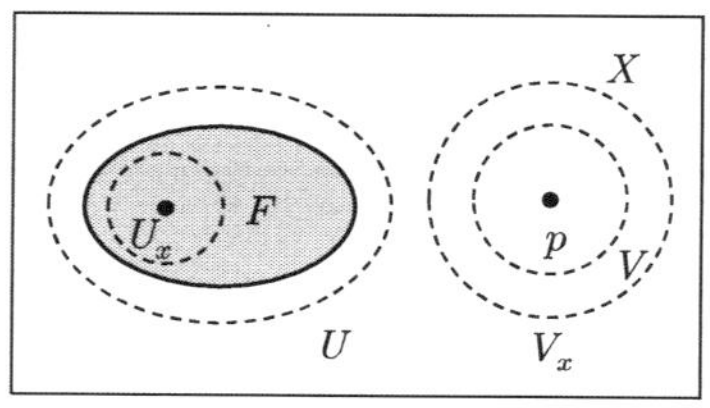

그림 10.4 T_2 공간의 콤팩트집합은 닫힌집합이다.

$$x \in U_x,\ p \in V_x,\ U_x \cap V_x = \varnothing$$

이다. $C = \{U_x \mid x \in F\}$라 하면 C는 F의 열린덮개가 되고 F가 콤팩트집합이기에 C의 유한부분덮개 $C_0 = \{U_{x_1}, \cdots, U_{x_n}\}(\subset C)$가 존재하여

$$F \subset U_{x_1} \cup \cdots \cup U_{x_n}$$

이다. 이제

$$U = U_{x_1} \cup \cdots \cup U_{x_n},\ V = V_{x_1} \cap \cdots \cap V_{x_n}$$

이라 놓으면 U와 V는 열린집합들이고

$$F \subset U,\ p \in V,\ U \cap V = \varnothing$$

이다. 따라서 $p \in V \subset U^c \subset F^c$이므로(정리 3.3.5 참조) F^c는 열린집합이

므로 F는 닫힌집합이다. □

정리 10.1.12 $(X, \mathscr{T})$를 하우스도르프 공간이라 하자. 서로소인 임의의 콤팩트부분집합 A와 B에 대하여 서로소인 열린집합 U와 V가 존재하여 $A \subset U$, $B \subset V$이다.

증명 가정에 의하여 A와 B가 하우스도르프 공간 X의 서로소인 콤팩트집합들이므로 임의의 점 $a \in A$에 대하여 $a \in B^c$이므로 정리 10.1.11의 증명 과정과 같은 방법으로 열린집합 U_a, $V_a \in \mathscr{T}$가 존재하여

$$a \in U_a,\ B \subset V_a,\ U_a \cap V_a = \varnothing$$

이 성립한다. 그러면 $A \subset \bigcup_{a \in A} U_a$이고 A가 콤팩트이므로 $A \subset \bigcup_{i=1}^{n} U_{c_i}$를 만족하는 유한개의 $a_1, a_2, \cdots, a_n (\in A)$가 존재하여

$$U = \bigcup_{i=1}^{n} U_{a_i},\ V = \bigcap_{i=1}^{n} V_{a_i}$$

이라 놓으면 U와 V는 열린집합이고

$$A \subset U,\ B \subset V,\ U \cap V = \varnothing$$

을 만족한다. □

따름정리 10.1.13 $(X, \mathscr{T})$를 콤팩트인 하우스도르프 공간이라 하자. $A(\subset X)$가 콤팩트일 필요충분조건은 A가 닫힌집합인 것이다.

증명 정리 10.1.10과 정리 10.1.11에 의하여 명백하다. □

따름정리 10.1.14 콤팩트인 하우스도르프 공간은 정규공간이다.

증명 $(X, \mathscr{T})$를 콤팩트인 하우스도르프 공간이라 하자. X에서 서로소인 두 닫힌집합 A와 B를 택하면 정리 10.1.10에 의하여 A와 B는 콤팩트집합들이다. 정리 10.1.12에 의하여 서로소인 열린집합 U와 V가 존재하여 $A \subset U$, $B \subset V$가 성립한다. 한편 하우스도르프 공간은 T_1 공간이므로, $(X, \mathscr{T})$는 정규공간이 된다. □

따름정리 10.1.15 $(X, \mathscr{T})$를 하우스도르프 공간이라 하자. 만약 모든 $K_\alpha \subset X$ $(\alpha \in \Lambda)$가 X의 콤팩트집합이면 $\bigcap_{\alpha \in \Lambda} K_\alpha$도 X의 콤팩트집합이다.

증명 정리 10.1.11에 의하여 모든 K_α가 닫힌집합이기에 $\bigcap_{\alpha \in \Lambda} K_\alpha$도 $(X, \mathscr{T})$에서 닫힌집합이다. 임의의 $\alpha \in \Lambda$에 대하여 $\bigcap_{\alpha \in \Lambda} K_\alpha \subset K_\alpha$이고 K_α가 콤팩트집합이기에 정리 10.1.10에 의하여 $\bigcap_{\alpha \in \Lambda} K_\alpha$는 콤팩트집합이다. □

이제 콤팩트공간이 단사인 연속함수에 의하여 어떻게 보존되는지 알아보자.

정리 10.1.16 $(X, \mathscr{T}_1)$가 콤팩트공간이고 $(Y, \mathscr{T}_2)$가 하우스도르프 공간이라 하자. 만약 $f: X \to Y$가 단사인 연속사상이면 X와 $f(X)$는 위상동형이다. 여기서 $f(X)$는 Y의 부분공간이다.

증명 주어진 사상 f의 공변역 Y를 $f(X)$로 제한하여 $f: (X, \mathscr{T}_1) \to (f(X), (\mathscr{T}_2)_{f(X)})$라 하면 f는 전단사이다. 그러므로 f의 역함수

$$f^{-1}: (f(X), (\mathscr{T}_2)_{f(X)}) \to (X, \mathscr{T}_1)$$

가 존재한다. f가 연속이면 $f: X \to f(X)$도 연속이다(정리 5.1.11(3) 참조). 이제 $f^{-1}: f(X) \to X$가 연속임을 보이면 된다. X에서 임의의 닫힌집합 $F(\subset X)$를 택하자. X가 콤팩트이므로 F도 콤팩트이고(정리 10.1.10 참조) f가 연속이므로 $f(F)$는 $(f(X), (\mathscr{T}_2)_{f(X)})$에서 콤팩트이다(정리 10.1.6 참조). 가정에서 Y가 하우스도르프 공간이므로 부분공간 $f(X)$도 하우스도르프 공간이 된다. 따라서 콤팩트집합 $f(F)$는 $f(X)$에서 닫힌집합이다. $f(F) = (f^{-1})^{-1}(F)$이므로 f^{-1}는 연속이다. 따라서 $(X, \mathscr{T}_1)$과 $(f(X), (\mathscr{T}_2)_{f(X)})$는 위상동형이다. □

(★) $(X, \mathscr{T}_1)$이 콤팩트공간이고 $(Y, \mathscr{T}_2)$이 하우스도르프 공간이라 하자. 만약 $f: X \to Y$가 전단사인 연속사상이라면 정리 10.1.16에 의하여 f는 위상동형사상이다.

| 예제 10.1.17 | $f: [a, b] \to \mathbb{R}^2$이 단사인 연속사상이라 하자. 그때 $[a, b]$는 콤팩

트이고 $\mathbb{R}^2$가 하우스도르프 공간이므로 $[a,\ b]$와 $f([a,\ b])$는 위상동형이다(정리 10.1.16 참조)(여기서 $[a,\ b]$는 위상공간 $([a,\ b],\ \mathscr{U}_{[a,\ b]})$을 말한다). ■

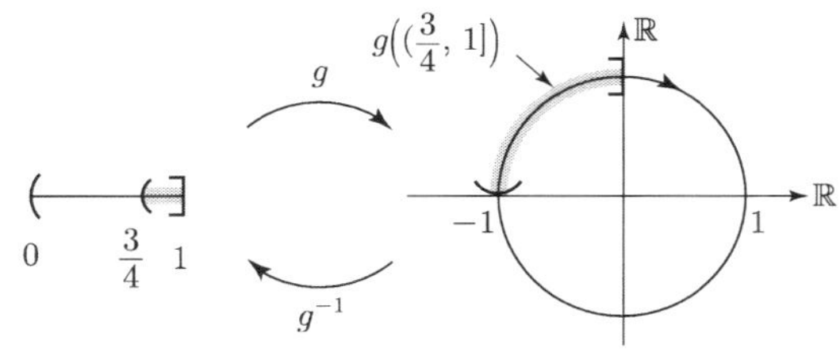

그림 10.5 단사인 연속함수

정리 10.1.16을 다음 예를 통해서 자세히 알아본다. 그림 10.5에서 보듯이 함수

$$
\begin{array}{cccc}
g: & (0,\ 1] & \longrightarrow & \mathbb{R}^2 \\
 & \Cup & & \Cup \\
 & x & \rightsquigarrow & (\sin 2\pi x,\ \cos 2\pi x)
\end{array}
$$

이라 정의한다. 이때

(★) g는 단사인 연속함수이고 $\mathbb{R}^2$는 하우스도르프 공간이지만 정의역 $(0,\ 1]$은 콤팩트공간이 아니다.

즉 정리 10.1.16의 가정을 만족하지 못한다. 결과적으로 $(0,\ 1]$과 $g((0,\ 1])$은 위상동형이 아님을 알 수 있다. 왜냐하면 $(0,\ 1]$은 콤팩트공간이 아니고 $g((0,\ 1]) = S^1$은 콤팩트공간이기 때문이다.

또 다른 방법으로 g가 위상동형사상이 아님을 구체적으로 보이자. 주어진 함수 g의 공변역 $\mathbb{R}^2$을 $g((0,\ 1]) = S^1$로 제한하면 $g: ((0,\ 1],\ \mathscr{U}_{(0,\ 1]}) \to (S^1,\ \mathscr{U}_{S^1})$을 갖는데 이 함수는 전단사인 연속함수이지만 g^{-1}이 연속함수가 아니다. 왜냐하면 $(\frac{3}{4},\ 1] \in \mathscr{U}_{(0,\ 1]}$이지만 $g\left((\frac{3}{4},\ 1]\right) \notin \mathscr{U}_{S^1}$이기 때문이다.

정의 5.2.14에서 소개한 매장사상을 이용하여 정리 10.1.16을 다음과 같이 표현할 수 있다. X가 콤팩트공간이고 Y가 하우스도르프 공간이라 하자. 그리고 $f: X \to Y$가 단사인 연속사상이면 $f: X \to f(X)$는 위상동형사상이므로 주어진 함수 $f: X \to Y$가 매장사상이 된다. 만약 정리 10.1.16에서 주어진 함수 f가 전단사이면 $(X,\ \mathscr{T}_1) \approx (Y,\ \mathscr{T}_2)$임을 알 수 있다.

정리 10.1.18 콤팩트공간 $(X, \mathscr{T})$의 모든 무한부분집합은 X에서 극한점을 갖는다.

증명 귀류법을 사용하자. 콤팩트공간 X상에서 극한점을 갖지 않는 어떤 무한부분집합 S가 존재한다고 가정하자. 그러면 모든 점 $p \in X$는 S의 극한점이 아니므로

$$p \in U_p, \ U_p \cap S - \{p\} = \varnothing$$

을 만족하는 열린집합 $U_p \in \mathscr{T}$가 존재한다. 즉, $U_p \cap S \subset \{p\}$이 된다. 그런데 $p \in U_p$이므로 $\{U_p \mid p \in X\} := \mathscr{U}$는 X의 열린덮개이다. 주어진 공간 $(X, \mathscr{T})$가 콤팩트이므로 X의 부분덮개 $\mathscr{U}_0 = \{U_{p_1}, U_{p_2}, \cdots, U_{p_n}\}$인 $p_1, p_2, \cdots, p_n \in X$가 존재한다. 그러면

$$S = X \cap S = (U_{p_1} \cup U_{p_2} \cup \cdots \cup U_{p_n}) \cap S \subset \{p_1, p_2, \cdots, p_n\}$$

이다. 따라서 S는 유한집합이 되어서 모순이다. □

$\mathbb{R}$상의 닫힌구간의 기본 성질을 일반화하여 다음 성질을 얻는다.

정리 10.1.19 $(X, \mathscr{T})$는 하우스도르프 공간이고 임의의 자연수 $n \in \mathbb{N}$에 대하여 $K_n \subset X$이 공집합이 아닌 콤팩트집합이라 하자. 만약

$$K_1 \supset K_2 \supset \cdots \supset K_n \supset K_{n+1} \supset \cdots$$

이면 $\bigcap_{n=1}^{\infty} K_n \neq \varnothing$ 이다.

증명 귀류법을 사용하여, $\bigcap_{n=1}^{\infty} K_n = \varnothing$ 이라고 가정하자. 그러면 $K_1 \cap (\bigcap_{n=2}^{\infty} K_n) = \varnothing$ 이어서

$$K_1 \subset (\bigcap_{n=2}^{\infty} K_n)^c = \bigcup_{n=2}^{\infty} K_n^c \qquad \cdots (10.2)$$

이다. 그런데 모든 K_n은 하우스도르프 공간 X의 콤팩트집합이므로 K_n은 닫힌집합이므로(정리 10.1.11 참조) K_n^c은 열린집합이다. 그러므로 식 (10.2)로부터 K_1의 열린덮개

$$\mathscr{U} = \left\{K_n^c \mid 2 \leq n \in \mathbb{N}\right\}$$

을 얻는다. K_1은 콤팩트집합이므로 유한집합 $\{n_1,\ n_2,\ \cdots,\ n_k \mid 2 \leq n_k \in \mathbb{N}\}$이 존재하여 유한부분덮개 $\mathscr{U}_0 = \left\{K_{n_i}^c \mid 2 \leq n_i \in \mathbb{N},\ i \in \{1,\ 2,\ \cdots,\ k\}\right\}$이 존재한다. 즉

$$K_1 \subset \bigcup_{i=1}^{k} K_{n_i}^c = (\bigcap_{i=1}^{k} K_{n_i})^c$$

이므로 $K_1 \cap (\bigcap_{i=1}^{k} K_{n_i}) = \varnothing$이 된다. 그러나 $m := \max\{n_1,\ n_2,\ \cdots,\ n_k\}$이라 하면

$$K_1 \cap (\bigcap_{i=1}^{k} K_{n_i}) = K_m \neq \varnothing$$

이 되어 모순이다. □

따름정리 10.1.20 $\mathbb{R}$상의 닫힌구간 $[a_n,\ b_n]\,(n \in \mathbb{N})$이

$$[a_1,\ b_1] \supset [a_2,\ b_2] \supset \cdots \supset [a_n,\ b_n] \supset [a_{n+1},\ b_{n+1}] \supset \cdots$$

을 만족하면 $\bigcap_{n=1}^{\infty} [a_n,\ b_n] \neq \varnothing$이다.

이제 닫힌집합모임을 이용하여 콤팩트공간을 나타내는 방법으로 유한교차성 (finite intersection property)을 활용할 수 있는데 그 정의는 다음과 같다.

정의 10.1.21 집합 X의 부분집합모임 $\mathscr{A} = \{A_\alpha \mid A_\alpha \subset X,\ \alpha \in \Lambda\}$가 유한교차성(혹은 유한교집합 성질) (finite intersection property)을 갖는다란 $\mathscr{A}$의 모든 유한부분집합 $\{A_1,\ \cdots,\ A_n\}$에 대하여

$$A_1 \cap A_2 \cap \cdots \cap A_n \neq \varnothing$$

인 경우를 뜻한다.

| 예제 10.1.22 | $X = [0,\ 1]$에서 $\mathscr{A} = \left\{[0,\ \frac{1}{n}] \,\middle|\, n \in \mathbb{N}\right\}$은 유한교차성을 갖는다. 왜냐하면 $\mathscr{A}$의 임의의 유한부분집합, 예를 들면 $\left\{[0,\ \frac{1}{n_1}],\ \cdots,\ [0,\ \frac{1}{n_k}]\right\}(\subset \mathscr{A})$를

택하면 $\max\{n_1, n_2, \cdots, n_k\}$이 존재하고 그 값을 $n_0(\in \mathbb{N})$라 하자. 그때

$$[0, \frac{1}{n_1}] \cap \cdots \cap [0, \frac{1}{n_k}] = [0, \frac{1}{n_0}] \neq \varnothing$$

이 되어 $\mathscr{A}$는 유한교차성을 갖는다. ■

정리 10.1.23 위상공간 $(X, \mathscr{T})$에 대하여 다음은 서로 동치이다.

(a) X는 콤팩트공간이다.

(b) 만약 $\mathscr{A} = \{A_\alpha \mid A_\alpha \subset X, \alpha \in \Lambda\}$가 유한교차성을 가지면 $\bigcap_{A_\alpha \in \mathscr{A}} \overline{A_\alpha} \neq \varnothing$ 이다.

(c) 만약 $\mathscr{A} = \{F_\alpha \mid F_\alpha \subset X, F_\alpha^c \in \mathscr{T}, \alpha \in \Lambda\}$가 유한교차성을 가지면 $\bigcap_{F_\alpha \in \mathscr{A}} F_\alpha \neq \varnothing$ 이다.

증명 (a) ⇒ (b) 귀류법을 사용하여, 가정을 바탕으로 결론을 부정하여 $\bigcap_{A_\alpha \in \mathscr{A}} \overline{A_\alpha} = \varnothing$ 이라 가정하자. 그러면 $(\bigcap_{A_\alpha \in \mathscr{A}} \overline{A_\alpha})^c = \bigcup_{A_\alpha \in \mathscr{A}} \overline{A_\alpha}^c = X$이다. 이때 $\overline{A_\alpha}^c (\in \mathscr{T})$은 열린집합이기에 X의 열린덮개 $\mathscr{U} = \{\overline{A_\alpha}^c \mid A_\alpha \in \mathscr{A}\}$가 존재한다. X는 콤팩트공간이기에 X의 유한부분덮개 $\mathscr{U}_0(\subset \mathscr{U})$가 존재한다. 이제 $\mathscr{U}_0 = \{\overline{A_1}^c, \overline{A_2}^c, \cdots, \overline{A_n}^c\}$이라 놓으면

$$X = \overline{A_1}^c \cup \overline{A_2}^c \cup \cdots \cup \overline{A_n}^c = \bigcup_{\alpha=1}^{n} \overline{A_\alpha}^c = (\bigcap_{\alpha=1}^{n} \overline{A_\alpha})^c$$

이다. 그러므로 $\bigcap_{\alpha=1}^{n} \overline{A_\alpha} = \varnothing$ 이기에 $\bigcap_{\alpha=1}^{n} A_\alpha = \varnothing$ 이 성립한다. 이는 $\mathscr{A}$가 유한교차성을 갖는다는 조건에 모순이다.

(b) ⇒ (c) (c)의 F_α에 대한 조건 $F_\alpha^c \in \mathscr{T}$에 의하여 F_α는 $(X, \mathscr{T})$에서 닫힌집합이기에 $F_\alpha = \overline{F_\alpha}$이다. (c)의 $F_\alpha \in \mathscr{A}$를 (b)의 A_α로 교체하여 (b)에 적용하면,

$$\bigcap_{A_\alpha \in \mathscr{A}} \overline{A_\alpha} = \bigcap_{F_\alpha \in \mathscr{A}} \overline{F_\alpha} = \bigcap_{F_\alpha \in \mathscr{A}} F_\alpha \neq \varnothing$$

이 성립한다.

(c) ⇒ (a) 귀류법을 사용하여, 가정을 바탕으로 결론을 부정하여 X가 콤팩트집합이 아니라고 가정하자. 즉 다음 조건을 만족하는 X의 열린덮개 $\mathscr{U}$가

존재한다.

(i) $\bigcup_{U\in\mathscr{U}} U = X$ (여기서 $U\in\mathscr{T}$ 이다)

(ii) $\mathscr{U}$의 임의의 유한부분집합 $\{U_1, U_2, \cdots, U_n\}(\subset\mathscr{U})$에 대하여 $\bigcup_{\alpha=1}^{n} U_\alpha \subsetneq X$이다.

이때 닫힌집합들의 모임 $\mathscr{A}=\{U^c \mid U\in\mathscr{U}\}$을 택하자. 그러면 $\mathscr{A}$의 임의의 유한부분집합 $\{U_1^c, U_2^c, \cdots, U_n^c\}$에 대하여 그들의 교집합

$$\bigcap_{\alpha=1}^{n} U_\alpha^c = (\bigcup_{\alpha=1}^{n} U_\alpha)^c = X-(\bigcup_{\alpha=1}^{n} U_\alpha) \neq \varnothing \text{ (조건 (ii) 사용함)}$$

이다. 따라서 $\mathscr{A}$는 유한교차성을 갖게 된다. 그런데 $\mathscr{A}$ 전체의 교집합

$$\bigcap_{U^c\in\mathscr{A}} U^c = (\bigcup_{U\in\mathscr{U}} U)^c = \varnothing \text{ (조건 (i) 사용함)}$$

이 되어 조건 (c)에 모순된다. □

| 예제 10.1.24 | 예제 10.1.22에서 콤팩트공간 $([0, 1], \mathscr{U}_{[0, 1]})$와 유한교차성을 갖는 닫힌집합들의 모임 $\mathscr{A}=\left\{[0, \frac{1}{n}] \,\middle|\, n\in\mathbb{N}\right\}$을 소개했다. 정리 10.1.23에 의하여 $F_n=[0, \frac{1}{n}]$이라 놓으면 $\bigcap_{F_n\in\mathscr{A}} F_n = \{0\} \neq \varnothing$ 임을 알 수 있다. ■

정리 10.1.25 모든 $\alpha\in\Lambda$에 대하여 K_α가 하우스도르프 공간 $(X, \mathscr{T})$의 콤팩트 집합이라 하자. $\mathscr{A}=\{K_\alpha \mid \alpha\in\Lambda\}$가 유한교차성을 가지면 $\bigcap_{\alpha\in\Lambda} K_\alpha \neq \varnothing$ 이다.

증명 귀류법을 사용하여, $\bigcap_{\alpha\in\Lambda} K_\alpha = \varnothing$ 이라고 가정하자. 이제 고정된 $\beta\in\Lambda$에 대하여

$$K_\beta \cap (\bigcap_{\alpha\neq\beta} K_\alpha) = \bigcap_{\alpha\in\Lambda} K_\alpha = \varnothing$$

이므로

$$K_\beta \subset (\bigcap_{\alpha\neq\beta} K_\alpha)^c = \bigcup_{\alpha\neq\beta} K_\alpha^c \qquad \cdots (10.3)$$

이다. 그런데 정리 10.1.11에 의하여 임의의 $K_\alpha\in\mathscr{A}$는 닫힌집합이다. 즉 $K_\alpha^c(\in\mathscr{T})$이 열린집합이기에 식 (10.3)에 의하여 K_β의 열린덮개로서

$$\mathscr{U}=\left\{K_\alpha^c \mid \alpha \in \Lambda,\ \alpha \neq \beta\right\}$$

를 얻는다. K_β가 콤팩트집합이므로 유한개의 $\alpha_1,\ \alpha_2,\ \cdots,\ \alpha_n \in \Lambda-\{\beta\}$이 존재하여

$$K_\beta \subset \bigcup_{i=1}^{n} K_{\alpha_i}^c=\left(\bigcap_{i=1}^{n} K_{\alpha_i}\right)^c$$

이므로 $K_\beta \cap \left(\bigcap_{i=1}^{n} K_{\alpha_i}\right)=\varnothing$ 이다. 이는 $\mathscr{A}=\{K_\alpha \mid \alpha \in \Lambda\}$가 유한교차성을 만족한다는 가정에 모순이다. □

| 예제 10.1.26 | 보통위상공간 $(\mathbb{R},\ \mathscr{U})$에서 $\mathscr{A}=\left\{[1,\ 1+\frac{1}{\alpha}]\ \middle|\ \alpha \in \mathbb{N}\right\}$이고, $K_\alpha=[1,\ 1+\frac{1}{\alpha}]$이라 놓으면 K_α는 하우스도르프 공간 $(\mathbb{R},\ \mathscr{U})$의 콤팩트집합이고 $\mathscr{A}$는 유한교차성을 만족한다. 정리 10.1.25에 의하여 $\bigcap_{\alpha \in \mathbb{N}} K_\alpha=\{1\} \neq \varnothing$ 임을 알 수 있다. ■

위상공간론에서 어떤 성질의 곱성질을 알아보는 것은 매우 의미 있는 일이다. 그래서 유한개의 콤팩트공간들의 곱공간이 콤팩트집합임을 보이자. 이를 위해서 관 보조정리(tube lemma)가 필요하다.

기초정리 10.1.27 **(관 보조정리 : tube lemma)** $(X,\ \mathscr{T})$와 $(Y,\ \mathscr{T}^*)$는 위상공간이고 Y는 콤팩트공간이라 하자. 만약 $x_0 \in X$이고 U가 $\{x_0\}\times Y$를 포함하는 곱공간 $X\times Y$의 열린집합이라 하면 X의 열린집합 $(x_0\in)W$가 존재하여 $\{x_0\}\times Y \subset W\times Y \subset U$를 만족한다.

증명 먼저 $X\times Y$의 부분공간 $\{x_0\}\times Y$는 콤팩트공간 Y와 위상동형이므로 $(X\times Y,\ \mathscr{T}_p)$에서 콤팩트집합이다. 임의의 원소 $y \in Y$에 대하여 곱위상 $X\times Y$의 정의에 의하여 $W_y(\in \mathscr{T}),\ V_y(\in \mathscr{T}^*)$인 열린집합이 존재하여 $(x_0,\ y)\in W_y\times V_y \subset U$이 성립한다(곱위상의 정의를 활용함). $W_y\times V_y$는 곱위상 $X\times Y$에서 기저 $\mathscr{B}_p$의 원소이므로 곱위상 $\mathscr{T}_p$의 열린집합이다.

그러므로

$$\mathscr{U} = \{W_y \times V_y \subset X \times Y \mid y \in Y\}$$

는 $\{x_0\} \times Y$의 한 열린덮개이다. $\{x_0\} \times Y$가 콤팩트집합이므로 유한부분덮개

$$\mathscr{U}_0 (\subset \mathscr{U}) = \{W_{y_1} \times V_{y_1},\ \cdots,\ W_{y_n} \times V_{y_n}\}$$

이 존재하여 $\{x_0\} \times Y$를 덮는다. 이때 $W = \bigcap_{i=1}^{n} W_{y_i}$라 놓자. 그때 $W (\in \mathscr{T})$는 X상에서 열린집합이고 $x_0 \in W$이다. 왜냐하면 각 $i \in \{1,\ 2,\ \cdots,\ n\}$에 대해서 $x_0 \in W_{y_i}$이기 때문이다. 그리고 $Y = \bigcup_{i} V_{y_i}$, $i \in \{1,\ 2,\ \cdots,\ n\}$이다. 그러므로

$$\{x_0\} \times Y \subset W \times Y \subset \bigcup_{i=1}^{n} (W_{y_i} \times V_{y_i}) \subset U$$

이 성립하여 $\{x_0\} \times Y$를 포함하는 열린집합 $W \times Y$가 존재하여 U에 포함된다(그림 10.6 참조).

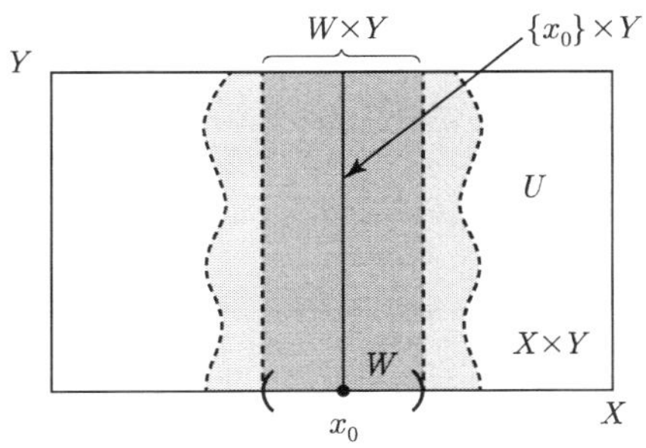

그림 10.6 튜브 $W \times Y \subset U$

종합적으로, 임의의 $(x,\ y) \in W \times Y$에 대하여 $Y = \bigcup_{i=1}^{n} V_{y_i}$이므로, $y \in V_{y_i}$를 만족하는 $i \in \{1,\ 2,\ \cdots,\ n\}$이 존재한다. 즉 $(x,\ y) \in W_{y_i} \times V_{y_i}$이므로 $(x,\ y) \in U$이다. □

관 보조정리를 이용하여 유한개의 콤팩트공간들의 곱공간이 콤팩트집합임을 보이자.

정리 10.1.28 유한개의 콤팩트공간의 곱공간은 콤팩트이다.

증명 임의의 두 개의 콤팩트공간의 곱공간이 콤팩트임을 보이면 충분하다. $\mathscr{U}$를 곱공간 $X\times Y$의 임의의 열린덮개라 하자. 각 $x\in X$에 대하여 집합 $\{x\}\times Y$는 곱공간 $X\times Y$에서 콤팩트이다. 그러므로 $\{x\}\times Y$를 덮는 $\mathscr{U}$의 유한부분덮개가 존재하는데 그것을 $\mathscr{U}_x$라 놓자. 여기서

$$\mathscr{U}_x=\{\,U_i^x \mid i\in\{1,\ 2,\ \cdots,\ n(x)\},\ U_i^x\in\mathscr{U}\}$$

라 놓으면

$$\{x\}\times Y\subset\bigcup_{i=1}^{n(x)}U_i^x \qquad\cdots\ (10.4)$$

이다. 식 (10.4)에서 $\bigcup_{i=1}^{n(x)}U_i^x$를 U_x라 놓자. 그러면 U_x는 곱공간 $X\times Y$에서 열린집합이고

$$\{x\}\times Y\subset U_x$$

이다. 기초정리 10.1.27에 의하여, 각 $x\in X$에 대하여 X상에서 열린집합 W_x가 존재해서

$$x\in W_x,\ \{x\}\times Y\subset W_x\times Y\subset U_x \qquad\cdots\ (*)$$

이 성립한다. 여기서 $\mathscr{U}_x$는 $W_x\times Y$의 한 덮개이고 $W=\{W_x\mid x\in X\}$는 X의 한 열린덮개임은 명백하다. 여기서 W_x는 성질 (*)을 만족한다. X가 콤팩트이므로 X의 유한부분덮개 $W_0=\{W_{x_1},\ \cdots,\ W_{x_m}\}(\subset W)$이 존재한다. 그때 W_0의 각 $i\in\{1,\ 2,\ \cdots,\ m\}$에 대하여 U_{x_i}를 택해서

$$\mathscr{U}_0=\left\{\,U_{i_1}^{x_1},\ U_{i_2}^{x_2},\ \cdots,\ U_{i_m}^{x_m}\ \middle|\ \begin{array}{l} i_1\in\{1,\ 2,\ \cdots,\ n(x_1)\},\\ i_2\in\{1,\ 2,\ \cdots,\ n(x_2)\},\\ \quad\cdots\\ i_m\in\{1,\ 2,\ \cdots,\ n(x_m)\}\end{array}\right\}$$

이라 놓으면 이 $\mathscr{U}_0$는 $\mathscr{U}$의 유한부분덮개로서 $X \times Y$를 덮는다. 따라서 $X \times Y$는 콤팩트공간이다. □

Tychonoff 정리(◆)

이제 임의의 개수의 콤팩트공간들의 곱공간이 콤팩트가 됨을 보이는 티코노프(Tychonoff) 정리를 알아본다. 앞에서 증명한 정리 10.1.28은 유한개수의 콤팩트공간의 곱공간이 콤팩트공간이 됨을 보였다. 임의의 개수의 콤팩트공간의 곱공간의 콤팩트성을 증명하는 데는 정리 10.1.28을 확장하여 사용할 수 없다. 그러나 정리 10.1.23에서 증명한 "유한교차성"을 활용하고, **알렉산드로프 부분기 정리** (Alexandroff subbase theorem)를 활용하여 증명하는 방법이 일반적이다.

이 책에서는 Alexandroff subbase theorem을 활용하여 증명하겠다. 먼저 이 정리를 다음과 같이 기초정리로 소개한다.

기초정리 10.1.29 (Alexandroff subbase theorem) 위상공간 $(X, \mathscr{T})$가 콤팩트이기 위한 필요충분조건은 위상 $\mathscr{T}$에 대한 적당한 부분기저 $\mathcal{S}$가 존재해서 $\mathcal{S}$의 임의의 부분모임 $\mathscr{C}$가 X를 덮을 때 $\mathscr{C}$는 유한부분덮개를 갖는다는 것이다.

증명 $(X, \mathscr{T})$를 콤팩트공간이라 하자. 이때 부분기저로 $\mathcal{S}=\mathscr{T}$를 택하자. $\mathscr{C} \subset \mathcal{S}$가 X를 덮으면 $\mathscr{C}$는 X의 열린덮개가 되고 X가 콤팩트이므로 $\mathscr{C}$는 유한부분덮개를 갖는다.

역으로, $\mathcal{S}$를 정리의 가정을 만족하는 부분기저라 하자. 정리 10.1.23을 활용하여, $\mathscr{A} \subset \mathscr{T}$가 X의 유한부분덮개를 갖지 않는다면 $\mathscr{A}$는 X의 덮개가 될 수 없다는 것을 보임으로써 $(X, \mathscr{T})$가 콤팩트임을 보이자. $\mathscr{A}$가 X의 유한부분덮개를 갖지 않는다고 하고 $\mathscr{C}=\{\mathscr{A}' \subset \mathscr{T} \mid \mathscr{A} \subset \mathscr{A}', \mathscr{A}'$는 X의 유한부분덮개를 갖지 않는다$\}$로 정의하자. 그러면 $\mathscr{A} \in \mathscr{C}$이고 $\mathscr{C}$는 포함관계에 의한 부분순서(partial order) 집합이다. $\mathscr{D}=\{\mathscr{D}_\alpha \mid \alpha \in \Lambda\}$를 $\mathscr{C}$의 임의의 사슬(chain)이라 할 때,

$$\mathscr{U}=\{D \mid \text{적당한 } \alpha \in \Lambda \text{에 대하여 } D \in \mathscr{D}_\alpha\}$$

이라 하면 $\mathscr{U}$는 $\mathscr{D}$의 상계이고 $\mathscr{U} \in \mathscr{C}$이다. Zorn의 보조정리에 의하여 $\mathscr{C}$는 극대원소 $\mathscr{N}$을 갖는다. 한편 $\mathscr{A} \subset \mathscr{N}$이므로 $\mathscr{A}$가 X의 덮개가 아님을 보

이려면 $\mathscr{N}$ 이 X의 덮개가 아님을 보이면 된다. $x \in M \in \mathscr{N}$ 이라 할 때 $\mathcal{S}$는 $\mathscr{T}$의 부분기저이므로

$$x \in \bigcap \{S_i \mid i \in \{1,\ 2,\ \cdots,\ n\}\} \subset M$$

을 만족하는 $\mathcal{S}$의 유한개의 원소 $S_1,\ S_2,\ \cdots,\ S_n$이 존재한다. 모든 $i \in \{1,\ 2,\ \cdots,\ n\}$에 대하여 $S_i \not\in \mathscr{N}$ 이라 하면, $\mathscr{N}$ 이 $\mathscr{C}$의 극대원소라는 사실로부터 각 $i \in \{1,\ 2,\ \cdots,\ n\}$에 대하여 $\mathscr{N} \cup \{S_i\}$의 유한부분모임 $\mathscr{N}_i \cup \{S_i\}$는 X를 덮는다. 따라서 $\bigcap \{S_i \mid i \in \{1,\ 2,\ \cdots,\ n\}\} \subset M$이므로 $\{M\} \cup \mathscr{N}_1 \cup \cdots \cup \mathscr{N}_n$은 X를 덮는다. 그런데 $\mathscr{N}$ 의 유한부분모임은 X를 덮을 수 없으므로 $M \not\in \mathscr{N}$ 이다. 이것은 모순이다. 따라서 적당한 $i \in \{1,\ 2,\ \cdots,\ n\}$에 대하여 $x \in S_i \in \mathscr{N}$ 이다. 그러므로

$$\bigcup \{M \mid M \in \mathscr{N}\} = \bigcup \{S_\alpha \cap M \mid M \in \mathscr{N},\ S_\alpha \in \mathcal{S} \cap \mathscr{N}\}$$

이다. 따라서 $\mathscr{N}$이 X의 덮개이면 $\{S_\alpha \cap M \mid M \in \mathscr{N},\ S_\alpha \in \mathcal{S} \cap \mathscr{N}\}$은 역시 X의 덮개가 된다. 따라서 $\mathcal{S} \cap \mathscr{N}$은 X의 덮개이고 $\mathcal{S} \cap \mathscr{N} \subset \mathcal{S}$이므로 가정에 의해 $\mathcal{S} \cap \mathscr{N}$은 유한부분덮개를 갖는다. 그러므로 $\mathscr{N}$이 유한부분덮개를 갖게 되어 모순이다. □

정리 10.1.30 (Tychonoff 정리) 각 $\alpha \in \Lambda$에 대하여 $(X_\alpha,\ \mathscr{T}_\alpha)$가 콤팩트공간이면 곱공간 $(\prod_{\alpha \in \Lambda} X_\alpha,\ \mathscr{T}_p)$도 콤팩트공간이다.

증명 곱위상의 정의에 의하여 $\mathcal{S} = \{P_\alpha^{-1}(U_\alpha) \mid U_\alpha \in \mathscr{T}_\alpha,\ \alpha \in \Lambda\}$는 $\prod_{\alpha \in \Lambda} X_\alpha$의 곱위상 $\mathscr{T}_p$를 위한 부분기저이다. 여기서 P_α: $\prod_{\alpha \in \Lambda} X_\alpha \to X_\alpha$는 α-사영사상이다. 여기서 $\mathscr{B} \subset \mathcal{S}$이고 $\mathscr{B}$의 어떤 유한부분모임도 $\prod_{\alpha \in \Lambda} X_\alpha$를 덮을 수 없다고 가정하자. 각 $\alpha \in \Lambda$에 대하여 $\mathscr{C}_\alpha = \{U_\alpha \mid P_\alpha^{-1}(U_\alpha) \in \mathscr{B},\ U_\alpha \in \mathscr{T}_\alpha\}$이라 하면 $\mathscr{C}_\alpha$의 어떤 유한부분모임도 X_α를 덮을 수 없다. 왜냐하면 $\{U_{\alpha_1},\ \cdots,\ U_{\alpha_n}\} \subset \mathscr{C}_\alpha$가 X_α의 덮개이면 $\{P_\alpha^{-1}(U_{\alpha_1}),\ \cdots,\ P_\alpha^{-1}(U_{\alpha_n})\}$는 $\prod_{\alpha \in \Lambda} X_\alpha$의 유한덮개가 되어서 가정에 모순이 되기 때문이다. 한편 X_α는 콤팩트공간이므로 $\mathscr{C}_\alpha$는 X_α의 덮개가 될 수 없다. 따라서 적당한 $x_\alpha \in X_\alpha$

$-\bigcup\{U_\alpha \in \mathscr{C}_\alpha\}$가 존재한다. 함수

$$x: \Lambda \to \bigcup\{X_\alpha \mid \alpha \in \Lambda\}\text{를 } x(\alpha) = x_\alpha$$

로 정의하면 $x \in \prod_{\alpha \in \Lambda} X_\alpha$이지만 $x \not\in \bigcup\{A \mid A \in \mathscr{B}\}$이므로 $\mathscr{B}$는 $\prod_{\alpha \in \Lambda} X_\alpha$를 덮을 수 없다. 따라서 기초정리 10.1.29에 의하여 $\prod_{\alpha \in \Lambda} X_\alpha$는 콤팩트공간이다. □

참고로 정리 10.1.30과 관련하여 곱공간 $(\prod_{\alpha \in \Lambda} X_\alpha, \mathscr{T}_p)$가 콤팩트공간이면 임의의 $\alpha_0 \in \Lambda$에 대하면 사영사상 $P_{\alpha_0}: \prod_{\alpha \in \Lambda} X_\alpha \to X_{\alpha_0}$가 전사인 연속함수이그로 정리 10.1.6에 의하여 $(X_{\alpha_0}, \mathscr{T}_{\alpha_0})$는 콤팩트공간이다.

Cantor 집합(◆)

이제 Cantor 집합에 관하여 알아본다. Cantor 집합은 유클리드 공간 $\mathbb{R}$의 부분공간인 $C_0 = [0, 1]$을 3등분하여 가운데 열린구간 $(\frac{1}{3}, \frac{2}{3})$를 제거한 나머지 부분을 C_1이라 한다. 즉,

$$C_1 = [0, \frac{1}{3}] \cup [\frac{2}{3}, 1]$$

이다. 그리고 C_2는 C_1의 연결성분 $[0, \frac{1}{3}]$, $[\frac{2}{3}, 1]$을 각각 3등분하였을 때 가운데 부분의 열린구간 $(\frac{1}{9}, \frac{2}{9})$와 $(\frac{7}{9}, \frac{8}{9})$을 제거한 부분이라 한다(그림 10.7 참조). 같은 방법으로 임의의 자연수 $n(\in \mathbb{N})$에 대하여

$$C_n = C_{n-1} - \bigcup_{k=0}^{3^{n-1}-1} \left(\frac{3k+1}{3^n}, \frac{3k+2}{3^n}\right)$$

라 한다. 이 방법을 통해서 감소하는 집합렬

$$C_0 = [0, 1] \supset C_1 \supset C_2 \supset \cdots \supset C_n \supset C_{n+1} \supset \cdots$$

을 얻는다. Cantor 집합(Cantor set)이란 $[0, 1]$의 부분집합

$$C = \bigcap_{n=1}^{\infty} C_n \qquad \cdots (10.5)$$

을 말한다. Cantor 집합 C에 $(\mathbb{R},\ \mathscr{U})$로부터 상대위상을 주어 부분공간 $(C,\ \mathscr{U}_C)$를 얻는다.

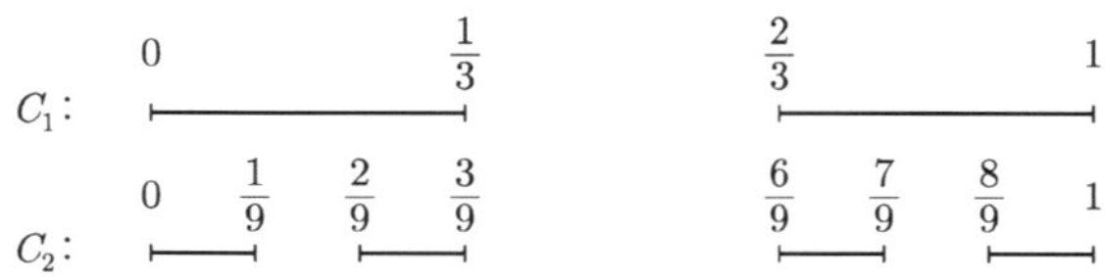

그림 10.7 C_1과 C_2

Cantor 집합 C의 원소 $x(\in C)$를 상세히 살펴보면 흥미로운 성질을 알 수 있다.

임의의 수 $x \in I = [0,\ 1]$는 3진급수로 전개(ternary expansion)하여 나타낼 수 있다. 즉, 각 $x(\in I)$는

$$x = 0.\, x_1\, x_2\, x_3 \cdots = \sum_{n=1}^{\infty} \frac{x_n}{3^n},\ \ x_n \in \{0,\ 1,\ 2\}$$

으로 표현되고, $x(\in I)$의 3진급수로 유일하게 표현된다(단 $x \neq 1$).

이제 식 (10.5)의 Cantor 집합의 위상구조를 알아보자(11장에서 소개되는 연결집합 참조).

성질 10.1.31 (1) Cantor 집합 C는 $(\mathbb{R},\ \mathscr{U})$에서 콤팩트집합이다.

(2) Cantor 집합 C는 $(C,\ \mathscr{U}_C)$에서 비연결집합이다(11장에서 소개되는 연결집합 개념을 참조).

증명 (1) 식 (10.5)의 각 C_n은 $(\mathbb{R}^n,\ \mathscr{U})$상에서 닫힌집합이고 이들의 임의개수의 교집합도 닫힌집합이고 $C(\subset I)$는 $\mathbb{R}$의 유계인 부분집합이다. Heine-Borel 정리에 의하여 유계인 닫힌집합 C는 $(\mathbb{R},\ \mathscr{U})$에서 콤팩트집합이다.

(2) $\frac{1}{2} \notin C$이므로 $U = (C \cap [0,\ \frac{1}{2}))$, $V = (C \cap (\frac{1}{2},\ 1])$라고 하자. 그때 $0 \in U$, $1 \in V$이므로 $U \neq \varnothing \neq V$이고 $U \cap V = \varnothing$이며 $U,\ V \in \mathscr{U}_C$이다. 따라서 C는 비연결이다. □

앞에서 언급했듯이 $x(\in I)$는 3진급수 $\sum_{n=1}^{\infty}\frac{x_n}{3^n}$, $x_n \in \{0, 1, 2\}$으로 표시되는데 Cantor 집합의 원소 $x \in C$는 특별히 다음과 같이 표현할 수 있다.

$$x = \sum_{n=1}^{\infty}\frac{x_n}{3^n},\ x_n \in \{0,\ 2\}$$

이 표현을 바탕으로 Cantor 집합을 다음과 같이 정의할 수도 있다.

정의 10.1.32 $C = \left\{ \sum_{k \in \mathbb{N}} \frac{x_k}{3^k} \mid x_k \in \{0,\ 2\} \right\}.$

정의 10.1.33 모든 연결성분이 한원소집합인 위상공간 $(X, \mathscr{T})$를 전비연결(totally disconnected)공간이라 한다.

참고로 전비연결성(totally disconnectedness)은 유전적 성질(hereditary property)임을 쉽게 알 수 있고, 곱성질(product property)이 있음을 쉽게 알 수 있다.

참고로 이산위상공간은 전비연결공간이다. 더 나아가 Cantor 집합은 비가산집합(uncountable set)이고 전비연결공간이다.

이제 Cantor 집합의 위상구조를 상세히 알아보자.

정의 10.1.34 $X_k = \{0,\ 2\}(k \in \mathbb{N})$를 이산공간이라 하고 $X = \prod_{k \in \mathbb{N}} X_k$를 X_k의 곱공간이라 하자.

(1) X는 콤팩트공간이다.

(2) $f : X \to C\ \left(f(x_1,\ x_2,\ \cdots,\ x_k,\ \cdots) = \sum_{k=1}^{\infty}\frac{x_k}{3^k}\right)$라 하면 f는 위상동형사상이다.

증명 (1) $X_k(k \in \mathbb{N})$가 콤팩트공간이므로 정리 10.1.30에 의하여 X는 콤팩트공간이다.

(2) 사상 f의 연속성을 먼저 보이자. 임의의 한 점 $p = (x_1,\ x_2,\ \cdots) \in X$와 임의의 $\varepsilon > 0$을 택하자. 무한급수 $\sum_{k=1}^{\infty}\frac{2}{3^k}$의 수렴성에 의하여 적당한 $n_0(\in \mathbb{N})$가 존재해서 $\sum_{k=n_0+1}^{\infty}\frac{2}{3^k} < \varepsilon$이 되게 할 수 있다. X의 부분집합 B를

$$B = \{x_1\} \times \{x_2\} \times \cdots \times \{x_{n_0}\} \times X_{n_0+1} \times X_{n_0+2} \times \cdots$$

이라 하자. $p \in B$이고 B는 곱공간 X의 정의에 의하여 X에서 한 열린 집합이다. 임의의 한 점 $x \in B$를 택하면 x는

$$x = (x_1,\ x_2,\ \cdots,\ x_{n_0},\ x_{n_0+1},\ x_{n_0+2},\ \cdots) \in B$$

이기에

$$|f(x) - f(p)| = \left| \sum_{k=n_0+1}^{\infty} (x_k - a_k) \frac{1}{3^k} \right| \leq \sum_{k=n_0+1}^{\infty} \frac{2}{3^k} < \varepsilon$$

이다. 그러므로 f는 한 점 p에서 연속이다. X의 임의의 점에서 같은 방법으로 f는 연속이므로 $f: X \to C$는 연속함수이다. 사상 f는 전단사이고, f의 정의역 X는 콤팩트, f의 공변역 C는 하우스도르프 공간(성질 10.1.31(2) 참조)이므로 정리 10.1.16에 의하여 f는 위상동형사상이다. □

연습문제 10.1

1. 위상공간 $(X,\ \mathscr{T})$와 $A \subset Y \subset X$에 대하여 다음이 동치임을 보이시오.
(a) A는 $(X,\ \mathscr{T})$의 콤팩트집합이다.
(b) A는 부분공간 $(Y,\ \mathscr{T}_Y)$의 콤팩트이다.

2. 집합 $X = [-a,\ a]\,(0 < a \in \mathbb{R})$에 위상

$$\mathscr{T} = \{U \subset X \mid 0 \notin U\} \cup \{U \subset X \mid (-a,\ a) \subset U\}$$

를 준 위상공간 $(X,\ \mathscr{T})$는 콤팩트공간이나 부분공간 $(Y,\ \mathscr{T}_Y)$는 콤팩트공간이 아님을 보이시오. (여기서 $Y = X - \{0\}$이다.)

3. 기초정리 10.1.27(관 보조정리)에서, 만약 주어진 공간 Y가 콤팩트가 아니면 기초정리 10.1.27이 성립하지 않음을 예를 들어 보이시오.

4. X가 하우스도르프 공간이고 Y가 콤팩트인 하우스도르프 공간이라 하자. 함수 $f: X \to Y$가 연속이기 위한 필요충분조건은 $G(f) = \{(x, f(x)) \mid x \in X\}$가 $X \times Y$에서 닫힌집합이 되는 것임을 보이시오.

5. 예제 6.1.6에서 소개한 $(\mathbb{Z}^2, \mathscr{T}_{\mathscr{B}_p})$가 콤팩트공간이 아님을 보이시오.

6. 실수집합 $\mathbb{R}$상에 위상

$$\mathscr{T} = \{\mathbb{R}, \varnothing\} \cup \{U_x = (x, \infty) \mid x \in \mathbb{R}\}$$

을 준 위상공간 $(\mathbb{R}, \mathscr{T})$를 생각하자. 그때 다음을 보이시오.

(a) $(\mathbb{R}, \mathscr{T})$는 콤팩트공간이 아니다.

(b) 자연수집합 $\mathbb{N}$은 콤팩트집합이지만, $\mathbb{N}$의 폐포 $\overline{\mathbb{N}}$는 콤팩트집합이 아니다.

(c) $[a, \infty)$는 콤팩트집합이다$(a \in \mathbb{R})$.

(d) (a, ∞)는 콤팩트집합이 아니다$(a \in \mathbb{R})$.

7. 여가산공간 $(X, \mathscr{T}_c)$에 대하여 다음을 보이시오.

(a) $(X, \mathscr{T}_c)$가 콤팩트일 필요충분조건은 X가 유한집합인 것이다.

(b) 연속사상 $f: ([a, b], \mathscr{U}_{[a, b]}) \to (X, \mathscr{T}_c)$는 상수함수뿐이다.

(c) 연속사상 $g: (\mathbb{R}, \mathscr{U}) \to (X, \mathscr{T}_c)$는 상수함수뿐이다.

8. 보통위상공간 $(\mathbb{R}, \mathscr{U})$의 부분공간 $(X, \mathscr{U}_X)$와 $(Y, \mathscr{U}_Y)$가 콤팩트공간이 아님을 보이시오.(여기서 $X = [a, b] \cap \mathbb{Q}$, $Y = [a, b] \cap \mathbb{Q}^c$, $[a, b] \subset \mathbb{R}$이다.)

9. 집합 X상의 $\mathscr{T}_1 \subset \mathscr{T}_2$인 두 위상 $\mathscr{T}_1$과 $\mathscr{T}_2$를 생각하자.

(a) 만약 $(X, \mathscr{T}_2)$가 콤팩트이고 $(X, \mathscr{T}_1)$이 하우스도르프 공간이면 $\mathscr{T}_1 = \mathscr{T}_2$임을 보이시오.

(b) 만약 $(X, \mathscr{T}_1)$이 하우스도르프 공간이고 $\mathscr{T}_1 \subsetneq \mathscr{T}_2$이면 $(X, \mathscr{T}_2)$는 콤팩트가 아님을 보이시오.

10. 4.4절의 순서위상(정의 4.4.2) 정의와 성질 4.4.4의 사전식순서에 의한 곱집합에서의 순서위상의 성질의 이용하여 다음을 해결하자.
먼저 자연수집합 $\mathbb{N}$에 부등호관계$(\le)$를 준 전순서집합 $(\mathbb{N}, \le)$을 생각하자. 그리고 임의의 한 자연수 $m \in \mathbb{N} (m \neq 1)$에 대하여, $\mathbb{N}_m = \{1, 2, \cdots, m\}$이라 놓고 전순서집합 $(\mathbb{N}_m, \le)$을 생각하자. 이때 사전식순서에 의하여 $\mathbb{N}_m \times \mathbb{N}$에

전순서관계 '$\leq$'를 준 전순서집합 $(\mathbb{N}_m \times \mathbb{N},\ \leq)$을 생각하자. 즉, 다음 사전식순서에 의하여 이들은 전순서집합이 된다.

$$\exists^{\forall}(a,\ b),\ (a',\ b') \in \mathbb{N}_m \times \mathbb{N}$$

$$(a,\ b) \leq (a',\ b') \Leftrightarrow \begin{cases} a < a' \text{ 혹은} \\ a = a' \text{이고 } b \leq b' \text{이다.} \end{cases}$$

(1) $(\mathbb{N}_m \times \mathbb{N},\ \leq)$에서 순서위상의 기저 $\mathscr{B}_o$를 구하시오.

(2) $(\mathbb{N} \times \mathbb{N},\ \leq)$에서 순서위상의 기저 $\mathscr{B}_o^*$를 구하시오.

(3) $(\mathbb{N}_m \times \mathbb{N},\ \mathscr{T}_{\mathscr{B}_o})$를 설명하시오.

(4) $(\mathbb{N} \times \mathbb{N},\ \mathscr{T}_{\mathscr{B}_o^*})$를 설명하시오.

(5) 더 나아가 $(\mathbb{N}_m \times \mathbb{N}_n,\ \leq)$(사전식순서집합)에서 순서위상의 기저 $\mathscr{B}$를 구하시오.

(6) $(\mathbb{N}_m \times \mathbb{N}_n,\ \mathscr{T}_{\mathscr{B}})$를 설명하시오.

(7) $(\mathbb{N}_m \times \mathbb{N},\ \mathscr{T}_{\mathscr{B}_o})$는 콤팩트공간인가?

(8) $(\mathbb{N} \times \mathbb{N},\ \mathscr{T}_{\mathscr{B}_o^*})$는 콤팩트공간인가?

(9) $(\mathbb{N}_m \times \mathbb{N}_n,\ \mathscr{T}_{\mathscr{B}})$는 콤팩트공간인가?

11. 카림스키 선위상 $(\mathbb{Z},\ \kappa)$(예제 4.1.13 참조)는 콤팩트공간이 아님을 보이시오.

12. 전순서집합 $(X,\ \leq)$에 의하여 유도된 X상의 순서위상 $\mathscr{T}_o$를 생각하자. $(X,\ \mathscr{T}_o)$이 콤팩트이기 위한 필요충분조건은 공집합이 아닌 X의 모든 부분집합이 상한과 하한을 가지는 것임을 증명하시오.

13. 위상공간 X와 Y에 대하여 Y를 콤팩트공간이라 한다. 이 경우 사영함수 $P_1 : X \times Y \to X$가 닫힌사상임을 보이시오(여기서 $X \times Y$는 곱공간 $\mathscr{T}_p$를 갖는다).

14. $\mathscr{T}_1$과 $\mathscr{T}_2$를 X상의 위상이라 하자. 다음을 보이시오.

(1) 만약 $(X,\ \mathscr{T}_1)$이 콤팩트이고 $\mathscr{T}_1 \subset \mathscr{T}_2$이면 $(X,\ \mathscr{T}_2)$가 콤팩트인가?

(2) 만약 $(X,\ \mathscr{T}_2)$이 콤팩트이고 $\mathscr{T}_1 \subset \mathscr{T}_2$이면 $(X,\ \mathscr{T}_1)$가 콤팩트인가?

15. $(X,\ \mathscr{T})$가 하우스도르프 공간이고 $A(\subset X)$를 $(X,\ \mathscr{T})$의 콤팩트부분집합이라 하고 $p(\in X - A)$를 택하자. 이 경우 $A \subset U$이고 $p \in V$인 서로소인 열린집합

U, V가 존재함을 보이시오.

16. 콤팩트공간 $(X,\ \mathscr{T})$와 하우스도르프 공간 $(Y,\ \mathscr{T}')$에 대하여 연속함수 $f: (X,\ \mathscr{T}) \to (Y,\ \mathscr{T}')$는 닫힌사상임을 보이시오.

17. 콤팩트공간 $(X,\ \mathscr{T})$와 하우스도르프 공간 $(Y,\ \mathscr{T}')$에 대하여 다음을 답하시오.

(1) 함수 $f: X \to Y$가 전단사인 연속함수이면 f가 위상동형사상임을 보이시오.

(2) 함수 $f: X \to Y$가 전사인 연속함수이면 f는 상함수임을 보이시오.

18. 연습문제 7.1의 문제 8에서 제시된 거리위상공간 $(\mathbb{R}^2,\ \mathscr{T}_d)$에서 다음을 해결하시오.

(1) 무한 콤팩트집합을 제시하시오.

(2) $B = [0,\ 1]$이라 할 때 B가 $(\mathbb{R}^2,\ \mathscr{T}_d)$상에서 콤팩트부분집합이 아님을 보이시오.

(3) 집합 $B = [0,\ 1]$가 $(\mathbb{R}^2,\ \mathscr{T}_d)$에서 유계이고 닫힌집합인가?

19. 연습문제 8.1의 문제 8의 Fort 공간이 콤팩트공간임을 보이시오.

20. 임의의 집합 X에 대하여 여유한공간 $(X,\ \mathscr{T}_f)$는 콤팩트임을 보이시오.

21. 연습문제 11.2(문제 9)에서 소개한 순서위상공간 $(X,\ \mathscr{T}_o)$이 콤팩트공간이 아님을 보이시오.

22. 상극한공간 $\mathbb{R}_u$는 콤팩트가 아님을 보이시오.

23. 연습문제 11.1의 문제 25(1)과 (2)에서 소개한 순서위상공간들의 콤팩트성을 조사하시오.

24. $(X,\ \mathscr{T})$를 하우스도르프 공간이라 하자. 임의의 콤팩트집합 $A \subset X$와 $x \in X - A$에 대하여

$$x \in U, \quad A \subset V, \quad U \cap V = \varnothing$$

을 만족하는 U, $V(\in \mathscr{T})$가 존재함을 증명하시오.

25. 연습문제 3.2의 문제 9에서 제시한 위상공간 $(X,\ \mathscr{T})$에서 다음을 답하시오.

(1) X는 콤팩트공간이다.

(2) $X-\{0\}$은 $(X,\ \mathscr{T})$에서 콤팩트부분집합이 아니다.

26. 정리 10.1.23과 관련하여 $(\mathbb{R},\ \mathscr{U})$의 부분공간 $(Y,\ \mathscr{U}_Y)$(여기서 $Y=(0,\ 1]$이라 한다)에 대하여 $\mathscr{A}=\{B_n=(0,\ \frac{1}{n})\,|\,n\in\mathbb{N}\}$이라 놓자. 이때 Y가 콤팩트공간이 아니므로 $\mathscr{A}$는 정리 10.1.23(b)를 만족하지 않음을 보이시오.

10.2 극한점콤팩트, 가산콤팩트, 점렬콤팩트

콤팩트 개념은 무한집합의 극한점과 함수열에서 수렴하는 부분함수열의 선택가능성 등을 생각하는 데 활용되었고, 다양한 형태의 콤팩트 개념 형성의 기반이 되었다. 위상동형공간을 구별하는 데 있어서 대우법칙을 활용하여 콤팩트 개념이 중요하게 활용된다. 이 절에서는 극한점콤팩트공간, 가산콤팩트공간, 점렬콤팩트공간 등을 소개하고 그들 사이의 다양한 관계와 성질을 다룬다.

극한점콤팩트(limit point compact)

정의 10.2.1 위상공간 $(X,\ \mathscr{T})$의 모든 무한부분집합이 X에서 극한점을 가지면 위상공간 X를 **극한점콤팩트** (limit point compact)공간이라 한다.

참고로 이때 위상공간 $(X,\ \mathscr{T})$는 Bolzano-Weierstrass **성질**을 갖는다고 한다. 정리 10.1.18에 의하여 다음 성질을 얻는다.

성질 10.2.2 콤팩트공간은 극한점콤팩트공간이다. 그러나 그 역은 성립하지 않는다.

증명 정리 10.1.18에 의하여 콤팩트공간은 극한점콤팩트공간이다. 그 역이 성립하지 않음을 다음과 같은 반례를 들어 증명한다.

자연수집합 $\mathbb{N}$에 이산위상$(\mathscr{D})$을 주고, $Y=\{1,\ 2\}$에 자명한 위상 $\mathscr{I}=\{\varnothing,\ Y\}$를 주자. 이제 곱공간 $Z=\mathbb{N}\times Y$를 생각하자. 즉 Z상에 곱위상 $\mathscr{T}_p$를 주기 위하여 기저 $\mathscr{B}_p=\{V\times W \mid V\in\mathscr{D},\ W\in\mathscr{I}\}$를 생각하자. 곱집합 $Z=\mathbb{N}\times Y=\{(n,\ y)\mid n\in\mathbb{N},\ y\in Y\}$는

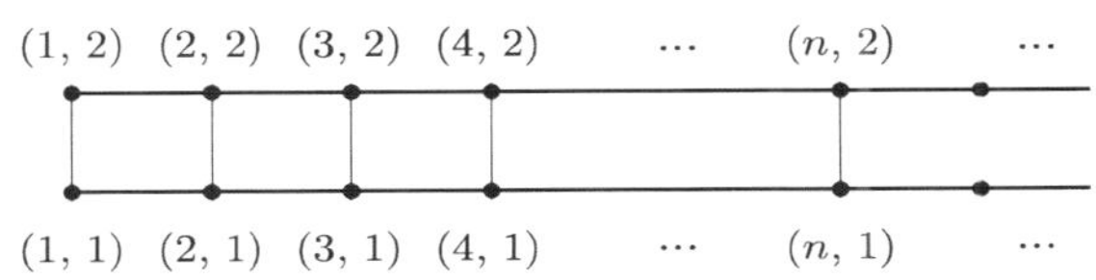

으로 표시된다. $\mathscr{B}_p$의 원소 $V\times W$ 중에서 공집합이 아닌 가장 작은 형태

는 임의의 $n \in \mathbb{N}$에 대하여 $\{n\} \times Y$의 형태이다. 즉, 임의의 $n \in \mathbb{N}$에 대하여 $\{n\} \times Y \in \mathscr{B}_p \subset \mathscr{T}_p$이다.

이때 Z의 공집합이 아닌 임의의 무한부분집합 $A(\subset Z)$는 적어도 $(n, 1)$이거나 $(n, 2)$ 형태의 원소를 갖는다. 일반성을 잃지 않고 $(n, 1) \in A$이라 하자. 그때 $(n, 2) \in A'$임을 보인다. 구체적으로 살펴보면 $(n, 2)$를 원소로 갖는 임의의 열린집합 U는 적어도 $\{(n, 1), (n, 2)\}(\subset U)$를 포함한다. 그러므로 $A \cap (U - \{(n, 2)\})$은 적어도 $(n, 1)$을 원소로 갖고 있기에 공집합이 아니다. 그러므로 $(n, 2) \in A'$이고 $(n, 2) \in Z$이다.

한편 $(n, 2) \in A$라고 가정하면 $(n, 1) \in A'$이 된다. 결론적으로 $(Z, \mathscr{T}_p)$는 극한점콤팩트이다.

이제 $(Z, \mathscr{T}_p)$가 콤팩트공간이 아님을 보이자. $(Z, \mathscr{T}_p)$의 열린덮개로서 $\mathscr{U} = \{\{n\} \times Y \mid n \in \mathbb{N}\}$을 택하자. 그러면 유한덮개 $\mathscr{U}'(\subset \mathscr{U})$가 존재하지 않음은 명백하다. 그래서 $(Z, \mathscr{T}_p)$는 콤팩트공간이 아니다. □

가산콤팩트(countably compact)

이제 가산콤팩트공간을 소개한다.

정의 10.2.3 위상공간 $(X, \mathscr{T})$의 한 부분집합 A에 대한 임의의 가산열린덮개 $\mathcal{C} = \{U_\alpha \mid U_\alpha \in \mathscr{T},\ \alpha \in \mathbb{N}\}$가 유한부분덮개 $\mathcal{C}' = \{U_{n_1}, U_{n_2}, \cdots, U_{n_k}\}(\subset \mathcal{C})$를 포함할 때 A를 **가산콤팩트**(countably compact)집합이라 한다. 특히 전체공간 X가 가산콤팩트일 때 X를 **가산콤팩트공간**(countably compact space)이라 한다.

콤팩트공간과 가산콤팩트공간의 정의에 의하여 모든 콤팩트공간은 가산콤팩트공간임을 쉽게 알 수 있다. 즉, 다음 성질을 얻는다.

성질 10.2.4 콤팩트공간은 가산콤팩트공간이다.

이제 유한교차성(finite intersection property)과 연관지어 가산콤팩트공간의 성질을 알아본다.

성질 10.2.5 위상공간 $(X, \mathscr{T})$에 대하여 다음은 동치이다.

(a) X가 가산콤팩트공간이다.

(b) 만약 $\mathscr{A}$가 유한교차성을 만족하는 X의 가산개의 닫힌집합들의 모임이면 $\bigcap_{A \in \mathscr{A}} A \neq \varnothing$ 이다.

증명 (a) ⇒ (b) 귀류법을 사용하여, $\bigcap_{A \in \mathscr{A}} A = \varnothing$ 이라고 가정하자. 여기서 $\mathscr{A}$는 가산집합임을 상기하자. 즉,

$$X = \varnothing^c = (\bigcap_{A \in \mathscr{A}} A)^c = \bigcup_{A \in \mathscr{A}} A^c$$

이 되어서 X의 가산열린덮개 $\{A^c \mid A \in \mathscr{A}\}$를 얻는다. 기본 조건에서 X가 가산콤팩트이므로 유한부분덮개 $\{A_1^c, A_2^c, \cdots, A_n^c\}$가 존재하여

$$X = A_1^c \cup \cdots \cup A_n^c$$

이다. 그래서

$$X = \bigcup_{i=1}^{n} A_i^c = (\bigcap_{i=1}^{n} A_i)^c$$

이 되어 $\bigcap_{i=1}^{n} A_i = \varnothing$ 이다. 이는 $\mathscr{A}$ 가 유한교차성을 만족한다는 가정에 모순이다. 따라서 $\bigcap_{A \in \mathscr{A}} A \neq \varnothing$ 이다.

(b) ⇒ (a) 귀류법을 사용하여, X 가 가산콤팩트공간이 아니라고 가정하자. 그러면 다음을 만족하는 X의 가산열린덮개 $\mathscr{U}$가 존재한다.

(i) $\bigcup_{U \in \mathscr{U}} U = X$이지만

(ii) 모든 유한부분모임 $\{U_1, U_2, \cdots, U_n\} \subset \mathscr{U}$에 대하여 $\bigcup_{i=1}^{n} U_i \subsetneq X$이다.

그러면 $\mathscr{A} = \{U^c \mid U \in \mathscr{U}\}$는 X의 가산개의 닫힌집합들의 모임이다. 조건 (ii)에 의하여 $\mathscr{A}$의 임의의 유한부분모임 $\{U_1^c, U_2^c, \cdots, U_n^c\}$에 대하여

$$\bigcap_{i=1}^{n} U_i^c = (\bigcup_{i=1}^{n} U_i)^c = X - (\bigcup_{i=1}^{n} U_i) \neq \varnothing$$

이다. 따라서 $\mathscr{A}$ 는 유한교차성을 갖는다. 그런데

$$\bigcap_{U^c \in \mathscr{A}} U^c = (\bigcup_{U \in \mathscr{U}} U)^c = X^c = \varnothing$$

이 되어 기본조건 (b)에 모순이다. □

이제 가산콤팩트공간과 극한점콤팩트공간을 비교해보자.

정리 10.2.6 가산콤팩트공간은 극한점콤팩트공간이다.

증명 가산콤팩트공간 X상에서 무한부분집합 A를 택하자. 그러면 서로 다른 점들로 구성된 가산인 무한집합 $B = \{x_n \mid n \in \mathbb{N}\} \subset A$가 존재한다(여기서 일반성을 잃지 않고 $i \neq j$이면 $x_i \neq x_j$라고 가정한다). 극한점의 기본성질에 의하여 $B' \subset A'$이므로 B의 극한점이 존재함을 보이면 된다. 만약 B의 극한점이 존재하지 않는다고 가정하면 각각의 $n \in \mathbb{N}$에 대해 $C_n = \{x_i \in B \mid i \geq n\}$은 $C_n' \subset B' = \varnothing$이므로 $C_n' = \varnothing$이 되어 C_n은 닫힌 집합이다($\because \overline{C_n} = C_n$). 그래서 $\{C_n \mid n \in \mathbb{N}\}$은 유한교차성을 만족하는 가산인 닫힌집합들의 모임이므로 성질 10.2.5에 의해 $\bigcap_{n=1}^{\infty} C_n \neq \varnothing$이다. 그런데 임의의 $x_k \in B$는 $x_k \notin C_{n+1}$이므로 $x_k \notin \bigcap_{n=1}^{\infty} C_n$이다. 따라서 $\bigcap_{n=1}^{\infty} C_n = \varnothing$이 되어 모순이다. 따라서 B의 극한점이 존재해야 한다. B가 X상에서 극한점을 가지므로 $B \subset A$인 A는 극한점을 갖는다. □

정리 10.2.6에 의하여 가산콤팩트공간은 Bolzano-Weierstrass 성질을 만족함을 알 수 있다.

정리 10.2.6의 역은 주어진 공간 X가 T_1 공간일 때 성립한다.

참고 10.2.7 T_1인 극한점콤팩트공간은 가산콤팩트공간이다.

증명 귀류법을 사용하여 극한점콤팩트인 T_1 공간 X가 가산콤팩트가 아니라고 가정하자. 그러면 유한부분덮개를 갖지 않는 X의 가산열린덮개 $\mathscr{U} = \{U_n \mid n \in \mathbb{N}\}$가 존재한다. 그리고 임의의 $n \in \mathbb{N}$에 대해 $C_n = X - \bigcup_{i=1}^{n} U_i$는 공집합이 아닌 X의 닫힌집합이다. 이제 각각의 $n \in \mathbb{N}$에 대해 한 점 $p_n \in C_n$을 택하여 점렬 $A := \langle p_n \rangle$을 얻는다.

(i) A가 유한집한인 경우 : 무한개의 n에 대해 $p_n = p \in A$이므로 이러한 n에 대하여 $p \in C_n$이다. 그런데

$$C_1 \supset C_2 \supset \cdots \supset C_n \supset C_{n+1} \supset \cdots$$

이므로 $p \in C_n (n \in \mathbb{N})$이다. 그러므로 $p \in \bigcap_{n=1}^{\infty} C_n = (\bigcup_{n=1}^{\infty} U_n)^c$이 되어 $\mathscr{U}$가 X의 열린덮개라는 사실에 모순이다.

(ii) A가 무한집합일 경우 : X가 극한점콤팩트이므로 A의 극한점 $p \in X$가 존재한다. 그리고 X가 T_1 공간인데, T_1 공간에서 점 $p(\in X)$가 A의 극한점임과 동치인 명제는 p의 임의의 열린근방 U에 대하여 $U \cap A$는 무한집합임을 활용한다. 즉 각각의 $n \in \mathbb{N}$에 대하여 p는 $A_n = \{p_i \in A \mid i > n\}$의 극한점이다. 그러면 모든 $n \in \mathbb{N}$에 대하여 $A_n \subset C_n$이고 C_n이 닫힌집합이므로 $p \in C_n$이다. 따라서 $p \in \bigcap_{n=1}^{\infty} C_n = (\bigcup_{n=1}^{\infty} U_n)^c$이 되어 $\mathscr{U}$가 X의 열린덮개라는 사실에 모순이다. □

점렬콤팩트(sequentially compact)

이제 점렬콤팩트 개념을 정의하고, 가산콤팩트 개념과 비교하자.

정의 10.2.8 A를 위상공간 $(X, \mathscr{T})$의 한 부분집합이라 하자. A상의 임의의 점렬이 A상의 한 점에 수렴하는 부분점렬을 가질 때 A를 **점렬콤팩트집합**(sequentially compact set)이라 한다. 특히 X가 점렬콤팩트집합일 때 $(X, \mathscr{T})$를 **점렬콤팩트공간**(sequentially compact space)이라 한다.

| 예제 10.2.9 | (1) 위상공간 $(X, \mathscr{T})$의 한 유한부분집합 A는 점렬콤팩트집합이다. 왜냐하면 A에서의 임의의 점렬 $\langle a_n \rangle$을 택하면 A의 한 원이 구한번 되풀이하여 나타난다. 그것을 a_0라 하면 부분열 $\{a_0, a_0, \cdots, a_0, \cdots\} (\subset \langle a_n \rangle)$가 존재하여 $a_0 \in A$에 수렴한다. 따라서 A는 점렬콤팩트집합이다.

(2) 보통위상공간 $(\mathbb{R}, \mathscr{U})$에서 열린구간 $A := (0, 1)$은 점렬콤팩트집합이 아니다. 왜냐하면 무한점렬 $\langle a_n \rangle = \langle \frac{1}{n} \rangle_{n \in \mathbb{N} - \{1\}}$은 A의 부분집합이고 0에 수렴하지만 $0 \not\in (0, 1)$이기 때문이다. 그래서 0에 수렴하는 $\langle a_n \rangle$의 부분점렬은 존재하지

않는다. ■

정리 10.2.10 점렬콤팩트공간은 가산콤팩트공간이다.

증명 귀류법을 사용하여, 점렬콤팩트공간 $(X,\ \mathscr{T})$가 가산콤팩트공간이 아니라고 가정하자. 즉 X의 한 가산열린덮개 $\mathcal{C}=\{U_\alpha \mid \alpha \in \mathbb{N},\ U_\alpha \in \mathscr{T}\}$가 존재하여 유한부분덮개를 갖지 않는다. 따라서 임의의 자연수 $n(\in \mathbb{N})$에 대하여 $\bigcup_{\alpha=1}^{n} U_\alpha \subsetneq X$이므로 $x_n \in X - \bigcup_{\alpha=1}^{n} U_\alpha$인 x_n을 택할 수 있다. 이 경우 점렬 $\langle x_n \rangle$은 수렴하는 부분점렬을 갖지 않는다. 왜냐하면 임의의 점 $p \in X$에 대하여

$$p \in X = \bigcup_{\alpha \in \mathbb{N}} U_\alpha$$

이므로 적당한 U_n에 대하여 $p \in U_n$이고, 점렬 $\langle x_n \rangle$의 구성방법에 의하면 $x_1,\ x_2,\ \cdots,\ x_{n-1}$ 이외의 점렬의 원소는 U_n에 포함되지 않으므로 $\langle x_n \rangle$의 어떠한 부분점렬도 p에 수렴하지 않는다. 이는 $(X,\ \mathscr{T})$가 점렬콤팩트공간임에 모순이다. □

참고로 콤팩트와 점렬콤팩트 개념 사이에 직접적인 관계는 없다. 그러나 콤팩트, 가산콤팩트, 점렬콤팩트 개념들은 다음과 같은 관계가 성립한다.

콤팩트 $\Rightarrow$ 가산콤팩트 $\Leftarrow$ 점렬콤팩트

그러나 그 역(converse)들은 일반적으로 성립하지 않는다.

거리공간상에서 콤팩트, 가산콤팩트, 극한점콤팩트, 점렬콤팩트 개념들은 서로 동치임을 보이기 위하여 관련된 용어를 소개한다.

정의 10.2.11 A를 거리공간 $(X,\ d)$의 부분집합이라 하자. 임의의 양의 실수 $\varepsilon(>0)$에 대하여 A의 적당한 유한부분집합 $F:=\{x_1,\ x_2,\ \cdots,\ x_n\}$가 존재하여 $A \subset \bigcup_{k=1}^{n} B_d(x_k,\ \varepsilon)$일 때 A를 **완전유계집합**(totally bounded set)이라 하고, F를 A에 대한 ε-**망**(ε-net)이라 한다. 만약 $A=X$인 경우 X를 완전유계집합이라 한다.

| 예제 10.2.12 | 유클리드 거리공간 $(\mathbb{R},\ d)$에서 $[0,\ 1]$은 완전유계집합이다. 왜냐하면 임의의 $\varepsilon > 0$에 대하여 적당한 자연수 n이 존재하여 $0 < \dfrac{1}{n} < \varepsilon$이고(아르키메데스 정리 사용함), 유한집합 $\left\{0,\ \dfrac{1}{n},\ \cdots,\ \dfrac{k}{n},\ \cdots,\ \dfrac{n-1}{n},\ 1\right\}$에 대하여

$$[0,\ 1] \subset \bigcup_{k=0}^{n} B_d\left(\frac{k}{n},\ \frac{1}{n}\right) = \bigcup_{k=0}^{n}\left(\frac{k}{n} - \frac{1}{n},\ \frac{k}{n} + \frac{1}{n}\right) = \left(-\frac{1}{n},\ 1 + \frac{1}{n}\right)\text{이므로}$$

$$[0,\ 1] \subset \bigcup_{k=0}^{n} B_d\left(\frac{k}{n},\ \varepsilon\right) = \bigcup_{k=0}^{n}\left(\frac{k}{n} - \varepsilon,\ \frac{k}{n} + \varepsilon\right)$$

이기 때문이다. ■

정리 10.2.13 완전유계집합은 유계집합이다.

증명 거리공간 $(X,\ d)$의 한 부분집합 A를 완전유계라 하자. 그러면 $\varepsilon = 1$에 대하여 한 유한집합 $\{x_1,\ \cdots,\ x_n\}$이 존재하여

$$A \subset \bigcup_{k=1}^{n} B_d(x_k,\ 1)$$

이 성립한다. 그러므로 임의의 $a,\ b \in A$에 대하여 적당한 $1 \le i,\ j \le n$인 $i,\ j$가 존재해서 $a \in B_d(x_i,\ 1)$, $b \in B_d(x_j,\ 1)$이 된다. 여기서

$$\delta = \max\{d(x_k,\ x_l) \mid 1 \le k,\ l \le n\}$$

이라 놓으면

$$d(a,\ b) \le d(a,\ x_i) + d(x_i,\ x_j) + d(x_j,\ b) < \delta + 2$$

가 되어

$$d(A) = \sup\{d(a,\ b) \mid a,\ b \in A\} \le \delta + 2 < \infty$$

이므로 A는 유계이다. □

주의 10.2.14 정리 10.2.13의 역(converse)은 성립하지 않는다.

증명 반례를 이용하여 증명하자.

[예제 1] $|X| \geq \aleph_0$인 집합 X에 대하여 이산거리공간 $(X,\ d_3)$를 생각하자. 여기서

$$d_3:\ X\times X \longrightarrow \mathbb{R}$$
$$\Cup$$
$$(x,\ y) \rightsquigarrow d_3(x,\ y) = \begin{cases} 0, & x = y \\ 1, & x = y \end{cases}$$

이라 한다. 그때 거리함수 $(X,\ d_3)$로부터 유도되는 거리위상공간은 이산위상공간 $(X,\ \mathscr{D})$이다.

ⓐ 이때 $d_3(X) < 2$이므로 $(X,\ \mathscr{D})$는 유계집합이다.

ⓑ 그러나 $(X,\ \mathscr{D})$는 완전유계집합은 아니다. 왜냐하면, $\varepsilon = \frac{1}{2}$로 놓으면 $B_{d_3}(x,\ \frac{1}{2}) = \{x\}$이기에 $X \subset \bigcup_{i=1}^{n} B_{d_3}(x_i,\ \frac{1}{2})$을 만족하는 유한집합 $\{x_i | i \in M:\ \text{유한집합}\}$는 존재하지 않는다. ■

[예제 2] $\mathbb{R}$상의 보통거리함수 $(\mathbb{R},\ d)$로부터 생성되는 $\mathbb{R}$상의 표준유계거리함수 $(\mathbb{R},\ \bar{d})$를 생각하자(성질 7.1.15 참조).

ⓐ 그때 $\bar{d}(\mathbb{R}) < 2$이므로 $(\mathbb{R},\ \bar{d})$는 유계집합이다.

ⓑ 그러나 $\varepsilon = \frac{1}{3}$로 놓으면 임의의 $x \in \mathbb{R}$에 대하여 $B_{\bar{d}}(x,\ \frac{1}{3}) = B_d(x,\ \frac{1}{3})$이므로 $\mathbb{R}$상의 유한집합 $\{x_1,\ x_2,\ \cdots,\ x_n\} \subset \mathbb{R}$으로서 $\mathbb{R} \subset \bigcup_{i=1}^{n} B_{\bar{d}}(x_i,\ \frac{1}{3})$이 성립할 수 없다. ■

정리 10.2.15 A를 거리공간 X의 점렬콤팩트부분집합이라 하면 A는 완전유계집합이다.

증명 귀류법을 사용하여, A를 완전유계집합이 아니라고 가정하자. 그러면 적당한 $\varepsilon > 0$이 존재하여 한 점 $a_1 \in A$에 대하여 $A \not\subset B_d(a_1,\ \varepsilon)$이다. 그러므로

$$a_2 \in A - B_d(a_1,\ \varepsilon) \neq \varnothing$$

인 $a_2(\in A)$를 택할 수 있다. A가 완전유계집합이 아니므로 $A \not\subset B_d(a_1,\ \varepsilon) \cup B_d(a_2,\ \varepsilon)$이어서

$$a_3 \in A - (B_d(a_1,\ \varepsilon) \cup B_d(a_2,\ \varepsilon)) \neq \varnothing$$

인 $a_3(\in A)$를 택할 수 있다. 이와 같은 방법을 반복하여

$$a_n \in A - \bigcup_{k=1}^{n-1} B_d(a_k,\ \varepsilon) \neq \varnothing$$

인 $a_n(\in A)$을 택하여 A에서의 한 점렬 $\langle a_n \rangle$을 만든다. 이 경우

$$i \neq j\text{이면 } d(a_i,\ a_j) \geq \varepsilon > 0$$

이므로 $\langle a_n \rangle$은 수렴하는 부분점렬을 갖지 못한다. 따라서 A는 점렬콤팩트가 아니어서 가정에 모순이다. □

이제 앞에서 언급한 가산콤팩트, 극한점콤팩트, 점렬콤팩트, 콤팩트 등을 비교하기 위해서 필요한 집적점을 소개한다.

정의 10.2.16 위상공간 X상의 한 점 p가 한 부분집합 $A(\subset X)$의 ω-집적점이란 p의 임의의 열린근방 U에 대하여 $(U-\{p\})\cap A$이 무한집합이 되는 것이다.

즉 $(X,\ \mathscr{T})$상의 한 점 $x(\in X)$가 $\langle x_n \rangle$의 ω-집적점이란 x의 임의의 열린집합 U가 주어진 점렬 $\langle x_n \rangle$의 무한개의 항을 포함함을 의미한다.

예를 들면,

(1) 유클리드 공간 $(\mathbb{R},\ d)$상의 점렬 $\langle x_n \rangle$(여기서 $x_n = \left(-1+\dfrac{1}{n^3}\right)^n$, $n \in \mathbb{N}$이라 하자)의 ω-집적점은 -1과 1이다.

(2) 유클리드 공간 $(\mathbb{R},\ d)$상의 점렬 $\langle y_n \rangle$(여기서 $y_n = (-1)^n$, $n \in \mathbb{N}$)의 ω-집적점은 -1과 1이다.

(3) 원소의 개수가 두 개 이상인 집합 X에 대하여, 비이산공간 $(X,\ \mathscr{I})$를 생각하자. $A(\neq \varnothing) \subset X$인 유한부분집합에 대하여 $p \notin A$인 점 p는 A의 극한점은 되지만 ω-집적점은 아니다. 왜냐하면 점 p의 열린근방은 X뿐이고 $(X-\{p\})\cap A = A$가 유한집합이기 때문이다.

(★) 여기서 주의해야 할 점은 임의의 위상공간 X에서 한 점 $p(\in X)$가 점렬 $\langle x_n \rangle(\subset X)$의 극한점(limit point)이면 p는 $\langle x_n \rangle$의 ω-집적점이지만 그 역(converse)은 성립하지 않음을 위 예에서 확인할 수 있다.

정의 10.2.17 $\mathcal{C}=\{U_\alpha \mid \alpha \in \Lambda\}$를 거리공간 (X, d)의 열린덮개라 하자. 한 실수 $\varepsilon > 0$에 대하여 ε보다 작은 **직경**(diameter)을 갖는 X의 부분집합 B가 항상 $\mathcal{C}$의 한 원 U_α에 포함되면 ε을 X의 열린덮개 $\mathcal{C}$에 대한 **르베그 수**(Lebesque number)라 한다.

콤팩트공간 X의 한 덮개에 대하여 르베그 수는 다음과 같은 성질이 있다.

기초정리 10.2.18 점렬콤팩트인 거리공간 X에 대하여 $\mathcal{C}=\{U_\alpha \mid \alpha \in \Lambda\}$를 X의 한 열린덮개라 하면 $\mathcal{C}$에 대한 르베그 수는 존재한다.

증명 귀류법을 사용하여, 점렬콤팩트인 거리공간 (X, d)의 열린덮개 $\mathcal{C}=\{U_\alpha \mid \alpha \in \Lambda\}$에 대한 르베그 수가 존재하지 않는다고 가정하자. 르베그 수의 정의에 의하여, 각 자연수 $n \in \mathbb{N}$에 대하여 $\varepsilon = \dfrac{1}{n}$로 놓고 X의 한 부분집합 $B_n (\subset X)$이 존재하여 B_n의 지름 $d(B_n)$이 $0 < d(B_n) < \dfrac{1}{n}$을 만족한다 하더라도 임의의 $U_\alpha \in \mathcal{C}$에 대하여 $B_n \not\subset U_\alpha$이다. 이때 각 자연수 n에 대하여 $b_n \in B_n$인 점 b_n을 택하자.

X가 점렬콤팩트이므로 점렬 $\langle b_n \rangle$은 수렴하는 부분점렬 $(b_{i_1}, b_{i_2}, \cdots, b_{i_k}, \cdots)$을 갖는다. 그 수렴점을 p라 하자. $\mathcal{C}$가 X의 열린덮개이므로 점 p를 원소로 갖는 적당한 $U_p (\in \mathcal{C})$가 존재해서 $p \in U_p$이다. 그러므로 거리위상의 성질로부터

$$p \in B_d(p, \varepsilon) \subset U_p$$

인 ε-열린구 $B_d(p, \varepsilon)$이 존재한다. 그런데 부분점렬 $(b_{i_1}, b_{i_2}, \cdots, b_{i_k}, \cdots)$는 p에 수렴하므로 적당한 자연수 i_k가 존재하여

$$d(p, b_{i_k}) < \frac{\varepsilon}{2}, \ b_{i_k} \in B_{i_k}, \ d(B_{i_k}) < \frac{\varepsilon}{2}$$

이 되게 할 수 있다. 임의의 $x \in B_{i_k}$에 대하여

$$B_{i_k} \subset B_d(p, \varepsilon) \subset U_p$$

이 성립한다. 이는 가정과 관련하여 임의의 $U_\alpha \in \mathcal{C}$에 대하여 $B_n \not\subset U_\alpha$이

라 했던 가정에 모순이다. 그러므로 X의 열린덮개 $\mathcal{C}$에 대한 르베그 수는 존재한다. □

이제 거리공간에서 점렬콤팩트집합과 전유계집합과의 연관성을 알아보자.

기초정리 10.2.19 A가 거리공간 X의 점렬콤팩트부분집합이면 A는 전유계집합이다.

증명 귀류법을 사용하여, A가 전유계가 아니라고 가정하자. 그러면 A가 ε-망(ε-net)를 갖지 못하는 $\varepsilon > 0$이 존재한다. $a_1 \in A$라면 $d(a_1,\ a_2) \geq \varepsilon$이 되는 $a_2 \in A$가 존재한다. 그렇지 않으면 $\{a_1\}(\subset A)$이 A에 대한 ε-망이 될 것이기 때문이다. 같은 방법으로 $d(a_1,\ a_3) \geq \varepsilon$, $d(a_1,\ a_2) \geq \varepsilon$이 되는 $a_3 \in A$가 존재한다. 그렇지 않으면 $\{a_1,\ a_2\}(\subset A)$가 A에 대한 ε-망이 될 것이기 때문이다. 이 과정을 계속하여 한 점렬 $\langle a_n \rangle$을 만들면, 이 점렬은 $i \neq j$에 대하여 $d(a_i,\ a_j) \geq \varepsilon$인 성질을 갖는다. 그러므로 이 점렬 $\langle a_n \rangle$은 수렴하는 부분점렬을 가질 수 없다. 즉, A는 점렬콤팩트가 아니다. □

기초정리 10.2.20 위상공간 X가 가산콤팩트공간이기 위한 필요충분조건은 X의 임의의 무한부분집합이 적어도 한 ω-집적점을 갖는 것이다.

증명 위상공간 X가 ω-집적점을 갖지 않는 무한부분집합 A를 포함하고 있다고 하자. 그러면 A는 ω-집적점을 갖지 않는 무한가산집합 S를 포함한다. 이 경우 임의의 점 $p(\in X)$는 S의 ω-집적점이 아니므로 p점의 적당한 열린근방 U_p가 존재하여 $U_p \cap S$는 유한집합이다. S의 임의의 유한부분집합 F에 대하여(F가 공집합이 되는 경우도 있음)

$$U_F = \bigcup \{ U_p \mid U_p \cap S = F \}$$

라 놓자. $\mathcal{C} = \{ U_F \mid F\text{는 } S\text{의 유한집합} \}$는 X의 가산열린덮개이다. 왜냐하면 S의 유한부분집합 F는 가산개 존재하고, 임의의 $p(\in X)$에 대하여 $p \in U_p \subset U_F \in \mathcal{C}$인 p의 열린근방 U_p와 $U_p \cap S = F$인 유한집합 F가 존재하기 때문이다. 이 경우 X의 가산열린덮개 $\mathcal{C}$는 유한부분열린덮개를 포함하지 않는다. 왜냐하면 만약 적당한 $\{ U_{F_1},\ U_{F_2},\ \cdots,\ U_{F_n} \} \subset \mathcal{C}$가 존재

하여 $X=U_{F_1}\cup\cdots\cup U_{F_n}$인 경우

$$S=S\cap X=(S\cap U_{F_1})\cup\cdots(S\cap U_{F_n})=F_1\cup\cdots\cup F_n$$

가 되어 S는 유한집합이 되기 때문이다.

따라서 X가 ω-집적점을 갖지 않는 한 무한부분집합을 갖는 경우에는 X는 가산콤팩트가 아니다.

역으로, X를 가산콤팩트공간이 아니라고 하고 ω-집적점을 갖지 않는 무한 가산집합 $S=\langle x_n\rangle$을 만들자. X가 가산콤팩트공간이 아니라고 가정했으므로 적당한 가산열린덮개 $\mathcal{C}=\{U_1,\cdots,U_n,\cdots\}$가 존재하여 유한부분열린덮개를 포함하지 않는다. 임의의 자연수 n에 대하여 $\bigcup_{i=1}^{n}U_i\subsetneq X$이므로

$$x_n\in X-\bigcup_{i=1}^{n}U_i\quad(n\in\mathbb{N})$$

인 x_n을 택할 수 있다. $S=\langle x_n\rangle$이라 놓으면 S는 ω-집적점을 갖지 않는다. 왜냐하면 임의의 $p(\in X)$에 대하여 적당한 $U_n\in\mathcal{C}$가 존재하여 $p\in U_n$이고($\because\bigcup\mathcal{C}=X$이므로) $U_n\cap S\subset\{x_1,\cdots,x_{n-1}\}$이므로 $U_n\cap S$는 유한집합이기 때문이다. □

이제 기초정리 10.2.18, 10.2.19, 10.2.20를 활용하여 거리공간에서 콤팩트, 가산콤팩트, 점렬콤팩트 집합이 서로 동치임을 보이자.

정리 10.2.21 거리공간 (X,d)에서 다음은 서로 동치이다.

(a) X는 콤팩트공간이다.

(b) X는 가산콤팩트공간이다.

(c) X는 점렬콤팩트공간이다.

(d) X는 극한점콤팩트공간이다.

증명 (a) $\Rightarrow$ (b) 정의에 의하여 명백하다 (성질 10.2.4 참조)

(b) $\Rightarrow$ (c) $\langle a_n\rangle$을 A에서의 한 점렬이라 하고, 그 각 항으로 이루어진 집합을 $B=\{a_1,a_2,\cdots,a_n,\cdots\}$이라 하자. 기초정리 10.2.19에 의하여 A는 가산콤팩트이므로 B는 한 ω-집적점 $p\in A$를 갖는다.

그런데 거리공간에서 점렬 $\langle a_n \rangle$은 ω-집적점 p에 수렴하는 부분점렬 $(a_{i_1},\ a_{i_2},\ \cdots)$를 포함한다. 왜냐하면 p는 집합 B의 ω-집적점이므로 각 열린구 (open ball)

$$B_d(p,\ 1) = B_1,\ B_d(p,\ \frac{1}{2}) = B_2,\ \cdots,\ B_d(p,\ \frac{1}{n}) = B_n,\ \cdots$$

이라 놓으면 집합 $B_i (i \in \mathbb{N})$는 $B = \{a_1,\ a_2,\ \cdots,\ a_n,\ \cdots\}$의 무한개의 원을 포함한다.

이때 $a_{i_1} \in B_1$을 택하고 $a_{i_2} \in B_2$를 $i_1 < i_2$이 되도록 택하고 $a_{i_3} \in B_3$를 $i_2 < i_3$이 되도록 택한다. 이러한 과정을 계속하여 부분열 $\langle a_{i_n} \rangle$을 얻는다.

U를 p를 원소로 갖는 한 열린집합이라 하면 열린구 $B_d(p,\ \delta)$가 존재하여

$$p \in B_d(p,\ \delta) \subset U$$

이 성립하고, 아르키메데스 정리에 의하여 $\frac{1}{n_0} < \delta$인 $n_0 \in \mathbb{N}$가 존재하므로 $B_{n_0} \subset B_d(p,\ \delta) \subset U$이다. 따라서 $n \geq n_0$인 $n \in \mathbb{N}$에 대하여

$$a_{i_n} \in B_n \subset B_{n_0} \subset B_d(p,\ \delta) \subset U$$

이 성립한다. 그러므로 U는 점렬 $\langle a_{i_n} \rangle$의 항들 가운데 유한개를 제외하고 모두 포함한다. 즉, 부분점렬 $\langle a_{i_n} \rangle$은 점 p에 수렴한다.

(c) ⇒ (a) $\mathscr{A} = \{U_\alpha \mid \alpha \in \Lambda\}$를 A의 한 열린덮개라 하자. A는 점렬콤팩트이므로 기초정리 10.2.17에 의하여 $\mathscr{A}$는 르베그 수 $\delta > 0$를 갖는다. 또 기초정리 10.2.18에 의하여 A는 전유계집합이다. 따라서 $d(A_i) < \delta$인 유한개의 부분집합 $A_1,\ A_2,\ \cdots,\ A_n (A_i \subset A)$가 존재하여 $A \subset \bigcup_{i=1}^{n} A_i$이다. 그런데 δ는 $\mathscr{A}$에 대한 르베그 수이므로

$$A \subset A_1 \cup A_2 \cup \cdots \cup A_n \subset U_{\alpha_1} \cup U_{\alpha_2} \cup \cdots \cup U_{\alpha_n}$$

이 된다. 즉, $\mathscr{A}$는 유한부분덮개 $\{U_{\alpha_1},\ U_{\alpha_2},\ \cdots,\ U_{\alpha_n}\}$을 갖게 되어서 A는 콤팩트집합이다.

종합해보면 정리 10.2.6, 참고 10.2.7과 정리 10.2.10 그리고 거리공간은 T_1 공간이므로 거리공간 $(X,\ d)$에서 콤팩트, 점렬콤팩트, 가산콤팩트, 수

열콤팩트는 동치이다. □

기초정리 10.2.18과 정리 10.2.21에 의하여 다음 성질을 얻는다.

따름정리 10.2.22 콤팩트인 거리공간 X의 각 열린덮개에 대한 르베그 수는 존재한다(자세한 설명과 증명은 기초정리 10.2.30에서 다룬다).

이제 앞에서 다룬 콤팩트집합의 다양한 성질을 유클리드 공간 $(\mathbb{R}^n, d)$에 적용하자.

정리 10.2.23 **하이네-보렐 정리(Heine-Borel theorem)** 유클리드 공간 $(\mathbb{R}^n, d)=(\mathbb{R}^n, \mathscr{U})$에서, $K \subset \mathbb{R}^n$에 대하여 다음 명제는 서로 동치이다.
(a) K는 유계인 닫힌집합이다.
(b) K는 콤팩트이다.
(c) K의 모든 무한부분집합은 극한점을 K에서 적어도 하나 갖는다.

증명 (a) $\Rightarrow$ (b) K가 유계이므로 $K \subset I \subset \mathbb{R}^n$인 충분히 큰

$$I=[a_1, b_1]\times[a_2, b_2]\times\cdots\times[a_n, b_n](\subset \mathbb{R}^n) \qquad \cdots (10.6)$$

가 존재한다. 여기서 임의의 $i \in \{1, 2, \cdots, n\}$에 대하여 $[a_i, b_i]$는 $(\mathbb{R}, \mathscr{U})$에서 콤팩트집합이므로(예제 10.1.3 참조) $[a_i, b_i]:=([a_i, b_i], \mathscr{U}_{[a_i, b_i]})$는 콤팩트공간이고(정리 10.1.9 참조) $I=(I, \mathscr{U}_I)$도 콤팩트공간이다(정리 10.1.28 참조). K는 $(\mathbb{R}^n, \mathscr{U})$에서 닫힌집합이므로 $(I, \mathscr{U}_I)$에서도 닫힌집합이고 정리 10.1.10에 의하여 K는 $(I, \mathscr{U}_I)$에서도 콤팩트집합이다. 정리 10.1.9를 활용하여 K는 $(\mathbb{R}^n, \mathscr{U})$에서도 콤팩트집합이 된다. 구체적으로 살펴보면, $\mathcal{C}=\{U_\alpha | U_\alpha \in \mathscr{U}, \alpha \in \Lambda\}$를 $(\mathbb{R}^n, \mathscr{U})$ 상에서 K의 임의의 열린덮개라 하자. 그러면 $\mathcal{C}'=\{U_\alpha \cap I \,|\, U_\alpha \in \mathcal{C}\}$는 $(I, \mathscr{U}_I)$ 상에서 K의 한 열린덮개이고 K가 $(I, \mathscr{U}_I)$ 상에서 콤팩트이므로 K를 덮는 $\mathcal{C}'$의 유한 부분덮개

$$\mathcal{C}_0'=\{U_{\alpha_1}\cap I, U_{\alpha_2}\cap I, \cdots, U_{\alpha_m}\cap I \,|\, U_{\alpha_i}\cap I \in \mathcal{C}' \ i\in\{1, 2, \cdots, m\}$$

이 존재한다. C_0'으로부터 $C_0 = \{U_{\alpha_1}, U_{\alpha_2}, \cdots, U_{\alpha_m}\}$을 택하면 C_0는 $(\mathbb{R}^n, \mathscr{U})$ 상에서 K를 덮는 C의 유한부분덮개가 되므로 K는 $(\mathbb{R}^n, \mathscr{U})$에서 콤팩트집합이다.

(b) $\Rightarrow$ (c) 정리 10.1.19에 의하여 명백하다.

(c) $\Rightarrow$ (a) 귀류법을 사용하여,

(i) K가 유계가 아니라고 가정하자. 그러면 임의의 자연수 $n \in \mathbb{N}$에 대하여 $\|x_n\| > n$인 $x_n \in K$이 존재한다. 이 x_n들의 모임을 $S = \{x_n \mid n \in \mathbb{N}\} (\subset K)$라 하면 S는 무한집합이고 S는 K에서 극한점을 갖지 않는다. 그러므로 가정 (c)에 모순이다.

(ii) 이제 K가 닫힌집합이 아니라고 가정하면, $K' \not\subset K$이 되어서(K가 닫힌집합이면 $K = \overline{K} = K \cup K'$이 되어서 $K' \subset K$이다) 한 점 $x^* \in K' - K$가 존재한다. $x^* \in K'$이므로, 임의의 $n \in \mathbb{N}$에 대하여 $x_n \in B(x^*, \frac{1}{n})$인 $x_n \in K$이 존재한다. 그러면 $T := \{x_n \mid n \in \mathbb{N}\} (\subset K)$은 무한집합이고 T의 극한점은 x^*뿐이다. 왜냐하면 $y^* (\neq x^*)$를 T의 극한점이라 가정하고, $d(x^*, y^*) = \varepsilon$이라 하자. 아르키메데스 정리에 의하여 $\frac{1}{n_0} < \varepsilon$인 $n_0 \in \mathbb{N}$가 존재해서 $n_0 < n$인 x_n은 $x_n \not\in B(y^*, \frac{\varepsilon}{3})$이므로 $\left(B(y^*, \frac{\varepsilon}{3}) - \{y^*\}\right) \cap T = \varnothing$가 되어서 y^*가 T의 극한점이 될 수 없다. 결론적으로 T의 극한점은 x^*뿐인데 $x^* \not\in K$이므로 (c)에 모순이다. □

| 예제 10.2.24 | (1) $S^n = \{x \in \mathbb{R}^{n+1} \mid \|x\| = 1\}$과 $D^n = \{x \in \mathbb{R}^n \mid \|x\| \leq 1\}$은 모두 콤팩트공간이다.

(2) $(\mathbb{R}^n, d)$의 유계인 무한부분집합은 항상 극한점을 갖는다 (Bolzano-Weierstrass 정리).

왜냐하면 $B(\subset \mathbb{R}^n)$가 유계인 무한집합이라 하자. B가 유계이그로 $B \subset I \subset \mathbb{R}^n$인 n-입방체(n-cube) I(10.6 참조)가 존재한다. 그런데 I가 콤팩트이고 B가 무한집합이므로 정리 10.2.23에 의하여 B는 I에서 극한점을 갖는다 ■

이제 콤팩트의 응용으로서 다음 성질을 알아보자.

성질 10.2.25 $(X, \mathscr{T})$가 콤팩트공간이고 $f: (X, \mathscr{T}) \to (\mathbb{R}, d)$가 연속사상이면 모든 $x \in X$에 대하여 $f(c) \leq f(x) \leq f(d)$을 만족하는 c, $d(\in X)$가 존재한다. 이러한 $f(c)$, $f(d)$를 각각 f의 최솟값, 최댓값이라 한다.

증명 $(X, \mathscr{T})$가 콤팩트이기에 연속사상 $f: X \to \mathbb{R}$에 의한 상 $f(X)(\subset \mathbb{R})$는 콤팩트집합이다. 하이네-보렐 정리(정리 10.2.23)에 의하여 $f(X)$는 $(\mathbb{R}, \mathscr{U})$에서 유계인 닫힌집합이다. 그러므로 $\inf(f(X))$, $\sup(f(X)) \in f(X)$이다. 따라서 $f(c) = \inf(f(X))$, $f(d) = \sup(f(X))$인 c, $d \in X$가 존재한다. 그리고 임의의 $x \in X$에 대하여 $f(c) \leq f(x) \leq f(d)$임은 명백하다. □

따름정리 10.2.26 만약 $f: ([a, b], \mathscr{U}_{[a, b]}) \to (\mathbb{R}, d)$가 연속함수이면, 모든 $x \in [a, b]$에 대하여 $f(c) \leq f(x) \leq f(d)$를 만족하는 c, $d \in [a, b]$가 존재한다.

정리 10.2.23 (Heine-Borel 정리)에 의하여 유클리드 공간 $(\mathbb{R}^n, d) = (\mathbb{R}^n, \mathscr{U})$상에서 $K(\subset \mathbb{R}^n)$가 유계인 닫힌집합이기 위한 필요충분조건은 K가 $(\mathbb{R}^n, \mathscr{U})$에서 콤팩트부분집합임이 밝혀졌다. 이제 $(\mathbb{R}^n, \mathscr{U})$를 더욱 일반화하여 거리공간 (X, d)에서 콤팩트집합의 특성을 알아보자. 실제로 일반적인 거리공간에서는 Heine-Borel 정리가 항상 성립하는 것이 아님을 알 수 있다.

정리 10.2.27 거리공간 (X, d)에서 $K(\subset X)$가 콤팩트이면 K는 유계인 닫힌집합이다.

증명 거리공간 (X, d)는 하우스도르프 공간이기에 정리 10.1.11에 의하여 콤팩트 집합 $K(\subset X)$는 닫힌집합이다. 이제 K가 유계임을 보이자. 한 점 $p(\in X)$를 고정하자. 그때 $\mathscr{U} = \{B_d(p, n) \mid n \in \mathbb{N}\}$은 K의 한 열린덮개가 된다. 그런데 K가 콤팩트집합이므로 유한부분덮개

$$\mathscr{U}_0 = \{B_d(p, n_i) \mid i \in \{1, 2, \cdots, k\}, n_i \in \mathbb{N}\}$$

이 존재한다. 이제 $r = \max\{n_1, n_2, \cdots, n_k\}$라 놓으면 $K \subset B_d(p, r)$이 되어 K는 유계이다. □

(★) 거리공간 (X, d)에서 $K(\subset X)$가 유계인 닫힌집합이라고 해서 K가 꼭 콤팩트집합일 필요가 없음을 다음 예에서 찾을 수 있다.

| 예제 10.2.28 | 집합 $\mathbb{R}$상에서 정의된 이산거리

$$d_3(x,\ y)=\begin{cases}0, & x=y\\ 1, & x\neq y\end{cases}$$

를 생각하자. 거리함수 d_3에 의하여 유도된 열린구간

$$B_{d_3}(0,\ 2)=\{x\in\mathbb{R}\mid d_3(x,\ 0)<2\}=\mathbb{R}$$

이 되기에 거리공간 $(\mathbb{R},\ d_3)$는 유계이고 닫힌집합이다. d_3에 의하여 유도된 기저 $\mathscr{B}_{d_3}=\{\{x\}\mid x\in\mathbb{R}\}$이므로 $(\mathbb{R},\ d_3)$는 무한집합인 이산공간이다. 그러므로 $(\mathbb{R},\ d_3)=(\mathbb{R},\ \mathscr{T}_{d_3})=(\mathbb{R},\ \mathscr{D})$는 콤팩트공간이 아니다. ■

참고 10.2.29 정리 10.2.23의 Heine–Borel 정리는 유클리드 공간 $(\mathbb{R}^n,\ d)$에 대하여 성립함을 증명하였다. 7장의 예제 7.1.3에서 언급한 택시거리 d_1과 최대거리 d_2에 의하여 생성된 $\mathbb{R}^n$상의 거리공간 $(\mathbb{R}^n,\ d_1)$과 $(\mathbb{R}^n,\ d_2)$는 유클리드 공간과 같은 공간이다. 즉 $(\mathbb{R}^n,\ d)=(\mathbb{R}^n,\ d_1)=(\mathbb{R}^n,\ d_2)$이다. 그러나 $\mathbb{R}^n$상에서 이산거리 d_3에 의하여 생성된 거리공간 $(\mathbb{R}^n,\ d_3)$는 유클리드 위상공간 $(\mathbb{R}^n,\ d)$와 다르다. 그러므로 정리 10.2.27과 예제 10.2.28에서 보았듯이 $(\mathbb{R}^n,\ d_3)$는 거리공간이기에 $(\mathbb{R}^n,\ d_3)$에 대하여 정리 10.2.27은 만족하지만 그 역(converse)은 성립하지 않음을 확인하였다.

이제 콤팩트공간의 중요한 성질 중의 하나인 르베그 수(Lebesque number)의 존재성 정리를 알아보자.

기초정리 10.2.30 $(X,\ d)$가 콤팩트인 거리공간이고 $\mathscr{U}$가 X의 열린덮개이면 적당한 실수 $\delta>0$가 존재하여 지름이 δ보다 작은 X의 부분집합은 $\mathscr{U}$의 적당한 원소에 포함된다. 이러한 수 δ를 덮개 $\mathscr{U}$에 대한 **르베그 수**(Lebesque number)라 한다.

증명 (i) $X\in\mathscr{U}$인 경우: 임의의 양의 실수 δ는 $\mathscr{U}$에 대한 르베그 수이다.

(ii) $X\notin\mathscr{U}$인 경우: X가 콤팩트공간이므로 $\mathscr{U}$의 유한부분덮개 $\mathscr{U}_C(\subset\mathscr{U})=\{U_1,\ \cdots,\ U_n\}$이 존재한다. 각각의 $i\in\{1,\ 2,\ \cdots,\ n\}$에 대하여 $C_i=U_i^c$이라 놓으면 $C_i(\neq\varnothing)$이고 닫힌집합이다. 이제 함수

$$
\begin{array}{cccl}
f: & X & \longrightarrow & \mathbb{R} \\
& \Cup & & \Cup \\
& x & \rightsquigarrow & f(x) = \dfrac{1}{n}\displaystyle\sum_{i=1}^{n} d(x,\ C_i)
\end{array}
\qquad \cdots\ (*)
$$

이라 놓으면

(a) $f(x) > 0$,

(b) $f(x)$는 연속함수($\because$ $d(x,\ C_i)$인 d가 연속함수이고, 연속함수의 합과 스칼라곱 성질 이용함)

(c) X가 콤팩트이므로 연속함수 f에 의한 상 $f(X)(\subset \mathbb{R})$도 $(\mathbb{R},\ \mathscr{U})$에서 콤팩트이고 $(\mathbb{R},\ \mathscr{U})$가 하우스도르프 공간이기에 $f(X)$는 $(\mathbb{R},\ \mathscr{U})$에서 닫힌집합이다.

따라서 성질 (c)에 의하여 $\inf(f(X)) \in f(X)$이다. 이때

$$\delta = \inf(f(X))$$

라 놓으면 이 δ가 정리를 만족하는 수 δ이다.

이제 δ가 실제로 정리를 만족하는 수인지 조사하자. $A(\subset X)$를 $d(A) < \delta$인 X의 부분집합이라 하자. 임의의 점 $x_0 \in A$를 택하면 $A \subset B_d(x_0,\ \delta)$이다. 이제 $\{d(x_0,\ C_1),\ d(x_0,\ C_2),\ \cdots,\ d(x_0,\ C_n)\}$ 중에서 가장 큰 수를 $d(x_0,\ C_k)$라 하자. 그러면

$$\delta \le f(x_0) = \frac{1}{n}\sum_{i=1}^{n} d(x_0,\ C_i) \le \frac{1}{n}\sum_{i=1}^{n} d(x_0,\ C_k) = d(x_0,\ C_k)$$

이므로 $B_d(x_0,\ \delta) \cap C_k = \varnothing$이다. 따라서 $A \subset B_d(x_0,\ \delta) \subset C_k^c = U_k \in \mathscr{U}$이다. □

| 예제 10.2.31 | 기초정리 10.2.30의 증명에서 다룬 함수 f에 관하여 자세히 알아보자.

$X = [0,\ 1]$이라 하고

$$\mathscr{U}_0 = \left\{[0,\ \frac{1}{2}),\ (\frac{1}{4},\ \frac{3}{4}),\ (\frac{1}{2},\ 1]\right\}$$

이라 가정하면 $C_1 = [\frac{1}{2},\ 1]$, $C_2 = [0,\ \frac{1}{4}] \cup [\frac{3}{4},\ 1]$, $C_3 = [0,\ \frac{1}{2}]$이다. 한 예로 $x = \frac{5}{8}$로 택해서

$$f\left(\frac{5}{8}\right)=\frac{1}{3}\left(d\left(\frac{5}{8},\ C_1\right)+d\left(\frac{5}{8},\ C_2\right)+d\left(\frac{5}{8},\ C_3\right)\right)=\frac{1}{3}\left(0+\frac{1}{8}+\frac{1}{8}\right)=\frac{1}{12}$$

임을 알았다. ■

이제 정의 7.1.18의 균등연속(혹은 고른연속, 일양연속, uniformly continuous) 개념을 르베그 수를 활용하여 균등연속함수의 특성을 조사하자(정의 7.1.18을 다음과 같이 표현할 수 있다).

정의 10.2.32 $(X,\ d_X)$, $(Y,\ d_Y)$를 거리공간이라 하자. 주어진 함수 $f:(X,\ d_X)\to(Y,\ d_Y)$가 **균등연속**(일양연속 혹은 고른연속, uniformly continuous)이란 임의로 주어진 양의 실수 $\varepsilon>0$에 대하여 다음을 만족하는 양의 실수 δ가 존재하는 것이다. 임의의 $x_1,\ x_2\in X$에 대하여

$$d_X(x_1,\ x_2)<\delta\Rightarrow d_Y(f(x_1),\ f(x_2))<\varepsilon$$

정리 10.2.33 $(X,\ d_X)$와 $(Y,\ d_Y)$를 거리공간이라 하자. 만약 X가 콤팩트공간이면 모든 연속사상 $f:(X,\ d_X)\to(Y,\ d_Y)$는 균등연속이다.

증명 임의로 주어진 $\varepsilon>0$에 대하여

$$\mathscr{V}=\{B_{d_Y}(y,\ \frac{\varepsilon}{2})\subset Y\mid y\in Y\}$$

는 Y의 열린덮개이다. 그리고 f가 연속함수이므로

$$\mathscr{U}=\left\{f^{-1}\left(B_{d_Y}(y,\ \frac{\varepsilon}{2})\right)\subset X\ \middle|\ y\in Y\right\}$$

는 X의 열린덮개이다. X가 콤팩트공간이므로 기초정리 10.2.30에 의하여, $\mathscr{U}$에 대한 Lebesque 수 $\delta>0$가 존재한다. 만약 $d_X(x_1,\ x_2)<\delta$이면 $\{x_1,\ x_2\}\subset f^{-1}(B_{d_Y}(y_0,\ \frac{\varepsilon}{2}))$을 만족하는 $f^{-1}\left(B_{d_Y}(y_0,\ \frac{\varepsilon}{2})\right)\in\mathscr{U}$가 존재한다. 그래서 $f(x_1),\ f(x_2)\in B_{d_Y}(y_0,\ \frac{\varepsilon}{2})$이므로

$$d_Y(f(x_1),\ f(x_2))\le d_Y(f(x_1),\ y_0)+d_Y(y_0,\ f(x_2))<\frac{\varepsilon}{2}+\frac{\varepsilon}{2}=\varepsilon$$

이 된다. 따라서 f는 균등연속이다. □

❙예제 10.2.34❙

$$\begin{array}{cccc} f: ((0,\ 1),\ d_{(0,\ 1)}) & \longrightarrow & (\mathbb{R},\ d) \\ \Cup & & \Cup \\ x & \rightsquigarrow & f(x) = \dfrac{1}{x} \end{array}$$

은 정의역이 콤팩트공간이 아니다. f는 연속함수이지만 0 근방에서 주어진 함수 f는 균등연속이 아니다. 구체적으로, f가 균등연속함수가 아님을 보이자. 귀류법을 사용하여, $\varepsilon = 1$이라 할 때 다음을 만족하는 양의 실수 $\delta(>0)$가 존재한다고 가정하자. (여기서 거리공간 $((0,\ 1),\ d_{(0,1)})$에서 두 점 사이의 거리는 유클리드 거리임을 상기하자.)

만약 $p,\ q \in (0,\ 1)$에 대하여

$$d_{(0,\ 1)}(p,\ q) = |p-q| < \delta \Rightarrow d(f(p),\ f(q)) = \left|\frac{1}{p} - \frac{1}{q}\right| < \varepsilon = 1$$

이다. 이제 p를 $0 < p < \min\{1,\ \delta\}$에서 택하고 $q = \dfrac{p}{2}$으로 놓자. 그러면

$$|p-q| = \frac{p}{2} < \delta\text{이지만 } \left|\frac{1}{q} - \frac{1}{p}\right| = \frac{2}{p} - \frac{1}{p} = \frac{1}{p} > 1 = \varepsilon$$

이 성립하여 모순이다. ■

참고로 함수의 균등연속성은 연속성을 보장하지만 그 역은 성립하지 않는다(예제 10.2.34 참조).

참고 10.2.35 정렬집합 $(X,\ \leq)$의 최소원을 a_0라 하자. 임의의 $a \in X$에 대하여 진절편 $S_a = \{x \in X \mid x < a\}$를 생각하자. 서수의 크기를 비교하면

$$1 < 2 < 3 < \cdots < w_0 < w := \Omega < \cdots$$

이 성립하는데, 이로부터 정렬집합 $(S_\Omega = [a_0,\ \Omega),\ \leq)$를 얻는다(여기서 $\mathrm{ord}(\mathbb{N}) = w_0$이다).

즉, ① S_Ω는 비가산집합이고 ② 만약 $a \neq \Omega$이면 S_a는 가산집합인 성질을 갖는다. 이제 정렬집합 $(S_\Omega,\ \leq)$로부터 유도되는 순서위상공간 $(S_\Omega,\ \mathscr{T}_o)$를 만들자. 여기서 $\mathscr{B}_o = \{[a_0,\ b),\ (a,\ b) \mid a,\ b \in S_\Omega,\ a < b\}$으로부터

$$\mathscr{B}_o \ \rightarrow \ \mathscr{T}_o$$

를 생성한다.

이때 S_Ω를 최소비가산정렬집합 (the first uncountable well-ordered set)이라 부른다. 이때 $(S_\Omega, \mathscr{T}_o)$는 다음과 같은 성질이 있다.

(1) $\overline{S_\Omega} = S_\Omega \cup \{\Omega\}$ 이고 $\overline{S_\Omega}$는 최대원 Ω를 갖는 정렬집합이다. 즉, Ω는 $(S_\Omega, \mathscr{T}_o)$의 극한점이다.

(2) $\{S_a \mid a \in S_\Omega\}$는 S_Ω의 열린덮개이지만 유한부분덮개를 갖지 못한다. 즉, $(S_\Omega, \mathscr{T}_o)$는 콤팩트공간이 아니다.

(3) $A(\subset S_\Omega)$이 가산부분집합이면 A의 상계가 S_Ω 내에 존재한다 ([28]의 Theorem 10.3 참조).

(4) $(S_\Omega, \mathscr{T}_o)$는 극한점콤팩트이다.

풀이 만약 $A(\subset S_\Omega)$가 무한집합이면 무한가산집합 $B \subset A$가 존재한다. B가 가산집합이므로 B의 상계 $b \in S_\Omega$가 존재한다 (성질 (3) 참조).

그리고 $(S_\Omega, \le)$가 정렬집합이므로 최소원 $a_0 = \min S_\Omega$가 존재한다. 따라서 $B \subset [a_0, b]$이고 S_Ω가 최소상계성질을 만족하므로 $[a_0, b]$는 콤팩트이다. 그러므로 B는 극한점 $x \in [a_0, b]$를 갖는다. 그리고 $B \subset A$이므로 $B' \subset A'$이 되어서 x는 A의 극한점이기도 하다. 따라서 S_Ω는 극한점콤팩트이다. □

(5) $(S_\Omega, \mathscr{T}_o)$는 가산콤팩트이다.

(6) $(S_\Omega, \mathscr{T}_o)$는 극한점콤팩트이지만 콤팩트공간은 아니기 때문에 거리공간이 아니다. 더 나아가 $\overline{S_\Omega} = S_\Omega \cup \{\Omega\}$도 거리공간이 아니다.

연습문제 10.2

1. 위상공간 X가 제1가산이고, 가산콤팩트공간이면 X는 점렬콤팩트가 됨을 보이시오.

2. 위상공간 X가 T_1 공간이라 하자. X가 가산콤팩트공간이기 위한 필요충분조건은 X의 임의의 무한집합이 적어도 한 ω-집적점을 갖는 것임을 보이시오(힌트 : 기초정리 10.2.19를 활용하시오).

3. 집합 X가 완전유계(totally bounded)가 되기 위한 필요충분조건은 각 $\varepsilon > 0$에 대하여 X가 ε보다 작은 지름을 갖는 유한개의 부분집합 $X_i(X_i \subset X)$들의 모임으로 분할되는 것임을 보이시오. 즉 $\{X_i \subset X \mid i \in \Lambda;$ 유한집합, $d(X_i) < \varepsilon\}$은 X의 한 분할임을 보이시오.

4. A를 다음 점들로 구성된 Hilbert 공간의 부분집합이라 하자. 즉

$$
\begin{aligned}
e_1 &= (1,\ 0,\ 0,\ \cdots) \\
e_2 &= (0,\ 1,\ 0,\ 0,\ \cdots) \\
&\ \ \vdots
\end{aligned}
$$

이라 할 때 $A = \{e_1,\ e_2,\ \cdots\}$이라 하자. 그때 $i \neq j$이면 $d(e_i,\ e_j) = \sqrt{2}$ 이므로

$$d(A) = \sup\{d(e_i,\ e_j) \mid e_i,\ e_j \in A\} = \sqrt{2}$$

이므로 집합 A는 유계(bounded)이다. 그러나 A는 완전유계(totally bounded)가 아님을 보이시오. (힌트 : $\varepsilon = \dfrac{1}{2}$이라 하면 공집합이 아닌 $A_i(\subset A)$로서 $d(A_i) < \varepsilon$인 A_i를 생각하자. 즉 $\{A_i \subset A \mid A_i \neq \varnothing,\ d(A_i) < \dfrac{1}{2}\}$인 집합족의 기수를 생각해 보시오.)

5. 보통위상공간 $(\mathbb{R},\ \mathscr{U})$의 부분공간 $(\mathbb{Q},\ \mathscr{U}_{\mathbb{Q}})$가 가산콤팩트인가? $X = [a,\ b] \cap \mathbb{Q}$라 할 때 $(X,\ \mathscr{U}_X)$는 가산콤팩트인가?

6. 점렬콤팩트집합의 연속사상에 의한 상(image)은 점렬콤팩트임을 보이시오.

7. 거리공간 $(X,\ d)$의 한 닫힌부분집합 F를 생각하자. $A(\subset X)$를 콤팩트부분집합이라 하고 $F \cap A = \varnothing$이면 $d(A,\ F) > 0$임을 보이시오.

8. 가산콤팩트공간의 닫힌부분집합은 가산콤팩트공간임을 보이시오.

9. $\mathbb{R}$상에서의 여가산위상공간 $(\mathbb{R},\ \mathscr{T}_c)$가 콤팩트공간이 아님을 보이시오.
(힌트 : Heine-Borel 정리를 활용한다. D를 $\mathbb{R}$상의 무한가산집합이라 하자. 임의의 $x \in \mathbb{R}$을 택하자. $D-\{x\}$는 가산집합이므로 $\mathscr{T}_c$에서 닫힌집합이다. 즉, $U=\mathbb{R}-(D-\{x\})$라 놓으면 $U \in \mathscr{T}_c$이다. $x \in U$임은 명백하고, $D \cap U = \{x\}$이거나 $\varnothing$이다. 즉 $x(\in \mathbb{R})$는 D의 극한점이 아니다. 다시 말하면 임의의 실수 x는 무한부분집합 D의 극한점이 아니다. 따라서 Heine-Borel 정리에 의하여 $(\mathbb{R},\ \mathscr{T}_c)$는 콤팩트공간이 아니다.)

10. 하극한위상 $\mathbb{R}_l$은 점렬콤팩트가 아님을 예를 들어 보이시오.

11. 여가산공간 $(\mathbb{R},\ \mathscr{T}_c)$는 점렬콤팩트가 아님을 보이시오.

12. 자연수집합 $\mathbb{N}$상의 기저

$$\mathscr{B}=\{\{2n-1,\ 2n\} \mid n \in \mathbb{N}\}$$

가 생성하는 위상 $\mathscr{T}_{\mathscr{B}} := \mathscr{T}$를 생각하자.
(1) $(\mathbb{N},\ \mathscr{T})$는 콤팩트가 아님을 보이시오.
(2) $(\mathbb{N},\ \mathscr{T})$는 점렬콤팩트가 아님을 보이시오.
(3) $(\mathbb{N},\ \mathscr{T})$는 극한점콤팩트임을 보이시오.
(4) $f : (\mathbb{N},\ \mathscr{T}) \to (\mathbb{N},\ \mathscr{D})$ s.t. $f(2n)=f(2n-1)=n$이 전사인 연속함수 임을 보이시오.
여기서 $(\mathbb{N},\ \mathscr{D})$는 $\mathbb{N}$상의 이산위상공간이다.

13. 상극한공간 $\mathbb{R}_u$는 점렬콤팩트공간이 아님을 보이시오.

14. 실수의 부분집합 $[a,\ b]\,(a \neq b)$에 대하여 $X := [a,\ b]$라 놓자. 다음을 브이시오.
(1) 하극한공간 $\mathbb{R}_l$의 부분공간 $(X,\ (\mathbb{R}_l)_X)$는 극한점콤팩트가 아님을 브이시오.
(2) 상극한공간 $\mathbb{R}_u$의 부분공간 $(X,\ (\mathbb{R}_u)_X)$는 극한점콤팩트가 아님을 보이시오.

15. 위상공간 $(X,\ \mathscr{T})$에서 다음이 서로 동치임을 증명하시오.
(a) $(X,\ \mathscr{T})$는 극한점콤팩트이다.
(b) 모든 무한 가산부분집합 $A(\subset X)$는 A에서 극한점을 갖는다.

16. 위상공간 $(X,\ \mathscr{T})$에서 다음이 동치임을 증명하시오.

(a) X는 가산콤팩트이다.

(b) X의 임의의 무한집합은 적어도 하나의 ω-집적점을 갖는다.

(c) 임의의 점렬 $\langle x_n \rangle (\subset X)$는 한 ω-집적점을 갖는다.

17. 거리공간에서 완전유계이면 유계이지만 이 역 (converse)은 성립하지 않음을 보이시오.

(힌트 : $\mathbb{R}^n$상의 표준유계거리

$$\overline{d} : \mathbb{R}^n \times \mathbb{R}^n \to \mathbb{R},\ \overline{d}(x,\ y) = \min\{1,\ d(x,\ y)\}$$

를 택하면 거리공간 $(\mathbb{R}^n,\ \overline{d})$는 유계이지만$(\varepsilon > 1)$ 완전유계는 아니다$(\varepsilon < \frac{1}{2})$.

18. 거리공간 $(X,\ \mathscr{T}_d)$에서 다음이 동치임을 보이시오.

(a) X는 콤팩트이다.

(b) 사영사상 $P_2 :\ X \times [0,\ 1] \to [0,\ 1],\ P_2(x,\ y) = y$는 닫힌사상이다.
여기서 $[0,\ 1] := ([0,\ 1],\ \mathscr{U}_{[0,\ 1]})$이다.

19. 위상공간 X의 한 점 $p \in X$가 X의 고립점 (isolated point)이란 한원소집합 $\{p\}$가 X의 열린집합인 경우를 뜻한다. 다음을 보이시오.

(1) $p(\in X)$가 고립점이기 위한 필요충분조건은 p가 X의 극한점이 아니다.

(2) X가 고립점을 갖지 않을 필요충분조건은 $X' = X$이다.

(3) $X(\neq \varnothing)$가 콤팩트인 하우스도르프 공간이라 하자. X가 고립점이 없다면 X는 비가산집합이다.

20. 콤팩트인 거리공간은 제2가산공간임을 보이시오.

21. 완전유계인 거리공간은 가분공간임을 보이시오.

22. 유계인 거리공간으로서 콤팩트가 아닌 공간을 제시하시오.

23. 다음을 답하시오.

(1) $f :\ (\mathbb{R},\ d) \to (\mathbb{R},\ d),\ f(x) = 3x + 7$은 균등연속임을 보이시오.

(2) $X = (0,\ 4)$이고 함수 $f :\ (X,\ d) \to (\mathbb{R},\ d),\ f(x) = x^2$일 때 f가 균등연속임을 보이시오.

(3) $f:(\mathbb{R},\ d) \to (\mathbb{R},\ d)$, $f(x)=x^2$은 연속이지만 균등연속이 아님을 보이시오.

(4) $f:((0,\ \infty),\ d) \to (\mathbb{R},\ d)$, $f(x)=\sqrt{x}$는 균등연속임을 보이시오.

(5) 주어진 함수 $f:(\mathbb{R},\ d) \to (\mathbb{R},\ d)$가 임의의 $x_1,\ x_2 \in \mathbb{R}$에 대하여 $|f(x_1) - f(x_2)| \le M|x_1 - x_2|$인 양의 실수 M이 존재하면 f는 균등연속임을 보이시오.

24. (1) 유클리드 거리공간 $(\mathbb{R},\ d)$에서 $(0,\ 1]$이 완전유계임을 보이시오.

(2) 같은 방법으로 $(0,\ 1)$도 $(\mathbb{R},\ d)$에서 완전유계임을 보이시오.

(3) 유클리드공간 $(\mathbb{R}^n,\ d)$에서 유계집합과 완전유계집합이 동치임을 보이시오.

25. 예제 10.1.4(4)와 (5)를 정리 10.2.23(Heine-Borel 정리)를 활용하여 설명하시오.

26. 예제 10.2.28에서 거리공간 $(\mathbb{R},\ d_3)$에서 부분집합 $K=[a,\ b]$가 유계이고 닫힌 집합이지만 거리공간 $(\mathbb{R},\ d_3)$에서 콤팩트부분집합이 아님을 보이시오.

10.3 국소콤팩트공간, 콤팩트화

콤팩트공간의 효용성은 매우 크지만, 콤팩트가 아닌 공간이 매우 많다. 예를 들면 유클리드 공간 $(\mathbb{R}^n, \mathscr{U})$조차도 콤팩트공간이 아니다. 그래서 콤팩트공간은 아니지만 국소적으로 콤팩트 성질을 갖는 공간이 없을까? 이 공간이 바로 국소콤팩트공간이다. 이 절에서는 국소콤팩트공간에 관한 다양한 성질을 다룬다. 더 나아가 콤팩트공간이 아닌 공간을 콤팩트화(compactification)를 통해서 콤팩트공간으로 만드는 과정을 다룬다.

정의 10.3.1 (1) 위상공간 X에 대하여 점 $x(\in X)$에서 국소콤팩트(locally compact at x)란 x의 콤팩트근방 C가 존재함을 뜻한다. 즉, x의 어떤 열린집합 U를 포함하는 콤팩트집합 C가 존재함을 의미한다.
(2) 위상공간 X의 각 점 $x(\in X)$에서 x의 콤팩트근방 $C(\subset X)$가 존재할 때 X를 **국소콤팩트공간**(locally compact space)이라 한다.

위상공간 $(X, \mathscr{T})$가 국소콤팩트공간이라 함은 임의의 $x(\in X)$에 대하여 $x\in U$인 열린집합 $U(\in \mathscr{T})$를 포함하는 콤팩트인 근방 $C(\subset X)$가 존재함을 의미한다. 즉, ㅋ$^{\forall} x\in X$, $\exists\, U\in \mathscr{T}$ s.t. $x\in U\subset C$이고 C는 $(X, \mathscr{T})$상에서 콤팩트집합이다.

| 예제 10.3.2 | 정리 10.2.23(하이네-보렐 정리)와 유클리드 공간 $(\mathbb{R}^n, d)$에서의 열린구를 활용하여 국소콤팩트공간 구조를 알아본다.

(1) 보통위상공간 $(\mathbb{R}^n, \mathscr{U})$에서 임의의 점 $x(\in\mathbb{R}^n)$을 택하면 n차원 닫힌볼(n-dimensional closed ball) $\overline{B_n(x, \varepsilon)}=\{y\in\mathbb{R}^n \mid d(x, y)\le\varepsilon\}$이 존재한다. 그런데 $\overline{B_n(x, \varepsilon)}$는 $(\mathbb{R}^n, \mathscr{U})$에서 콤팩트한 x의 근방이고 $x\in B_n(x, \varepsilon)\subset \overline{B_n(x, \varepsilon)}\subset\mathbb{R}^n$이 되어서 $(\mathbb{R}^n, \mathscr{U})$는 국소콤팩트공간이다($\because B_n(x, \varepsilon)\in\mathscr{U}$와 하이네-보렐 정리 활용).

(2) 임의의 이산공간 $(X, \mathscr{D})$는 국소콤팩트공간이다. $|X|=\aleph_0$이면 $(X, \mathscr{D})$는 콤팩트공간이 아니지만 국소콤팩트공간이다. 왜냐하면 임의의 $x\in X$에 대하여 항상 한원소집합 $\{x\}\in\mathscr{D}$이 되고 $\{x\}=\overline{\{x\}}$이고 $\{x\}$는 콤팩트부분집합이다.

(3) $(\mathbb{R}, \mathscr{U})$의 부분공간으로서 $([a, b), \mathscr{U}_{[a, b)})$와 $((a, b], \mathscr{U}_{(a, b]})$는 각각 콤팩트공간은 아니지만 국소콤팩트공간이다. 구체적으로 $([a, b), \mathscr{U}_{[a, b)})$가 국소콤팩트공간임을 보이자. $[a, b)$의 임의의 한 점 $x \in [a, b)$를 택하면 다음 두 가지 경우를 생각할 수 있다.

(i) $x = a$인 경우 : $\delta = \dfrac{\varepsilon}{3}(\varepsilon = \|b - a\|)$를 택하면 콤팩트부분집합 $[a, a+\delta]$이 존재하여 $a \in [a, a+\delta) \subset [a, a+\delta] \subset [a, b)$를 만족한다. 여기서 $[a, a+\delta)$는 $([a, b), \mathscr{U}_{[a, b)})$의 열린집합이다. 따라서 $[a, b)$는 국소콤팩트공간이다.

(ii) $a < x < b$인 경우 : 위와 같은 방법으로 $\varepsilon = \min\{\|x-a\|, \|b-x\|\}$라 놓고 $\delta = \dfrac{\varepsilon}{3}$이라 하면 콤팩트한 부분집합 $[x-\delta, x+\delta]$가 존재하여 $x \in (x-\delta, x+\delta) \subset [x-\delta, x+\delta] \subset [a, b)$를 만족한다. 여기서 $(x-\delta, x+\delta) \in \mathscr{U}_{[a, b)}$임은 명백하다. 그러므로 $([a, b), \mathscr{U}_{[a, b)})$는 국소콤팩트공간이다.

같은 방법으로 $((a, b], \mathscr{U}_{(a, b]})$도 국소콤팩트공간임을 보일 수 있다. ■

기초정리 10.3.3 콤팩트공간은 국소콤팩트공간이다.

증명 콤팩트공간 $(X, \mathscr{T})$에서 임의의 한 점 $x \in X$에 대하여 X는 x의 콤팩트근방이다($\because$ ㅋ$^{\forall} x \in X$, $\exists (x \in) U \in \mathscr{T}$ s.t. $U = X$). $U = C = X \in \mathscr{T}$인 x의 열린집합 U가 존재한다. □

기초정리 10.3.4 하우스도르프 공간 X가 국소콤팩트공간이기 위한 필요충분조건은 임의의 점 $x \in X$에 대하여 폐포 $\overline{U}$가 콤팩트인 x의 열린근방 U가 존재하는 것이다.

증명 ($\Rightarrow$) $(X, \mathscr{T})$가 국소콤팩트공간이기에 임의의 점 $x \in X$에 대해 x의 열린집합 $U(\in \mathscr{T})$와 콤팩트집합 C가 존재하여 $x \in U \subset C$를 만족한다 X가 하우스도르프 공간이기에 정리 10.1.11에 의하여 C는 닫힌집합이다. 그래서 $\overline{U} \subset C$이고 C가 콤팩트이므로 정리 10.1.10에 의하여 $\overline{U}$도 콤팩트이다.

($\Leftarrow$) 임의의 점 $x \in X$에 대하여 $\overline{U}$가 콤팩트인 x의 열린근방 $U(\in \mathscr{T})$가 존재하므로 $C = \overline{U}$인 x의 콤팩트근방 C가 존재한다. □

| 예제 10.3.5 | $(\mathbb{R}, \mathscr{U})$의 부분공간 $(\mathbb{Q}, \mathscr{U}_{\mathbb{Q}})$는 국소콤팩트공간이 아니다. 구체적

으로 알아보면, $(\mathbb{Q}, \mathscr{U}_{\mathbb{Q}})$를 국소콤팩트집합이라 가정하면 임의의 점 $x \in \mathbb{Q}$에 대하여 $x \in U \subset C \subset \mathbb{Q}$를 만족하는 열린집합 $U \in \mathscr{U}_{\mathbb{Q}}$와 $\mathscr{U}_{\mathbb{Q}}$에서 콤팩트집합 C가 존재한다. 그러면 $\mathscr{U}_{\mathbb{Q}}$의 기저의 정의에 의하여 $(x-r,\ x+r) \subset \mathbb{R}$이 존재하여 $(x-r,\ x+r) \cap \mathbb{Q} \subset U$이 성립한다. 이때 r을 $0 < r \in \mathbb{Q}^c$를 택해도 일반성을 잃지 않는다. 이제 $B = (x-r,\ x+r) \cap \mathbb{Q}$라 놓자. $r \in \mathbb{Q}^c$이므로 $B = (x-r,\ x+r) \cap \mathbb{Q} = [x-r,\ x+r] \cap \mathbb{Q} = \overline{B}$이 되어서 B는 $(\mathbb{Q}, \mathscr{U}_{\mathbb{Q}})$에서 닫힌집합이고, $x \in B \subset U \subset C$이므로 B는 콤팩트집합 C의 닫힌부분집합이다. 정리 10.1.10에 의하여 B는 $(\mathbb{Q}, \mathscr{U}_{\mathbb{Q}})$에서 콤팩트집합이어야 한다. 그러나 B의 열린덮개로서 $\{B \cap (x-r,\ x+r-\frac{1}{n}) \mid n \in \mathbb{N}\}$를 택하면 이 덮개는 유한부분덮개를 갖지 못하여 B가 콤팩트집합이 아니어서 모순이다. ■

| 예제 10.3.6 | 그림 10.8과 같은 보통위상공간 $(\mathbb{R}^2, \mathscr{U})$의 부분공간 $(X, \mathscr{U}_X)$와 $(Y, \mathscr{U}_Y)$를 생각하자. 위상공간 X와 Y가 $(\mathbb{R}^2, \mathscr{U})$에서 콤팩트공간이 아님은 명백하지만 국소콤팩트성질을 알아본다. 여기서 $X = Y - \{p\}$이다.

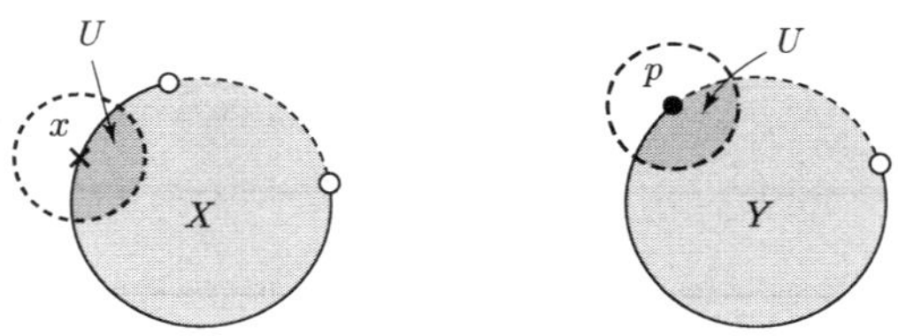

(a) X는 국소콤팩트이다. (b) Y는 국소콤팩트가 아니다.

그림 10.8 국소콤팩트 개념을 설명

(1) $(X, \mathscr{U}_X)$는 국소콤팩트공간이다.

(2) $(Y, \mathscr{U}_Y)$는 국소콤팩트공간이 아니다.

풀이 먼저 $(X, \mathscr{U}_X)$가 국소콤팩트공간임을 보이자. $(X, \mathscr{U}_X)$는 T_2 공간임을 상기하자. 임의의 점 $x \in X$에 대하여 항상 $x \in U$인 충분히 작은 열린집합 $U \in \mathscr{U}_X$가 존재하여

$$x \in U \subset \overline{U}$$

이 성립한다(그림 10.8(a) 참조). 폐포 $\overline{U}$는 하우스도르프 공간 $(X, \mathscr{U}_X)$에서 닫힌집합이므로 따름정리 10.1.13에 의하여 콤팩트이고 x의 근방이다

(기초정리 10.3.4 참조).

이제 $(Y, \mathscr{U}_Y)$가 국소콤팩트공간이 아님을 보이자. $(Y, \mathscr{U}_Y)$는 T_2 공간임을 상기하자. 그림 10.8(b)에서 보듯이 점 $p(\in Y)$에서 국소콤팩트 조건을 만족하는 콤팩트근방을 택할 수 없다. 구체적으로 살펴보면, p의 콤팩트근방 C가 존재하지 않는다. 콤팩트근방 $C(\ni p)$가 존재한다고 가정하자. 그러면 정리 10.1.11에 의하여 C는 $(Y, \mathscr{U}_Y)$상에서 닫힌집합이고, p를 원소로 갖는 충분히 작은 열린집합 $U \in \mathscr{U}_Y$가 존재하여

$$p \in U \subset \overline{U} \subset C \qquad \cdots (10.6)$$

이 성립한다(그림 10.8(b) 참조). 정리 10.1.10에 의하여 콤팩트집합 C의 부분집합 $\overline{U}$는 $(\mathbb{R}^2, \mathscr{U})$에서 콤팩트집합이어야 하는데 식 (10.6)의 $\overline{U}$는 $(\mathbb{R}^2, \mathscr{U})$에서 콤팩트공간이 아니다(∴ 모순, 기초정리 10.3.4 참조). ■

이제 국소콤팩트공간의 유전적 성질과 곱성질을 알아본다.

성질 10.3.7 (1) 국소콤팩트공간은 유전적 성질(hereditary property)을 갖지 않는다.
(2) 국소콤팩트공간은 유한곱성질을 갖는다.

증명 (1) $(\mathbb{R}^2, \mathscr{U})$는 국소콤팩트공간이지만 예제 10.3.6(2)에서 보였듯이 부분공간 $(Y, \mathscr{U}_Y)$는 국소콤팩트공간이 아니다.

(2) 국소콤팩트성의 유한곱성질이란 유한개의 국소콤팩트공간의 곱공간은 국소콤팩트공간임을 말한다. 그러므로 임의의 두 개의 국소콤팩트공간들의 곱공간이 국소콤팩트공간임을 증명하면 된다. 그래서 $(X, \mathscr{T}_1)$와 $(Y, \mathscr{T}_2)$를 국소콤팩트공간이라 할 때 곱공간 $(X \times Y, \mathscr{T}_p)$가 국소콤팩트공간임을 보이자.

임의의 점 $(x, y) \in X \times Y$에 대하여 $x \in X$, $y \in Y$에 대하여 콤팩트근방 $(x \in) C_1$과 $(y \in) C_2$가 각각 $(X, \mathscr{T}_1)$와 $(Y, \mathscr{T}_2)$에 존재한다. 그러므로 $(x \in) U \in \mathscr{T}_1$과 $(y \in) V \in \mathscr{T}_2$가 존재하여

$$x \in U \subset C_1 \subset X, \quad y \in V \subset C_2 \subset Y$$

이 성립한다. 그때 $U \times V \in \mathscr{T}_p$이고 $C_1 \times C_2$로 $(X \times Y, \mathscr{T}_p)$에서 콤

팩트집합이므로

$$(x,\ y) \in U \times V \subset C_1 \times C_2 \subset X \times Y$$

가 성립하여 $(x,\ y)$의 콤팩트근방 $C_1 \times C_2$가 $(X \times Y,\ \mathscr{T}_p)$에 존재하므로 $(X \times Y,\ \mathscr{T}_p)$는 국소콤팩트공간이 된다. □

성질 10.3.7의 구체적인 예로서 $(\mathbb{R}^n,\ \mathscr{U})$에서 다음을 생각하자.

앞에서 언급했듯이 $(\mathbb{R},\ \mathscr{U})$의 부분공간 $((a,\ b),\ \mathscr{U}_{(a,\ b)})$, $([a,\ b),\ \mathscr{U}_{[a,\ b)})$, $([a,\ b],\ \mathscr{U}_{[a,\ b]})$ 등은 각각 국소콤팩트공간이다.

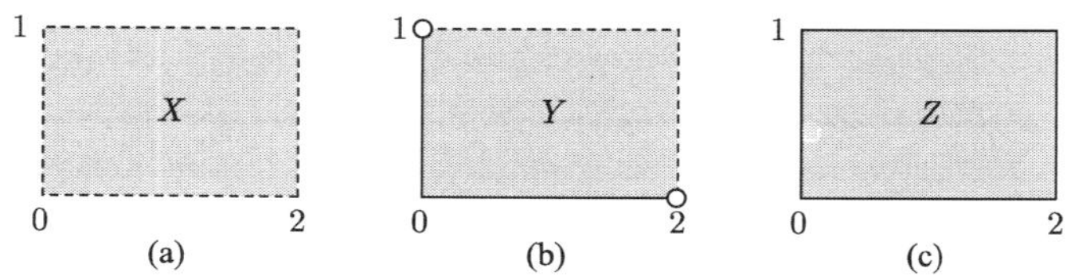

그림 10.9 국소콤팩트성의 유한곱성질

이제 이들의 곱공간들이 국소콤팩트공간임을 그림 10.9에서 알 수 있다. 즉 그림 10.9(a), (b), (c)의 모든 공간 $(X,\ \mathscr{U}_X)$, $(Y,\ \mathscr{U}_Y)$, $(Z,\ \mathscr{U}_Z)$가 곱공간으로서 국소콤팩트공간들이다 (예제 10.3.6 참조).

참고로 성질 10.3.7(2)와 달리 국소콤팩트공간은 무한곱성질은 갖지 않는다 (연습문제 참조).

이제 국소콤팩트공간의 위상적 성질 (topological property)을 알아보자.

정리 10.3.8 X가 국소콤팩트공간이고 위상공간 Y에 대하여, $f : X \to Y$가 전사, 연속, 열린사상이면 Y는 국소콤팩트공간이다.

증명 임의의 한 점 $y \in Y$를 택하면 $x (\in X)$가 존재하여 $f(x) = y$가 성립한다 (f의 전사함수 성질 사용함). 주어진 공간 $(X,\ \mathscr{T})$는 국소콤팩트공간이므로 x의 콤팩트근방 C가 $(X,\ \mathscr{T})$에 존재한다. 즉, x의 열린집합 $U \in \mathscr{T}$가 존재하여 $x \in U \subset C$인 콤팩트집합 C가 $(X,\ \mathscr{T})$에 존재한다. 주어진 함수 f가 연속함수이고 열린사상이므로 $f(x) = y \in f(U) \subset f(C)$에서 $f(U)$는 위상공간 Y상에서 열린집합이고 $f(C)$는 콤팩트집합이다. 따라서 y의 콤팩트근방 $f(C)$가 존재하므로 Y는 국소콤팩트공간이다. □

정리 10.3.9 국소콤팩트공간은 위상적 성질을 갖는다.

증명 두 위상공간 $(X, \mathscr{T}_1)$과 $(Y, \mathscr{T}_2)$가 위상동형이라 하자. 그때 $(X, \mathscr{T}_1)$이 국소콤팩트공간이기 위한 필요충분조건은 $(Y, \mathscr{T}_2)$가 국소콤팩트공간이라는 것이다. 이제 $f: (X, \mathscr{T}_1) \to (Y, \mathscr{T}_2)$가 위상동형사상이라 하자. 주어진 함수 f는 전단사인 연속함수이고, 열린사상이다 (정리 5.2.5 참조). 따라서 정리 10.3.8에 의하여 $(X, \mathscr{T}_1)$이 국소콤팩트이면 $(Y, \mathscr{T}_2)$가 국소콤팩트이다.

역으로 f^{-1}도 전단사 연속함수이고 열린사상이므로($\because$ f^{-1}도 위상동형사상이다), $(Y, \mathscr{T}_2)$가 국소콤팩트공간이면 정리 10.3.8에 의하여 $(X, \mathscr{T}_1)$도 국소콤팩트공간이다. □

주어진 위상공간 $(X, \mathscr{T})$의 콤팩트화문제는 위상수학에서 매우 중요한 부분을 차지한다. 먼저 일반적인 콤팩트화를 알아보고 한점콤팩트화를 소개한다. 다음 정의는 하우스도르프 공간과 관련된 콤팩트화이다. 실제로 하우스도르프 공간을 필요하지 않는 콤팩트화도 존재하고, 이 또한 매우 유용성이 많다.

정의 10.3.10 $(Y, \mathscr{T}^*)$가 콤팩트인 하우스도르프 공간이고 $(X, \mathscr{T})$가 $(Y, \mathscr{T}^*)$의 조밀한 진부분공간이면 $(Y, \mathscr{T}^*)$를 $(X, \mathscr{T})$의 콤팩트화라 한다. 더 나아가, $Y-X$이 한원소집합이면 $(Y, \mathscr{T}^*)$는 $(X, \mathscr{T})$의 한점콤팩트화라 한다. 즉, 위상공간 $(X, \mathscr{T})$의 하우스도르프 콤팩트화란 $(X, \mathscr{T})$를 진부분공간으로 포함하는(즉, $\mathscr{T}=\mathscr{T}^*_X$) 콤팩트인 하우스도르프 공간 $(Y, \mathscr{T}^*)$로서 $cl_Y(X)=Y$를 만족함을 말한다. 여기서 $cl_Y(X)$는 $(Y, \mathscr{T}^*)$상에서 X의 폐포를 뜻한다.

(★) 정의 10.3.10에 의하여 Y가 콤팩트인 하우스도르프 공간이고 $X(\subsetneq Y)$가 Y의 한 조밀한 진부분집합이면 (Y, i)는 부분공간 X의 한 콤팩트화이다 (단 $i: X \hookrightarrow Y$는 포함사상이다).

(★) 주어진 공간 $(X, \mathscr{T})$의 두 콤팩트화 $(Y_1, \mathscr{T}^*)$와 $(Y_2, \mathscr{T}^{**})$가 존재하여 이들이 위상동형이면 $(Y_1, \mathscr{T}^*)$와 $(Y_2, \mathscr{T}^{**})$를 동치 (equivalent)라고 한다. 여기서 위상동형사상 $h: Y_1 \to Y_2$는 임의의 $x \in X$에 대하여 $h(x)=x$이어야 한다.

정의 10.3.10과 관련하여, 주어진 공간 $(X, \mathscr{T})$가 한점콤팩트화를 갖기 위한 필요충분조건은 $(X, \mathscr{T})$가 콤팩트공간이 아닌 국소콤팩트인 하우스도르프 공간임이 증명되어 있다.

이제부터 콤팩트공간이 아닌 하우스도르프 공간의 **한점콤팩트화** (one point compactification)를 알아보고 국소콤팩트공간, 조밀부분집합 등과 연관하여 한점콤팩트화된 공간의 다양한 성질을 알아본다 (1924, P. S. Alexandroff).

정리 10.3.11 $X=(X, \mathscr{T})$를 국소콤팩트인 하우스도르프 공간이라 하자. X 밖의 한 점 $*$ (혹은 ∞)를 택하여 $X^*=X\cup\{*\}$라 하자. X^*상의 한 부분집합족 $\mathscr{T}^*$를

$$\mathscr{T}^*=\mathscr{T}\cup\{U\subset X^* \mid *\in U,\ X^*-U(=X-U)\text{이 } X\text{에서 콤팩트집합이다.}\}$$

혹은 동치적으로 $\mathscr{T}^*=\mathscr{T}\cup\{X^*-F \mid F\text{는 } (X, \mathscr{T})\text{에서 콤팩트집합이다.}\}$

라 하자. 그때 $(X^*, \mathscr{T}^*)$는 위상공간이다.

증명 (1) $\varnothing\in\mathscr{T}$이므로 $\varnothing\in\mathscr{T}^*$이다. $*\in X^*$이고 $X^*-X^*=\varnothing$이 X의 콤팩트집합이기에 $X^*\in\mathscr{T}^*$이다.

(2) 이제 임의의 $U_\alpha\in\mathscr{T}^*(\alpha\in\Lambda)$에 대하여 $\bigcup_{\alpha\in\Lambda}U_\alpha\in\mathscr{T}^*$임을 보이자.

(i) 모든 $\alpha\in\Lambda$에 대하여 $U_\alpha\in\mathscr{T}$인 경우, $\bigcup_{\alpha\in\Lambda}U_\alpha\in\mathscr{T}$이므로 $\mathscr{T}\subset\mathscr{T}^*$이기에 $\bigcup_{\alpha\in\Lambda}U_\alpha\in\mathscr{T}^*$이다.

(ii) 모든 $\alpha\in\Lambda$에 대하여 $U_\alpha\in\mathscr{T}^*-\mathscr{T}$인 경우, X^*-U_α는 X의 콤팩트집합이다. 이제 $X^*-U_\alpha=C_\alpha$라 놓자. X가 하우스도르프 공간이기에 따름정리 10.1.15에 의하여 $\bigcap_{\alpha\in\Lambda}C_\alpha:=C$는 X의 콤팩트집합이다. 더 나아가 정리 10.1.10에 의하여 C는 $(X, \mathscr{T})$에서 닫힌집합임을 상기하자.

$$\begin{aligned}\bigcup_{\alpha\in\Lambda}U_\alpha&=\bigcup_{\alpha\in\Lambda}(X^*-C_\alpha)=\bigcup_{\alpha\in\Lambda}C_\alpha^c=(\bigcap_{\alpha\in\Lambda}C_\alpha)^c\\&=X^*-(\bigcap_{\alpha\in\Lambda}C_\alpha)=X^*-C\end{aligned}$$

이고, $*\notin C$이므로 $*\in X^*-C\subset X^*$이며 $X^*-(X^*-C)=C$가 X의 콤팩트집합이므로 $X^*-C\in\mathscr{T}^*-\mathscr{T}$이다.

(iii) $\Lambda_1 = \{\alpha \in \Lambda \mid U_\alpha \in \mathscr{T}\}$, $\Lambda_2 = \{\alpha \in \Lambda \mid U_\alpha \in \mathscr{T}^* - \mathscr{T}\}$이라 할 때 $\Lambda_1 \neq \varnothing \neq \Lambda_2$이고, $\Lambda = \Lambda_1 \cup \Lambda_2$인 경우, $\bigcup_{\alpha \in \Lambda} U_\alpha \in \mathscr{T}^*$임을 보이자. (i)에 의하여 $\bigcup_{\alpha \in \Lambda_1} U_\alpha = U \in \mathscr{T} \subset \mathscr{T}^*$이고, (ii)에 의하여 $\bigcup_{\alpha \in \Lambda_2} U_\alpha := V \in \mathscr{T}^* - \mathscr{T}$이므로 $X^* - V$는 X의 콤팩트집합이다. 편의상 $X^* - V = C$라 놓자.

이제 위 사실을 이용하여 $\bigcup_{\alpha \in \Lambda} U_\alpha \in \mathscr{T}^*$임을 다음과 같이 보이자.

$$\begin{aligned}\bigcup_{\alpha \in \Lambda} U_\alpha &= U \cup V = U \cup (X^* - C) = U \cup (X^* \cap C^c) \\ &= X^* \cap (U \cup C^c) = U \cup C^c\end{aligned}$$

인데 $U \cup C^c$이 $*$을 원소로 갖기에 $U \cup C^c \in \mathscr{T}^* - \mathscr{T}$임을 보이자. 즉

$$X^* - (U \cup C^c) = (U \cup C^c)^c = C - U$$

이다. 그런데 $(X, \mathscr{T})$가 하우스도르프 공간이고 $C - U$가 콤팩트집합(닫힌집합) C의 닫힌집합이므로 정리 10.1.10에 의하여 $C - U$도 $(X, \mathscr{T})$에서 콤팩트집합이다. 종합해보면 $* \in U \cup V \subset X^*$이고 $X^* - (U \cup V) = C - U$가 X에서 콤팩트집합이므로 $U \cup V = \bigcup_{\alpha \in \Lambda} U_\alpha \in \mathscr{T}^* - \mathscr{T}$이다.

(3) 임의의 $U, V \in \mathscr{T}^*$에 대하여 $U \cap V \in \mathscr{T}^*$임을 보이자.

(i) $U, V \in \mathscr{T}$인 경우, $U \cap V \in \mathscr{T} \subset \mathscr{T}^*$이 성립한다.

(ii) $U, V \in \mathscr{T}^* - \mathscr{T}$인 경우, $X^* - U = C$, $X^* - V = D$라 놓으면 C와 D는 $(X, \mathscr{T})$의 콤팩트집합이다. 그러므로 $C \cup D$도 $(X, \mathscr{T})$상에서 콤팩트집합이다. 그리고

$$\begin{aligned}U \cap V &= (X^* - C) \cap (X^* - D) = (X^* \cap C^c) \cap (X^* \cap D^c) \\ &= X^* \cap (C^c \cap D^c) = X^* \cap (C \cup D)^c = X^* - (C \cup D)\end{aligned}$$

이다. 종합해보면 $* \in U \cap V$이고 $X^* - (U \cap V) = C \cup D$가 $(X, \mathscr{T})$상에서 콤팩트집합이므로 $U \cap V \in \mathscr{T}^* - \mathscr{T}$이다.

(iii) $U \in \mathscr{T}$이고 $V \in \mathscr{T}^* - \mathscr{T}$인 경우, $X^* - V = C$라 놓으면 C는 X의 콤팩트집합이므로

$$\begin{aligned}U \cap V &= U \cap (X^* - C) = U \cap (X^* \cap C^c) = U \cap C^c \\ &= U - C \in \mathscr{T} \subset \mathscr{T}^*\end{aligned}$$

이다. □

(★) 정리 10.3.11에 $\mathscr{T}^*=\mathscr{T}\cup(\mathscr{T}^*-\mathscr{T})$인데 $\mathscr{T}$는 $(X,\ \mathscr{T})$가 $(X^*,\ \mathscr{T}^*)$의 열린부분공간임을 보이고, $\mathscr{T}^*-\mathscr{T}$는 $(X^*,\ \mathscr{T}^*)$가 콤팩트부분공간이 됨을 증명할 때 활용된다.

따름정리 10.3.12 $(X,\ \mathscr{T})$는 $(X^*,\ \mathscr{T}^*)$의 열린부분공간이다.

증명 $(X,\ \mathscr{T})$의 위상 $\mathscr{T}$는 X에 대한 $\mathscr{T}^*$의 상대위상임을 보이면 된다. 즉, $\mathscr{T}=\mathscr{T}^*_X=\{U\cap X\mid U\in\mathscr{T}^*\}$임을 보이면 된다. 임의의 $U\cap X\in\mathscr{T}^*_X$에 대하여

(i) $U\in\mathscr{T}$인 경우, $U\cap X=U\in\mathscr{T}$이다.

(ii) $U\in\mathscr{T}^*-\mathscr{T}$인 경우, $X^*-U=C$라 놓으면 C는 X의 콤팩트집합이고 $(X,\ \mathscr{T})$가 하우스도르프 공간이므로 정리 10.1.11에 의하여 C는 $(X,\ \mathscr{T})$의 닫힌집합이다. 그러면

$$X\cap U=X\cap(X^*-C)=X\cap(X^*\cap C^c)=X\cap C^c=X-C\in\mathscr{T}$$

이다. 즉 $\mathscr{T}^*_X\subset\mathscr{T}$이다. 한편 임의의 $U\in\mathscr{T}$를 택하면 $U\cap X=U\in\mathscr{T}^*_X$이므로 $\mathscr{T}\subset\mathscr{T}^*_X$이다. □

따름정리 10.3.13 $(X^*,\ \mathscr{T}^*)$는 콤팩트공간이다.

증명 $\mathscr{U}=\{U_\alpha\mid\alpha\in\Lambda\}$를 X^*의 임의의 열린덮개라 하자. 그러면 $*\in X^*=\bigcup_{\alpha\in\Lambda}U_\alpha$이므로 $*\in U_{\alpha_0}$인 $\alpha_0\in\Lambda$가 존재한다. 그러면 $X^*-U_{\alpha_0}=C$라 놓을 때 C는 $(X,\ \mathscr{T})$에서 콤팩트집합이 된다. 그리고 X가 X^*의 부분공간이므로 C는 $(X^*,\ \mathscr{T}^*)$에서 콤팩트이기도 하다(정리 10.1.9 참조). 여기서 $\mathscr{U}-\{U_{\alpha_0}\}=\mathscr{U}'$으로 놓으면 $\mathscr{U}'$은 $(X^*,\ \mathscr{T}^*)$의 열린집합들로 이루어진 C의 덮개이므로

$$C\subset U_{\alpha_1}\cup U_{\alpha_2}\cup\cdots\cup U_{\alpha_n}$$

를 만족하는 유한개의 $U_{\alpha_k}(k\in\{1,\ 2,\ \cdots,\ n\})\in\mathscr{U}'$가 존재한다. 그래서

$$X^* = (X^* - C) \cup C = U_{\alpha_0} \cup U_{\alpha_1} \cup U_{\alpha_2} \cup \cdots \cup U_{\alpha_n}$$

이고 $\mathscr{U}_0 = \{U_{\alpha_0}, U_{\alpha_1}, U_{\alpha_2}, \cdots, U_{\alpha_n}\} \subset \mathscr{U}$인 X^*의 열린부분덮개 $\mathscr{U}_0$가 존재하므로 $(X^*, \mathscr{T}^*)$는 콤팩트공간이다. □

따름정리 10.3.14 $(X, \mathscr{T})$를 콤팩트공간이 아닌 국소콤팩트인 하우스도르프 공간이라 하자. 그때 X는 $(X^*, \mathscr{T}^*)$에서 조밀한 부분집합이다.

증명 $\overline{X} = X^*$임을 보여야 한다. $X \subset \overline{X}$이므로 $* \in \overline{X}$임을 보이면 된다. $* \in U \in \mathscr{T}^* - \mathscr{T}$인 임의의 U를 택해서 $X^* - U = C$라 하면, C는 $(X, \mathscr{T})$에서 콤팩트집합이다. 그런데 X는 콤팩트집합이 아니므로 $C \subsetneq X$이다. 그러서

$$X \cap U = X \cap (X^* - C) = X \cap C^c = X - C \neq \varnothing$$

이다. 따라서 $* \in \overline{X}$이다. □

정리 10.3.15 정리 10.3.11에서 $(X, \mathscr{T})$가 콤팩트공간이 아닌 국소콤팩트인 하우스도르프 공간이면 $(X^*, \mathscr{T}^*)$는 $(X, \mathscr{T})$의 콤팩트화이다. 그런데 $X^* = X \cup \{*\}$이고 $* \notin X$이기에 $(X^*, \mathscr{T}^*)$를 $(X, \mathscr{T})$의 **한점콤팩트화**(one point compactification)라 부른다.

증명 정리 10.3.11과 따름정리 10.3.12, 10.3.13, 10.3.14에 의하여 포함사상 $i: (X, \mathscr{T}) \hookrightarrow (X^*, \mathscr{T}^*)$에 의하여 X에 한 점 $*$을 추가하여 만들어진 $(X^*, \mathscr{T}^*)$는 $(X, \mathscr{T})$의 콤팩트화 (X^*, i)이다(정의 10.3.10 참조). □

정리 10.3.11에서 위상공간 $(X, \mathscr{T})$에 대하여 하우스도르프 공간 조건을 삭제해도 한점콤팩트화를 할 수 있다. 그러나 유의할 점은 "하우스도르프 공간" 조건이 없다면 $\mathscr{T}^*$의 조건이 강화되어야 한다(참고 10.3.16(1) 참조). 그러나 정리 10.3.11과 같이 주어진 위상공간 $(X, \mathscr{T})$가 국소콤팩트인 하우스도르프 공간임을 기본조건으로 하면 여러 가지 장점이 있다. 왜냐하면 콤팩트공간이 아닌 $(\mathbb{R}^n, \mathscr{U})$를 한점콤팩트화하는 것이 우리의 중요한 목표 중의 하나이고, $(\mathbb{R}^n, \mathscr{U})$는 국소콤팩트인 하우스도르프 공간이기 때문이다.

참고 10.3.16 정리 10.3.11에서 소개한 방법과 다르게 콤팩트공간 $(X^*, \mathscr{T}^*)$를 만드는 방법을 알아본다.

(1) 콤팩트공간이 아닌 위상공간 $(X, \mathscr{T})$에 대하여 X 밖의 한 점 $*$ (혹은 ∞)를 택하여 $X^* = X \cup \{*\}$라 하자 (여기서 $(X, \mathscr{T})$는 T_2 공간일 필요가 없다). 그때 $\mathscr{T}^* = \mathscr{T} \cup \{U \mid * \in U \subset X^*$이고 $X^* - U$가 $(X, \mathscr{T})$에서 콤팩트이고 닫힌집합이다.$\}$ 혹은 동치적으로 $\mathscr{T}^* = \mathscr{T} \cup \{X^* - F \mid F$는 $(X, \mathscr{T})$에서 콤팩트이고 닫힌집합이다.$\}$로 놓으면

(i) $(X^*, \mathscr{T}^*)$는 위상공간이고

(ii) $(X, \mathscr{T})$는 $(X^*, \mathscr{T}^*)$의 부분공간이고

(iii) $(X^*, \mathscr{T}^*)$는 콤팩트공간이고

(iv) X는 $(X^*, \mathscr{T}^*)$의 조밀한 부분집합이다.

참고로 이 $\mathscr{T}^*$를 $\mathscr{T}^* = \mathscr{T} \cup \{X^* - F \mid F$는 $(X, \mathscr{T})$에서 콤팩트인 닫힌집합이다$\}$로 동치적으로 놓을 수 있다. 결과적으로 이 방법에 의하여 생성된 $(X^*, \mathscr{T}^*)$는 T_2 공간일 필요도 없다.

(2) 위 (1)의 방법에 의하여 카림스키선위상공간 $(\mathbb{Z}, \kappa)$의 한점콤팩트화를 만들 수 있다 (참고문헌 20 참조).

(3) 정리 10.3.11에서 주어진 $\mathscr{T}^*$를 다음과 같이 쓸 수 있다.

$$\mathscr{T}^* = \mathscr{T} \cup \{X^* - F \mid F\text{는 } (X, \mathscr{T})\text{에서 콤팩트집합이다}\}$$

이 $\mathscr{T}^*$와 정리 10.3.11의 $\mathscr{T}^*$는 동치이다.

(4) 정리 10.3.11에서 국소콤팩트인 하우스도르프 공간을 가정으로 한 이유는 다음과 같다. $(X, \mathscr{T})$가 국소콤팩트인 T_2 공간이기 위한 필요충분조건은 다음과 같다 ([28]의 정리 2.9.1 참조). $(X, \mathscr{T})$를 부분공간으로 갖는 $(Y, \mathscr{T}')$(즉 $\mathscr{T}'_X = \mathscr{T}$ 이다)가 존재해서 다음 성질을 만족하는 것이다.

① $Y - X$는 한원소집합이다.

② Y는 콤팩트인 하우스도르프 공간이다.

이제 다시 정리 10.3.11-정리 10.3.15에서 다룬 $(X^*, \mathscr{T}^*)$를 생각하자. 정리 10.3.11의 $(X^*, \mathscr{T}^*)$가 하우스도르프 공간이 되기 위한 조건을 알아보자.

정리 10.3.17 콤팩트공간이 아닌 국소콤팩트공간 $(X, \mathscr{T})$가 하우스도르프 공간

이기 위한 필요충분조건은 $(X^*,\ \mathscr{T}^*)$가 하우스도르프 공간이다.

증명 ($\Rightarrow$) X가 하우스도르프 공간이고 $X^* - X = \{*\}$이므로 임의의 두 점으로 $x \in X$와 $* \in X^*$을 택하면 된다. X가 국소콤팩트공간이므로 $x \in U \subset C \subset X$를 만족하는 X의 열린집합 $U(\in \mathscr{T})$와 $(X,\ \mathscr{T})$에서 콤팩트 집합 $C(\supset U)$가 존재한다. 따라서 X^*의 열린집합 U와 $X^* - C$가 존재하여(정리 10.3.11 참조)

$$x \in U,\ * \in X^* - C\text{이고, } U \cap (X^* - C) = \varnothing$$

를 만족하므로 $(X^*,\ \mathscr{T}^*)$는 하우스도르프 공간이다.

($\Leftarrow$) 하우스도르프 공간은 유전적 성질을 갖는다(따름정리 10.3.12, 10.3.13을 활용함). □

이제 콤팩트공간이 아닌 하우스도르프 공간 $(X,\ \mathscr{T})$의 한점콤퍽트화는 위상동형 측면에서 보면 유일함을 알아보자.

정리 10.3.18 $(X,\ \mathscr{T}_1)$와 $(Y,\ \mathscr{T}_2)$가 모두 콤팩트공간이 아닌 국소콤팩트인 하우스도르프 공간이라 하자. 정리 10.3.11과 10.3.15에 의하여 $(X^*,\ \mathscr{T}_1^*)$와 $(Y^*,\ \mathscr{T}_2^*)$을 얻는다. 만약 $(X,\ \mathscr{T}_1) \approx (Y,\ \mathscr{T}_2)$이면 $(X^*,\ \mathscr{T}_1^*) \approx (Y^*,\ \mathscr{T}_2^*)$이다.

증명 $X^* = X \cup \{a\}$, $Y^* = Y \cup \{b\}$, $a \not\in X$, $b \not\in Y$이라 하고, $g : X \to Y$를 위상동형사상이라 하자. 이제 새로운 함수

$$h : X^* \to Y^* \text{ s.t. } h(x) = \begin{cases} g(x), & x \in X \\ b, & x = c \end{cases}$$

으로 정의하여 h가 위상동형사상임을 보이자.

(i) h는 전단사사상임은 명백하다.

(ii) h가 연속사상임을 보이자. 임의의 $U \in \mathscr{T}_2^*$를 택하면 $U \in \mathscr{T}_2$이거나 $U \in \mathscr{T}_2^* - \mathscr{T}_2$ 즉 $Y^* - U = C$라 놓을 때 C는 $(Y,\ \mathscr{T}_2)$에서 콤팩트집합이다.

먼저 $U \in \mathscr{T}_2$인 경우에는 $h^{-1}(U) = g^{-1}(U) \in \mathscr{T}_1$ ($\because$ g가 연속함수이다)이기에 $h^{-1}(U) \in \mathscr{T}_1^*$이다. 한편 $U \in \mathscr{T}_2^* - \mathscr{T}_2$인 경우, 즉

$Y^* - U = C$가 $(Y,\ \mathscr{T}_2)$에서 콤팩트인 경우인데 g^{-1}가 연속이므로 $h^{-1}(C) = g^{-1}(C) \subset X$는 $(X,\ \mathscr{T}_1)$에서 콤팩트집합이고 X가 X^*의 부분공간 (따름정리 10.3.12 참조)이므로 $h^{-1}(C)$는 $(X^*,\ \mathscr{T}_1^*)$에서 콤팩트집합이다. 그런데 X^*가 하우스도르프 공간이기에 $h^{-1}(C)$는 X^*의 닫힌집합이고 콤팩트집합이다 (참고로 $a \in h^{-1}(U)$이다).

$$\begin{aligned} h^{-1}(U) &= h^{-1}(Y^* - C) = h^{-1}(Y^*) - h^{-1}(C) \\ &= X^* - h^{-1}(C) = X^* - g^{-1}(C) \in \mathscr{T}_1^* \end{aligned}$$

이다. 왜냐하면 $g^{-1}(C)$가 $(X,\ \mathscr{T}_1)$에서 콤팩트부분집합이다. 이 두 가지 경우 $U \in \mathscr{T}_2^*$에 대하여 모두 $h^{-1}(U) \in \mathscr{T}_1^*$가 되어서 h는 연속함수이다.

(iii) $(X^*,\ \mathscr{T}_1^*)$는 콤팩트이고 $(Y^*,\ \mathscr{T}_2^*)$는 하우스도르프 공간이기에 정리 10.1.16에 의하여 전단사인 연속함수 h는 위상동형사상이다. □

이제 다양한 예를 통해서 정리 10.3.15에서 제시한 한점콤팩트화의 다양한 성질을 알아보자.

| 예제 10.3.19 | $X = (0,\ 1)$에 대하여 하우스도르프 공간 $(X,\ \mathscr{U}_X)$을 생각하자. 이때 $(X,\ \mathscr{U}_X)$는 콤팩트가 아니고 국소콤팩트인 하우스도르프 공간이다. $* \notin X$인 점을 택하여 $X^* = X \cup \{*\}$라 하자. 정리 10.3.11에서 보았듯이 $\mathscr{T}^* = \mathscr{U}_X \cup \{U \subset X^* \mid * \in U,\ X^* - U$이 X의 콤팩트집합이다$\}$를 바탕으로 한점콤팩트화 $(X^*,\ \mathscr{T}^*)$를 얻는다 (정리 10.3.15 참조). 여기서 $U \in \mathscr{T}^* - \mathscr{U}_X$인 $\mathscr{T}^*$의 열린집합의 형태를 그림 10.10에서 확인할 수 있다. ■

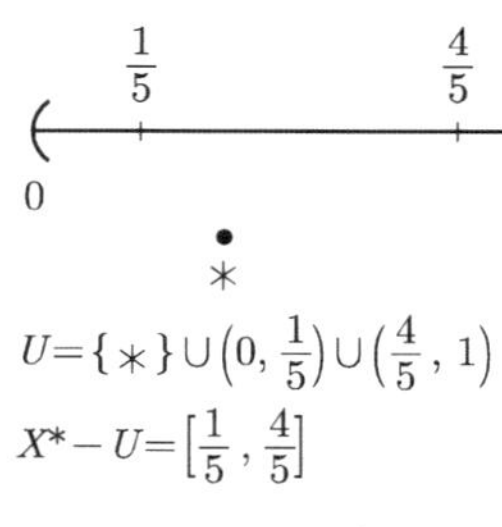

그림 10.10 $U \in \mathscr{T}^* - \mathscr{U}_X$의 설명

| 예제 10.3.20 | 보통공간 $(\mathbb{R},\ \mathscr{U})$의 부분공간 $((0,\ 1),\ \mathscr{U}_{(0,\ 1)})$의 한점콤팩트화는 $(S^1,\ \mathscr{U}_{S^1})(\subset(\mathbb{R}^2,\ \mathscr{U}))$과 위상동형이다. 여기서

$$S^1=\{(x,\ y)\in\mathbb{R}^2 \mid x^2+y^2=1\}$$

이다. 구체적으로 살펴보면, $X=(0,\ 1)$, $X^*=X\cup\{*\}(*\notin X)$이라 하자. 이제 $(X^*,\ \mathscr{T}^*)$(여기서 $\mathscr{T}^*=\mathscr{U}_X^*$이다)이 $(S^1,\ \mathscr{U}_{S^1})$과 위상동형임을 보이면 된다. 함수 h가

$$h:\ X^*=(0,\ 1)\cup\{*\}\to S^1 \text{ s.t. } h(t)=\begin{cases}(\sin 2\pi t,\ \cos 2\pi t), & 0<t<1\\ (0,\ 1)\in\mathbb{R}^2, & t=*\end{cases}$$

가 위상동형사상임을 보이면 된다.

(1) h가 전단사임은 명백하다.

(2) 주어진 공간 $(X,\ \mathscr{U}_X)$와 $(S^1,\ \mathscr{U}_{S^1})$은 하우스도르프 공간이고 $(X^*,\ \mathscr{U}_X^*)$는 콤팩트공간이므로 (따름정리 10.3.13 참조) 정리 10.1.16에 의하여 h가 연속사상임을 보이면 된다. 여기서 축소함수 $h|_X:\ (X,\ \mathscr{U}_X)\to(S^1-\{(0,\ 1)\},\ \mathscr{U}_{S^1-\{(0,\ 1)\}})$는 위상동형사상임을 상기하자. 이제 임의의 열린집합 $U\in\mathscr{U}_{S^1}$을 택하자.

(i) 만약 $(0,\ 1)\notin U$이면 $U\subset S^1-\{(0,\ 1)\}$이므로

$$h^{-1}(U)=(h|_X)^{-1}(U)\subset X\subset X^*$$

이다. 축소함수 $h|_X$가 위상동형사상이므로 $h^{-1}(U)\in\mathscr{U}_X\subset\mathscr{U}_X^*$이다.

(ii) 만약 $(0,\ 1)\in U$이면 S^1이 콤팩트인 하우스도르프 공간이고 $S^1-U=C$ $(\not\ni(0,\ 1))$라 놓으면 C가 S^1의 닫힌집합이므로 C는 $(S^1,\ \mathscr{U}_{S^1})$의 콤팩트집합이다. 그런데 축소함수 $h|_X$가 위상동형사상이므로

$$h^{-1}(C)=(h|_X)^{-1}(C)\subset X$$

은 $(X,\ \mathscr{U}_X)$에서 콤팩트이다. 따라서

$$\begin{aligned}h^{-1}(U)&=h^{-1}(S^1-C)=h^{-1}(S^1)-h^{-1}(C)\\&=X^*-h^{-1}(C)\in\mathscr{U}_X^*-\mathscr{U}_X\subset\mathscr{U}_X^*\end{aligned}$$

이 되어 h는 연속사상이다. ■

정리 10.3.15와 정리 10.3.18 그리고 예제 10.3.20에 의하여 다음 성질을 얻는다.

따름정리 10.3.21 (1) 유클리드 공간 $(\mathbb{R},\ \mathscr{U})$의 부분공간 $((a,\ b),\ \mathscr{U}_{(a,\ b)})$의 한점콤팩트화는 $(S^1,\ \mathscr{U}_{S^1})$와 위상동형이다.

(2) 보통위상공간 $(\mathbb{R},\ \mathscr{U})$의 한점콤팩트화는 $(S^1,\ \mathscr{U}_{S^1})$와 위상동형이다. 여기서 $(S^1,\ \mathscr{U}_{S^1}) \subset (\mathbb{R}^2,\ \mathscr{U})$이다.

(3) $([a,\ b),\ \mathscr{U}_{[a,\ b)})$의 한점콤팩트화는 $([a,\ b],\ \mathscr{U}_{[a,\ b]})$와 위상동형이다.

예제 10.3.20과 따름정리 10.3.21에서 다뤘듯이, 위상수학에서 $(\mathbb{R},\ \mathscr{U})$의 한점콤팩트화가 $(S^1,\ \mathscr{U}_{S^1})(\subset (\mathbb{R}^2,\ \mathscr{U}))$와 위상동형이 된다는 사실은 매우 중요한 의미를 갖는다. 더 나아가 $(\mathbb{R}^2,\ \mathscr{U})$의 한점콤팩트화가 $(S^2,\ \mathscr{U}_{S^2})(\subset (\mathbb{R}^3,\ \mathscr{U}))$와 위상동형이 됨을 보이는 것이 매우 의미 있는 일이기에 이 과정들을 상세히 알아보자.

| 예제 10.3.22 | 따름정리 10.3.21에서 다룬 $(\mathbb{R},\ \mathscr{U})$의 한점콤팩트화된 공간 $(\mathbb{R}^*,\ \mathscr{T}^*)$와 $(S^1,\ \mathscr{U}_{S^1})$이 위상동형이 됨을 자세히 살펴보자.

단위원 $S^1 = \{(x,\ y) \in \mathbb{R}^2 \mid x^2 + y^2 = 1\}$ 위의 점 $p = (0,\ 1)$을 택하자. 이제 임의의 점 $(x,\ y) \in S^1 - \{p\}$에 대하여 점 p와 $(x,\ y)$를 잇는 직선이 x축 $\mathbb{R} \times \{0\}$과 만나는 점의 x좌표를 $h(x,\ y)$로 정의한 사상

$$h : S^1 - \{p\} \to \mathbb{R}, \quad h(x,\ y) = \frac{x}{1-y}$$

는 연속이다 (그림 10.11 참조).

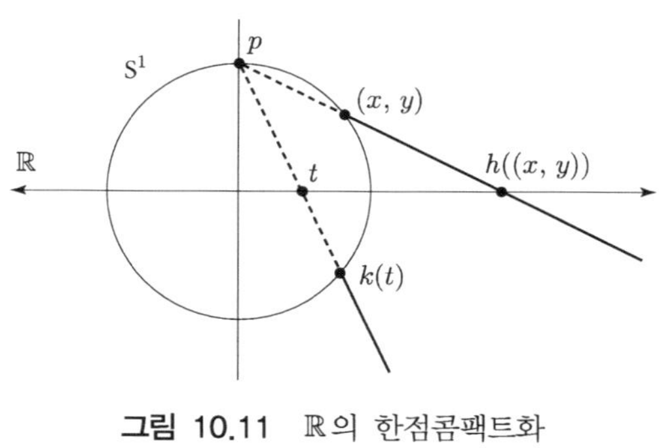

그림 10.11 $\mathbb{R}$의 한점콤팩트화

역으로 임의의 점 $t\in\mathbb{R}$에 대하여 $(t,\ 0)\in\mathbb{R}\times\{0\}$과 p를 잇는 직선이 원 S^1과 만나는 p와 다른 점을 $k(t)$로 정의한 사상

$$k:\mathbb{R}\to S^1-\{p\},\ k(t)=\left(\frac{2t}{1+t^2},\ 1-\frac{2}{1+t^2}\right)$$

은 연속이고 (그림 10.11 참조) h와 k는 서로 역함수 관계이므로 h는 위상동형사상이다. 이제 h를 확장하여 다음과 같은 확대사상

$$\tilde{h}:S^1\to\mathbb{R}^*=\mathbb{R}\cup\{*\},\ \tilde{h}((x,\ y))=\begin{cases}h((x,\ y)), & (x,\ y)\in S^1-\{p\}\\ *, & (x,\ y)=p\end{cases}$$

는 연속함수가 되므로 정리 10.1.16에 의하여 위상동형사상이다. ■

이제 $\mathbb{R}^n$의 한점콤팩트화는 $S^n(\subset\mathbb{R}^{n+1})$와 위상동형임을 보이자.

| 예제 10.3.23 | $(\mathbb{R}^n,\ \mathscr{U})$의 한점콤팩트화는 $(S^n,\ \mathscr{U}_{S^n})$과 위상동형공간임을 보이자 (예제 5.2.8 참조). 단위구면

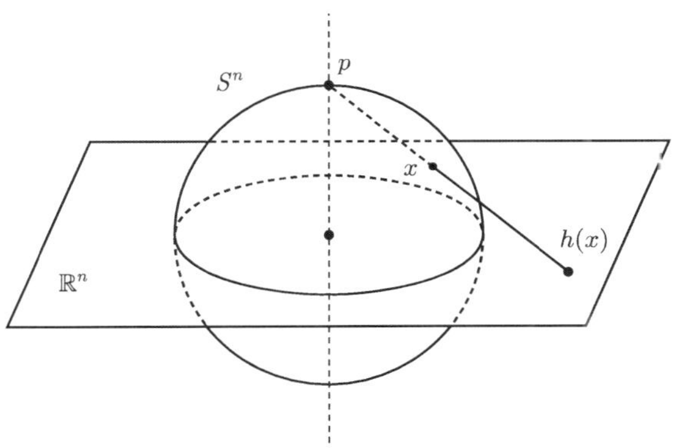

그림 10.12 극사영사상 (stereographic projection)

$$S^n=\left\{x\in\mathbb{R}^{n+1}\,|\,\|x\|=1\right\}$$

위의 점 $p=(0,\ 0,\ \cdots,\ 0,\ 1)\in\mathbb{R}^{n+1}$을 택하자. 이제 각 점 $x\in S^n-\{p\}$에 대하여 점 p와 x를 잇는 직선이 $\mathbb{R}^n\times\{0\}$과 만나는 점을 $(h(x),\ 0)\in\mathbb{R}^n\times\{0\}$으로 정의한 사상

$$h : S^n - \{p\} \to \mathbb{R}^n,\ h(x_1,\ x_2,\ \cdots,\ x_n,\ x_{n+1}) = \frac{1}{1-x_{n+1}}(x_1,\ x_2,\ \cdots,\ x_n)$$

는 연속이다(그림 10.12 참조). 이러한 사상 h를 **극사영사상**(stereographic projection)이라 한다. 역으로 각 점 $t \in \mathbb{R}^n$에 대해 $(t,\ 0) \in \mathbb{R}^n \times \{0\}$과 p를 잇는 직선이 S^n과 만나는 p와 다른 점을 $k(t)$로 정의한 사상

$$k : \mathbb{R}^n \to S^n - \{p\},$$
$$k(t) = \left(\frac{2t_1}{1+\|t\|^2},\ \frac{2t_2}{1+\|t\|^2},\ \cdots,\ \frac{2t_n}{1+\|t\|^2},\ 1-\frac{2}{1+\|t\|^2}\right)$$

도 연속이고 h와 k는 서로 역함수 관계이므로 h는 위상동형사상이다. 이제 h를 확대한 사상

$$\tilde{h} :\ S^n \to (\mathbb{R}^n)^* = \mathbb{R}^n \cup \{*\},\ \tilde{h}(x) = \begin{cases} h(x), & x \in S^n - \{p\} \\ *, & x = p \end{cases}$$

는 연속함수가 되므로 정리 10.1.16에 의하여 위상동형사상이다. ■

| 예제 10.3.24 | 유클리드 공간 $(\mathbb{R},\ \mathscr{U})$의 부분공간 $([0,\ a),\ \mathscr{U}_{[0,\ a)})$의 한점콤팩트화는 $([0,\ a],\ \mathscr{U}_{[0,\ a]})$와 위상동형이다. 구체적으로 $X = [0,\ a)$라 하고 $X^* = X \cup \{*\}(* \notin X)$라 하자. 이제 함수

$$h\colon X^* = [0,\ a) \cup \{*\} \to [0,\ a],\ h(t) = \begin{cases} t, & 0 \le t < a \\ a, & t = * \end{cases}$$

가 위상동형사상임을 보이자. 여기서 $(X^*,\ \mathscr{T}^*)$를 $([0,\ a),\ \mathscr{U}_{[0,\ a)})$의 한점콤팩트화라 하자.

(i) h는 전단사임은 명백하다.

(ii) $(X^*,\ \mathscr{T}^*)$가 콤팩트공간이고 $([0,\ a],\ \mathscr{U}_{[0,\ a]})$가 하우스도르프 공간이므로 정리 10.1.16에 의하여 h가 연속함수임을 보이면 된다. 이제 U를 $([0,\ a],\ \mathscr{U}_{[0,\ a]})$의 임의의 열린집합이라 하자.

만약 $a \notin U$이면 $U \subset [0,\ a) \subset [0,\ a]$이고, 축소사상 $h|_X$는 항등사상 1_X이다. 그러므로 $h|_X$는 위상동형사상이므로

$$h^{-1}(U)=(h|_X)^{-1}(U)=U\subset[0,\ a)\subset X^*$$

이다. 따라서 $h^{-1}(U)\in\mathscr{U}_{[0,\ a)}\subset\mathscr{T}^*$이다.

만약 $a\in U$이면 $[0,\ a]$가 콤팩트인 하우스도르프 공간이므로 $[0,\ a]-U=C$라 놓으면 C가 $([0,\ a],\ \mathscr{U}_{[0,\ a]})$의 닫힌집합이므로 C는 $([0,\ a],\ \mathscr{U}_{[0,\ a]})$의 콤팩트집합이다. 그리고 $a\notin C$이므로 $C\subset X$이다. 또한 $(h|_X)^{-1}$은 연속이므로

$$h^{-1}(C)=(h|_X)^{-1}(C)\subset X$$

은 X의 콤팩트집합이다. 따라서

$$\begin{aligned}h^{-1}(U)&=h^{-1}([0,\ a]-C)=h^{-1}([0,\ a])-h^{-1}(C)\\&=X^*-h^{-1}(C)=X^*-(h|_X)^{-1}(C)\\&=X^*-C\in\mathscr{T}^*-\mathscr{U}_X\subset\mathscr{T}^*\end{aligned}$$

이다. 따라서 h는 연속함수이다. ■

같은 방법으로 다음을 알 수 있다.

참고 10.3.25 (1) $([a,\ b),\ \mathscr{U}_{[a,\ b)})$의 한점콤팩트화는 $([a,\ b],\ \mathscr{U}_{[a,\ b]})$와 위상동형이다.

(2) $((a,\ b],\ \mathscr{U}_{(a,\ b]})$의 한점콤팩트화는 $([a,\ b],\ \mathscr{U}_{[a,\ b]})$와 위상동형이다.

(3) 실공간 $\mathbb{R}^n$상의 한 점 p를 중심으로 한 열린구

$$B(p,\ r)=\{x\in\mathbb{R}^n\,|\,\|x-p\|<r\}$$

의 한점콤팩트화는 $(S^n,\ \mathscr{U}_{S^n})$과 위상동형이다. 왜냐하면 $B(p,\ r)\approx\mathbb{R}^n$이고, 정리 10.3.15에 의해서 $(B(p,\ r),\ \mathscr{U}_{B(p,\ r)})$의 한점콤팩트화는 $(S^n,\ \mathscr{U}_{S^n})$과 위상동형이다.

(4) 따름정리 10.3.13, 정리 10.3.15, 정리 10.3.18에 의하여, 콤팩트공간이 아닌 국소콤팩트인 하우스도르프 공간 $(X,\ \mathscr{T})$의 한점콤팩트화 $(X^*,\ \mathscr{T}^*)$는 콤팩트인 하우스도르프 공간이고 매장사상 $i:(X,\ \mathscr{T})\to(X^*,\ \mathscr{T}^*)$가 존재하며 $X(\subset X^*)$는 $(X^*,\ \mathscr{T}^*)$의 조밀한 부분집합이다.

이제 국소콤팩트공간의 분리공리 (separation axiom)에 관하여 알아보자.

정리 10.3.26 국소콤팩트인 하우스도르프 공간은 완전정칙공간이다.

증명 $(X, \mathscr{T})$가 국소콤팩트인 하우스도르프 공간이면 따름정리 10.3.13, 정리 10.3.15, 따름정리 10.1.13에 의하여 $(X^*, \mathscr{T}^*)$는 콤팩트인 $\mathscr{T}_2$-공간이므로 정규공간이다. 따라서 $(X^*, \mathscr{T}^*)$는 완전정칙공간이다. 완전정칙공간은 유전적 성질을 가지므로 부분공간 $(X, \mathscr{T})$는 완전정칙공간이다. □

지금까지 하우스도르프 공간의 한점콤팩트화에 관하여 상세히 알아보았다. 일반적으로 콤팩트가 아닌 위상공간의 콤팩트화를 구하는 방법은 여러 가지가 있다. 즉 주어진 공간의 콤팩트화는 정의 10.3.10에서 규정한 조건을 충족하면 되는 것이다. 이제 한점콤팩트화가 아닌 다른 형태의 콤팩트화를 알아보자.

| 예제 10.3.27 | (1) $(\mathbb{R}, \mathscr{U})$의 부분공간 $(Y=[a, b], \mathscr{U}_Y)$는 $(X=(a, b), \mathscr{U}_X)$의 콤팩트화이다. 왜냐하면 포함사상 $i: X \hookrightarrow Y$에 의하여 유도되는 $(X, \mathscr{U}_X)$의 콤팩트화가 $(Y, \mathscr{U}_Y)$이기 때문이다. 자세히 살펴보면 i는 $i(X)=X \subset Y$인 위상동형사상이고 $\overline{i(X)}=\overline{X}=Y$이고 $(Y, \mathscr{U}_Y)$는 콤팩트공간이다. 따라서 (Y, i)는 $(X, \mathscr{U}_X)$의 콤팩트화이다 (한점콤팩트화가 아닌 Y는 X에 두 점 a와 b를 붙혀서 생성된 공간이다). 실제로 $(Y, \mathscr{U}_Y)$는 $(X, \mathscr{U}_X)$의 하우스도르프 콤팩트화이다. 즉 (Y, i)는 $(X, \mathscr{U}_X)$의 두 점을 첨가한 콤팩트화이다.

(2) 보통위상공간 $(\mathbb{R}^2, \mathscr{U})$의 부분공간 $(Z:=I^2, \mathscr{U}_Z)$는 콤팩트 하우스도르프 공간이다 (여기서 $I=[0, 1]$이다). 이제 $(X=(0, 1), \mathscr{U}_X)$라 하고, **넣기사상** (embedding: 매장사상)

$$h: X \hookrightarrow Z, \quad h(x)=(x, \sin\frac{1}{x})$$

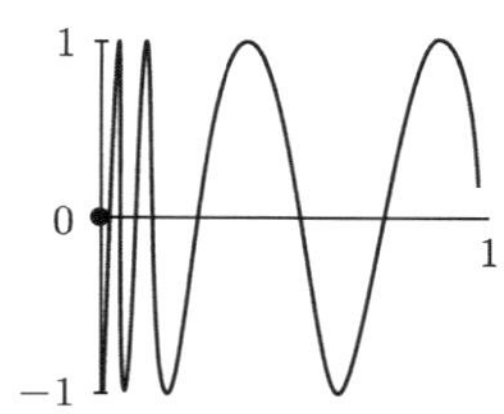

그림 10.13 $h(X)$의 폐포

를 생각하자 (그림 10.13 참조).

$$\overline{h(X)} = \{(x, \sin\frac{1}{x}) | x \in (0, 1)\} \cup \{(0, t) | -1 \le t \le 1\} \cup \{(1, \sin 1)\}$$

이므로, $\overline{h(X)}$를 W라 놓으면 $(X, \mathscr{U}_X)$의 콤팩트화는 $(W, \mathscr{U}_W)$인데 이것은 한점콤팩트화는 아니다. ■

지금까지 콤팩트공간이 아닌 국소콤팩트인 하우스도르프 콤팩트화와 일반위상공간의 콤팩트화에 관하여 알아보았다.

이제 완전정칙공간에 대하여 앞에서 언급한 방법과 다른 방법으로 콤팩트화를 만드는 방법을 알아보자.

한 위상공간 $(X, \mathscr{T})$가 완전정칙공간 (Tychonoff 공간, $T_{3\frac{1}{2}}$ 공간)이기 위한 필요충분조건은 다음 함수

$$\rho : X \to \prod_f I_f, \ \rho(x) = (f(x))_{f \in C(X, I)}, \ I = [0, 1],$$
$$C(X, I) = \{f \mid f : X \to I\text{는 연속함수이다}\}, \ f(x) \in I_f := [0, 1]$$

에 의하여 X와 $\rho(X)$는 위상동형이 되는 것임이 밝혀졌다[28]. 이 성질을 이용하여 X의 스톤체크 (Stone-Čech) 콤팩트화를 만들 수 있다. 이 정의는 다음과 같이 아래 두 가지 방법으로 정의할 수 있다.

정의 10.3.27 (1) 완전정칙공간 $(X, \mathscr{T})$에 대하여 $\beta X = \overline{\rho(X)} \subset \prod_f I_f$라 할 때 $(\beta X, \rho)$를 $(X, \mathscr{T})$의 **스톤체크 콤팩트화** (Stone-Čech compactification)라 한다 (여기서 $I_f = [0, 1]$이다).

βX는 콤팩트공간 $\prod_f I_f$의 닫힌집합이므로 콤팩트집합이고, 하우스도르프 공간이며 $X \subset \beta X$이고 $\overline{X} = \beta X$이다. 즉, 모든 완전정칙공간은 Stone-Čech 콤팩트화를 할 수 있다.

(2) 완전정칙공간 $(X, \mathscr{T})$에 대하여 X의 콤팩트화 Y가 존재하여 "임의의 유계인 연속사상 $f : X \to \mathbb{R}$에 대하여 f의 확장 (extension) $\tilde{f} : Y \to \mathbb{R}$이 유일하게 존재하게 되는데 이 위상공간 Y를 X의 Stone-Čech 콤팩트화라 하고 $\beta(X)$로 표기한다.

이제 주어진 완전정칙공간 $(X, \mathscr{T})$의 Stone-Čech 콤팩트화 βX가 동치적으로 유일함을 보이자. 이를 위해 다음 성질을 이용한다. 이 성질을 Stone-Čech 콤팩트화에 대한 **보편적 성질**(universal property)이라 한다.

참고 10.3.28 $\beta(X)$를 완전정칙공간 X의 Stone-Čech 콤팩트화라 하자. 그러면 임의로 주어진 콤팩트 하우스도르프 공간 K와 연속사상 $f: X \to K$에 대하여 f의 유일한 확장 $\tilde{f}: \beta(X) \to K$가 존재한다.

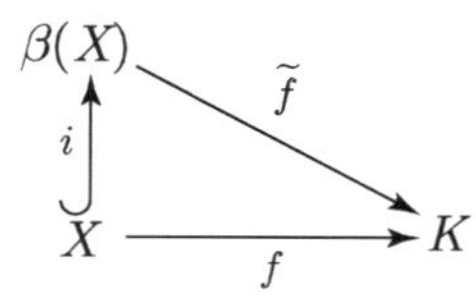

이를 활용하여 다음 결과를 얻는다.

참고 10.3.29 완전정칙공간 X의 Stone-Čech 콤팩트화 $\beta(X)$는 동치적으로 유일하다. 즉, Y_1과 Y_2가 X의 Stone-Čech 콤팩트화이면 Y_1과 Y_2는 동치적이다.

증명 Y_1과 Y_2가 X의 Stone-Čech 콤팩트화라 하자. 먼저 Y_2가 콤팩트 하우스도르프이고 포함사상 $j_2: X \hookrightarrow Y_2$, $j_2(x) = x$가 연속이므로 j_2의 유일한 확장 $f_2: Y_1 \to Y_2$가 존재한다. 또한 Y_1이 콤팩트 하우스도르프이고 포함사상 $j_1: X \hookrightarrow Y_1$, $j_1(x) = x$이 연속이므로 j_1의 유일한 확장 $f_1: Y_2 \to Y_1$이 존재한다.

한편 합성함수 $f_1 \circ f_2: Y_1 \to Y_1$는 모든 $x \in X$에 대하여 $f_1 \circ f_2(x) = x$이다. 즉, 연속사상 $f_1 \circ f_2$는 j_1의 확장이다. 또한 항등사상 $1_{Y_1}: Y_1 \to Y_1$, $1_{Y_1}(y) = y$도 j_1의 확장이다. 그리고 확장의 유일성에 의해 $f_1 \circ f_2 = 1_{Y_1}$이다. 같은 방법으로 $f_2 \circ f_1 = 1_{Y_2}$임을 보일 수 있다. 따라서 f_1과 f_2는 모두 위상동형사상이고, 모든 점 $x \in X$에 대하여

$$f_1(x) = j_1(x) = x, \ f_2(x) = j_2(x) = x$$

이다. 따라서 Y_1과 Y_2는 동치적이다. □

연습문제 10.3

1. 보통위상공간 $(\mathbb{R},\ \mathscr{U})$의 실수집합 $\mathbb{R}$에 두 점 $-\infty$와 ∞를 첨가하여 $\hat{\mathbb{R}}=\mathbb{R}\cup\{-\infty,\ \infty\}$라 하자. 이것을 확대실직선(extended real line)이라 한다. 여기서 임의의 실수 $a\in\mathbb{R}$에 대하여 $-\infty<a<\infty$라고 순서를 정하고 실수들 사이의 순서는 기존의 순서를 따른다. 여기서 임의의 $a,\ b\in\mathbb{R}$에 대하여

$$(a,\ b)=\{x\mid a<x<b\},\ (a,\ \infty]=\{x\mid a<x\},\ [-\infty,\ b)=\{x\mid x<b\}$$

라 정의하자.

$$\mathscr{B}(\subset\mathscr{P}(\hat{\mathbb{R}}))=\{(a,\ b),\ [-\infty,\ b),\ (a,\ \infty]\mid a,\ b\in\mathbb{R}\}$$

라 놓고 다음을 답하시오.

(1) $\mathscr{B}$는 $\hat{\mathbb{R}}$상의 한 위상을 위한 기저임을 보이시오.

(2) $(\hat{\mathbb{R}},\ \mathscr{U}_{\mathscr{B}})$는 콤팩트공간임을 보이시오(여기서는 $\mathscr{U}_{\mathscr{B}}$는 $\mathscr{B}$에 의하여 생성된 $\hat{\mathbb{R}}$상의 위상이다).

(3) $(\mathbb{R},\ \mathscr{U})$는 $(\hat{\mathbb{R}},\ \mathscr{U}_{\mathscr{B}})$의 부분공간임을 보이시오.

(4) $(\hat{\mathbb{R}},\ \mathscr{U}_{\mathscr{B}})$는 $([a,\ b],\ \mathscr{U}_{[a,\ b]})$와 위상동형임을 보이시오.

2. 열린구간 $(0,\ a)\subset\mathbb{R}$에 위상(여기서 a는 정해진 한 자연수이다)

$$\mathscr{T}=\{\varnothing,\ (0,\ a)\}\cup(\frac{1}{n},\ a)\mid n\in\mathbb{N}-\{1\}\}$$

를 준 위상공간 $(X=(0,\ a),\ \mathscr{T})$를 생각하자.

(1) $(X,\ \mathscr{T})$는 하우스도르프 공간이 아님을 보이시오.

(2) $(X,\ \mathscr{T})$는 콤팩트공간이 아님을 보이시오.

(3) $(X,\ \mathscr{T})$는 국소콤팩트공간임을 보이시오.

(4) $(X,\ \mathscr{T})$의 공집합이 아닌 모든 열린집합의 폐포는 콤팩트가 아님을 보이시오.

3. 국소콤팩트공간은 무한곱성질을 만족하지 않음을 예를 들어 설명하시오(힌트 : $(\mathbb{R}^{\omega},\ \mathscr{T}_p)$를 생각하자).

4. $\mathbb{Z}$상에서 $S=\{\{2m-1,\ 2m,\ 2m+1\}\mid m\in\mathbb{Z}\}$을 부분기저로 하여 생성된 $\mathbb{Z}$상의 위상을 $\mathscr{T}_S$라 할 때 다음을 구하시오.
   (1) $(\mathbb{Z},\ \mathscr{T}_S)$는 콤팩트공간인가?
   (2) $(\mathbb{Z},\ \mathscr{T}_S)$는 국소콤팩트공간인가?
   (3) $(\mathbb{Z}^*, \mathscr{T}_S{}^*)$를 구하시오. (힌트 : $(\mathbb{Z}, \mathscr{T}_S)$는 T_2 공간은 아니므로 참고 10.3.16(1) 방법에 의하여 진행해야 함)

5. 보통위상공간 $(\mathbb{R},\ \mathscr{U})$의 부분공간 $(\mathbb{N},\ \mathscr{U}_{\mathbb{N}})$의 한점콤팩트화는 $(\mathbb{R},\ \mathscr{U})$의 부분공간 $(Y,\ \mathscr{U}_Y)$와 위상동형임을 보이시오(여기서 $Y=\{0\}\cup\left\{\frac{1}{n}\ \middle|\ n\in\mathbb{N}\right\}$이다).

6. $(\mathbb{R}^2,\ \mathscr{U})$의 부분공간 X를 다음과 같이 정의하자.

$$X=\{(x,\ \sin\frac{1}{x})\mid 0<x\le 1\}\cup\{(x,\ \sin\frac{1}{x})\mid -1\le x<0\}$$
$$\cup\{(0,\ t)\mid \frac{-1}{2}\le t\le\frac{1}{2}\}$$

   이때 $(X,\ \mathscr{U}_X)$가 국소콤팩트인가?

7. $\mathbb{R}$상에 하극한위상 $\mathbb{R}_l$을 생각하자. 그때 $[a,\ b)(\subset\mathbb{R})$는 콤팩트집합이 아님을 보이시오(힌트 : $\mathscr{U}=\left\{\left[\frac{a+(2^{n-1}-1)b}{2^{n-1}},\ \frac{a+(2^n-1)b}{2^n}\right)\middle|\ n\in\mathbb{N}\right\}$는 $[a,\ b)$의 열린덮개이지만 유한부분덮개를 갖지 않음을 보이자).

8. 참고 10.3.16에서 주어진 $\mathscr{T}^*$에 의하여 $(X^*,\ \mathscr{T}^*)$가 콤팩트공간이 됨을 밝히시오.

9. 곱공간 $\prod_{\alpha\in\Lambda}X_\alpha$가 국소콤팩트일 필요충분조건은 유한개를 제외한 X_α는 콤팩트이고 나머지 유한개의 X_α는 국소콤팩트임을 보이시오.

10. 정리 10.3.15의 한점콤팩트화 $(X^*,\ \mathscr{T}^*)$에 대하여 다음을 설명하시오.
   (1) $(X,\ \mathscr{T})$는 닫힌부분공간이 아님을 보이시오.
   (2) 한점 $*\in X^*-X$에 대하여 한원소집합 $\{*\}$는 열린집합이 아님을 보이고, 닫힌집합임을 보이시오.

11. $(S_\Omega, \mathscr{T}_o)$의 한점콤팩트화는 $(\overline{S_\Omega} = S_\Omega \cup \{\Omega\}, \mathscr{T}_o^*)$이다.

12. 곱공간 $\mathbb{R}^\omega$는 국소콤팩트공간이 아님을 보이시오.

13. $([0, 1], \mathscr{U}_{[0, 1]})$은 $((0, 1), \mathscr{U}_{(0, 1)})$의 콤팩트화이지만 Stone-Čech 콤팩트화는 아님을 보이시오.

14. $(X^*, \mathscr{T}^*)$를 $(X, \mathscr{T})$의 한점콤팩트화라 하자(여기서 정리 10.3.15와 참고 10.3.16의 방법 중 어느 것을 택해도 성립함). C가 $(X, \mathscr{T})$에서 닫힌집합일 때 C가 $(X^*, \mathscr{T}^*)$에서 닫힌집합일 필요는 없음을 보이시오.

15. 부분공간 $((0, 1), \mathscr{U}_{(0, 1)})$과 이산공간 $(\mathbb{Z}, \mathscr{U}_{\mathbb{Z}})$에 대하여 곱공간$((0, 1)\times \mathbb{Z}, \mathscr{T}_p)$의 한점콤팩트화를 구하시오.

16. 전순서집합 $(\mathbb{N}, \leq)$, $(\mathbb{N}_k, \leq)(k \neq 1)$에 의하여 유도된 사전식순서집합 $(\mathbb{N}_k \times \mathbb{N}, \leq)$에 의하여 생성된 순서위상공간 $(\mathbb{N}_k \times \mathbb{N}, \mathscr{T}_o)$이 국소콤팩트공간임을 보이시오.

10.4 파라콤팩트공간과 거리화 정리

paracompact 개념도 콤팩트 개념과 더불어 위상수학 전반에 걸쳐서 중요한 역할을 한다. paracompact 개념은 주어진 위상공간의 덮개와 세분덮개에 의하여 표현되기에 몇 가지 기본용어를 소개한다.

정의 10.4.1 위상공간 X의 부분집합들의 모임 $\{A_\alpha \mid \alpha \in M\}$과 $\{B_\beta \mid \beta \in L\}$을 생각하자.

(1) 임의의 B_β에 대하여 $B_\beta \subset A_\alpha$가 되는 어떤 A_α가 존재할 때 $\{B_\beta\}$를 $\{A_\alpha\}$의 **세분**(refinement)이라 하고 $\{B_\beta\} < \{A_\alpha\}$로 표시한다. 특별히 $\{B_\beta \mid \beta \in L\}$에서 임의의 $\beta \in L$에 대하여 B_β가 X의 열린집합이면 $\{B_\beta\}$를 $\{A_\alpha\}$의 **열린세분**이라 하고, 임의의 $\beta \in L$에 대하여 B_β가 X의 닫힌집합이면 $\{B_\beta\}$를 $\{A_\alpha\}$의 **닫힌세분**이라 한다.

(2) X의 부분집합들의 모임 $\mathscr{A}$가 **국소유한**(locally finite)이란 임의의 점 $x \in X$가 $\mathscr{A}$의 유한개의 원소만 만나는 열린근방을 갖는다는 뜻이다.

| 예제 10.4.2 | 보통거리공간 $(\mathbb{R},\ d)$의 부분집합들의 모임 $\mathscr{A} = \{(x-1,\ x+1) \mid x \in \mathbb{R}\}$는 국소유한이 아니다. 한편 $\mathscr{B} = \{(n-1,\ n+1) \mid n \in \mathbb{Z}\}$는 $(\mathbb{R},\ d)$에서 국소유한이고 $\mathscr{A}$의 열린세분이다. ■

위상공간 X의 한 덮개 $\{A_\alpha \mid \alpha \in M\}$에 대하여 이 덮개의 임의의 부분덮개 $\{B_\beta \mid \beta \in L\}$($L \subset M$이다)은 $\{B_\beta\} < \{A_\alpha\}$이 성립한다. 즉 $\{B_\beta\}$는 $\{A_\alpha\}$의 한 세분임을 알 수 있다.

위상공간 X에 대하여 콤팩트 개념도 세분의 개념으로 다음과 같이 표현할 수 있다. X가 콤팩트공간이기 위한 필요충분조건은 X의 임의의 열린덮개 $\{A_\alpha \mid \alpha \in M\}$에 대하여 $\{A_\alpha\}$의 유한인 열린세분 $\{B_\beta\}$가 존재하는 것임을 알 수 있다.

이제 콤팩트 개념보다 좀 더 약한 성질을 갖는 paracompact 개념을 소개한다.

정의 10.4.3 하우스도르프 공간 X가 **파라콤팩트**(paracompact)란 X의 임의의 열린덮개 $\mathscr{A}$에 대하여 국소유한인 열린세분 $\mathscr{B}$가 존재함을 뜻한다.

정의 10.4.3에 의하여 $\mathscr{B}$는 $\mathscr{A}$의 국소유한인 열린세분 덮개임을 알 수 있다. 더 나아가 콤팩트 하우스도르프 공간은 paracompact 공간임을 알 수 있다.

| 예제 10.4.4 | (1) 임의의 이산공간은 paracompact이다.
(2) 보통거리공간 $(\mathbb{R}, d)$는 paracompact이다.

풀이 (1) 이산공간 $(X, \mathscr{D})$는 하우스도르프 공간이다. $\mathscr{A}$를 X의 임의의 열린덮개라 하자. $\mathscr{A}$의 국소유한부분덮개 $\{\{x\} \mid \exists\ ^{\forall}x \in X\} = \mathscr{A}'(\subset \mathscr{A})$를 택할 수 있고, $\mathscr{A}'$가 국소유한인 열린세분임은 명백하다.
예를 들면 $(\mathbb{Z}, \mathscr{D})$에서 $\mathscr{A}$를 $\mathbb{Z}$의 임의의 열린덮개라 하자.

$$\mathscr{A}' = \{\{n\} \mid n \in \mathbb{Z}\}$$

으로 놓으면 $\mathscr{A}'$은 $\mathscr{A}$의 열린세분이고 국소유한이다. 왜냐하면 임의의 $n \in \mathbb{Z}$에 대하여 n의 열린근방 $\{n\}$은 $\mathscr{A}'$의 한 원소와 만나기 때문이다.

(2) 먼저 $(\mathbb{R}, d)$는 하우스도르프 공간임은 명백하다. $\mathscr{A}$를 $\mathbb{R}$의 임의의 열린덮개라 하자. 그러면 각각의 정수 $n \in \mathbb{Z}$에 대하여 $[n, n+1]$이 콤팩트이므로 $[n, n+1]$을 덮는 $\mathscr{A}$의 유한부분덮개 $\mathscr{A}_n$이 존재한다. 이제

$$\mathscr{B}_n = \{U \cap (n-1, n+2) \subset \mathbb{R} \mid U \in \mathscr{A}_n\}$$

이라 하고, $\mathscr{B} = \bigcup_{n \in \mathbb{Z}} \mathscr{B}_n$이라 하자. 그러면 $\mathscr{B}$는 국소유한인 열린덮개로서 $\mathscr{A}$의 세분이 된다. 따라서 $(\mathbb{R}, d)$는 파라콤팩트이다. □

이제 paracompact 공간은 유전적 성질을 갖지 않지만 제한적인 조건(닫힌부분집합)에서 유전적 성질을 조사하자.

정리 10.4.5 paracompact 공간의 닫힌부분집합은 paracompact이다.

증명 F를 paracompact 공간 X의 닫힌부분집합이라 하고, $\{B_\alpha \mid \alpha \in M\}$을 부분공간 F의 열린덮개(상대위상을 활용함)라 하자. 각 $\alpha \in M$에 대하여 $B_\alpha = F \cap A_\alpha$가 되는 X의 열린집합 A_α가 존재한다. 그러면 $\{A_\alpha \mid \alpha \in M\}$

$\cup F^c = X$이므로 $\{A_\alpha \mid \alpha \in M\} \cup \{F^c\}$는 X의 열린덮개이다. X가 paracompact이므로 국소유한인 열린세분 $\mathscr{B}$가 존재한다. 실제로 $\mathscr{B}$는 한 집합 $C \subset F^c$와 각 $\alpha \in M$에 대하여 $C_\alpha \subset A_\alpha$인 모임 $\{C_\alpha \mid \alpha \in M\}$으로 이루어진 것이라고 가정하여도 일반성을 잃지 않는다. 왜냐하면 위상공간 X가 paracompact 공간일 때 $\mathscr{A} = \{A_\alpha \mid \alpha \in M\}$이 X의 열린덮개라면 X의 국소유한 열린덮개로서 $\{C_\alpha \mid \alpha \in M\}$가 존재하고 모든 $\alpha \in M$에 대하여 $C_\alpha \subset A_\alpha$를 만족하기 때문이다. 이제 각 $\alpha \in M$에 대하여 $F \cap C_\alpha \subset F \cap A_\alpha = B_\alpha$이고, $\mathscr{B}$는 국소유한인 열린세분이므로 $\{F \cap C_\alpha \mid \alpha \in M\}$은 F의 국소유한인 열린덮개이며 $\{B_\alpha \mid \alpha \in M\}$의 세분이다. 따라서 F는 paracompact이다.

□

이제 paracompact 공간과 정규공간 사이의 관계를 알아보자.

정리 10.4.6 paracompact 공간은 정규공간이다.

증명 정의에 의하여 paracompact 공간은 T_1 공간이다.

(i) 먼저 paracompact 공간이 정칙공간임을 보이자. X의 임의의 닫힌집합 A와 그 밖의 임의의 한 점 $b \in X - A$를 생각하자. X가 하우스도르프 공간이므로 임의의 점 $a \in A$에 대하여

$$a \in U_a,\ b \in V_a \text{이고 } U_a \cap V_a = \varnothing$$

을 만족하는 열린집합 U_a와 V_a가 존재한다. 그러면 $U_a \subset V_a^c$이고 V_a^c가 닫힌집합이므로 $\overline{U_a} \subset V_a^c$이 된다. 따라서 $a \in U_a$, $b \not\in \overline{U_a}$를 만족하는 열린집합 U_a를 얻는다. 이제 X의 열린덮개

$$\mathscr{A} = \{U_a \mid a \in A\} \cup \{X - A\}$$

를 생각하자. 한편 X가 paracompact이므로 $\mathscr{A}$의 국소유한 열린세분덮개 $\mathscr{B}$가 존재한다. 그러면 $\mathscr{B}$의 부분모임

$$\mathscr{B}' = \{V \in \mathscr{B} \mid V \cap A \neq \varnothing\}$$

은 A를 덮는다. 그리고 $\mathscr{B}$가 $\mathscr{A}$의 세분이므로 임의의 $V \in \mathscr{B}'$에 대하

여 $b \notin \overline{V}$임을 알 수 있다. 이제 $U = \bigcup_{V \in \mathscr{B}'} V$라 하자. 그러면 $\mathscr{B}'$이 국소유한이므로

$$\overline{U} = \bigcup_{V \in \mathscr{B}'} \overline{V}$$

이다(위상공간 X의 부분집합들의 모임 $\mathscr{A}$가 국소유한이면 $\overline{\bigcup_{A \in \mathscr{A}} A} = \bigcup_{A \in \mathscr{A}} \overline{A}$이라는 성질을 활용함).

그래서 $A \subset U$이고 $b \notin \overline{U}$이 된다. 그러므로 열린집합 U와 $(\overline{U})^c$에 대하여

$$A \subset U,\ b \in (\overline{U})^c\text{이고 } U \cap (\overline{U})^c = \varnothing$$

이 되어서 X는 정칙이다.

(ii) 이제 paracompact 공간 X가 정규공간임을 보이자. A와 B를 서로소인 임의의 닫힌집합이라 하자. (i)에 의하여 X가 정칙이므로 임의의 점 $a \in A$에 대하여

$$a \in U_a,\ B \subset V_a\text{이고 } U_a \cap V_a = \varnothing$$

을 만족하는 열린집합 U_a와 V_a가 존재한다. 그러면 $U_a \subset V_a^c$이고 V_a^c이 닫힌집합이므로 $\overline{U_a} \subset V_a^c$이 된다. 따라서 $a \in U_a$, $B \cap \overline{U_a} = \varnothing$를 만족하는 열린집합 U_a를 얻었다. 이제 X의 열린덮개

$$\mathscr{A} = \{U_a \mid a \in A\} \cup \{X - A\}$$

를 생각하자. 한편 X가 paracompact이므로 $\mathscr{A}$의 국소유한 열린세분덮개 $\mathscr{B}$가 존재한다. 그러면 $\mathscr{B}$의 부분모임

$$\mathscr{B}' = \{V \in \mathscr{B} \mid V \cap A \neq \varnothing\}$$

은 A를 덮는다. 그리고 $\mathscr{B}$가 $\mathscr{A}$의 세분이므로 임의의 $V \in \mathscr{B}'$에 대하여 $B \cap \overline{V} = \varnothing$이 된다. 이제 $U = \bigcup_{V \in \mathscr{B}'} V$라 하자. 그러면 $\mathscr{B}'$이 국소유한이므로 $\overline{U} = \bigcup_{V \in \mathscr{B}'} \overline{V}$이다. 그래서 $A \subset U$이고 $B \cap \overline{U} = \varnothing$이 된다. 그러므로 열린집합 U와 $(\overline{U})^c$에 대하여

$$A \subset U,\ B \subset (\overline{U})^c \text{이고 } U \cap (\overline{U})^c = \varnothing$$

이 되어서 X는 정규공간이다. □

정의 10.4.7 위상공간 X의 부분집합들의 모임 $\mathscr{A}$가 σ-**국소유한**(countably locally finite)이란

$$\mathscr{A} = \bigcup_{n \in J} \mathscr{A}_n$$

을 만족하는 가산개의 국소유한인 부분모임 $\mathscr{A}_n \subset \mathscr{A} (n \in J)$이 존재하는 경우를 뜻한다. 여기서 $\mathscr{T}$는 가산집합이다.

정리 10.4.8 X가 정칙공간이면 다음은 모두 동치이다.

(a) X는 파라콤팩트이다.

(b) X의 임의의 열린덮개는 σ-국소유한 열린세분덮개를 갖는다.

(c) X의 임의의 열린덮개는 국소유한 세분덮개를 갖는다.

(d) X의 임의의 열린덮개는 국소유한 닫힌세분덮개를 갖는다.

증명 (a) ⇒ (b) 정의에 의하여 명백하다.

(b) ⇒ (c) $\mathscr{A}$를 X의 열린덮개라 하자. 그러면 (b)에 의하여 $\mathscr{A}$의 σ-국소유한 열린세분덮개 $\mathscr{B}$가 존재한다. 그래서

$$\mathscr{B} = \bigcup_{n \in J} \mathscr{B}_n$$

을 만족하는 국소유한인 부분모임 $\mathscr{B}_n \subset \mathscr{B} (n \in J)$이 존재한다. 여기서 J는 가산집합이므로 $\{1, 2, \cdots, k\}$ 또는 $\mathbb{N}$과 대등함을 유의하자. 이제 각각의 $n \in J$에 대하여

$$V_n = \bigcup_{U \in \mathscr{B}_n} U$$

이라 하자. 그리고 임의의 $n \in \mathbb{N}$과 $U \in \mathscr{B}_n$에 대하여

$$S_n(U) = U - (V_1 \cup V_2 \cup \cdots \cup V_{n-1})$$

이라 하자. 그러면 $S_n(U)$는 일반적으로 열린집합도 닫힌집합도 아니다.

이제

$$\mathscr{C}_n = \{ S_n(U) \mid U \in \mathscr{B}_n \}$$

이라 놓으면 $S_n(U) \subset U$이므로 $\mathscr{C}_n$은 $\mathscr{B}_n$의 세분이 된다. 따라서

$$\mathscr{C} = \bigcup_{n \in J} \mathscr{C}_n$$

이 국소유한 덮개인 것만 보이면 충분하다.

임의의 점 $x \in X$에 대하여

$$n_0 = \min\{ n \in J \mid x \in V_n \}$$

이라 하자. 그러면 $n < n_0$에 대하여 모든 $\mathscr{B}_n$은 x를 원소로 갖지 않는다. 즉, $n < n_0$이면 $x \notin V_n$이다. 그리고 $x \in V_{n_0}$이므로 $x \in U \in \mathscr{B}_{n_0}$를 만족하는 U가 존재하여

$$x \in S_n(U) = U - (V_1 \cup V_2 \cup \cdots \cup V_{n-1})$$

이 된다. 그런데 $S_{n_0}(U) \in \mathscr{C}$이므로 $\mathscr{C}$는 X의 덮개이다.

한편 $\mathscr{B}_n$이 국소유한이므로 임의의 $n \in \{1, 2, \cdots, n_0\}$에 대하여 $\mathscr{B}_n$의 유한개의 원소와 만나는 x의 열린근방 W_n이 존재한다. 만약 W_n이 $\mathscr{C}_n$의 원소 $S_n(V)$와 만난다면 $S_n(V) \subset V$이므로 $W_n \cap V \neq \varnothing$이다. 따라서 W_n은 $\mathscr{C}_n$의 원소 중 유한개와 만나야 한다. 또한 $U \in \mathscr{B}_{n_0}$이므로 U는 $n > n_0$인 $\mathscr{C}_n$의 어떠한 원소와도 만나지 않는다. 따라서 x의 열린근방

$$W_1 \cap W_2 \cap \cdots \cap W_{n_0} \cap U$$

는 $\mathscr{C}$의 원소 중 유한개와만 만난다. 그러므로 $\mathscr{C}$는 국소유한이다.

(c) $\Rightarrow$ (d) $\mathscr{A}$를 X의 열린덮개라 하자. 이제 $\mathscr{B}$를 X의 열린집합 U 중에서 $\overline{U}$가 $\mathscr{A}$의 적당한 원소에 포함되는 것들의 모임이라 하자. 그러면 $\mathscr{A}$가 X의 열린덮개이므로 임의의 점 $x \in X$에 대하여 x의 열린근방 $V \in \mathscr{A}$가 존재한다. 그리고 X가 정칙이므로 $x \in U \subset \overline{U} \subset V$를 만족하는 X의 열린집합 U가 존재하고 $U \in \mathscr{B}$이다. 따라서 $\mathscr{B}$는 X의 열린덮개이다.

한편 (c)에 의하여 $\mathscr{B}$는 국소유한이고 $\mathscr{B}$의 세분인 덮개 $\mathscr{C}$가 존재한다.

그러면 $\mathscr{D}=\{\overline{C}\mid C\in\mathscr{C}\}$는 X의 덮개이고, $\mathscr{D}$도 국소유한이다. 왜냐하면 위상공간 X의 부분집합들의 모임 $\mathscr{A}$가 국소유한이면 $\mathscr{B}=\{\overline{A}\mid A\in\mathscr{A}\}$도 국소유한이기 때문이다. 따라서 $\mathscr{D}$는 $\mathscr{A}$의 닫힌세분이다.

(d) ⇒ (a) $\mathscr{A}$를 X의 열린덮개라 하자. 가정 (d)에 의하여 $\mathscr{A}$의 국소유한 닫힌세분덮개 $\mathscr{B}$가 존재한다. 임의의 점 $x\in X$에 대하여 $\mathscr{B}$의 유한개의 원소와 만나는 x의 열린근방 U가 존재한다. 따라서 X의 열린집합 중에서 $\mathscr{B}$의 유한개의 원소와 만나는 집합들의 모임 $\mathscr{B}'$은 X의 열린덮개가 된다. 그리고 (d)에 의하여 $\mathscr{B}'$의 국소유한 닫힌세분덮개 $\mathscr{C}$가 존재한다. 그러면 $\mathscr{C}$의 원소들은 $\mathscr{B}$의 유한개의 원소와만 만난다. 이제 $\mathscr{B}$의 임의의 원소 B에 대하여

$$\mathscr{C}(B)=\{C\in\mathscr{C}\mid C\subset X-B\}$$

이라 하고

$$E(B)=X-\bigcup_{C\in\mathscr{C}(B)}C$$

이라 하자. 그러면 $B\subset E(B)$이다. 한편 $\mathscr{C}$가 국소유한인 닫힌집합들의 모임이고 $\mathscr{C}(B)\subset\mathscr{C}$이므로 $\mathscr{C}(B)$도 국소유한인 닫힌집합들의 모임이다. 따라서

$$\bigcup_{C\in\mathscr{C}(B)}C=\bigcup_{C\in\mathscr{C}(B)}\overline{C}=\overline{\bigcup_{C\in\mathscr{C}(B)}C}$$

이므로 $\bigcup_{C\in\mathscr{C}(B)}C$는 닫힌집합이다. 그러므로 $E(B)$는 열린집합이다. 그러나

$$\varepsilon=\{E(B)\mid B\in\mathscr{B}\}$$

는 X의 열린덮개는 되지만 $\mathscr{A}$의 세분이 안 될 수도 있고, 국소유한하지 않을 수도 있다.

이제 임의의 $B\in\mathscr{B}$에 대하여 $B\subset F(B)$가 되는 $\mathscr{A}$의 원소 $F(B)$를 하나 택하자. 그리고

$$\mathscr{D}=\{E(B)\cap F(B)\mid B\in\mathscr{B}\}$$

이라 하자. 그러면 $\mathscr{D}$는 $\mathscr{A}$의 세분이 된다. 또한 $B\subset E(B)\cap F(B)$이므로

$\mathscr{D}$는 $\mathscr{A}$의 열린덮개가 된다.

이제 $\mathscr{D}$가 국소유한임을 보이자. $\mathscr{C}$가 국소유한이므로 임의의 점 $x \in X$에 대하여 $\mathscr{C}$의 유한개의 원소 C_1, C_2, $\cdots$, C_n과 만나는 x의 열린근방 W가 존재한다. 그리고 $\mathscr{C}$가 X의 덮개이므로

$$W \subset C_1 \cup \cdots \cup C_n$$

이 된다. 만약 $C \in \mathscr{C}$가 $C \cap (E(B) \cap F(B)) \neq \varnothing$이면 $E(B)$의 정의에 의하여 $C \not\subset X - B$이다. 따라서 $C \cap B \neq \varnothing$이다. 그런데 $\mathscr{C}$의 원소들은 $\mathscr{B}$의 유한개의 원소와만 만나므로 C는 $\mathscr{D}$의 유한개의 원소와 만난다. 따라서 $C_1 \cup \cdots \cup C_n$은 $\mathscr{D}$의 유한개의 원소와 만나므로 W도 $\mathscr{D}$의 유한개의 원소와 만난다. □

따름정리 10.4.9 정칙인 Lindelöf 공간은 paracompact 공간이다.

증명 위상공간 X를 정칙인 Lindelöf 공간이라 하고, $\mathscr{A}$를 X의 임의의 열린덮개라 하자. 그러면 X가 Lindelöf이므로 $\mathscr{A}$의 가산부분덮개 $\mathscr{B} = \{B_n \mid n \in J\}$가 존재한다. 이제 각각의 $n \in J$에 대해 $\mathscr{B}_n = \{B_n\}$이라 하면 $\mathscr{B}_n$은 원소가 하나인 집합이므로 $\mathscr{B}_n$은 당연히 국소유한이고 $\mathscr{B} = \bigcup_{n \in J} \mathscr{B}_n$이므로 $\mathscr{B}$는 $\mathscr{A}$의 σ-국소유한인 열린세분덮개이다. 따라서 정리 10.4.8에 의하여 X는 paracompact이다. □

참고 10.4.10 paracompact 공간과 관련하여 다음 성질을 증명없이 소개한다.

(1) 모든 거리공간은 paracompact이다.

(2) 만약 X가 콤팩트인 하우스도르프 공간이고 Y가 paracompact이면 곱공간 $X \times Y$는 paracompact이다.

(3) (Stone 정리) 모든 거리화가능 공간은 paracompact이다.

정리 10.4.11 위상공간 X가 국소적으로 거리화가능(locally metrizable)이란 임의의 점 $x \in X$에 대하여 부분공간으로서 거리화가능인 x의 열린근방 U가 존재하는 경우를 뜻한다.

이제 거리화가능 공간을 판단할 수 있는 두 가지 정리를 증명은 생략하고 소개한다.

정리 10.4.12 (Nagata-Smirnov 거리화 정리) (참고문헌 [28]의 250쪽 참조) 위상공간 X에 대하여 다음은 동치이다.

(a) X는 거리화가능이다.

(b) X는 정칙이고 σ-국소유한인 기저를 갖는다.

I 예제 10.4.13 I (1) 하극한공간 $\mathbb{R}_l$과 상극한공간 $\mathbb{R}_u$는 각각 거리화가능 공간이 아니다. 왜냐하면 이들 모두 제2가산공간이 아니므로 σ-국소유한인 기저를 갖지 못하기 때문이다.

(2) Khalimsky 선위상공간 $(\mathbb{Z}, K)$는 거리화가능 공간이 아니다. 왜냐하면 이 공간은 T_1 공리조차도 만족하지 않는다. ■

정리 10.4.14 (Smirnov 거리화 정리)([28]의 261쪽 참조) 위상공간 X에 대하여 다음은 동치이다.

(a) X는 거리화가능이다.

(b) X는 paracompact이고 국소적으로 거리화가능이다.

연습문제 10.4

1. 만약 곱공간 $X \times Y$가 paracompact이면 X와 Y 모두 paracompact임을 보이시오.

2. 국소콤팩트이고 하우스도르프 공간이지만 paracompact가 아닌 공간을 찾으시오.

3. 콤팩트 하우스도르프 공간은 파라콤팩트임을 보이시오.

4. 다음을 답하시오.

(1) $X = \{a, b, c, d\}$, $\mathscr{T} = \{\varnothing, X\}$ 일 때 $(X, \mathscr{T})$가 거리화가능 공간이 아

님을 보이시오.

(2) $(\mathbb{R}, \mathscr{T}_c)$($\mathbb{R}$상의 여가산공간)은 거리화가능 공간이 아님을 보이시오.

(3) $(\mathbb{R}, \mathscr{T}_f)$($\mathbb{R}$상의 여유한공간)은 거리화가능 공간이 아님을 보이시오(힌트 : Nagata-Smirnov 정리를 사용함).

5. $\mathbb{R}$상의 K-위상 $\mathbb{R}_K$는 거리화가능 공간이 아님을 보이시오.

[힌트] : ① $(\mathbb{R}, \mathscr{U}) \subsetneq (\mathbb{R}, \mathscr{T}_K) := \mathbb{R}_K$

② $\mathbb{R}_K$ 는 T_2 공간이다.

③ $\mathbb{R}_K$ 는 정칙이기 위한 조건 [R]을 만족하지 못한다.

④ $\mathbb{R}_K$ 는 정칙공간이 아니다.

⑤ Nagata-Smirnov 정리를 활용한다.

6. $X = [0, 1)$이라 하고 $\mathscr{B} = \{[0, \frac{1}{n}) \mid n \in \mathbb{N}\}$이라 할 때 $(X, \mathscr{T}_{\mathscr{B}})$는 거리화가능 공간이 아님을 보이시오.

TOPOLOGY

제 11 장

연결공간

직관적으로 표현하자면 한 위상공간이 분리된 두 개의 열린집합의 합집합으로 이루어진 것이 아닐 때 그 공간은 연결인 것이다. 이 개념을 수학적으로 정확하게 정의한 것이 '연결성(connectedness)'이다. 쉬운 예를 들면, 실수공간(유클리드 1차원 공간)상에서 열린구간 $(a,\ b)$와 닫힌구간 $[a,\ b]$는 연결공간이다. '연결' 개념은 매우 단순한 개념이지만 위상공간들의 분류에 아주 편리하게 이용된다. 예를 들면 원 S^1과 $\mathbb{R}$의 비교, $\mathbb{R}^m$과 $\mathbb{R}^n\,(m \neq n)$의 비교 등을 할 수 있다. 연결성(connectedness)에 관한 초보적인 개념은 1883년 Cantor에 의하여 제시되었지만 위상수학에 적용하기에는 약간의 무리가 있다. 그 후 1911년에 N.J. Lennes에 의하여 추상화된 공간에 적용할 수 있는 개념으로 발전하였고, 하우스도르프(Hausdorff)에 의하여 수학적 개념으로 체계적으로 정립되었다. 이 장에서는 '연결공간'과 관련된 다양한 개념들과 국소연결, 호상연결(path connectedness), 국소 호상연결(locally path connectedness) 등의 개념을 소개하고 그들의 다양한 성질을 다룬다.

11.1 연결성

두 위상공간 $(\mathbb{R}, \mathscr{U})$와 $(\mathbb{R}-\{0\}, \mathscr{U}_{\mathbb{R}-\{0\}})$에서 $\mathbb{R}$와 $\mathbb{R}-\{0\}$은 어떤 차이가 있을까? 쉽게 생각해보면 $\mathbb{R}-\{0\}$은 공집합이 아닌 서로소인 두 개의 열린집합들의 합집합으로 표현되지만, $\mathbb{R}$은 공집합이 아닌 서로소인 두 개의 열린집합들의 합집합으로 표현할 수 없다. 이러한 접근방법을 일반적인 위상공간으로 확장한 개념이 연결성이다. 이를 활용하여 원과 선분, $\mathbb{R}$과 $\mathbb{R}^2$ 등을 위상적으로 쉽게 구별할 수 있게 된다. 연결공간의 정의를 비연결성 (disconnectedness)을 통해서 접근하면 훨씬 효율적으로 이해할 수 있기에 비연결공간을 먼저 정의하겠다.

정의 11.1.1 위상공간 X가 공집합이 아니면서 서로소인 두 개의 열린집합들의 합집합일 때 X를 **비연결공간** (disconnected space)이라 한다.

즉, 공집합이 아닌 열린집합 $U, V(\in \mathscr{T})$가 존재해서

$$U \cup V = X,\ U \cap V = \varnothing \ (\text{단 } U \neq \varnothing \neq V\text{이다})$$

을 만족하면 위상공간 $(X, \mathscr{T})$를 비연결공간이라 한다. 이 집합 U와 V를 원소로 한 집합족 $\{U, V\}$를 위상공간 $(X, \mathscr{T})$의 **분리** (separation)라 한다. 즉, $(X, \mathscr{T})$가 비연결공간이란 분리 $\{U, V\}$가 존재하는 것임을 의미한다.

참고 11.1.2 만약 $\{U, V\}$가 위상공간 $(X, \mathscr{T})$의 분리이면 U와 V는 $(X, \mathscr{T})$의 열린집합임과 동시에 닫힌집합이다.

| 예제 11.1.3 | (1) 집합 $X=\{a, b, c\}$에 위상

$$\mathscr{T}=\{X, \varnothing, \{a\}, \{b, c\}\}$$

를 준 위상공간 $(X, \mathscr{T})$는 비연결공간이다. 왜냐하면 분리 $\{\{a\}, \{b. c\}\}$가 존재하기 때문이다.

(2) 두 점 이상으로 구성된 집합 X상의 이산위상공간 $(X, \mathscr{D})$는 비연결공간이다. 왜냐하면 임의의 한 원소 $x(\in X)$로 구성된 한원소집합 $\{x\}$와 $X-\{x\}$를 사

용하면 $(X, \mathscr{D})$의 분리 $\{\{x\}, X-\{x\}\}$이 존재하기 때문이다.

(3) 상극한공간 $\mathbb{R}_u$와 하극한공간 $\mathbb{R}_l$ 모두 비연결공간이다. 먼저 상극한공간 $\mathbb{R}_u$가 비연결공간임을 보이자. 즉 공집합이 아닌 서로소인 열린집합으로서, 임의의 점 $a \in \mathbb{R}$에 대하여 $(-\infty, a]$와 (a, ∞)는 $\mathbb{R}_u$의 열린집합들이고 집합 $\{(-\infty, a], (a, \infty)\}$는 $\mathbb{R}_u$의 분리이다. 같은 방법으로 $\mathbb{R}_l$도 비연결공간임을 알 수 있다. 이제 비연결공간의 특성을 알아보자. ■

정리 11.1.4 위상공간 $(X, \mathscr{T})$에 대하여 다음은 서로 동치이다.

(a) X가 비연결공간이다.

(b) 다음을 만족하는 $(X, \mathscr{T})$상에서 닫힌집합 C와 D가 존재한다.

$$C \neq \varnothing \neq D,\ C \cup D = X,\ C \cap D = \varnothing$$

(c) 열린집합임과 동시에 닫힌집합이 되는 X의 공집합이 아닌 진부분집합 $A(\varnothing \subsetneq A \subsetneq X)$가 존재한다.

증명 (a) ⇒ (b) $(X, \mathscr{T})$를 비연결공간이라 하자. 그러면 분리 $\{U, V\}$가 존재하여 $U \neq \varnothing \neq V$, $U \cap V = \varnothing$ $U \cup V = X$인 열린집합 U, $V(\in \mathscr{T})$가 존재한다. 즉, $U = V^c$이고 $V = U^c$이므로 U와 V는 닫힌집합이기도 하다. 따라서 $U = C$와 $V = D$로 택하면 된다.

(b) ⇒ (c) 조건 (b)를 만족하는 닫힌집합 C와 D에 대하여 $C = X - D = D^c$이므로 C는 열린집합이다. 그리고 $D \neq \varnothing$이므로 $C \neq X$이므로 C를 A로 놓으면 된다.

(c) ⇒ (a) X의 부분집합 A가 $\varnothing \subsetneq A \subsetneq X$이고, 열린집합이면서 동시에 닫힌집합이라면 $B = A^c$로 놓으면 $\varnothing \subsetneq B \subsetneq X$이고 B는 열린집합이 되어서 위상공간 $(X, \mathscr{T})$의 분리 $\{A, B\}$가 존재하므로 X는 비연결공간이다. □

이제 비연결공간의 개념을 활용하여 연결공간을 다음과 같이 정의한다.

정의 11.1.5 위상공간 X가 연결(connectedness)이란 X의 분리 $\{U, V\}$가 존재하지 않는 경우를 뜻한다.

즉, 위상공간 X가 연결이란 X가 비연결이 아님을 뜻한다.

| 예제 11.1.6 | (1) 집합 $X=\{a, b, c\}$에서 위상

$$\mathscr{T}=\{X, \varnothing, \{a, b\}, \{b, c\}, \{b\}\}$$

를 준 위상공간 $(X, \mathscr{T})$는 연결공간이다. 왜냐하면 $(X, \mathscr{T})$의 분리가 존재하지 않기 때문이다.

(2) 보통위상공간 $(\mathbb{R}^n, \mathscr{U})$는 연결공간이다. 왜냐하면 분리가 존재하지 않기 때문이다(귀류법사용: 자세한 증명은 연습문제 참조, $(\mathbb{R}, \mathscr{U})$에서 확인 요망)(성질 2.1.25와 정리 11.1.4, 11.1.7 참조).

(3) 여유한공간 $(\mathbb{R}, \mathscr{T}_f)$는 연결이다. 귀류법을 사용하여, $(\mathbb{R}, \mathscr{T}_f)$를 비연결이라고 가정하면 $(\mathbb{R}, \mathscr{T}_f)$의 분리 $\{U, V\}$가 존재한다. 즉

$$U \neq \varnothing \neq V,\ U \cup V=\mathbb{R},\ U \cap V=\varnothing$$

인 열린집합 $U, V(\in \mathscr{T}_f)$가 존재한다. 그러면 U^c과 V^c 모두 유한집합이다. 그런데

$$\mathbb{R}=\varnothing^c=(U \cap V)^c=U^c \cup V^c$$

이므로 $\mathbb{R}$이 유한집합이 되어서 모순이다. 따라서 $(\mathbb{R}, \mathscr{T}_f)$는 연결공간이다.

(4) 여가산위상공간 $(\mathbb{R}, \mathscr{T}_c)$는 연결이다. 귀류법을 사용하여, $(\mathbb{R}, \mathscr{T}_c)$가 비연결이라고 가정하자. 그러면 $(\mathbb{R}, \mathscr{T}_c)$의 분리 $\{U, V\}$가 존재한다. 즉

$$U \neq \varnothing \neq V,\ U \cup V=\mathbb{R},\ U \cap V=\varnothing$$

인 열린집합 $U, V(\in \mathscr{T}_c)$가 존재한다. 그러면 U^c과 V^c 도두 가산집합이다. 그런데

$$\mathbb{R}=\varnothing^c=(U \cap V)^c=U^c \cup V^c$$

이므로 $\mathbb{R}$이 가산집합이 되어서 모순이다. 따라서 $(\mathbb{R}, \mathscr{T}_c)$는 연결공간이다. ■

지금까지 다룬 연결공간의 성질을 종합해보면 다음과 같다.

정리 11.1.7 다음 명제들은 동치이다.

(1) 위상공간 X는 연결공간이다.

(2) 위상공간 X에서 열린집합임과 동시에 닫힌집합은 $\varnothing$과 X뿐이다.

증명 정리 11.1.4와 정의 11.1.5에 의하여 (1) $\Leftrightarrow$ (2)이다. □

정리 11.1.7에 의하여 위상공간 $(X, \mathscr{T})$가 비연결이기 위한 필요충분조건은 열린집합임과 동시에 닫힌집합 $A(\varnothing \subsetneq A \subsetneq X)$가 존재하는 것임을 확인하였다(정리 11.1.4 참조).

| 예제 11.1.8 | 비이산위상공간 $(X, \mathscr{I})$는 연결공간이다(정리 11.1.7을 활용함). ■

연결공간의 판별은 '비연결성'을 통해서 수행되므로 비연결공간과 동치인 명제를 알아두면 매우 유용하게 활용될 것이기에 다음 성질을 알아보자.

성질 11.1.9 위상공간 X에 대하여 다음은 서로 동치이다.

(a) X는 비연결공간이다.

(b) 다음을 만족하는 X의 부분집합 A와 B가 존재한다. $A \neq \varnothing \neq B$, $A \cup B = X$, $\overline{A} \cap B = \varnothing$, $A \cap \overline{B} = \varnothing$ 이다.

(c) 이산공간 $(\{0, 1\}, \mathscr{D})$에 대하여 전사인 연속함수 $f : X \to \{0, 1\}$가 존재한다.

(d) $\partial(A) = \varnothing$ 인 진부분집합 $\varnothing \subsetneq A \subsetneq X$가 존재한다.

증명 (a) $\Rightarrow$ (b) X가 비연결이므로 X의 분리 $\{U, V\}$가 존재한다. 참고 11.1.2에 의하여 U와 V는 닫힌집합이기도 하다. 즉 $U = \overline{U}$이고 $V = \overline{V}$이다. 여기서 $U = A$, $V = B$라 놓으면 된다.

(b) $\Rightarrow$ (c) (b)를 만족하는 X의 부분집합 A, B에 대하여 $A = X - \overline{B}$, $B = X - \overline{A}$ 이므로 A와 B는 열린집합이고 $A \cap B = \varnothing$ 이다. 이제 이산공간 $(\{0, 1\}, \mathscr{D})$에 대하여

$$f : X \to \{0, 1\} \text{ s.t. } f(x) = \begin{cases} 0, & x \in A \\ 1, & x \in B \end{cases}$$

이라 하자. 그러면 $f^{-1}(\{0\}) = A$, $f^{-1}(\{1\}) = B$이 모두 열린집합이기에 f는 전사인 연속함수이다.

(c) $\Rightarrow$ (d) 이산공간 $(\{0, 1\}, \mathscr{D})$에 대하여 전사인 연속사상 $f : X \to \{0, 1\}$가 존재한다고 가정하자. 그러면 $\{0\}$과 $\{1\}$은 닫힌집합이고 f가 연속이므로 $f^{-1}(\{0\}) = A$, $f^{-1}(\{1\}) = B$라 놓으면 A와 B는 각각 위상공간 X

에서 닫힌집합이다. 그리고 f가 전사이므로

$$A \neq \varnothing \neq B,\ A \cap B = \varnothing,\ A \cup B = X$$

이다. 따라서 $A \neq X$이다.

한편 $A^c = B$이므로 A^c도 닫힌집합이다. 따라서

$$\partial(A) = \overline{A} \cap \overline{A^c} = A \cap A^c = \varnothing$$

이다.

(d) ⇒ (a) 만약 $\partial(A) = \varnothing$ 인 X의 공집합이 아닌 진부분집합 A가 존재한다고 하자. 그러면 $A \neq \varnothing$, $X - A \neq \varnothing$ 이므로 $\overline{A} \neq \varnothing$, $\overline{X-A} \neq \varnothing$ 이다. 그리고

$$\left\{\begin{array}{l}\overline{A} \cap (\overline{X-A}) = \partial(A) = \varnothing \text{ 이고} \\ \overline{A} \cup (\overline{X-A}) = \overline{A \cup (X-A)} = \overline{X} = X\end{array}\right\} \quad \cdots (*)$$

이다. 여기서 $\overline{A} = (\overline{X-A})^c := U$, $\overline{X-A} = (\overline{A})^c := V$ (식 (*)를 활용함)이라 놓으면 U, V는 열린집합으로서 X의 분리 $\{U, V\}$가 존재한다. 따라서 위상공간 X는 비연결이다. □

(★) 성질 11.1.9를 설명해주는 예로서 $(X := (-\infty, 0) \cup [1, \infty), \mathscr{U}_X)$를 활용해서 적용해 보자. (여기서 $A = (-\infty, 0)$이고 $B = [1, \infty)$로 생각한다.)

참고로 성질 11.1.9(b)에서 사용된 두 부분집합 A, $B(\subset X)$가 다음 성질

$$A \cap \overline{B} = \varnothing,\ \overline{A} \cap B = \varnothing$$

일 때 A와 B를 **분리된 집합들**(separated sets)이라 한다.

(★) 성질 11.1.9를 만족하는 분리된 집합 A와 B에 대하여 $\{A, B\}$는 X의 한 분리이다. 왜냐하면 $X = A \cup B = \overline{A} \cup B = A \cup \overline{B}$ 이고 $\overline{A} \cap B = \varnothing = A \cap \overline{B}$ 이므로, A, $B(\notin \{\varnothing, X\})$가 각각 열린집합임과 동시에 닫힌집합이 되기 때문이다.

한편 연결공간은 비연결공간이 아닌 공간이므로 성질 11.1.9의 대우명제를 통해서 연결공간의 성질을 알 수 있다.

위상공간 $(X, \mathscr{T})$의 부분공간 $(A, \mathscr{T}_A)$의 연결성의 판정도 $(A, \mathscr{T}_A)$가 위상공간이므로 앞에서 언급한 같은 방법으로 $(A, \mathscr{T}_A)$의 연결성과 비연결성을 판정하면 된다. 즉, 위상공간 $(X, \mathscr{T})$의 한 부분집합 A가 X의 부분공간으로서 비연결공간이면 부분공간 $(A, \mathscr{T}_A)$를 비연결공간이라 하고, 연결공간이면 $(A, \mathscr{T}_A)$를 연결공간이라 하면 자연스러울 것이다. 정의 11.1.1을 부분공간 $(A, \mathscr{T}_A)$에 적용하면 다음과 같다(그림 11.1 참조).

따름정리 11.1.10 위상공간 $(X, \mathscr{T})$와 $A \subset X$에 대하여 다음은 동치이다.

(a) $(A, \mathscr{T}_A)$가 비연결이다.

(b) $(A, \mathscr{T}_A)$에서 분리 $\{U_A, V_A\}$가 존재한다.

(b)를 상세히 설명하면, 다음을 만족하는 $(X, \mathscr{T})$상의 열린집합쌍 $\{U, V\}$가 존재하는 것이다 (그림 11.1 참조).

(c) (i) $A \cap U = U_A \neq \varnothing$, $A \cap V = V_A \neq \varnothing$

(ii) $U_A \cap V_A = (A \cap U) \cap (A \cap V) = A \cap (U \cap V) = \varnothing$

(iii) $A = U_A \cup V_A \subset U \cup V$

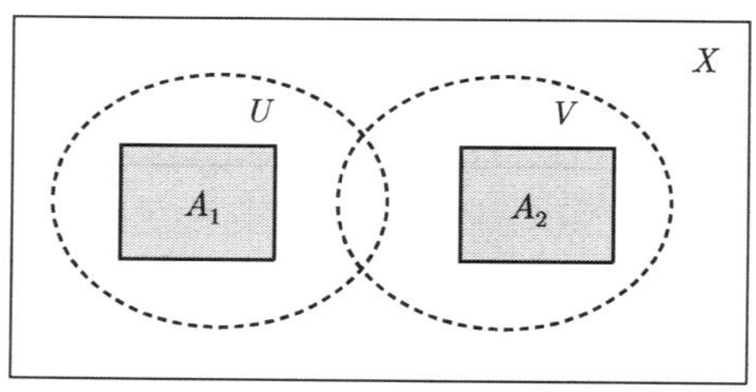

그림 11.1 부분공간 $A = A_1 \cup A_2$의 분리 $\{U_A, V_A\}$

정의 11.1.11 위상공간 $(X, \mathscr{T})$의 부분집합 A가 $(X, \mathscr{T})$에서 **비연결집합**(disconnected set)이란 부분공간 $(A, \mathscr{T}_A)$가 비연결공간임을 뜻한다. 그리고 A가 비연결집합이 아니면 **연결집합** (connected set)이라 한다.

따름정리 11.1.10과 정의 11.1.11에 의하여 다음을 알 수 있다.

(★) 위상공간 $(X, \mathscr{T})$의 부분집합 A가 $(X, \mathscr{T})$에서 비연결이기 위한 필요충분조건은 따름정리 11.1.10의 조건 (c)를 만족하는 것이다.

성질 11.1.12 $\{U, V\}$를 위상공간 X의 분리라 하자. 만약 $A(\subset X)$가 $(X, \mathscr{T})$에서 연결집합이면 $A \subset U$ 또는 $A \subset V$이다.

증명 귀류법을 사용하여, 만약 $A \not\subset U$이고 $A \not\subset V$라고 가정하고 $U_A = A \cap U$와 $V_A = A \cap V$라 놓으면 $\{U_A, V_A\}$는 $(A, \mathscr{T}_A)$의 분리가 되어 A가 연결집합이라는 가정에 모순이다. □

| 예제 11.1.13 | 다음은 모두 비연결공간이다.

(1) 보통위상공간 $(\mathbb{R}, \mathscr{U})$에서 $A = [0, 1] \cup (2, 4]$라 하자. 이때 $(A, \mathscr{U}_A)$는 비연결공간이다. 왜냐하면 $[0, 1], (2, 4] \in \mathscr{U}_A$이고, $\{[0, 1], (2, 4]\}$는 $(A, \mathscr{U}_A)$의 한 분리이기 때문이다. 그러므로 A는 $(\mathbb{R}, \mathscr{U})$에서 비연결부분집합이다.

(2) 보통위상공간 $(\mathbb{R}, \mathscr{U})$의 유리수집합 $\mathbb{Q}$에 대한 부분공간 $(\mathbb{Q}, \mathscr{U}_{\mathbb{Q}})$는 비연결공간이다. 왜냐하면 임의의 무리수 $a \in \mathbb{Q}^c$에 대하여 $\{(-\infty, a) \cap \mathbb{Q}, (a, \infty) \cap \mathbb{Q}\}$는 위상공간 $(\mathbb{Q}, \mathscr{U}_{\mathbb{Q}})$의 한 분리이기 때문이다. 그러므로 $\mathbb{Q}$는 $(\mathbb{R}, \mathscr{U})$에서 비연결부분집합이다.

(3) (2)와 같은 방법으로, $(\mathbb{R}, \mathscr{U})$에서 무리수집합 $\mathbb{Q}^c$에 대한 부분공간 $(\mathbb{Q}^c, \mathscr{U}_{\mathbb{Q}^c})$는 비연결공간이다. 왜냐하면 임의의 유리수 $b \in \mathbb{Q}$에 대하여 $\{(-\infty, b) \cap \mathbb{Q}^c, (b, \infty) \cap \mathbb{Q}^c\}$는 위상공간 $(\mathbb{Q}^c, \mathscr{U}_{\mathbb{Q}^c})$의 한 분리이기 때문이다. 그러므로 $\mathbb{Q}^c$는 $(\mathbb{R}, \mathscr{U})$에서 비연결부분집합이다.

(4) 보통위상공간 $(\mathbb{R}^2, \mathscr{U})$의 부분집합

$$X = \{(0, y) \in \mathbb{R}^2 \mid y \in \mathbb{R}\} \cup \{(x, y) \in \mathbb{R}^2 \mid x > 0, y = \frac{1}{x}\}$$

에 대한 부분공간 $(X, \mathscr{U}_X)$는 비연결이다. 왜냐하면

$$C = \{(0, y) \in \mathbb{R}^2 \mid y \in \mathbb{R}\}, \ D = \{(x, y) \in \mathbb{R}^2 \mid x > 0, y = \frac{1}{x}\}$$

이라 하자. C와 D는 $(\mathbb{R}^2, \mathscr{U})$에서 각각 닫힌집합이다.

(방법 1) $C = C \cap X$와 $D = D \cap X$도 각각 $(X, \mathscr{U}_X)$에서 닫힌집합이다. 그러므로 $(X, \mathscr{U}_X)$에서 $\overline{C \cap X} = C \cap X$이고 $\overline{D \cap X} = D \cap X$인데 이들은 모두 공집합이 아니고, 서로소이며 $(C \cap X) \cup (D \cap X) = X$이므로 성질 11.1.9(b)에 의하여 $(X, \mathscr{U}_X)$는 비연결이다.

(방법 2) $\mathbb{R}^2 - C$와 $\mathbb{R}^2 - D$는 각각 $(\mathbb{R}^2, \mathscr{U})$의 열린집합이다. $(\mathbb{R}^2 - C) \cap X = D$

이고 $(\mathbb{R}^2 - D) \cap X = C$ 이므로 $\{C, D\}$는 $(X, \mathscr{T}_X)$의 한 분리이다(정의 11.1.11 참조). 그러므로 X는 $(\mathbb{R}^2, \mathscr{U})$에서 비연결이다.

(5) $(\mathbb{R}^n, \mathscr{U})$에서 서로 다른 두 점으로 구성된 부분공간 $X = \{a, b\}$는 비연결이다. 왜냐하면 $\{\{a\}, \{b\}\}$가 $(X, \mathscr{U}_X)$의 한 분리이기 때문이다(부분공간 성질을 활용함). ■

이제 연속함수에 의하여 연결성의 보존에 관하여 알아보자.

기초정리 11.1.14 만약 $(X, \mathscr{T}_1)$이 연결공간이고, $f: (X, \mathscr{T}_1) \to (Y, \mathscr{T}_2)$가 연속함수이면 $(f(X), (\mathscr{T}_2)_{f(X)})$는 연결공간이다.

증명 귀류법을 사용하여, 부분공간 $f(X)$가 비연결이라고 가정하자. 그러면 부분공간 $(f(X), (\mathscr{T}_2)_{f(X)})$의 분리 $\{U, V\}$가 존재하여

$$U \neq \varnothing \neq V,\ U \cap V = \varnothing,\ U \cup V = f(X) \qquad \cdots (*)$$

이 성립한다. 정리 5.1.11(3)에 의하여 $f: X \to f(X)$는 연속이므로 $f^{-1}(U)$, $f^{-1}(V)$는 $(X, \mathscr{T}_1)$에서 열린집합이다. $\{f^{-1}(U), f^{-1}(V)\}$는 (*)에 의하여 $(X, \mathscr{T}_1)$의 분리임은 명백하다. 그러므로 $(X, \mathscr{T}_1)$은 비연결이 되어서 모순이다. 따라서 $(f(X), (\mathscr{T}_2)_{f(X)})$는 연결공간이다. □

예제 11.1.13(1)에서 보았듯이 연결성은 유전적 성질을 갖지 않음은 명백하다. 이제 연결성의 위상적 성질을 알아보자.

정리 11.1.15 연결성은 위상적 성질이다.

증명 두 위상공간 $(X, \mathscr{T}_1)$과 $(Y, \mathscr{T}_2)$가 위상동형일 때 X가 연결공간이면 Y도 연결공간임을 보이면 된다. 구체적으로, X가 연결공간이라고 가정하자. $f: X \to Y$를 위상동형사상이라고 하자. 그러면 기초정리 11.1.14에 의하여 $Y = f(X)$도 연결이다. □

이제 위상공간 $(X, \mathscr{T})$의 부분집합의 연결성을 확인하는 방법에 관하여 알아보자.

정리 11.1.16 A가 위상공간 X에서 연결집합이면 $A \subset B \subset \overline{A}$인 B도 X에서 연결집합이다.

증명 귀류법을 사용하고, 정의 11.1.11을 활용하여 부분집합 B가 비연결이라고 가정하자. 그러면 따름정리 11.1.10에 의하여 다음을 만족하는 X의 열린집합의 쌍 $\{U, V\}$가 존재한다.

$$B \cap U \neq \varnothing,\ B \cap V \neq \varnothing \text{ 이고 } (B \cap U) \cap (B \cap V) = \varnothing,\ B \subset U \cup V \cdots (*)$$

가정에 의하여 $B \subset \overline{A}$이므로 $\overline{A} \cap U \neq \varnothing$, $\overline{A} \cap V \neq \varnothing$이다. 이제 $A \cap U \neq \varnothing$, $A \cap V \neq \varnothing$임을 보이자. 만약 $A \cap U = \varnothing$이라 가정하면 $A \subset U^c$이다. 그런데 U^c는 위상공간 X의 닫힌집합이므로 $\overline{A} \subset U^c$이 되어서 $\overline{A} \cap U = \varnothing$이다. 이것은 모순이다. 따라서 $A \cap U \neq \varnothing$이어야 한다. 같은 방법으로 $A \cap V \neq \varnothing$임을 보일 수 있다.

한편 $A \subset B$이므로, (*)에 의하여

$$(A \cap U) \cap (A \cap V) = \varnothing \text{ 이고 } A \subset U \cup V$$

이고 $A = (A \cap U) \cup (A \cap V)$이다. 따름정리 11.1.10에 의해서 A는 비연결이다. 이것은 A가 연결집합이라는 가정에 모순이다. 따라서 B는 연결이어야 한다. □

앞에서 연결성의 판정을 위한 다양한 접근방법을 소개하였다. 이를 바탕으로 연결공간이 보통위상공간 $(\mathbb{R}, \mathscr{U})$의 연결부분집합은 다음과 같은 형태임을 알 수 있다. 임의의 실수 a, b에 대하여

$$\mathbb{R},\ (-\infty, b),\ (-\infty, b],\ (a, \infty),\ [a, \infty),$$
$$(a, b),\ (a, b],\ [a, b),\ [a, b],\ \{a\},\ \varnothing$$

이다.

| 예제 11.1.17 | 보통위상공간 $(\mathbb{R}^2, \mathscr{U})$의 부분집합

$$S^1 = \{(x, y) \in \mathbb{R}^2 \mid x^2 + y^2 = 1\}$$

은 다음 성질이 있다.

(1) S^1은 $(\mathbb{R}^2, \mathscr{U})$의 연결부분집합이다. 즉 $(S^1, \mathscr{U}_{S^1})$이 연결부분공간임을 보이

면 된다. 구체적으로, $([0,\ 1),\ \mathscr{U}_{[0,\ 1)})$은 연결공간이고 함수

$$f: ([0,\ 1),\ \mathscr{U}_{[0,\ 1)}) \to (S^1,\ \mathscr{U}_{S^1}) \text{ s.t. } f(t) = (\cos 2\pi t,\ \sin 2\pi t)$$

는 전사인 연속함수이다. 기초정리 11.1.14에 의하여 $(S^1,\ \mathscr{U}_{S^1})$이 연결공간이므로 S^1은 $(\mathbb{R}^2,\ \mathscr{U})$의 연결부분집합이다.

(2) 임의의 한 점 $a \in S^1$에 대하여 $S^1 - \{a\}$는 연결이다. 편의상 $S^1 - \{a\} = Y$라 하자.

보통위상공간 $(\mathbb{R}^2,\ \mathscr{U})$의 부분공간 $(Y,\ \mathscr{U}_Y)$와 $((0,\ 1),\ \mathscr{U}_{(0,\ 1)})$은 위상동형이다. $((0,\ 1),\ \mathscr{U}_{(0,\ 1)})$이 연결공간이므로, 정리 11.1.15에 의하여 $(Y,\ \mathscr{U}_Y)$는 연결공간이다. ■

| 예제 11.1.18 | **(위상수학자의 사인곡선)** 유클리드 공간 $\mathbb{R}^2$의 부분집합(그림 11.2 참조)

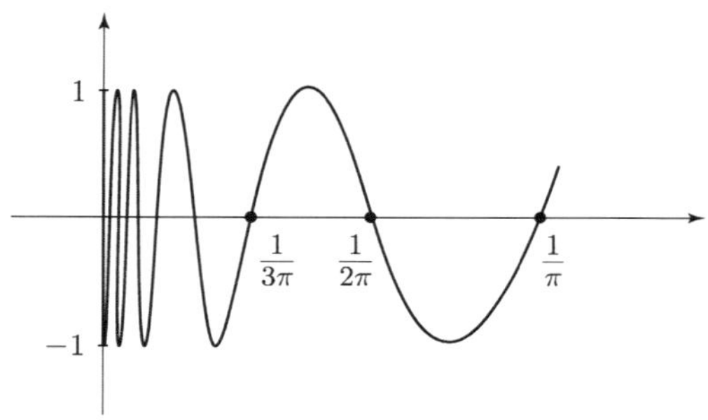

그림 11.2 $\mathcal{S}$는 $(\mathbb{R}^2,\ \mathscr{U})$의 연결부분집합이다.

$$\mathcal{S} = \{(x,\ y) \in \mathbb{R}^2 \mid x > 0,\ y = \sin \frac{1}{x}\} \cup (\{0\} \times [-1,\ 1])$$

를 위상수학자의 사인곡선(topologist's sine curve)이라 부른다. 이제 $(\mathbb{R}^2,\ \mathscr{U})$상에서 $\mathcal{S}$가 연결부분집합임을 보이자. 여기서 $A = \{(x,\ y) \in \mathbb{R}^2 \mid x > 0,\ y = \sin \frac{1}{x}\}$이라 하고 $B = \{0\} \times [-1,\ 1]$이라 하자. 즉 $\mathcal{S} = A \cup B$이다. 이제 함수

$$f: ((0,\ \infty),\ \mathscr{U}_{(0,\ \infty)}) \to (A,\ \mathscr{U}_A) \text{ s.t. } f(x) = (x,\ \sin \frac{1}{x})$$

을 생각하자. 이때 함수 f는 전사인 연속함수이다. 그리고 $((0,\ \infty),\ \mathscr{U}_{(0,\ \infty)})$는

연결공간이다. 그러므로 기초정리 11.1.14에 의하여 $f((0, \infty)) = A$인 $(A, \mathscr{U}_A)$는 연결공간이다. 즉 A는 $(\mathbb{R}^2, \mathscr{U})$의 연결부분집합이다. 한편 $\overline{A} = A \cup A' = A \cup B = \mathcal{S}$이다. 그러므로 정리 11.1.16에 의하여 $\mathcal{S}$는 $(\mathbb{R}^2, \mathscr{U})$의 연결부분집합이다. ■

연결성은 위상공간을 분류하는 데 매우 유용하게 사용되는 성질이다. 즉, 다음 예제를 통해서 연결성의 유용성을 확인해보자.

| 예제 11.1.19 | (1) $(\mathbb{R}, \mathscr{U})$와 $(\mathbb{R}-\{0\}, \mathscr{U}_{\mathbb{R}-\{0\}})$은 위상동형이 아니다. 왜냐하면 위상공간 $\mathbb{R}$은 연결공간이지만 $\mathbb{R}-\{0\}$은 연결공간이 아니므로 정리 11.1.15에 의하여 $\mathbb{R} \not\approx \mathbb{R}-\{0\}$임을 알 수 있다.

(2) 유클리드 공간 $\mathbb{R}$의 부분공간 (a, b)와 $[c, d)$는 위상동형이 아니다. 만약에 $[c, d) \approx (a, b)$라고 가정하면 위상동형사상 $h: [c, d) \to (a, b)$가 존재한다. 여기서

$$h\text{의 축소사상 } h|_{(c,\ d)} : (c, d) \to (a, b) - \{h(c)\}$$

를 생각하면, $h|_{(c,\ d)}$도 위상동형사상이다. 그런데 $h(c) \in (a, b)$이므로 $(a, b) - \{h(c)\}$는 비연결집합이다. 한편 (c, d)는 연결공간이기에 모순이다. 따라서 $[c, d) \not\approx (a, b)$이다. ■

정리 11.1.20 위상공간 $(X, \mathscr{T})$의 부분공간 $A_\alpha (\alpha \in \Lambda)$가 연결이라 하자. 만약 $\bigcap_{\alpha \in \Lambda} A_\alpha \neq \varnothing$이면 $\bigcup_{\alpha \in \Lambda} A_\alpha$도 연결이다.

증명 귀류법을 사용하여, $A = \bigcup_{\alpha \in \Lambda} A_\alpha (\subset X)$가 비연결이라고 가정하면 따름정리 11.1.10에 의하여 $(A, \mathscr{T}_A)$의 분리 $\{U, V\}$가 존재하여

$$U \neq \varnothing \neq V,\ U \cup V = A,\ U \cap V = \varnothing \qquad \cdots (*1)$$

를 만족한다. 여기서 $U, V \in \mathscr{T}_A$이다. 가정에 의하여 $\bigcap_{\alpha \in \Lambda} A_\alpha \neq \varnothing$이므로 (그림 11.3 참조) 한 점 $a \in \bigcap_{\alpha \in \Lambda} A_\alpha$를 택하여 고정하자. 그러면 $a \in A = U \cup V$이므로 일반성을 잃지 않고 $a \in U$라 할 수 있다.

이제 임의의 $\alpha \in \Lambda$에 대하여 $U_\alpha = U \cap A_\alpha$, $V_\alpha = V \cap A_\alpha$라 하면 U_α, V_α는 $(A_\alpha, \mathscr{T}_{A_\alpha})$의 열린집합이고

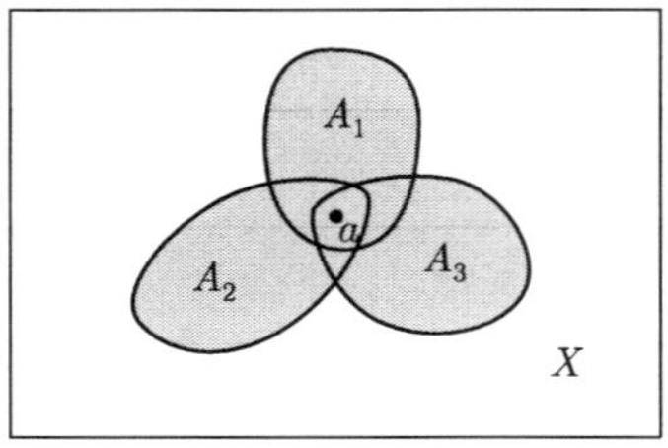

그림 11.3 $\bigcap_{\alpha\in\Lambda} A_\alpha$의 연결성

$$a\in U_\alpha \neq \varnothing,\ U_\alpha\cap V_\alpha=\varnothing,\ U_\alpha\cup V_\alpha=A_\alpha \qquad \cdots\ (*2)$$

이 성립한다. 그런데 A_α가 연결이므로 $V_\alpha=\varnothing$이 되어야 한다. (만약 $V_\alpha \neq \varnothing$이면 (*2)에 의하여 $\{U_\alpha,\ V_\alpha\}$가 $(A_\alpha,\ \mathscr{T}_{A_\alpha})$의 분리가 되어 모순이다.) 그런데

$$V=V\cap A=V\cap\Big(\bigcup_{\alpha\in\Lambda}A_\alpha\Big)=\bigcup_{\alpha\in\Lambda}(V\cap A_\alpha)=\bigcup_{\alpha\in\Lambda}V_\alpha=\varnothing$$

이 되어서 성질 (*1)에 모순이다. 따라서 $(A,\ \mathscr{T}_A)$는 연결공간이고 A는 $(X,\ \mathscr{T})$의 연결집합이다(따름정리 11.1.10 활용). □

이제 정리 11.1.20을 활용하여 주어진 공간의 연결성을 확인해 보자.

| 예제 11.1.21 | (빗공간 : comb space) 모든 자연수 $n\in\mathbb{N}$에 대하여(그림 11.4 참조)

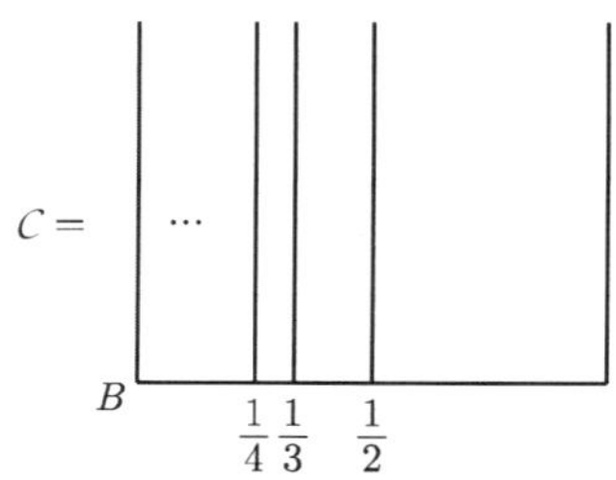

그림 11.4 빗공간의 연결성

$$C_n=\{(\frac{1}{n},\ y)\in\mathbb{R}^2\mid 0\le y\le 1\}=\left\{\frac{1}{n}\right\}\times[0,\ 1],$$

$$C_0=\{(0,\ y)\in\mathbb{R}^2\mid 0\le y\le 1\}=\{0\}\times[0,\ 1],$$

$$B=\{(x,\ 0)\in\mathbb{R}^2\mid 0\le x\le 1\}=[0,\ 1]\times\{0\}$$

이라 하자. 이제

$$\mathcal{C} = \left(\bigcup_{n=0}^{\infty} C_n\right) \cup B$$

라 놓자(이 공간 $\mathcal{C}$를 보통위상공간 $(\mathbb{R}^2, \mathscr{U})$에서 빗공간(comb space)이라 부른다.) 그러면 공간 $(\mathcal{C}, \mathscr{U}_{\mathcal{C}})$는 연결공간임을 알 수 있다. 구체적으로, 임의의 $n \in \mathbb{N}$에 대하여 부분공간 C_n, C_0, B는 각각 $([0, 1], \mathscr{U}_{[0, 1]})$과 위상동형이므로 이들은 모두 연결공간이다. 이제 각각의 $n \in \mathbb{N} \cup \{0\}$에 대하여 $A_n = C_n \cup B$로 놓으면 $C_n \cap B \neq \varnothing$이므로 정리 11.1.20에 의하여 A_n은 연결이다. 한편

$$\bigcap_{n=0}^{\infty} A_n = B \neq \varnothing, \quad \bigcup_{n=0}^{\infty} A_n = \mathcal{C}$$

이므로 정리 11.1.20에 의하여 빗공간 $\mathcal{C}$는 연결이다. ■

이제 연결공간의 곱성질을 알아보자.

일반적으로 위상공간 $(X_\alpha, \mathscr{T}_\alpha)(\alpha \in \Lambda)$가 연결공간이기 위한 필요충분조건은 곱공간 $\left(\prod_{\alpha \in \Lambda} X_\alpha, \mathscr{T}_p\right)$가 연결공간임을 보일 수 있다. 먼저 유한곱공간에 대하여 증명하자.

정리 11.1.22 위상공간 $(X, \mathscr{T}_1)$과 $(Y, \mathscr{T}_2)$가 연결공간이기 위한 필요충분조건은 곱공간 $(X \times Y, \mathscr{T}_p)$가 연결공간인 것이다.

증명 (⇒) 임의의 점 $(x, y) \in X \times Y$에 대하여

$$X \times \{y\} \approx X, \ \{x\} \times Y \approx Y$$

이므로 $X \times \{y\}$, $\{x\} \times Y$는 모두 연결이다. 그리고

$$X \times \{y\} \cap \{x\} \times Y = \{(x, y)\} \neq \varnothing$$

이므로 정리 11.1.20에 의하여 $X \times \{y\} \cup \{x\} \times Y$는 연결이다. 이제 한 점 $b \in Y$를 택하여 고정하자. 그러면 임의의 점 $x \in X$에 대하여

$$T_x = X \times \{b\} \cup \{x\} \times Y$$

는 연결이고 $T_x \supset X\times\{b\}$이다. 따라서 $X\times\{b\}\subset \bigcap_{x\in X} T_x$이므로 $\bigcap_{x\in X} T_x \neq \varnothing$이다. 정리 11.1.20에 의하여

$$X\times Y = \bigcup_{x\in X} T_x$$

은 연결이다.

($\Leftarrow$) 사영함수 $P_1 : X\times Y \to X$, $P_2 : X\times Y\to Y$는 모두 전사인 연속함수이다. 그러므로 기초정리 11.1.14에 의하여 $(X,\ \mathscr{T}_1)$과 $(Y,\ \mathscr{T}_2)$는 연결공간이다. □

이제 일반적인 연결공간에 대한 곱성질을 알아보자.

참고 11.1.23 위상공간 $(X_\alpha,\ \mathscr{T}_\alpha)$가 연결공간이기 위한 필요충분조건은 곱공간 $(\prod_{\alpha\in\Lambda} X_\alpha,\ \mathscr{T}_p)$가 연결공간인 것이다.

증명 ($\Rightarrow$) $\prod_{\alpha\in\Lambda} X_\alpha = X$라 놓자. 임의의 한 점 $b=(b_\alpha)_{\alpha\in\Lambda}\in X$를 택하자. 임의의 유한집합 $\{\alpha_1,\ \alpha_2,\ \cdots,\ \alpha_n\}\subset\Lambda$에 대하여

$$\begin{aligned}&X_{(\alpha_1,\ \alpha_2,\ \cdots,\ \alpha_n)}\\&=\{(x_\alpha)_{\alpha\in\Lambda}\in X \mid \alpha\notin\{\alpha_1,\ \alpha_2,\ \cdots,\ \alpha_n\}\text{이면 } x_\alpha=b_\alpha\}\end{aligned}$$

이라 하면

$$X_{(\alpha_1,\ \alpha_2,\ \cdots,\ \alpha_n)} \approx X_{\alpha_1}\times X_{\alpha_2}\times\cdots\times X_{\alpha_n}$$

이므로 정리 11.1.22에 의하여 $X_{(\alpha_1,\ \alpha_2,\ \cdots,\ \alpha_n)}$은 연결이다.

이제 $\mathscr{F}$를 Λ의 유한부분집합들의 모임이라 하자. 그러면

$$\bigcap_{\{\alpha_1,\ \alpha_2,\ \cdots,\ \alpha_n\}\in\mathscr{F}} X_{(\alpha_1,\ \alpha_2,\ \cdots,\ \alpha_n)}\ni b \qquad \cdots\ (*)$$

이므로 $\bigcap_{\{\alpha_1,\ \alpha_2,\ \cdots,\ \alpha_n\}\in\mathscr{F}} X_{(\alpha_1,\ \alpha_2,\ \cdots,\ \alpha_n)}\neq\varnothing$이다. 이제

$$Y = \bigcup_{\{\alpha_1,\ \alpha_2,\ \cdots,\ \alpha_n\} \in \mathscr{F}} X_{(\alpha_1,\ \alpha_2,\ \cdots,\ \alpha_n)}$$

라 놓으면 (*)와 정리 11.1.20에 의하여 Y는 연결이다.

이제 정리 11.1.16을 활용하기 위해서 $\overline{Y} = X$임을 보이자. 즉, 임의의 점 $x = (x_\alpha) \in X$와 x의 열린근방 W에 대하여 $W \cap Y \neq \varnothing$ 임을 보이면 된다. W가 x의 열린근방이므로

$$x \in \prod_{\alpha \in \Lambda} U_\alpha \subset W$$

인 $(X,\ \mathscr{T}_p)$의 기저 $\mathscr{B}_p$의 원소 $\prod_{\alpha \in \Lambda} U_\alpha$가 존재한다. 그러므로 $\prod_{\alpha \in \Lambda} U_\alpha \cap Y \neq \varnothing$ 임을 보이면 된다. 그런데 $\mathscr{B}_p$의 정의에 의하여, U_α는 유한개의 $\alpha_1,\ \alpha_2,\ \cdots,\ \alpha_n$을 제외하면 $U_\alpha = X_\alpha$이다.

이제

$$y_\alpha = \begin{cases} y_\alpha \in U_\alpha, & \alpha \in \{\alpha_1,\ \alpha_2,\ \cdots,\ \alpha_n\} \\ b_\alpha, & \alpha \notin \{\alpha_1,\ \alpha_2,\ \cdots,\ \alpha_n\} \end{cases}$$

와 같이 정의된 점 $y = (y_\alpha) \in X$를 택하면

$$y \in X_{(\alpha_1,\ \alpha_2,\ \cdots,\ \alpha_n)} \subset Y\text{이고 } y \in \prod_{\alpha \in \Lambda} U_\alpha$$

이다. 따라서 $y \in \prod_{\alpha \in \Lambda} U_\alpha \cap Y \neq \varnothing$ 이다.

($\Leftarrow$) 임의의 $\alpha \in \Lambda$에 대하여 사영사상 P_α: $(X,\ \mathscr{T}_p) \to (X_\alpha,\ \mathscr{T}_\alpha)$는 전사인 연속사상이다. 기초정리 11.1.14에 의하여 $(X_\alpha,\ \mathscr{T}_\alpha)$는 연결공간이다. □

| 예제 11.1.24 | 곱위상 $\mathbb{R}^\omega$는 연결공간이다. ■

연습문제 11.1

1. 보통위상공간 $(\mathbb{R}^2, \mathscr{U})$의 부분공간 $(S^1, \mathscr{U}_{S^1})$과 $([a, b], \mathscr{U}_{[a, b]})$이 위상동형이 아님을 보이시오.

2. Sierpinski 공간 $(X, \mathscr{T})$가 연결공간임을 보이시오. 여기서 $X = \{a, b\}$이고 $\mathscr{T} = \{\varnothing, X, \{a\}\}$이다.

3. 위상공간 $(X, \mathscr{T})$에 대하여 다음이 서로 동치임을 보이시오.
   (a) $(X, \mathscr{T})$는 연결공간이다.
   (b) X의 부분집합 A와 B가

$$A \neq \varnothing \neq B,\ A \cup B = X,\ A \cap B = \varnothing$$

   을 만족하면 $\overline{A} \cap B \neq \varnothing$ 또는 $A \cap \overline{B} \neq \varnothing$ 이다.
   (c) 임의의 이산공간 $(Y, \mathscr{D})$에 대하여 연속사상 $f : (X, \mathscr{T}) \to (Y, \mathscr{D})$는 상수사상 (constant map)뿐이다.
   (d) 만약 $A(\subset X)$가 $\partial(A) = \varnothing$ 이면 $A = \varnothing$ 또는 $A = X$이다.

4. 실수집합 $\mathbb{R}$에서 $a, b \in E$이고 $a < x < b$일 때 $x \in E$일 경우 E를 $\mathbb{R}$에서 한 구간이라 부른다. E를 적어도 두 점 이상을 갖는 $(\mathbb{R}, \mathscr{U})$의 한 부분공간이라 하자. E가 $(\mathbb{R}, \mathscr{U})$에서 연결집합이기 위한 필요충분조건은 E가 $(\mathbb{R}, \mathscr{U})$에서 한 구간 (interval)이 되는 것임을 보이시오.

5. 보통위상공간 $(\mathbb{R}^2, \mathscr{U})$의 부분집합 $X = (\mathbb{Q} \times \mathbb{R}) \cup (\mathbb{R} \times \mathbb{Q})$가 연결집합임을 보이시오.

6. 카림스키 선위상공간 $(\mathbb{Z}, \kappa)$에서 임의의 한 점 $p(\in \mathbb{Z})$에 대하여 $(\mathbb{Z} - \{p\}, \kappa_{\mathbb{Z} - \{p\}})$이 비연결임을 보이시오.

7. $(\mathbb{R}, \mathscr{U})$가 연결공간임을 증명하시오.

8. 보통위상공간 $(\mathbb{R}^2, \mathscr{U})$의 부분공간으로서 다음 공간 X를 생각하자 (그림 11.5 참조).

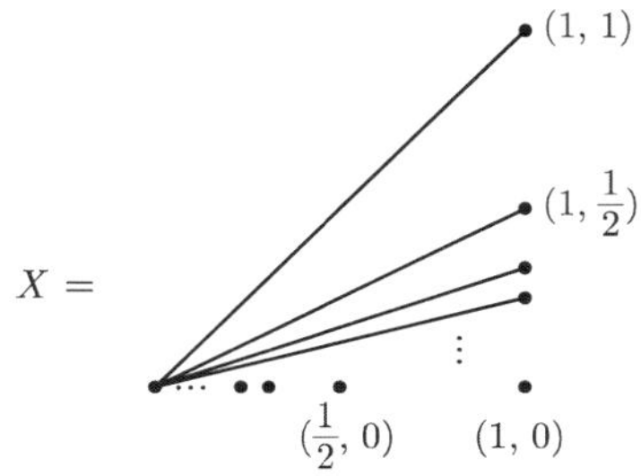

그림 11.5 X의 연결성

$X = (\bigcup_{n \in \mathbb{N}} C_n) \cup D$이다. 여기서

$$C_n = \left\{(x,\ y) \in \mathbb{R}^2 \,\middle|\, y = \frac{x}{n},\ 0 \le x \le 1\right\}$$
$$D = \left\{(\frac{1}{n},\ 0) \in \mathbb{R}^2 \,\middle|\, n \in \mathbb{N}\right\}$$

이다.

X가 $(\mathbb{R}^2,\ \mathscr{U})$에서 연결집합임을 보이시오. (힌트 : 성질 11.1.16을 활용하시오.)

9. X를 연결공간이라 하자. 만약 $f : X \to Y$가 연속사상이면 f의 그래프

$$\Gamma(f) = \{(x,\ f(x)) \in X \times Y \mid x \in X\}$$

가 연결임을 보이시오. 단, $\Gamma(f)$는 곱공간 $X \times Y$이 부분공간이다.

10. 보통위상공간 $(\mathbb{R}^2,\ \mathscr{U})$에서

$$A = \{(x,\ \sin\frac{1}{x}) \mid 0 < x \in \mathbb{R}\},\ B = \{(x,\ \sin\frac{1}{x}) \mid 0 > x \in \mathbb{R}\}$$

이라 할 때 $X = A \cup B \cup \{(0,\ 1)\}$이라 하자. 이때 X가 $(\mathbb{R}^2,\ \mathscr{U})$에서 연결임을 보이시오(힌트 : 성질 11.1.16을 활용하시오).

11. 문제 10에서 $Y = A \cup B$라 하자. 이때 Y가 $(\mathbb{R}^2,\ \mathscr{U})$에서 비연결임을 보이시오.

12. $(X,\ \mathscr{T})$가 연결공간일 때 $\mathscr{T}' \subset \mathscr{T}$인 위상공간 $(X,\ \mathscr{T}')$도 연결공간임을 설명하시오.

13. 위상공간 $(X,\ \mathscr{T})$에서 한 점 $p(\in X)$에 대하여 $X - \{p\}$가 비연결부분집합이

면 그 점 p를 X의 **절단점**(cut point)이라 한다.

만약 $(X,\ \mathscr{T})$, $(Y,\ \mathscr{T}')$이 연결공간이고, $f : X \to Y$가 위상동형사상이고, 점 $p(\in X)$가 X의 절단점이면 $h(p)$가 Y의 절단점임을 보이시오.

14. 하극한공간 $\mathbb{R}_l$이 비연결임을 보이시오.

15. $\{A_\alpha \mid \alpha \in M,\ A_\alpha$는 $(X,\ \mathscr{T})$의 연결부분집합이다$\}$라 놓자. $(X,\ \mathscr{T})$의 연결부분집합 A가 임의의 $\alpha \in M$에 대하여 $A \cap A_\alpha \neq \varnothing$이라 하자. 이 경우 $A \cup (\bigcup_{\alpha \in M} A_\alpha)$가 $(X,\ \mathscr{T})$에서 연결집합임을 보이시오.

16. (1) $(X,\ \mathscr{T}_f)$가 비연결 $\Leftrightarrow$ X가 $\text{card}(X) \geq 2$인 유한집합임을 보이시오.

(2) $(X,\ \mathscr{T}_f)$가 연결 $\Leftrightarrow$ X가 $\text{card}(X) \geq \aleph_0$ 또는 X는 한원소집합(혹은 $\varnothing$)임을 보이시오.

17. (1) $(X,\ \mathscr{T}_c)$가 비연결 $\Leftrightarrow$ X가 $\text{card}(X) \geq 2$인 가산집합임을 보이시오.

(2) $(X,\ \mathscr{T}_c)$가 연결 $\Leftrightarrow$ X가 $\text{card}(X) \geq \aleph$ 또는 X는 한원소집합(혹은 $\varnothing$)임을 보이시오.

18. 상극한위상 $\mathbb{R}_u$에 대하여

(1) 부분공간 A가 비연결 $\Leftrightarrow$ $\text{card}(A) \geq 2$임을 보이시오.

(2) 부분공간 A가 연결 $\Leftrightarrow$ $\text{card}(A) \leq 1$임을 보이시오.

19. 연습문제 7.1 문제 8의 거리공간 $(\mathbb{R}^2,\ \mathscr{T}_d)$가 연결공간이 아님을 보이시오.

20. 카림스키 선위상공간 $(\mathbb{Z},\ \kappa)$는 연결공간임을 보이시오.

[힌트] : ① $(\mathbb{Z},\ \kappa)$상의 부분집합 $A(\neq \varnothing)$가 열린집합이기 위한 필요충분조건은 만약 $2m \in A$이면 $2m \pm 1 \in A$인 것이다.

② $(\mathbb{Z},\ \kappa)$상의 부분집합 $A(\neq \varnothing)$가 닫힌집합이기 위한 필요충분조건은 만약 $2m+1 \in A$이면 $2m,\ 2m+1 \in A$인 것이다.

③ ①~②를 활용하여 귀류법을 적용한다. 즉, $(\mathbb{Z},\ \kappa)$이 비연결이라고 가정하자. 그때 $\exists A \subset \mathbb{Z}$ s.t. $A \neq \{\varnothing,\ \mathbb{Z}\}$이고 A는 열린집합임과 동시에 닫힌집합이다. 만약 $x \in A \cap \mathbb{Z}_1$이면 A는 닫힌집합이 아니다(여기서 $\mathbb{Z}_1$은 홀수인 정수집합이다). 그러므로 적어도 하나의 $2m \in A$이다. A가 열린집합이므로

힌트 ①에 의하여 $2m \pm 1 \in A$이다. A가 닫힌집합이므로 힌트 ②에 의하여 $2m \pm 2 \in A$이다. 이 방법을 계속 진행하면 $\mathbb{Z} \subset A$가 되어서 모순이다.

21. $(\mathbb{R}^{\omega}, \mathscr{T}_b)$를 상자위상을 갖는 위상공간이라 하자. 이때 $(\mathbb{R}^{\omega}, \mathscr{T}_b)$가 비연결임을 보이시오.

22. 예제 9.2.5에서 소개한 K-위상공간 $(\mathbb{R}, \mathscr{T}_K)$은 연결공간임을 보이시오. (힌트: $(-\infty, 0)$과 $(0, \infty)$상의 $\mathbb{R}_K$의 부분공간위상은 유클리드 공간 $(\mathbb{R}, \mathscr{U})$의 부분공간위상과 같다.)

23. A를 위상공간 $(X, \mathscr{T})$의 부분집합이라 하자. 만약 A가 연결이면 $\mathrm{Int}(A)$와 $\partial(A)$도 연결인가?

24. 두 위상공간 $(X, \mathscr{T}_1)$과 $(X, \mathscr{T}_2)$에서 $\mathscr{T}_1 \subset \mathscr{T}_2$이라고 할 때 다음을 보이시오.

(1) 만약 $(X, \mathscr{T}_1)$이 비연결공간이면 $(X, \mathscr{T}_2)$도 비연결공간이다.

(2) 만약 $(X, \mathscr{T}_2)$이 연결공간이면 $(X, \mathscr{T}_1)$도 연결공간이다. 그러나 이 역(converse)이 성립하지 않음을 예를 들어 보이시오.

25. 전순서집합 $(\mathbb{N}, \leq)$, $(\mathbb{Z}, \leq)$, $(\mathbb{N}_k, \leq)$를 활용하여 사전식순서집합 $(\mathbb{Z} \times \mathbb{Z}, \leq)$, $(\mathbb{N} \times \mathbb{N}_k, \leq)$, $(\mathbb{N}_k \times \mathbb{N}_k, \leq)$을 생각하자. 이때 이 전순서집합들에 의하여 유도되는 순서위상공간들의 연결성을 조사하시오. 즉

(1) $(\mathbb{N}, \mathscr{T}_o)$와 $(\mathbb{Z}, \mathscr{T}_o)$는 비연결공간임을 보이시오.

(2) $(\mathbb{Z} \times \mathbb{Z}, \mathscr{T}_o)$, $(\mathbb{N} \times \mathbb{N}_k, \mathscr{T}_o)$, $(\mathbb{N}_k \times \mathbb{N}_k, \mathscr{T}_o)$는 비연결공간임을 보이시오.

26. 전순서집합 $(\mathbb{R}, \leq)$와 사전식순서집합 $(\mathbb{R} \times \mathbb{R}, \leq)$에 의하여 유도되는 순서위상공간들의 연결성을 조사하시오.

(1) $(\mathbb{R}, \mathscr{T}_o)$는 연결공간임을 보이시오.

(2) $(\mathbb{R}^2, \mathscr{T}_o)$는 연결공간인가?

27. 예제 11.1.13의 (4)를 정리 11.1.4를 활용하여 증명하시오.

28. 연습문제 3.2의 문제 9의 위상공간 $(X, \mathscr{T})$가 연결공간이 아님을 보이시오.

29. 성질 11.1.9를 상극한위상 $\mathbb{R}_u$와 하극한위상 $\mathbb{R}_l$에 적용하시오.

11.2 연결성분

위상공간 X가 비연결이면 X는 연결된 부분공간(부분집합)들로 유일하게 분해된다. 이때 이 연결된 부분집합 각각을 X의 연결성분이라고 한다. 즉 위상공간 X와 $x \in X$에 대하여 x를 원소로 갖는 X의 모든 연결부분집합의 합집합을 X에서 x의 연결성분(connected component) 또는 성분(component)이라 하고 C_x로 표시한다. 즉, x를 원소로 갖는 연결부분집합 가운데서 가장 큰 것을 x의 성분이라 한다. x의 성분의 개념을 동치관계를 이용해서 정의하면 훨씬 명확해진다.

위상공간 X에서 관계 '$\sim$'를 다음과 같이 주자.

정의 11.2.1 위상공간 X에서 원소 x와 y 사이의 관계 $x \sim y$를 x와 y를 동시에 포함하는 X의 연결된 부분집합(부분공간)이 존재하는 경우로 정의하자. 그러면 $(X, \sim)$는 동치관계집합이다. 이때 임의의 $x \in X$에 대하여 x의 동치류 $[x]$ (혹은 C_x라 표시함)를 x의 **연결성분**(connected component) (혹은 성분)이라 한다.

정의 11.2.1의 동치관계에 의하여, 연결성분 $C_x = [x] = \{y \in X \mid x \sim y\}$에 대하여 다음 성질들이 성립한다.

(i) 만약 $x \sim y$이면 $C_x = C_y$이다.

(ii) 만약 $x \nsim y$이면 $C_x \cap C_y = \varnothing$ 이다.

(iii) $X = \bigcup \{C_x \mid x \in X\}$이다.

그러므로 $\{C_x \mid x \in X\}$는 위상공간 X의 한 분할(partition)임을 알 수 있다. 만약 위상공간 X가 연결이면 X는 단 하나의 성분, 즉 X 자신을 갖는다. 정의 11.2.1의 동치관계 및 그것에 의하여 생성되는 분할 $\{C_x \mid x \in X\}$에 의하여 다음 성질이 성립함은 명백하다.

(1) 모든 점 $x \in X$에 대하여 x를 원소로 갖는 연결성분은 C_x뿐이다.

(2) C_x는 x를 원소로 갖는 가장 큰 연결된 부분집합이다.

(3) A가 공집합이 아닌 X의 연결된 부분집합이면 $A \subset C_x$인 C_x가 유일하게 존재한다(여기서 $x \in X$이다).

(4) X가 연결공간이기 위한 필요충분조건은 X의 연결성분이 하나인 것이다.

이제 연결성분에 관하여 다음이 성립한다.

기초정리 11.2.2 (1) 위상공간 $(X, \mathscr{T})$에서 모든 $x \in X$에 대하여 C_x는 닫힌집합이다.

(2) 비연결공간 $(X, \mathscr{T})$에 대하여 만약 $\{U, V\}$가 X의 분리이면 임의로 주어진 $x \in X$에 대해 $C_x \subset U$이거나 $C_x \subset V$이다.

증명 (1) C_x는 x를 원소로 갖는 가장 큰 연결집합이고, 정리 11.1.16에 의하여 $\overline{C_x}$도 연결집합이다. 그러면 $C_x = \overline{C_x}$이 되어서 C_x는 닫힌집합이다.

(2) 성질 11.1.12에 의하여 성립한다. □

성질 11.2.3 보통위상공간 $(\mathbb{R}, \mathscr{U})$의 부분공간 $(\mathbb{Q}, \mathscr{U}_{\mathbb{Q}})$는 비연결공간이다(예제 11.1.13(2) 참조). 이를 바탕으로 다음이 성립한다.

(1) 모든 $x \in \mathbb{Q}$에 대하여 $C_x = \{x\}$이다. 즉, $\{x\}$는 $(\mathbb{Q}, \mathscr{U}_{\mathbb{Q}})$에서 닫힌집합이다(기초정리 11.2.2 활용)

(2) 모든 $x \in \mathbb{Q}$에 대하여 C_x는 $(\mathbb{Q}, \mathscr{U}_{\mathbb{Q}})$에서 열린집합은 아니다.

증명 (1) 모든 $x \in \mathbb{Q}$에 대하여 $C_x = \{x\}$임을 보이기 위해서, 서로 다른 두 유리수 $x, y \in \mathbb{Q}$가 정의 11.2.1에서 $x \nsim y$임을 보이면 된다. 귀류법을 사용하여, $x \sim y$이라고 가정하면 $x, y \in A \subset \mathbb{Q}$인 연결된 부분집합 $A \subset \mathbb{Q}$가 존재한다. 편의상 $x < y$라 하고 $x < r < y$를 만족하는 무리수 r을 택하자. 그러면

$$(-\infty, r) \cap \mathbb{Q} = U, \ (r, \infty) \cap \mathbb{Q} = V$$

라 놓으면 $U, V \in \mathscr{U}_{\mathbb{Q}}$이고, $x \in U$, $y \in V$이므로 $\{U, V\}$는 $(\mathbb{Q}, \mathscr{U}_{\mathbb{Q}})$의 한 분리이다.

이제 $U_A = A \cap U$, $V_A = A \cap V$라 놓으면 $x \in U_A$이고 $y \in V_A$이며 $U_A, V_A \in (\mathscr{U}_{\mathbb{Q}})_A$가 되어서 $\{U_A, V_A\}$가 $(A, (\mathscr{U}_{\mathbb{Q}})_A)$의 한 분리이다. 이는 A가 연결공간이라는 사실에 모순이다. 따라서 $x \nsim y$이다. 즉 임의의 $x \in \mathbb{Q}$에 대하여 $C_x = \{x\}$이다.

(2) 귀류법을 사용하여, $C_x = \{x\}$가 $(\mathbb{Q}, \mathscr{U}_{\mathbb{Q}})$의 열린집합이라고 가정하

자. $(\mathbb{Q},\ \mathscr{U}_{\mathbb{Q}})$의 정의에 의하여 $\{x\}=\mathbb{Q}\cap U$를 만족하는 $(\mathbb{R},\ \mathscr{U})$의 열린집합 U가 존재한다. 즉 $x\in(a,\ b)\subset U$를 만족하는 $\mathbb{R}$의 기저의 원소인 열린구간 $(a,\ b)$가 존재하여

$$\{x\}=\mathbb{Q}\cap U\supset\mathbb{Q}\cap(a,\ b) \qquad \cdots\ (*)$$

이 성립한다. 그런데 (*)에서 $\mathbb{Q}\cap(a,\ b)$는 무한집합이기에 성질 (*)는 모순이다. 따라서 $\{x\}$는 $(\mathbb{Q},\ \mathscr{U}_{\mathbb{Q}})$의 열린집합이 아니다. □

(★) 성질 11.2.3을 종합해보면, 임의의 $x\in\mathbb{Q}$에 대하여 $(\mathbb{Q},\ \mathscr{U}_{\mathbb{Q}})$에서 한원소집합 $\{x\}$는 닫힌집합이지만 열린집합은 아니므로 $(\mathbb{Q},\ \mathscr{U}_{\mathbb{Q}})$는 이산공간은 아님을 알 수 있다.

(★) 이와 같이 위상공간 X가 비록 이산위상을 갖지 않더라도 각 점 $x\in X$의 성분 $C_x=\{x\}$인 경우가 있다. 그래서 위상공간 X의 각 점 $x(\in X)$의 성분 C_x가 $\{x\}$일 때 X를 **완전비연결공간**(totally disconnected)이라고 한다. 즉 $(\mathbb{Q},\ \mathscr{U}_{\mathbb{Q}})$는 완전비연결공간이다.

| 예제 11.2.4 | $X=\{a,\ b,\ c,\ d,\ e\}$에서 위상

$$\mathscr{T}=\{X,\ \varnothing,\ \{a\},\ \{c,\ d\},\ \{a,\ c,\ d\},\ \{b,\ c,\ d,\ e\}\}$$

인 위상공간 $(X,\ \mathscr{T})$를 생각하자. 이때 $(X,\ \mathscr{T})$의 성분은 $\{a\}$와 $\{b,\ c,\ d,\ e\}$이다. ■

위상수학의 주요 관심 중의 하나는 위상적 성질을 찾는 것인데, 연결성분의 개수는 위상적 불변량임을 다음과 같이 확인할 수 있다.

성질 11.2.5 위상동형인 두 위상공간은 같은 개수의 연결성분을 갖는다.

증명 두 위상동형공간 X와 Y에 대하여 위상동형사상 $f: X\to Y$를 생각하자. 연결성분의 개수가 위상적 성질임을 보이기 위하여 아래와 같이 두 단계를 활용하여 실시한다.

(i) 임의의 점 $x\in X$에 대하여 $f(C_x)=C_{f(x)}$임을 보이자. 기초정리 11.1.14에 의하여 $f(C_x)$는 Y의 연결된 부분집합이다. 그리고 $f(x)\in$

$f(C_x)$이므로 $f(C_x) \subset C_{f(x)}$임은 명백하다. 같은 방법으로 (f 대신 f^{-1}를 생각하면)

$$f^{-1}(C_{f(x)}) \subset C_{f^{-1}(f(x))} = C_x \qquad \cdots (*)$$

임을 알 수 있으므로 식 (*)에 위상동형사상 f를 적용해주면

$$C_{f(x)} \subset f(C_x)$$

이다. 따라서 $f(C_x) = C_{f(x)}$이다.

같은 방법으로 임의의 $y \in Y$에 대하여 $f^{-1}(C_y) = C_{f^{-1}(y)}$임을 알 수 있다.

(ii) 이제 사상

$$\varphi : \{C_x \mid x \in X\} \to \{C_y \mid y \in Y\} \text{ s.t. } \varphi(C_x) = C_{f(x)}$$

가 전단사임을 보이면 된다.

만약 $\varphi(C_{x_1}) = \varphi(C_{x_2})$이라고 가정하면 정의에 의하여 $C_{f(x_1)} = C_{f(x_2)}$이므로 $f(C_{x_1}) = f(C_{x_2})$이다. 따라서

$$C_{x_1} = f^{-1}(f(C_{x_1})) = f^{-1}(f(C_{x_2})) = C_{x_2}$$

이므로 φ는 단사함수이다.

그리고 Y의 임의의 연결성분 C_y에 대하여 f가 전사이므로 $f(x) = y$인 $x \in X$가 존재하여 $\varphi(C_x) = C_y$이다. 그러므로 φ는 전사이다. 결론적으로 φ는 전단사이다. □

성질 11.2.3(2)와 다르게 유한개의 성분을 갖는 위상공간 X의 연결성분의 의상적 특성을 조사하자.

정리 11.2.6 위상공간이 유한개의 연결성분을 가지면 모든 연결성분은 닫힌집합임과 동시에 열린집합이다.

증명 위상공간 X의 유한개의 연결성분을 $C_1, C_2, \cdots, C_n$이라 하자. 그러면 $\{C_i \mid i \in \{1, 2, \cdots, n\}\}$은 X의 한 분할이고, 기초정리 11.2.2에 의하여

각 C_i는 위상공간 X상에서 닫힌집합이다. 그래서 임의의 $i \in \{1, 2, \cdots, n\}$에 대하여

$$C_i = X - (\bigcup_{j \neq i} C_j)$$

이고 $\bigcup_{j \neq i} C_j$는 닫힌집합 C_j의 유한개의 합집합이므로 $\bigcup_{j \neq i} C_j$는 닫힌집합이 되어서 C_i는 열린집합이다. 따라서 임의의 $C_i(i \in \{1, 2, \cdots, n\})$는 열린 집합임과 동시에 닫힌집합이다. □

| 예제 11.2.7 | $(\mathbb{R}^2, \mathscr{U})$의 부분집합 X와 Y를 그림 11.6과 같이 생각하자. 그때 부분공간 $(X, \mathscr{U}_X)$와 $(Y, \mathscr{U}_Y)$는 위상동형이 아니다.

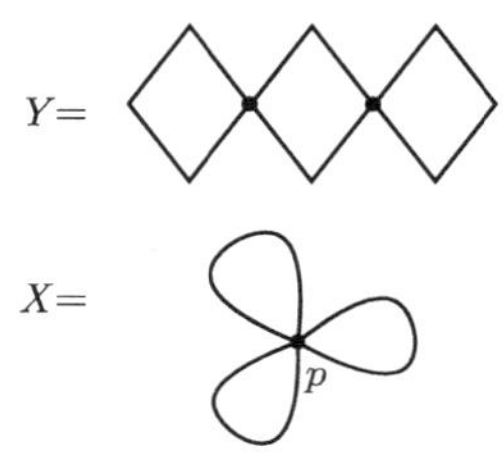

그림 11.6 X와 Y는 위상동형이 아니다

만약 위상공간 X와 Y가 위상동형이라면 위상동형사상 $f: X \to Y$가 존재한다. 이제 $f(p) = q \in Y$라 하자(그림 11.6의 $p \in X$ 참조). 그러면 축소함수 $f|_{X-\{p\}}: X - \{p\} \to Y - \{f(p)\}$도 위상동형사상이 된다. 그런데 $X - \{p\}$는 연결성분이 세 개이고 $Y - \{f(p)\}$는 기껏해야 두 개밖에 없다. 그러면 성질 11.2.5에 모순이다. 따라서 $(X, \mathscr{U}_X) \not\approx (Y, \mathscr{U}_Y)$이다. ■

| 예제 11.2.8 | 보통위상공간 $(\mathbb{R}, \mathscr{U})$와 $(\mathbb{R}^2, \mathscr{U})$는 위상동형이 아니다. 구체적으로 $(\mathbb{R}, \mathscr{U}) \not\approx (\mathbb{R}^2, \mathscr{U})$임을 보이자. 귀류법을 사용하여, $\mathbb{R} \approx \mathbb{R}^2$이라고 가정하자. 즉 위상동형사상 $f: \mathbb{R} \to \mathbb{R}^2$이 존재한다. 이때 축소사상 $f|_{\mathbb{R}-\{0\}}: \mathbb{R} - \{0\} \to \mathbb{R}^2 - \{f(0)\}$도 위상동형사상이다. 그런데 $\mathbb{R} - \{0\}$은 연결성분이 두 개이고 $\mathbb{R} - \{f(0)\}$는 연결집합이기에 연결성분이 한 개이다. 이는 성질 11.2.5에 모순이다. 따라서 $\mathbb{R} \not\approx \mathbb{R}^2$이다. ■

기초정리 11.2.2에서 보았듯이, 일반적으로 위상공간의 연결성분은 다음과 같은 성질이 있다.

(★) 연결성분은 항상 닫힌집합이지만 열린집합이 되는 것은 아니다(성질 11.2.3(2) 참조).

(★) 연결공간 X는 연결성분이 자기 자신 X이기에 임의의 $x \in X$에 대하여 $C_x = X$가 열린집합임과 동시에 닫힌집합이다.

(★) 위상공간 X가 연결공간이 아니면 임의의 $x \in X$에 대하여 C_x가 항상 열린집합이 되는 것은 아니다.

그렇다면 위상공간 $(X, \mathscr{T})$가 어떤 조건을 가질 때 위상공간 X의 모든 연결성분이 닫힌집합임과 동시에 열린집합이 될 것인가? 이 문제를 해결하기 위하여 다음 정의가 필요하다.

정의 11.2.9 (1) 위상공간 X에서 한 점 $x(\in X)$의 임의의 근방 N에 대하여 연결된 열린집합 U가 존재하여 $x \in U \subset N$을 만족하면 **점 x에서 국소연결**(locally connected)이라고 한다.

(2) 위상공간 X의 임의의 점 $x(\in X)$에서 국소연결이면 X를 **국소연결공간**(locally connected space)이라고 한다.

| 예제 11.2.10 | X를 두 원소 이상을 갖는 집합이라 하고 이산위상공간 $(X, \mathscr{D})$을 생각하자.

(1) $(X, \mathscr{D})$는 비연결공간이다. 연결성분의 개수는 X의 원소의 개수와 같다.

(2) $(X, \mathscr{D})$는 국소연결공간이다.

풀이 (1) 임의의 점 $x \in X$에 대하여 분리 $\{\{x\}, X-\{x\}\}$가 항상 존재한다.

(2) 임의의 $x \in X$에 대하여 x의 임의의 근방 N에 대하여 항상 $x \in \{x\} \subset N$이 성립하고 $\{x\}$는 $(X, \mathscr{D})$에서 연결집합이다. □

| 예제 11.2.11 | (1) $(\mathbb{R}^n, \mathscr{U})$는 국소연결이다.

(2) $(\mathbb{R}^2, \mathscr{U})$에서 예제 11.1.18에서 소개한 위상수학자의 사인곡선

$$S = \{(x, y) \in \mathbb{R}^2 \mid x > 0,\ y = \sin\frac{1}{x}\} \cup (\{0\} \times [-1, 1])$$

에 대하여 $(S, \mathscr{U}_S)$는 연결공간이다(예제 11.1.18 참조). 그러나 $(S, \mathscr{U}_S)$는 국소연결은 아니다. 왜냐하면 S상의 한 점 $p \in \{(0, y) \mid -1 \leq y \leq 1\}$의 임의의 근방 N에 대하여 $p \in U \subset N$을 만족하는 p를 원소로 갖는 연결된 연결집합 $U \in \mathscr{U}_S$가 존재하지 않기 때문이다. 구체적으로, $(S, \mathscr{U}_S)$에서 점 p의 기저의 원소는 $B(p, r) \cap S$ 형태이다. 여기서 $B(p, r)$은 $\mathbb{R}^2$에서 점 p를 중심으로 하고 반경이 $0 < r \in \mathbb{R}$인 열린원판이다. 즉, $p \in B(p, r) \cap S \subset U \subset N$인데, 한 예로 $r \leq \dfrac{1}{4}$로 택하면 $B(p, r) \cap S$는 연결된 열린집합이 아니다. 따라서 $(S, \mathscr{U}_S)$는 국소연결이 아니다.

(3) 보통공간 $(\mathbb{R}, \mathscr{U})$에서 부분집합 $[a, b) \cup (b+1, c)$을 X라 놓자. 부분공간 $(X, \mathscr{U}_X)$는 연결공간은 아니지만 국소연결이다.

(4) $(\mathbb{R}, \mathscr{U})$의 부분공간 $[-1, 0) \cup (0, 1]$은 비연결이지만 국소연결이다. ■

예제 11.2.11(2), (3), (4)에서 보았듯이 국소연결성과 연결성 사이에는 아무런 관계가 없음을 알 수 있다. 이제 위상공간 X가 국소연결이기 위한 조건을 알아보자.

정리 11.2.12 위상공간 X가 국소연결이기 위한 필요충분조건은 임의의 열린집합 U의 모든 연결성분이 열린집합인 것이다.

증명 (⇒) 국소연결공간 X의 임의의 열린집합 U에 대하여 C를 U의 임의의 연결성분이라 하자. 임의의 $x \in C$에 대하여 X가 국소연결이므로 $x \in V_x \subset U$를 만족하는 연결된 열린집합 V_x가 존재한다. 그런데 C가 x를 원소로 갖는 U의 연결성분이므로 $V_x \subset C$이다. 그리고 $C = \bigcup_{x \in C} V_x$이므로 C는 열린집합이다.

(⇐) 임의의 $x \in X$와 x의 임의의 근방 N에 대하여 $x \in U \subset N$을 만족하는 열린집합 U를 택하자. 그러면 가정에 의하여 x를 원소로 갖는 U의 연결성분 C는 열린집합이고 $x \in C \subset U \subset N$이다. 따라서 X는 국소연결이다. □

따름정리 11.2.13 (1) 국소연결공간의 모든 연결성분은 닫힌집합인 동시에 열린집합이다.

(2) 콤팩트인 국소연결공간은 유한개의 연결성분을 갖는다.

증명 (1) 정리 11.2.12에서 U를 X로 놓으면 된다.

(2) X의 각 성분들의 집합 $\mathcal{C}=\{C_i \mid i\in\Lambda\}$는 X의 한 분할이다. 그런데 (1)에 의하여 $C_i\in\mathcal{C}$는 열린집합이므로 $\bigcup_{i\in\Lambda} C_i = X$가 되어 $\mathcal{C}$는 X의 열린덮개이다. X는 콤팩트이므로 유한부분덮개 $\{C_1, C_2, \cdots, C_n\}(\subset \mathcal{C})$가 존재한다. □

연습문제 11.2

1. 하극한공간 $\mathbb{R}_l$과 상극한공간 $\mathbb{R}_u$는 모두 비연결공간이다(예제 11.1.3 참조). 이때 다음을 답하시오.

(1) $\mathbb{R}_l$의 연결성분을 구하시오.

(2) $\mathbb{R}_u$의 연결성분을 구하시오.

(3) $\mathbb{R}_l$이 보통위상공간 $(\mathbb{R}, \mathscr{U})$와 위상동형공간이 아님을 연결성분을 활용하여 설명하시오.

[힌트(1)] : $\exists^{\forall} p\in\mathbb{R}_l,\ C_p=\{p, q \mid p\neq q,\ p, q\in\mathbb{R}\}$이라 가정하자. 편의상 $p<q$라 하자. 그러면 $(-\infty, q)=U$, $[q, \infty)=V$라 놓으면 $U, V\in\mathbb{R}_l$이고 $p\in U,\ q\in V$이므로

$$U\neq\varnothing\neq V,\ U\cap V=\varnothing,\ U\cup V=\mathbb{R}$$

이 되어서 $\{U, V\}$는 $\mathbb{R}_l$의 분리이다. 즉 C_p 역시 $\{U\cap C_p=\{p\},\ V\cap C_p=\{q\}\}$인 분리를 갖게 되어서 C_p가 연결공간임에 모순이다.

2. $\mathbb{R}^n$상의 임의의 두 점 $a, b\in\mathbb{R}^n(n\geq 1)$에 대하여 선분 $\overline{ab}$는 $\mathbb{R}^n$에서 연결집합임을 보이시오.

3. 국소연결공간의 열린부분공간은 국소연결공간임을 보이시오.

4. $X=\{0\}\cup\left\{\dfrac{1}{x}\,\middle|\, x\in\mathbb{Z}-\{0\}\right\}$를 보통위상공간 $(\mathbb{R}, \mathscr{U})$의 부분공간이라 하자.

(a) X의 연결성분을 모두 구하시오.

(b) X의 어떤 연결성분이 열린집합인가?

(c) X는 국소연결인가?

(d) 부분공간 $X-\{0\}$이 국소연결임을 보이시오.

5. $m,\ n\in\mathbb{N}$이 $m\neq n$이면 $\mathbb{R}^m\not\approx\mathbb{R}^n$임을 증명하시오(여기서 $\mathbb{R}^n$은 $(\mathbb{R}^n,\ \mathscr{U})$를 의미한다).

6. $n\in\mathbb{N}-\{1\}$에 대하여

(1) $S^1\not\approx\mathbb{R}^2$임을 보이시오.

(2) $S^n\not\approx\mathbb{R}^{n+1}$임을 보이시오. (힌트 : $\exists\ ^\forall p\in S^n,\ S^n-\{p\}\approx\mathbb{R}^n$임을 활용하시오.)

7. 카림스키 선공간 $(\mathbb{Z},\ \kappa)$에서 두 점 $p=2m,\ q=2m+1$에 대하여 각각의 성분 C_p와 C_q를 구하시오.

8. $\mathbb{N}_m=\{1,\ 2,\ \cdots,\ m\}\subset\mathbb{N}$이라 하고 부등호관계에 의한 전순서집합 $(\mathbb{N}_m,\ \leq)$과 $(\mathbb{N},\ \leq)$을 생각하자. 이때 곱집합 $\mathbb{N}_m\times\mathbb{N}$에 사전식순서를 준 전순서집합 $(\mathbb{N}_m\times\mathbb{N},\ \leq)$에 의하여 유도되는 $\mathbb{N}_m\times\mathbb{N}$상의 순서위상의 연결성분을 구하시오.

9. 전순서집합 $(\mathbb{R},\ \leq)$에 의하여 유도된 사전식순서를 준 전순서집합 $(\mathbb{R}^2,\ \leq')$에 의하여 유도된 순서위상공간 $(\mathbb{R}^2,\ \mathscr{T}_o)$가 연결공간이 아님을 보이고, 임의의 한 점 $p\in\mathbb{R}^2$의 연결성분을 구하시오.

10. 보통위상공간 $(\mathbb{R},\ \mathscr{U})$에서 임의의 점 $q(\in\mathbb{Q}^c)$에 대하여 q의 연결성분 C_q를 구하시오.

11. 하극한위상 $\mathbb{R}_l$과 상극한위상 $\mathbb{R}_u$상에서 임의의 $x\in\mathbb{R}$에 대하여 C_x를 구하시오.

12. 실수집합 $\mathbb{R}$상에 위상 $\mathscr{T}=\{U\subset\mathbb{R}\mid a\in U(\text{주어진 한 점 } a\in\mathbb{R})\}\cup\{\varnothing\}$를 준다. 이 경우 다음에 답하시오.

(1) $(\mathbb{R},\ \mathscr{T})$는 T_2 공간이 아님을 보이시오.

(2) $(\mathbb{R},\ \mathscr{T})$는 연결공간임을 보이시오.

(3) $(\mathbb{R},\ \mathscr{T})$의 부분공간 $\mathbb{R}-\{a\}$는 연결이 아님을 보이시오.

(4) 부분공간 $\mathbb{R}-\{a\}$의 연결성분을 구하시오.

13. 유클리드 공간 $(\mathbb{R}^2,\ \mathscr{U})$의 부분공간 $\mathbb{Q}^c\times\mathbb{Q}^c$의 연결성분을 구하시오.

14. 하극한공간의 곱공간 $\mathbb{R}_l^2$과 상극한공간의 곱공간 $\mathbb{R}_u^2$의 각각의 연결성분을 구하시오.

15. $\mathbb{R}$상의 여유한공간 $(\mathbb{R},\ \mathscr{T}_f)$에서 절단점(cut point)이 존재하는가?

16. 연속함수 $f:(X,\ \mathscr{T})\to(Y,\ \mathscr{T}')$를 생각한다. 다음에 답하시오.

(1) X의 각 연결성분의 함수 f에 의한 상(image of f)은 Y의 한 연결성분의 부분집합임을 보이시오.

(2) 주어진 함수 f가 위상동형사상이라 하자. 이 경우 f는 X의 연결성분들의 집합으로부터 Y의 연결성분들의 집합으로의 전단사함수를 유도함을 보이시오.

17. 연습문제 7.1의 문제 8의 거리공간 $(\mathbb{R}^2,\ \mathscr{T}_d)$에서 모든 연결성분들의 집합의 기수(cardinal number)를 구하시오.

18. $\mathbb{R}^2$의 부분집합 $A=\{(x,\ y)\mid y=e^x$ 또는 $y=0\}$을 생각하자.

(1) A는 $(\mathbb{R}^2,\ \mathscr{U})$의 연결부분집합인가?

(2) A의 연결성분을 구하시오.

19. 연습문제 6.3의 문제 25에서 함수 g에 의한 $\mathbb{N}$상의 상위상 $\mathscr{T}_Q$를 바탕으로 상공간 $(\mathbb{N},\ \mathscr{T}_Q)$를 만든다. 이때 $(\mathbb{N},\ \mathscr{T}_Q)$의 연결성분을 설명하시오.

20. 성질 11.2.5의 역(converse)이 성립하지 않음을 보이시오.

힌트 : $X=\{a,\ b,\ c\}$ $\quad$ $X=\{a,\ b,\ c,\ d\}$

$\mathscr{T}_1=\{X,\ \varnothing,\ \{a\},\ \{b,\ c\}\}$ $\quad$ $\mathscr{T}_2=\{Y,\ \varnothing,\ \{a\},\ \{b,\ c,\ d\}\}$

11.3 연결성의 응용

이 절에서는 연결성을 이용하여 바이어슈트라스(Weierstrass)의 중간값 정리보다 일반화된 명제를 소개하고, 닫힌구간 $[a, b]$의 부동점 정리(fixed point theorem)에 대하여 알아본다. 이 절에서 사용되는 모든 $\mathbb{R}^n$은 보통위상공간 $(\mathbb{R}^n, \mathscr{U})$를 나타내고, 구간 $[a, b]$도 부분공간 $([a, b], \mathscr{U}_{[a, b]})$를 의미한다.

정리 11.3.1 (중간값 정리의 일반화) 위상공간 X는 연결공간이고 함수 $f: X \to \mathbb{R}$를 연속이라 하자. $a, b \in X$에 대하여 $f(a), f(b) \in f(X)$이고 $f(a) < f(b)$라 할 때 임의의 $y \in (f(a), f(b))$에 대하여 적당한 $x \in X$가 존재하여 $y = f(x)$가 성립한다.

증명 연결공간 X에 대하여 연속함수 $f: X \to \mathbb{R}$을 생각하여, $f(a), f(b) \in f(X)$이고 $f(a) < f(b)$라 하자. 귀류법을 사용하여, 한 점 $y \in (f(a), f(b))$에 대하여 $y = f(x)$가 되는 x가 X에 존재하지 않는다고 가정하자(그림 11.7 참조). 즉, $y \notin f(X)$이라면 $\mathbb{R}$에서의 열린집합

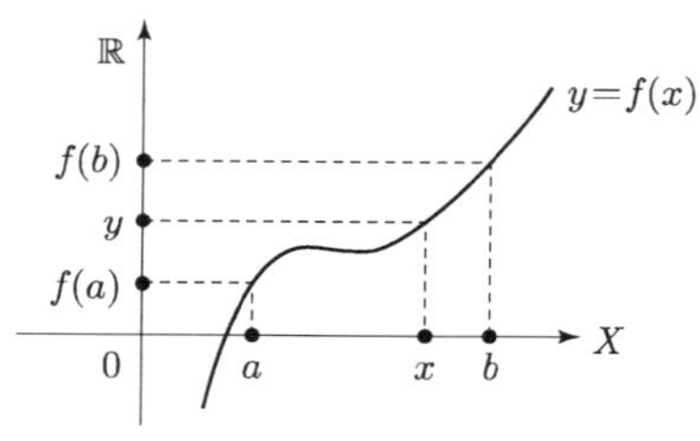

그림 11.7 중간값 정리

$$U = \{t \mid t < y,\ t \in \mathbb{R}\} = (-\infty,\ y)$$
$$V = \{s \mid s > y,\ s \in \mathbb{R}\} = (y,\ \infty)$$

에 대하여

$$f(X) = (f(X) \cap U) \cup (f(X) \cap V)$$

이다. $f(X) \cap U$와 $f(X) \cap V$는 위상공간 $(f(X), \mathscr{U}_{f(X)})$에서 서로소인 열린집합들이고

$$f(a) \in f(X) \cap U \neq \varnothing$$
$$f(b) \in f(X) \cap V \neq \varnothing$$

이므로 $\{f(X) \cap U,\ f(X) \cap V\}$는 위상공간 $(f(X),\ \mathscr{U}_{f(X)})$의 한 분리가 되어서 $(f(X),\ \mathscr{U}_{f(X)})$이 비연결부분공간이다. 즉, $f(X)$는 비연결집합이다. 그런데 가정에서 X는 연결공간이고 함수 f는 연속함수이므로 $f(X)$는 연결집합이어야 한다. 이는 모순이다. 따라서 임의의 $y \in (f(a),\ f(b))$에 대하여 적당한 $x \in X$가 존재하여 $y = f(x)$가 성립한다. □

(★) 참고로 정리 11.3.1은 $y \in [f(a),\ f(b)]$인 경우에도 성립한다.

이제 **부동점 정리**(혹은 고정점 정리: fixed point theorem)의 가장 초보적이면서도 매우 의미 있는 예를 소개한다. 임의의 닫힌구간 $[a,\ b]$에 대한 위상공간 $([a,\ b],\ \mathscr{U}_{[a,\ b]})$는 다음 성질이 있다.

정리 11.3.2 만약 $f : [a,\ b] \to [a,\ b]$가 연속이면 $f(p) = p$인 점 $p \in [a,\ b]$가 존재한다.

증명 (1) 만약에 $f(a) = a$이거나 $f(b) = b$이면 정리는 만족된다.

(2) 이제 $f(a) \neq a$이고 $f(b) \neq b$이라고 하자(그림 11.8 참조).

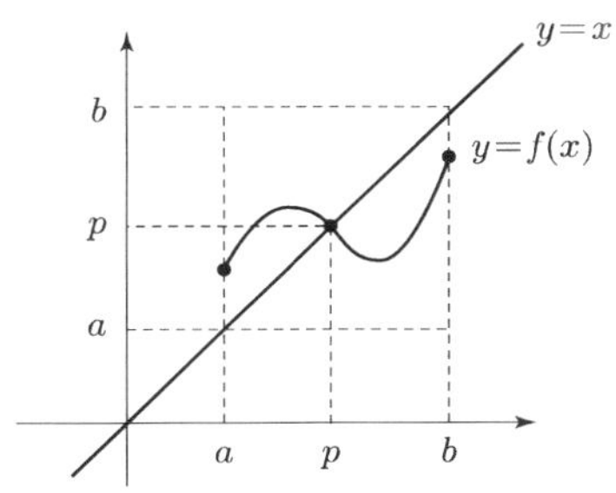

그림 11.8 부동점 정리

f가 연속이므로 함수

$$g : [a,\ b] \to \mathbb{R} \text{ s.t. } g(x) = x - f(x)$$

도 연속함수이다. 그러면 $g(a) < 0 < g(b)$이므로 중간값 정리(정리 11.3.1 참조)에 의하여 $g(p) = 0$인 점 $p \in [a,\ b]$가 존재한다. 따라서

$f(p) = p$인 점 $p \in [a, b]$가 존재한다. □

정리 11.3.2는 유계인 닫힌구간이 아니면 성립하지 않음을 다음 예제에서 확인할 수 있다.

| 예제 11.3.3 | $[0, 1)$에 대하여 함수

$$f : [0, 1) \to [0, 1) \text{ s.t. } f(x) = \frac{x+2}{3}$$

는 연속이지만 모든 $x \in [0, 1)$에 대하여 $x < f(x)$가 되어서 $f(p) = p$인 점 $p \in [0, 1)$는 존재하지 않는다. ■

연습문제 11.3

1. 유클리드 공간 $(\mathbb{R}^2, \mathscr{U})$에서 $\mathbb{R}^2 - \mathbb{Q}(\subset \mathbb{R}^2)$는 연결임을 보이시오.

2. $n \in \mathbb{N} - \{1\}$에 대하여 $I^n \not\approx I$임을 보이시오. 여기서 $I = [0, 1]$이다.

3. $((a, b], \mathscr{U}_{(a, b]})$에 대하여 임의의 연속함수 $f : (a, b] \to (a, b]$가 항상 부동점을 갖는 것이 아님을 보이시오.

4. 보통위상공간 $(\mathbb{R}^2, \mathscr{U})$에서 부분집합 X와 Y를 생각하자(그림 11.9 참조). 그때 $(X, \mathscr{U}_X) \not\approx (Y, \mathscr{U}_Y)$임을 보이시오.

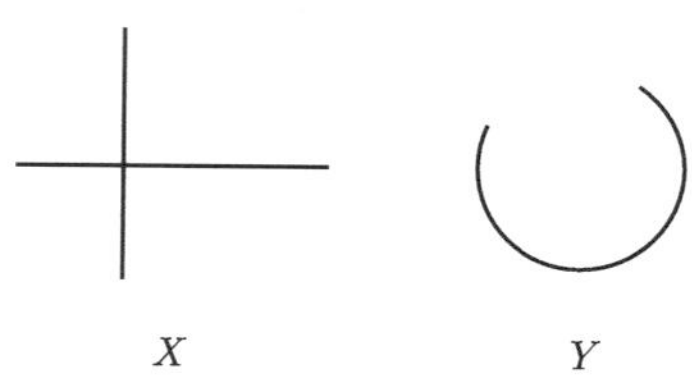

그림 11.9 X와 Y는 위상동형이 아니다

5. 보통위상공간 $(\mathbb{R}^2, \mathscr{U})$에서 부분집합 Z와 W를 생각하자(그림 11.10 참조). 그때 $(Z, \mathscr{U}_Z) \not\approx (W, \mathscr{U}_W)$임을 보이시오.

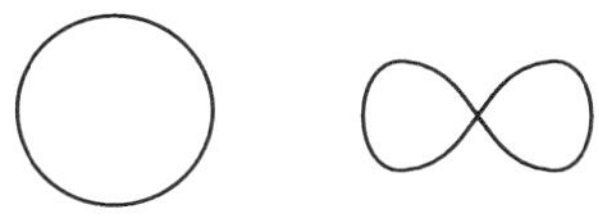

Z $\qquad\qquad$ W

그림 11.10 Z와 W는 위상동형이 아니다

6. 정리 11.3.2의 응용으로서 다음을 답하시오.
카림스키 선공간 $(\mathbb{Z}, \kappa)$의 부분공간 $([a, b]_{\mathbb{Z}}, \kappa_{[a, b]_{\mathbb{Z}}})$을 생각하자. 여기서 $[a, b]_{\mathbb{Z}} = \{x \in \mathbb{Z} \mid a \le x \le b,\ a, b \in \mathbb{Z}\}$이다. 이때 임의의 연속함수

$$f : ([a, b]_{\mathbb{Z}}, \kappa_{[a, b]_{\mathbb{Z}}}) \to ([a, b]_{\mathbb{Z}}, \kappa_{[a, b]_{\mathbb{Z}}})$$

가 부동점을 갖는가?

7. $n \ge 2$에 대하여 $(\mathbb{R}^n, \mathscr{U}) \not\approx (\mathbb{R}, \mathscr{U})$임을 보이시오.
힌트 : ① $n \ge 2$에 대하여 보통위상공간 $(\mathbb{R}^n, \mathscr{U})$와 가산집합 $A(\subset \mathbb{R}^n)$을 생각한다. 이때 $(\mathbb{R}^n - A, \mathscr{U}_{\mathbb{R}^n - A})$는 연결된 부분공간이다.
($\because$ 임의의 $a(\in \mathbb{R}^n - A)$를 고정하고, 임의의 $x \in \mathbb{R}^n - A$를 택한다. L_x를 $\{a, x\}$를 포함하는 $\mathbb{R}^n - A$의 연결된 부분공간이라 하자(이러한 L_x는 $\mathbb{R}^n - A$가 비가산집합이므로 항상 존재한다. 즉 $(L_x\ \mathscr{U}_{L_x}) \approx ([0, 1], \mathscr{U}_{[0, 1]})$이다. 그리고 $\bigcap_{x \in \mathbb{R}^n - A} L_x (\supset \{a\}) \ne \varnothing$이다. 정리 11.1.20에 의하여 $\bigcup_{x \in \mathbb{R}^n - A} L_x = \mathbb{R}^n - A$는 연결이다.
② 귀류법을 사용하여 $\mathbb{R}^n \approx \mathbb{R}$이라고 가정하자. 즉 위상동형사상 $h : (\mathbb{R}^n, \mathscr{U}) \to (\mathbb{R}, \mathscr{U})$이 존재한다. 그때 제한사상 $h|_{\mathbb{R}^n - \{0\}} : \mathbb{R}^n - \{0\} \to \mathbb{R} - h(0)$도 위상동형사상이다. 그런데 $\mathbb{R} - h(0)$는 비연결이고 $\mathbb{R}^n - \{0\}$은 힌트 ①에 의하여 연결이 되어서 모순이다.

8. $n \ge 2$에 대하여 $(S^n, \mathscr{U}_{S^n}) \not\approx (S, \mathscr{U}_S)$임을 보이시오.
힌트 : 귀류법과 정리 11.1.15를 활용함.

9. $m \ne n \in \mathbb{N}$일 때, $(\mathbb{R}^m, \mathscr{U}) \not\approx (\mathbb{R}^n, \mathscr{U})$임을 보이시오.

10. $m \ne n \in \mathbb{N}$일 때, $S^m \not\approx S^n$임을 보이시오.

11.4 호상연결성

이제 연결성보다 더 직관적인 개념인 호상연결성(path connectedness, 혹은 경로로 연결됨)에 대하여 알아보자. 이 절에서 $I=[0, 1]$은 보통위상공간 $(\mathbb{R}, \mathscr{U})$의 부분공간 $(I, \mathscr{U}_I)$를 말한다.

정의 11.4.1 X를 위상공간이라 하자.

(1) 두 점 x, $y \in X$에 대하여 x로부터 y까지의 X상에서의 **호**(혹은 **경로**(path))란 $\alpha(0)=x$, $\alpha(1)=y$인 연속사상 $\alpha : I \to X$를 뜻한다(그림 11.11. 참조). $\alpha(0)$를 호 α의 **시점**(initial point), $\alpha(1)$을 호 α의 **종점**(terminal point)이라 한다.

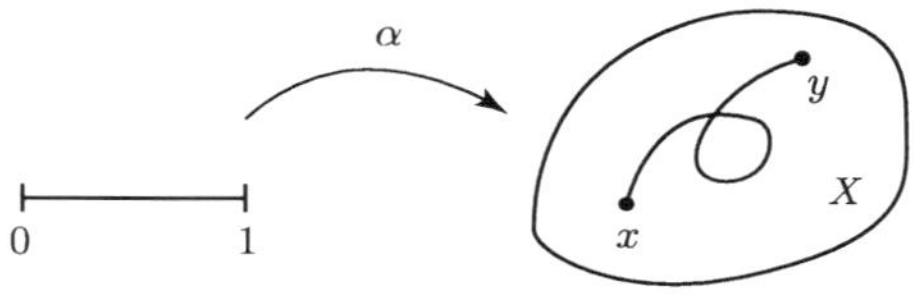

그림 11.11 x로부터 y까지의 호(경로) α

(2) X가 **호상연결**(path connected, 혹은 경로로 연결됨)이란 임의의 x, $y \in X$에 대하여 x로부터 y까지의 X상에서 호(path)가 존재함을 뜻한다. 이러한 X를 **호상연결공간**(path connected space 혹은 arcwise connected space) (혹은 경로로 연결된 공간)이라 한다.

| 예제 11.4.2 | (1) 위상공간 X상의 임의의 한 점 p에 대하여 상수함수 $c_p : I \to X$, 즉 임의의 $t \in I$에 대하여 $c_p(t)=p$에 의하여 정의된 함수 c_p는 연속이므로 X상의 한 호(path)가 된다. 이러한 사상 c_p를 점 p에서 **고정된 호**(constant path)라 한다.

(2) $\alpha : I \to X$가 $\alpha(0)=a$로부터 $\alpha(1)=b$까지의 호라면 $\beta(t)=\alpha(1-t)\,(t \in I)$는 $\beta(0)=b$로부터 $\beta(1)=a$까지의 호이다.

(3) Sierpinski 공간 $(X, \mathscr{T})$는 호상연결공간이다. 여기서 $X=\{a, b\}$이고 $\mathscr{T}=$

$\{\varnothing, X, \{a\}\}$이다. 왜냐하면

$$\alpha : I \to X \text{ s.t. } \alpha(t) = \begin{cases} a, & 0 \le t < 1 \\ b, & t = 1 \end{cases}$$

로 놓으면 α는 a부터 b까지의 호이기 때문이다 (α가 연속함수임을 확인하시오). ■

정의 11.4.3 A를 위상공간 X의 한 부분집합이라 하자. 임의의 두 점 $a, b \in A$에 대하여 a로부터 b까지의 X상의 호 $\alpha : I \to X$가 존재하여 $\alpha(I) \subset A$이면 A를 X의 **호상연결부분집합** (arcwise connected subset 혹은 path connected subset) (혹은 경로로 연결된 집합)이라 한다.

연결성과 호상연결성 사이의 관계는 다음과 같다.

정리 11.4.4 모든 호상연결공간은 연결공간이다.

증명 위상공간 X를 호상연결공간이라 하고 한 점 $x_0 \in X$를 고정하자. 임의의 점 $x \in X$에 대하여 X가 호상연결이므로 호 (path)

$$\alpha_x : I \to X \text{ s.t. } \alpha_x(0) = x_0, \ \alpha_x(1) = x$$

가 존재한다. 그러면 α_x가 연속함수이고 I가 연결이므로 기초정리 11.1.14에 $A_x := \alpha_x(I)$는 연결이다. 그리고

$$x_0 \in \bigcap_{x \in X} A_x \neq \varnothing, \quad \bigcup_{x \in X} A_x = X$$

이므로 정리 11.1.20에 의하여 X는 연결공간이다. □

| 예제 11.4.5 | (1) 보통위상공간 $(\mathbb{R}^n, \mathscr{U})$는 호상연결공간이다. 왜냐하면 임의의 두 점 $x, y \in \mathbb{R}^n$에 대하여 x로부터 y까지의 $\mathbb{R}^n$상에서의 호

$$\alpha : I \to \mathbb{R}^n \text{ s.t. } \alpha(t) = (1-t)x + ty$$

가 존재하기 때문이다.

(2) 열린구 $B(p, r) \subset \mathbb{R}^n$은 보통위상공간 $(\mathbb{R}^n, \mathscr{U})$의 호상연결부분집합이다. 왜

냐하면 임의의 두 점 x, $y \in B(p, r)$에 대하여 x로부터 y까지의 $B(p, r)$상에서의 호

$$\alpha : I \to \mathbb{R}^n \text{ s.t. } \alpha(t) = (1-t)x + ty, \ \alpha(I) \subset B(p, r)$$

가 존재한다. ■

참고로 유클리드 공간 $(\mathbb{R}, \mathscr{U})$의 호상연결집합은 임의의 a, $b \in \mathbb{R}$에 대하여

$$\mathbb{R}, \ (-\infty, b), \ (a, \infty), \ (-\infty, b], \ [a, \infty),$$
$$(a, b), \ (a, b], \ [a, b), \ [a, b], \ \{a\}, \ \varnothing$$

인 형태밖에 없다. ■

참고 11.4.6 정리 11.4.4의 역은 성립하지 않는다. 왜냐하면 예제 11.1.18에서 다루었던 위상수학자의 사인곡선은 연결공간이지만 호상연결공간은 아니기 때문이다 (연습문제로 남긴다).

정리 11.4.7 $A_\alpha (\alpha \in \Lambda)$가 위상공간 X의 호상연결부분집합이라 하자. 만약 $\bigcap_{\alpha \in \Lambda} A_\alpha \neq \varnothing$ 이면 $\bigcup_{\alpha \in \Lambda} A_\alpha$도 X의 호상연결집합이다.

증명 한 점 $p \in \bigcap_{\alpha \in \Lambda} A_\alpha$를 선택하자. 임의의 두 점 x, $y \in \bigcup_{\alpha \in \Lambda} A_\alpha$에 대하여 $x \in A_{\alpha_1}$, $y \in A_{\alpha_2}$인 α_1, $\alpha_2 \in \Lambda$가 존재한다. 그리고 A_{α_1}과 A_{α_2}가 각각 호상연결이므로 두 호 (path)

$$\beta_1 : I \to A_{\alpha_1} \subset \bigcup_{\alpha \in \Lambda} A_\alpha \text{ s.t. } \beta_1(0) = x, \ \beta_1(1) = p,$$
$$\beta_2 : I \to A_{\alpha_2} \subset \bigcup_{\alpha \in \Lambda} A_\alpha \text{ s.t. } \beta_2(0) = p, \ \beta_2(1) = y$$

가 존재한다. 그러면 주어진 점 p를 기반으로 하여 β_1과 β_2를 다음과 같이 붙일 수 있다 (그림 11.12 참조).

$$\beta = \beta_1 * \beta_2 \ : I \to \bigcup_{\alpha \in \Lambda} A_\alpha \text{ s.t. } \beta(t) = \begin{cases} \beta_1(2t), & 0 \leq t \leq \frac{1}{2} \\ \beta_2(2t-1), & \frac{1}{2} \leq t \leq 1 \end{cases}$$

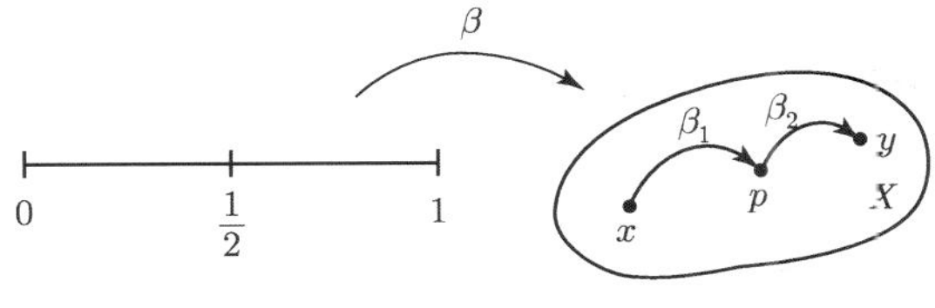

그림 11.12 x로부터 y까지의 X상에서의 호 β

는 보조정리 5.1.12(붙임 보조정리)에 의하여 연속이고 $\beta(0)=x$, $\beta(1)=y$ 이므로 β는 x로부터 y까지의 $A_{\alpha_1}\cup A_{\alpha_2}\subset \bigcup_{\alpha\in\Lambda} A_\alpha$상에서의 호이다. 따라서 $\bigcup_{\alpha\in\Lambda} A_\alpha$는 호상연결집합이다. □

정리 11.4.8 호상연결집합의 연속사상에 의한 상은 호상연결집합이다.

증명 $f: X\to Y$를 연속사상이라 하고 $A(\subset X)$를 호상연결집합이라 하자. $f(A)$가 Y에서 호상연결집합임을 보이자. 임의의 두 점 $p,\ q\in f(A)$를 택하자. 그러면 적당한 $a,\ b\in A$가 존재하여 $f(a)=p,\ f(b)=q$를 만족한다. A가 호상연결집합이므로 호 $g: I\to X$가 존재하여

$$g(0)=a,\ g(1)=b,\ g(I)\subset A$$

이다. f와 g가 연속이므로

$$f\circ g: I\to Y$$

도 연속이고

$$(f\circ g)(0)=f(a)=p,\ (f\circ g)(1)=f(b)=q,\ (f\circ g)(I)\subset f(A)$$

이므로 $f(A)$는 호상연결집합이다. □

(★) 정리 11.4.8에 의하여 위상공간 X가 호상연결이고, 함수 $f: X\to Y$가 연속이면 $f(X)$도 호상연결집합이다.

이제 호상연결성의 위상적 성질을 알아보자.

따름정리 11.4.9 호상연결성은 위상적 성질이다.

증명 두 위상공간 X와 Y가 위상동형이면 다음이 성립함을 증명하면 된다.

$$X\text{가 호상연결이다} \Leftrightarrow Y\text{가 호상연결이다}$$

이제 X가 호상연결이라 하자. 위상동형사상 $h: X \to Y$와 정리 11.4.8에 의하여 $Y = h(X)$도 호상연결이다. 같은 방법으로 Y가 호상연결공간이면 X도 호상연결이다. □

| 예제 11.4.10 | 보통위상공간 $(\mathbb{R}^2, \mathscr{U})$에서 다음과 같은 두 부분집합 C와 D를 생각하자. $K = \left\{\frac{1}{n} \,\middle|\, n \in \mathbb{N}\right\}$이라 하고

$$C = (I \times \{0\}) \cup (K \times I) \cup \{0\} \times I \subset \mathbb{R}^2$$

이라 하자. 이 집합 C를 빗공간(comb space)이라 한다(그림 11.4와 예제 11.1.21 참조). 여기서 $I = [0, 1]$이다.

$$D = C - (\{0\} \times (0, 1))$$

이라 하자(그림 11.13 참조). 부분공간 $(C, \mathscr{U}_C)$와 $(D, \mathscr{U}_D)$는 위상동형이 아니다.

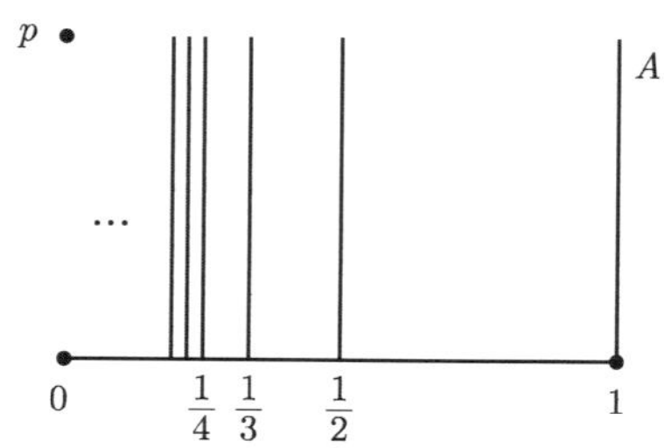

그림 11.13 공간 D의 설명

풀이 따름정리 11.4.9를 활용하여 설명하기로 하자. 먼저 부분공간 C가 호상연결임은 명백하다. 그러나 부분공간 D는 호상연결이 아니다. 구체적으로 살펴보면 $A = (I \times \{0\}) \cup (K \times I)$라 하고 점 $(0, 1) = p$라 하자. 점 p는 A의 극한점이므로 정리 11.1.16에 의하여 D는 연결공간이다. 그러나 D는 호상연결은 아니다. 왜냐하면 점 p와 A의 임의의 한 점을 잇는 호가 존재하지 않기 때문이다. 따라서 따름정리 11.4.9에 의하여 부분공간 C와 D는 위상동형이 아니다. □

이제 호상연결성의 곱성질을 알아보자.

정리 11.4.11 모든 $\alpha \in \Lambda$에 대하여 위상공간 X_α가 호상연결이기 위한 필요충분조건은 곱공간 $\prod_{\alpha \in \Lambda} X_\alpha$가 호상연결인 것이다.

증명 ($\Rightarrow$) 임의의 두 점 $x = (x_\alpha)_{\alpha \in \Lambda}$, $y = (y_\alpha)_{\alpha \in \Lambda} \in \prod_{\alpha \in \Lambda} X_\alpha$를 택하자. 그러면 각각의 $\alpha \in \Lambda$에 대하여 x_α, $y_\alpha \in X_\alpha$이고 X_α가 호상연결이므로 x_α로부터 y_α까지의 X_α상에서의 호

$$f_\alpha : I \to X_\alpha \text{ s.t. } f_\alpha(0) = x_\alpha,\ f_\alpha(1) = y_\alpha$$

가 존재한다. 그러면 $f = (f_\alpha)_{\alpha \in \Lambda}$라 놓으면

$$f : I \to \prod_{\alpha \in \Lambda} X_\alpha \text{ s.t. } f(t) = (f_\alpha(t))_{\alpha \in \Lambda}$$

는 x로부터 y까지의 호가 된다. 따라서 곱공간 $\prod_{\alpha \in \Lambda} X_\alpha$는 호상연결이다.

($\Leftarrow$) 임의의 $\alpha \in \Lambda$에 대하여 사영사상 $P_\alpha : \prod_{\alpha \in \Lambda} X_\alpha \to X_\alpha$가 연속이므로, 정리 11.4.8에 의하여 $P_\alpha(\prod_{\alpha \in \Lambda} X_\alpha) = X_\alpha$도 호상연결이다. □

이제 호상연결성분(path connected component)에 대하여 알아보자. 11.2절에서 다루었던 연결성분과 같은 방법으로 호상연결성분을 정의할 수 있다.

위상공간 X는 호상연결된 부분공간(부분집합)들로 유일하게 분해할 수 있다. 이때 호상연결된 부분집합 각각을 호상연결성분(path connected component)이라고 한다. 즉, 위상공간 X와 $x \in X$에 대하여 x를 원소로 갖는 X의 모든 호상연결부분집합의 합집합을 X에서 x의 호상연결성분(path connected component)이라 하고 P_x로 표시한다. 즉, x를 원소로 갖는 호상연결부분집합 가운데서 극대(가장 큰) 호상연결집합을 x의 호상연결성분이라 한다. x의 호상연결성분의 개념을 동치관계를 이용해서 정의하면 훨씬 명확해진다. 위상공간 X에서 관계 '$\sim_p$'를 다음과 같이 주자.

정의 11.4.12 위상공간 X상의 점 x와 y 사이의 관계 '$\sim_p$'를 x로부터 y까지의 X상에서 호가 존재하는 경우로 정의하자. 그러면 $(X, \sim_p)$는 동치관계이다. 이때 임의의 $x \in X$에 대하여 x의 동치류 $[x]$(혹은 P_x라 표시함)를 x의 호상연결성분

(path connected component)이라 한다.

정의 11.4.12의 동치관계에 의하여, 호상연결성분 $P_x := [x] = \{y \in X \mid x \sim_p y\}$에 대하여 다음 성질들이 성립한다.

(i) 만약 $x \sim_p y$이면 $P_x = P_y$이다.

(ii) 만약 $x \nsim_p y$이면 $P_x \cap P_y = \varnothing$ 이다.

(iii) $X = \bigcup \{P_x \mid x \in X\}$이다.

그러므로 성질 (i)~(iii)에 의하여 $\{P_x \mid x \in X\}$는 위상공간 X의 한 분할(partition)임을 알 수 있다. 만약 위상공간 X가 호상연결이면 X는 단 하나의 호상연결성분, 즉 X를 갖는다. 정의 11.4.12의 동치관계 및 그것에 의하여 생성되는 분할 $\{P_x \mid x \in X\}$에 의하여 다음 성질이 성립함은 명백하다.

(1) 모든 점 $x \in X$에 대하여 x를 원소로 갖는 호상연결성분은 P_x뿐이다.

(2) P_x는 x를 원소로 갖는 가장 큰(극대) 호상연결부분집합이다.

(3) A가 공집합이 아닌 X의 호상연결된 부분집합이면 $A \subset P_x$인 P_x가 유일하게 존재한다.

(4) X가 호상연결이기 위한 필요충분조건은 X의 호상연결성분이 하나인 것이다.

성질 11.4.13 위상동형인 두 위상공간은 같은 개수의 호상연결성분을 갖는다.

증명 성질 11.2.5와 같은 방법으로 증명된다. □

| 예제 11.4.14 | 예제 11.1.8에서 보았듯이 위상수학자들의 사인곡선 S는 연결공간이지만 호상연결공간은 아니다. 이제 S의 호상연결성분을 구하라.

풀이 $$A = \{0\} \times [-1, 1], \; B = \{(x, y) \in \mathbb{R}^2 \mid 0 < x \in \mathbb{R}, \; y = \sin\frac{1}{x}\}$$

이라 하면 $A \approx [-1, 1]$이고 $B \approx (0, \infty)$이므로 따름정리 11.4.9에 의하여 A와 B는 각각 호상연결이다. 따라서 S의 호상연결성분은 A와 B 두 개이다. ■

성질 11.4.15 기초정리 11.2.2에서 보았듯이 위상공간 X에서 연결성분 C_x는 X의 닫힌집합이다. 그러나 호상연결성분 P_x는 X의 닫힌집합일 필요는 없다. 예를 들어, 예제 11.4.14에서 B는 연결성분이지만 $\overline{B} = S \neq B$가 되어서 B는 S의 닫힌 집합이 아니다. □

이제 위상공간 X의 연결성분과 호상연결성분 사이의 관계를 알아보자. 즉, 위상공간 X의 한 호상연결성분은 X의 한 연결성분에 포함됨을 알 수 있다.

성질 11.4.16 위상공간 X의 연결성분은 호상연결성분들의 합집합이다. 즉, 임의의 $x \in X$에 대하여 $C_x = \bigcup_{y \in C_x} P_y$이다.

증명 C_x를 x의 연결성분이라 하자. 임의의 점 $y \in C_x$에 대하여 호상연결성분 P_y는 호상연결이므로 정리 11.4.4에 의하여 P_y는 연결이다. 그리고 $y \in P_y$이고 $C_x = C_y$이므로 $P_y \subset C_x$이다. 왜냐하면 C_x는 x를 원소로 갖는 극대 연결 부분집합이기 때문이다. 따라서 $C_x = \bigcup_{y \in C_x} P_y$가 된다. □

즉, 위상공간 X의 각 호상연결성분은 X의 한 연결성분의 부분집합임을 알 수 있다.

| 예제 11.4.17 | 예제 11.4.14에서 보였듯이, 위상수학자들의 사인곡선 S는 연결공간이다. 즉, 임의의 $x \in X$에 대하여 $C_x = X$이다. 한편 S는 두 개의 호상연결성분 A와 B로 구성되어 있기에 $C_x = X = A \cup B$임을 알 수 있다. ■

이제 국소호상연결공간에 관하여 알아보자. 정리 11.4.3과 예제 11.4.14에서 보았듯이 호상연결공간은 연결공간이지만 이 역이 성립하지 않음을 알았다. 그러면 어떤 조건에서 이 역이 성립할 것인가?

정의 11.4.18 (1) 위상공간 X가 한 점 $x \in X$에서 **국소호상연결**되어 있다는 것은 x의 임의의 근방 N에 대하여 $x \in U \subset N$을 만족하는 호상연결된 열린집합 U가 존재하는 경우를 뜻한다.

(2) 위상공간 X의 임의의 점 $x \in X$에서 국소호상연결이면 X를 **국소호상연결공간**이라 한다.

정의에 의하여 $(\mathbb{R}^n, \mathscr{U})$은 국소호상연결임이 명백하다. 정의에 의하여 국소호상연결공간은 국소연결공간이지만 국소호상연결성과 호상연결성 사이에는 아무런 관계가 없음을 다음 예에서 확인할 수 있다.

| 예제 11.4.19 | (1) $X = [a, b) \cup (b+1, c] (\subset \mathbb{R})$이라 하자. 보통위상공간 $(\mathbb{R}, \mathscr{U})$의 부분공간 $(X, \mathscr{U}_X)$는 국소호상연결이지만 호상연결은 아니다.

(2) 예제 11.1.21에서 소개한 빗공간(comb space) (그림 11.4 참조)

$$C = \bigcup_{n=0}^{\infty} C_n \cup B \subset \mathbb{R}^2$$

을 생각하자. 여기서 모든 자연수 $n \in \mathbb{N}$에 대하여

$$C_n = \left\{\frac{1}{n}\right\} \times [0, 1]$$
$$C_0 = \{0\} \times [0, 1]$$
$$B = [0, 1] \times \{0\}$$

이다. 그때 빗공간 $(C, \mathscr{U}_C)(\subset (\mathbb{R}^2, \mathscr{U}))$는 호상연결공간임은 명백하지만 점 $p = (0, 1)$에서 국소호상연결공간이 아님을 알 수 있다.

(3) 연습문제 11.1의 문제 8에서 보았듯이(그림 11.5 참조) 보통위상공간 $(\mathbb{R}^2, \mathscr{U})$의 부분공간으로서 다음 공간 X를 생각하자.

$$X = (\bigcup_{n \in \mathbb{N}} C_n) \cup D$$

여기서

$$C_n = \{(x, y) \in \mathbb{R}^2 \mid y = \frac{x}{n}, \ x \in [0, 1]\}$$
$$D = \left\{(\frac{1}{n}, 0) \in \mathbb{R}^2 \mid n \in \mathbb{N}\right\}$$

이다. $Y = \bigcup_{n \in \mathbb{N}} C_n$이라 놓으면 Y는 호상연결이므로 연결임은 명백하다. $\overline{Y} = X$이므로 정리 11.1.16에 의하여 X도 연결이다. 같은 방법으로 점 $(0, 0)$에서 국소연결이지만 점 $(0, 0)$에서 국소호상연결이 아니다. ■

정리 11.4.20 위상공간 X가 국소호상연결이기 위한 필요충분조건은 임의의 열린집합 U의 모든 호상연결성분이 열린집합인 것이다.

증명 정리 11.2.12의 증명과 같은 방법으로 증명된다. □

따름정리 11.4.21 국소호상연결공간의 모든 호상연결성분은 열린집합이다.

증명 정리 11.4.20에서 $U=X$인 경우이다. □

정리 11.4.22 위상공간 X가 국소호상연결이면 X의 호상연결성과 연결성은 동치이다.

증명 주어진 가정을 바탕으로 X가 연결이면 X는 호상연결임을 보이면 된다. X의 한 점 a를 택하자.

$$P=\{x\in X \mid \exists \text{ 호 } \alpha : I \to X \text{ s.t. } \alpha(0)=a,\ \alpha(1)=x,\ \alpha(I)\subset X\}$$

라 할 때 P는 호상연결집합이므로 $P=X$임을 보이면 X는 호상연결이 된다.

(i) 이 집합 P는 공집합이 아니다. 왜냐하면 $a\in P$이기 때문이다($\because$ 호 α를 $\alpha(I)=\{a\}$인 상수사상인 경우를 생각한다).

(ii) 이제 임의의 $b\in P$를 택하면 X가 국소호상연결이므로 b의 임의의 근방 N_b에 대하여 $b\in U\subset N_b$인 호상연결된 열린집합 U가 존재한다. 즉, 각 점 $x(\in U)$는 b와 호로 연결되므로 x는 a와 호로 연결된다(정리 11.4.7 참조). 따라서 $x(\in U)\in P$이므로 $b\in U\subset P$이다. 그러므로 P는 b의 한 근방이 되므로 정리 3.3.5에 의하여 P는 열린집합이다.
임의의 $p\in \overline{P}$를 택하면 p의 근방 N_p가 존재하고 X의 국소연결성에 의하여 $p\in V$인 호상연결인 열린집합 V가 존재하여 $p\in V\subset N_p$이 성립한다. $p\in\overline{P}$이므로 $p\in V\cap P\subset N_p\cap P\neq\varnothing$이므로 한 점 $y\in V\cap P$이 존재한다. $y\in P$이므로 a와 y 그리고 y와 p가 각각 호로 연결되므로 정리 11.4.7에 의하여 a와 p는 호로 연결된다. 그러므로 $p\in P$이다. 따라서 $\overline{P}=P$이므로 P는 닫힌집합이다.

(iii) X는 연결공간이므로 X상에서 열린집합임과 동시에 닫힌집합은 $\varnothing$와 X뿐인데 (i)에 의하여 P는 공집합이 아니므로 $P=X$이다. □

따름정리 11.4.23 $(\mathbb{R}^n, \mathscr{U})$에서 열린집합이 연결이 되는 필요충분조건은 그것이 호상연결인 것이다.

증명 충분조건은 정리 11.4.4에 의하여 명백하므로 필요조건만 보이면 된다. $(\mathbb{R}^n, \mathscr{U})$에서 임의의 연결된 열린집합 $U(\subset \mathbb{R}^n)$를 택하자. 그러면 임의의 $x \in U$에 대하여 열린구 $B(x, \varepsilon)$가 존재하여 $x \in B(x, \varepsilon) \subset U$이 성립한다($\because$ U는 x를 품는 한 근방으로 간주함). 여기서 $B(x, \varepsilon) = \{t \in U \mid d(x, t) < \varepsilon\}$이다. 예제 11.4.5와 같은 방법으로 $B(x, \varepsilon)$은 호상연결이므로 U는 국소호상연결이다. 그러므로 정리 11.4.22에 의하여 U는 호상연결이다. □

연습문제 11.4

1. 위상공간 X상에서 $\alpha : I \to X$를 a로부터 b까지의 호라 하고 $\beta : I \to X$를 b로부터 c까지의 호라 할 때 다음 사상

$$\alpha * \beta : I \to X \text{ s.t. } (\alpha * \beta)(t) = \begin{cases} \alpha(2t), & t \in [0, \frac{1}{2}] \\ \beta(2t-1), & t \in [\frac{1}{2}, 1] \end{cases}$$

으로 정의하면 $\alpha * \beta$가 a로부터 c까지의 호임을 보이시오.

2. 두 점 이상을 갖는 이산공간 $(X, \mathscr{D})$는 비연결공간이다. 그러나 $(X, \mathscr{D})$는 국소호상연결공간임을 보이시오.

3. 보통위상 $(\mathbb{R}, \mathscr{U})$ 상의 각 구간이나 반직선은 호상연결인 동시에 국소호상연결임을 보이시오.

4. 보통위상공간 $(\mathbb{R}, \mathscr{U})$의 유리수 전체로 이루어진 부분공간 $(\mathbb{Q}, \mathscr{U}_{\mathbb{Q}})$는 국소호상연결이 아님을 보이시오. 무리수 전체로 이루어진 부분공간 $(\mathbb{Q}^c, \mathscr{U}_{\mathbb{Q}^c})$도 국소호상연결이 아님을 보이시오.

5. $(\mathbb{R}^n, \mathscr{U})$가 국소호상연결공간임을 보이시오.

6. 국소호상연결성이 곱성질을 만족함을 보이시오.

7. 국소호상연결성이 위상적 성질을 만족함을 보이시오.

8. 위상공간 X의 호상연결성분은 일반적으로 닫힌집합이 아님을 보이시오.
(힌트 : 위상공간 $(\mathbb{R}^2, \mathscr{U})$에서 $\mathbb{R}^2$의 부분집합 Y를 생각하자 (그림 11.14 참조).

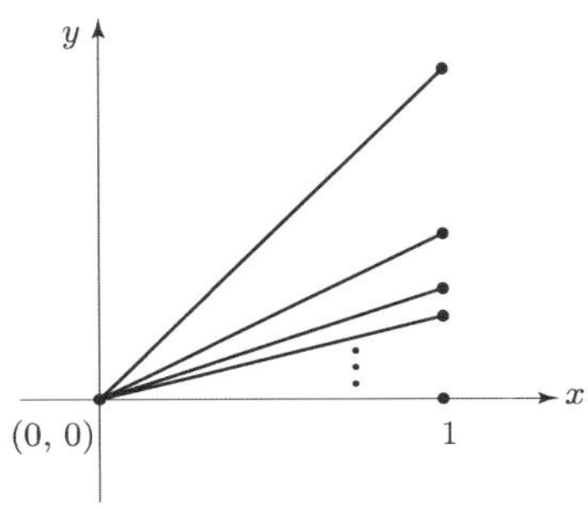

그림 11.14 호상연결성분

$$A=\{(x, y) \mid y=\frac{x}{n}, x \in [0, 1], n \in \mathbb{N}\}, B=\{(1, 0)\}$$

이라 하고, $Y=A \cup B$라 하자. 부분공간 $(Y, \mathscr{U}_Y)$를 생각하자. 그때 A는 $(Y, \mathscr{U}_Y)$의 호상연결성분이지만 A의 $(Y, \mathscr{U}_Y)$에서 닫힌집합이 아니다. 왜냐하면 $A^c=B$가 $(Y, \mathscr{U}_Y)$에서 열린집합이 아니기 때문이다. B가 $(Y, \mathscr{U}_Y)$에서 열린집합이 아님은 아르키메데스 정리를 활용하여 보일 수 있다.)

9. 비이산공간은 호상연결공간임을 보이시오.

10. 여유한공간 $(\mathbb{R}, \mathscr{T}_f)$가 호상연결임을 보이시오.

11. X가 두 점 이상으로 이루어진 가산집합이면 여유한공간 $(X, \mathscr{T}_f)$는 호상연결이 아님을 보이시오. 그러나 X가 한원소집합이면 $(X, \mathscr{T}_f)$는 호상연결임을 브이시오.

12. 사전식순서를 준 전순서집합 $(X=[0, a] \times [0, a], \leq')$에 의하여 유도된 순서위상공간 $(X, \mathscr{T}_o)$가 호상연결이 아님을 보이고, 호상연결성분을 구하시오.

(힌트 : 임의의 $p \in [0,\ a]$에 대하여 $\{p\} \times [0,\ a]$는 호상연결부분집합이지만 $p \neq q \in [0,\ a]$에 대하여 $\{p\} \times [0,\ a]$와 $\{q\} \times [0,\ a]$에 속하는 임의의 두 점을 잇는 호는 존재하지 않는다 (예제, $a_0 = (0,\ 0)$, $b_0 = (1,\ 1)$을 생각해 보자.)

13. 위상수학자들의 사인곡선은 호상연결도 아니고, 국소호상연결도 아님을 보이시오.

14. 보통위상공간 $(\mathbb{R}^2,\ \mathscr{U})$의 부분집합

$$X = \{(x,\ \sin\frac{1}{x}) \mid x \in (0,\ 2\pi]\} \cup \{(x,\ x\sin\frac{1}{x}) \mid x \in [-2\pi,\ 0)\} \cup \{(0,\ 0)\}$$

에 대한 부분공간 $(X,\ \mathscr{U}_X)$에 대하여 다음을 조사하시오.

(1) $(X,\ \mathscr{U}_X)$는 연결인가?

(2) $(X,\ \mathscr{U}_X)$는 국소연결인가?

(3) $(X,\ \mathscr{U}_X)$는 호상연결인가?

(4) $Y = [-2\pi,\ 2\pi]$라 할 때 $(X,\ \mathscr{U}_X)$와 $(Y,\ \mathscr{U}_Y)$는 위상동형인가?

15. 여가산공간 $(X,\ \mathscr{T}_c)$가 호상연결 $\Leftrightarrow$ $\text{card}(X) \leq 1$임을 보이시오.

TOPOLOGY

제 12 장

완비거리공간

이 장에서는 거리공간에서 콤팩트 개념보다 약한 성질에 해당하는 완비성 개념과 완비거리공간의 다양한 성질을 다룬다. '유클리드 공간 $(\mathbb{R}^n,\ d)$에서 주어진 부분공간 $(A,\ d_A)$가 콤팩트공간이다'의 동치명제는 하이네-보렐 (Heine-Borel) 정리에 의하여 A는 $(\mathbb{R}^n,\ d)$에서 유계이고 닫힌집합임을 잘 알고 있다. 즉 $(\mathbb{R}^n,\ d)$에서 주어진 부분공간의 콤팩트성을 판정할 수 있는 명확한 도구를 갖게 된 것이다. 그 결과로 $\mathbb{R}^n$은 $(\mathbb{R}^n,\ d)$에서 콤팩트공간이 되지 않기에 $\mathbb{R}^n$을 활용하는 데 한계점이 있다. 그러므로 $(\mathbb{R}^n,\ d)$에서 콤팩트성보다 약한 조건을 가지면서 $\mathbb{R}^n$에 적용되는 수학적 개념이 필요해진다.

더 나아가 $(\mathbb{R}^n,\ d)$을 일반화한 공간인 거리공간상에서 주어진 부분공간의 콤팩트성을 판별할 수 있는 조건은 무엇일까?라는 의문을 갖게 된다. 이러한 상황적 필요에 의하여 거리공간상에서 완비성 (completeness) 개념이 탄생하게 된다. 마침내 거리공간 $(X,\ d)$에서 부분공간 $(A,\ d_A)$가 콤팩트임과 동치인 명제가 $(A,\ d_A)$가 완전유계이고 완비라는 것을 알게 된다. 즉 하이네-보렐 정리를 일반화한 정리를 갖게 된 것이다.

이 장에서는 위에서 언급한 동기 유발을 바탕으로 완비거리공간의 중요한 성질을 다룬다. 특히 완비거리공간에 대한 다음 성질을 조사하는 데 많은 관심을 둘 것이다.

(1) 완비성은 유전적 성질이 아니다.
(2) 완비성은 닫힌부분공간에 대하여 유전적 성질을 갖는다.
(3) 완비성은 위상적 성질이 아니다.
(4) $(\mathbb{R}^n,\ d)$가 완비성을 가짐을 보임으로써 거리공간에서 콤팩트성은 완비성을 함의함을 알 수 있다. 즉 완비성은 콤팩트성보다 약한 조건임을 알 수 있다.
(5) 거리공간상에서 콤팩트성과 점렬콤팩트성이 동치임을 적절하게 활용한다.
(6) 베르 (Baire) 공간과 제1범주 그리고 제2범주에 관하여 기술한다.

12.1 완비거리공간

$(X,\ d)$를 거리공간이라 하자. X상의 점렬 $\langle x_n \rangle$이 $x \in X$로 수렴한다는 것은 임의의 양의 실수 $\varepsilon > 0$에 대하여

$$n \ge n_0 \text{이면 } d(x_n,\ x) < \varepsilon$$

을 만족하는 자연수 $n_0 \in \mathbb{N}$가 존재하는 경우를 의미함을 상기하자.

거리공간 $(X,\ d)$에서 완비성은 코시점렬 (혹은 코시수열)에 의하여 정의되기에 코시점렬의 정의를 소개한다.

정의 12.1.1 $\langle x_n \rangle$을 거리공간 $(X,\ d)$에서 한 점렬이라 하자. 임의의 $\varepsilon (0 < \varepsilon \in \mathbb{R})$에 대하여 적당한 자연수 $n_0 \in \mathbb{N}$가 존재하여

$$m,\ n \ge n_0 \text{인 } m,\ n \in \mathbb{N}\text{에 대하여 } d(x_m,\ x_n) < \varepsilon$$

일 때 점렬 $\langle x_n \rangle$을 **코시점렬** (Cauchy sequence)이라 한다.

| 예제 12.1.2 | 보통거리공간 $(\mathbb{R},\ d)$에서 임의의 두 점 $x,\ y \in \mathbb{R}$의 거리 $d(x,\ y) = |x - y|$로 정의하였다. $x_n = \dfrac{1}{n}$이라 할 때 점렬 $\langle x_n \rangle$은 $(\mathbb{R},\ d)$에서 코시점렬이다. 왜냐하면 임의의 $\varepsilon > 0$에 대하여 적당한 자연수 $n_0 \in \mathbb{N}$가 존재하여 (아르키메데스 정리를 활용함)

$$0 < \frac{1}{n_0} < \varepsilon$$

이 되게 할 수 있고, 임의의 $m,\ n \ge n_0$인 자연수 $m,\ n$에 대하여

$$d\left(\frac{1}{m},\ \frac{1}{n}\right) = \left|\frac{1}{m} - \frac{1}{n}\right| < \frac{1}{n_0} < \varepsilon$$

이기 때문이다.

정리 12.1.3 거리공간에서 수렴점렬은 코시점렬이다.

증명 거리공간 (X, d)에서 한 수렴점렬을 $\langle x_n \rangle$이라 하자. 그러면 적당한 점 $p \in X$가 존재하여 $\langle x_n \rangle \mapsto p$이다. 수렴점렬의 정의에 의하여 임의의 $\varepsilon > 0$에 대하여 적당한 자연수 $n_0 \in \mathbb{N}$가 존재하여 $m, n \geq n_0$일 때

$$d(x_m, p) < \frac{\varepsilon}{2}, \ d(x_n, p) < \frac{\varepsilon}{2}$$

되게 할 수 있다. 그러므로

$$d(x_m, x_n) \leq d(x_m, p) + d(x_n, p) < \frac{\varepsilon}{2} + \frac{\varepsilon}{2} = \varepsilon$$

이다. $m, n \geq n_0$이면 $d(x_m, x_n) < \varepsilon$이므로 $\langle x_n \rangle$은 코시점렬이다. □

참고 12.1.4 정리 12.1.3의 역은 성립하지 않음을 다음 예를 통해서 확인할 수 있다.

| 예제 12.1.5 | $Y := \mathbb{R} - \{0\}$는 보통거리 함수 d에 의하여 유도된 거리공간 (Y, d)가 된다. 즉, 거리공간 (Y, d)는 $(\mathbb{R}, d)$의 부분공간이다. (Y, d)에서 $x_n = \dfrac{1}{n}$이라 할 때 예제 12.1.2에서 보였듯이 $\langle x_n \rangle$은 코시점렬이다. 그러나 코시점렬 $\langle x_n \rangle$은 (Y, d)에서 수렴하지 않는다. 왜냐하면 $\langle x_n \rangle \mapsto 0 \notin Y$이기 때문이다. ■

예제 12.1.5에서 보았듯이 거리공간상에서 수렴하는 점렬은 코시점렬이나 코시점렬이 항상 수렴하지는 않는다. 그래서 정리 12.1.3의 역이 성립되는 거리공간의 한 성질이 완비성이다.

정의 12.1.6 거리공간 (X, d)에서 모든 코시점렬이 X의 한 점$(x \in X)$에 수렴하면 (X, d)를 **완비거리공간**(complete metric space)이라 한다. 이 거리함수 d를 완비거리 함수라 한다.

| 예제 12.1.7 | (1) 이산거리공간 (X, d)는 완비거리공간이다. 왜냐하면 X상에 거리함수

$$d : X \times X \to \mathbb{R} \ \text{s.t.} \begin{cases} d(x, y) = 0, \ x = y \\ d(x, y) = r, \ x \neq y \end{cases}$$

을 정의하자. 여기서 $r(>0)\in\mathbb{R}$이다. 그러면 아르키메데스 정리에 의하여 $\frac{1}{m}<r$인 자연수 $m(\in\mathbb{N})$이 존재한다. 이제 $\varepsilon=\frac{1}{m}$이라 놓으면 $(X,\ d)$상의 코시점렬 $\langle x_n\rangle$은 적당한 $n_0\in\mathbb{N}$가 존재해서 $n\geq n_0$인 x_n은 모두 고정된 한 점 $p\in X$로 구성되어 있기 때문에 $\langle x_n\rangle\mapsto p\in X$이다.

(2) $\mathbb{Q}$를 유리수 전체의 집합이라 하자. 거리공간 $(\mathbb{R},\ d)$의 부분공간 $(\mathbb{Q},\ d)$는 완비거리공간이 아니다. 왜냐하면 $\sqrt{3}$으로 수렴하는 유리수로 구성된 점렬 $\{1,\ 1.7,\ 1.73,\ 1.732,\ \cdots\}$을 택하면 이 점렬은 $(\mathbb{Q},\ d)$에서 코시점렬이 된다. 그러나 $\sqrt{3}\not\in\mathbb{Q}$이므로 $\mathbb{Q}$에서의 이 코시점렬은 $(\mathbb{Q},\ d)$에서 수렴하지 않는다. ■

기초정리 12.1.8 거리공간 $(X,\ d)$상의 모든 코시점렬 $\langle x_n\rangle$에 대하여 집합 $\{x_n\mid n\in\mathbb{N}\}$은 유계(bounded)이다.

증명 $\langle x_n\rangle$을 거리공간 $(X,\ d)$에서 코시점렬이라 하자. 그러면 임의의 양의 실수 ε에 대하여

$$m,\ n\geq n_0\text{이면 } d(x_m,\ x_n)<\varepsilon$$

을 만족하는 자연수 n_0가 존재한다. 이제

$$r:=\max\{d(x_{n_0},\ x_n)\mid n\in\{1,\ 2,\ \cdots,\ n_0-1\}\}$$

이라 하자. 그러면 모든 $n\in\mathbb{N}$에 대하여 $d(x_{n_0},\ x_n)<r+\varepsilon$이므로

$$\{x_n\mid n\in\mathbb{N}\}\subset B_d(x_{n_0},\ r+\varepsilon)$$

이 되어 $\{x_n\mid n\in\mathbb{N}\}$은 유계이다. □

기초정리 12.1.9 거리공간 $(X,\ d)$상에서 코시점렬 $\langle x_n\rangle$이 수렴하는 부분점렬을 가지면 $\langle x_n\rangle$도 수렴한다.

증명 $\langle x_n\rangle$을 거리공간 $(X,\ d)$상의 코시점렬이라 하자. 그리고 $\langle x_{n_k}\rangle$를 $x(\in X)$로 수렴하는 $\langle x_n\rangle$의 부분점렬이라 하자. 그러면 임의로 주어진 ε

$(0 < \varepsilon \in \mathbb{R})$에 대하여

$$k \geq l \Rightarrow d(x_{n_k},\ x) < \frac{\varepsilon}{2}$$

을 만족하는 자연수 l이 존재한다. 그런데 $\langle x_n \rangle$이 코시점렬이므로

$$m,\ n \geq m_0\text{이면 } d(x_m,\ x_n) < \frac{\varepsilon}{2}$$

을 만족하는 자연수 m_0가 존재한다. 이제 $n_k > m_0$, $k > l$인 충분히 큰 자연수 k를 하나 택하면

$$n \geq n_k \Rightarrow d(x_n,\ x) \leq d(x_n,\ x_{n_k}) + d(x_{n_k},\ x) < \frac{\varepsilon}{2} + \frac{\varepsilon}{2} = \varepsilon$$

이 된다. 따라서 $\langle x_n \rangle$은 x에 수렴한다. □

정리 12.1.10 거리공간 $(X,\ d)$에 대하여 다음은 동치이다.

(a) X는 완비공간이다.

(b) X상의 임의의 코시점렬은 수렴하는 부분점렬을 갖는다.

증명 (a) ⇒ (b) 거리공간 X를 완비라 하고 $\langle x_n \rangle$을 X상에서 코시점렬이라 하자. 그러면 X가 완비이므로 $\langle x_n \rangle$은 한 점 $x \in X$에 수렴한다. 따라서 $\langle x_n \rangle$은 수렴하는 부분점렬(자기 자신) $\langle x_n \rangle$을 갖는다.

(b) ⇒ (a) $\langle x_n \rangle$을 거리공간 X상의 코시점렬이라 하자. 그러면 가정에 의하여 수렴하는 부분점렬 $\langle x_{n_k} \rangle$가 존재한다. 그러면 기초정리 12.1.9에 의하여 $\langle x_n \rangle$도 수렴한다. □

| 예제 12.1.11 | 보통거리공간 $(\mathbb{R}^n,\ \mathscr{U})$는 완비이다. 구체적으로 살펴보자. $\langle x_n \rangle$을 $\mathbb{R}^n$에서 코시점렬이라 하자. 그러면 기초정리 12.1.8에 의하여 집합 $\{x_n \mid n \in \mathbb{N}\}$이 유계이므로 $\{x_n \mid n \in \mathbb{N}\} \subset B(0,\ r)$을 만족하는 양의 실수 r이 존재한다. 여기서 0은 $\mathbb{R}^n$상의 원점을 뜻한다. 그러면 $\overline{B(0,\ r)}$는 콤팩트 거리공간이고 $\langle x_n \rangle \subset \overline{B(0,\ r)}$이므로, 정리 10.2.20에 의하여 점렬 $\langle x_n \rangle$은 수렴하는 부분점렬 $\langle x_{n_k} \rangle$를 갖는다(거리공간에서 콤팩트성과 점렬콤팩트성은 동치임을 활용함). 그러므로

정리 12.1.10에 의하여 $(\mathbb{R}^n,\ \mathscr{U})$는 완비이다. ■

예제 12.1.7(2)와 예제 12.1.11에 의하여 완비성은 유전적 성질이 아님이 확인되었다. 즉 $(\mathbb{R},\ d)$는 완비공간이지만 $(\mathbb{Q},\ d_{\mathbb{Q}})$는 완비공간이 아니기 때문이다. 이제 완비성이 위상적 성질이 아님을 다음 예제에서 확인할 수 있다.

| 예제 12.1.12 | $X=(0,\ 1)\subset\mathbb{R}$이라 하자. 거리공간 $(\mathbb{R},\ d)$와 부분공간 $(X,\ d)$가 위상동형임은 명백하다. $(\mathbb{R},\ d)$는 완비거리공간이지만 $(X,\ d)$는 완비거리공간이 아니다. 왜냐하면 X에서의 점렬 $\langle \frac{1}{n} \rangle$은 코시수열이지만 $\langle \frac{1}{n} \rangle \mapsto 0 \notin X$이기 때문이다. 따라서 완비성은 위상적 성질이 아니다. ■

예제 12.1.7(1)과 예제 12.1.11에서 알 수 있듯이 완비거리공간이 콤팩트공간을 뜻하는 것이 아님을 확인하였다. 이제 콤팩트인 거리공간의 완비성을 조사하자.

정리 12.1.13 콤팩트인 거리공간은 완비이다.

증명 X를 콤팩트인 거리공간이라 하자. 그리고 $\langle x_n \rangle$을 X상의 코시점렬이라 하자. 그러면 정리 10.2.20에 의하여 X가 점렬콤팩트이므로 $\langle x_n \rangle$은 X상에서 수렴하는 부분점렬을 갖는다. 따라서 기초정리 12.1.9에 의하여 $\langle x_n \rangle$도 X상에서 수렴한다. □

정리 12.1.13과 예제 12.1.11에서 알 수 있듯이 거리공간에서 완비성이 콤팩트성보다 약한 성질임을 확인하였다. 예제 12.1.7(2)에 의하여 완비성은 유전적 성질을 갖지 않음을 보였는데, 그러면 어떤 조건에서 완비성은 유전적 성질이 되겠는가?라는 의문이 생긴다. 쉬운 예로 $(\mathbb{R},\ \mathscr{U})$는 완비공간이지만 부분공간 $(X=(0,\ a],\ \mathscr{U}_X)$는 완비거리공간이 아님은 명백하다(예제 12.1.2 참조).

그러면 완비거리공간의 부분공간이 완비공간이 되는 조건은 무엇일까?

이 물음에 대하여 다음 정리를 갖게 된다. 참고로 거리함수 $(X,\ d)$의 부분집합 $A\subset X$에 대하여 A상에 유도된 거리함수 $(A,\ d_A)$는 다음과 같이 정의한다.

$$d_A:\ A\times A\to\mathbb{R},\ d_A(x,\ y)=d(x,\ y)$$

이때 $(A,\ d_A)$는 거리함수가 되고 거리공간 $(A,\ \mathscr{T}_{d_A})$는 $(X,\ \mathscr{T}_d)$의 부분공간임은 명백하다.

정리 12.1.14 $(X,\ d)$가 완비거리공간이고 $(A,\ d_A)$를 $(X,\ d)$의 부분공간이라 한다. $(A,\ d_A)$가 완비이기 위한 필요충분조건은 A가 $(X,\ d)$의 닫힌집합인 것이다.

증명 $(\Rightarrow)$ $(A,\ d_A)$가 완비거리공간임과 폐포의 성질 $\overline{A} = A \cup A'$을 활용하여 증명한다. 임의의 $x \in A'$에 대하여 x로 수렴하는 A상에서의 점렬 $\langle x_n \rangle$이 존재한다. 왜냐하면 거리공간은 제1가산공간이기 때문에 점 x에서의 가산국소기저 $\mathscr{B}_x = \{B_n \mid n \in \mathbb{N}\}$이 존재한다. 각 $n \in \mathbb{N}$에 대하여 $V_n = \bigcap_{i=1}^{n} B_i$라 놓자. 그러면 x에서 축소가산국소기저인 $\mathscr{V} = \{V_n \mid n \in \mathbb{N}\}$이 존재한다. 즉 $\mathscr{V}$는 점 x에서의 가산국소기저이고, 만약 $m > n$이면 $V_m \subset V_n$이 성립한다. 이제 각 $n \in \mathbb{N}$에 대하여 $x_n (\in V_n)$을 택해서 점렬 $\langle x_n \rangle (\subset A)$를 만든다. 그리고 x의 임의의 열린근방 U를 택하면 열린근방의 정의에 의하여 $n_0 (\in \mathbb{N})$이 존재하여 $V_{n_0} \subset U$이 성립한다. 그런데 $n_0 \leq m$인 $m (\in \mathbb{N})$에 대하여 $V_m \subset V_{n_0}$이므로, $n_0 \leq m$인 모든 $m (\in \mathbb{N})$에 대하여 $x_m \in U$이 성립한다. 따라서 점렬 $\langle x_n \rangle$은 x에 수렴하게 된다. 이제 본론으로 돌아가서 정리 12.1.3에 의해서 $\langle x_n \rangle (\subset A)$은 코시점렬이고 $(A,\ d_A)$가 완비이므로 $x \in A$이어야 한다. 즉 $A' \subset A$이 되어서 $A = \overline{A}$이 성립하므로 A는 $(X,\ d)$의 닫힌집합이다.

$(\Leftarrow)$ A를 완비거리공간 $(X,\ d)$의 닫힌부분집합이라 하자. 이제 닫힌부분공간 $(A,\ d_A) (\subset (X,\ d))$에서 임의의 코시점렬 $\langle a_n \rangle$을 택하자. 그러면 $\langle a_n \rangle$은 $(X,\ d)$상의 코시점렬도 되고, X가 완비이므로 $\langle a_n \rangle$은 $x (\in X)$로 수렴한다. 그러면 $x \in A' (\subset \overline{A})$임을 알 수 있다. 왜냐하면 x의 임의의 열린근방 U에 대하여 $\langle a_n \rangle \to x$이므로 $n_0 (\in \mathbb{N})$이 존재하여 $n_0 \leq n$인 자연수 n에 대하여 $a_n \in U$이 성립하기 때문이다. 따라서 $a_{n_0+1} \in A \cap U \neq \varnothing$이므로 $x \in A'$이다. 가정에서 A가 $(X,\ d)$에서 닫힌집합이므로 $A = \overline{A} (= A \cup A')$이므로 $\langle a_n \rangle$은 A의 한 점에 수렴한다. 따라서 $(A,\ d_A)$가 완비이다. □

이제 축소닫힌 집합렬의 원리에 대하여 알아보자.

거리공간 (X, d)의 부분집합 A의 지름을 다음과 같이 정의했다(제7장 참조).

$$(\bigstar) \qquad d(A)=\operatorname{diam}(A)=\sup\{d(a, a') \mid a, a' \in A\}$$

만약 $A_n \subset X$에 대하여 집합렬 $\langle A_n \rangle$이 $A_1 \supset A_2 \supset \cdots$일 때 이 집합렬 $\langle A_n \rangle$을 축소집합렬이라 한다. 이제 축소닫힌 집합렬의 특성을 알아보자.

정리 12.1.15 (X, d)를 완비거리공간이라 하자. 만약 X의 공집합이 아닌 닫힌 집합들의 모임 $\{C_n \mid n \in \mathbb{N}\}$이

(1) $C_1 \supset C_2 \supset \cdots \supset C_n \supset C_{n+1} \supset \cdots$

(2) $\lim\limits_{n\to\infty} \operatorname{diam}(C_n)=0$

을 만족하면 $\bigcap\limits_{n=1}^{\infty} C_n \neq \varnothing$이다.

증명 각각의 $n \in \mathbb{N}$에 대하여 한 점 $x_n \in C_n$을 택하자. 그러면 $n, m \geq n_0 (\in \mathbb{N})$에 대하여 $x_n, x_m \in C_{n_0}$이고 성질 (2)에 의하여 $\lim\limits_{n\to\infty} \operatorname{diam}(C_n)=0$이므로 점렬 $\langle x_n \rangle$은 코시점렬이다. 즉, 임의의 $\varepsilon(>0) \in \mathbb{R}$에 대하여 아르키메데스 정리에 의하여 $d(x_m, x_n) < \dfrac{1}{n_0} < \varepsilon$인 $n_0 \in \mathbb{N}$를 택할 수 있다. 그리고 X가 완비이므로 $\langle x_n \rangle \mapsto x \in X$이다. 그리고 거리공간 (X, d)가 하우스도르프 공간이므로 수렴점 x는 유일하다. 그런데 (1)에 의하여 임의의 자연수 $n \in \mathbb{N}$에 대하여 $k \geq n$이면 $x_k \in C_n$이고 C_n이 닫힌집합이므로 $x \in C_n$이다. 따라서 $x \in \bigcap\limits_{n=1}^{\infty} C_n$이다. 그러므로 $\bigcap\limits_{n=1}^{\infty} C_n \neq \varnothing$이다. □

| 예제 12.1.16 | 보통거리공간 $(\mathbb{R}, d)$에서 $C_n=[0, \dfrac{1}{n}]$이라 하자. $(\mathbb{R}, d)$는 완비거리공간이고 집합렬 $\langle C_n \rangle$은 축소닫힌 집합렬이다. 더구나 $\lim\limits_{n\to\infty} \operatorname{diam}(C_n)=0$이다. 그러므로 정리 12.1.15에 의하여 $\bigcap\limits_{n=1}^{\infty} C_n=\{0\}$이다. ■

이제 완비성과 축소사상(contraction mapping)에 관하여 소개하고 이들의 응용 분야를 알아보자.

정의 12.1.17 (X, d)를 거리공간이라 하자. 사상 $f: X \to X$가 모든 $p, q \in X$에 대하여 실수 $\alpha(0 \leq \alpha < 1)$가 존재하여

$$d(f(p),\ f(q)) \le \alpha\, d(p,\ q)$$

를 만족하면, f를 **축소사상**(contraction mapping)이라 한다. 이 사상 f를 Banach **축소사상**이라 한다.

| 예제 12.1.18 | 사상 $f: \mathbb{R}^2 \to \mathbb{R}^2$ s.t. $f(p) = \dfrac{p}{n}$로 정의하자. 여기서 $n \in \mathbb{N} - \{1\}$이다. 예를 들면, $f(p) = \dfrac{p}{2}$ 혹은 $\dfrac{p}{3}$ 등이다. 이때 f는 축소사상이다. 왜냐하면

$$d(f(p),\ f(q)) = \| f(p - f(q) \| = \left\| \frac{p}{n} - \frac{q}{n} \right\| = \frac{1}{n} \| p - q \| = \frac{1}{n} d(p,\ q)$$

이기 때문이다. ■

정의 12.1.17에서 소개한 축소사상은 거리공간의 부동점 정리 연구에 절대적으로 활용된다. 이제 완비거리공간에서 부동점이론을 다루기 위하여 일반적인 부동점에 대하여 알아보자. 함수 $f: X \to X$에 대하여 $a \in X$가 f의 **부동점**(fixed point) 혹은 **고정점**이란 $f(a) = a$를 만족함을 의미한다.

완비거리공간에서 부동점이론 연구에 절대적인 영향을 미치는 정리가 바로 Banach **부동점 정리**이기에 이 정리를 소개한다.

정리 12.1.19 $(X,\ d)$를 완비거리공간이라 하자. X상에 주어진 사상 $f: X \to X$가 축소사상이면 $f: (X,\ d) \to (X,\ d)$는 연속이고 f는 X상에서 유일한 부동점을 갖는다.

증명 첫째, f가 연속임은 명백하다. 왜냐하면 임의의 $\varepsilon > 0$에 대하여 $\delta = \varepsilon$으로 택하면 된다(성질 7.3.1 참조).

둘째, 주어진 함수 f의 부동점이 존재함을 보이자. 임의의 점 $x \in X$에 대하여 점렬

$$x,\ f(x),\ f^2(x) = f(f(x)),\ \cdots,\ f^n(x) = f(f^{n-1}(x)) \cdots$$

을 생각하자. 모든 자연수 $n \in \mathbb{N}$에 대하여

$$d(f^n(x),\ f^{n+1}(x)) \le \alpha d(f^{n-1}(x),\ f^n(x)) \le \cdots \le \alpha^n d(x,\ f(x))$$

이므로 두 자연수 $m > n$에 대하여

$$\begin{aligned} d(f^m(x),\ f^n(x)) &\le d(f^m(x),\ f^{m-1}(x)) + d(f^{m-1}(x),\ f^{m-2}(x)) \\ &\quad + \cdots + d(f^{n+1}(x),\ f^n(x)) \\ &\le (\alpha^{m-1} + \alpha^{m-2} + \cdots + \alpha^n) d(x,\ f(x)) \\ &= \frac{\alpha^n(1-\alpha^{m-n})}{1-\alpha} d(x,\ f(x)) \\ &\le \frac{\alpha^n}{1-\alpha} d(x,\ f(x)) \end{aligned}$$

이다. 따라서 $\lim_{n\to\infty} d(f^m(x),\ f^n(x)) = 0$이 되어 점렬 $\langle f^n(x) \rangle$는 코시점렬이다.

한편 $(X,\ d)$가 완비이므로 코시점렬 $\langle f^n(x) \rangle$는 $(X,\ d)$에서 수렴한다. 여기서

$$a = \lim_{n\to\infty} f^n(x) \in X$$

이라 하자. 그러면 f가 연속이므로

$$a = \lim_{n\to\infty} f^{n+1}(x) = \lim_{n\to\infty} f(f^n(x)) = f(\lim_{n\to\infty} f^n(x)) = f(a)$$

여서 a는 f의 부동점이다.

셋째, 주어진 함수 f의 부동점이 유일함을 보이자. 귀류법을 사용하여, 주어진 함수 f가 두 개의 부동점 $a,\ b \in X$를 갖는다면 $f(a) = a$이고 $f(b) = b$이므로

$$d(a,\ b) = d(f(a),\ f(b) \le \alpha d(a,\ b) < d(a,\ b)$$

가 되어서 모순이다(여기서 $0 \le \alpha < 1$이다). 따라서 주어진 함수 f는 유일한 부동점을 갖는다. □

정리 12.1.19를 완비거리공간 $(X,\ d)$상에서 Banach 축소원리(Banach contraction principle)라 부르는데, 거리공간에서 부동점이론을 연구하는 데 초석이 된다.

최근에 정리 12.1.19를 디지털공간에 확대적용하여 디지털공간에서의 부동점이론 연구가 매우 활발하게 진행되고 있다([13] 참조).

이제 일반적인 거리공간의 **완비화**(completion)를 소개한다.

정의 12.1.20 (X, d)와 (Y, ρ)를 두 개의 거리공간이라 하자. 전단사사상 $h : X \to Y$가 존재하여, 임의의 $x, y \in X$에 대하여

$$d(x, y) = \rho(h(x), h(y))$$

일 때 h를 **등거리사상**(isometry)이라 하고 X와 Y를 **등거리동형**(isometric)이라 한다.

등거리동형인 두 거리공간은 위상동형임은 명백하지만 그 역은 성립하지 않는다. 두 거리공간 (X, d)와 (Y, ρ)가 등거리동형이면 두 거리공간은 같은 것으로 취급하면 된다.

정의 12.1.21 거리공간 (X, d)가 한 완비거리공간의 조밀한 부분공간과 등거리동형일 때 그 완비거리공간을 (X, d)의 **완비화**(completion)라 한다.

| 예제 12.1.22 | (1) $(\mathbb{R}, d)$의 부분공간 (a, b)는 완비거리공간이 아니다. 그러나 포함사상(inclusion map)

$$i : (a, b) \to [a, b] \text{ s.t. } i(x) = x, \ x \in (a, b)$$

는 등거리동형사상이고 $i((a, b)) = (a, b) \subset [a, b]$에서 (a, b)는 $[a, b]$의 조밀한 부분공간이고 $([a, b], \mathscr{U}_{[a, b]}) = ([a, b], d)$는 완비거리공간이다. 따라서 $[a, b]$는 (a, b)의 완비화이다.

(2) 보통거리 공간 $(\mathbb{R}, d)$는 유리수 전체집합상의 거리공간 $(\mathbb{Q}, d)$의 완비화이다. 왜냐하면 $(\mathbb{R}, d)$는 완비거리공간이고 $\mathbb{Q}$는 $(\mathbb{R}, d)$의 조밀한 부분집합이고 포함사상 $i : (\mathbb{Q}, d) \hookrightarrow (\mathbb{R}, d)$는 등거리동형사상이기 때문이다. ■

이제 임의의 거리공간 (X, d)에 대한 완비화 존재성문제를 다루기로 한다.

참고 12.1.23 임의의 거리공간 (X, d)는 적당한 한 완비거리공간의 조밀한 부분공간과 등거리동형이 되도록 할 수 있다. 또 (X, d)의 모든 완비화 거리공간들은 서로 등거리동형이다.

참고 12.1.23의 증명 과정이 매우 길어서 증명을 생략한다([28, 1] 참조).

정의 10.2.11에서 완전유계집합(totally bounded set)을 소개하였다. 예제 12.1.7에서 보았듯이 완비거리공간은 콤팩트공간보다 약한 조건을 갖는다. 이제 완비성과 콤팩트성 사이의 관계를 알아보자. 이제 완전유계공간(정의 10.2.11 참조)을 다시 한번 회상하자. 거리공간 (X, d)가 **완전유계**(totally bounded)란 임의의 양의 실수 $\varepsilon > 0$에 대하여 유한집합 $F = \{p_1, p_2, \cdots, p_n\} \subset X$가 존재하여

$$X = \bigcup_{p_i \in F} B_d(p_i, \varepsilon)$$

을 만족함을 의미한다.

그리고 $A \subset (X, d)$가 완전유계란 임의의 양의 실수 $\varepsilon > 0$에 대하여 유한집합 $F = \{p_1, p_2, \cdots, p_n\} \subset A$가 존재하여

$$A \subset \bigcup_{p_i \in F} B_d(p_i, \varepsilon)$$

을 만족함을 의미한다.

정리 10.2.13에 의하여 완전유계집합은 유계집합임을 알고 있다. 그러나 이 역은 성립하지 않는다.

정리 12.1.24 거리공간 (X, d)에 대하여 다음은 동치이다.

(a) X가 완전유계이다.

(b) X상의 모든 점렬은 코시부분점렬을 갖는다.

증명 (a) ⇒ (b) (X, d)가 완전유계라 하자. 그리고 $S = \langle x_n \rangle$을 X상의 임의의 점렬이라 하자. 그러면 $\varepsilon = \dfrac{1}{2^2} = \dfrac{1}{4}$에 대하여 유한부분집합 $F = \{p_1, p_2, \cdots, p_n\} \subset X$가 존재하여

$$X = \bigcup_{p_i \in F} B_d(p_i, \varepsilon)$$

이 성립한다.

$$S = \langle x_n \rangle \subset X = \bigcup_{p_i \in F} B_d(p_i, \varepsilon)$$

이므로 각각의 $i \in \{1, 2, \cdots, n\}$에 대하여 $A_i = \{n \mid x_n \in B_d(p_i, \varepsilon)\}$이라 하면 $\bigcup_{i=1}^{n} A_i = \mathbb{N}$이다. 따라서 $A_1, A_2, \cdots, A_n$ 중 적어도 하나는 무한집합이다. 우리는 이것을 A_k라 하고 $S_1 = \{x_n \mid n \in A_k\}$이라 하면 S_1은 점렬 $S = \langle x_n \rangle$의 부분점렬이다. 일반성을 잃지 않고 $S_1 = \{x_{11}, x_{12}, \cdots, x_{1n}, \cdots\}$으로 표시하자. 그러면 임의의 $m, n \in \mathbb{N}$에 대하여

$$d(x_{1n}, x_{1m}) \le d(x_{1n}, p_k) + d(p_k, x_{1m}) < \frac{1}{2^2} + \frac{1}{2^2} = \frac{1}{2}$$

이 성립한다.

같은 방법을 부분점렬 $S_1 = \langle x_{1n} \rangle$과 $\varepsilon = \dfrac{1}{2^3}$에 적용하면 다음을 만족하는 S_1의 부분점렬 $S_2 = \langle x_{2n} \rangle$을 얻을 수 있다. 임의의 $m, n \in \mathbb{N}$에 대하여

$$d(x_{2n}, x_{2m}) < \frac{1}{2^2}$$

이 성립한다.

이와 같은 과정을 계속하면(수학적 귀납법 사용) 임의의 자연수 k와 $\varepsilon = \dfrac{1}{2^{k+1}}$에 대하여 다음을 만족하는 S_{k-1}의 부분점렬 $S_k = \langle x_{kn} \rangle$을 얻을 수 있다. 즉, 임의의 $m, n \in \mathbb{N}$에 대하여

$$d(x_{kn}, x_{kn}) < \frac{1}{2^k}$$

이 성립한다. 따라서 우리는 $\langle x_n \rangle$의 부분점렬들의 점렬 $\langle S_n \rangle$을 얻었다. 그리고

$$\begin{array}{l} S_1 : x_{11}, x_{12}, x_{13}, x_{14}, \cdots \\ S_2 : x_{21}, x_{22}, x_{23}, x_{24}, \cdots \\ \vdots \qquad\qquad \vdots \\ S_n : x_{n1}, x_{n2}, x_{n3}, x_{n4}, \cdots \\ \vdots \qquad\qquad \vdots \end{array}$$

의 대각원소들의 점렬 $\{x_{11}, x_{22}, x_{33}, \cdots, x_{nn}, \cdots\}$은 $\langle x_n \rangle$의 코시부분

점렬이다.

(b) ⇒ (a) (대우증명법 사용) X가 완전유계가 아니라고 가정하자. 그러면 임의의 유한집합 $F=\{p_1, p_2, \cdots, p_n\}\subset X$에 대해서도

$$X=\bigcup_{p_i\in F} B_d(p_i, \varepsilon)$$

을 만족하지 않는 양의 실수 $\varepsilon>0$이 존재한다. 따라서 임의의 유한집합 $F=\{p_1, p_2, \cdots, p_n\}\subset X$에 대하여

$$\bigcup_{p_i\in F} B_d(p_i, \varepsilon)\subsetneq X \qquad \cdots (*)$$

이다. 이제 임의의 한 점 $x_1\in X$을 택하자. 그리고 성질 (*)에 의하여, 이제 한 점 $x_2\in X-B_d(x_1, \varepsilon)$를 택하면 $d(x_1, x_2)\ge\varepsilon$이 된다. 그리고 두 점 집합 $\{x_1, x_2\}$에 대하여 $B_d(x_1, \varepsilon)\cup B_d(x_2, \varepsilon)\subsetneq X$이므로, 다시 다른 한 점 $x_3\in X-(B_d(x_1, \varepsilon)\cup B_d(x_2, \varepsilon))$을 택하자. 그러면

$$d(x_1, x_3)\ge\varepsilon,\ d(x_2, x_3)\ge\varepsilon$$

이 된다. 이와 같은 과정을 계속하면, 임의의 자연수 n, m에 대하여 $d(x_n, x_m)\ge\varepsilon$을 만족하는 점렬 $\langle x_n\rangle$을 만들 수 있고, 이 점렬은 코시 부분점렬을 갖지 않는다. □

| 예제 12.1.25 | 예제 10.2.12를 활용하면 거리공간 $([0, 1], d)(\subset(\mathbb{R}, d))$는 완전유계집합이다. 그러므로 $([0, 1], d)(=([0, 1], \mathscr{U}_{[0, 1]}))$상의 모든 점렬은 코시부분점렬을 갖는다. ■

이제 완비성과 콤팩트성을 비교하자.

정리 12.1.26 거리공간 (X, d)의 부분공간 A에 대하여 다음은 동치이다.

(a) A는 콤팩트이다.

(b) A는 완비이고 완전유계이다.

증명 (a) ⇒ (b) 부분공간 $A(\subset X)$가 콤팩트라고 가정하자. 그러면 정리 10.2.20

에 의하여 A는 점렬콤팩트이다. 그러므로 A상의 모든 점렬은 수렴하는 부분점렬을 갖고, 수렴하는 점렬은 코시점렬이므로 정리 12.1.24에 의하여 A는 완전유계이다. 그리고 정리 12.1.13에 의하여 A는 완비이다.

(b) ⇒ (a) A가 완비이고 완전유계라고 가정하자. 이제 $\langle x_n \rangle$을 A상의 임의의 점렬이라 하자. 그러면 A가 완전유계이므로 정리 12.1.24에 의하여 $\langle x_n \rangle$은 코시부분점렬 $\langle x_{n_k} \rangle$을 갖는다. 그리고 A가 완비이므로 코시부분점렬 $\langle x_{n_k} \rangle$는 A에서 수렴한다. 따라서 A상의 모든 점렬은 수렴하는 부분점렬을 가지므로 A는 점렬콤팩트이다. 따라서 정리 10.2.20에 의하여 A는 콤팩트이다. □

이 장을 시작할 때 완비거리공간은 콤팩트공간과 밀접한 관계가 있다고 기술하였고 정리 12.1.26을 통하여 거리공간에서 콤팩트공간과 동치인 공간의 조건을 언급하였다. 이제 정리 12.1.26이 유클리드 공간 $(\mathbb{R}^n,\ d)$상에서의 하이네-보렐 정리의 일반화임을 살펴보자.

참고 12.1.27 유클리드 거리공간 $(\mathbb{R}^n,\ d)$에서 임의의 부분공간 A에 대하여 다음이 동치이다.

(a) A는 닫힌집합이고 유계이다.

(b) A는 완비이고 완전유계이다.

증명 (a) ⇒ (b) A가 $(\mathbb{R}^n,\ d)$상에서 닫힌집합이고 유계라 하자. 그러면 예제 12.1.11에 의하여 $(\mathbb{R}^n,\ d)$이 완비이므로 정리 12.1.14에 의하여 $(A,\ d_A)$는 완비이다. 그리고 A가 유계이므로 $A \subset \prod_{i=1}^{n} [a_i,\ b_i] \subset \mathbb{R}^n$을 만족하는 $a_i,\ b_i \in \mathbb{R}$ $(i \in \{1,\ 2,\ \cdots,\ n\})$이 존재한다. 임의로 주어진 $\varepsilon > 0$과 각 $i \in \{1,\ 2,\ \cdots,\ n\}$에 대해 $\dfrac{b_i - a_i}{n_i} < \dfrac{\varepsilon}{4n}$을 만족하는 자연수 n_i를 택하자. 그리고 각 $i \in \{1,\ 2,\ \cdots,\ n\}$에 대해

$$B_i = \left\{ a_i + \frac{b_i - a_i}{n_i} k \,\middle|\, k \in \{1,\ 2,\ \cdots,\ n_i\} \right\}$$

이라 하자. 그러면 $C = \prod_{i=1}^{n} B_i\ (\subset \mathbb{R}^n)$는 유한집합이고 $\{B(c,\ \frac{\varepsilon}{4}) \mid c \in C\}$

는 A의 열린덮개이다.

이제 $A \cap B(c, \frac{\varepsilon}{4}) \neq \varnothing$인 $c \in C$에 대해 한 점 $a_c \in A \cap B(c, \frac{\varepsilon}{4})$를 택한 모임을 $\{a_1, \cdots, a_l\}$이라 하자. 그러면

$$A \subset \bigcup_{j=1}^{l} B(a_j, \varepsilon)$$

이 되어 A는 완전유계이다.

(b) ⟹ (a) 주어진 가정과 정리 12.1.14에 의하여 A는 $\mathbb{R}^n$의 닫힌집합이다. 그리고 완전유계인 거리공간은 유계임은 명백하므로(정리 10.2.13 참조) A는 유계이다. □

균등거리(uniform metric)(◆)

성질 7.1.15에서 소개한 표준유계거리공간 $(X, \overline{d})$로부터 균등거리를 유도한다.

정의 12.1.28 거리공간 (X, d)로부터 유도되는 표준유계거리공간 $(X, \overline{d})$를 생각하자. 곱집합 $Y^J = \prod_{\alpha \in J} Y_\alpha$ (여기서 $Y_\alpha = Y$이다)상의 두 점 $x = (x_\alpha)_{\alpha \in J}$, $y = (y_\alpha)_{\alpha \in J}$에 대하여 Y^J상에 함수 $\overline{\rho}: Y^J \times Y^J \to \mathbb{R}$을 다음과 같이 정의한다.

$$\overline{\rho}(x, y) = \sup\{\overline{d}(x_\alpha, y_\alpha) \mid \alpha \in J\}$$

그때 $(Y^J, \overline{\rho})$는 거리함수이고 이 거리 $\overline{\rho}$를 Y상의 거리 d에 의하여 유도되는 Y^J상의 균등거리(uniform metric)라 한다. $f \in Y^J$는 $f: J \to Y$인 함수로 간주할 수 있기에 함수공간 Y^X에서도 균등거리를 다음과 같이 정의한다.

그리고 Y^X를 X에서 Y로의 함수들의 집합이라 하자. 즉,

$$Y^X = \{f \mid f: X \to Y \text{ 함수}\}$$

이다. 임의의 $f, g \in Y^X$에 대해

$$\overline{\rho}(f, g) = \sup\{\overline{d}(f(x), g(x)) \mid x \in X\}$$

참고 12.1.29 $f_n \in Y^X$과 $f \in Y^X$에 대하여 다음은 서로 동치이다.

(a) 점렬 $\langle f_n \rangle$이 거리 $\overline{\rho}$에 의해 f로 수렴한다.

(b) 함수 $f_n : X \to (Y, \overline{d})$에 대하여 함수들의 점렬 $\langle f_n \rangle$은 $f : X \to (Y, \overline{d})$로 균등하게 수렴한다.

(c) 함수 $f_n : X \to (Y, d)$에 대하여 함수들의 점렬 $\langle f_n \rangle$은 $f : X \to (Y, d)$로 균등하게 수렴한다 ([1]의 참고 16.1.2 참조).

기초정리 12.1.30 X를 집합이라 하자. 만약 거리공간 (X, d)가 완비이면 $(Y^X, \overline{\rho})$도 완비이다.

증명 먼저 (Y, d)가 완비이면 $(Y, \overline{d})$도 완비이다 (연습문제 12.1의 문제 7 참조). 이제 $\{f_n\}$을 $(Y^X, \overline{\rho})$상의 임의로 주어진 코시점렬이라 하자. 임의의 점 $x \in X$에 대해

$$\overline{d}(f_n(x), f_m(x)) \leq \overline{\rho}(f_n, f_m)$$

이므로 $\langle f_n(x) \mid n \in \mathbb{N} \rangle$은 $(Y, \overline{d})$상의 코시점렬이다. 그리고 $(Y, \overline{d})$가 완비이므로 $\langle f_n(x) \rangle$은 수렴한다. 이제 $\lim_{n \to \infty} f_n(x) = y_x \in Y$이라 하자. 그리고 함수 $f : X \to Y$를 $f(x) = y_x$로 정의하자.

이제 점렬 $\langle f_n \rangle$이 $(Y^X, \overline{\rho})$에서 f로 수렴함을 보이자. 임의로 주어진 양의 실수 $\varepsilon > 0$에 대하여 f_n이 $(Y^X, \overline{\rho})$상의 코시점렬이므로

$$n, m \geq n_0 \Rightarrow \overline{\rho}(f_n, f_m) < \frac{\varepsilon}{2}$$

을 만족하는 자연수 $n_0 \in \mathbb{N}$이 존재한다. 특히 모든 $x \in X$에 대하여

$$\overline{d}(f_n(x), f_m(x)) \leq \overline{\rho}(f_n, f_m)$$

이므로, 이러한 n_0는

$$n, m \geq n_0 \Rightarrow \overline{d}(f_n(x), f_m(x)) < \frac{\varepsilon}{2} \quad \forall x \in X$$

을 만족한다. 이제 n과 x를 고정하고 $m \to \infty$를 취하면

$$\overline{d}(f_n(x), f(x)) = \overline{d}(f_n(x), \lim_{m \to \infty} f_m(x)) = \lim_{m \to \infty} \overline{d}(f_n(x), f_m(x)) \leq \frac{\varepsilon}{2}$$

이 성립한다. 따라서 주어진 n_0는

$$n \geq n_0 \Rightarrow \overline{d}(f_n(x),\ f(x)) \leq \frac{\varepsilon}{2}\ \ \forall x \in X$$

을 만족한다. 그래서

$$n \geq n_0 \Rightarrow \overline{\rho}(f_n,\ f) \leq \frac{\varepsilon}{2} < \varepsilon$$

을 만족하므로 f_n은 $(Y^X,\ \overline{\rho})$상에서 f로 수렴한다. 따라서 $(Y^X,\ \overline{\rho})$는 완비이다. □

이제 두 위상공간 X와 Y 사이의 모든 연속함수들의 집합 $\mathcal{C}(X,\ Y)$를 생각하자. 즉, Y^X의 부분집합

$$\mathcal{C}(X,\ Y) = \{f \in Y^X \mid f : X \to Y\text{는 연속함수}\}$$

를 생각하자.

성질 12.1.31 위상공간 X와 거리공간 $(Y,\ d)$에 대하여 다음이 성립한다.

(1) $\mathcal{C}(X,\ Y)$는 균등공간 $(Y^X,\ \overline{\rho})$의 닫힌집합이다.

(2) 만약 $(Y,\ d)$가 완비이면 $(\mathcal{C}(X,\ Y),\ \overline{\rho})$도 완비이다.

증명 (1) 먼저 $\mathcal{C}(X,\ Y)$가 $(Y^X,\ \overline{\rho})$의 닫힌집합임을 보이자. 이를 위해 $f \in Y^X$가 $\mathcal{C}(X,\ Y)$의 극한점이라 하자. 그러면 거리 $\overline{\rho}$에 의해 f로 수렴하는 점렬 $\langle f_n \rangle \subset \mathcal{C}(X,\ Y)$이 존재한다. 그리고 참고 12.1.29에 의하여 점렬 $\langle f_n \rangle$은 Y상의 거리 d에 의해 f로 균등하게 수렴한다. 따라서 정리 7.3.9에 의해 $f : X \to (Y,\ d)$는 연속이므로 $f \in \mathcal{C}(X,\ Y)$이다. 그러므로 $\mathcal{C}(X,\ Y)$는 $(X^Y,\ \overline{\rho})$의 닫힌집합이다.

(2) $(Y,\ d)$가 완비이므로 기초정리 12.1.30에 의해 $(Y^X,\ \overline{\rho})$도 완비이다. 그리고 (1)에 의해 $\mathcal{C}(X,\ Y)$가 $(Y^X,\ \overline{\rho})$의 닫힌집합이므로 성질 12.1.14에 의해 $\mathcal{C}(X,\ Y)$도 완비이다. □

연습문제 12.1

1. 실수집합 $\mathbb{R}$상에 거리함수 $d' : \mathbb{R}\times\mathbb{R} \to \mathbb{R}$을

$$d'(x,\ y) = \left| \frac{1}{1+|x|} - \frac{y}{1+|y|} \right|$$

와 같이 정의하자.

이제 $(\mathbb{R},\ d') \to (\mathbb{R},\ \mathscr{B}_{d'}) \to (\mathbb{R},\ \mathscr{T}_{\mathscr{B}_{d'}}) = (\mathbb{R},\ \mathscr{T}_{d'})$이라 하자. 이때 $(\mathbb{R},\ \mathscr{T}_{d'})$이 완비거리공간이 아님을 보이시오.

2. 위상공간 $(X,\ \mathscr{T})$에서 $\mathscr{T} = \{\varnothing,\ X\}$라고 할 때, X상의 임의의 점렬 $\langle x_n \rangle$은 X의 임의의 점 $x \in X$에 수렴함을 보이시오.

3. 완비거리공간상에서 다음이 동치임을 보이시오.

(a) $\langle x_n \rangle$은 수렴한다.

(b) $\langle x_n \rangle$은 코시수열이다.

4. 거리공간 $(X,\ d)$에서 코시점렬은 완전유계임을 보이시오.

5. 거리공간 $(X,\ d)$가 완전유계이기 위한 필요충분조건은 X상의 임의의 점렬이 코시부분점렬을 갖는 것임을 증명하시오.

6. 보통 유클리드 거리공간 $(\mathbb{R},\ d)$에서 $X := \mathbb{R} - \{0\}$에 대한 거리공간 $(X,\ d_X)$를 생각하자. (여기서 d_X는 d에서 유도된 거리함수이다.) $x_n = \dfrac{1}{2^n}$이라 할 때 점렬 $\langle x_n \rangle$은 코시점렬이지만 $(X,\ d_X)$에 수렴하지 않음을 보이시오.

7. 주어진 거리공간 $(X,\ d)$로부터 유포되는 X상의 표준유계거리함수

$$\overline{d}(x,\ y) = \min\{1,\ d(x,\ y)\}$$

를 생각하자. 다음을 증명하시오.

거리공간 $(X,\ d)$가 완비이다. $\Leftrightarrow$ 거리공간 $(X,\ \overline{d})$가 완비이다.

8. 문제 7의 표준유계거리함수 $\bar{d}$를 사용하여 $(\mathbb{R}, \bar{d})$는 유계이지만 완전유계가 아님을 보이시오.

9. 유클리드 거리공간 $(\mathbb{R}, d)$의 임의의 닫힌구간 $[a, b]$는 완전유계임을 보이시오.

10. A를 거리공간 (X, d)의 부분집합이라 할 때 다음이 성립함을 보이시오.

(1) $p \in A' \Leftrightarrow \lim\limits_{n\to\infty} a_n = p$인 A의 서로 다른 원소들로 이루어진 점렬 $\langle a_n \rangle$이 존재한다.

(2) $p \in \overline{A} \Leftrightarrow \lim\limits_{n\to\infty} a_n = p$인 A의 원소들로 이루어진 점렬 $\langle a_n \rangle$이 존재한다.

12.2 베르 공간(◆)

국소콤팩트인 하우스도르프 공간은 매우 유용한 성질을 갖고 있다. 이 공간에 동기 유발되어 베르 공간을 정의한다.

정의 12.2.1 한 위상공간 X에서 가산개의 조밀한 열린집합들의 교집합이 X에서 조밀한 집합일 때 X를 **베르 공간**(Baire space)이라 한다.

정리 12.2.2 완비거리공간은 베르 공간이다.

증명 (X, d)를 완비거리공간이라 하자. 그리고 $\{D_n \subset X \mid n \in \mathbb{N}\}$을 가산개의 조밀한 열린집합들의 모임이라 하자. $\overline{\bigcap_{n \in \mathbb{N}} D_n} = X$임을 보이기 위하여 $X \subset \overline{\bigcap_{n \in \mathbb{N}} D_n}$임을 보이면 된다. 임의의 $x \in X$와 x의 임의의 열린근방 U에 대하여 $U \cap (\bigcap_{n \in \mathbb{N}} D_n) \neq \varnothing$ 임을 보이면 된다. 수학적 귀납법을 사용한다. 먼저 D_1이 조밀하므로 $U \cap D_1 \neq \varnothing$ 이다. 그러므로 $y_1 \in U \cap D_1$이 존재한다. 그리고 X가 거리공간($\because$ 정칙공간임)이므로

$$y_1 \in B_d(y_1, r_1) \subset \overline{B_d(y_1, r_1)} \subset U \cap D_1$$

을 만족하는 실수 $0 < r_1 \in \mathbb{R}$이 존재한다. $B_d(y_1, r_1)$은 열린집합이고 D_2는 X에서 조밀한 열린집합이므로

$$B_d(y_1, r_1) \cap D_2 \neq \varnothing$$

이 성립한다. 그러므로

$$y_2 \in B_d(y_2, r_2) \subset \overline{B_d(y_2, r_2)} \subset B_d(y_1, r_1) \cap D_2 \text{ (정칙공간 성질을 활용함)}$$

이 되는 실수 $0 < r_2 < \frac{1}{2} r_1$이 존재한다. 수학적 귀납법적으로

$$y_n \in B_d(y_n, r_n) \subset \overline{B_d(y_n, r_n)} \subset B_d(y_{n-1}, r_{n-1}) \cap D_n \subset U \cap D_n$$

을 만족하는 점 $y_n \in X$와 실수 $0 < r_n < \frac{1}{2} r_{n-1}$을 찾을 수 있다. 그리고

$$\overline{B_d(y_1,\ r_1)} \supset \overline{B_d(y_2,\ r_2)} \supset \cdots \supset \overline{B_d(y_n,\ r_n)} \supset \overline{B_d(y_{n+1},\ r_{n+1})} \supset \cdots$$

이고, 여기서 $\overline{B_d(y_n,\ r_n)} = C_n$이라 놓자.

즉, 임의의 $n \in \mathbb{N}$에 대하여 $C_n \supset C_{n+1}$이 성립한다. 그리고 $\mathrm{diam}(C_n) \le 2r_n < \left(\frac{1}{2}\right)^{n-2} r_1$이므로 $\mathrm{diam}(C_n) \to 0$이다. 정리 12.1.15에 의하여 $\bigcap_{n=1}^{\infty} C_n \ne \varnothing$ 이다. 따라서

$$\bigcap_{n \in \mathbb{N}} C_n \subset U \cap \left(\bigcap_{n \in \mathbb{N}} D_n \right)$$

이므로 $U \cap \left(\bigcap_{n \in \mathbb{N}} D_n \right) \ne \varnothing$ 이다. □

베르 공간이 되기 위한 조건은 위상적 성질이기에 베르 공간은 위상적 성질을 갖는다.

| 예제 12.2.3 | 거리공간 $((a,\ b),\ d)$는 베르 공간이다. 왜냐하면 $(\mathbb{R},\ d)$는 베르 공간이고 $(\mathbb{R},\ d) \approx ((a,\ b),\ d)$이기 때문이다. ■

| 예제 12.2.4 | 보통거리공간 $(\mathbb{R},\ d)$의 부분공간인 유리수공간 $(\mathbb{Q},\ d) := \mathbb{Q}$는 베르 공간이 아니다.

풀이 $\mathbb{Q}$는 가산집합이므로

$$\mathbb{Q} = \{ r_i \mid i \in \mathbb{N} \}$$

이라 놓을 수 있다. 임의의 자연수 $n \in \mathbb{N}$에 대하여

$$G_n = \{ r_n,\ r_{n+1},\ \cdots \}$$

이라 놓으면 G_n은 $\mathbb{Q}$에서 조밀한 열린집합이다. 왜냐하면 $x \in \mathbb{Q}$의 임의의 ε-근방 $(x-\varepsilon,\ x+\varepsilon)$에 대하여

$$(x-\varepsilon,\ x+\varepsilon) \cap G_n \ne \varnothing \quad (\text{단 } \varepsilon > 0)$$

이므로 $\overline{G_n} = \mathbb{Q}$이고(사실은 $G_n{}' = \mathbb{Q}$이다), $\mathbb{Q}$에서의 닫힌집합 $\{r_1, r_2, \cdots, r_{n-1}\}$에 대하여

$$\{r_1, r_2, \cdots, r_{n-1}\}^c = G_n$$

이기 때문이다. 그러나 $\bigcap_{n \in \mathbb{N}} G_n = \varnothing$ 이므로 $\mathbb{Q}$는 베르 공간이 아니다. □

베르 공간의 개념은 베르 카테고리의 개념에 의하여 설명될 수 있다. 다음 정의는 정의 3.6.14에서 소개했었기에 다시 한번 회상하여 위상공간의 제1범주와 제2범주에 활용한다.

(★) A를 위상공간 X의 한 부분집합이라 하자. $\text{Int}(\overline{A}) = \varnothing$ 일 때 A를 X에서 **조밀한 곳이 없는 부분집합**(nowhere dense subset)이라 한다.

(★) 조밀한 곳이 없는 부분집합에 관한 예로서 예제 3.6.15에서 다음과 같이 소개하였다.
  (1) 정수집합 $\mathbb{Z}$는 $(\mathbb{R}, d)$에서 조밀한 곳이 없는 집합이다. 왜냐하면 $\mathbb{Z}$는 거리공간 $(\mathbb{R}, d)$에서 닫힌집합이기에 $\overline{\mathbb{Z}} = \mathbb{Z}$이고 $\text{Int}(\mathbb{Z}) = \varnothing$ 이기 때문이다.
  (2) 한편 유리수집합 $\mathbb{Q}$는 $(\mathbb{R}, d)$에서 조밀한 집합임은 잘 알려져 있다.

정의 12.2.5 X를 위상공간이라 하자.

(1) 부분집합 $B \subset X$가 **제1범주**(first category)란 B가 조밀한 곳이 없는 가산개 부분집합들의 합집합으로 표현되는 것을 의미한다.

(2) 부분집합 $D \subset X$가 **제2범주**(second category)란 D가 제1범주가 아닌 집합임을 의미한다.

| 예제 12.2.6 | 보통거리공간 $(\mathbb{R}, d)$에서 유리수집합 $\mathbb{Q}$는 제1범주이다. 왜냐하면 유리수집합 $\mathbb{Q}$의 임의의 한원소집합 $\{p\}$가 $\mathbb{R}$에서 조밀하지 않고 $\mathbb{Q}$는 한원소집합의 가산개의 합집합이다. ■

정리 12.2.7 한 위상공간 X가 베르 공간이기 위한 필요충분조건은 공집합이 아닌 임의의 열린집합이 X에서 제2범주가 되는 것이다.

증명 X를 베르 공간이라 하고 U를 공집합이 아닌 열린집합이라 하자. $\{A_n \mid n \in \mathbb{N}\}$을 조밀한 곳이 없는 집합들의 임의의 가산족이라 할 때 $U \neq \bigcup_{n\in\mathbb{N}} A_n$임을 보이면 된다. $U_n = X - \overline{A_n}\,(n \in \mathbb{N})$이라 놓으면 $\mathrm{Int}(\overline{A_n}) = \varnothing$ 이므로 $\overline{U_n} = X$가 되어 U_n은 X에서 조밀한 열린집합이다. X가 베르 공간이므로 $\bigcap_{n\in\mathbb{N}} U_n$은 X에서 조밀하다. 따라서 $U \cap (\bigcap_{n\in\mathbb{N}} U_n) \neq \varnothing$ 이다. $U_n = (\overline{A_n})^c$이므로 $\bigcap_{n\in\mathbb{N}} U_n = \bigcap_{n\in\mathbb{N}} (\overline{A_n})^c$이고, 따라서

$$U \cap (\bigcup_{n\in\mathbb{N}} A_n)^c \supset U \cap (\bigcup_{n\in\mathbb{N}} \overline{A_n})^c = U \cap (\bigcap_{n\in\mathbb{N}} U_n) \neq \varnothing$$

이다. 그러므로 $U \neq \bigcup_{n\in\mathbb{N}} A_n$이다. 그러므로 U는 제2범주이다.

역을 증명하기 위해서 X를 베르 공간이 아니라고 가정하자. 즉, 적당한 가산개의 조밀한 열린집합들

$$\{U_n \mid n \in \mathbb{N}\}$$

이 존재하여 $\bigcap_{n\in\mathbb{N}} U_n$이 조밀하지 않게 할 수 있다. $\overline{\bigcap_{n\in\mathbb{N}} U_n} \subsetneq X$이므로 $x \in X - \overline{\bigcap_{n\in\mathbb{N}} U_n}$인 점 x의 열린근방 U가 존재하여, $U \cap (\bigcap_{n\in\mathbb{N}} U_n) = \varnothing$이 되게 할 수 있다. $A_n = U - U_n\,(n \in \mathbb{N})$이라 놓자. $A_n \subset X - U_n$이고 U_n이 열린집합이므로 $A_n \subset \overline{A_n} \subset X - U_n$이 성립한다. 임의의 $p \in \overline{A_n}$에 대하여 U_n이 조밀하므로, p의 임의의 열린근방 U_p는 $U_p \cap U_n \neq \varnothing$가 되어

$$p \in U_p \not\subset \overline{A_n} \quad (n \in \mathbb{N})$$

이다.

따라서 $\mathrm{Int}(\overline{A_n}) = \varnothing$이 된다. 그러므로 A_n은 조밀한 곳이 없는 집합이어야 한다. $U \cap (\bigcap_{n\in\mathbb{N}} U_n) = \varnothing$이므로

$$U = U - (\bigcap_{n\in\mathbb{N}} U_n) = \bigcup_{n\in\mathbb{N}} (U - U_n) = \bigcup_{n\in\mathbb{N}} A_n$$

이 되어 열린집합 U는 제1범주이다. 그러므로 역명제는 증명되었다. □

따름정리 12.2.8 베르 공간은 제2범주이다.

증명 정리 12.2.7에 의하여 베르 공간의 모든 열린집합은 제2범주이므로 공간 X 도 제2범주이다. □

정리 12.2.9 완비거리공간은 제2범주이다.

증명 완비거리공간은 베르 공간이고(정리 12.2.2 참조), 베르 공간은 제2범주이므로(따름정리 12.2.8 참조) 완비거리공간은 제2범주이다. □

연습문제 12.2

1. 베르 공간은 유전적 성질을 갖지 않음을 보이시오. 단 베르 공간의 열린부분공간은 베르 공간임을 보이시오.

2. 유클리드 공간 $(\mathbb{R}^n,\ d)$는 베르 공간임을 보이시오.

3. X를 베르 공간이라 하자. 만약 $A \subset X$가 제1범주이면 A^c가 제2범주임은 정의에 의하여 명백하다. 그러나 이 역이 성립하지 않음을 예를 들어 보이시오.

4. $(\mathbb{R},\ d)$의 부분공간 $\mathbb{Q}^c$가 베르 공간임을 보이시오.

5. 상극한공간 $\mathbb{R}_u$가 베르 공간인가?

6. $\mathbb{R}^2$의 부분집합 $X = \{(x,\ 0) \mid x \in \mathbb{R}\}$을 생각하자. X의 부분집합 $A = \{(x,\ 0) \mid x \in \mathbb{Q}\}$이라 하면 A는 $(\mathbb{R}^2,\ d)$에서 $\overline{A} = X$가 되어 $\mathbb{R}^2$에서 $\overline{A}$의 내점집합 $\mathrm{Int}_{\mathbb{R}^2}(\overline{A}) = \varnothing$이다. 그러므로 A는 $(\mathbb{R}^2,\ d)$에서 조밀한 곳이 없는 집합이다. 그러나 $(\mathbb{R}^2,\ d)$의 부분공간 $(X,\ d)$에서 A는 조밀한 곳이 없는 집합이 아님을 보이시오.

TOPOLOGY

제 13 장

함수공간

두 위상공간 X와 Y에 대하여 모든 사상 $f: X \to Y$의 집합을 Y^X로 표시하고, $\mathcal{C}(X, Y) = \{f: X \to Y$는 연속함수이다$\}$로 표시한다. 이 집합들 Y^X와 $\mathcal{C}(X, Y)$에 여러 가지 방법을 통해서 위상을 줄 수 있다. 이 장에서는 Y^X와 $\mathcal{C}(X, Y)$에 여러 가지 위상을 도입하고 이들의 다양한 성질을 알아본다.

13.1 점-열린위상

먼저 **함수공간**(mapping space 혹은 function space)에 관하여 알아보자.

이 절에서는 일반적인 경우부터 살펴보기로 한다. 즉, X는 임의의 집합이고 Y는 위상공간이라 하자. $Y^X = \{f : X \to Y$가 함수(사상)이다$\}$라고 표시하고, Y_x는 $x \in X$로 첨자를 붙인 Y의 복사(copy, 같은 Y를 X의 원소의 개수만큼 필요로 할 때 그 각각을 구별하기 위해서 형식적으로 표현한 단순한 기호임)를 나타낸다. 그리고 Y_x들의 데카르트 곱 $\prod\{Y_x \mid x \in X\}$를 F로 표시하자. 즉,

$$F = \prod\{Y_x \mid x \in X\}$$

이다. F는 각 $x \in X$에 대하여 $a_x \in Y_x = Y$를 만족하는 모든 점 $p = \langle a_x \mid x \in X\rangle$로써 이루어진다. 즉 F는 X에서 Y로의 모든 함수로 이루어지므로

$$F = Y^X = \{f : X \to Y\text{는 함수(사상)이다}\}$$

으로 표시된다. 즉 F를 곱집합의 형태로 인식할 수 있다.

이제 각 원소 $x \in X$에 대해서 함수집합 Y^X에서 Y로의 사상

$$e_x : Y^X \to Y \text{ s.t. } e_x(f) = f(x) \qquad \cdots (13.1)$$

로 정의되고 이 e_x를 x에 있어서 **값매김사상**(evaluation mapping)이라 한다. 즉, Y^X를 F와 동일시함으로써 값매김사상 e_x는 F에서 좌표공간 $Y_x = Y$로의 사영사상과 같다.

| 예제 13.1.1 | $X = I = [0, 1]$, Y를 보통위상공간 $(\mathbb{R}, \mathscr{U})$라 하자. $f(x) = x^2$, $g(x) = 3x + 1$, $h(x) = \sin \pi x$라고 하자. 값매김함수 $e_j : Y^X \to Y = \mathbb{R}$를 생각하면, 예컨대 $j = \frac{1}{3}$에서 생각하면

$$e_j(f) = f(j) = f(\frac{1}{3}) = \frac{1}{9}$$

$$e_j(g) = g(j) = g(\frac{1}{3}) = 2$$

$$e_j(h) = h(j) = h(\frac{1}{3}) = \frac{\sqrt{3}}{2}$$

이다. 즉 $e_j(f)$, $e_j(g)$, $e_j(h)$는 그래프 f, g, h가 $x=j$를 지나는 수직선 $\mathbb{R}_j$와 만나는 점이다.

이제 함수공간에 관한 기본성질을 바탕으로 **점-열린위상**(point open topology)을 소개한다. X를 임의의 집합이라 하고 $(Y, \mathscr{T}_Y)$를 위상공간이라 하자. 첫째로 13.1에서와 같이 Y^X와 곱집합 $F = \prod\{Y_x \mid x \in X\}$를 동일시할 때 Y^X상에 곱위상을 도입할 수 있다. F상의 곱위상의 부분기저(혹은 정의부분기저) $\mathcal{S}$는 $x_0 \in X$와 좌표공간 $Y_{x_0} = (Y, \mathscr{T}_Y)$의 열린부분집합 $U \in \mathscr{T}_Y$를 택해서

$$e_{x_0}^{-1}(U) = \{f \mid e_{x_0}(f) \in U\}$$

로 표현되는 F의 모든 부분집합으로 구성된다(그림 13.1과 아래 (*) 참조). 그런데 e_{x_0}를 $x_0 \in X$에 있어서 값매김사상이라 할 때 $e_{x_0}(f) = f(x_0)$이다. Y^X상의 한 위상으로서

$$\mathcal{S} = \{e_{x_0}^{-1}(U) \mid \exists\ \forall x_0 \in X,\ \exists\ \forall U \in \mathscr{T}_Y\} \qquad \cdots (*)$$

를 부분기로 하여 생성된 위상을 Y^X상의 **점-열린위상**(point open topology)이라 한다.

다른 방법으로 말하자면 값매김사상 $e_x : Y^X \to Y$가 연속이 된다는 조건을 만족하는 Y^X상의 위상 중에서 가장 약한(거친) 위상을 Y^X상의 점-열린위상(point open topology)으로 정의할 수 있다.

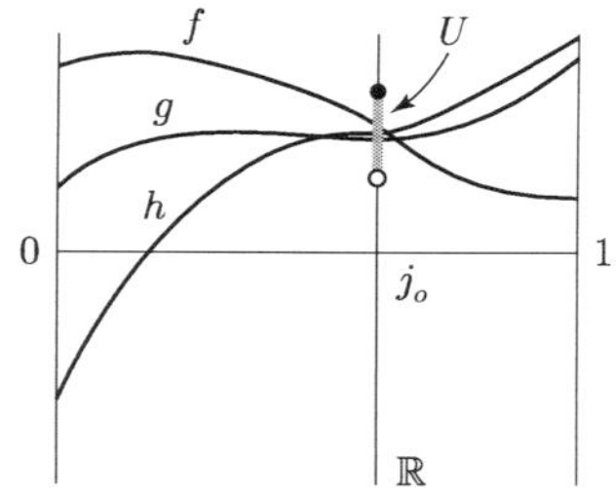

그림 13.1 부분기 $\mathcal{S}$의 한 원소 $e_{j_0}^{-1}(U)$의 원소 f, g, h

| 예제 13.1.2 | $I=[0, 1]$이라 할 때 $\mathbb{R}^I$상의 점-열린위상을 $\mathscr{T}$라 하자. 위 (*)와 같이 $\mathscr{T}$의 부분기저는

$$\mathcal{S}=\{\{f \mid f(j_0)\in U\},\ \exists^\forall j_0\in I,\ \exists^\forall U\in(\mathbb{R},\ \mathscr{U})\}$$

이다(그림 13.1 참조). ■

곱공간 $(\prod_{\alpha\in\Lambda} X_\alpha,\ \mathscr{T}_p)$에서 사영사상 $P_\alpha : \prod_{\alpha\in\Lambda} X_\alpha \to X_\alpha$에 대하여

$$A\subset \prod_{\alpha\in\Lambda} X_\alpha \Rightarrow A\subset \prod_{\alpha\in\Lambda} P_\alpha(A)$$

이 성립하므로(그림 13.2 참조) $A\subset \prod_{\alpha\in\Lambda}\overline{P_\alpha(A)}$이 성립한다(여기서 $\overline{P_\alpha(A)}$는 $P_\alpha(A)$의 폐포임). 따라서 $\mathscr{A}=\mathscr{A}(X,\ Y)$를 Y^X의 부분집합이라 하면 Y^X를

$$F=\prod\{Y_x \mid x\in X\}=\{f : X\to Y\text{는 사상이다}\}$$

와 동일하게 취급할 수 있기에, $P_x : \prod\{Y_x \mid x\in X\}\to Y_x$라 하면

$$\mathscr{A}\subset Y^X \Rightarrow \mathscr{A}\subset \prod\{\overline{P_x(\mathscr{A})} \mid x\in X\}=\prod\{\overline{e_x(\mathscr{A})} \mid x\in X\}$$

가 성립하고 $\overline{e_x(\mathscr{A})}=\{\overline{f(x) \mid f\in\mathscr{A}}\}$이다. 그리고 각 $x\in X$에 대하여 $\{\overline{f(x) \mid f\in\mathscr{A}}\}$가 콤팩트라고 하면 Tychonoff 곱정리에 의하여 $\prod\{(\overline{P_x(\mathscr{A})}) \mid x\in X\}$는 곱공간 $\prod\{Y_x \mid x\in X\}$의 콤팩트부분집합이다. 그리고 콤팩트공간의 닫힌부분집합은 콤팩트이므로 다음 결과를 갖는다.

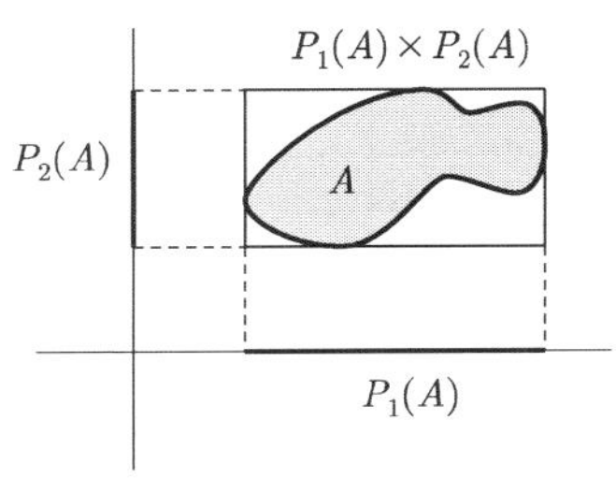

그림 13.2 $P_1(A)\times P_2(A)$

정리 13.1.3 $\mathscr{A}$를 Y^X의 닫힌부분집합이고 각 $x\in X$에 대하여 $\overline{\{f(x) \mid f\in\mathscr{A}\}}$

가 Y에서 콤팩트이면 $\mathscr{A}$는 Y^X상의 점-열린위상에 관하여 콤팩트이다.

정리 13.1.3에서 주어진 위상공간 $(Y,\ \mathscr{T}_Y)$가 하우스도르프 공간인 경우 더욱 강한 결과를 갖는다.

정리 13.1.4 $(Y,\ \mathscr{T}_Y)$가 하우스도르프 공간이고 $\mathscr{A}\subset Y^X$에 대하여 $\mathscr{A}$가 Y^X 상의 점-열린위상에 관하여 콤팩트가 되기 위한 필요충분조건은 $\mathscr{A}$가 닫힌집합이고 각 $x\in X$에 대하여 $\overline{\{f(x)\mid f\in\mathscr{A}\}}$ 가 콤팩트인 것이다.

증명 충분조건(⇐)은 정리 13.1.3에 의하여 성립한다.
이제 필요조건(⇒)만을 보이면 된다. 하우스도르프 공간들의 곱공간은 하우스도르프이므로 $Y^X=F=\prod\{Y_x\mid x\in X\}$는 하우스도르프 공간이다. 하우스도르프 공간의 콤팩트부분집합은 닫힌집합이다. 각 값매김사상 $e_x:\ Y^X\to Y$는 점 열린위상에 관하여 연속이므로 각 $x\in X$에 대하여

$$e_x(\mathscr{A})=\{f(x)\mid f\in\mathscr{A}\}$$

는 $(Y,\ \mathscr{T}_Y)$에서 콤팩트이고 또 Y가 하우스도르프이므로 닫힌집합이다.
즉, $\overline{\{f(x)\mid f\in\mathscr{A}\}}=\{f(x)\mid f\in\mathscr{A}\}$는 닫힌집합이고 또한 콤팩트이다. □

이제 **점마다수렴**(pointwise convergence)에 관하여 알아보자. 점-열린위상을 가진 위상공간 Y^X에서 함수열 $\langle f_n\rangle$을 살펴보자.

(★) 한 원소 $g\in Y^X$가 존재하여 각 $x\in X$에 대하여 Y에서의 점렬 $\langle f_n(x)\rangle$가 $g(x)\in Y$에 수렴하면 함수열 $\langle f_n\rangle$은 g에 **점마다수렴**(pointwise convergence)한다고 한다.

특히 Y가 거리공간이면 임의의 $\varepsilon>0$과 모든 $x\in X$에 대하여

$$n_0:=n_0(x,\ \varepsilon)\in\mathbb{N}\text{이 존재하여 } n\geq n_0\Rightarrow d(f_n(x),\ g(x))<\varepsilon$$

일 때 함수열 $\langle f_n\rangle$은 g로 점마다수렴한다고도 할 수 있다. 여기서 n_0는 ε과 x에 의존함을 유의하자.

| 예제 13.1.5 | 함수열 $\langle f_n \rangle$을 $I=[0,\ 1]$에서 $(\mathbb{R},\ \mathscr{U})$로의 함수열이라 하고 $f_n(x) = x^n\,(n \in \mathbb{N})$으로 정의하자. 이 경우 $\langle f_n \rangle$은

$$g(x) = \begin{cases} 0, & 0 \leq x < 1 \\ 1, & x = 1 \end{cases}$$

으로 정의되는 함수 $g: I \to \mathbb{R}$로 점마다수렴한다. 이 예제를 통해서 각 함수 f_n $(n \in \mathbb{N})$이 비록 연속일지라도 극한함수 g는 연속이 아님을 알 수 있다(그림 13.3 참조). ■

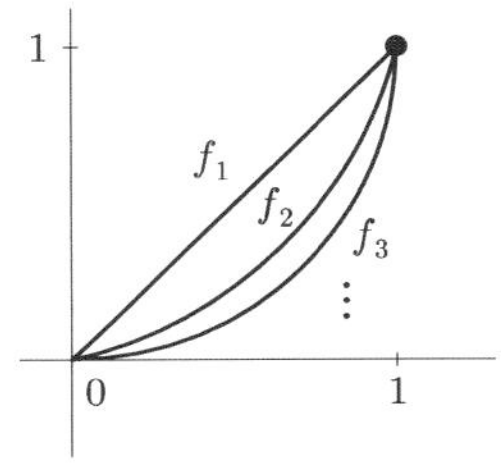

그림 13.3 $\langle f_n \rangle \mapsto g$

점마다수렴(pointwise convergence)의 개념이 점-열린위상과 밀접하게 관계되어 있음을 다음 정리를 통해서 알 수 있다.

따름정리 13.1.6 곱공간 $X = \prod_{\alpha \in \Lambda} X_\alpha$상의 점렬 $\langle t_n \rangle$이 X의 점 q로 수렴하기 위한 필요충분조건은 각 사영사상 $P_\alpha: X \to X_\alpha(\alpha \in \Lambda)$에 대하여 좌표공간 X_α상에서 점렬 $\langle P_\alpha(t_n) \rangle$가 $P_\alpha(q)$로 수렴하는 것이다.

증명 $\langle t_n \rangle \mapsto q$이라면 사영사상은 연속이므로 $\langle P_\alpha(t_n) \rangle \mapsto P_\alpha(q)$는 경백하다. 역으로 각 사영사상 P_α에 대하여 $\langle P_\alpha(t_n) \rangle \mapsto P_\alpha(q)$라 가정하고 $\langle t_n \rangle \mapsto q$임을 보이자. 그러기 위해서는 B를 점 q를 원소로 갖는 곱공간 $X = \prod_{\alpha \in \Lambda} X_\alpha$의 기(base)의 한 원소라 할 때

$$\exists\, n_0 \in \mathbb{N} \text{ s.t. } n \geq n_0 \Rightarrow t_n \in B$$

를 보이면 된다. 곱공간 $X = \prod_{\alpha \in \Lambda} X_\alpha$의 기저(base)의 정의에 의하여

$$B = P_{\alpha_1}^{-1}(U_{\alpha_1}) \cap \cdots \cap P_{\alpha_n}^{-1}(U_{\alpha_n})$$

이다. 여기서 각 U_{α_i}는 위상공간 X_{α_i}의 열린집합이다. $q \in B$이므로

$$P_{\alpha_i}(q) \in P_{\alpha_i}(B) = U_{\alpha_i},\ \cdots,\ P_{\alpha_n}(q) \in P_{\alpha_n}(B) = U_{\alpha_n}$$

이다. 가정에서 $\langle P_{\alpha_i}(t_n) \rangle \mapsto P_{\alpha_i}(q)$이므로, 각 $i \in \{1,\ 2,\ \cdots,\ n\}$에 대하여

$$\exists\, n_i \in \mathbb{N} \text{ s.t. } n \geq n_i \Rightarrow P_{\alpha_i}(t_n) \in U_{\alpha_i} \Rightarrow t_n \in P_{\alpha_i}^{-1}(U_{\alpha_i})$$

이다. $n_0 = \max\{n_1,\ n_2,\ \cdots,\ n_n\}$이라면

$$n \geq n_0 \Rightarrow t_n \in P_{\alpha_1}^{-1}(U_{\alpha_i}) \cap \cdots \cap P_{\alpha_n}^{-1}(U_{\alpha_n}) = B$$

이다. 따라서 $\langle p_n \rangle \mapsto q$이다. □

정리 13.1.7 Y^X에서의 함수열 $\langle f_n \rangle$이 Y^X상의 점-열린위상에 관하여 $g \in Y^X$에 수렴하는 필요충분조건은 $\langle f_n \rangle$이 g에 점마다수렴(pointwise convergence)하는 것이다.

증명 Y^X를 곱위상을 가진 곱집합 $F = \prod\{Y_x \mid x \in X\}$와 동일시하자. 기초정리 13.1.6에 의하여 F에서의 함수열 $\langle f_n \rangle$이 $g \in F$에 수렴하는 필요충분조건은 각 사영사상 P_x에 대하여

$$\langle P_x(f_n) \rangle = \langle e_x(f_n) \rangle = \langle f_n(x) \rangle \text{가 } P_x(q) = e_x(g) = g(x)$$

에 수렴하는 것이다. □

정리 13.1.7에서 유래가 되어서 Y^X상의 점-열린위상을 점마다수렴위상(topology of pointwise convergence)이라고도 한다.

연습문제 13.1

1. $$f_n(x)=\begin{cases} 4n^2x, & 0\le x\le \dfrac{1}{2n} \\ -4n^2x+4n, & \dfrac{1}{2n}< x<\dfrac{1}{n} \\ 0, & \dfrac{1}{n}\le x\le 1 \end{cases}$$

에 의하여 정의된 $\mathbb{R}^I$에서의 함수열 $\langle f_n\rangle$은 영함수 $g(x)=0$에 점마다수렴함을 보이시오.

2. Y가 T_1, T_2, 정칙, 정규, 연결공간인 경우에 점-열린위상을 갖는 Y^X도 T_1, T_2, 정칙, 연결공간임을 보이시오.

13.2 균등수렴

13.1절에서 언급했듯이, X는 임의의 집합이고 (Y, d)가 거리공간인 경우에는 점마다수렴의 정의를 다음과 같이 하였다. 7.3절과 13.1절에서 소개한 균등수렴을 함수공간에 적용하자. Y^X에서의 함수열 $\langle f_n \rangle$에 대하여 한 원 $g \in Y^X$가 존재하여 각 $\varepsilon > 0$과 각 $x \in X$에 대하여

$$\exists\, n_0 := n(x,\ \varepsilon) \in \mathbb{N} \text{ s.t. } n \geq n_0 \Rightarrow d(f_n(x),\ g(x)) < \varepsilon$$

이면 함수열 $\langle f_n \rangle$은 g에 **점마다수렴**(pointwise convergence)한다고 한다.

이보다 강한 조건을 가진 개념으로 **균등수렴**(uniform convergence, 혹은 일양수렴)을 소개한다(정의 7.3.6 참조). 7장에서 소개한 함수공간 측면에서 균등수렴을 소개한다.

정의 13.2.1 X는 한 집합이고 Y는 거리공간이라 하자. Y^X에서의 함수열 $\langle f_n \rangle$에 대하여 한 원 $g \in Y^X$가 존재하여 임의의 $\varepsilon > 0$에 대하여

$$\exists\, n_0 := n(\varepsilon) \in \mathbb{N} \text{ s.t. } n \geq n_0 \Rightarrow \exists\ {}^\forall x \in X,\ d(f_n(x),\ g(x)) < \varepsilon$$

이면 $\langle f_n \rangle$은 g에 균등수렴한다고 한다.

(★) 정의 13.2.1에서 $n_0 \in \mathbb{N}$는 점 x에 관계없이 ε에 따라서만 결정된다. 따라서 $\langle f_n \rangle$이 균등수렴하면 $\langle f_n \rangle$은 점마다수렴함을 알 수 있다.
X가 위상공간인 경우에 다음 성질을 얻는다(정리 7.3.9 참조).

아래 정리는 정리 7.3.9에서 다뤘지만 함수공간에 적용하여 다음과 같이 증명한다.

정리 13.2.2 $\langle f_n \rangle$을 위상공간 X에서 거리공간 Y로의 연속함수들의 함수열이라 한다. 만약 $\langle f_n \rangle$이 $g : X \to Y$에 균등수렴하면 g는 연속이다.

증명 임의의 $x_0 \in X$와 $\varepsilon > 0$에 대하여 x_0의 열린근방 $U \subset X$가 존재하여

$$x \in U \Rightarrow d(f_n(x),\ g(x_0)) < \varepsilon$$

이 성립함을 보이면 g는 x_0에서 연속이다. $\langle f_n \rangle$은 g에 균등수렴하므로

$$\exists\, m \in \mathbb{N} \text{ s.t. } ᆿ\ {}^{\forall} x \in X,\ d(f_m(x),\ g(x)) < \frac{\varepsilon}{3}$$

이 성립한다. 따라서 삼각부등식 성질에 의하여

$$\begin{aligned} & d(g(x),\ g(x_0)) \\ & \quad \le d(g(x),\ f_m(x)) + d(f_m(x),\ f_m(x_0)) + d(f_m(x_0),\ g(x_0)) \\ & \quad < d(f_m(x),\ f_m(x_0)) + \frac{2}{3}\varepsilon \end{aligned}$$

이 성립한다. 그런데 f_m은 연속이므로 x_0의 열린근방 $U \subset X$가 존재하여

$$x \in U \Rightarrow d(f_m(x),\ f_m(x_0)) < \frac{\varepsilon}{3}$$

이 성립한다. 따라서 $x \in U \Rightarrow d(g(x),\ g(x_0)) < \varepsilon$이다. □

| 예제 13.2.3 | 예제 13.1.5에서 $f_n(x) = x^n\,(n \in \mathbb{N})$에 의하여 이루어진 함수열 $\langle f_n \rangle$은 $g : I \to \mathbb{R}$에 점마다수렴하는 것을 알았다. 그러나 g는 연속이 아니므로 $\langle f_n \rangle$은 g에 균등수렴하지 않는다. ■

| 예제 13.2.4 | 함수

$$f_n(x) = \begin{cases} 1 - \dfrac{|x|}{n}, & |x| < n \\ 0, & |x| \ge n \end{cases}$$

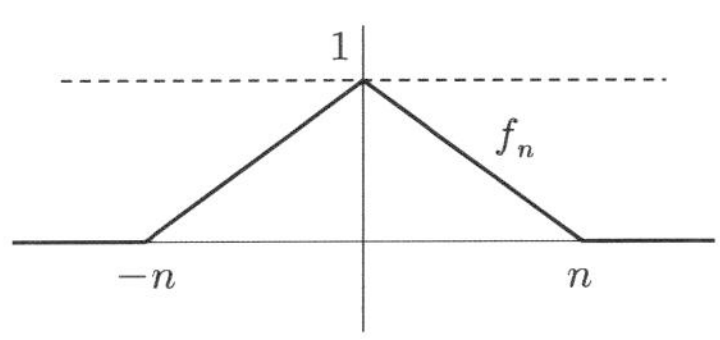

그림 13.4 함수 f_n

에 의하여 정의된 함수 $f_n : \mathbb{R} \to \mathbb{R}$을 생각하자. 즉 $f_n \in \mathbb{R}^{\mathbb{R}}$인 함수이다 (그림 13.4 참조). 함수열 $\langle f_n \rangle$은 상수함수 $g(x) = 1$에 점마다수렴 (pointwise convergence)한다. 그러나 $\langle f_n \rangle$은 g에 균등수렴하지 않는다. 왜냐하면 $\varepsilon = \frac{1}{2}$이라 하면 $n \in \mathbb{N}$에 대하여 $f_n(x_0)=0$이 되는 점 $x_0 \in \mathbb{R}$가 존재한다. 따라서 $|f_n(x_0) - g(x_0)| = 1 > \varepsilon$이다. ■

이제 X는 임의의 집합이고 (Y, d)는 거리공간일 때 X에서 Y로의 모든 유계함수들의 집합을 $\mathscr{B}(X, Y)$로 표시한다.

$\mathscr{B}(X, Y)$의 임의의 두 원소 $f, g \in \mathscr{B}(X, Y)$에 대하여 거리를

$$\rho(f, g) = \sup\{d(f(x), g(x)) \mid x \in X\}$$

으로 정의하자. 그때 $(\mathscr{B}(X, Y), \rho)$는 잘 정의된 거리함수집합이다. 이 거리 ρ는 다음과 같은 성질을 갖고 있다.

정리 13.2.5 $\mathscr{B}(X, Y)$에서의 함수열 $\langle f_n \rangle$이 거리 ρ에 관하여 $g \in \mathscr{B}(X, Y)$에 수렴하기 위한 필요충분조건은 $\langle f_n \rangle$이 g에 균등수렴하는 것이다.

증명 $(\Rightarrow)$ $\langle f_n \rangle$이 g에 수렴하므로 임의의 $\varepsilon > 0$에 대하여

$$\exists\, n_0 \in \mathbb{N} \text{ s.t. } n \geq n_0 \Rightarrow \rho(f_n, g) < \varepsilon$$

이 성립한다. 따라서

$$n \geq n_0 \Rightarrow \text{ㅋ}^{\forall} x \in X,$$
$$d(f_n(x), g(x)) \leq \sup\{d(f_n(x), g(x)) \mid x \in X\} = \rho(f_n, g) < \varepsilon$$

이 성립한다. 즉 $\langle f_n \rangle$은 g에 수렴한다.

$(\Leftarrow)$ $\langle f_n \rangle$은 g에 균등수렴하므로 임의의 $\varepsilon > 0$에 대하여

$$\exists\, n_0 \in \mathbb{N} \text{ s.t. } n \geq n_0 \Rightarrow \text{ㅋ}^{\forall} x \in X,\ d(f_n(x), g(x)) < \frac{\varepsilon}{2}$$

이 성립한다. 따라서

$$n \geq n_0 \Rightarrow \sup\{d(f_n(x), g(x)) \mid x \in X\} \leq \frac{\varepsilon}{2} < \varepsilon$$

이 성립한다. 즉,

$$n \geq n_0 \Rightarrow \rho(f_n, g) < \varepsilon$$

이 성립한다. □

정리 13.2.5에서 유래되어서, 거리 ρ에 의하여 $\mathscr{B}(X, Y)$상에 유도되는 위상을 **균등수렴위상**(topology of uniform convergence)이라고 한다.

주의 균등수렴의 개념은 Y가 거리공간인 경우에 정의되고, 일반적인 위상공간일 때는 정의될 수 없다. 그러나 균등수렴의 개념은 어떤 종류의 공간으로 일반화될 수 있다. 그 공간은 위상공간과 거리공간 사이에 위치하는 **균등공간**(uniform space)이라 한다.

단위구간 $(I=[0, 1], \mathscr{U}_I)$와 보통거리공간 $(\mathbb{R}, d)$에 대해서 $\mathcal{C}(I, R)$(혹은 단순하게 $\mathcal{C}(I)$)를

$$\mathcal{C}(I)=\mathcal{C}(I, \mathbb{R})=\{f \mid f: I \to \mathbb{R}\text{은 연속함수}\}$$

이라 하자.

임의의 $f \in \mathcal{C}(I)$에 의하여

$$\|f\| = \sup\{|f(x)| \mid x \in I\}$$

라 하면 $\mathbb{R}$상의 벡터공간 $\mathcal{C}(I)$는 노름공간(normed space)이 된다. $I=[0, 1]$이 콤팩트공간이므로 각 $f \in \mathcal{C}(I)$는 균등연속(uniformly continuous)이다.

정리 13.2.2에 의하여 다음 정리를 얻을 수 있다.

정리 13.2.6 $\mathcal{C}(I)$는 완비노름벡터공간이다. 여기서 $I=[0, 1]$이다.

증명 임의의 $f, g \in \mathcal{C}(I)$와 임의의 $k \in \mathbb{R}$에 대하여

$$(f+g)(x)=f(x)+g(x)$$
$$(kf)(x)=kf(x)$$

로 $f+g$와 kf를 정의하면 $f+g \in \mathcal{C}(I)$, $kf \in \mathcal{C}(I)$이고 이 두 연산에 관하여 $\mathcal{C}(I)$는 벡터공간이 된다.

각 $f \in \mathcal{C}(I)$에 관하여

$$\|f\| = \sup\{|f(x)| \mid x \in [0, 1]\}$$

이라 하면 정의 7.4.1의 $(N_1)-(N_3)$조건을 만족하므로 $C(I)$상에 노름을 주게 되어서 $C(I)$는 노름벡터공간이 된다. 정리 7.4.2에 의하여 임의의 $f, g \in C(I)$에 대하여

$$d(f, g) = \|f-g\|$$

으로 정의하면 $C(I)$는 거리함수 d에 의하여 거리공간이 된다.

이제 거리공간 $(C(I), d)$가 완비거리공간임을 보이자. $\langle f_n \rangle$을 $C(I)$에서 **코시함수열**(Cauchy function sequence)이라 하자. 코시함수열의 정의에 의하여, 임의의 $\varepsilon > 0$에 대하여 적당한 자연수 n_0가 존재하여

$$m, n \geq n_0 \text{일 때 } d(f_m, f_n) = \|f_m - f_n\| < \frac{\varepsilon}{3}$$

이 되게 할 수 있다. 따라서 임의의 $x \in I = [0, 1]$에 대하여

$$\begin{aligned} |f_m(x) - f_n(x)| &\leq \sup\{|f_m(x) - f_n(x)| \mid x \in [0, 1]\} \\ &= \|f_m - f_n\| < \frac{\varepsilon}{3} \end{aligned}$$

이다. 그러므로 임의의 $x \in [0, 1]$에 대하여 $\langle f_n(x) \rangle$는 코시수열(코시점렬)이다. 실직선상에서 코시점렬은 수렴하므로,

$$g(x) = \lim_{n \to \infty} f_n(x)$$

로 함수 $g : I \to \mathbb{R}$을 정의할 수 있다.

이제 $\langle f_n \rangle$이 g로 균등수렴함을 보이자. 임의의 $x \in [0, 1]$에 대하여 $g(x) = \lim_{n \to \infty} f_n(x)$이므로 $n(x) \geq n_0$인 자연수 $n(x)$가 존재하여 $|f_{n(x)} - g(x)| < \frac{\varepsilon}{3}$이 되게 할 수 있다. 따라서 $m \geq n_0$인 자연수 m에 대하여

$$\begin{aligned} |f_m(x) - g(x)| &\leq |f_m(x) - f_{n(x)}(x)| + |f_{n(x)}(x) - g(x)| \\ &< \frac{\varepsilon}{3} + \frac{\varepsilon}{3} = \frac{2}{3}\varepsilon \end{aligned}$$

이 성립한다. 그러므로 $\langle f_n \rangle$은 g에 균등수렴한다. 정리 13.2.2에 의하여 $g \in C(I)$이다. 한편

$$\begin{aligned} d(f_m,\ g) &= \|f_m - g\| \\ &= \sup\{|f_m(x) - g(x)| \mid x \in [0,\ 1]\} \le \frac{2}{3}\varepsilon < \varepsilon \end{aligned}$$

이므로 거리공간 $(C(I),\ d)$상에서 $\langle f_n \rangle \to g$이다. 따라서 $(C(I),\ d)$는 완비이다. □

이제 **균등유계성**(uniform boundedness)과 **동등연속성**(equicontinuity) 개념을 소개한다.

함수공간의 부분집합이 콤팩트이기 위한 필요충분조건을 찾기 위하여 균등유계성과 동등연속성의 개념을 도입해야 한다.

정의 13.2.7 임의의 집합 X상에서 정의된 실숫값을 갖는 함수들의 모임 $\mathscr{A} = \{f_i : X \to \mathbb{R}\}$가 임의의 $f \in \mathscr{A}$와 임의의 $x \in X$에 대하여 적당한 실수 $M > 0$이 존재하여 $|f(x)| \le M$을 만족할 때 $\mathscr{A}$는 **균등유계**(uniformly bounded)라고 한다.

특히 $\mathscr{A} \subset C(I)$이면 균등유계성은 다음과 동치이다. 즉 $\mathscr{A} \subset C(I)$인 경우, 적당한 실수 $M > 0$이 존재하여 임의의 $f \in \mathscr{A}$에 대하여

$$\|f\| = \sup\{|f(x)| \mid x \in I\} \le M$$

이면 $\mathscr{A}$는 균등유계라고 할 수 있다.

| 예제 13.2.8 | $\mathscr{F}(\mathbb{R},\ \mathbb{R}) = \{f \mid f : \mathbb{R} \to \mathbb{R}$는 함수이다$\}$라고 하자. $\mathscr{A}$를 다음과 같은 $\mathscr{F}(\mathbb{R},\ \mathbb{R})$의 부분집합이라 하자.

$$\mathscr{A} = \{f_n(x) \mid f_n(x) = \sin nx,\ n \in \mathbb{N}\}$$

이 경우 $\mathscr{A}$는 균등유계이다. 왜냐하면 $M = 1$이라 하면 모든 $f \in \mathscr{A}$와 모든 $x \in \mathbb{R}$에 $|f(x)| \le M$인 까닭이다. ■

| 예제 13.2.9 | $\mathscr{A} \subset C(I)$를 다음과 같이 정의하자.

$$\mathscr{A}=\{f_n(x)\mid f_n(x)=nx,\ n\in\mathbb{N}\}$$

$\mathscr{A}$에 속하는 각 함수는 유계이나 $\mathscr{A}$는 균등유계가 아니다. 왜냐하면 M을 아무리 큰 실수라 할지라도 $n_0 > M$이 되는 $n_0\in\mathbb{N}$가 존재해서 $f_{n_0}(1)=n_0 > M$으로 되기 때문이다. ■

이제 동등연속성 (equicontinuity)과 아스콜리 (Ascoli) 정리를 소개한다.

정의 13.2.10 거리공간 $(X,\ d)$에서 정의된 실숫값 함수 모임 $\mathscr{A}=\{f_i:\ X\to\mathbb{R}\}$가 모든 $\varepsilon>0$에 대하여 $\delta=\delta(\varepsilon)>0$가 존재해서

$$d(x_0,\ x_1)<\delta \Rightarrow \ \forall f\in\mathscr{A},\ |f(x_0)-f(x_1)|<\varepsilon$$

를 만족하면 $\mathscr{A}$를 **동등연속** (equicontinuous)이라 한다.

여기서 δ는 ε에만 의존하고 임의의 특수한 점 또는 함수에 의존하지 않음을 유의하자. 이 경우 $f\in\mathscr{A}$가 균등연속임은 명백하다.

위 정의들을 이용하여 다음 Ascoli 정리를 소개한다 (증명은 생략함).

정리 13.2.11 (Ascoli) $\mathscr{F}$를 노름벡터공간 $C(I)$의 닫힌부분집합이라 하자. $\mathscr{F}$가 콤팩트이기 위한 필요충분조건은 $\mathscr{F}$가 균등유계이고 동등연속이 되는 것이다 (참고문헌 [28] 참조).

연습문제 13.2

1. $f\in C(I,\ \mathbb{R})$에 대하여 $\|f\| = \sup\{|f(x)|\mid x\in I\}$이라 하자. $f_n\in C(I,\ \mathbb{R})$ $(n\in\mathbb{N})$일 때 함수열 $\langle f_n\rangle$이 코시점렬이면 임의의 $x_0\in I$에 대하여 $\langle f_n(x_0)\rangle$는 $\mathbb{R}$에서 코시수열임을 보이시오.

2. $f_n\in C(I,\ \mathbb{R})(n\in\mathbb{N})$이고 $(0,\ 1)(\subsetneq I)$에서 미분가능한 함수일 때 $\langle f_n\rangle$이

$g \in C(I, \mathbb{R})$에 균등수렴한다면

$$\frac{d}{dx}\lim_{n\to\infty} f_n(x) = \lim_{n\to\infty}\frac{d}{dx}f_n(x)$$

임을 보이시오.

3. f를 콤팩트 거리공간 X에서 거리공간 Y로의 연속함수라 하면 f는 균등연속임을 보이시오.

13.3 콤팩트-열린위상

X와 Y가 모두 위상공간이고 $\mathcal{C}(X,\ Y)=\{f \mid f:\ X \to Y$는 연속함수이다$\}$라고 할 때 $\mathcal{C}(X,\ Y) \subset Y^X$임은 명백하다. 이 절에서는 집합 $\mathcal{C}(X,\ Y)$에 콤팩트집합에서의 균등수렴성에 대한 함수이론으로부터 얻어지는 새로운 위상을 도입하자. 몇 가지 기본용어를 소개한다. $A \subset X,\ B \subset Y$인 $A,\ B$에 대하여

$$(A,\ B)=\{f \in \mathcal{C}(X,\ Y) \mid f(A) \subset B\}$$

이라 하자 (그림 13.5 참조).

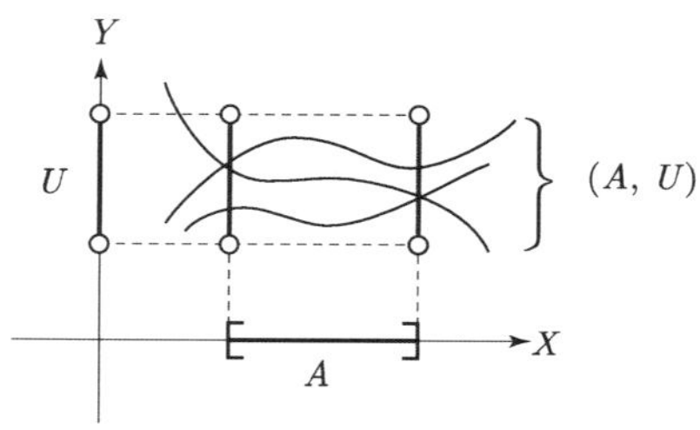

그림 13.5 콤팩트-열린위상의 부분기 열린집합

정의 13.3.1 두 위상공간 $X,\ Y$에 대하여 $\mathscr{A}$를 X에서의 모든 콤팩트부분집합들의 모임이라 하고 $\mathscr{T}$를 Y상의 위상이라 하자. 그때 $\mathcal{C}(X,\ Y)$상에

$$\mathcal{S}=\{(A,\ U) \mid A \in \mathscr{A},\ U \in \mathscr{T}\}$$

를 부분기 (subbase)로 하여 생성되는 위상을 **콤팩트-열린위상** (compact open topology)이라 한다.

13.1절에서 다룬 점-열린위상 (point open topology)과 콤팩트 열린위상 사이의 관계를 알아보자. 13.1절에서 다룬 값매김사상

$$e:\ Y^X \times X \to Y \text{ s.t. } e(f,\ x)=f(x)$$

를 $\mathcal{C}(X,\ Y) \times X$상의 축소사상 (제한사상)

$$e:\ \mathcal{C}(X,\ Y)\times X\rightarrow Y\ \text{s.t.}\ e_x(f)=f(x)$$

를 생각할 수 있다. 이 경우 $\mathcal{C}(X,\ Y)$상의 점-열린위상은

$$\mathcal{S}_0=\{e_x^{-1}(U)\mid U\in\mathcal{T},\ x\in X\}$$

를 부분기로 갖는 $\mathcal{C}(X,\ Y)$ 상의 위상이다.

$$f\in e_x^{-1}(U)\Leftrightarrow e_x(f)=f(x)\in U$$

이므로

$$e_x^{-1}(U)=\{f\in\mathcal{C}(X,\ Y)\mid f(x)\in U\}=(\{x\},\ U)$$

가 되기에

$$\mathcal{S}_0=\{(\{x\},\ U)\mid U\in\mathcal{T},\ x\in X\}$$

로 생성되는 위상이 바로 점-열린위상이다. 한원소집합 $\{x\}$는 X의 콤팩트집합이므로 $\mathcal{S}_0\subset\mathcal{S}$이다. 따라서 $\mathcal{C}(X,\ Y)$상에서 점-열린위상은 콤팩트-열린위상에 도함된다. 이 절에서는 $\mathcal{C}(X,\ Y)$는 콤팩트-열린위상을 갖고 있는 것으로 생각한다. 위상공간 $\mathcal{C}(X,\ Y)$는 다음과 같은 유용한 부분공간을 갖는다.

성질 13.3.2 임의의 $y\in Y$에 대하여 사상 c_y를

$$c_y:X\rightarrow Y\ \text{s.t.}\ c_y(x)=y,\ x\in X$$

인 상수사상 (constant map)이라 하자. 이 경우

$$j:\ Y\rightarrow\mathcal{C}(X,\ Y)\ \text{s.t.}\ j(y)=c_y,\ y\in Y$$

는 Y로부터 $j(Y)$로의 위상동형사상이다.

증명 (i) j가 전단사임은 명백하다.

(ii) 임의의 $y\in Y$와 임의의 콤팩트집합 A에 대하여

$$y\in U\Leftrightarrow c_y\in(A,\ U)$$

이므로

$$j^{-1}[(A,\ U)] = j^{-1}[(A,\ U) \cap j(Y)] = U$$

여서 j는 연속이다. 더 나아가 임의의 콤팩트집합 $A \subset X$와 한 열린집합 $U \subset Y$에 대하여 $j(U) = (A,\ U)$, 즉 j는 열린사상이다.

(i)과 (ii)에 의하여 정리는 증명된다. □

성질 13.3.2에 의하여 Y는 Y^X에 항상 매장(embedding)됨을 알 수 있다.

성질 13.3.3 Y_0를 위상공간 Y의 한 부분공간이라 하자. 그러면 $\mathcal{C}(X,\ Y_0)$와 $\mathcal{C}(X,\ Y)$의 부분공간 $\mathcal{S} = \{f \in \mathcal{C}(X,\ Y) \mid f(X) \subset Y_0\}$는 위상동형이다.

증명 $Y_0 \subset Y$이면 $\mathcal{C}(X,\ Y_0) = \{f : X \to Y_0\}$는 $\mathcal{C}(X,\ Y)$의 부분집합이기에 포함사상

$$i : \mathcal{C}(X,\ Y_0) \to \mathcal{C}(X,\ Y) \text{ s.t. } \exists\ ^{\forall} f \in \mathcal{C}(X,\ Y_0),\ i(f) = f \in (X,\ Y)$$

에 의하여 $\mathcal{C}(X,\ Y_0)$와 $\mathcal{S}$를 동일시할 수 있다.

역으로 임의의 $f \in \mathcal{S}$를 택하면, 다음 항등사상

$$i : \mathcal{C}(X,\ Y_0) \to \mathcal{S}$$

가 존재하고 U가 Y에서 열린집합이면 $U \cap Y_0 := V$는 부분공간 Y_0에서 열린집합이다. A를 X에서 콤팩트집합이라 하면 다음이 성립한다.

$$\begin{aligned} f(A) \subset V &\Leftrightarrow f(A) \subset U \cap Y_0 \\ &\Leftrightarrow f(A) \subset U,\ f(A) \subset Y_0 \end{aligned}$$

따라서

$$i((A,\ U)) = (A,\ U) \cap \mathcal{S}$$

이다. 따라서 전단사 i는 위상동형사상이다. □

이제 분리공리 가운데 몇 가지는 Y가 어떤 성질을 가질 때 Y^X도 같은 성질을 갖는지 조사하자.

정리 13.3.4 (1) $\mathcal{C}(X, Y)$가 하우스도르프 공간이기 위한 필요충분조건은 Y가 하우스도르프 공간이 되는 것이다.

(2) $\mathcal{C}(X, Y)$가 정칙공간이 되기 위한 필요충분조건은 Y가 정칙공간이 되는 것이다.

증명 성질 13.3.2에 의하여 Y는 $\mathcal{C}(X, Y)$의 부분공간으로 볼 수 있으므로 하우스도르프 공간과 정칙공간의 유전적 성질에 의하여, $\mathcal{C}(X, Y)$가 하우스도르프 공간이면 Y도 하우스도르프 공간이고, $\mathcal{C}(X, Y)$가 정칙공간이면 Y도 정칙공간이다. 따라서 명제 (1)과 (2)의 역만 증명하면 된다.

(1) 서로 다른 임의의 $f, g \in \mathcal{C}(X, Y)$를 택하자. 적당한 $x \in X$가 존재해서 $f(x) \neq g(x)$이다. Y가 하우스도르프 공간이므로 $f(x)$, $g(x)$에 대하여 위상공간 Y에서 적당한 열린집합 U, V가 존재하여

$$f(x) \in U,\ g(x) \in V \text{이고 } U \cap V = \varnothing$$

이 성립한다. 이 경우

$$f \in (\{x\}, U),\ g \in (\{x\}, V) \text{이고 } (\{x\}, U) \cap (\{x\}, V) = \varnothing$$

이 성립하므로 $\mathcal{C}(X, Y)$는 하우스도르프 공간이다.

(2) $\mathcal{C}(X, Y)$에서 임의의 $f \in (A, V)$를 택하자. A는 X에서 콤팩트집합이고, V는 Y에서 열린집합이다. $f(A) \subset V$이고 $f(A)$는 Y에서 콤팩트집합이다. Y가 정칙이므로 적당한 열린집합 U가 존재하여

$$f(A) \subset U \subset \overline{U} \subset V$$

이 성립한다. 따라서

$$f \in (A, U) \subset (A, \overline{U}) \subset (A, V)$$

이다. 한편 $\overline{(A, U)} \subset (A, \overline{U})$가 성립한다. 왜냐하면 $g \not\in (A, \overline{U})$일 경우 $g(A) \not\subset \overline{U}$이므로 적당한 $a \in A$가 존재해서 $g(a) \in Y - \overline{U}$이다. 따라서 $g \in (\{a\}, Y - \overline{U})$가 성립하므로 $(\{a\}, Y - \overline{U})$는 g의 열린근방이다. $(\{a\}, Y - \overline{U}) \cap (A, U) = \varnothing$이므로 $g \not\in \overline{(A, U)}$이다. 즉, $\overline{(A, U)} \subset (A, \overline{U})$이다. 따라서

$$f \in (A,\ U) \subset \overline{(A,\ U)} \subset (A,\ \overline{U}\,) \subset (A,\ V)$$

이므로 $\mathcal{C}(X,\ Y)$는 정칙이다. □

| 예제 13.3.5 | X가 이산위상공간이라 하고, Y_x를 Y의 복사(copy)라 할 때 Y^X와 $\prod\{Y_x \mid x \in X\}$는 위상동형이다. 그런데 각 Y_x가 정규공간이라 하더라도 $\prod\{Y_x \mid x \in X\}$는 반드시 정규공간이 아니므로 Y가 정규공간이라 하더라도 Y^X가 반드시 정규공간이 되는 것은 아니다.

이제 $X,\ Y,\ Z$를 세 위상공간이라 하자. 그리고

$$\begin{array}{rccc} F: & \mathcal{C}(X,\ Y)\times\mathcal{C}(Y,\ Z) & \longrightarrow & \mathcal{C}(X,\ Z) \\ & \Cup & & \Cup \\ & (f,\ g) & \rightsquigarrow & F((f,\ g)) = g \circ f \end{array}$$

라 하자. 이 경우에 어떤 조건에서 F가 연속이 되는지 알아보자.

기초정리 13.3.6 (1) 고정된 $f_0 \in \mathcal{C}(X,\ Y)$에 대하여

$$\begin{array}{rccc} F_1: & \mathcal{C}(Y,\ Z) & \longrightarrow & \mathcal{C}(X,\ Z) \\ & \Cup & & \Cup \\ & g & \rightsquigarrow & F_1(g) = g \circ f_0 \end{array}$$

는 연속이다.

(2) 고정된 $g_0 \in \mathcal{C}(Y,\ Z)$에 대하여

$$\begin{array}{rccc} F_2: & \mathcal{C}(Y,\ Z) & \longrightarrow & \mathcal{C}(X,\ Z) \\ & \Cup & & \Cup \\ & f & \rightsquigarrow & F_2(f) = g_0 \circ f \end{array}$$

는 연속이다.

증명 (1) $\mathcal{C}(X,\ Z)$에서 $g \circ f_0$를 원소로 갖는 열린집합 $(A,\ V)$를 취하자.

$$g \circ f_0 \in (A,\ V) \Leftrightarrow g \in (f_0(A),\ V)$$

이고 $f_0(A)$가 콤팩트집합이므로 $(f_0(A),\ V)$는 g를 원소로 갖는 열린집합이다.

$$F_1^{-1}((A,\ V)) = (f_0(A),\ V)$$

이므로 F_1은 연속이다.

(2) $\mathcal{C}(X,\ Z)$에서 $g_0 \circ f$를 원소로 갖는 열린집합 $(A,\ V)$를 택하자.

$$\begin{aligned} g_0 \circ f \in (A,\ V) &\Leftrightarrow f(A) \subset g_0^{-1}(V) \\ &\Leftrightarrow f \in (A,\ g_0^{-1}(V)) \end{aligned}$$

이다. $g_0^{-1}(V)$가 열린집합이므로 $(A,\ g_0^{-1}(V))$는 f를 원소로 갖는 열린집합이다.

$$F_2^{-1}((A,\ V)) = (A,\ g_0^{-1}(V))$$

이므로 F_2는 연속이다. □

기초정리 13.3.6은 다음과 같이 요약할 수 있다. 각 고정된 연속사상 $f: X \to Y$에 대하여 $f^*(g) = g \circ f$에 의하여 정의된 사상 $f^*: \mathcal{C}(Y,\ Z) \to \mathcal{C}(X,\ Z)$는 f에 의하여 유도된 사상이라 하고, 각 고정된 연속사상 $g: Y \to Z$에 대하여 $g_*(f) = g \circ f$에 의하여 정의된 사상 $g_*: \mathcal{C}(X,\ Y) \to \mathcal{C}(X,\ Z)$는 g에 의하여 유도된 사상이라 한다. 그러면 기초정리 13.3.6은 두 인자 f와 g 가운데 한 연속사상에 의하여 유도된 함수공간들 사이의 사상은 항상 연속임을 알 수 있다.

이제 F의 연속성에 관한 조건을 알아보자.

정리 13.3.7 $X,\ Z$가 위상공간이고, Y가 국소콤팩트인 하우스도르프 공간이라 하자. 그러면 사상

$$\begin{array}{cccc} F: & \mathcal{C}(X,\ Y) \times \mathcal{C}(Y,\ Z) & \longrightarrow & \mathcal{C}(X,\ Z) \\ & \Cup & & \Cup \\ & (f,\ g) & \rightsquigarrow & F((f,\ g)) = g \circ f \end{array}$$

는 연속이다.

증명 $(f,\ g) \in \mathcal{C}(X,\ Y) \times \mathcal{C}(Y,\ Z)$라 하고 $g \circ f \in (A,\ V)$라 하자. $f(A) \subset g^{-1}(V)$이고 $f(A)$는 콤팩트집합, $g^{-1}(V)$는 열린집합이다. Y가 국소콤팩트인 하우스도르프 공간이므로 적당한 열린집합 U가 존재해서 $\overline{U}$는 콤

팩트이고

$$f(A) \subset U \subset \overline{U} \subset g^{-1}(V)$$

이 성립한다. 따라서

$$f \in (A,\ U),\ g \in (\overline{U},\ V)$$

이다. 따라서

$$(f,\ g) \in (A,\ U) \times (\overline{U},\ V) \subset F^{-1}(A,\ V)$$

이므로 F는 연속이다. □

이제 값매김사상(evaluation maping)의 연속성을 알아보자. 즉, 위상공간 X, Y에 대하여 값매김사상

$$e : X \times \mathcal{C}(X,\ Y) \to Y \text{ s.t. } e(x,\ f) = f(x)$$

로 정의하였다.

정리 13.3.8 (1) 임의의 한 고정점 $x_0 \in X$에 대하여 사상

$$\begin{array}{cccl} e_{x_0}: & \mathcal{C}(X,\ Y) & \longrightarrow & Y \\ & \Cup & & \Cup \\ & f & \rightsquigarrow & e_{x_0}(f) = f(x_0) \end{array}$$

는 연속이다.

(2) Y가 국소콤팩트인 하우스도르프 공간이면

$$\begin{array}{cccl} e: & \mathcal{C}(Y,\ Z) \times Y & \longrightarrow & Z \\ & \Cup & & \Cup \\ & (f,\ y) & \rightsquigarrow & e((f,\ y)) = f(y) \end{array}$$

는 연속이다.

증명 (1) 임의의 원소 $f \in \mathcal{C}(X,\ Y)$와 $e_{x_0}(f) = f(x_0)$의 임의의 열린집합 V를 택하자.

$$f(x_0) \in V \Leftrightarrow f \in (\{x_0\},\ V)$$

이고 $e_{x_0}^{-1}(V)=(\{x_0\},\ V)$이다. 따라서 e_{x_0}는 연속사상이다.

(2) 정리 13.3.7에 의하여

$$F:\ \mathcal{C}(X,\ Y)\times\mathcal{C}(Y,\ Z)\ \rightarrow\ \mathcal{C}(X,\ Z)$$

는 연속이다. X를 한원소집합이라 하면

$$\mathcal{C}(X,\ Y)\approx Y,\ \mathcal{C}(X,\ Z)\approx Z$$

이므로

$$F:\ Y\times\mathcal{C}(Y,\ Z)\rightarrow Z\ \text{s.t.}\ F(y,\ f)=f(y)$$

는 연속이고, 따라서

$$e:\ \mathcal{C}(Y,\ Z)\times Y\rightarrow Z\ \text{s.t.}\ e(f,\ y)=f(y)$$

도 연속이다. □

이제 정리 7.3.6의 균등수렴 개념을 함수공간에 적용하자.

정의 13.3.9 X를 위상공간이라 하고 $(Y,\ d)$를 거리공간이라 하자. $\langle f_n\rangle$을 Y^X상의 함수열이라 할 때 X상의 임의의 콤팩트집합 A와 임의의 $\varepsilon>0$에 대하여 적당한 자연수 n_0가 존재하여

$$n\geq n_0\text{이면 임의의 } x\in A\text{에 대하여 } d(f_n(x),\ g(x))<\varepsilon$$

일 때 $\langle f_n\rangle$은 콤팩트집합상에서 g로 **균등수렴**한다고 한다.

| 예제 13.3.10 | $(X=(-1,\ 1),\ \mathscr{U}_X)$와 $(\mathbb{R},\ d)$에 대하여 함수열 $\langle f_n\rangle$을 $\mathbb{R}^X$상에서 정의된 실숫값 연속함수들이라 하자. 즉,

$$\begin{array}{rcl} f_n:\ (-1,\ 1) & \longrightarrow & \mathbb{R} \\ \rotatebox{90}{$\in$} & & \\ x & \rightsquigarrow & f_n(x)=|x|^n \end{array}$$

으로 정의하자.

함수열 $\langle f_n\rangle$은 함수 $g(x)=0\,(x\in X)$에 점마다수렴하고 균등수렴하지 않는

다. 그러나 X의 콤팩트부분집합상에서 g로 균등수렴한다. ■

정리 13.3.11 X를 위상공간, (Y, d)를 거리공간이라 하자. $\mathcal{C}(X, Y)$에서 함수열 $\langle f_n \rangle$이 콤팩트-열린위상에 관하여 $g \in \mathcal{C}(X, Y)$에 수렴하기 위한 필요충분조건은 $\langle f_n \rangle$이 콤팩트집합상에서 g로 균등수렴하는 것이다.

증명 $\mathcal{C}(X, Y)$에서 함수열 $\langle f_n \rangle$이 콤팩트-열린위상에 관하여 $g \in \mathcal{C}(X, Y)$로 수렴한다고 하자. X상의 임의의 콤팩트집합을 A라 하고 A상에서 $\langle f_n \rangle$이 g로 균등수렴함을 보이자. A가 콤팩트이고 g가 연속함수이므로 $g(A)$는 (Y, d)에서 콤팩트이다. 따라서 임의의 $\varepsilon > 0$에 대하여 적당한 유한집합 $B = \{b_1, b_2, \cdots, b_t\}$가 존재하여

$$g(A) \subset \bigcup_{k=1}^{t} B(b_k, \frac{\varepsilon}{3}) \subset \bigcup_{k=1}^{t} \overline{B(b_k, \frac{\varepsilon}{3})}$$

이다. $B_k = B(b_k, \frac{\varepsilon}{3})(k \in \{1, 2, \cdots, k\})$라 하고 $U_k = B(b_k, \frac{2}{3}\varepsilon)$이라 하자. $g(A) \subset \overline{B_1} \cup \overline{B_2} \cup \cdots \cup \overline{B_k}$이므로

$$A \subset g^{-1}(\overline{B_1}) \cup \cdots \cup g^{-1}(\overline{B_t})$$

이다. $A_k = A \cap g^{-1}(\overline{B_k})$이라 놓으면

$$A = A \cap (g^{-1}(\overline{B_1}) \cup \cdots \cup g^{-1}(\overline{B_t})) = A_1 \cup \cdots \cup A_t$$
$$g(A_k) \subset \overline{B_k} \subset U_k \quad (k \in \{1, 2, \cdots, t\})$$

이다. A가 콤팩트이고 $g^{-1}(\overline{B_k})$가 닫힌집합이므로, $A_k = A \cap g^{-1}(\overline{B_k})$도 콤팩트이다. $g(A_k) \subset U_k$이므로 $g \in (A_k, U_k)$이고, 따라서 $g \in \bigcap_{k=1}^{t} (A_k, U_k)$이다. $\mathcal{C}(X, Y)$상에서 정의된 콤팩트-열린위상을 $\mathscr{T}$라 하면

$$g \in \bigcap_{k=1}^{t} (A_k, U_k) \in \mathscr{T}$$

이다. 가정에 의하여 $\langle f_n \rangle$은 $\mathscr{T}$에 관하여 g에 수렴하므로 적당한 자연수 n_0가 존재하여

$$n \geq n_0 \text{이면 } f_n \in \bigcap_{k=1}^{t} (A_k,\ U_k)$$

$$\Rightarrow f_n(A_k) \subset U_k \ \ (k \in \{1,\ 2,\ \cdots,\ t\})$$

이다. 임의의 $x \in A$를 택하면 적당한 A_k가 존재하여 $x \in A_k$이다. 따라서

$$n \geq n_0 \text{이면 } f_n(x) \in f_n(A_k) \subset U_k = B(b_k,\ \frac{2}{3}\varepsilon)$$

$$\Rightarrow d(f_n(x),\ b_k) < \frac{2}{3}\varepsilon$$

이다. 한편

$$g(x) \in g(A_k) \subset \overline{B_k} = \overline{B(b_k,\ \frac{\varepsilon}{3})} \ \Rightarrow d(g(x),\ b_k) \leq \frac{\varepsilon}{3}$$

이다. 그러므로 $n \geq n_0$이면 임의의 $x \in A$에 대하여

$$d(f_n(x),\ g(x)) \leq d(f_n(x),\ b_k) + d(b_k,\ g(x)) < \frac{2}{3}\varepsilon + \frac{\varepsilon}{3} = \varepsilon$$

이다. 따라서 $\langle f_n \rangle$은 콤팩트집합 A상에서 균등수렴한다.

역으로 함수열 $\langle f_n \rangle$이 콤팩트집합상에서 g에 균등수렴한다고 하자. $\mathcal{C}(X,\ Y)$상의 콤팩트-열린위상 $\mathcal{T}$는

$\mathcal{S} = \{(A,\ U) \mid A$는 X에서 콤팩트부분집합이고, U는 Y에서 열린집합이다$\}$

를 갖고 부분기로 갖고 있으므로, g를 원소로 갖는 임의의 $(A,\ U) \in \mathcal{S}$를 택했을 때 $\langle f_n \rangle$의 유한개를 제외한 나머지 원들이 $(A,\ U)$에 속함을 보이면 된다.

$g \in (A,\ U) \in \mathcal{S}$라 하자. $g \in (A,\ U)$이므로 $g(A) \subset U$이다. $g(A)$가 콤팩트이고 U^c는 닫힌집합이고 $g(A) \cap U^c = \varnothing$이므로, $d(g(A),\ U^c) = \varepsilon > 0$이 성립한다. 가정에 의하여 $\langle f_n \rangle$은 콤팩트집합상에서 g에 균등수렴하므로 적당한 자연수 n_0가 존재하여 $n \geq n_0$이면 임의의 $x \in A$에 대하여 $d(f_n(x),\ g(x)) < \varepsilon$이 되게 할 수 있다. 따라서 임의의 $x \in A$에 대하여

$$d(f_n(x),\ g(A)) \leq d(f_n(x),\ g(x)) < \varepsilon$$

이다. $d(g(A),\ U^c) = \varepsilon > 0$이므로 임의의 $x \in A$에 대하여 $f_n(x) \not\in U^c$이다 그러므로 $n \geq n_0$이면 임의의 $x \in A$에 대하여

$$\begin{aligned} f_n(x) \in U &\Rightarrow f_n(A) \subset U \\ &\Rightarrow f_n \in (A,\ U) \end{aligned}$$

이다. 따라서 $\langle f_n \rangle$은 $C(X,\ Y)$상의 콤팩트 열린위상에 관하여 g에 수렴한다. □

정리 13.3.11에서 유래된 콤팩트-열린위상을 **콤팩트수렴위상**(topology of compact convergence)이라고 부르기도 한다.

연습문제 13.3

1. 콤팩트 열린위상을 가진 함수공간 Y^X에 대하여, $X \approx L$이고 $Y \approx M$이면 $Y^X \approx M^L$임을 보이시오.

2. X는 국소콤팩트공간이라 하자. $F \subset Y$가 고정된 닫힌집합이면 $\{(f,\ x) \mid f(x) \in F\}$는 $Y^X \times X$에서 닫힌집합임을 보이시오.

TOPOLOGY

제 14 장

디지털위상수학

컴퓨터과학의 발달과 함께 필수적으로 수반되는 수학 분야가 바로 디지털기하학(혹은 디지털 위상수학)과 컴퓨터기하학 분야이다. 왜냐하면 컴퓨터스크린은 $\mathbb{Z}^2$의 유한부분집합인 디지털공간이기 때문이다(정의 14.1.1 참조). 디지털공간의 대표적인 예는 다음과 같다.

(1) Khalimsky 위상구조로부터 유도된 인접관계를 기반한 집합 $\mathbb{Z}^n$ (Khalimsky model이라 부름)

(2) Marcus-Wyse 위상구조로부터 유도된 인접관계를 기반한 집합 $\mathbb{Z}^2$ (Marcus-Wyse model이라 부름)

(3) 디지털 k-인접관계를 바탕으로 한 집합 $\mathbb{Z}^n$ (Rosenfeld model이라 부름)

(4) Bounding relation을 갖는 abstract cell complex(Kovalevsky model이라 부름)

(5) Neighborhood relation을 갖는 space set 위상공간[15] (특별한 형태의 Alexandroff 국소유한인 위상공간임, 컴퓨터기하학 분야에 많은 응용이 기대됨)

(1)에서 언급한 디지털공간의 Khalimsky model(축약하여 K-model이라 부름)을 구체적으로 알아본다. $\mathbb{Z}$상에서 $\{[2n-1,\ 2n+1]_{\mathbb{Z}} \mid n \in \mathbb{Z}\}$ 을 부분기 (subbase)로 하여 유도되는 $\mathbb{Z}$ 상의 위상공간을 Khalimsky 디지털선 (혹은 Khalimsky 1차원 공간)이라 하고, 기호로서 $(\mathbb{Z},\ \kappa)$로 표시한다. 더 나아가, $(\mathbb{Z},\ \kappa)$의 곱위상으로서 $(\mathbb{Z}^n,\ \kappa^n)$이 생성되고, 이를 Khalimsky n차원 공간이라 한다. 임의의 부분집합 $X \subset \mathbb{Z}^n$에 대하여 부분공간으로서 $(X,\ \kappa_X^n)$를 만든 후 자연스럽게 Khalimsky 연속함수, Khalimsky 위상동형사상 등이 만들어진다. 그런데 Khalimsky 연속함수는 기하변환 즉, 회전이동과 평행이동에 있어서 약간의 제약점을 갖고 있다. 그래서 Khalimsky n차원 공간은 대표적인 Alexandroff 위상공간[5]인 점을 활용한다. 즉, $(X,\ \kappa_X^n)$이 Alexandroff 위상공간이란 임의의 점 $x \in (X,\ \kappa_X^n)$에 대하여 x의 최소열린근방이 존재하는 공간이다. 이것을 $SN_K(x)$라 하겠다. 이때 서로 다른 두 원소 $x,\ y \in (X,\ \kappa_X^n)$에 대하여 $x \in SN_K(y)$이거나 $y \in SN_K(x)$이면 x와 y는 K-인접이라 한다. 이 K-인접관계에 의하여 $(\mathbb{Z}^n,\ \kappa^n)$은 디지털공간이 되는 것이다. 더 나아가 K-위상구조로부터 K-위상그래프가 형성되는 것이다. Khalimsky 인접 개념을 활용한 새로운 K-인접함수(축약하여 A-map이라 부름)와 A-동형사상[10]을 만든다. 그러면 A-map은 기하변환을 수행하는 데 있어서 매우 큰 장점이 있다.

이제 (2)에서 언급한 디지털공간의 Marcus-Wyse model(축약하여 M-mode이라 부름)을 알아본다. $\mathbb{Z}^2$상에서 $M-$위상을 생성하기 위한 부분기(subbase)(정의 14.2.1 참조)를 주어서 $\mathbb{Z}^2$상의 위상공간을 만들고, $(\mathbb{Z}^2, \gamma)$로 표시한다. 더 나아가 임의의 부분집합 $X \subset \mathbb{Z}^2$에 대하여 부분공간으로서 (X, γ_X)를 만든 후 자연스럽게 M-연속함수, M-위상동형사상 등이 만들어진다. 예를 들면, M-연속함수도 기하변환 즉, 회전이동과 평행이동에 있어서 약간의 지약점을 갖고 있다. 예를 들면, 지금까지 M-연속함수를 기반한 M-호모토피를 정의하지 못했다. 그래서 임의의 점 $x \in (X, \gamma_X^2)$에 대하여 x의 최소열린근방 개념을 활용한다. 이 최소열린근방을 $SN_M(x)$라 하겠다. 이때 서로 다른 두 원소 $x, y \in (X, \gamma_X)$에 대하여 $x \in SN_M(y)$이거나 $y \in SN_M(x)$이면 x와 y는 M-인접이라 한다. 이 M-인접관계에 의하여 $(\mathbb{Z}^2, \gamma)$은 디지털공간이 되는 것이다. 더 나아가 M-위상그래프가 만들어진다. M-인접 개념을 활용한 새로운 M-인접함수(축약하여 MA-map이라 부름)와 MA-동형사상을 만든다. 그러면 MA-map은 기하변환을 수행하는 데 있어서 매우 큰 역할을 한다. 이를 바탕으로 MA-map을 기반한 MA-호모토피 개념이 2016년에 정립되었다[17].

(3)에서 언급한 Rosenfeld model은 컴퓨터과학 분야에서 매우 많이 활용되고 있다. $\mathbb{Z}^2$상에 있는 점을 픽셀(pixel)이라 부르고, $\mathbb{Z}^3$상에 있는 점을 복셀(voxel)이라 부르며, $\mathbb{Z}^n$상에 있는 점을 n-xel이라 부른다. Rosenfeld는 1971년에 $\mathbb{Z}$, $\mathbb{Z}^2$, $\mathbb{Z}^3$에서 활용되는 디지털 k-인접을 소개하였다. 이를 기반으로 Rosenfeld의 k-인접을 일반화하여 $\mathbb{Z}^n$에서 활용되는 디지털 k-인접이 저자에 의하여 개발되었다(정의 14.3.1 참조).

$X(\subset \mathbb{Z}^n)$에 k-인접을 고려한 (X, k)를 $\mathbb{Z}^n$에서 디지털이미지(digital image)라고 부른다. (X, k)에서 디지털 k-근방 개념을 도입하여 함수의 디지털 (k_0, k_1)-연속성, 디지털 (k_0, k_1)-동형사상을 기반으로, 디지털 (k_0, k_1)-호모토피, 디지털 k-호모토픽 서선화(thinning) 등이 개발된다. 이를 바탕으로 디지털곡선론과 디지털곡면론을 심층적으로 다룰 수 있고 디지털위상공간의 곱성질을 연구하는 데 활용된다. 이를 기반으로 디지털호모로지 이론, 디지털호모토피 이론, 디지털코호모로지 이론 등이 정립된다.

(4)에서 언급한 Kovalevsky model도 $\mathbb{Z}^n$의 각 원소를 중심으로 한 정n각형들의 모임으로서 $\mathbb{Z}^n$을 인식하고 bounding relation을 이용하여 디지털공간을 생성한다.

마지막으로 (5)에서 언급한 space set 위상공간은 최근에 컴퓨터기하학 분야에 활용될 수 있는 국소유한 위상공간(기존의 point set topology, simplicial complex, polygon 등과 다름)이고([15]), 근방관계에 의한 디지털공간을 생성하여 컴퓨터기하학 분야의 공간을 다루는 데 절대적으로 활용될 것으로 기대된다.

위에서 언급한 위상구조들은 모두 알렉산드로프 위상구조(정의 14.1.8 참조)를 갖고 있기에 알렉산드로프 위상공간에 큰 관심을 두어야 한다.

최근에 디지털공간의 부동점 이론이 재조명을 받고 있다. 왜냐하면 고전적인 부동점 이론의 근간을 이루고 있는 Lefschetz 수, Reidemeister 수와 Nielsen 수들의 계산에 활용되는 고전적인 대수위상적구조(호모로지론, 호모토피론)을 곧 바로 디지털위상수학에 적용할 수 없기 때문이다.

카테고리 이론적인 측면에서 연속공간에서 디지털공간으로 변환해주는 functor로서 K-model과 M-model을 기반한 K-이산화(K-digitization)와 M-digitization이 개발되었다. 이 개념들은 연속공간과 디지털공간을 연관지어주는 매우 유용한 역할을 할 것이다.

디지털위상수학 응용 분야로서 이미지 프로세싱, 이미지해석, 컴퓨터그래픽스, Approximation theory, Mathematical morphology, Topological Data Analysis(TDA), 컴퓨터기하학, 의학영상처리, Optimization theory, Lattice theory, 인공지능, Economics, Social network 등이 있다.

최근에 관심을 끄는 연구 분야는 다음과 같다.

- 디지털공간의 부동점 이론 연구
- 새로운 형태의 디지털공간 개발
- Topological data analysis와 연관하여 연구
- 디지털공간을 기반한 대수적 위상수학 도구 개발
- Macus-Wyse 위상구조를 일반화하는 새로운 형태의 위상구조 개발
- 유클리드 공간에 대한 M-위상적 측면에서 이산화(digitization) 작업
- 유클리드 공간에 대한 K-위상적 측면에서 이산화(digitization) 작업

- 디지털 곡선이론적인 측면에서 디지털곡선의 다양한 성질 연구
- 디지털 곡면이론적인 측면에서 디지털곡면의 다양한 성질 연구
- 디지털 rough set theory 개발
- 디지털공간의 부동점 연구
- 디지털 평면(Marcus-Wyse 위상평면, Khalimsky 위상평면 등)상에서 조르단 닫힌곡선 정리 연구

이 장에서는 Khalimsky 위상공간, Marcus-Wyse 위상공간 그리고 디지털공간의 성질을 다루기 위한 Rosenfeld model을 주로 다룬다.

14.1 Khalimsky 위상공간

유클리드 공간 $(\mathbb{R}^n,\ d)$에서 한 점 $p(\in \mathbb{R}^n)$의 임의의 열린근방 $U(p)$는 비가산개의 원소를 갖고 있고, 점 p의 최소열린근방을 택할 수도 없다. 그러므로 컴퓨터과학에서 알고리즘을 통하여 $U(p)$를 인식하는 데 어려움이 있다. 컴퓨터스크린은 2차원 이산공간 $\mathbb{Z}^2$의 부분집합이다. 예를 들면 cellular phone (휴대폰) 및 디지털카메라 등의 스크린에서 활용되는 유한 디지털평면 X는 1억 화소 (pixel) 이상의 환경을 제공하고 있다. 즉 디지털 스크린 $X(\subset \mathbb{Z}^2)$는 1억 개 점 (pixel)으로 구성된 집합(예, 컴퓨터스크린)이다. 그러므로 $\mathbb{Z}^2$ 및 $\mathbb{Z}^n\,(n \in \mathbb{N})$에서 적용되는 이산객체의 기하적 특성을 연구하기 위한 위상이 필요하게 된다. 이 위상을 기반으로 디지털평면에서 운용되는 각종 이산객체 (digital object 또는 discrete object)들의 위상적 특성을 파악할 수 있게 된다.

이 절에서는 $\mathbb{Z}^n\,(n \in \mathbb{N})$에서 정의되는 카림스키 (Khalimsky) 위상구조를 소개하고 이를 바탕으로 Khalimsky 위상적 측면에서 함수의 연속성, 위상동형, 분리공리적 특성, 연결성 등을 다룬다. 먼저 향후 사용할 기본용어인 **디지털구간** $[a,\ b]_{\mathbb{Z}}$를 소개한다. 임의의 서로 다른 정수 $a,\ b \in \mathbb{Z}$에 대하여

$$[a,\ b]_{\mathbb{Z}} = \{x \in \mathbb{Z} \mid a \leq x \leq b\}$$

를 의미한다.

먼저 디지털공간에 대한 정의를 소개하기로 한다 ([20] G. Herman).

정의 14.1.1 디지털공간 (digital space)이란 집합 $X(\neq \varnothing)$상에 정의되는 대칭관계집합 (symmetric relation set) $(X,\ \pi)$로서 X는 π-**연결성**을 만족해야 한다. 여기서 X상에서 π-연결성이란 X상의 임의의 서로 다른 두 원소 $x,\ y(\in X)$에 대하여 X상에서 유한점렬 $\langle x_i \rangle_{i\in [0,\ l]_{\mathbb{Z}}}(\subset X)$가 존재하여 $x = x_0,\ y = y_l$이고 임의의 $i \in [0,\ l-1]_{\mathbb{Z}}$에 대하여 관계 $(x_i,\ x_{i+1}) \in \pi$(즉 ${}_{x_i}\pi_{x_{i+1}}$)을 만족함을 의미한다.

이 관계 π를 인접관계 (adjacency relation)라 하고 $(x,\ y) \in \pi$이면 x와 y는 π-인접에 의하여 연결되어 있음을 의미한다. 이제 $\mathbb{Z}^n$상에 Khalimsky 위상을 도입하

자. 먼저 정수집합 $\mathbb{Z}$에 대하여 앞서 다뤘던 Khalimsky line topology (카림스키 선위상)를 회상하자(예제 4.1.14 참조).

정의 14.1.2 $\mathbb{Z}$상에서 $\mathcal{S}=\{[2m-1,\ 2m+1]_{\mathbb{Z}} \mid ∃\ ^{\forall} m \in \mathbb{Z}\}$을 부분기 (subbase)로 하여 생성되는 위상 $\mathcal{T}_{\mathcal{S}}$를 $\mathbb{Z}$상의 Khalimsky 위상이라 하고 위상공간 $(\mathbb{Z},\ \mathcal{T}_{\mathcal{S}})$를 **카림스키 선위상공간** (Khalimsky line topology)이라 하고 $(\mathbb{Z},\ \kappa)$로 표시한다. 즉 $\mathcal{T}_{\mathcal{S}} := \kappa$이다.

정의 14.1.2에서 알 수 있듯이 $\mathbb{Z}$상에서 부분기 $\mathcal{S}=\{[2m-1,\ 2m+1]_{\mathbb{Z}} \mid ∃\ ^{\forall} m \in \mathbb{Z}\}$에 의하여 생성되는 기저(base)는 $\mathscr{B}_{\mathcal{S}}=\{[2m-1,\ 2m+1]_{\mathbb{Z}},\ \{2m+1\} \mid m \in \mathbb{Z}\}$ 임을 알 수 있다. 이 $\mathscr{B}_{\mathcal{S}}$에 의하여 생성되는 $\mathbb{Z}$상의 위상 κ를 얻는다.

| 예제 14.1.3 | 그림 14.1에서 알 수 있듯이 $(\mathbb{Z},\ \kappa)$상에서 짝수 $2m(\in \mathbb{Z})$을 원소로 갖는 가장 작은 열린집합은 $[2m-1,\ 2m+1]_{\mathbb{Z}}=\{2m-1,\ 2m,\ 2m+1\}$이고, 홀수 $2m+1(\in \mathbb{Z})$을 원소로 갖는 가장 작은 열린집합은 $\{2m+1\}$이다. ■

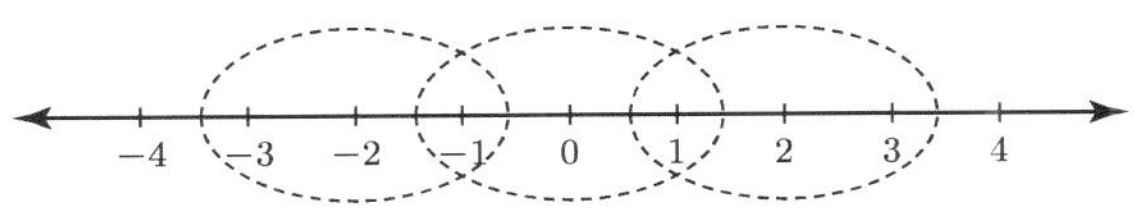

그림 14.1 Khalimsky 위상의 설명

성질 14.1.4 카림스키 선위상공간(Khalimsky line topology)에서 임의의 $m \in \mathbb{Z}$에 대한 한원소집합 $\{2m\}$은 $2m(\in \mathbb{Z})$을 원소로 갖는 가장 작은 닫힌집합이다. 즉 임의의 한원소집합 $\{2m\}$의 폐포는 자기 자신이다.

이제 카림스키 선위상공간을 기반으로 $\mathbb{Z}^n(n \in \mathbb{N}-\{1\})$상에 위상을 도입하자.

정의 14.1.5 임의의 자연수 $n(\in \mathbb{N}-\{1\})$에 대하여 $\mathbb{Z}^n$상의 위상 κ^n은 $(\mathbb{Z},\ \kappa)$의 곱위상(product topology)이다. 이때 $(\mathbb{Z}^n,\ \kappa^n)$을 n**차원 카림스키 공간** (n-dimensional Khalimsky space)이라 한다. 축약하여 $(\mathbb{Z}^n,\ \kappa^n)$을 n차원 K-위상공간이라 부른다.

정의 14.1.5에서 알 수 있듯이 카림스키 n차원 공간은 $(\mathbb{Z}, \kappa)$의 box topology와 동치임을 알 수 있다. 앞으로 n차원 카림스키 공간의 한 점 $p(\in \mathbb{Z}^n)$를 원소로 갖는 가장 작은 열린집합을 $SN_K(p)$라 표시한다.

정의 14.1.5에서 알 수 있듯이 카림스키 디지털평면 $(\mathbb{Z}^2, \kappa^2)$은 다음 집합 $\mathscr{B}_p$를 기저로 가짐을 알 수 있다.

$$\mathscr{B}_p = \{B(m, n) \mid m, n \in \mathbb{Z}\},$$

$$B(m, n) = \begin{cases} \{(m, n)\}, & m\text{과 } n \text{ 모두 홀수이다.} \\ \{(m+a, n) \mid a \in \{-1, 0, 1\}\}, & m\text{은 짝수이고 } n\text{은 홀수이다.} \\ \{(m, n+b) \mid b \in \{-1, 0, 1\}\}, & m\text{은 홀수이고 } n\text{은 짝수이다.} \\ \{(m+a, n+b) \mid a, b \in \{-1, 0, 1\}\}, & m\text{과 } n\text{은 모두 짝수이다.} \end{cases}$$

즉, $\mathscr{B}_p$를 기저로 하여 $\mathbb{Z}^2$상에 생성된 위상 $\mathscr{T}_{\mathscr{B}_p}$가 κ^2이다. 축약하면, $(\mathbb{Z}^2, \mathscr{T}_{\mathscr{B}_p}) = (\mathbb{Z}^2, \kappa^2)$이다.

이를 바탕으로 $\mathbb{Z}^n$상에서도 위 기저 $\mathscr{B}_p$를 n차원으로 일반화하여 $\mathbb{Z}^n$상의 카림스키위상을 위한 기저를 만든다.

| 예제 14.1.6 | $(\mathbb{Z}^2, \kappa^2)$을 **카림스키 디지털평면**(Khalimsky digital plane)이라 부른다. $\mathbb{Z}^2$상의 점 $p=(0, 0)$을 중심으로 볼 때 $(\mathbb{Z}^2, \kappa^2)$상에서 p를 원소로 갖는 가장 작은 열린집합 $SN_K(p)$는 아홉 개 점으로 구성된 집합

$$\{p, (1, 0), (1, 1), (0, 1), (-1, 1), (-1, 0), (-1, -1), (0, -1), (1, -1)\}$$

이다.

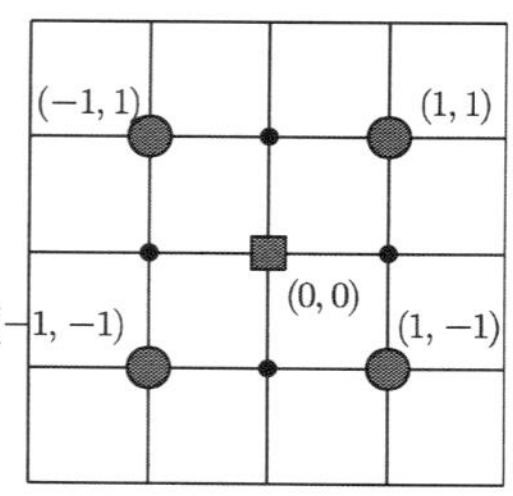

그림 14.2 2차원 카림스키 공간에서 $SN_K(p)$설명, $p=(0, 0)$임

한편 $q := (1,\ 0)$이라 할 때 q를 원소로 갖는 가장 작은 열린집합 $SN_K(q) = \{q,\ (1,\ 1),\ (1,\ -1)\}$이다. 그리고 $r := (1,\ 1)$이라 할 때 r을 원소로 갖는 가장 작은 열린집합 $SN_K(r) = \{r\}$이다. ■

그림 14.2에서 볼 수 있듯이 카림스키 위상공간을 다룰 때 주어진 점 $p = (x_1,\ x_2,\ \cdots,\ x_n)(\in \mathbb{Z}^n)$의 모든 좌표성분 x_i가 짝수인 경우 그 점 p를 **순수닫힌점**(pure closed point)이라 부르고, 표시는 '■'으로 한다. 그리고 주어진 점 p의 모든 좌표성분 x_i가 홀수인 경우 그 점 p를 **순수열린점**(pure open point)이라 부른다. 순수열린점의 표시는 큰 점 '●'을 사용한다. 그리고 순수닫힌점과 순수열린점을 제외한 기타의 점을 **혼합된 점**(mixed point)라 부르고 작은 점 '•'으로 표시한다. 그림 14.2에서 알 수 있듯이 $(\mathbb{Z}^2,\ \kappa^2)$에서 점 $(0,\ 0)$은 순수닫힌점이고, 점 $(1,\ 1)$은 순수열린점이고, 점 $(1,\ 0)$은 혼합된 점임을 알 수 있다.

정의 14.1.5에서 알 수 있듯이 n차원 카림스키 공간 $(\mathbb{Z}^n,\ \kappa^n)$은 유클리드 거리공간 $(\mathbb{R}^n,\ d)$와 많은 차이점이 있음을 확인할 수 있다(예제 14.1.6 참조).

주의 14.1.7 $(\mathbb{Z}^n,\ \kappa^n)$은 $(\mathbb{R}^n,\ d)$의 부분공간이 아니다.

증명 유클리드 거리공간 $(\mathbb{R}^n,\ d)$의 $\mathbb{Z}^n$에 대한 상대위상은 이산위상공간이기에 부분거리공간 $(\mathbb{Z}^n,\ d_{\mathbb{Z}^n})$은 $(\mathbb{Z}^n,\ \mathscr{D})$이다. 그러므로 $(\mathbb{Z}^n,\ \kappa^n)$과 $(\mathbb{Z}^n,\ \mathscr{D})$는 위상동형이 될 수 없다. □

이제 유클리드 거리공간 $(\mathbb{R}^n,\ d)$와 비교하여 $(\mathbb{Z}^n,\ \kappa^n)$의 특성을 알아보기 위하여 알렉산드로프 위상구조(Alexandroff topological structure)를 소개한다.

정의 14.1.8 위상공간 $(X,\ \mathscr{T})$의 임의의 점 $x(\in X)$가 **최소열린근방**(minimal open neighborhood) $SN(p)(\subset X)$를 가지면 $(X,\ \mathscr{T})$를 **알렉산드로프 위상공간**(Alexandroff topological space)이라 한다.

정리 14.1.9 n차원 카림스키-위상공간 $(\mathbb{Z}^n,\ \kappa^n)$은 알렉산드로프 위상공간이다.

증명 $(\mathbb{Z}^n,\ \kappa^n)$상의 임의의 점 $p = (x_1,\ x_2,\ \cdots,\ x_n) \in \mathbb{Z}^n$을 택하자.

(i) 점 p가 순수닫힌점인 경우는 $SN_K(p)=\prod_{i=1}^{n}[x_i-1,\ x_i+1]_{\mathbb{Z}}$가 되어서 $(\mathbb{Z}^n,\ \kappa^n)$의 정의에 의하여 $SN_K(p)\in\kappa^n$이다.

(ii) 점 p가 순수열린점인 경우는 $(\mathbb{Z}^n,\ \kappa^n)$의 정의에 대하여 $SN_K(p)=\{p\}$이다.

(iii) 점 p가 혼합된 점인 경우에는 주어진 점 p의 좌표성분 $x_i(i\in[1,\ n]_{\mathbb{Z}})$가 홀수 혹은 짝수가 되느냐에 따라서 $SN_K(p)$의 형태가 결정된다. 여기서 주어진 좌표성분 x_i가 짝수이면 x_i를 x_{i_0}로 표시하고, x_i가 홀수이면 x_i를 x_{i_1}으로 표시하자. 그리고 $M_0=\{i_0\mid i_0$는 x_{i_0}의 첨자이다$\}$, $M_1=\{i_1\mid i_1$는 x_{i_1}의 첨자이다$\}$로 놓으면 $M_0\cup M_1=[1,\ n]_{\mathbb{Z}}$이다. 그러면

$$SN_K(p)=\prod_{i\in M_0\cup M_1}B_i,\ \begin{cases}B_i=[x_i-1,\ x_i+1]_{\mathbb{Z}}, & i\in M_0\\ B_i=\{x_i\}, & i\in M_1\end{cases}$$

이다. 따라서 (i), (ii), (iii)에 의하여 각 $SN_K(p)$는 p의 최소열린근방이다. □

정리 14.1.9에서 보았듯이 $(\mathbb{Z}^n,\ \kappa^n)$은 임의로 주어진 점 $p\in\mathbb{Z}^n$에서 $SN_K(p)$를 갖게 되어서 $(\mathbb{Z}^n,\ \kappa^n)$의 위상적 성질 등을 활용하는 데 큰 장점이 있음을 알 수 있다. 더 나아가 $\mathbb{Z}^2$의 임의의 순수열린점 $p=(x_1,\ x_2)\in\mathbb{Z}^2$에 대하여 p를 원소로 갖는 가장 작은 닫힌집합(즉 한원소집합 $\{p\}$의 폐포)는

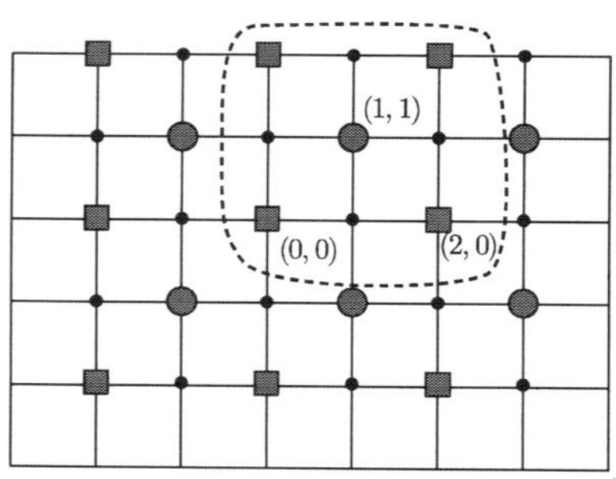

그림 14.3 $(\mathbb{Z}^2,\ \kappa^2)$의 조밀부분집합 D와 $\overline{\{p\}}$, $p=(1,\ 1)$이다

$$\overline{\{p\}} := \{p,\ (x_1 \pm 1,\ x_2),\ (x_1,\ x_2 \pm 1),\ (x_1 \pm 1,\ x_2 \pm 1)\}$$

이 된다(그림 14.3 참조, 점 $p = (1,\ 1)$에서 $\overline{\{p\}}$를 확인 요망).

이제 $(\mathbb{Z}^n,\ \kappa^n)$의 다음 특성을 알아본다.

정리 14.1.10 카림스키 디지털평면 $(\mathbb{Z}^2,\ \kappa^2)$의 부분집합 $D = \{x \in \mathbb{Z}^2 \mid x$는 $(\mathbb{Z}^2,\ \kappa^2)$는 순수열린점이다$\}$는 $(\mathbb{Z}^2,\ \kappa^2)$의 조밀한 부분집합이다.

증명 $(\mathbb{Z}^2,\ \kappa^2)$에서 D의 폐포가 전체집합 $\mathbb{Z}^2$임을 다음과 같이 증명한다.

(i) 먼저 임의의 원소 $x \in D$는 $SN_K(x) = \{x\}$이므로 $x \not\in D'$이다.

(ii) 임의의 점 $p \in \mathbb{Z}^2 - D$는 $p \in D'$이다. 구체적으로 살펴보면 다음과 같다.

(1) 주어진 점 p가 혼합된 점이면, p의 임의의 열린근방 $U(p)$는 적어도 두 개의 순수열린점을 포함하므로 $(U(p) - \{p\}) \cap D \neq \varnothing$이 되어서 $p \in D'$이다.

(2) 주어진 점 p가 순수닫힌점이라면, p의 임의의 열린근방 $U(p)$는 적어도 네 개의 순수열린점을 가지므로 $(U(p) - \{p\}) \cap D \neq \varnothing$이 되어서 $p \in D'$이다.

(iii) (i)과 (ii)에 의하여

$$\overline{D} = D \cup D' = D \cup (\mathbb{Z}^2 - D) = \mathbb{Z}^2$$

이 성립한다. 참고로 $D \cap D' = \varnothing$이다. □

따름정리 14.1.11 n차원 카림스키 위상공간 $(\mathbb{Z}^n,\ \kappa^n)$의 부분집합 $X = \{x \in \mathbb{Z}^n \mid x$는 $(\mathbb{Z}^n,\ \kappa^n)$의 순수열린점이다$\}$는 $(\mathbb{Z}^n,\ \kappa^n)$의 조밀부분집합이다.

따름정리 14.1.12 $(\mathbb{Z}^n,\ \kappa^n)$은 린델뢰프 공간이다.

증명 $(\mathbb{Z}^n,\ \kappa^n)$의 정의에 의하여 $\mathbb{Z}^n$의 임의의 열린덮개는 가산 열린부분덮개를 갖는다. □

따름정리 14.1.13 $(\mathbb{Z}^n, \kappa^n)$은 가분공간이다.

증명 따름정리 14.1.11에 의하여 $(\mathbb{Z}^n, \kappa^n)$은 가산인 조밀한 부분집합을 갖는다. □

정리 14.1.14 $(\mathbb{Z}^n, \kappa^n)$은 연결공간이다.

증명 먼저 $(\mathbb{Z}, \kappa)$가 연결공간임은 명백하다. 왜냐하면 $(\mathbb{Z}, \kappa)$는 공집합이 아니면서 서로소인 두 개의 열린집합의 합집합이 아니기 때문이다(연습문제 11.1의 문제 20 참조). 귀류법을 사용하여 $(\mathbb{Z}, \kappa)$가 공집합이 아니면서 서로소인 두 개의 열린집합 U, $V(\in \kappa)$가 합집합이라고 가정하자. 이제 임의의 점 $p \in U$와 $q \in V$를 택하면, p, $q \in \mathbb{Z}$이므로 $\mathbb{Z}$상에서 유한점렬 $\langle x_0, x_1, \cdots, x_n \rangle$이 존재하여 $x_0 = p$이고 $x_n = q$이면서 임의의 점 $x_i(\in \langle x_i \rangle_{i \in [0, n]_{\mathbb{Z}}})$에 대하여 $x_i \in SN_K(x_{i-1})$ 혹은 $x_{i-1} \in SN_K(x_i)$가 성립한다. 이제

$$\bigcup_{i \in [0, n]_{\mathbb{Z}}} SN_K(x_i) = T$$

라고 놓으면 T는 $(\mathbb{Z}, \kappa)$에서 연결집합이고, $T \subset U \cup V = \mathbb{Z}$이다. 가정에 의하여 $T \subset U$ 혹은 $T \subset V$이어야 하는데 이는 모순이다. $(\mathbb{Z}^n, \kappa^n)$은 $(\mathbb{Z}, \kappa)$의 곱위상인데 $(\mathbb{Z}, \kappa)$가 연결공간이므로 $(\mathbb{Z}^n, \kappa^n)$은 연결공간이다. □

$(\mathbb{Z}^n, \kappa^n)$이 호상연결(path connected)임도 명백하다.

이제 $\mathbb{Z}^n$의 임의의 부분집합 $X(\subset \mathbb{Z}^n)$에 대하여 부분위상공간 (X, κ^n_X)을 얻는다.

따름정리 14.1.15 $\mathbb{Z}$의 임의의 한 점 $p(\in \mathbb{Z})$에 대하여 $(\mathbb{Z} - \{p\}, \kappa_{\mathbb{Z} - \{p\}})$은 비연결공간이다.

따라서 임의의 점 $p(\in \mathbb{Z})$를 $(\mathbb{Z}, \kappa)$에서 **절단점**(cut point)이라 부른다.

정리 14.1.16 $(\mathbb{Z}, \kappa)$는 콤팩트공간이 아니다.

증명 $(\mathbb{Z}, \kappa)$의 한 열린덮개 $\mathscr{U} = \{[2n-1, 2n+1]_{\mathbb{Z}} \mid n \in \mathbb{Z}\}$를 택하면 유한부분열린덮개 $\mathscr{U}_0(\subset \mathscr{U})$는 존재하지 않는다(귀류법을 사용하여 구체적인 증명이 가능함). □

그러나 $(\mathbb{Z}^n, \kappa^n)$의 유한부분공간은 콤팩트공간이다.

이제 $(\mathbb{Z}^n, \kappa^n)$이 디지털공간(digital space)이 됨을 보이기 위하여 $(\mathbb{Z}^n, \kappa^n)$에서 유도되는 인접관계를 소개한다.

정의 14.1.17 $(\mathbb{Z}^n, \kappa^n)$상에서 서로 다른 두 점 $x, y(\in \mathbb{Z}^n)$가 $x \in SN_K(y)$이거나 $y \in SN_K(x)$이면 x와 y는 Khalimsky **인접관계**가 있다고 말한다.

예를 들면 $(\mathbb{Z}^2, \kappa^2)$에서 점 $p := (0, 0)$, $q = (1, 0)$, $r = (2, 1)$이라 할 때 p와 q는 Khalimsky 인접관계가 있지만 q와 r은 Khalimsky 인접관계가 존재하지 않는다.

따름정리 14.1.18 Khalimsky 인접관계에 의하여 $(\mathbb{Z}^n, \kappa^n)$은 디지털공간이다.

정의 14.1.5에서 알 수 있듯이 $(\mathbb{Z}^n, \kappa^n)$은 T_1 공간이 아니다.

이제 $(\mathbb{Z}^n, \kappa^n)$을 분리공리와 관련하여 알아본다.

참고문헌 [25]에 의하여 $T_{\frac{1}{2}}$ 공간이 정의되었지만 다음과 같이 정의하면 훨씬 더 유용하다([7] 참조).

정의 14.1.19 위상공간 $(X, \mathscr{T})$의 임의의 한원소집합이 열린집합이거나 닫힌집합이면 $(X, \mathscr{T})$는 $T_{\frac{1}{2}}$ 공간이라고 한다.

$T_{\frac{1}{2}}$ 공간이기 위한 조건을 $T_{\frac{1}{2}}$ 분리공리라고 한다.

성질 14.1.20 $(\mathbb{Z}, \kappa)$는 $T_{\frac{1}{2}}$ 공간이다.

증명 임의의 점 $p \in \mathbb{Z}$에 대하여 p가 짝수이면 $\{p\}$는 닫힌집합이고 p가 홀수이면 $\{p\}$는 열린집합이다. □

성질 14.1.21 (1) $(\mathbb{Z}^n, \kappa^n)$에서 $n \geq 2$이면 $(\mathbb{Z}^n, \kappa^n)$은 $T_{\frac{1}{2}}$ 공간이 아니다.
(2) $(\mathbb{Z}^n, \kappa^n)$은 T_0 공간이다.

증명 (1) $(\mathbb{Z}^n, \kappa^n)$에서 $n \geq 2$일 때 혼합된 점(mixed point)으로 구성된 한원소 집합은 열린집합도 닫힌집합도 아니다.

(2) 서로 다른 임의의 두 원소 p, $q(\in \mathbb{Z}^n)$를 택하면 $(\mathbb{Z}^n, \kappa^n)$의 정의에 의하여 적어도 하나의 $SN_K(p)$와 $SN_K(q)$가 존재하여(사실은 $SN_K(p)$와 $SN_K(q)$ 모두 존재함) $q \notin SN_K(p)$이거나 $p \notin SN_K(q)$이다. □

따름정리 14.1.22 분리공리 $T_{\frac{1}{2}}$은 곱성질이 아니다.

증명 성질 14.1.20에 의하여 $(\mathbb{Z}, \kappa)$는 $T_{\frac{1}{2}}$ 공간이고, 성질 14.1.21(1)에 의하여 $(\mathbb{Z}^2, \kappa^2)$은 $T_{\frac{1}{2}}$ 공간이 아니므로 $T_{\frac{1}{2}}$ 공리는 곱성질이 아니다. □

이제 $(\mathbb{Z}^n, \kappa^n)$의 거리화가능 여부에 대하여 알아보자.

정리 14.1.23 $(\mathbb{Z}^n, \kappa^n)$은 거리화가능 공간이 아니다.

증명 $(\mathbb{Z}^n, \kappa^n)$은 T_1 공간이 아니기에 거리화가능 공간이 될 수 없다(정리 10.4.12의 Nagata-Smirnov 정리 참조). □

이제 $(\mathbb{Z}^n, \kappa^n)$의 **국소유한성**(locally finite)을 알아보자.

성질 14.1.24 $(\mathbb{Z}^n, \kappa^n)$은 국소유한위상공간이다.

증명 임의의 점 $p \in \mathbb{Z}^n$에 대하여 정리 14.1.9에 의하여 $SN_K(p)(\subset \mathbb{Z}^n)$이 존재하고 $|SN_K(p)|$는 유한이다. □

지금까지 $(\mathbb{Z}^n, \kappa^n)$의 다양한 성질을 알아보았다. 요약해보면 $(\mathbb{Z}^n, \kappa^n)$은 T_0 공간으로서 임의의 점 $p \in \mathbb{Z}^n$에 대하여 $SN_K(p)$가 존재하므로 국소유한 위상공간으로서 유용성이 많다는 점을 알았다. 이를 바탕으로 두 개의 카림스키 부분공간 (X, κ_X^m), (Y, κ_Y^n)에 대하여 함수 $f: X \to Y$의 연속성, 위상동형사상 등을 자연스럽게 도입한다.

앞에서 소개한 n차원 카림스키 공간의 다양한 성질을 다음 분야에 활용할 수 있다.

(1) n차원 유클리드 공간을 카림스키 위상구조를 기반한 이산화 작업
(2) 카림스키 위상 범주(category of Khalimsky topological spaces)에서 부동점(fixed point) 이론 연구
(3) 카림스키 위상구조로부터 유도되는 위상그래프(topological graph) 이론 연구
(4) 카림스키 위상부분공간의 축소(retract) 및 확대(extension) 정리
(5) 카림스키 위상 범주에서 호모토피 이론 연구
(6) 카림스키 호모토피를 활용한 세선화 작업
(7) 카림스키 위상구조를 활용한 이미지 프로세싱(image processing) 분야 연구
(8) 카림스키 다양체 이론 연구

연습문제 14.1

1. T_0-분리공리를 만족하는 알렉산드로프 공간 $(X, \mathscr{T})$에서 임의의 두 점 $x, y \in X$에 대하여 x와 y 사이의 관계

$$x \leq y \Leftrightarrow x \in \overline{\{y\}} = cl(\{y\})$$

로 정의하여 관계집합 $(X, \leq)$를 택한다. 그때 $(X, \leq)$가 반순서집합(poset)임을 보이시오. 더 나아가 그 역이 성립함을 보이시오.

2. 알렉산드로프 공간 $(X, \mathscr{T}_1)$과 $(Y, \mathscr{T}_2)$를 생각한다. $(X, \mathscr{T}_1)$의 기저를 $\mathscr{B}_1$, $(Y, \mathscr{T}_2)$의 기저를 $\mathscr{B}_2$라 하자. 다음을 보이시오.

(1) $(X, \mathscr{T}_1)$이 $(Y, \mathscr{T}_2)$의 부분공간이면 $\mathscr{B}_1 = \{V \cap X \mid V \in \mathscr{B}_2\}$이다.
(2) $X \times Y$상에 $\mathscr{B}_1 \times \mathscr{B}_2$를 기저로 하여 위상을 생성하면 $(X \times Y, \mathscr{T}_{\mathscr{B}_1 \times \mathscr{B}_2})$도 알렉산드로프 공간이 됨을 보이시오.

3. 연결인 카림스키 위상공간 (X, κ_X^n)에 대하여 다음을 보이시오. 임의의 두 점

$x,\ y \in X$에 대하여 유한점렬 $\langle x_0,\ x_1,\ \cdots,\ x_n \rangle (\subset X)$이 존재하여 $x = x_0$, $y = x_n$이고 $\{x_i,\ x_{i+1}\}$은 연결부분집합이다 (여기서 $i \in [0,\ n-1]_{\mathbb{Z}}$).

4. $X = [0,\ 2]_{\mathbb{Z}}$, $Y = [1,\ 3]_{\mathbb{Z}}$이라 할 때 $(X,\ \kappa_X)$와 $(Y,\ \kappa_Y)$는 위상동형이 아님을 보이시오(참고로 X와 Y는 대등이다).

5. 분리공리 $T_{\frac{1}{2}}$의 유전적 성질을 조사하시오.

6. $(\mathbb{Z}^2,\ \kappa^2)$에서 Jordan curve theorem을 기술하고 증명하시오.

7. $(\mathbb{Z}^2,\ \kappa^2)$에서 카림스키 연속함수를 이용하여 붙임 보조정리 (pasting lemma)를 기술하시오.

8. $(\mathbb{Z}^n,\ \kappa^n)$에서 닫힌집합들의 임의의 합집합이 닫힌집합임을 보이시오.

9. $(\mathbb{Z}^2,\ \kappa^2)$에서 $X = [m_1,\ n_1]_{\mathbb{Z}} \times [m_2,\ n_2]_{\mathbb{Z}} (\subset \mathbb{Z}^2)$이라 놓자. 부분공간 $(X,\ \kappa_X^2)$이 조밀한 부분집합 $A (\subset X)$를 갖기 위해 $(\mathbb{Z}^2,\ \kappa^2)$에서 X가 가져야 할 조건은 무엇인가?

10. $(\mathbb{Z}^n,\ \kappa^n)$에서 연결성과 호상연결성이 동치임을 보이시오.

14.2 Marcus-Wyse 위상공간

Marcus-Wyse 위상은 1970년에 미국수학회에서 발행하는 저널([32] Amer. Math. Monthly)에 처음으로 소개되었다. Marcus-Wyse 위상은 $\mathbb{Z}^2$공간(즉 디지털평면)에서만 정의되는 위상이다. 디지털스크린은 유한 디지털평면이므로 $\mathbb{Z}^2$에서 정의되는 Marcus-Wyse 위상은 컴퓨터과학 분야에 매우 유용성이 크다.

이제 $\mathbb{Z}^2$상에서 Marcus-Wyse 위상을 소개한다. 먼저 $\mathbb{Z}^2$상의 점 $p := (x,\ y)$에 대하여 $N_4(p) = \{p,\ (x \pm 1,\ y),\ (x,\ y \pm 1)\}$으로 정의한다.

정의 14.2.1 $\mathbb{Z}^2$상에서 $p := (x,\ y)(\in \mathbb{Z}^2)$에 대하여

$$U(p) := \begin{cases} N_4(p), & x+y\text{가 짝수이다} \\ \{p\}, & x+y\text{가 홀수이다} \end{cases}$$

라 놓자. $\mathbb{Z}^2$상에서 임의의 $p \in \mathbb{Z}^2$에 대한 집합족 $\mathscr{B} = \{U(p) \mid p \in \mathbb{Z}^2\}$를 기저(base)로 하여 $\mathbb{Z}^2$상에서 생성된 위상을 Marcus-Wyse 위상이라 하고 γ로 표시하고 $(\mathbb{Z}^2,\ \gamma)$를 Marcus-Wyse 위상공간이라 한다. 축약하여 $(\mathbb{Z}^2,\ \gamma)$를 M-위상공간(M-topological space)이라 한다.

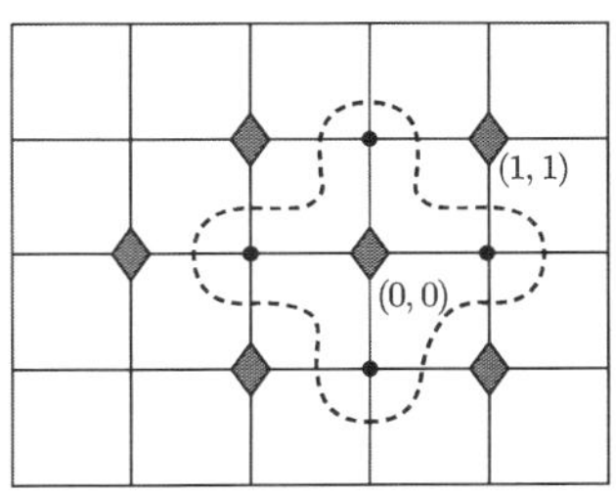

그림 14.4 $U(p)$의 설명, $p = (0,\ 0)$

그림 14.4에서 알 수 있듯이 점 $p := (0,\ 0)$를 원소로 갖는 가장 작은 기저 열린 집합(base open set)은

$$U(p) = \{p,\ (-1,\ 0),\ (0,\ -1),\ (1,\ 0),\ (0,\ 1)\}$$

임을 알 수 있고 $q := (1, 0)$을 원소로 갖는 가장 작은 기저 열린집합은 한원소집합 $\{q\}$이다.

그리고 점 $p = (x, y)$에 대하여 $x + y$가 짝수이면 그 점 p를 **짝수점**이라고 부르고, $x + y$가 홀수이면 그 점 p를 **홀수점**이라 부르겠다.

참고로 임의의 홀수점 $p = (x_1, x_2) \in \mathbb{Z}^2$로 구성하는 한원소집합 $\{p\}$의 폐포는 $\{p, (x_1 \pm 1, x_2), (x_1, x_2 \pm 1)\}$이다.

이제 Marcus-Wyse 위상공간 $(\mathbb{Z}^2, \gamma)$에서 점 $p = (x, y)$를 원소로 갖는 가장 작은 열린집합을 $SN_M(p)$라 표시하겠다. 그러면 자연스럽게 다음이 성립한다.

성질 14.2.2 M-위상공간 $(\mathbb{Z}^2, \gamma)$의 점 $p(\in \mathbb{Z}^2)$에서 p가 짝수점이면 $SN_M(p) = U(p)$이고 p가 홀수점이면 $SN_M(p) = \{p\}$이다.

M-위상공간의 정의에 의하여 다음이 성립한다.

성질 14.2.3 $(\mathbb{Z}^2, \gamma)$에서 짝수점으로 구성된 한원소집합 $\{p\}$의 폐포는 자기 자신이다.

주의 14.2.4 $(\mathbb{Z}^2, \gamma)$은 유클리드 공간 $(\mathbb{R}^2, d)$의 부분공간이 아니다.

증명 주의 14.1.7과 같은 방법으로 증명된다. □

성질 14.2.5 $(\mathbb{Z}^2, \gamma)$는 알렉산드로프 위상공간이다.

증명 정의 14.2.1에 의하여 명백하다. □

이제 $(\mathbb{Z}^2, \gamma)$의 조밀한 부분집합의 존재여부를 조사하자.

정리 14.2.6 M-위상공간 $(\mathbb{Z}^2, \gamma)$의 부분집합 $X = \{x \in \mathbb{Z}^2 \mid x\text{는 홀수점이다}\}$는 $(\mathbb{Z}^2, \gamma)$의 조밀한 부분집합이다.

증명 X가 $(\mathbb{Z}^2, \gamma)$의 조밀부분집합임을 보이기 위하여 다음과 같이 증명한다.

(i) 먼저 임의의 홀수점 $x \in X$에 대하여 $SN_M(x) = \{x\}$이므로 $x \notin X'$임

은 명백하다.

(ii) 임의의 점 $p \in \mathbb{Z}^2 - X$는 X'에 속함을 보인다. 주어진 점 p는 $(\mathbb{Z}^2, \gamma)$의 짝수점이므로 p의 임의의 열린근방 $U(p)$는 네 개의 홀수점을 포함하므로

$$(U(p) - \{p\}) \cap X \neq \varnothing$$

이다. 그러므로 $p \in X'$이다.

(iii) (i)과 (ii)에 의하여

$$\overline{X} = X \cup X' = X \cup (\mathbb{Z}^2 - X) = \mathbb{Z}^2$$

이 성립한다. 참고로 이 경우에 $X \cap X' = \varnothing$이다. □

따름정리 14.2.7 $(\mathbb{Z}^2, \gamma)$는 린델뢰프 공간이다.

증명 $(\mathbb{Z}^2, \gamma)$의 정의에 의하여 $\mathbb{Z}^2$의 임의의 열린덮개는 가산열린부분덮개를 갖는다. □

따름정리 14.2.8 $(\mathbb{Z}^2, \gamma)$는 가분공간이다.

증명 정리 14.2.6에 의하여 $(\mathbb{Z}^2, \gamma)$는 가산인 조밀한 부분집합을 갖는다. □

이제 M-위상공간의 연결성을 알아본다.

정리 14.2.9 $(\mathbb{Z}^2, \gamma)$는 연결공간이다.

증명 (귀류법 사용) $(\mathbb{Z}^2, \gamma)$가 공집합이 아니면서 서로소인 두 개의 열린집합 U, $V(\in \gamma)$의 합집합이라고 가정하자. 이제 임의의 점 $p \in U$와 $q \in V$를 택하자. 그러면 p, $q \in \mathbb{Z}^2$이므로 유한점렬 $\langle x_0, x_1, \cdots, x_n \rangle (\subset \mathbb{Z}^2)$이 존재하여 $x_0 = p$이고 $x_n = q$이면서 임의의 점 $x_i (\in \langle x_i \rangle_{i \in [0, n]_{\mathbb{Z}}})$에 대하여 $x_i \in SN_M(x_{i-1})$ 혹은 $x_{i-1} \in SN_M(x_i)$가 성립한다. 이제

$$\bigcup_{i \in [0, n]_{\mathbb{Z}}} SN_M(x_i) := T$$

라 놓으면 T는 $(\mathbb{Z}^2,\ \gamma)$에서 연결집합이고 $T \subset U \cup V = \mathbb{Z}^2$이기에 가정에 의하여 $T \subset U$ 혹은 $T \subset V$여야 하기에 모순이다. □

(★) $(\mathbb{Z}^2,\ \gamma)$는 콤팩트공간이 아님은 명백하다. 왜냐하면 $(\mathbb{Z}^2,\ \gamma)$의 한 열린덮개 $\mathscr{U} = \{U(p) \mid p \in \mathbb{Z}^2$이고 p는 짝수점이다$\}$를 택하면 유한부분덮개 $\mathscr{U}_0 (\subset \mathscr{U})$가 존재하기 않기 때문이다.

(★) $\mathbb{Z}^2$의 임의의 부분집합 $X(\subset \mathbb{Z}^2)$에 대하여 부분위상공간 $(X,\ \gamma_X)$를 얻는다.

이제 M-위상공간 $(\mathbb{Z}^2,\ \gamma)$가 디지털공간(digital space)이 됨을 보이기 위하여 $(\mathbb{Z}^2,\ \gamma)$상에서 인접관계를 소개한다.

정의 14.2.10 $(\mathbb{Z}^2,\ \gamma)$상에서 서로 다른 두 점 $x,\ y(\in \mathbb{Z}^2)$가 $x \in SN_M(y)$이거나 $y \in SN_M(x)$이면 x와 y는 Marcus-Wyse **인접관계**가 있다고 말한다.

예를 들면 $(\mathbb{Z}^2,\ \gamma)$에서 점 $p=(0,\ 0),\ q=(1,\ 0),\ r=(1,\ 1)$이라 할 때 p와 q는 Marcus-Wyse 인접관계가 있지만 p와 r은 Marcus-Wyse 인접관계가 존재하지 않는다. 이를 바탕으로 다음이 성립한다.

따름정리 14.2.11 Marcus-Wyse 인접관계에 의하여 $(\mathbb{Z}^2,\ \gamma)$는 디지털공간이다.

증명 Marcus-Wyse 관계는 대칭률을 만족하고, 이 관계에 의한 연결성을 갖는다. □

정의 14.2.1에서 알 수 있듯이 M-위상공간은 T_1 공간이 아니다. 그러나 다음이 성립한다.

정리 14.2.12 $(\mathbb{Z}^2,\ \gamma)$는 $T_{\frac{1}{2}}$ 공간이다.

증명 임의의 점 $p \in \mathbb{Z}^2$에 대하여 만약 p가 짝수점이면 $\overline{\{p\}} = \{p\}$이므로 $\{p\}$가 닫힌집합이고, 만약 p가 홀수점이면 $SN_M(p) = \{p\}$이므로 $\{p\}$가 열린집합이다. □

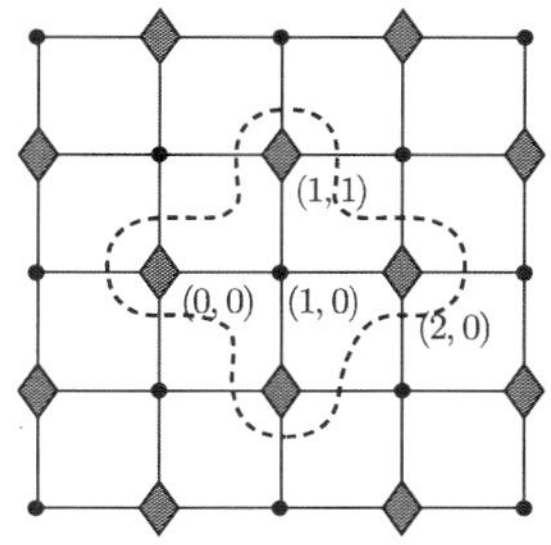

그림 14.5 홀수점 $p=(1,\ 0)$에 대한 한원소집합 $\{p\}$의 폐포

이제 $(\mathbb{Z}^2,\ \gamma)$의 거리화가능 여부를 알아본다.

정리 14.2.13 $(\mathbb{Z}^2,\ \gamma)$는 거리화가능 공간이 아니다.

증명 $(\mathbb{Z}^2,\ \gamma)$는 T_1 공간이 아니므로 거리화가능 공간이 될 수 없다. 즉, $(\mathbb{Z}^2,\ \gamma)$는 정칙공간이 아니므로 정리 10.4.12에 의하여 $(\mathbb{Z}^2,\ \gamma)$는 거리화가능 공간이 아니다. □

정리 14.2.14 $(\mathbb{Z}^2,\ \gamma)$는 국소유한 위상공간이다.

증명 임의의 $p(\in \mathbb{Z}^2)$에 대하여 $|SN_M(p)|$가 유한이다. □

지금까지 M-위상공간의 다양한 성질을 알아보았다. 이를 바탕으로 두 개의 M-위상부분공간 $(X,\ \gamma_X)$, $(Y,\ \gamma_Y)$에 대하여 함수 $f: X \to Y$의 연속성, 위상동형사상 등을 다룰 수 있다. 앞에서 다룬 M-위상공간의 다양한 성질은 다음 분야에 활용될 수 있다.

(1) 2차원 유클리드 공간을 M-위상구조를 기반한 이산화(digitization) 작업
(2) M-위상구조로부터 유도되는 위상그래프(topological graph) 이론 연구
(3) M-위상부분공간의 축소(retract) 및 확대 성질 연구
(4) M-위상 범주에서 호모토피 이론 연구
(5) M-호모토피를 활용한 세선화 작업
(6) M-위상구조를 활용한 이미지프로세싱(image processing) 분야 연구

연습문제 14.2

1. K-위상공간과 M-위상공간은 각각 알렉산드로프 공간이므로 연습문제 14.1의 문제 1에서 제시한 방법을 통해서 $(\mathbb{Z}^n,\ \kappa^n)$과 $(\mathbb{Z}^2,\ \gamma)$를 각각 반순서집합(poset)으로 유도하시오.

2. $(\mathbb{Z}^2,\ \gamma)$에서 Jordan curve theorem을 기술하고 증명하시오.

3. 2차원 K-위상공간 $(\mathbb{Z}^2,\ \kappa^2)$과 M-위상공간 $(\mathbb{Z}^2,\ \gamma)$ 사이의 위상의 세밀함 관계를 조사하시오.

4. K-위상공간 $(\mathbb{Z}^n,\ \kappa^n)$과 M-위상공간 $(\mathbb{Z}^2,\ \gamma)$에서 각각 위상그래프(topological graph)를 유도하시오(정의 14.2.10과 정의 14.1.17을 활용함).

5. $(\mathbb{Z}^2,\ \gamma)$에서 $X=[m_1,\ n_1]_{\mathbb{Z}}\times[m_2,\ n_2]_{\mathbb{Z}}(\subset \mathbb{Z}^2)$라 놓자. 부분공간 $(X,\ \gamma_X)$가 항상 조밀한 부분집합을 갖는지 확인하시오.

6. 다음을 답하시오.
   (1) $(\mathbb{Z}^2,\ \gamma)$에서 닫힌집합들의 임의의 합집합도 닫힌집합임을 보이시오.
   (2) $(\mathbb{Z}^2,\ \gamma)$에서 열린집합들의 임의의 교집합이 열린집합임을 보이시오.

7. $(\mathbb{Z}^2,\ \gamma)$에서 연결성과 호상연결성이 동치임을 보이시오.

14.3 그래프이론적 측면에서 디지털위상수학

집합 $X(\subset \mathbb{Z}^n)$에 k-인접(혹은 디지털 k-인접)관계를 가정한 관계집합 (X, k)를 $\mathbb{Z}^n$상에서 디지털이미지(digital image)라 한다. 그러므로 (X, k)는 디지털공간(정의 14.1.1)이 된다. 엄격하게 접근하면 $X(\subset \mathbb{Z}^n)$와 관련하여 두 가지 인접관계를 주어야 한다. 즉 $X(\subset \mathbb{Z}^n)$에 k-인접을 주면 $\mathbb{Z}^n - X$에 $\bar{k}(\neq k)$인접를 주어서 디지털연결 paradox([30] 참조)를 회피하게 된다. 예를 들면 $X(\subset \mathbb{Z}^2)$에 대하여 X상에 8-인접을 고려하면 $\mathbb{Z}^2 - X$에는 4-인접을 주는 것이다. 결과적으로 이항디지털이미지(binary digital image)라고 부르는 (X, k)는 $(\mathbb{Z}^n, k, \bar{k}, X)$임을 가정한다. 특별한 경우가 아니면 주로 (X, k)만을 표시하지만 이 경우 $\mathbb{Z}^n - X$는 $\bar{k}$-인접을 적용한다는 점을 잊어서는 안 된다. 여기서 $(\mathbb{Z}^n, k, \bar{k}, X)$를 디지털그림(digital picture)이라고 하는데, $\mathbb{Z}^2$상에서는 $(k, \bar{k})\in\{(4, 8), (8, 4)\}$를 이용하고, $\mathbb{Z}^3$상에서는 $(k, \bar{k})\in\{(6, 26), (26, 6), (6, 18), (18, 6)\}$을 주로 사용한다. 만약 $\mathbb{Z}^2$에서 $X=\{p_0, p_1, p_2, p_3\}$라 가정하자(그림 14.10 $X:=SC_8^{2,4}$ 참조). 이때 $(\mathbb{Z}^2, 8, 8, X)$를 가정하면 $(X, 8)$의 내부와 외부를 구별할 수 없기 때문이다. 앞으로 점 $p(\in X)$를 검은점(black point), $q\in\mathbb{Z}^n - X$를 하얀점(white point)이라 부른다.

이제 주어진 집합 $X\subset\mathbb{Z}$에 대하여 k-인접(디지털 k-인접)을 소개한다.

참고로 $\mathbb{Z}^2$상의 점을 픽셀(pixel), $\mathbb{Z}^3$상의 점을 복셀(voxel), 그리고 $\mathbb{Z}^n$상의 점을 n-xel이라 부른다. A. Rosenfeld는 1971년 $\mathbb{Z}$, $\mathbb{Z}^2$, $\mathbb{Z}^3$에서 활용되는 디지털 k-인접을 소개하였고, 저자는 Rosenfeld k-인접을 $\mathbb{Z}^n$까지 일반화하여 2005년과 2008년에 다음과 같이 개발하였다.

정의 14.3.1 자연수 $m(1\leq m\leq n)$에 대하여 $\mathbb{Z}^n$상에서 서로 다른 두 개의 점 $p=(p_1, p_2, \cdots, p_n)$과 $q=(q_1, q_2, \cdots, q_n)$가 기껏해야 m개의 좌표값이 ± 1 차이가 있고 나머지 좌표값은 일치할 때, 두 점 p와 q는 k_m-(혹은 $k(m, n)$-)인접이라 한다.

| 예제 14.3.2 | $\mathbb{Z}$에서 활용되는 디지털 인접은 2-인접이다. $\mathbb{Z}^2$에서 활용되는 디지

털인접은 $k_1 = 4$, $k_2 = 8$이 되어서 4-와 8-인접을 사용한다. $\mathbb{Z}^3$에서 사용되는 디지털인접은 $k_1 = 6$, $k_2 = 18$, $k_3 = 26$이 되어서 6-, 18-, 26-인접을 사용한다 (그림 14.6 참조). ■

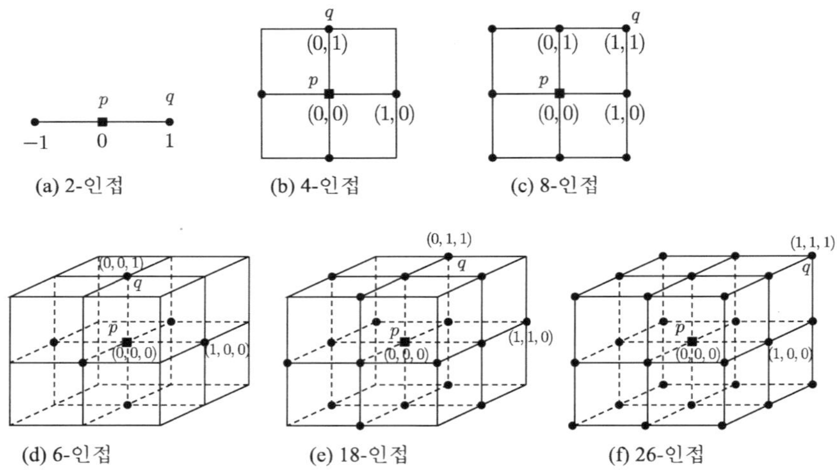

그림 14.6 (a) $\mathbb{Z}$상에서 2-인접, (b)-(c) $\mathbb{Z}^2$상에서 4-, 8-인접
(d)-(f) $\mathbb{Z}^3$상에서 6-, 18-, 26-인접

(★) 디지털그림 $P := (\mathbb{Z}^n, k, \bar{k}, X)$에서 두 점 p, $q(\in X)$가 k-인접 (k-adjacent)일 때 두 점 p와 q가 인접이라고 한다. 그리고 두 점 p, $q(\in \mathbb{Z}^n - X$인 경우, $p \in X$, $q \in \mathbb{Z}^n - X$인 경우 혹은 $p \in \mathbb{Z}^n - X$, $q \in X$인 경우)가 $\bar{k}$-인접일 때 두 점 p와 q가 인접이라 한다. 그리고 디지털그림 $(\mathbb{Z}^n, k, \bar{k}, X)$를 축약하여 $(k, \bar{k})$-**디지털그림**이라고 부르기도 한다.

참고 14.3.3 정의 14.3.1과 예제 14.3.2에서 알 수 있듯이 $\mathbb{Z}$, $\mathbb{Z}^2$, $\mathbb{Z}^3$상에서 제시된 디지털 k-인접들의 숫자 k는 주어진 점(그림 14.6 참조) p로부터 정의 14.3.1을 만족하는 점 q의 개수를 의미한다.

$\mathbb{Z}^n$상에서 하나의 k-인접을 택하여 $(\mathbb{Z}^n, k)$를 생각하자. 이때 한 점 $p \in \mathbb{Z}^n$의 k-근방 (k-neighbor)은 점 p와 k-인접한 점 $q(\in \mathbb{Z}^n)$들의 모임이다. 점 p의 k-근방을 $N_k(p)$로 표시한다. 즉

$$N_k(p) := \{q \in \mathbb{Z}^n \mid p\text{와 } q\text{는 } k\text{-인접이다}\} \cup \{p\}$$

이다.

$\mathbb{Z}$, $\mathbb{Z}^2$, $\mathbb{Z}^3$상에서 제시된 디지털 k-인접을 사용하여 1차원, 2차원 및 3차원 격자공간의 이산도형(이산객체)을 수학적으로 표현하고 운용할 수 있게 된다(그림 14.7 참조).

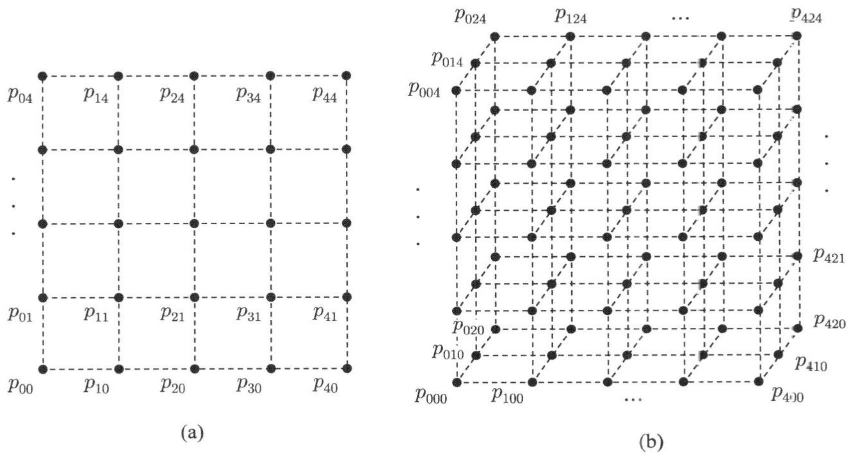

그림 14.7 (a) $\mathbb{Z}^2$평면에서 디지털 스크린, (b) $\mathbb{Z}^3$에서 디지털 스크린

이제 n차원 이산공간 $\mathbb{Z}^n$에 소개된 디지털 k-인접(정의 14.3.1 참조)을 조합수학적 방법(combinatorial method)을 이용하여 저자에 의하여 최초로 다음과 같이 숫자 k를 밝혔다.

성질 14.3.4 $\mathbb{Z}^n$상에서 디지털 k-인접은 다음과 같다.

$$k := k_m = \sum_{i=n-m}^{n-1} 2^{n-i} C_i^n = \sum_{i=1}^{m} 2^i C_i^n \qquad \cdots \text{(14-1)}$$

여기서 $C_i^n = \dfrac{n!}{i!(n-i)!}$이다.

증명 자세한 증명은 참고문헌 [8], [11], [12]를 참조하기 바란다. □

식 (14-1)을 이용하여 우리는 $\mathbb{Z}^n$상의 k-인접을 계산할 수 있다(정의 14.3.1 참조). 예를 들면 $\mathbb{Z}^2$, $\mathbb{Z}^3$, $\mathbb{Z}^4$, $\mathbb{Z}^5$에서 다음과 같은 디지털 k-인접을 얻을 수 있다.

$$(n, m, k) \in \left\{ \begin{array}{l} (2, 2, 8), (2, 1, 4); \\ (3, 3, 26), (3, 2, 18), (3, 1, 6); \\ (4, 4, 80), (4, 3, 64), (4, 2, 32), (4, 1, 8); \\ (5, 5, 242), (5, 4, 210), (5, 3, 130), (5, 2, 50), (5, 1, 10) \end{array} \right\}$$

이제 디지털이미지 $(X, k)(\subset \mathbb{Z}^n)$에 대하여 k-인접을 이용하여 디지털연결성 (digital connectivity) 개념 등을 다음과 같이 도입한다.

(1) 디지털이미지 (X, k)상에서 한 점 $p \in X$와 부분집합 $A(\subset X, p \notin A)$에 대하여 만약 점 p가 A의 어떤 점과 k-인접하면 점 p와 A가 k-**인접**이라고 한다.

(2) 두 개의 서로소인 부분집합 A, $B(\subset X)$에 대하여, 만약 $a(\in A)$와 $b(\in B)$가 존재해서 a와 b가 k-인접이면 두 집합 A와 B는 k-인접이라 한다(그림 14.8 참조).

(3) 디지털이미지 (X, k)가 k-인접하지 않는 두 개의 서로소인 부분집합 A, $B(\subset X)$로 분리되지 않으면 (X, k)는 k-**연결**이라고 한다.

(4) 디지털이미지 (X, k)의 부분집합 $(A, k)(\subset (X, k))$가 공집합이 아니고, $X-A$의 임의의 점과 k-인접하지 않는 k-연결부분집합이면 (A, k)를 (X, k)의 한 k-**성분**(k-component)이라 한다(그림 14.8 및 14.9 참조).

예를 들면 그림 14.8에서 $(X, 8)(X = A \cup B)$이라 할 때 $(A, 8)$과 $(B, 8)$은 8-인접이다. 그리고 $(X, 8)$의 8-성분은 X 자기 자신이다.

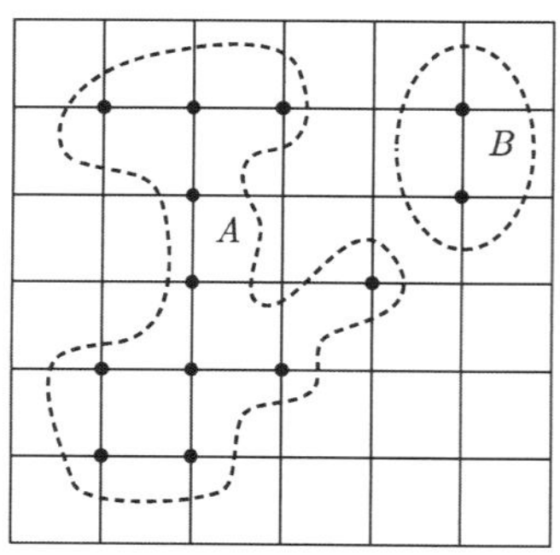

그림 14.8 $(A, 8)$과 $(B, 8)$의 8-인접

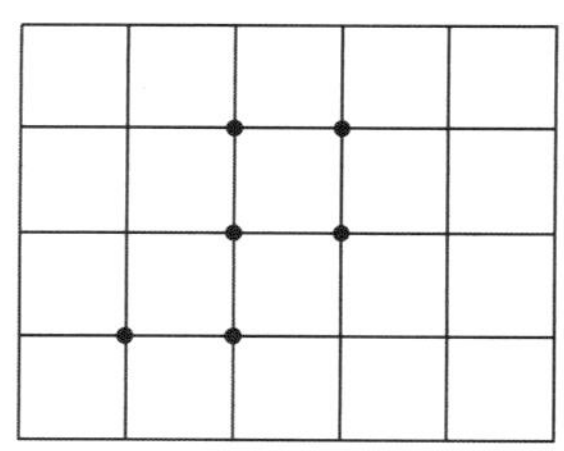

그림 14.9 $(X, 4)$는 4-연결 디지털이미지

그림 14.9에서 주어진 집합 X를 4-인접을 고려할 때 $(X, 4)$는 4-연결 디지털이미지이다. 만약 그림 14.8의 집합 X를 4-인접관계로 가정하면 $(X, 4)$는 세 개의

4-성분으로 구성되어 있음을 알 수 있다. 한편 그림 14.9에서 주어진 디지털이미지 $(X,\ 4)$는 한 개의 4-성분으로 구성되어 있다.

이제 디지털이미지 $(X,\ k)$상에서 k-경로(k-path), 단순 k-경로(simple k-path), 단순 k-닫힌곡선(simple, closed k-curve) 등을 소개한다.

정의 14.3.5 (1) 디지털이미지 $(X,\ k)$상에서 $x,\ y \in X$에 대하여 x로부터 y까지의 k-경로(k-path)는 유한 점렬 $\langle x = x_0,\ x_1,\ x_2,\ \cdots,\ x_m = y \rangle (\subset X)$로서 임의의 $i \in [0,\ m-1]_{\mathbb{Z}}$에 대하여 x_i와 x_{i+1}은 k-인접임을 의미한다. 이때 m을 주어진 k-경로의 길이(length)라 한다. 만약 k-경로에서 $x_0 = x_m$이면 주어진 k-경로는 닫혔다(closed)라고 한다.

(2) 디지털이미지 $(X,\ k)$상에서 $x,\ y \in X$에 대하여, x에서 y까지의 단순 k-경로(simple k-path)는 유한점렬 $\langle x_i \rangle_{i \in [0,\ m]_{\mathbb{Z}}} \subset X$으로서 x_i와 x_j가 k-인접하기 위한 필요충분조건은 $|i-j| = 1$이고, $x_0 = x,\ x_m = y$이다. 이때 이 단순 k-경로의 길이(length) $l_k(x,\ y) = m$이다.

(3) $(\mathbb{Z}^n,\ k)$상에서 l개의 원소를 갖는 단순닫힌곡선을 $SC_k^{n,\ l}$로 표시한다. 여기서 $SC_k^{n,\ l}$은 유한점렬 $(x_i)_{i \in [0,\ l-1]_{\mathbb{Z}}}$으로서 x_i와 x_j가 k-인접하기 위한 필요충분조건은 $|i-j| = \pm 1 \pmod{l}$이다. 여기서 $l \geq 4$이다(그림 14.10 참조). $SC_k^{n,\ l}$에서 길이 l은 차원 n과 k-인접과 연관성이 있다.

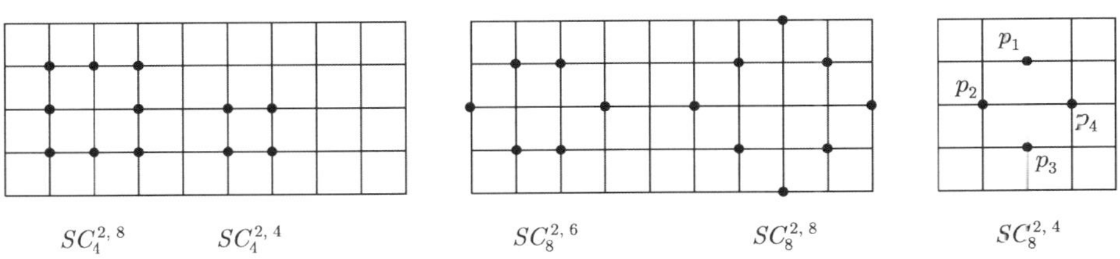

그림 14.10 $\mathbb{Z}^2$상에서 다양한 형태의 단순 k-닫힌곡선

앞서 언급한 $(X,\ k)$의 k-연결성을 정의 14.3.5에서 소개한 k-경로를 사용하여 다음과 같이 설명할 수 있다. 디지털이미지 $(X,\ k)$에서 서로 다른 임의의 두 개의 점 x, $y \in X$를 택했을 때 x에서 y로의 k-경로가 X에 존재하면 $(X,\ k)$를 k-연결(k-connected)이라고 한다.

참고 14.3.6 (1) $\mathbb{Z}^n$상에서의 디지털이미지 $(X,\ k)$는 일종의 디지털그래프(혹은 디지털 k-그래프)이다. 구체적으로 언급하면 X의 각 점을 그래프의 정점 (vertex)으로 하고 x, $y \in X$에 대하여 x와 y가 k-인접이면 x와 y를 연결해 주는 변(edge)이 존재한다고 정의한다.

(2) $(X,\ k)$는 위상구조를 고려하지 않는다.

이제 디지털이미지 $(X,\ k)$가 구멍(hole)과 움푹 파인 곳(cavity)을 갖는 경우를 설명하기 위하여 **둘러싸임**(surrounding) 개념을 소개한다.

정의 14.3.7 디지털그림 $P := (\mathbb{Z}^n,\ k,\ \bar{k},\ X)$에서 두 개의 집합 A, $B(\subset X)$가 다음 조건을 만족한다고 가정하자.

(1) A는 k-연결이다.

(2) B의 각 점이 $\mathbb{Z}^n - A$의 유한 $\bar{k}$-성분(finite $\bar{k}$-component)의 원소이다.

이 경우 A는 B를 둘러싼다(A surrounds B)라 한다.

| 예제 14.3.8 | 그림 14.11에서 디지털그림 $(\mathbb{Z}^2,\ 8,\ 4,\ X)$를 생각하자. 여기서 X는 점 49개로 구성된 픽셀들의 집합이다. 집합 A, $B(\subset X)$에 대하여 A는 X에서 둥근원으로 둘러싸인 점들의 모임이고, B는 사각형으로 둘러싸인 점들의 모임이라 하자. 이때 A가 B를 둘러싸고 있음을 알 수 있다. ■

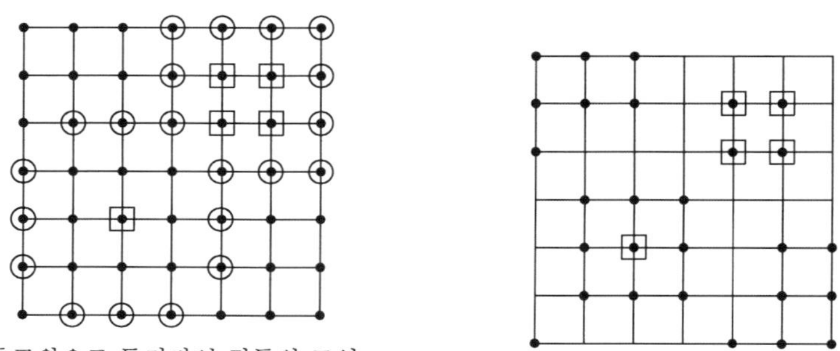

A: 둥근원으로 둘러싸인 점들의 모임
B: 사각형으로 둘러싸인 점들의 모임

$\mathbb{Z}^2 - A$(여기서는 $X - A$ 만을 표시했음)

그림 14.11 A가 B를 둘러싼다

정의 14.3.7을 바탕으로 디지털그림 $P = (\mathbb{Z}^n,\ k,\ \bar{k},\ X)$에서 구멍(hole)과 움푹 파인 곳(cavity) 개념을 소개한다.

정의 14.3.9 디지털그림 $P=(\mathbb{Z}^n,\ k,\ \bar{k},\ X)$에서 $\mathbb{Z}^n - X$상의 하나의 $\bar{k}$-성분 H가 다음 성질을 만족한다.

(1) H는 X의 한 k-성분 C에 의하여 둘러싸인다.

(2) H는 C와 $\bar{k}$-인접이다.

이 경우 $n=2$이면 H를 C 안에서 **구멍**(hole)이라 하고, $n=3$이면 H를 C 안에서 **움푹 파인 곳**(cavity)이라 한다. 더 나아가 만약에 P의 어떤 k-성분($\subset X$)이 구멍(움푹 파인 곳)이면 디지털그림 P의 구멍(P의 움푹 파인 곳(cavity))이라고 한다.

| 예제 14.3.10 | (1) 그림 14.12(a)에 표시된 디지털그림 $P=(\mathbb{Z}^2,\ 8,\ 4,\ X)$를 생각하자. 여기서 X의 원소는 점 '•'으로 표시하고 $\mathbb{Z}^2 - X$의 원소는 '○'으로 표시한다. P에서 X는 하나의 8-성분을 갖는데 X 자기 자신이다. 이때 X는 두 개의 구멍(hole) H_1와 H_2를 갖는다.

(2) 그림 14.12(b)에 표시된 디지털그림 $P=(\mathbb{Z}^2,\ 4,\ 8,\ X)$를 생각하자. 여기서 X와 $\mathbb{Z}^2 - X$의 점들은 문제 (1)에서와 같이 표시한다. 이때 P에서 X는 하나의 4-성분을 갖는데 X 자기 자신이다. 이때 X는 한 개의 구멍을 갖는다(그림 14.12(b)의 H 참조). ■

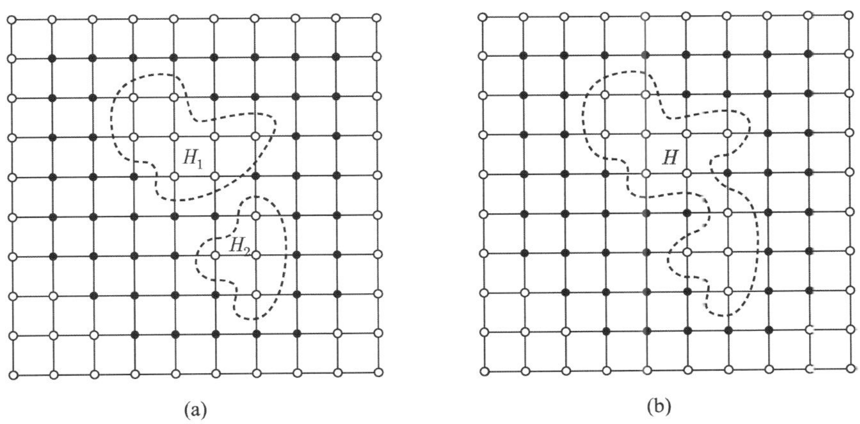

그림 14.12 (a) $P=(\mathbb{Z}^2,\ 8,\ 4,\ X)$에서 X의 홀 $H_1,\ H_2$;
(b) $P=(\mathbb{Z}^2,\ 4,\ 8,\ X)$에서 X의 홀 H 설명

이제 디지털이미지 $(X,\ k)$에서 고립점(isolated point), 경계점(border point), 내부점(interior point)에 대하여 알아본다.

정의 14.3.11 디지털그림 $P=(\mathbb{Z}^n,\ k,\ \bar{k},\ X)$에서 다음을 정의한다.

(1) 만약 한 점 $p(\in X)$가 $X-\{p\}$의 임의의 점과 k-인접하지 않으면 주어진 점 p를 **고립된**(isolated) **점**이라 한다.

(2) 만약 한 점 $p(\in X)$가 $\mathbb{Z}^n - X$의 적어도 한 점 q와 $\bar{k}$-인접이면 주어진 점 p를 X의 **경계점**(border point)이라 한다.

(3) 만약 한 점 $p(\in X)$가 X의 경계점이 아니면 주어진 점 p를 X의 **내부점**(interior point)이라고 한다.

(4) $(X,\ k)$의 한 k-성분 C의 **경계**(**내부**)는 C 안에 있는 모든 **경계점**(**내부점**)들의 집합이다.

지금까지 디지털그림 $(\mathbb{Z}^n,\ k,\ \bar{k},\ X)$상에서 디지털위상수학(Rosenfeld 모델)에 활용되는 기본개념을 소개했다. 이를 바탕으로 디지털 연속함수와 디지털 위상동형함수를 소개한다. 앞으로 $(\mathbb{Z}^n,\ k,\ \bar{k},\ X)$를 $\mathbb{Z}^n$상의 디지털이미지 $(X,\ k)$로 읽겠다.

정의 14.3.12 $\mathbb{Z}^n$상의 디지털이미지 $(X,\ k)$에 대하여 한 점 $x_0 \in X$의 반경이 ε인 **디지털 k-근방**을 $N_k(x_0,\ \varepsilon)$으로 표시하고 다음과 같이 정의한다.

$$N_k(x_0,\ \varepsilon)=\{x \in X \mid l_k(x_0,\ x) \le \varepsilon\} \cup \{x_0\}$$

여기서 $l_k(x_0,\ x)$는 x_0로부터 x까지의 가장 짧은 단순 k-경로의 길이(length)이다.

(★) 정의 14.3.11(3)의 내부점의 정의를 정의 14.3.12를 활용하여 표현하면 다음과 같다. $p \in X$가 $N_{\bar{k}}(p,\ 1) \subset X$이면 p는 X의 내부점이다.

| 예제 14.3.13 | (1) 그림 14.13(a)에 주어진 점들의 집합을 X라 놓자. 그리고 $(\mathbb{Z}^2,\ 8,\ 4,\ X)$를 가정하자. 이 경우, $N_8(p,\ 1)=\{p,\ p_1,\ p_2,\ p_3,\ p_4\}$이다. 그리고 $N_8(p,\ 2)=X$이다.

(2) 그림 14.13(b)에 주어진 점들의 집합을 Y라 놓자. 그리고 $(\mathbb{Z}^2,\ 4,\ 8,\ Y)$를 가정하자. 이 경우, $N_4(q,\ 1)=\{q,\ q_1,\ q_2\}$이고 $N_4(q,\ 4)=Y-\{r\}$이다. ■

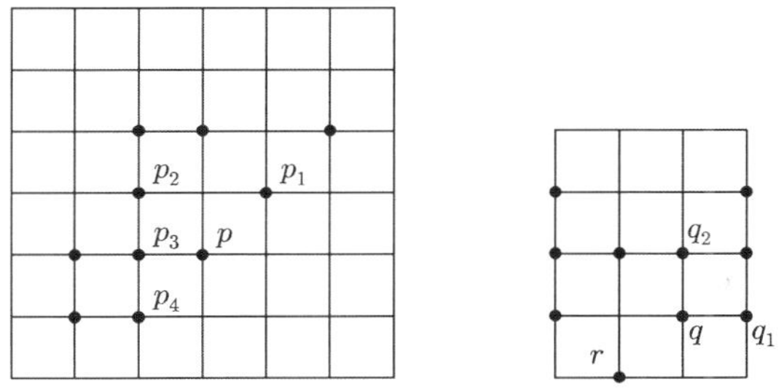

(a) (b)

그림 14.13 (a) $(X, 8)$에서 점 p의 디지털 8-근방(반경 $\varepsilon \in \{1, 2\}$)
(b) $(Y, 4)$에서 점 q의 디지털 4-근방(반경 $\varepsilon \in \{1, 4\}$)

이제 두 개의 디지털이미지 (X, k_1)과 (Y, k_2)를 생각하자. 즉 디지털그림 $(\mathbb{Z}^{n_1}, k_1, \overline{k_1}, X)$와 $(\mathbb{Z}^{n_2}, k_2, \overline{k_2}, Y)$를 가정하자. 함수 $f : (X, k_1) \to (Y, k_2)$가 한 점 $x_0 \in X$에서 디지털 (k_0, k_1)-연속함수(digitally (k_0, k_1)-continucus map)의 정의는 Rosenfeld에 의하여 다음과 같다.

정의 14.3.14 $\mathbb{Z}^{n_1}$상의 디지털이미지 (X, k_1)과 $\mathbb{Z}^{n_2}$상의 디지털이미지 (Y, k_2)에 대하여 함수 $f : (X, k_1) \to (Y, k_2)$가 **디지털 (k_1, k_2)-연속함수**라 함은 다음 조건을 만족해야 한다. 임의의 k_1-연결부분집합 X_1의 함수 f에 의한 상(range of f) $f(X_1)$이 k_2-연결부분집합이다.

정의 14.3.14에서 알 수 있듯이 디지털 (k_1, k_2)-연속함수에 대한 정의가 매우 수사적이어서 다음 정리 14.3.15와 같이 간략하게 재구성되었다(참고문헌 [8]~[10] 등 참조). 그리고 "디지털 (k_1, k_2)-연속함수"용어도 간략하게 '(k_1, k_2)-연속함수'라고 쓰기로 한다.

정리 14.3.15 정의 14.3.14의 (k_1, k_2)-연속함수의 정의는 다음과 동치이다. 함수 $f : (X, k_1) \to (Y, k_2)$에 대하여 임의의 점 $x \in X$에 대하여

$$f(N_{k_1}(x, 1)) \subset N_{k_2}(f(x), 1)$$

이다.

증명 증명은 명백하다 (참고문헌 [8]~[10] 참조) □

디지털 연속함수는 추이율이 성립한다.

이제 두 개의 디지털이미지 $(X,\ k_1)$과 $(Y,\ k_2)$를 디지털위상동형 측면에서 살펴본다.

정의 14.3.16 $\mathbb{Z}^{n_1}$상의 디지털이미지 $(X,\ k_1)$과 $\mathbb{Z}^{n_2}$상의 디지털이미지 $(Y,\ k_2)$가 다음 조건을 만족하면 $(X,\ k_1)$과 $(Y,\ k_2)$는 $(k_1,\ k_2)$-**동형함수** $(k_1,\ k_2)$-isomorphism)라 한다. 함수 $f:\ (X,\ k_1) \to (Y,\ k_2)$가 존재해서 다음을 만족한다.

(1) f는 전단사함수이다.

(2) f가 $(k_1,\ k_2)$-연속함수이다.

(3) f^{-1}가 $(k_2,\ k_1)$-연속함수이다.

그리고 $(X,\ k_1)$과 $(Y,\ k_2)$는 $(k_1,\ k_2)$-동형이라 부른다.

만약에 $k_1 = k_2$이면 간략하게 k_1-동형함수라고 부른다.

| 예제 14.3.17 | 그림 14.14에 주어진 $\mathbb{Z}^2$상 디지털이미지 $(X,\ 8)$과 $(Y,\ 8)$은 8-동형이다. 구체적으로 $f:\ (X,\ 8) \to (Y,\ 8)$에 대하여

$$\begin{gathered} x_1 \to y_6 \\ x_2 \to y_5 \\ \vdots \\ x_6 \to y_1 \end{gathered}$$

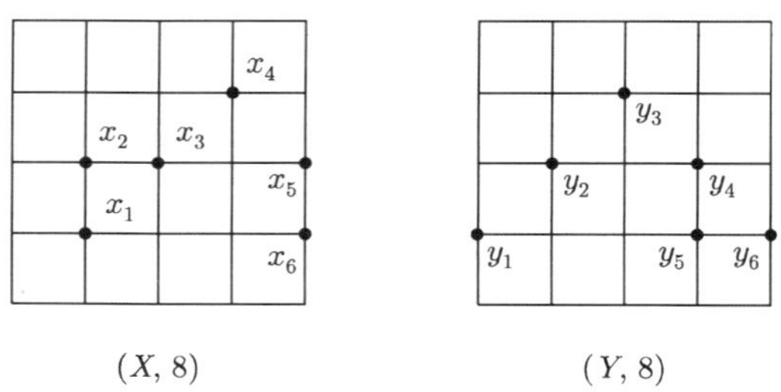

그림 14.14 $(X,\ 8)$과 $(Y,\ 8)$은 8-동형이다.

에 의하여 $(X, 8)$과 $(Y, 8)$은 8-동형이다. ■

디지털 k-동형함수를 기반으로 $\mathbb{Z}^n$상의 디지털이미지 (X, k)들의 모임을 D라 할 때 D상에 관계를 $X, Y \in D$에 대하여 '$_XR_Y \Leftrightarrow (X, k)$와 (Y, k)는 k-동형이다'라고 설정하면 관계집합 (D, R)은 동치관계집합이 되므로 k-동형함수가 디지털이미지의 분류에 효과적으로 활용된다.

14.3절에서 다룬 디지털위상수학의 기본개념과 디지털연속함수, 디지털동형함수 등을 활용하여 다음 분야를 연구한다.

(1) 디지털이미지 (X, k)의 k-세선화(k-thinning)
(2) Rosenfeld 디지털위상수학을 기반으로 한 부동점이론 연구
(3) 디지털이미지의 축소(retract) 및 확대
(4) 디지털위상수학 측면에서 호모토피 이론 연구
(5) k-호모토픽 세선화(k-homotopic thinning) 연구
(6) 이미지 프로세싱(image processing) 분야에 적용
(7) 디지털위상수학을 기반으로 한 대수적 위상수학
(디지털 k-호모토피군, 디지털 k-호모로지군, 디지털 k-코호모로지군 등)
(8) 디지털 k-다양체 연구
(9) 디지털공간의 부동점 연구

연습문제 14.3

1. $\mathbb{Z}^2$상에서 $SC_8^{2,l}$을 $l(\geq 4)$에 따라 그려보시오.

2. $\mathbb{Z}^2$상에서 디지털 연속함수들의 붙임 보조정리(pasting lemma)를 유도하시오.

3. $(\mathbb{Z}^2, k)(k \in \{4, 8\})$에서 디지털이미지 (X, k)를 설정하여 다음을 조사하시오.
(1) X의 경계
(2) X의 내부

4. 식 (14-1)을 유도하시오.

5. SC_k^{n,l_1}과 SC_k^{n,l_2}가 k-동형이기 위한 필요충분조건은 $l_1 = l_2$임을 증명하시오.

6. $\mathbb{Z}^2$상에서 한 $SC_k^{2,l}(k \in \{4,\ 8\})$에 대하여 $SC_k^{2,l}$로 둘러싸인 최대 집합을 $X(\subset \mathbb{Z}^2)$라 할 때 $(SC_k^{2,l} \cup X,\ k)$의 내부와 경계를 구하시오.

TOPOLOGY

부 록

부록 A 위상공간들의 상호관계

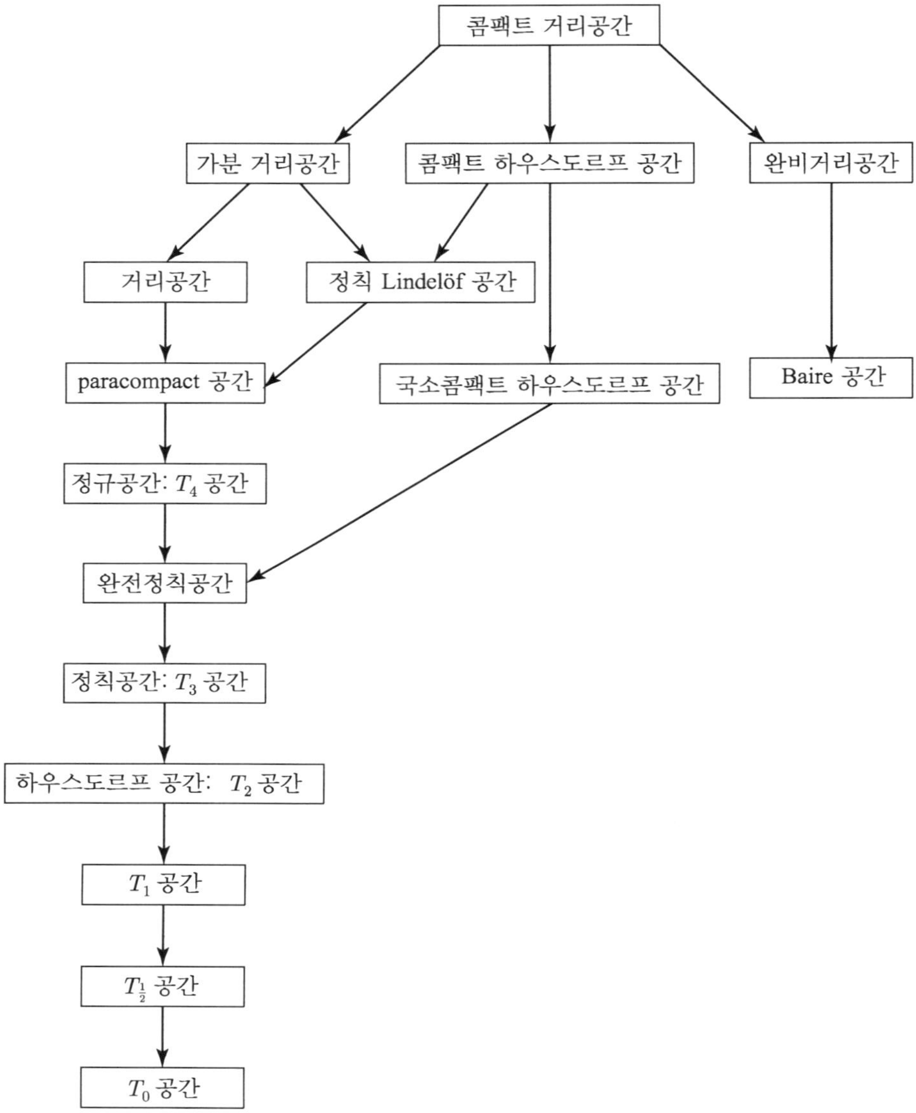

부록 B 위상공간들의 유전적 성질과 곱성질

B.1 위상공간의 유전적 성질(hereditary property)

위상공간 X가 어떤 성질 P를 만족하면 그 부분공간 $A(\subset X)$가 성질 P를 만족하는 경우를 일반적인 부분공간, 닫힌부분공간, 그리고 열린부분공간인 경우로 구별하여 다음과 같은 도표로 나타낸다.

X의 성질	부분공간	닫힌부분공간	열린부분공간
T_0	○	○	○
$T_{\frac{1}{2}}$	○	○	○
T_1	○	○	○
하우스도르프(T_2)	○	○	○
정칙(T_3)	○	○	○
완전정칙$(T_{3\frac{1}{2}})$	○	○	○
정규(T_4)	×	○	×
콤팩트	×	○	×
연결	×	×	×
국소연결	×	×	○
가분	×	○	○
제1가산	○	○	○
제2가산	○	○	○
paracompact	×	○	×
Lindelöf	×	○	×
국소콤팩트	×	○	×
이산성(discrete)	○	○	○
베르(Baire)	×	×	○
완비거리(complete metric)	×	○	×

B.2 위상공간의 곱성질(product property)

첨자집합 Λ에 대하여 모든 위상공간 $X_\alpha(\alpha \in \Lambda)$가 성질 P를 만족할 때 곱공간 $\prod_{\alpha \in \Lambda} X_\alpha$가 성질 P를 만족하는 경우를 첨자집합 Λ에 따라 다음과 같이 도표로 나타낸다.

X_α의 성질	Λ는 유한집합	Λ는 가산집합	Λ는 비가산집합
T_0	○	○	○
$T_{\frac{1}{2}}$	×	×	×
T_1	○	○	○
하우스도르프(T_2)	○	○	○
정칙	○	○	○
완전정칙	○	○	○
정규	×	×	×
콤팩트	○	○	○
국소콤팩트	○	×	×
극한점콤팩트	×	×	×
점렬콤팩트	○	○	×
연결	○	○	○
호상연결	○	○	○
국소연결	○	×	×
제1가산	○	○	×
제2가산	○	○	×
paracompact	×	×	×
Lindelöf	×	×	×
가분	○	○	×
완비거리(complete metric)	○	○	×

부록 C 상극한공간의 다양한 성질

C.1 상극한위상

상극한공간 $\mathbb{R}_u = (\mathbb{R},\ \mathfrak{R}_u)$, 부분공간 A 그리고 곱공간에 대해 다음이 성립한다.

(1) $\mathbb{R}_u$는 정규이다.

(2) 임의의 $a,\ b \in \mathbb{R}$에 대하여 $(a,\ b]$는 $\mathbb{R}_u$에서 닫힌집합임과 동시에 열린집합이다.

(3) 모든 부분공간 $(A,\ (\mathfrak{R}_u)_A)$는 정규이다.

(4) 부분공간 A가 비연결 $\Leftrightarrow$ A는 두 점 이상으로 이루어진 집합

(5) A가 연결 $\Leftrightarrow$ A는 한원소집합(또는 $\varnothing$)

(6) 모든 부분공간 A는 제1가산이다.

(7) 부분공간 A가 제2가산 $\Leftrightarrow$ A는 가산집합

(8) A가 가산집합 $\Rightarrow$ 부분공간 A는 거리화가능

(9) $\mathbb{R}_u$는 비연결이다.

(10) $\mathbb{R}_u$는 콤팩트가 아니다.

(11) $\mathbb{R}_u$는 가분이다.

(12) $\mathbb{R}_u$는 제1가산이다.

(13) $\mathbb{R}_u$는 제2가산이 아니다.

(14) $\mathbb{R}_u$는 거리화가능이 아니다.

(15) $\mathbb{R}_u \neq \mathbb{R}_l$ 그러나 $\mathbb{R}_u \approx \mathbb{R}_l$이다.

(16) $\mathbb{R}_l \times \mathbb{R}_u \neq \mathbb{R}_u \times \mathbb{R}_u$

(17) $\mathbb{R}_u^2$는 정규공간이 아니다.

(18) $\mathbb{R}_u^2$는 거리화가능 공간이 아니다.

참고문헌

1. 박대희, 안승호: 위상수학 (제3판), 경문사, 2013.
2. 장영식: 위상수학기초론, 경문사, 1997.
3. 한상언: 집합론, 경문사, 2016.
4. Adams, C. and Franzosa, R.: *Introduction to Topology pure and applied* Pearson Prentice Hall, NJ, 2008.
5. Alexandorff, P.: "*Diskrete Räume*", Mat. Sb. 2 (1937) 501-518.
6. Dugundji, J.: *Topology*, Allyn & Bacon, Massachusetts, 1966.
7. Dunham, W.: $T_{\frac{1}{2}}$*-spaces*, Kyungpook Math. J. Vol.17 (1977) 161-169.
8. Han, S.-E.: *Non-product property of the digital fundamental group*, Information Sciences Vol.171 (1-3) (2005) 73-91.
9. Han, S.-E.: *Minimal simple closed 18-surfaces and a topological preservation of 3D surfaces*, Information Sciences Vol.176(2) (2006) 120-134.
10. Han, S.-E.: *Strong k-deformation retract and its applications*, Journal of the Korean Mathematical Society, Vol.44(6) (2007) 1479-1503.
11. Han, S.-E.: *The k-homotopic thinning and a torus-like digital image in* $\mathbb{Z}^n$, Journal of Mathematical Imaging and Vision, Vol.31(1) (2008) 1-16.
12. Han, S.-E.: *KD-*(k_0, k_1)*-homotopy equivalence and its applications*, Journal of Korean Mathematical Society, Vol.47(5) (2010) 1031-1054.
13. Han, S.-E.: *Banach fixed point theorem from the viewpoint of digital topology*, Jour. of Nonlinear Science and Applications, Vol.9(3) (2016) 895-905.
14. Han, S.-E.: *Contractibility and fixed point property: The case of Khalimsky topological spaces*, Fixed point theory and Applications, (2016) 2016:75 DOI 10.1186/s13663-016-0566-8.
15. Han, S.-E.: *Properties of space set topological spaces,* Filomat, Vol.30(9) (2016) 2475-2487.
16. Han, S.-E., Sostak, A.: *A compression of digital images derived from a Khalimsky topological structure*, Computational and Applied Mathematics, Vol.32 (2013) 521-536.
17. Han, S.-E., Yao, W.: *An MA-Digitization of Hausdorff spaces by using a*

connectedness graph of the Marcus-Wyse topology, Discrete Applied Mathematics, Vol.216 (2017) 335-347.

18. Han, S.-E., Yao, W.: *Homotopy based on Marcus-Wyse topology and its applications*, Topology and its applications, Vol.201 (2016) 358-371.
19. Han, S.-E., Yao, W.: *Euler characteristics of digital wedge sums and their applications*, Topological Methods in Nonlinear Analysis, Vol.49(1) (2016) 183~203.
20. Herman, G.: Geometry of digital spaces, Birhäuser, Bosten, 1988.
21. Kang, J.M., Han, S.-E., Min, K.C.: *Digitizations associated with several types of digital topological approaches*, Computational & Applied Mathematics, Vol.36 (2017) 127-144.
22. Khalimsky, E.D.: *Applications of connected ordered topological spaces in topology*, Conference of Math. Department of Provoia, (1970).
23. Khalimsky, E.D., Kopperman, R., Meyer, P.R.: *Computer graphics and connected topologies on finite ordered sets*, Topology and its applications, Vol.36(1) (1990) 1-17.
24. Kovalevsky, V.: *Finite topology as applied to image analysis*, Computer Vision, Graphics, and Image Processing, Vol.46 (1989) 141-161.
25. Levine, N.: *Semi-open sets and semi-continuity in topological spaces*, Amer. Math. Monthly, Vol.70 (1963) 36-41.
26. [19] Levine, N.: *Generalized closed sets in topology*, Rend. Circ. Mat. Palermo, Vol.19 (1970) 89-96.
27. Lin, Y. F., Lin, S.-Y.T. (이흥천 옮김): *Set Theory (An intuitive approach)* 집합론, 경문사, 2015.
28. Munkres, J.R.: *Topology*, 2nd ed. Prentice Hall, 2000.
29. Patty, C.W.: *Foundations of Topology*, Jones and Bartlett publishers, London, 2008.
30. Rosenfeld, A.: *Digital topology*, Amer. Math, Monthly, Vol.86 (1979) 76- 87.
31. Rosenfeld, A.: *Continuous functions on digital pictures*, Pattern Recognition Letters, Vol.4 (1986) 177-184.
32. Wyse, F. and Marcus, D. et al.: *Solution to problem 5712*, Amer. Math. Monthly, Vol.77 (1970) 1119.

찾아보기

ㄹ

ㅁ

ㅂ

ㅅ

ㅇ

위상수학 제3판

지은이 한상언
펴낸이 조경희
펴낸곳 경문사
펴낸날 2017년 3월 30일 1판 1쇄
2023년 12월 15일 3판 1쇄
등 록 1979년 11월 9일 제1979-000023호
주 소 04057, 서울특별시 마포구 와우산로 174
전 화 (02)332-2004 팩스 (02)336-5193
이메일 kyungmoon@kyungmoon.com

값 36,000원

ISBN 979-11-6073-658-8